Sascha Krüger
Jörg Seelmann-Eggebert

W0404037

IT-Architektur-Engineering

Galileo Computing

Liebe Leserin, lieber Leser,

schön, dass Sie sich für ein Galileo Computing-Buch entschieden haben. Sie halten ein konkurrenzloses Werk in den Händen: Konzeption und Perspektivenvielfalt sind einmalig.

Das Thema »IT-Architekturen« verlangt nach einem umfassenden Ansatz. Architekten denken das Ganze zuerst; erst dann beginnen Analyse, kleine Schritte, der Lösungsweg. Dieses Buch folgt dem Denken eines nahezu perfekten IT-Architekten, der Technik, Betriebswirtschaft und Organisation gleichermaßen im Blick hat. Also ein IT-Architekt, von dem man mit Sicherheit lernen kann.

So können von diesem Buch ganz unterschiedliche Leser profitieren: Studenten genauso wie erfahrene Berater, Theoretiker genauso wie Praktiker. Suchen Sie sich die Kapitel heraus, die Sie am meisten interessieren. Jedes Kapitel ist zwar Teil des Ganzen, doch durchaus allein verständlich.

Noch ein besonderer Hinweis: Was sich als unauffälliger Anhang versteckt, enhält mehr als Sie denken. Unser Autorenteam hat während der Zeit der Manuskripterstellung zahlreiche Interviews mit Entscheidern geführt. Diese Erkenntnisse wurden mit der Praxis verglichen und sogleich zusammengeführt. Die Ergebnisse sind sehr interessant. Doch lesen Sie selbst.

Sollten Sie nach der Lektüre dieses Buches Fragen und Anmerkungen haben, so freue ich mich, wenn Sie sich mit mir in Verbindung setzen. Zögern Sie nicht.

Doch zuerst einmal: Viel Freude beim Lesen!

Judith Stevens-Lemoine

– Lektorat Galileo Computing –
judith.stevens@galileo-press.de

Gartenstr. 24
53229 Bonn

Auf einen Blick

Bibliografische Information Der Deutschen Bibliothek
Die Deutsche Bibliothek verzeichnet diese Publikation in der Deutschen Nationalbibliografie; detaillierte bibliografische Daten sind im Internet über http://dnb.ddb.de abrufbar.

ISBN 3-89842-327-1

© Galileo Press GmbH, Bonn 2003
1. Auflage 2003

Der Name Galileo Press geht auf den italienischen Mathematiker und Philosophen Galileo Galilei (1564–1642) zurück. Er gilt als Gründungsfigur der neuzeitlichen Wissenschaft und wurde berühmt als Verfechter des modernen, heliozentrischen Weltbilds. Legendär ist sein Ausspruch **Eppur se muove** (Und sie bewegt sich doch). Das Emblem von Galileo Press ist der Jupiter, umkreist von den vier Galileischen Monden. Galilei entdeckte die nach ihm benannten Monde 1610.

Das vorliegende Werk ist in all seinen Teilen urheberrechtlich geschützt. Alle Rechte vorbehalten, insbesondere das Recht der Übersetzung, des Vortrags, der Reproduktion, der Vervielfältigung auf fotomechanischem oder anderen Wegen und der Speicherung in elektronischen Medien.

Ungeachtet der Sorgfalt, die auf die Erstellung von Text, Abbildungen und Programmen verwendet wurde, können weder Verlag noch Autor, Herausgeber oder Übersetzer für mögliche Fehler und deren Folgen eine juristische Verantwortung oder irgendeine Haftung übernehmen.

Die in diesem Werk wiedergegebenen Gebrauchsnamen, Handelsnamen, Warenbezeichnungen usw. können auch ohne besondere Kennzeichnung Marken sein und als solche den gesetzlichen Bestimmungen unterliegen.

Lektorat Judith Stevens-Lemoine
Korrektorat Friederike Daenecke, Zülpich
Einbandgestaltung Barbara Thoben, Köln
Herstellung Iris Warkus
Titelbild zefa visual media
Satz Typographie & Computer, Krefeld
Druck und Bindung Bercker Graphischer Betrieb, Kevelaer

Galileo Computing

Inhalt

Geleitwort Dirk Rösing

Vorsitzender des Vorstandes, SHS Informationssysteme AG

Sehr geehrte Damen und Herren,

die IT ist in sämtlichen Unternehmen zu einem unverzichtbaren Arbeitsmittel geworden. Ich persönlich konnte in den letzten Jahren erleben – egal in welcher Branche oder in welchem Land – die IT Budgets einen immer signifikanteren Teil der Gesamtausgaben ausmachten. Aber wer eine Menge Geld ausgibt, will auch einen Gegenwert erhalten, doch dieser ist nicht immer offensichtlich zu erkennen. Welchen messbaren Nutzen bringt welche IT-Investition? Unterstützt eine IT-Investition eigentlich die strategischen Ziele des Unternehmens, und wenn ja, wie? Diese und viele weitere Fragen zur IT wurden wahrscheinlich unzählige Male gestellt und ebenso oft nur unbefriedigend beantwortet.

Das vorliegende Buch geht mit einer neuen und ganzheitlichen Sichtweise an diese Fragestellung heran. Es verbindet die betriebswirtschaftliche mit der technischen Welt und arbeitet viele Aspekte heraus, die für eine erfolgreiche Verbindung dieser beiden Welten Beachtung finden müssen. Mit einem neuen und verständlichen Modell, dem Unternehmensökosystem IT-Architektur, werden Unternehmensstrategie und Organisation untrennbar mit der IT verknüpft. Mit diesem Modell erhält ein Unternehmen das Rüstzeug, um den wachsenden Herausforderungen enger und hochdynamischer Märkte entgegentreten zu können.

Damit tragen Herr Krüger und Herr Dr. Seelmann-Eggebert einem gerade erst aufkeimenden Trend Rechnung, der eine flexible IT-Architektur mehr denn je voraussetzt. Denn die kommenden Jahre werden weniger von unsterblichen IT-Systemen beherrscht werden, die zehn oder mehr Jahre in einem Unternehmen eingesetzt werden und bis zur Unbrauchbarkeit und Unbezahlbarkeit ständig Erweiterungen und Verschlimmbesserungen erfahren. Nein, die kommenden Jahre werden schnelle Austauschbarkeit und leichte Integrierbarkeit neuer Softwareprodukte in eine bestehende Systemlandschaft erfordern. Sie werden kürzere Projektlaufzeiten und geringere Kosten voraussetzen und sie werden konsequent und kompromisslos nach dem Beitrag der IT zur Wertschöpfung und der Strategieerfüllung eines Unternehmens verlangen, nicht mehr und nicht weniger.

Als einer der führenden IT-Dienstleister im Bereich Kundenmanagement werden wir jeden Tag mit neuen Herausforderungen und spannenden Projekten konfrontiert. Es ist daher eine besondere Freude für mich, dass Herr Krüger und Herr Dr. Seelmann-Eggebert ein weiteres Mal den Beweis erbracht haben, dass wir im Untenehmen das Know-How besitzen, unseren Kunden mit innovativen Lösungen, überdurchschnittlichem Engagement und einem hohen Kompetenzniveau zu helfen.

München, im August 2003
Dirk Rösing
Vorsitzender des Vorstandes

Dirk Rösing gilt als hervorragender Kenner der IT- und Telekommunikationsbranche. Fünf Jahre war er bei der Telefonauskunft telegate AG (11880), die er mit aufgebaut hat, als kaufmännischer Vorstand tätig. Hier war Dirk Rösing für die Bereiche Finanzen, Bilanzierung und Controlling sowie Personal und Einkauf verantwortlich. Nach dem erfolgreichen Börsengang der Gesellschaft im April 1999 war der gebürtige Bremer maßgeblich daran beteiligt, das Unternehmen auf die veränderten Marktbedingungen neu auszurichten und nach einigen schwierigen Quartalen wieder in die Gewinnzone zurück zu führen.

Bevor Dirk Rösing 1997 zu telegate kam, arbeitete er als europäischer Finanzdirektor und deutscher Geschäftsführer der internationalen Amer-Sport-Gruppe. Weltweit bekannt geworden ist dieses Unternehmen durch die Marken Wilson, Atomic und Oxygen. Von 1994 bis 1996 leitete Dirk Rösing die Bereiche Controlling und Mergers & Acquisitions bei der VOBIS AG, einem Unternehmen des Metro-Konzerns.

Seine Karriere hatte Dirk Rösing nach dem Studium der Betriebswirtschaftslehre 1986 bei der Daimler Benz AG begonnen. Nach zwei Jahren in der Konzern-Revision war ihm bereits 1988 die Leitung einer Abteilung im Konzern-Treasury übergeben worden.

Vorwort der Autoren

Vorworte werden wohl in den meisten Fällen zum Schluss eines Buchprojektes geschrieben, so wie auch wir es heute tun. Hätten wir dieses Vorwort zu Beginn der Arbeit an diesem Buch erstellt, hätte es vermutlich eine völlig andere Aussage als heute. Denn obwohl wir eine klare Vorstellung dessen hatten, was wir eigentlich untersuchen und darstellen wollten, ging die Reise letzten Endes doch in eine etwas andere Richtung, als wir ursprünglich geplant hatten. Neben vielen Einflüssen der Projekte, die wir in den letzten Jahren aktiv oder mit einem überwachenden Auge bestritten haben, haben die Ergebnisse zahlreicher Interviews und Gespräche mit Entscheidern aus den unterschiedlichsten Unternehmen dieses Buch geprägt. Natürlich wollen wir Sie an diesen Ergebnissen uneingeschränkt teilhaben lassen und das insbesondere dadurch, dass wir schlechte Beispiel aufzeigen und Lösungsvorschläge anbieten, wie man es besser machen kann. Wir haben daher keine Stelle im Text in irgendeiner Form beschönigt dargestellt. Kritik an bestimmten Methoden oder Vorgehensmodellen, Geschichten aus dem wahren Leben und die unseres Erachtens schädlichsten Aussagen der Entscheider im Architekturumfeld haben wir unverfälscht und deutlich wiedergegeben. Die Realität tut manchmal weh, und das soll in dem jeweiligen Zusammenhang auch zum Ausdruck kommen. Nur so kann ein Bewusstsein geschaffen werden, welches ein professionelles und konstruktives Management einer IT-Architektur ermöglicht.

Wir haben aber auch viele positive Aspekte und unglaublich reife und realistische Aussagen erhalten. Insbesondere die Bedeutung der Architekturstrategie als Ableitung der Unternehmensstrategie und der Steuerungsinstrumente für deren Umsetzung haben für uns enorm an Bedeutung gewonnen. Darüber hinaus konnten wir feststellen, dass die kompromisslose Forderung nach ausschließlich wertschöpfenden Eingriffen in die IT-Architektur tatsächlich in den Köpfen der meisten beteiligten Personen im Architekturumfeld vorhanden ist. Leider ist der Weg dorthin, insbesondere unter Einbeziehung nicht technischer Aspekte der Architektur, den wenigsten Betroffenen klar. Wir haben aus diesem Grunde das inhaltliche Gewicht dieses Buchs, anderes als ursprünglich einmal angedacht, leicht auf die nicht technischen Aspekte des IT-Architektur-Engineerings verlagert.

Das Buch macht jedoch nach wie vor eine Gratwanderung zwischen Technik und »nicht Technik« sowie zwischen Theorie und Praxis. Wir glauben aber immer genau das richtige Maß gefunden zu haben, damit sich ein möglichst großer Teil der Leserschaft im Text wiederfindet. Vielleicht ist es sogar von unschätzbarem Vorteil, wenn ein hundertzehnprozentiger Vollblutentwickler die eher strategie- und organisationsgetrieben Aspekten dieses Buches aufmerksam studiert und der Entscheider oder der IT-ferne Fachbereichsmitarbeiter sich intensiver mit den technischen Passagen befasst. Denn eine der wichtigsten Aussagen dieses Textes ist die tiefe Durchdringung der IT-Architektur sämtlicher Unternehmensbereiche. Weder die IT-Abteilung noch die Fachbereiche oder das Management werden im Alleingang eine nachhaltige Verbesserung der IT-Architektur erreichen können. So umfassend wie sich die Problemstellung darstellt, so umfassend müssen auch die Lösungskonzepte aussehen. Ganz wichtig ist dabei, dass die unterschiedlichen Anspruchsgruppen im Unternehmen dabei aufeinander zugehen und ein grundlegendes Verständnis für die jeweilige Perspektive des Gegenübers entwickeln. Allerdings muss klar sein, dass es für derart komplexe Problemstellungen, wie sie im Kontext der IT-Architektur vorkommen, keine Patentrezepte gibt. Verschiedene Unternehmen, deren Unternehmenskulturen und strategische Ausrichtung machen eine generelle Formulierung von Lösungen für Architekturprobleme unmöglich. Was jedoch möglich ist, ist eine Sammlung von Werkzeugen und Denkanstößen sowie Erfahrungen im Sinne einer »Best Practice« anzubieten, die Sie als Leser bei der Erarbeitung eigener Lösungsszenarien unterstützen kann.

Natürlich hätten wir dieses Buchprojekt nicht erfolgreich ohne die Hilfe der vielen Personen abschließen können, die das Manuskript immer wieder kritisch geprüft, unsere Aussagen und Lösungsansätze verifiziert und wertvolle Erfahrungen aus der Praxis beigesteuert haben. Um keine (gegebenenfalls negativen) Rückschlüsse auf die jeweiligen betroffenen Unternehmen zuzulassen, sehen wir an dieser Stelle von einer namentlichen Nennung der einzelnen beteiligten Personen ab, möchten uns aber ganz herzlich für die vielen konstruktiven und anregenden Gespräche bedanken. Darüber hinaus danken wir auch Tomas Wehren und seinem Team von Galileo Press, insbesondere Judith Stevens-Lemoine, für die gute Zusammenarbeit.

Sascha Krüger dankt ganz besonders seiner Frau Katja, die erneut viele Entbehrungen auf sich nehmen musste und mit unglaublichem Verständnis, fortwährendem Zuspruch und vielen Ermutigungen einen erheblichen Teil zur Fertigstellung des Manuskripts beigetragen hat.Jörg Seelmann-Eggebert dankt im Besonderen seiner Frau Annette, die immer großes Verständnis und Geduld für seine Autorentätigkeit aufbrachte, obwohl die Zeit für das gemeinsame Familienleben ohnehin schon knapp bemessen war.

Wenn wir in diesem Buch von Projekten reden, die wir abgewickelt haben, sind damit nicht zwangsläufig Projektumfelder gemeint, in den wir beide gleichzeitig mitgearbeitet haben. Vielmehr fließen hier ebenso Projekte mit ein, an denen nur einer von uns beteiligt war oder an denen wir nur im Sinne der kommerziellen Verantwortung eine steuernde Funktion einnahmen.

Bitte beachten Sie außerdem, dass wir Ausdrücke wie »IT-Architekt« oder »Benutzer« in diesem Buch lediglich der Einfachheit halber in der maskulinen Form benutzen und damit keinesfalls IT-Architektinnen oder Benutzerinnen ausschließen wollen.

Solingen, im August 2003
Sascha Krüger

Alfter, im August 2003
Jörg Seelmann-Eggebert

1 Herausforderung IT-Architektur

1 Herausforderung IT-Architektur

2 IT-Architekturen verstehen und dokumentieren

3 IT-Architekturen bewerten

4 IT-Architektur im Kontext der Unternehmensorganisation

5 Der IT-Architekt

6 Management von IT-Architekturen

7 Der IT-Architektur-Guide

1 Herausforderung IT-Architektur

»Die Architektur ist die erstarrte Musik«, sagte einst Friedrich Wilhelm Joseph von Schelling. Ich füge hinzu: Lasst uns die Saiten zum Klingen und Schwingen bringen.
*Werner L. Hetterich (*1945), dt. Architekt*

1.1 Einführung

1.1.1 Warum dieses Buch?

Die Motivation und Idee zu diesem Buch wurde während unserer täglichen Berufspraxis geboren. Als Mitarbeiter eines IT-Dienstleisters mit Tätigkeitsschwerpunkten »IT-Beratung und Systemintegration« sind wir bei Unternehmen verschiedenster Größenordnung und Branchen tätig. Vom Mittelständler bis zum Großkonzern haben wir in den letzten Jahren eine Vielzahl von Unternehmen sehr genau kennen gelernt und beraten. Neben vielen interessanten Erfahrungen und einem sehr breiten Know-how-Spektrum hat uns diese Tätigkeit außerdem eine Reihe von Erkenntnissen beschert, an denen wir Sie als Leser (und vielleicht als bereits leidgeprüfte Betroffene) teilhaben lassen möchten.

Warum also braucht die Welt ein Buch über IT-Architekturen? Eine zulässige Antwort wäre: »Weil es noch keines gibt!« Andere, für Sie vielleicht etwas nützlichere Antworten sind: »Weil sich die meisten (alle?) Unternehmen heute in einem Architekturdilemma befinden! Weil die IT-Architektur für das Management, die Fachbereiche und die IT-Abteilung gleichermaßen ein Damoklesschwert sein kann, ohne dass sich jemand dessen wirklich bewusst ist. Weil wir uns in Zeiten von zunehmender Globalisierung, steigendem Kostendruck und starker Konsolidierung heiß umkämpfter Märkte wieder mehr auf die Effizienz und den Nutzen der IT als auf ihren reinen Selbstzweck besinnen müssen!« Richtig, diese Gründe klingen zunächst sehr plakativ, aber bei näherem Hinterfragen und eventuell der Betrachtung des eigenen Unternehmensumfeldes erscheinen sie jedoch sehr vernünftig.

Eine IT-Architektur muss dynamisch und hochflexibel sein, denn die Prozess- und IT-Landschaft lebt und wird mit ständig neuen Anforderungen konfrontiert. Kurze Innovationszyklen, dynamische Unternehmensprozesse, Mergers & Acquisitions oder neue Kommunikations- und Vertriebsplattformen wie das Internet sind nur einige der zahlreichen Beispiele hierfür. Die IT-Architektur eines Unternehmens ist nach unserer Erfahrung oft der neuralgischste Punkt und gleichzeitig das am häufigsten unterschätzte Investitionsgut. Entscheidungen über die IT-Architektur eines Unternehmens betreffen oft sämtliche Unternehmensbereiche. Einerseits bildet die IT-Architektur als Gesamtheit sämtlicher Applikationen, Funktionen, Prozesse, Daten, Technologien sowie deren Zusammenspiel und Abhängigkeiten die technologische Infrastruktur für die saubere Abbildung der Wertschöpfungskette und der Sekundärprozesse. Andererseits ist sie von vielen Einflussfaktoren wie Organisation, Entscheidungskompetenz, Unternehmenspolicies, Managementanforderungen usw. geprägt. Allzu oft stellen diese Faktoren einen idealen Nährboden für unternehmenspolitisches Geplänkel und Machtkämpfe dar, ohne dass diese die initiale Fragestellung lösen, ja, sie oftmals sogar vergessen lassen. Selten existieren in Unternehmen klare Entscheidungskompetenzen für die Gesamtarchitektur. Eine einzelne Abteilung schenkt nur einem bestimmten Ausschnitt der Architektur Beachtung und hat ausschließlich ein Interesse an der schnellen und korrekten Realisierung ihrer fachlichen Anforderungen. Eine zentrale IT-Abteilung hingegen kämpft an verschiedensten Fronten (Management, Fachbereiche, Systeme), wobei ihr häufig die inhaltliche Kompetenz bezüglich der Fachanforderungen abgesprochen wird und sie auf einen reinen IT-Dienstleister beschränkt wird. Die berühmt-berüchtigten Interimslösungen und Kleinstanwendungen sind oft gar nicht bekannt, stellen sich aber bei einschneidenden Änderungen häufig als unüberwindliches Hindernis dar. Die Auswirkungen dieser Umstände sind Ihnen sicherlich in Ihrer täglichen Arbeit bereits vielfach begegnet, und ein Ende ist nicht in Sicht. Die Konsequenzen können viele Gesichter haben. Sei es, dass sich die Marketingabteilung für ihre Kampagnenplanung lieber eine eigene Access-Applikation erstellt, die keiner anderen Abteilung bekannt und an kein anderes System angebunden ist. Sei es, dass sich der Lettershop bei der IT beschwert, wieso er ständig Adresslisten in verschiedenen Formaten per E-Mail zugeschickt bekommt (z.B. von der Marketingabteilung), wo er doch per High-Tech-Connector mit seinem internen Auftragssystem an den ultimativen EAI-Bus angeschlossen wurde. Dies sind noch die harmloseren Beispiele, denkt man an die Fehlinvestitionen für IT, die aufgrund von Unkenntnis der wirklichen Anforderungen oder unternehmenspolitischen Präferenzen ohne Fundament getätigt werden.

Das alles ist kein Sarkasmus, sondern leider die Realität, und wenn wir (und Sie) ehrlich sind, dann finden Sie diese Umstände in fast jedem Unternehmen wieder. Das Ziel, das wir uns mit diesem Buch gesteckt haben, ist zum einen, die Probleme herauszuarbeiten, zu analysieren und zu strukturieren, zum anderen, Lösungsvorschläge zu machen, die Sie in Ihren täglichen Entscheidungen unterstützen sollen. Egal aus welcher Intention Sie dieses Buch aufgeschlagen haben, wir versprechen Ihnen, dass viele wertvolle Aspekte, die Ihre Perspektive auf die IT-Architektur Ihres Unternehmens betreffen, diskutiert und bewertet werden. Wir betrachten sämtliche Themen sowohl unter technologischen als auch unter betriebswirtschaftlichen und organisatorischen Gesichtspunkten. Darüber hinaus werden wir immer theoretische Ausführungen und praktische Erfahrungen auf einem angemessenen Niveau halten. Damit haben sowohl der akademische »Weiterdenker« als auch der praxisnahe »Ärmelhochkrempler« einen direkten Nutzen von der Lektüre und gleichzeitig auch die Gelegenheit, gedanklich aufeinander zuzugehen.

Ausgewogenheit von Technik und Betriebswirtschaft

Übrigens wird oftmals als Lösungsvorschlag für die oben genannten Aspekte das Thema »EAI« (Enterprise Application Integration) als heiliger Gral aller IT-Architektur-Probleme ins Gespräch gebracht. Die Integration von Anwendungen innerhalb eines Unternehmens (und nichts anderes bedeutet EAI) ist ein hochgradig komplexer Themenbereich und hat einen berechtigten Platz in der IT-Architektur, dennoch hat bis heute kaum ein (kein?) Unternehmen die Architekturproblematik durch den Einsatz eines EAI-Tools in den Griff bekommen. Interessanterweise wird dieser »Lösungsansatz« seit Jahren als Ausweg aus dem Architekturdilemma beschrieben. Wir wenden uns mit dieser Aussage übrigens weder gegen das Thema EAI noch gegen die Leistungsfähigkeit bestimmter Tools. Es ist lediglich ein perfektes Beispiel dafür, dass Probleme der IT-Architektur selten mit einer Marketingbroschüre und einem Haufen Geld lösbar sind.

Hohe Kosten, wenig Effekt

Sicherlich wird auch dieses Buch nicht auf einen Schlag das Architekturdilemma sämtlicher Unternehmen beseitigen, es soll allerdings zum (Quer-)Denken anregen, manchmal provozieren und Ihnen eine wertvolle Entscheidungshilfe bei den täglichen Problemstellungen sein. Sie dürfen also ruhig mit großer Spannung an die Lektüre herangehen.

1.1.2 Wie ist dieses Buch zu lesen?

Falls Sie sich generell einen Überblick verschaffen und das Thema IT-Architektur umfassend und strukturiert angehen wollen, so können Sie das Buch von vorn bis hinten durchlesen. Diese Vorgehensweise wird sich vermutlich für Studenten und Einsteiger in das Thema besonders gut eignen.

Sind Sie an bestimmten Aspekten, die dieses Buch anspricht, besonders interessiert oder wollen Sie sich punktuell mit dem einen oder anderen speziellen Problem im Kontext einer IT-Architektur beschäftigen, so können Sie das Inhaltsverzeichnis durchforsten und direkt mit einem entsprechenden Kapitel beginnen. Damit Sie für dieses Vorgehen eine ungefähre Orientierung über die thematische Aufteilung des Buches bekommen, wollen wir Ihnen anhand der Abbildung 1.1 (auf Seite 25) den Aufbau beschreiben und die einzelnen Kapitel kurz vorstellen. Sie können diese Übersicht als eine Art Landkarte betrachten, die Ihnen den besten Weg eröffnet, mit der Lektüre zu beginnen.

- **Kapitel 1,** »Herausforderung IT-Architektur«:
  Das vorliegende Kapitel liefert eine generelle Einführung in das Thema »IT-Architekturen«. Hierbei wird die Grundmotivation für dieses Buch vorgestellt, und es wird der Begriff des *Unternehmensökosystems IT-Architektur* eingeführt. Da die mit diesem Begriff verbundenen Gedanken im gesamten Buch von Relevanz sind, sollten Sie Kapitel 1 auf jeden Fall gelesen haben, bevor Sie sich an die anderen Teile des Buches begeben.
- **Kapitel 2,** »IT-Architekturen verstehen und dokumentieren«:
  Hier geben wir einen grundlegenden Überblick darüber, wie IT-Architekturen dokumentiert werden können. Wir beschäftigen uns einerseits mit der Dokumentation der einzelnen Architekturkomponenten und andererseits mit der Dokumentation und dem Verständis der Gesamtarchitektur. Wir vermitteln Ihnen außerdem ein Bild davon, welche Teile einer IT-Architektur dabei sinnvollerweise zu erfassen sind und welche nicht. Kapitel 2 ist daher eng mit dem anschließenden Kapitel 3 verknüpft.
- **Kapitel 3,** »IT-Architekturen bewerten«:
  Es ist nicht leicht, Maßzahlen für die Komponenten einer IT-Architektur zu bestimmen. In diesem Kapitel widmen wir uns daher der Frage, wie die Komponenten und deren Zusammenhänge gemessen und bewertet werden können. Außerdem werden grundlegende

Metriken für die IT-Architektur vorgestellt. Genau wie bei Kapitel 2 handelt es sich hier um ein Kapitel, das einige Basiswerkzeuge bereitstellt.

- **Kapitel 4,** »IT-Architektur im Kontext der Unternehmensorganisation«:
  Hier wird die IT-Architektur aus dem Blickwickel der Organisation und strategischen Steuerung betrachtet. Einerseits betonen wir in diesem Kapitel die Tatsache, dass persönliche Präferenzen und organisatorische Machtverhältnisse einen enormen Einfluss auf die IT-Architektur haben, andererseits stellen wir konkret die Rollen und Organisationsformen vor, die zur effektiven Unterstützung einer Architektur eingesetzt werden können. Das Kapitel schließt mit der Einführung der Balanced Scorecard zur Umsetzung einer Architekturstrategie. Es kann unabhängig von den Kapiteln 2 und 3 gelesen und verstanden werden.
- **Kapitel 5,** »Der IT-Architekt«:
  In diesem Kapitel zeigen wir, warum ein IT-Architekt im Unternehmen gebraucht wird, und konkretisieren diese in Kapitel 4 immer wieder angesprochene Rolle. Wir stellen einerseits die Aufgaben und Arbeitsmethoden des IT-Architekten vor und liefern einen umfassenden Überblick zu dem Qualifikationsprofil, das ein entsprechender Mitarbeiter mitbringen muss, um diese Rolle auszufüllen. Das Kapitel ist in engem Zusammenhang mit Kapitel 4 zu sehen, wobei jedoch auch eine separate Lektüre möglich ist. Lediglich die Verbindung von Organisation und konkreter Rollenbesetzung verlangt die Kenntnis beider Kapitel.
- **Kapitel 6,** »Management von IT-Architekturen«:
  In diesem Kapitel fassen wir die bis zu diesem Zeitpunkt gewonnenen Erkenntnisse zu einem Ganzen zusammen. Wir zeigen, was nötig ist, um eine IT-Architektur über ihren gesamten Lebenszyklus hinweg zu managen. Theoretisch können Sie nach der Lektüre des Einführungskapitels mit dem Kapitel 6 beginnen, um einen groben Überblick über die Grundaussagen dieses Buches zu gewinnen. Für ein umfassendes Verständnis empfiehlt sich jedoch zumindest die oberflächliche Kenntnis der vorhergehenden Kapitel.
- **Kapitel 7,** »Der IT-Architektur-Guide«:
  An dieser Stelle werden typische Architekturszenarien vor dem Hintergrund der im gesamten Buch vorgestellten Konzepte diskutiert. Das Kapitel soll einen Leitfaden darstellen, der ähnlich einem Ent-

wurfsmuster für bestimmte immer wiederkehrende Problemstellungen Lösungszenarien anbietet. Das Kapitel hilft außerdem, einige der theoretischen Ausführungen der vorhergehenden Kapitel plastischer darzustellen.

- **Anhang**
  Der Anhang enthält einerseits bestimmte Dokumentenvorlagen für die tägliche Arbeit im Architekturumfeld und fasst andererseits die Ergebnisse zahlreicher Interviews mit Entscheidern zusammen, die wir im Rahmen der Recherchen zu diesem Buch geführt haben. Viele der Aussagen und Ableitungen dieses Buches wurden auf dieser Basis erarbeitet. Außerdem wurden die vorgestellten Konzepte mit Hilfe der Interview-Ergebnisse mit der täglichen Praxis verglichen. Außerdem wurde anhand der Interview-Ergebnisse geprüft, ob die vorgestellten Konzepte in der täglichen Praxis Bestand haben können.

Wir hoffen Ihnen mit dieser kurzen Zusammenfassung der einzelnen Kapitel Appetit auf mehr gemacht zu haben und wünschen Ihnen viel Spaß bei der Lektüre. Für Feedback und konstruktive Kritik sind wir jederzeit offen. Falls Sie Vorschläge zu neuen Themen oder Aspekten im Kontext der IT-Architektur haben, können Sie sich gerne an uns wenden. Wir sind jederzeit unter der E-Mail-Adresse

feedback@it-architecture.org

erreichbar.

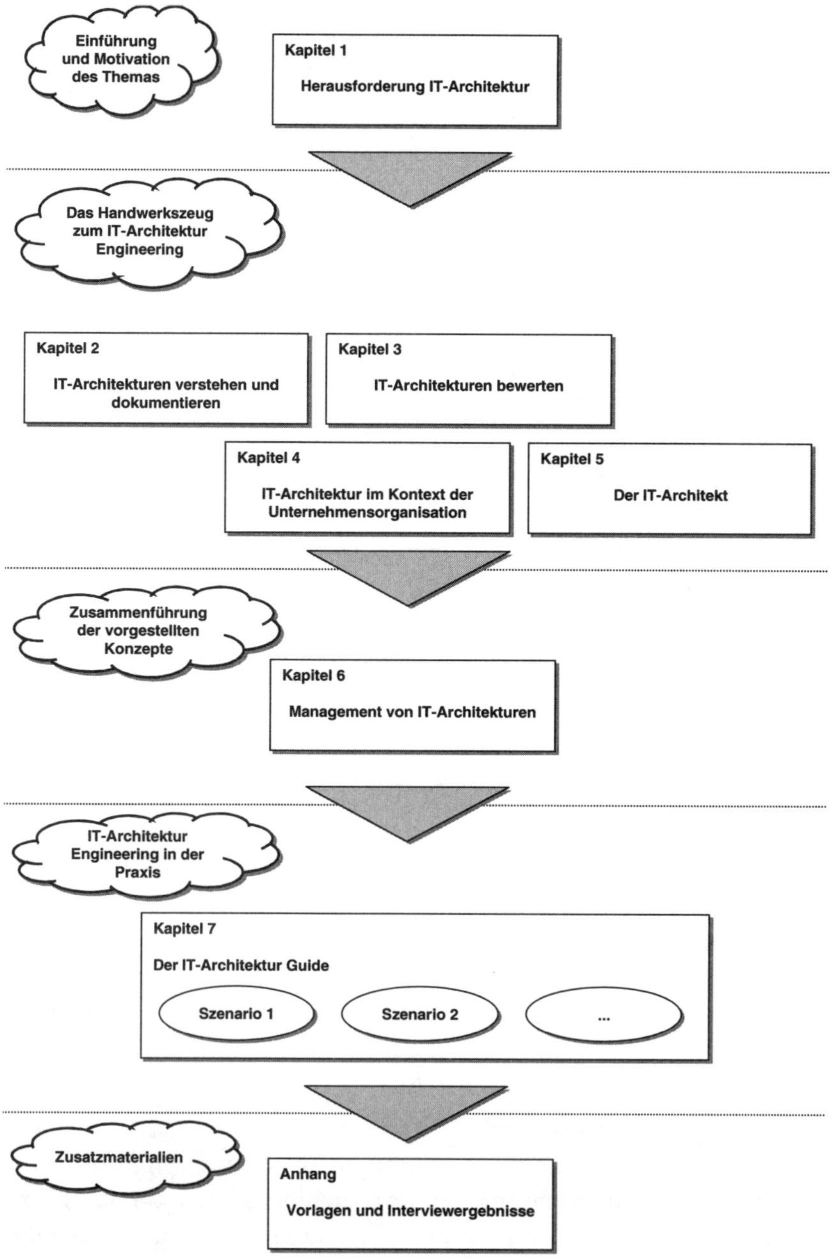

Abbildung 1.1 Der Aufbau dieses Buches

1.1.3 Der Begriff IT-Architektur

Um ein einheitliches Verständnis vom Begriff »IT-Architektur« zwischen Ihnen als Leser und uns als Autoren zu erzielen, stellen wir Ihnen in diesem Abschnitt die Definition vor, auf die wir uns stützen wollen.

Keine einheitliche Definition

Aus unserer Sicht gibt es keine etablierte Definition für den Begriff IT-Architektur. Wenn Sie sich selbst auf die Suche machen und eine umfangreiche Literatur- oder Internet-Recherche starten, dann werden Sie auf zahlreiche, zum Teil sich in der Aussage widersprechende Definitionen dieses Begriffs stoßen. Das liegt vor allem daran, dass der Begriff immer dann Anwendung findet, wenn komplexe Gebilde der IT-Welt beschrieben werden. Abstrakt formuliert ist das immer dann der Fall, wenn unterschiedliche Komponenten miteinander verbunden sind und miteinander interagieren. Die Detaillierungsebene, also die »Größe« der Komponenten, oder der Kontext, also die funktionale Anwendung, sind dabei unerheblich.

Architekturausprägungen

Insgesamt sind wir bei der Suche nach Definitionen auf eine ganze Reihe verschiedener Architekturausprägungen gestoßen:

- **Software-/Anwendungsarchitektur**
  Diese Architekturausprägung beschreibt die Bausteine (Komponenten, deren Eigenschaften, Funktionen, Klassen und Relationen) von Programmen oder Programmteilen.
- **Componentware-Architektur**
  Die Componentware-Architektur beschreibt die Software-Architektur von Software-Bausteinen in einem Unternehmen. Ein besonderes Augenmerk liegt hierbei auf der Wiederverwendung, Verteilung und Wartbarkeit der Komponenten.
- **Informationsarchitektur**
  Die Informationsarchitektur stellt Zugriffsmechanismen für die Auswertung und Aufbereitung der Unternehmensdaten bereit. Hierzu gehören beispielsweise Datawarehouse-Komponenten, OLAP- oder auch EIS-Anwendungen.
- **Groupware-Architektur**
  Die Groupware-Architektur ist das Fundament für Zusammenarbeit und Kommunikation der Mitarbeiter eines Unternehmens.

- **Datenarchitektur**
  Die Aufgabe der Datenarchitektur besteht in der Bereitstellung einer Infrastruktur, die Datendefinitionen, -management und -sicherheit ermöglicht.
- **Middleware-Kommunikationsarchitektur**
  Diese Architekturausprägung ermöglicht die einfache Kommunikation zwischen verschiedenen Softwarekomponenten in einer heterogenen und verteilten Softwarelandschaft.
- **Integrationsarchitektur**
  Die Integrationsarchitektur beschreibt das effiziente und automatisierte Zusammenwirken unterschiedlicher Anwendungsprogramme auf funktionaler Ebene zur anwendungsübergreifenden Abbildung von Geschäftsprozessen.
- **Netzwerkarchitektur**
  Die Netzwerkarchitektur definiert eine allgemeine Netzwerkinfrastruktur, die eine flächendeckende Kommunikation auf technischer Ebene abbildet.
- **Plattformarchitektur**
  Hierunter werden die Hardwareplattformen und verwendeten Betriebssysteme subsummiert.
- **Sicherheitsarchitektur**
  Die Sicherheitsarchitektur beschreibt alle Mechanismen und Techniken, die Daten und Systeme vor unberechtigten Zugriffen schützen bzw. kontrollierten Zugriff ermöglichen.
- **Systembetriebsarchitektur**
  Hierdurch werden die Werkzeuge und Anwendungen beschrieben, die für den fehlerfreien Betrieb, die Wartung und die Überwachung sowie die Instandsetzung der oben beschriebenen Architekturausprägungen verantwortlich sind.

Applikationen und Daten als Definitionsbestandteil

Schaut man sich die Menge an Architekturausprägungen an, ist es keine Überraschung, dass zwei Personen, die sich über IT-Architektur unterhalten, mit dem Begriff teilweise völlig verschiedene Bedeutungen verbinden. In Abbildung 1.2 haben wir die verschiedenen Architekturausprägungen in Beziehung zueinander gestellt. Es fällt dabei auf, dass sich einige der Architekturausprägungen horizontal einordnen, andere sich wiederum vertikal zueinander befinden. Die horizontale Anordnung stellt dabei einzelne Schichten dar, die bezüglich ihrer technischen Abhängigkeit aufeinander aufbauen. Beispielsweise wird eine Middleware, die für den Transport von Datenobjekten zuständig ist, ohne Netzwerk und Betriebssystem wenig Sinn machen. Die vertikal angeordneten Architekturausprägungen beeinflussen – je nach der in Abbildung 1.2 dargestellten Tiefe – verschiedene der horizontal angeordneten Architekturausprägungen. Beispielsweise kann die Sicherheitsarchitektur sich sowohl auf der Netzwerkebene in Form einer Firewall wiederfinden als auch auf der Software-Architekturebene in Form von Zugriffsmechanismen, die nur bestimmte Benutzer mit bestimmten Softwarekomponenten arbeiten lassen. An dieser Stelle ist es wichtig zu erkennen, dass die Architekturausprägungen im Wesentlichen die technologische Infrastruktur darstellen, um Daten durch Anwendungssysteme verarbeiten zu können.

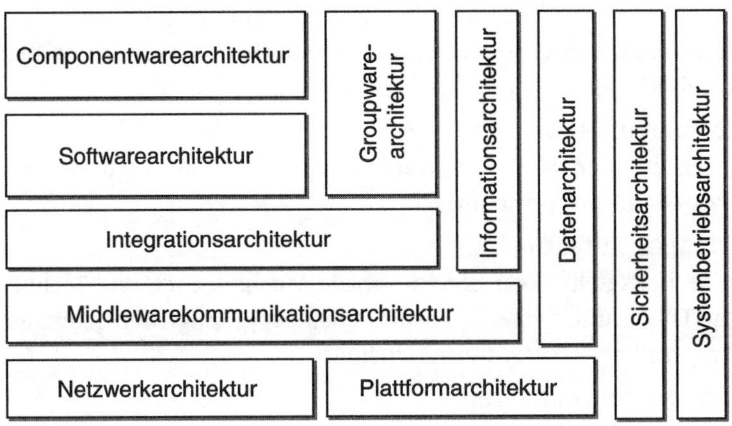

Abbildung 1.2 Hierarchie der Architekturausprägungen

Organisation als Definitionsbestandteil

In keiner der vorgestellten Architekturausprägungen ist eine über die Technologie hinausgehende Sichtweise zu finden. Technologie ist zwar wichtig, jedoch ist sie nur ein Teilaspekt einer IT-Architektur. Alle Architekturausprägungen stehen in irgendeiner Form mit der Organisation eines Unternehmens in Verbindung. Beispiele hierfür sind:

- Die Gruppe der Netzwerkadministratoren, die für den reibungslosen Ablauf der Komponenten der Netzwerkarchitektur sorgen, oder die Datenbankteams, die für die Bereitstellung geeigneter Services der Datenarchitektur zuständig sind.

- Jeder Mitarbeiter in Abhängigkeit seiner Rolle und Abteilung, in der er zum Einsatz kommt und als Anwender bestimmter Anwendungsprogramme. Er ist das Bindeglied zwischen Organisation und IT-Architektur.
- Policies und Regeln, die in der IT-Architektur definieren, welcher Hersteller für ein Hardwaresystem einzusetzen ist, welche Softwaretechnologie zum Einsatz kommen soll oder nach welchem Verfahren und von wem Änderungen an diesen Komponenten vorgenommen werden dürfen.
- Die organisatorischen Aspekte, die im Kontext der IT-Architektur von Bedeutung sind, werden insbesondere in Kapitel 4 beschrieben. Zur Herleitung unserer Definition ist hier nur wichtig, dass die Organisation eine wichtige Rolle einnimmt.

Prozesse als Definitionsbestandteil

Wie Sie später sehen werden, ist eine IT-Architektur in erster Linie dazu da, die Unternehmensprozesse abzubilden und zu unterstützen. Sie soll die Effizienz der Geschäftsprozesse steigern, Fehler bei der Bearbeitung verringern und Transparenz bezüglich der Arbeitsergebnisse schaffen. Die Geschäftsprozesse eines Unternehmens haben also eine große Bedeutung für die IT-Architektur. Sie sind der grundlegende Treiber dafür, überhaupt IT einzusetzen, und sie sind gleichzeitig die Einflussgröße, die Dynamik in die bisher statisch betrachteten Aspekte der IT-Architektur bringt. Aus diesem Grund muss unsere Definition also auch die Prozesssicht berücksichtigen.

Definition: IT-Architektur

Fasst man die oben genannten Definitionsbestandteile in einem Satz zusammen, gelangt man zu folgender Definition:

> Die IT-Architektur eines Unternehmens stellt die Gesamtheit aller Komponenten, Technologien und organisatorischen Maßnahmen dar, die die im Unternehmen vorkommenden Funktionen, Prozesse und Daten abbilden und deren Zusammenspiel ermöglichen.

Das Hauptproblem bei der Entwicklung einer guten Definition besteht darin, dass sie die wesentlichen Aspekte eines Sachverhalts herausstellen muss, vollständig sein muss und gleichzeitig nicht zu allgemein sein darf. Mit der oben genannten Definition glauben wir, trotz der Komplexität des Sachverhalts »IT-Architektur« eine hinreichend präzise Darstellung gefunden zu haben. Allerdings soll der Anspruch, eine vollständige Definition gefunden zu haben, für den Nutzen dieses Buchs nicht überbewertet werden. Es kommt vielmehr darauf an, die in den folgenden Kapiteln vorgestellten Zusammenhänge zu verstehen und Handlungsoptionen daraus abzuleiten. Sehen Sie also die Definition nicht als Dogma an, sondern als Erinnerungshilfe, um keine der verschiedenen Perspektiven aus den Augen zu verlieren.

1.1.4 Zusammenfassung

Nachdem wir nun in den ersten Abschnitten den Begriff der IT-Architektur definiert und damit den Rahmen abgesteckt haben, in dem sich dieses Buch thematisch bewegt, wollen wir uns in den folgenden Abschnitten mit der grundsätzlichen Frage beschäftigen, warum Änderungen oder Erweiterungen der IT-Architektur überhaupt Schwierigkeiten bereiten. Schließlich sollte man annehmen, dass die Welt des Software-Engineerings und Consultings das Thema bereits bestens beherrscht. Warum wir der Meinung sind, dass genau das nicht der Fall ist, besschreiben wir in Abschnitt 1.2.

1.2 IT-Architektur als Baukunst

Ar|chi|tek|tur, die, -ren Baukunst, -stil

Ein Wörterbuch erklärt uns den Begriff »Architektur« als »Baukunst« oder »Baustil«. Stellen wir uns die Pyramiden von Gizeh, Schloss Sanssouci, die Golden Gate Bridge oder den Sears Tower vor. Keines dieser Bauwerke würde noch in seiner Komplexität, Stabilität und Ästhetik bestehen, wäre den eigentlichen Bauarbeiten nicht eine sorgfältige Planung vorausgegangen. In diese Planung müssen unzählige Erfahrungen eingeflossen sein. Von statischen Berechnungen, dem Wissen um die richtigen Materialien bis hin zu deren Verarbeitung – Überlegungen zu unzähligen Aspekten waren nötig, bevor auch nur ein einziger Stein oder ein einziges Werkzeug angefasst werden konnte. Stellt man sich als Laie vor, welche Anstrengungen nötig gewesen sein müssen, um all diese Bauwerke zu erschaffen, so ist eines gewiss: Es handelt sich tatsächlich um eine Kunst.

Wir wollen in den folgenden Zeilen einige Parallelen zwischen der Erstellung von Bauwerken und der Erstellung von IT-Architekturen aufzeigen. Diese Parallelen helfen uns zu hinterfragen, ob wir heute genauso selbstverständlich ähnliche planerische Anstrengungen für unsere komplexen IT-Bauwerke erbringen, wie es die Architekten der Bauwerke aus Stein schon seit Jahrtausenden tun.

1.2.1 Die »Achillesfersen« beim Bau einer IT-Architektur

Ein Architekt hat eine Zielvorgabe. Er bekommt vom Bauherrn den Auftrag, ein Haus zu schaffen, das bestimmten Rahmenbedingungen genügt. Beispielsweise soll es mindestens zehn tageslichtdurchflutete Zimmer haben und über eine Doppelgarage, einen Dachgarten sowie ein Schwimmbad verfügen. Das Ganze möchte der Bauherr zu einem festgesetzten Maximalpreis und Termin haben. Nachdem die Anforderungen also in einer Art Fachkonzept vorliegen, macht sich der Architekt an die Arbeit. Er wird sich zur Planung des Hauses fünf Grundüberlegungen machen:

- **Einhaltung der Anforderungen**
  Die Anforderungen an das Haus sind eindeutig – wären sie es nicht, hätte der Architekt nachgefragt. Der Maximalpreis und der Endtermin stehen fest, und die eingesetzten Komponenten und Methoden müssen diesen beiden Anforderungen genügen. Zusätzlich gibt es implizite Anforderungen, bei denen die Erfahrung und Ingenieursleistung des Architekten gefragt sind. So muss er beispielsweise daran denken, keinen der zehn Räume als innenliegenden Raum ohne Außenwand bauen zu lassen, da sonst kein Tageslicht einfallen kann.
- **Ableitung zukünftiger Anforderungen**
  Ein guter Architekt wird vermutlich versuchen, zukünftige Anforderungen zu erahnen bzw. durch gezieltes Fragen zu recherchieren. Beispielsweise könnte er herausbekommen, dass der Bauherr zwar zunächst nur in dem Haus wohnen will, jedoch in ein bis zwei Jahren plant, das obere Geschoss und eventuell das Kellergeschoss als Büroräume zu nutzen. Der Architekt kann aus dieser Information ableiten, dass zu einem späteren Zeitpunkt eine umfassende Verkabelung zur Realisierung eines Netzwerks nötig sein kann. Er wird dem Bauherrn eine geeignete Empfehlung aussprechen, wie zum Beispiel den Einsatz von Leerrohren, die vom Obergeschoss bis in den Keller reichen. Zwar werden diese Leerrohre heute noch nicht unbedingt benötigt und verursachen auch zusätzliche Kosten, jedoch wären der Aufwand und die Kosten zu einem späteren Zeitpunkt wesentlich höher.

- **Korrekte Auswahl der Baumethode**
  Der Architekt wird die Reihenfolge und Ausführungsart der einzelnen Arbeitsschritte nach einem bestimmten Vorgehensmodell durchführen lassen. Er wird dabei darauf achten, dass die entsprechende Aufgabe jeweils von dafür vorgesehenen Spezialisten durchgeführt wird.
- **Korrekte Auswahl der Baukomponenten**
  Der Architekt wird überlegen, welche Materialien und Komponenten er für den Bau verwendet. So wird er z. B. daran denken müssen, dass durch den Dachgarten andere Materialanforderungen an die Dachabdichtung gestellt werden, als bei einem Haus ohne Dachgarten und die zehn lichtdurchfluteten Zimmer wird er wohl nur durch den Einsatz vieler und großer Fenster erzielen können.
- **Einhaltung von Standards**
  Der Architekt wird an allen möglichen Stellen bestimmte Standardkomponenten bzw. Standardmaße einsetzen. Türen werden die richtige Höhe haben, die Maße für Anschlüsse der Badezimmerarmaturen werden im Voraus bekannt sein, und die Größe der Doppelgarage wird genau so geplant sein, dass zwei Autos (nebeneinander) hineinpassen und ein Garagentor einer bestimmten Normgröße eingesetzt werden kann. Durch die Einhaltung von Standards spart der Architekt zum einen Geld, da er nicht sämtliche Komponenten des Hauses speziell anfertigen lassen muss. Zum anderen hält er sich mehrere Handlungsoptionen für die Zukunft offen. Falls der Bauherr zum Beispiel in zwei Jahren die Badezimmerarmaturen austauschen möchte, so kann er dies ohne weiteres tun.

Natürlich wird der Bauherr in den Planungs- und Realisierungsprozess ständig einbezogen. Unter Umständen lässt er die Pläne und das Bauvorhaben von anderer Stelle noch einmal prüfen, und vielleicht erstellt der Architekt ein Modell, also einen Prototyp von dem Haus, damit der Bauherr sich eine bessere Vorstellung vom Endergebnis machen kann und Missverständnisse frühzeitig erkannt werden können. Wahrscheinlich kommt der Bauherr auch häufiger an der Baustelle vorbei, um sich ein Bild vom Fortschritt der Arbeiten zu machen. Nach Abschluss der Arbeiten wird er gemeinsam mit dem Architekten durch das Haus gehen und eine Abnahme durchführen.

Sicherlich haben Sie bereits gemerkt, worauf wir hinauswollen. In diesem Abschnitt wollen wir die fünf Überlegungen des Architekten noch einmal genauer unter die Lupe nehmen und sie auf eine IT-Architektur übertragen. Im Fachjargon der IT-Abteilung würden die wesentlichen Punkte folgendermaßen lauten:

Wahrnehmung der IT-Architektur

- Verstehen und Beachten der Fachanforderungen und Rahmenbedingungen
- Abgleich der Fachanforderungen mit zukünftigen geplanten Entwicklungen
- Korrekte Auswahl der Design- und Entwicklungsmethode
- Korrekte Auswahl der Applikationen und Softwarekomponenten
- Verwendung von Standards

Wir kennen viele IT-Architekturen, die sich in einem (gelinde gesagt) fürchterlich chaotischen Zustand befinden. Ausprägungen dieses Zustands sind eine unzureichende funktionale Abdeckung, eine schlechte Wartbarkeit mit hohem finanziellen Aufwand und eingeschränkte Möglichkeiten, neue Anforderungen in einem angemessenen Zeitrahmen zu realisieren, ohne unerwünschte Nebeneffekte zu erzeugen. Für diese negativen Ausprägungen ist in der Regel einer oder mehrere der oben genannten Punkte verantwortlich. Einer der Hauptgründe, warum ein Unternehmen bei Veränderungen der IT-Architektur diese Punkte nicht beachtet, besteht darin, dass die IT-Architektur nicht als solche gesehen und bewertet wird. Im schlimmsten Fall folgt daraus, dass die Unternehmen ihre IT-Bautrupps ohne Architekten auf die Projekte loslassen. Auch wenn einige der innovativeren Unternehmen bereits Architekturteams oder vergleichbare Arbeitsgruppen eingerichtet haben, so decken sie damit nur selten alle Aufgabenfelder ab, um Architekturentscheidungen vernünftig treffen zu können. In Kapitel 4 untersuchen wir die Rolle der heute etablierten Architekturteams genauer.

1.2.2 Ursachen für die Entstehung von Brüchen in der Architektur

Normalerweise sollte man denken, dass heute bei Veränderungen der IT-Architektur die fünf oben genannten Punkte nicht mehr ignoriert werden, denn prinzipiell orientieren sich die dort gestellten Forderungen an den allgemeinen Anforderungen, die an jedes IT-Projekt gestellt werden und fast schon wie eine Selbstverständlichkeit erscheinen. Dennoch treten sie in der Praxis immer wieder auf.

Verstehen und Beachten der Fachanforderungen und Rahmenbedingungen

Fachabteilung versus IT-Abteilung

Die Fachanforderungen stellen sozusagen die Initialzündung für den Start eines IT-Projekts dar. Würden sich die Fachanforderungen niemals ändern, so würde auch niemals eine Veränderung der IT-Architektur nötig sein. Ein vollkommenes Verständnis dessen, was umgesetzt werden soll, ist damit die Voraussetzung für ein erfolgreiches Projekt. Normalerweise erstellt eine Fachabteilung ein Fachkonzept, in dem die Anforderungen beschrieben sind. Oftmals lassen diese fachlichen Beschreibungen aber einen enormen Interpretationsspielraum zu, so dass die Mitarbeiter, die letztendlich für die Umsetzung verantwortlich sind, nur durch viele Fragen und konkrete Umsetzungsvorschläge ein Bild dessen bekommen, was sie eigentlich zu tun haben. Zeitlicher Druck und der Weg des geringsten Wiederstandes tragen allerdings oft dazu bei, dass die Mühe, die Fachanforderungen genau zu ermitteln, häufiger vernachlässigt wird. Manche Unternehmen sind daher dazu übergegangen, die Fachkonzepte schwerpunktmäßig von den IT-Abteilungen mit Unterstützung durch die jeweilige Fachabteilung erstellen zu lassen, doch auch dieser Weg stellt sich als nicht optimal heraus. Der IT-Abteilung fehlt häufig der nötige fachliche Hintergrund, um abzuschätzen, welche Priorität eine Anforderung tatsächlich aufweist, die Fachabteilung hingegen bringt wenig Verständnis für technische oder architekturbedingte Einschränkungen auf, so dass ein Projekt nicht selten durch den alten Kampf »Fachabteilung versus IT« beeinträchtigt wird. Das Ergebnis dieser Auseinandersetzungen sind komplexere und wenig verständliche IT-Architekturen, die die fachlichen Anforderungen nicht erfüllen.

Ableitung zukünftiger Anforderungen

Vorausschau und Anforderungsmanagement leiten einen geregelten Änderungsprozess ein.

Gehen wir noch mal zurück zu unserem Bauherrn und dem Architekten. Es ist offensichtlich, dass der Bauherr den Vorschlag, bereits heute Leerrohre verlegen zu lassen, die gegebenenfalls erst in zwei Jahren benötigt werden, nicht ablehnen wird, da er seine zukünftige Anforderung ja bereits ungefähr kennt und weiß, dass wesentlich höhere Kosten auf ihn zukommen, wenn er die Verkabelung in einem fertiges Haus ohne Leerrohre installieren lassen muss. Eine weitere Alternative, die der Bauherr hat, wenn er den Vorschlag ablehnt und kein zusätzliches Geld ausgeben will, besteht darin, die Kabel einfach auf den Putz zu legen und Löcher in die Wände und Decken zu bohren. Er verdirbt also sozusagen sukzessive die Architektur seines Hauses.

Insbesondere den letzten Punkt trifft man heute in den Unternehmen immer wieder an. Im Gegensatz zu unserem Bauherrn steht ein Unternehmen aber vor etwas anderen Rahmenbedingungen. Einerseits sind zukünftige Anforderungen noch nicht hinreichend bekannt, oder zumindest beschäftigt man sich erst damit, wenn sie aktuell anstehen. Andererseits stellen die zeitlich orientierten Budgetgrenzen eine erhebliche Hürde dar, denn welcher Budgetverantwortliche gibt heute ohne weiteres zusätzliches Geld für Eigenschaften der IT-Architektur aus, die gegebenenfalls in zwei Jahren einer anderen Abteilung zugute kommen. Manche Unternehmen versuchen diesem Problem durch die Etablierung eines Anforderungsmanagements zu begegnen. In diesem Fall kümmert sich eine eigene Organisationseinheit um die Konsolidierung von Anforderungen und die Identifikation von abteilungsübergreifenden Synergieeffekten. Welche Bedeutung ein Anforderungsmanagement für die IT-Architektur hat, wird in Kapitel 4 beschrieben.

Korrekte Auswahl der Design- und Entwicklungsmethode

In diesem Punkt haben bereits viele Unternehmen gelernt, auf entsprechende Methoden zurückzugreifen und das richtige Know-how bei den Mitarbeitern zu entwickeln. Allerdings kommt es insbesondere in kleineren Unternehmen häufig vor, dass die Design- und Entwicklungsmethode nicht an den Anforderungen der Aufgabenstellung ausgerichtet wird, sondern an dem Know-how der Mitarbeiter, das aktuell verfügbar ist. Wie Sie in den Kapiteln 4 und 6 sehen werden, kann man aber den Zielkorridor für die Architekturentscheidungen durchaus auf einen bestimmten methodischen Bereich einschränken, der sich natürlich an den Fähigkeiten der Mitarbeiter ausrichten muss.

Korrekte Auswahl der Applikationen und Softwarekomponenten

Es gibt eine Reihe von Verfahren zur Auswahl der richtigen Softwarekomponenten. In mehrstufigen Nutzwertanalysen werden gewichtete Kriterien gegenübergestellt, um am Ende eine Maßzahl für die Anforderungsabdeckung zu erhalten. In der Praxis kommt es hier häufig zu zwei Problemen. Häufig sind nicht alle Kriterien aufgeführt, die für eine korrekte Auswahl wichtig sind. Neben rein fachlichen, finanziellen und technischen Anforderungen gehören auch Kriterien, die durch die IT-Architektur vorgegeben werden, in die Bewertung hinein. Viel schwieriger ist jedoch die Softwareauswahl nach der »Golfplatzmethode«, bei der keine inhaltlichen oder sachlichen Kriterien zur Auswahl führen, sondern nur persönliche oder politische Präferenzen eine Rolle spielen.

Es kommt darauf an, mit den Unzulänglichkeiten der IT-Architektur leben zu können.

Eine IT-Architektur wird immer mit Unzulänglichkeiten leben müssen und nie »fertig« sein. Jedoch können ein Unternehmen oder die für die Architektur verantwortlichen Personen lernen, mit diesen Unzulänglichkeiten umzugehen, sie beherrschbar zu machen und im nächsten Redesignzyklus auf den richtigen Weg zu bringen.

Verwendung von Standards

Die Verwendung von Standards sorgt für Sicherheit und Stabilität in einer IT-Architektur. Zum einen wird die Unabhängigkeit von Hard- und Softwareherstellern sichergestellt. Zum anderen kann das Know-how zu standardisierten Technologien, Protokollen oder Verfahren leichter am Markt beschafft werden und liegt nicht undokumentiert in den Köpfen einiger Schlüsselpersonen, die für das Unternehmen plötzlich unverzichtbar und teuer werden. Darüber hinaus sind standardisierte Konzepte aufgrund einer großen Anwenderzahl normalerweise ausgereifter und leitungsfähiger als proprietäre Lösungsansätze. Zudem sind auch die Schwächen und Einschränkungen von Standards bekannt, so dass ihnen mit geeigneten Maßnahmen begegnet werden kann.

Als Hauptkritikpunkt bei Standards werden häufig die fehlende Flexibilität und eine mangelnde Anforderungsabdeckung genannt. Je nach konkreter Problemstellung kann es durchaus sein, dass kein Standard zum Einsatz kommen kann und eine eigene Lösung entwickelt werden muss. Einzig die Konformität mit der IT-Architektur und eine hinreichende Prüfung auf die Möglichkeit zur Verwendung eines Standards müssen berücksichtigt werden.

1.2.3 Zusammenfassung

In den vorangegangenen Abschnitten haben wir herausgearbeitet, warum die IT-Architektur oftmals nicht die Qualität aufweist, die von ihr erwartet wird. Dabei haben wir uns bis zum gegenwärtigen Zeitpunkt auf Aspekte gestützt, die im Rahmen der Softwareentwicklung oder des klassischen IT-Projektgeschäfts hinlänglich bekannt (wenn auch oft unbeachtet) sind. Diese Aspekte sind jedoch grundsätzlich lokal und nur auf ein Einzelproblem bezogen von Relevanz. Was uns zu diesem Zeitpunkt noch fehlt, ist eine übergreifende Betrachtungsweise, die dem gleichermaßen übergreifenden Charakter der IT-Architektur in einem Unternehmen gerecht wird. Denn der primäre Grund für die oftmals zu teuren und qualitativ als minderwertig eingestuften IT-Architekturen ist die fehlende Berücksichtigung verschiedenster Rahmenbedingungen, wenn Änderungen oder Erweiterungen der Architektur vorgenommen werden sollen. Man könnte auch sagen, dass die Änderungen einer IT-Architektur viel zu selten einer strategischen Linie folgen.

Ein Unternehmen muss aber über eine Architekturstrategie verfügen, an der sich Architekturentscheidungen ausrichten können, damit die Weiterentwicklung der IT-Architektur auf ein definiertes Ziel ausgerichtet ist und mit hoher Qualität und Vorausschau vorangetrieben werden kann. Leider ist für viele Unternehmen die Definition von Styleguides oder Produktpolicies[1] gleichbedeutend mit der Definition der Architekturstrategie. Fast immer fehlt ein umfassendes Rahmenwerk, das Architekturentscheidungen auf Unternehmensebene den Weg weist. Konkret bedeutet das, dass nicht nur das aktuelle Projekt oder Problem betrachtet werden darf, sondern auch Abhängigkeiten zu anderen Projekten identifiziert und insbesondere die Wechselwirkungen im gesamten Umfeld der IT-Architektur berücksichtigt werden müssen.

Ohne Architekturstrategie wird sich die IT-Architektur niemals verbessern.

Wir führen daher in Abschnitt 1.3 eine Darstellung ein, die wir als das *Unternehmensökosystem IT-Architektur* bezeichnen. Die mit der Darstellung verbundenen Ideen tauchen immer wieder in den verschiedenen Kapiteln des Buches auf, und die meisten Überlegungen, die wir im Folgenden anstellen, liegen ihr zugrunde. Alle beschriebenen Aspekte sind immer vor dem Hintergrund dieser Darstellung zu sehen.

1.3 Das Unternehmensökosystem IT-Architektur

In der Biologie beschreibt der Begriff »Ökosystem« die Kausal- bzw. Funktionszusammenhänge von Organismen und die Wechselbeziehungen der Lebewesen mit ihrer Umwelt. Das Unternehmensökosystem IT-Architektur beschreibt diese Zusammenhänge und Wechselbeziehungen in ähnlicher Weise bezogen auf die Teile eines Unternehmens, die in Wechselbeziehung mit der IT-Architektur stehen. Für unsere weiteren Ausführungen sind dabei die folgenden Aspekte relevant:

Wechselwirkungen der Komponenten einer IT-Architektur

1 Hiermit ist zum Beispiel die Bevorzugung bestimmter Softwarehersteller oder Technologien gemeint.

- Wertschöpfung
- Unternehmensstrategie
- Applikationen
- Daten
- Prozesse
- Organisation

Technische und nicht-technische Aspekte sind von Bedeutung.

Bei dieser Aufzählung werden Sie feststellen, dass wir nicht nur technische Aspekte berücksichtigen, sondern dass auch organisatorische und unternehmensstrategische Themen wichtig sind. Wir etablieren hierdurch eine Perspektive, die es erlaubt, IT-Entscheidungen vor dem Hintergrund der inhaltlichen Geschäftstätigkeit eines Unternehmens abzuwägen, zu verifizieren und erfolgreich zu treffen. Es mag trivial erscheinen, dass man nicht nur technische, sondern auch inhaltliche Kriterien betrachtet, und vermutlich wird fast jeder (IT-)Entscheider von sich behaupten, genau das zu tun. Interessanterweise liegt aber genau hier die größte Unstimmigkeit zwischen dem Denken und dem Handeln. Sicherlich werden bei Architekturentscheidungen betriebswirtschaftliche Aspekte wie Budgets, ROI-Rechnungen und die »Total Cost of Ownership« eines Systems betrachtet. Es ist jedoch zu bezweifeln, ob eine IT-Architekturentscheidung mit den eigentlichen Unternehmenszielen konform ist, eine potenzielle Unternehmensentwicklung auf der Zeitachse in die Entscheidung mit einbezogen wurde oder auch perspektivische Verschiebungen in der Organisationsstruktur berücksichtigt wurden. Selbstverständlich bedeutet das nicht, dass jetzt jeder Mitarbeiter, der eine Architekturentscheidung zu treffen hat, sich mit all diesen Aspekten auseinander setzen muss, schließlich hat wohl kaum eine einzelne Person den Überblick über sämtliche Facetten und Konsequenzen ihrer Entscheidung. Es kommt vielmehr darauf an, dass ein verbindliches Rahmenwerk in einem Unternehmen existiert, mit dem eine Architekturentscheidung abgeglichen werden kann und das Abhängigkeiten und Konsequenzen einer Entscheidung transparent macht, die bei einer lokalen Perspektive niemals auffallen würden. Eine Entscheidung kann in einer Momentaufnahme von heute und unter einer lokalen Perspektive perfekt und richtig erscheinen; unter globalen und in die Zukunft gerichteten Gesichtspunkten kann die Entscheidung allerdings alles andere als richtig sein. Das Problem bei mittel- oder längerfristig angelegten Architekturentscheidungen ist natürlich, dass man hinterher immer schlauer ist als vorher, und in der Retrospektive ist es müßig, darüber zu diskutieren, ob eine andere Entscheidung vielleicht »richtiger« gewesen wäre.

Wir saßen vor einiger Zeit mit dem Bereichsleiter für IT und Organisation eines Telekommunikationsunternehmens zusammen und haben genau über dieses Thema diskutiert. Er sagte schließlich, dass sich kein Entscheider einen Vorwurf machen müsse, wenn sich eine Entscheidung, die er vor drei Jahren getroffen hat, heute als falsch herausstellt, sofern sie damals vernünftig geprüft und argumentierbar erschien, schließlich sei er ja kein Glaskugelleser, sondern ein IT-Leiter. Wir können dieser Aussage nur bedingt zustimmen. Sicherlich wird man nie die Zukunft vorhersagen können, und es wird unmöglich sein, stets die perfekte Entscheidung bei den IT-Systemen zu treffen, dazu sind Unternehmen, Technik, Organisation und die dort vorherrschen politischen Spielchen zu komplex. Allerdings ist es möglich, einen Zielkorridor zu definieren, der es erlaubt, Entscheidungen unter definierten Voraussetzungen so zu treffen, dass sie eine höhere Beständigkeit für die Zukunft haben. Es ist möglich, die Konsequenzen einer Entscheidung umfassender zu erkennen und zu bewerten.

Mit dem in Abbildung 1.3 dargestellten Unternehmensökosystem IT-Architektur legen wir zum einen die Themen fest, die in einer Wechselwirkung mit der IT-Architektur stehen, und definieren zum anderen die Basis, an der sich ein Entscheidungskorridor orientieren muss.

Das Unternehmensökosystem IT-Architektur als Basis für alle Architekturüberlegungen

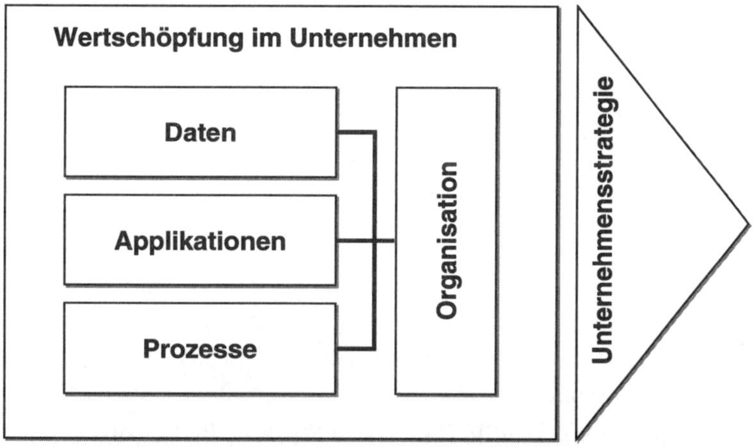

Abbildung 1.3 Das Unternehmensökosystem IT-Architektur

1.3.1 Wertschöpfung als Grundmotivation

Wertschöpfung im Unternehmen bedeutet nichts anderes, als aus Rohstoffen, Ideen und der Arbeitskraft der Mitarbeiter Produkte und Dienstleistungen zu erstellen und damit Gewinne zu erwirtschaften.

Sie ist sozusagen die Grundmotivation, aus der heraus ein Unternehmen überhaupt betrieben wird. Implizit steht damit die Wertschöpfung im Mittelpunkt des Denkens und Handelns eines jeden Mitarbeiters. Beispielsweise macht sich das Top-Management Gedanken darüber, welche Strategien es zu verfolgen gilt, wie die Strategien umgesetzt werden können und wie das eigene Unternehmen im Vergleich zur Konkurrenz dasteht. Das mittlere Management versucht die Strategien umzusetzen, die Voraussetzungen zu schaffen, die operativen Einheiten möglichst effizient einsetzbar zu machen und einen möglichst vollständigen Überblick über die Controllingzahlen zu erhalten. Die operativen Bereiche beschäftigen sich mit der Produktion und dem Vertrieb von Waren oder Dienstleistungen, beispielsweise mit dem Kundenservice. In den Köpfen all dieser Mitarbeiter ist der Dreh- und Angelpunkt die inhaltliche Ausrichtung des Unternehmens, die letzten Endes der Wertschöpfung dient. Genau genommen stellt die Wertschöpfung also den eigentlichen Unternehmenszweck dar. Wenn man diesen Gedanken im Hinterkopf behält, so soll natürlich jede Investition in die IT-Architektur und jede Arbeit, die sich mit diesem Aufgabengebiet beschäftigt, der Wertschöpfung dienen.

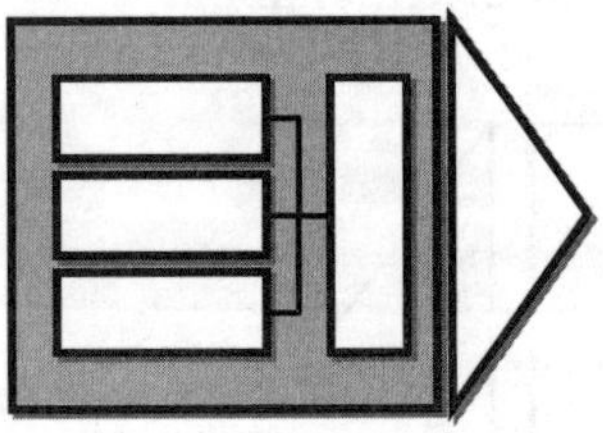

Abbildung 1.4 Wertschöpfung im Unternehmen

Beitrag der IT-Architektur zur Wertschöpfung

Die betriebswirtschaftliche Literatur definiert die Wertschöpfung darüber, inwieweit ein Geschäftsprozess für die Erstellung eines Produkts oder einer Leistung relevant ist bzw. entscheidenden Einfluss auf die Erstellung nimmt. Je nachdem, wie stark dieser Einfluss ist, belegt der entsprechende Geschäftsprozess einen höheren Rang bzw. größere Wichtigkeit für die Wertschöpfung. Wenn wir uns die enorme Durchdringung sämtlicher Unternehmensbereiche und Geschäftsprozesse durch die IT vorstellen, wird auch klar, dass es offenbar Teile der IT-Architektur geben muss, die als wichtiger für die Wertschöpfung *angesehen* werden als andere. In der Praxis wird hieraus häufig abgeleitet, dass auf die »wichtigeren« Teile der Architektur größeres Augenmerk gelegt werden sollte und in sie letzten Endes mehr Geld investiert werden müsse. Wenn wir die IT-Architektur als Ganzes betrachten, ist diese Einstellung nur teilweise richtig. Natürlich gibt es unternehmenskritische Systeme, die unmittelbar für die Aufrechterhaltung des Geschäftsbetriebs notwendig sind und die selbstverständlich höher eingestuft werden müssen. Doch auch diese Systeme stellen nur einen Teil der Gesamtarchitektur dar und stehen mit einer Vielzahl von »unwichtigeren« Sekundärsystemen in Verbindung. Diese Abhängigkeiten und Wechselwirkungen zwischen den Systemen sind oftmals nicht hinreichend gut bekannt,[2] und so kann der Ausfall eines wenig beachteten Systems ebenso zu negativen Konsequenzen führen wie der eines viel beachteten.

Für ein Unternehmen ist es daher einerseits wichtig, diese Abhängigkeiten zu kennen und die Auswirkung einer Architekturentscheidung auf die Wertschöpfung abzuschätzen. Andererseits soll eine Architekturentscheidung aber auch mit Blick in die Zukunft getroffen werden, um keine negativen Auswirkungen auf die zukünftige Wertschöpfung zu haben. Hierin besteht die eigentliche Herausforderung.

1.3.2 Prozesse als der innere Zusammenhalt eines Unternehmens

Formal gesehen, ist ein Geschäftsprozess nichts anderes als eine Definition dessen, welche Arbeitsschritte unter welchen Voraussetzungen durchgeführt werden sollen. Er stellt sicher, dass garantiert alle notwendigen Schritte zur Erledigung einer Aufgabe durchgeführt werden, dass die Arbeitsschritte standardisiert ausgeführt werden und dass sie kontrollierbar und ihre Ergebnisse messbar sind.

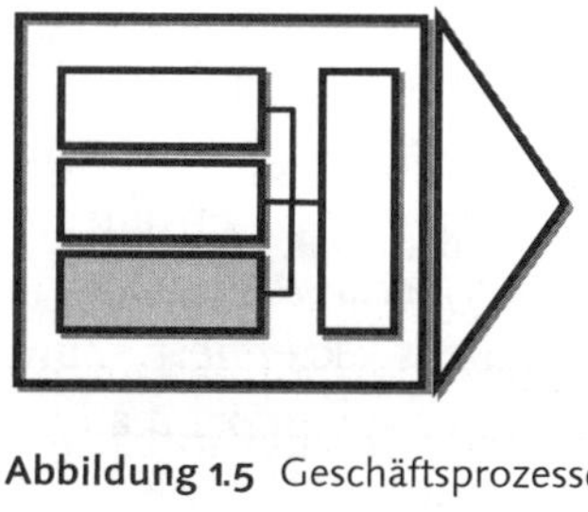

Abbildung 1.5 Geschäftsprozesse als der innere Zusammenhalt eines Unternehmens

2 Es geht hier in erster Linie nicht um die direkte Abhängigkeit zweier Systeme, sondern um Abhängigkeiten, die mehrere Indirektionsstufen enthalten, die sich normalerweise der Kenntnis der Systemverantwortlichen entziehen und erst recht der nicht dokumentiert sind.

Geschäftsprozesse sind der innere Zusammenhalt eines Unternehmens.

Wie in Abschnitt 1.3.1 beschrieben wurde, denkt das Unternehmen normalerweise in den Dimensionen seiner Geschäftstätigkeit bzw. in den Dimensionen der Wertschöpfungskette, die letztendlich sämtliche Geschäftsprozesse umfasst. Hieraus folgt, dass sämtliche Tätigkeiten, Überlegungen und Prioritäten eines Unternehmens über die Geschäftsprozesse und Geschäftsregeln[3] abgebildet werden. Die Geschäftsprozesse stellen somit den inneren Zusammenhalt eines Unternehmens dar, weshalb wir ihnen bei den kommenden Diskussionen eine hohe Bedeutung beimessen. Wenn wir jetzt den Zusammenhang der Unternehmensprozesse mit der IT-Architektur betrachten, wird klar, welche wichtige Rolle die IT spielt.

Fast sämtliche Geschäftsprozesse eines Unternehmens werden heute durch die IT-Architektur abgebildet und mehr oder weniger gut unterstützt. Kaum ein Arbeitsschritt kann sich noch einer digitalen Dokumentation entziehen. Eine unzureichende IT-Architektur nimmt daher direkt Einfluss auf die reibungslose Funktionsweise des Unternehmens. Es kommt oft genug vor, dass ein Anwendungssystem dem Unternehmen vorschreibt, wie ein Geschäftsprozess auszusehen hat, da es umgekehrt schwierig oder gar unmöglich sein kann, den Prozess, wie er eigentlich gewünscht ist, im Anwendungssystem abzubilden. Diese ungenügende Unterstützung durch das Anwendungssystem führt häufig dazu, dass die Mitarbeiter das System nicht akzeptieren und daran vorbei arbeiten. Hierzu ein Beispiel:

Akzeptanz ist Erfolgstreiber der IT-Architektur.

Bei einem unserer Kunden, der viele interne und externe Projekte abwickelt, wird ein Projektcontrolling-System eingesetzt. Hier müssen die Projektleiter die Projektrahmendaten erfassen, zum Beispiel Termine für Meilensteine festgelegen. Sämtliche Mitarbeiter müssen Projektzeiten entsprechend der am Tag geleisteten Tätigkeiten auf die Projekte buchen. Am Monatsende erfasst der Projektleiter buchhaltungsrelevante Daten, wie z.B. die Schätzung der unfertigen Leistungen, und schließt den Monat ab. Danach werden die Daten an die Lohn- und Finanzbuchhaltung übertragen. Das System wird aus verschiedenen Gründen von den Projektleitern nicht akzeptiert: Zum einen ist es zu langsam, um eine zügige Arbeit zu erlauben, zum anderen bildet es die tatsächlichen Anforderungen, die die Projektleiter zum Controlling ihrer Projekte benötigen, nur unzureichend ab. Außerdem sind die Reportingfunktionalitäten für die Praxis unbrauch-

3 Im Folgenden sprechen wir nur noch von den Geschäfts- oder Unternehmensprozessen, wobei wir hier die Geschäftsregeln implizit mit einbeziehen.

bar. Die Folge ist, dass fast alle Projektleiter ihre eigene Anwendung erstellt haben oder ihr komplettes Projektcontrolling mit Hilfe einer Tabellenkalkulation durchführen. Die Abbildung der Projektstruktur im Projektcontrolling-System wird von den Projektleitern immer möglichst einfach gehalten, um nicht unnötig viel Eingabeaufwand zu erzeugen, und die tatsächliche Struktur wird in der Tabellenkalkulation gepflegt. Die Projektleiter geben nur die Daten in das Projektcontrolling-System ein, die tatsächlich nötig sind, um den Monat abzuschließen. Das Anwendungssystem agiert daher nur als Dummysystem und spiegelt Daten wider, die alles andere als die Realität darstellen. Hieraus entstehen weit reichende Konsequenzen. Zum einen hat die nächste Führungsebene keine Chance, ein konsolidiertes Controlling über die eingetragenen Projekte durchzuführen, zum anderen erhält die Buchhaltung teilweise falsche Werte, da die Projektleiter Änderungen in Projektbudgets oder Mehraufwände nur in ihren eigenen Kalkulationstabellen konsequent nachpflegen. Das System verfehlt also komplett seinen Einsatzzweck und ist obendrein noch gefährlich, weil es unter Umständen für Unstimmigkeiten in der Buchhaltung sorgt. Außerdem hat es einen Wildwuchs an diversen Projektcontrolling-Lösungen verursacht.[4]

Das Beispiel zeigt, dass ein Anwendungssystem, das die Prozesse nicht so abbildet, wie sie von den Mitarbeitern ausgeführt werden, schlichtweg umgangen wird, wenn dies möglich ist. Diese Umgehung findet man selbst bei großen ERP-Systemen wieder, wo zum Beispiel bestimmte Mussfelder mit unsinnigen Zeichen gefüllt werden.

Architekturentscheidungen können nur mit einer vorhandenen Strategie getroffen werden.

Die unzureichende Abbildung eines Geschäftsprozesses durch ein Anwendungssystem beruht häufig auf falschen Architekturentscheidungen. So kann es sein, dass die IT-Architektur die Auswahl eines Systems nur auf bestimmte Hersteller oder Technologien einschränkt oder andernfalls einfach zu teuer wird. Ein gutes Beispiel hierfür sind Integrationssaufwände, die entstehen, wenn man die Anwendung ohne einen Konnektor zur unternehmensweiten EAI-Plattform nicht in die Systemlandschaft integrieren kann. In diesem Fall wird halt das gekauft, was sich technisch besser anbinden lässt, und nicht das, was die Geschäftsprozesse unterstützt. Hier wird eine unzureichende Anforderungsabdeckung tatsächlich durch die technische Einschränkung der EAI-Plattform ausgelöst. Nur eine konsequente Architektur-

4 Zum Zeitpunkt der Drucklegung dieses Buches hat unser Kunde voraussichtlich diesen Missstand durch den Einsatz eines neuen Systems beseitigt.

strategie kann solche Eskapaden verhindern und dafür sorgen, dass die Unternehmensprozesse dauerhaft in gleich bleibender Qualität unterstützt werden.

1.3.3 Unternehmensstrategie als Treiber für Veränderung und Dynamik

Wie oben bereits erwähnt wurde, hängt ein Unternehmen fundamental vom reibungsfreien Ablauf seiner Geschäftsprozesse ab, und der reibungsfreie Ablauf der Geschäftsprozesse wird fundamental von der zu Grunde liegenden IT-Architektur getragen. Welche Konsequenzen haben diese Zusammenhänge für ein Unternehmen?

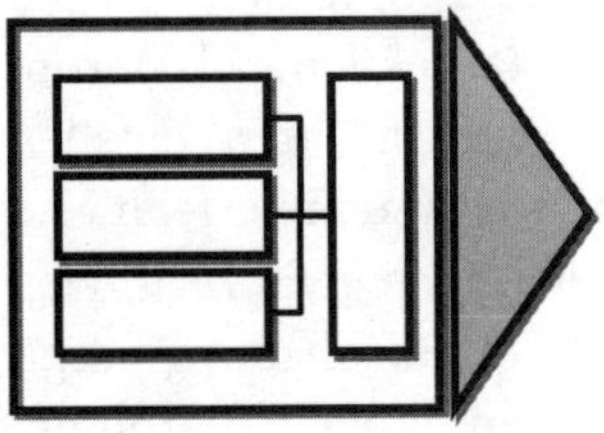

Abbildung 1.6 Die Unternehmensstrategie als Treiber für Veränderung und Dynamik

Stellen wir uns eine statische Welt vor. In dieser Welt behält ein Unternehmen immer dieselbe Größe, produziert und verkauft immer dieselben Produkte, hat immer mit denselben Geschäftspartnern zu tun und wird nie von Änderungen im Wirtschafts- und Steuerrecht tangiert. In dieser Welt haben die Zusammenhänge zwischen der Unternehmensstrategie, den Geschäftsprozessen und der IT-Architektur keine große Bedeutung. Die Systeme und Anwendungsprogramme sind aufeinander abgestimmt, wurden in der Verarbeitungsgeschwindigkeit optimiert, greifen nahtlos ineinander und müssen nie modifiziert werden. Eine schöne Welt – nur leider keine realistische!

Wettbewerbsvorteile liegen in der Fähigkeit zur Dynamik und zu Veränderungen.

In der wirklichen Welt sind Unternehmen jeder Branche und Größe einer fortwährenden Dynamik unterworfen. Die Globalisierung der Märkte, das Internet und die ständige Forderung nach Innovationen zwingt die Unternehmen, über den Tellerrand hinaus zu schauen. Neue Geschäftsmodelle und ständig neue Produkte mit immer kürzeren Produktlebenszyklen werden entwickelt, und den Unternehmen wird eine ungeahnte Flexibilität und Geschwindigkeit bei der Reaktion auf neue Marktanforderungen abverlangt. Die hohe Geschwindigkeit und der stetige Wandel lassen keine Stabilisierung der Geschäftsprozesse zu. Ein Unternehmen, das nicht mehr in der Lage ist, auf stetige Veränderung zu reagieren und permanent seine Geschäftsprozesse den neuen Bedingungen anzupassen, wird jeden Wettbewerb verlieren. Die wahren Wettbewerbsvorteile liegen heute in der Freisetzung der Potenziale zur Dynamisierung der Geschäftsprozesse.

Schauen wir uns hierzu ein Beispiel an: Wenn heute sämtliche Ihrer Mitbewerber einen Internetshop anbieten und im 24-Stunden-Service dort bestellte Waren ausliefern können, so werden Sie nicht umhin kommen, Ihren Kunden ein ähnliches Angebot zur Verfügung zu stellen. Obwohl es sich bei dem Internetshop nur um einen weiteren Vertriebsweg handelt, so hat dessen Realisierung weit reichende Auswirkungen auf Ihre Prozesslandschaft. Sie müssen entsprechende Zahlungsmöglichkeiten bereitstellen, gegebenenfalls einen Prozess zur automatisierten Bonitätsprüfung etablieren oder auch einfach nur die Bestellmengen zeitnah in Ihre Materialbedarfsplanung einfließen lassen. Kunden, die über das Internet bestellt haben, wollen zum Beispiel ständig in der Lage sein, sich online über den Status der Bestellung zu informieren, und eine Reklamation zu einer Online-Bestellung soll natürlich nicht nur über das Internet, sondern vielleicht auch per Anruf über das Callcenter erfasst werden können.

In Abbildung 1.7 sind drei wesentliche Einflussfaktoren der Unternehmensstrategie auf die Unternehmensprozesse dargestellt. Im Folgenden wollen wir diese Einflussfaktoren kurz erläutern und einige Beispiele dazu liefern. Neben den drei genannten Einflussfaktoren werden Ihnen natürlich noch beliebige andere Faktoren einfallen, die sich auf Ihre Unternehmensprozesse auswirken. An dieser Stelle ist es nur wichtig, dass wir den Gedanken an den Zusammenhang mit dem Unternehmensökosystem IT-Architektur im Hinterkopf behalten.

- **Wachstum**
  Das Wachstum eines Unternehmens kann unterschiedlich definiert sein. Es kann sich in der Steigerung von Umsatz, der Kunden- oder Mitarbeiteranzahl oder auch in der Ausweitung der Geschäftstätigkeit auf andere Märkte bemerkbar machen. Unabhängig davon, wie ein Unternehmen sein Wachstum definiert, kann man sich vorstellen, dass hier umfangreiche Auswirkungen auf die Unternehmensprozesse zu erwarten sind. Hierfür gibt es zahlreiche Beispiele. Eine Ausweitung der Geschäftsaktivitäten auf andere Länder wird zum Beispiel die Abbildung der gesetzlichen Rahmenbedingungen in den Abrechnungssystemen erfordern. Vielleicht werden ausländische Mitarbeiter eingesetzt, so dass die Anwendungssysteme plötzlich

mehrsprachige Dialoge darstellen müssen. Wichtig ist nur zu erkennen, dass wachsende Unternehmen stetig die innere Komplexität ihrer Prozesse und damit auch ihre IT-Architektur erhöhen.

- **Innovation**
  Ein Unternehmen, das mit neuen Produkten oder Produktvarianten an den Markt geht, wird nicht nur von der Änderung der Geschäftsprozesse betroffen sein, sondern gegebenenfalls völlig neue Prozesse definieren müssen. Der Mobilfunkanbieter, der neuerdings auch mobile Zahlungssysteme anbietet, wird sich über eine Vielzahl von Prozessänderungen Gedanken machen müssen, zum Beispiel Plausibilitätsprüfungen für die verschiedenen Transaktionen, um Missbrauch einzudämmen.
- **Kommunikation**
  Die Kommunikation eines Unternehmens mit vielen verschiedenen Partnern auf der Basis unterschiedlicher Medien stellt eine dritte wesentliche Einflussgröße auf die Unternehmensprozesse dar. Zur Kommunikation gehört beispielsweise die weiter oben angesprochene Einführung eines Internetshops, der ja einen völlig neuen Interaktionskanal mit dem Kunden darstellt. Ein anderes Beispiel stellt die Zusammenarbeit von Zulieferer und Hersteller in der Automobilindustrie dar. Hier werden Geschäftsprozesse unternehmensübergreifend abgebildet, wenn zum Beispiel der Automobilhersteller den Lagerbestand eines bestimmten Bauteils direkt in den Systemen des Zulieferers abfragen kann.

Jedes Unternehmen sieht sich diesen Einflussfaktoren ausgesetzt, und jedes Unternehmen wird sich in letzter Konsequenz Gedanken über die IT-Architektur machen müssen, denn die Veränderung der Geschäftsprozesse zieht zwangsläufig eine Veränderung der Prozessabbildung in den IT-Systemen nach sich.

Idealerweise müssen Sie Ihre IT-Architektur überhaupt nicht verändern, sondern nur an der einen oder anderen Stellschraube drehen, um eine Prozessveränderung zu realisieren. Leider ist die Realität meist nicht ideal, und auch, wenn der Begriff Architektur eine gewisse Beständigkeit und Statik impliziert, werden heute zur Realisierung von neuen oder veränderten Prozessabbildungen oft tiefe Eingriffe in die IT-Architektur notwendig. Hier beginnt die eigentliche Herausforderung. Denn wie schnell, in welcher Qualität und mit welchem finanziellen Aufwand Sie neue Anforderungen an Unternehmensprozesse realisieren, hängt maßgeblich von der Qualität Ihrer IT-Architektur ab.

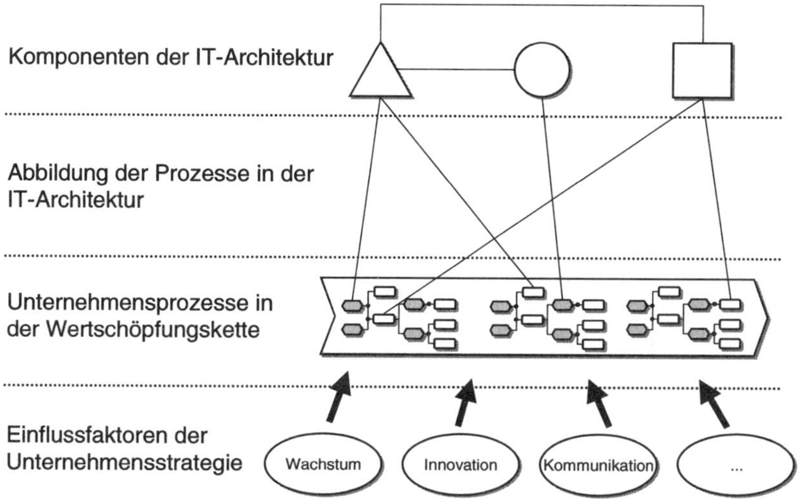

Abbildung 1.7 Einflussfaktoren der Unternehmensstrategie auf die IT-Architektur

1.3.4 Applikationen als Infrastruktur der Unternehmensprozesse

Als Hermann Hollerith 1885 einen Vertrag für die Entwicklung der ersten elektromechanischen Lochkartenmaschine erhielt, die bei der elften amerikanischen Volkszählung zum Einsatz kam, ahnte er bestimmt nicht, welche Auswirkungen seine Konstruktion einmal auf unsere moderne Geschäftswelt haben würde. Das kleine Unternehmen, das Hollerith damals betrieb, wurde zu einem der mächtigsten IT-Konzerne der Welt. Hollerith hatte den Grundstein für eine Firma gelegt, die heute unter dem Namen IBM bekannt ist.

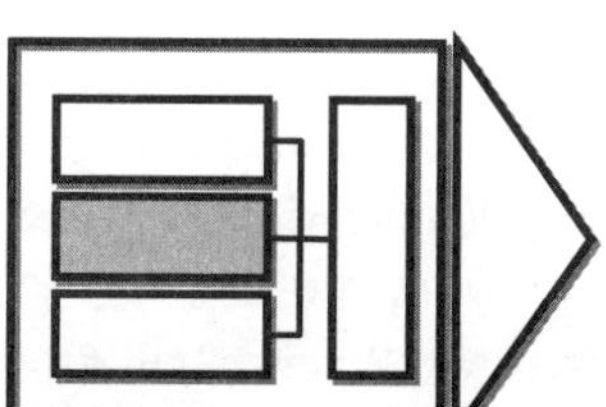

Abbildung 1.8 Applikationen in der IT-Architektur als Infrastruktur der Unternehmensprozesse

Von der Insellösung zur umfassenden Prozessunterstützung

Auf Hollerith folgte eine Reihe anderer Pioniere, zum Beispiel Babbage, Zuse, Aiken oder von Neumann, die allesamt ihren Teil zu der Entwicklung der automatisierten Informationsverarbeitung beitrugen. Dann, zu Beginn der sechziger Jahre, begann mit der Einführung der ersten auf Transistoren basierenden integrierten Schaltkreise eine Revolution, die bis heute keinen Stillstand erreicht hat. Die Unternehmen erkannten, dass rechen- und zeitintensive Aufgaben mit Hilfe der neuen Technik gelöst werden konnten. Die benötigten Rechner füllten ganze Räume, und die Programmierung und Bedienung der Rechner war einer kleinen Gruppe von Spezialisten vorbehalten. Heute, rund 40 Jahre später, finden wir Computer in nahezu all unseren Lebensbereichen wieder. Vom PC auf unserem Schreibtisch bis hin zur sprachgesteuerten Waschmaschine, die elektronische Informationsverarbeitung ist allgegenwärtig. Auch die elektronische Informationsverarbeitung in den Unternehmen war von einem stetigen Wandel geprägt. Anwendungsprogramme wurden lange Zeit zur Lösung ganz dezidierter Probleme eingesetzt. Für jedes Problem gab es ein eigenes Anwendungsprogramm mit einer eigenen Lösungsphilosophie. Dies hat sich heute grundlegend geändert. Die Unternehmen versuchen, nahezu alle Geschäftsprozesse über die Grenzen von Anwendungsprogrammen hinweg abzubilden. Dabei kommt nach wie vor Software von ganz unterschiedlichen Herstellern zum Einsatz; allerdings besteht heute die Herausforderung darin, eine nahtlose Integration der einzelnen Komponenten der IT-Architektur zu realisieren, die Geschäftsprozesse sauber und effizient zu unterstützen und auf Veränderung flexibel reagieren zu können.

Handlungsunfähigkeit ohne IT

Lehnen Sie sich einen Moment zurück, und versuchen Sie sich vorzustellen, was passieren würde, wenn morgen in Ihrem Unternehmen sämtliche Computer ausfallen würden und kein einziges Anwendungsprogramm mehr zur Verfügung stehen würde. Falls Sie noch durch die elektronische Sicherheitssperre am Eingang kämen, würden Sie es schaffen, Ihrer normalen Arbeit nachzugehen? Welche Geschäftsprozesse glauben Sie, würden noch funktionieren? Nun, die Antwort ist eindeutig: Fast nichts würde mehr funktionieren, denn es besteht eine enorme Abhängigkeit zwischen den Unternehmensprozessen und den eingesetzten Komponenten der Informationstechnologie und ihrer Funktionsweise. Die Komponenten der IT-Architektur stellen die Infrastruktur für Ihre Geschäftsprozesse dar. Sie sind die notwendige Voraussetzung dafür, dass die Mitarbeiter Ihres Unternehmens ihrer Arbeit nachgehen können.

1.3.5 Daten als wertvollstes Gut eines Unternehmens

Ein Unternehmen arbeitet mit zahlreichen Geschäftsobjekten. Kunden, Verträge, Produkte und Preise, jedes dieser Geschäftsobjekte ist ein fester Bestandteil der täglichen Arbeit in einem Unternehmen. Die Ausprägungen der Geschäftsobjekte, die wir auch *Entitäten* nennen, werden durch Daten repräsentiert, die in den unterschiedlichsten Datenbanken, den Dateisystemen der Server oder auch in Aktenordnern abgelegt werden. Sie bilden sowohl die Historie der vergangenen Geschäftsvorfälle ab als auch den Zustand und Inhalt der aktuellen operativen Vorgänge. Darüber hinaus werden Daten auch dazu benutzt, Aussagen über den Zustand des Unternehmens oder die zukünftige Entwicklung zu machen.

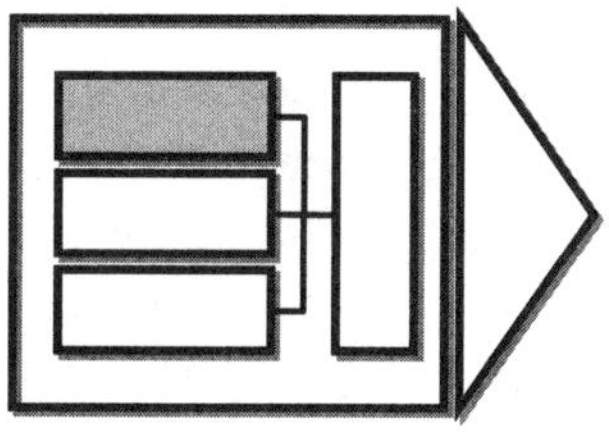

Abbildung 1.9 Die Daten als wertvollstes Gut eines Unternehmens

Die Daten sind das wertvollste Gut, über das ein Unternehmen verfügt. Ein Unternehmen, das mit einem Mal seinen kompletten Datenbestand verliert, ist nicht mehr handlungsfähig.

Neben den eigentlichen Daten, also den Inhalten der Datenbanken, ist auch die Modellierung der Daten ein weiterer wichtiger Aspekt der IT-Architektur. Keine Entität steht für sich allein und isoliert auf der Welt. Entitäten werden in Beziehung (Relation) zueinander gesetzt. Eine saubere und konsistente Abbildung dieser Relationen ermöglicht eine Unterstützung der Geschäftsregeln, vermeidet Redundanzen und Dateninkonsistenzen.

In Abbildung 1.10 ist das Datenmodell des CRM-Systems (Customer Relationship Management) eines kleinen Telekommunikationsunternehmens dargestellt. Dabei sind nur über den Auslieferungsstandard des Herstellers hinausgehende Entitäten aufgeführt. Allein das Datenmodell dieses einzelnen Systems verfügt über mehre hundert Entitäten. Man kann sich leicht vorstellen, wie viel Geld und Aufwand für Datenqualität und -konsistenz aufgebracht werden müssen, wenn man bedenkt, dass ein Unternehmen häufig über 15 bis 20 Systeme dieser

Größenordnung verfügt. Darüber hinaus werden viele zentrale Entitäten (wie zum Beispiel »Kunde« oder »Vertrag«) in zahlreichen Systemen mit unterschiedlichen Attributen und unterschiedlichem Anwendungsfokus abgebildet. Die Aufgabe der IT-Architektur ist es, die hieraus entstehenden Anforderungen an die Synchronisation der Daten, performante Zugriffe und hinreichende Sicherheit zu gewährleisten.

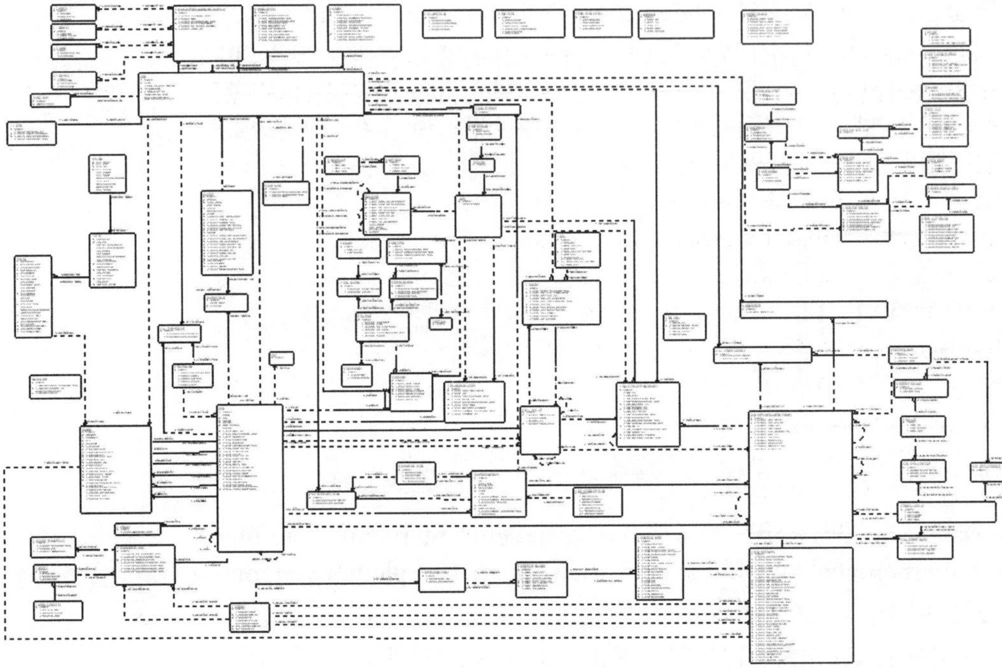

Abbildung 1.10 Reales Datenmodell eines CRM-Systems

1.3.6 Organisation

Die Unternehmensorganisation und die IT-Architektur stehen in einem engeren Zusammenhang, als man auf den ersten Blick vermuten mag. Zum einen gibt es in jedem Unternehmen Organisationseinheiten, die ausschließlich für die Planung und Durchführung von IT-Projekten zuständig sind, zum anderen hat die Durchführung eben dieser IT-Projekte keine unerhebliche Wirkung auf die Organisation. Denn häufig haben diese Projekte einen Fokus, der kaum vor der Grenze einer Organisationseinheit halt macht. Die IT-Architektur unterstützt die Unternehmensprozesse, und die Unternehmensprozesse arbeiten abteilungsübergreifend.

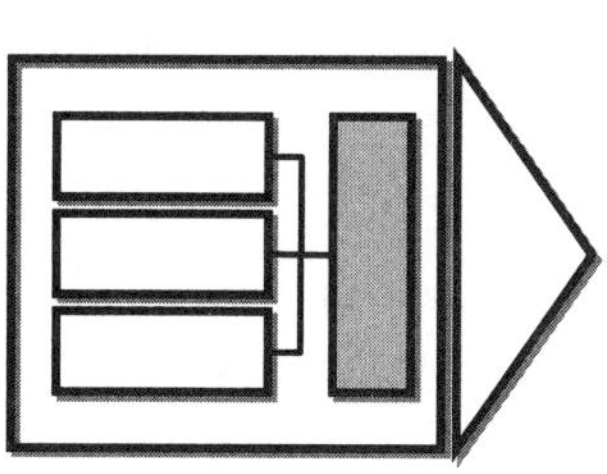

Abbildung 1.11 Die Organisation als Ordnungskriterium für die IT-Architektur

Die Organisation hat einen erheblichen Einfluss auf die IT-Architektur.

Ein weiterer wichtiger Punkt, in dem IT-Architektur und die Organisation sich berühren, ist die Verantwortlichkeit für die einzelnen hier diskutierten Teile des Unternehmensökosystems. Hier gibt es zum Beispiel fachliche Verantwortlichkeiten, Prozessverantwortlichkeiten, Systemverantwortlichkeiten usw., die in Abteilungen, Teams oder Stabsstellen abgebildet werden. Übergreifende Anforderungen an Prozesse oder fachliche Inhalte erzeugen meist auch Überschneidungen in den Verantwortlichkeiten. Eine der großen Herausforderungen einer Organisation ist die Koordination eben dieser Überschneidungen. Darüber hinaus beeinflusst einerseits die Organisation die IT-Architektur bzw. die IT-Architekturentscheidungen. Andererseits werden Teile einer Organisation auch aus der IT-Architektur heraus beeinflusst oder sogar begründet. Nur dem Unternehmen, dem dieser Sachverhalt klar ist, gelingt es, die Dynamik einer IT-Architektur zu beherrschen und die Ziele und Inhalte einer IT-Architektur wirtschaftlich zu verfolgen.

Letzten Endes gibt es noch einen weiteren erheblichen Einflussfaktor der Organisation auf die IT-Architektur. Je nachdem, wo die Budgets liegen oder welche Personen mit einer bestimmten Entscheidungskompetenz ausgestattet sind, werden IT-Entscheidungen losgelöst von zuvor definierten Kriterien getroffen und basieren stattdessen auf persönlichen Präferenzen. Hier droht die größte Gefahr, dass falsche Architekturentscheidungen getroffen werden, denn was nützt die fundierteste Architekturplanung, wenn die Entscheidung dann doch auf dem Golfplatz fällt.

1.3.7 Zusammenfassung

Allein die kurze Darstellung der sechs Teile des Unternehmensökosystems IT-Architektur zeigt, wie komplex sich das Thema gestaltet und wie groß die Abhängigkeiten zwischen den einzelnen Teilen sind, die es uns verbieten, nur aus einer einzelnen Perspektive auf die IT-Architektur zu schauen. Jeder Teil des Unternehmensökosystems wird in den folgenden Kapiteln immer wieder einmal in der Diskussion auftauchen.

Um die Erläuterungen in den kommenden Kapitel etwas plastischer und praxisbezogener zu gestalten, werden wir einerseits verschiedene Beispiele und Geschichten aus unserer täglichen Berufspraxis anbringen, andererseits bestimmte Szenarien und konstruierte Beispiele darstellen. Da wir viel Zeit mit Beratungsprojekten in der Telekommunikationsbranche verbracht haben, wollen wir im folgenden Abschnitt das grundlegende Szenario vorstellen, auf dem die meisten der verwendeten Beispiele aufbauen.

1.4 Praxisszenario: Die IT-Architektur eines Telekommunikationsunternehmens

In diesem Abschnitt stellen wir Ihnen ein Beispielunternehmen vor, auf das wir im gesamten Verlauf des Buches immer wieder zurückkommen werden. Anhand dieses Szenarios werden wir dann an vielen Stellen im Buch zeigen, wie eine komplexe IT-Architektur aufgebaut sein könnte, welche Probleme bei der Änderung oder Erweiterung der IT-Architektur entstehen und wie die vorgestellten Ideen und Methoden in der Praxis angewandt werden können.

1.4.1 Warum ein Beispiel aus der Telekommunikationsbranche?

Der New Economy Hype als gutes schlechtes Beispiel

Wir haben uns für ein Beispiel aus der Telekommunikationsbranche entschieden, weil die Unternehmen dieser Branche unserer Erfahrung nach in vielerlei Hinsicht die besten Beispiele für hochdynamische und komplexe IT-Architekturen und die damit verbundenen Probleme liefern. Nach der Liberalisierung des Telekommunikationsmarktes in Deutschland im Jahre 1996 sind zahlreiche Unternehmen unterschiedlichster Größe und inhaltlicher Ausrichtung entstanden. Ungeachtet der individuellen Unterschiede hatten sämtliche Unternehmen eines gemeinsam: Sie alle waren von überproportionalem Wachstum und dem Glauben an einen immer fortwährenden Internet- und Telekommunikationshype der New Economy überzeugt. IT-Projekte wurden häufig nach der Maxime »Realisiere so schnell wie möglich, Geld spielt keine Rolle!« abgewickelt. Konkurrierende Unternehmen versuchten sich permanent bei der Erfindung neuer Produkte und Tarife zu übertreffen. Um die darauf anzuwendenden Geschäftsregeln möglichst schnell in den IT-Systemen abzubilden, fiel eine saubere IT-Architektur der Politik einer kurzen »Time to Market« zum Opfer. Könnte man heute die Entwicklung der IT-Architekturen dieser Unternehmen in den letzten sechs bis sieben Jahren im Zeitraffer betrachten, hätte man ein Paradebeispiel dafür, wie man mit einem finanziellen Aufwand von mehreren Milliarden Euro in relativ kurzer Zeit ein möglichst großes Chaos anrichtet.

Konsolidierung

Heute stellen wir fest, dass viele Unternehmen bereits wieder verschwunden sind. Die, die übrig geblieben sind, befinden sich in einer Konsolidierungsphase. Sie versuchen, ihr IT-Chaos aufzuräumen, die oftmals viel zu hohen Betriebskosten ihrer IT-Architektur zu senken und die damals versprochenen, aber nie freigesetzten Potenziale der Systeme zu nutzen. Die Anzahl der Unternehmenszusammenschlüsse nimmt stetig zu, und ganze System- und Prozesslandschaften müssen aufeinander abgestimmt und egalisiert werden. Diese Aufgabe ist nicht einfach, und genau genommen bietet sie den idealen Nährboden für ein noch größeres Chaos (und einen weiteren guten Grund für dieses Buch).

Diese Darstellung soll jetzt allerdings nicht zu negativ klingen. Viele Entwicklungen in dieser Zeit waren sicherlich notwendig, und viele der damals gesetzten Prioritäten hatten auch ihre Berechtigung. Für uns ist an dieser Stelle nur wichtig, dass wir aus dem oben beschriebenen Szenario das ideale Unternehmen für unsere Praxisbeispiele ableiten können.[5]

1.4.2 Grundlegende Eigenschaften der IT-Architektur eines Telkos

Neben den oben angesprochenen Problemen gibt es vier grundlegende Eigenschaften der IT-Architektur eines Telekommunikationsunternehmens (im Folgenden kurz Telko genannt), die eine Betrachtung äußerst spannend machen:

- **Komplexität**
  Die IT-Architektur eines Telkos ist hochgradig komplex. Welche Systeme in der Architektur vorhanden sind, welche Aufgaben dieses Systeme haben und wie die Interaktion der Systeme funktioniert, stellen wir Ihnen in den kommenden Abschnitten vor.

---

5 Dieses Kapitel beschreibt ein rein fiktives Unternehmen der Telekommunikationsbranche, das wir aufgrund unserer Erfahrungen aus der Berufspraxis konstruiert haben. Jede Ähnlichkeit mit lebenden oder insolventen Unternehmen ist daher unbeabsichtigt und rein zufällig.

- **Fähigkeit zur Massendatenverarbeitung**
  Viele Telkos arbeiten mit Hunderttausenden, teilweise mit Millionen von Kunden. Für jeden dieser Kunden wird z.B. für jedes geführte Telefonat mindestens ein Datensatz mit den Gesprächsinformationen erzeugt. Man kann sich leicht vorstellen, welche immensen Datenmengen jeden Tag anfallen.
- **Performance**
  Das Erzeugen von Rechnungen, im Telko-Jargon »Billing« genannt, ist ein gutes Beispiel für Anforderungen an die Performance. Nicht allein das Drucken und Versenden von mehreren Millionen Rechnungen pro Monat stellt eine echte Herausforderung dar[6] – stellen Sie sich vor, dass zum Erzeugen der Rechnungen festgestellt werden muss, zu welcher Zeit welcher Kunde mit welchem Tarif telefoniert hat. Bei der heutigen Produkt- und Tarifvielfalt, bei Marketingaktionen für bestimmte Zeiträume und bei den kundenspezifischen Rabatten kommen die Billing-Teams der Telkos regelmäßig ins Schwitzen.
- **Dynamik**
  Wie bereits im einführenden Abschnitt dieses Kapitels gesagt wurde, ist die IT-Architektur eines Telkos äußerst dynamisch. Hohe Innovationsraten und kurze Produktlebenszyklen stellen praktisch permanent neue Anforderungen an die IT-Architektur. Neue Ideen des Marketings für ausgefallene Produktbundles und Tarifkombinationen wirken sich auf die meisten Kernsysteme aus. Beispiel: »Kunden der Gruppe x bekommen ein besonders günstiges Endgerät zur Nutzung eines neuen Dienstes, wenn ihr Gesprächsvolumen in den letzten zwei Monaten mehr als 500 € betrug und sie den aktuellen Vertrag vor einem bestimmten Datum abgeschlossen haben.« Man kann die Sonderfälle hier beliebig weiterdenken; den Ideen des Marketings sind selten Grenzen gesetzt. Trotz allem müssen die Systeme einer IT-Architektur diese Regeln abbilden und die damit verbundenen Geschäftsprozesse konsistent unterstützen.

Zusammenfassend gibt es folgende Gründe, warum die Telko-Branche eine sehr gute Experimentalumgebung für unsere Gedanken darstellt:

- Die System- und Prozesslandschaft und damit die IT-Architektur muss hochperformant mit einer großen Menge komplex abgebildeter Daten umgehen.

---

6 Bei den meisten Telkos ist dieser Prozess an externe Dienstleistungsunternehmen ausgelagert.

- Die Branche ist in den letzten Jahren von schnellem Wachstum in einem dynamischen Markt mit kurzen Innovationszyklen geprägt gewesen.
- Heute beginnt eine Konsolidierungsphase, in der die Hauptbeweggründe Komplexitätsreduzierung, Kosteneinsparung und Investitionssicherung sind.
- Mergers & Acquisitions stehen bevor, die umfangreiche IT-Architekturüberlegungen notwendig machen.

Die oben genannten Architektureigenschaften treffen – wenn auch in unterschiedlicher Gewichtung und Ausprägung – auf die IT-Architekturen der meisten Unternehmen zu, so dass Sie sich als Leser hier bestimmt leicht wiedererkennen, auch wenn Sie nicht aus der Telekommunikationsbranche stammen.

1.4.3 Die Kernsysteme in der IT-Architektur eines Telkos

Systembeschreibung

In Abbildung 1.12 sind einige Komponenten aus der IT-Architektur eines Telkos dargestellt, auf deren Bedeutung und Aufgaben wir in den nächsten Abschnitten kurz eingehen. Die in der Abbildung dargestellten Komponenten beschreiben nur *funktionale Gruppen*, die bei einem Telko vorhanden sein müssen und nicht tatsächliche Systeme. Wie Sie später sehen werden, setzt sich eine funktionale Gruppe meist aus mehreren Systemen zusammen.

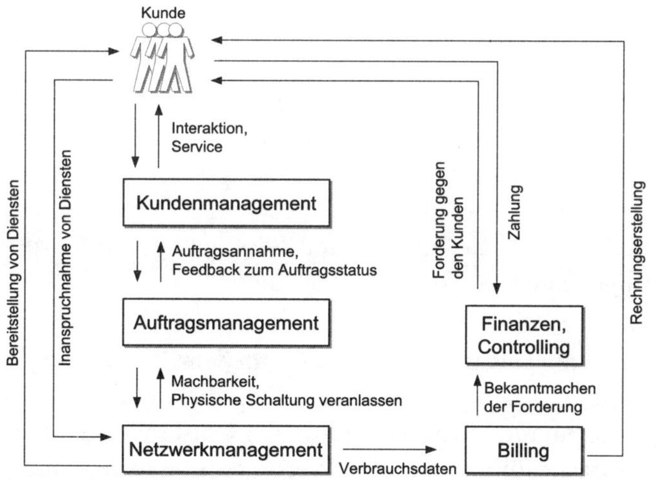

Abbildung 1.12 Funktionale Gruppen eines Telekommunikationsunternehmens

Schauen wir uns die wichtigsten funktionalen Gruppen etwas genauer an:

- **Kundenmanagement**
  Alle Telkos, selbst die kleineren, haben eine große Menge an Kundenbeziehungen zu pflegen. Das Aufgabenspektrum umfasst dabei beispielsweise die Verwaltung und Pflege der Kundendaten, die Bereitstellung von Support bei Problemen oder auch die gezielte Kundenansprache bei Marketingkampagnen. In der Regel finden sich diese Funktionen in Applikationen wieder, die heute als CRM-Systeme (Customer Relationship Management) bekannt sind.
- **Auftragsmanagement**
  Diese Gruppe bezieht sich auf alle Funktionen, die zur Abwicklung von Kundenaufträgen notwendig sind. Der Anwendungsbereich erstreckt sich dabei von der Auftragsannahme über die Machbarkeitsprüfung bis hin zur Auftragsabwicklung und der damit verbundenen Bereitstellung der angeforderten Dienste. Insbesondere das Auftragsmanagement findet sich selten als ein klar isolierbares System in einem Teleko wieder. Vielmehr sind die verschiedenen Teilfunktionen in einer Vielzahl von Systemen abgebildet. Ein gutes Beispiel hierfür ist die Auftragserfassung, die häufig über das CRM-System erfolgt.
- **Netzwerkmanagement**
  Immer, wenn Sie eine Nummer auf Ihrem Festnetztelefon oder Handy wählen, eine Verbindung zum Internet herstellen oder eine SMS verschicken, beanspruchen Sie Netzwerkkomponenten, wie z.B. Leitungen, Funkmasten, Vermittlungsstellen usw. Unter der Gruppe Netzwerkmanagement fassen wir hier alle Funktionen zusammen, die für die Verwaltung, Überwachung und Steuerung der Netzwerkkomponenten benötigt werden. Es handelt sich hierbei um einen äußerst komplexen Anwendungsbereich, der in der Praxis von einer Vielzahl unterschiedlicher Anwendungsprogramme abgedeckt wird. So gehören beispielsweise neben der Schaltung von Telefonanschlüssen auch die Analyse und Beseitigung von Störungen zu den Aufgaben des Netzwerkmanagements.
- **Billing**
  Im Billing werden die Leistungen, die ein Kunde vom Telko bezogen hat, bewertet und in Rechnung gestellt. Auch hierbei handelt es sich um einen äußerst komplexen Anwendungsfall. Jedes Mal, wenn Sie ein Telefongespräch führen, werden Verbindungsinformationen, wie Dauer des Gesprächs, Zielrufnummer usw. an den Telko über-

mittelt. Anhand dieser Informationen muss das Billing-System unter Berücksichtigung des entsprechenden Kundentarifs und sonstiger vertraglicher Festlegungen bestimmen, welche Forderungen gegenüber dem Kunden bestehen. Des Weiteren obliegt dem Billing-System auch die optische und inhaltliche Aufbereitung der Rechnung und zusätzlicher Rechnungsdokumente, wie z.B. Einzelverbindungsnachweisen. Auch das Billing wird nicht zwangsläufig konvergent, also nur von einem einzigen System durchgeführt. Häufig werden für die Abrechnung unterschiedlicher Dienste auch unterschiedliche Billing-Systeme eingesetzt. So kann es sein, dass ein Telko für das Billing von Internetdiensten eine völlig andere Applikation einsetzt als für das Billing von Telefoniediensten, obwohl der Kunde natürlich die Informationen auf einer einzigen Rechnung wiederfinden möchte.

Neben diesen Kernfunktionalitäten, die bei jedem Telko vorhanden sind, finden sich natürlich auch hier noch viele weitere Funktionalitäten, wie sie in jedem Unternehmen vorkommen und auf die wir nicht weiter eingehen wollen. Hierzu gehören z.B. Finanz- und Controllinganwendungen, Datawarehouse-Funktionen oder auch die Software für die Bürokommunikation.

Wie bereits erwähnt wurde, wird eine funktionale Gruppe nicht zwangsläufig durch nur ein einziges System abgebildet. Ebenso wenig wird ein bestimmtes System ausschließlich Funktionen zu einer einzelnen funktionalen Gruppe beisteuern. Schauen wir uns an dem Beispiel in Abbildung 1.13 an, mit welchen Systemen unser Telko seine funktionalen Gruppen abbildet. Wir haben hier bewusst einige Unzulänglichkeiten konstruiert, die uns aber in der Praxis alle bereits begegnet sind. »Schlimm« werden Sie sagen, aber die Wirklichkeit ist noch viel schlimmer, wenn man sich im folgenden Szenario einmal die Auswirkungen unserer Architekturausprägung vor Augen führt.

Wir erkennen hier zwei Kundenmanagementsysteme, eines, in dem nur Privatkunden verwaltet werden, und eines, in dem nur Geschäftskunden verwaltet werden. Diese Trennung kann aus historischer Sicht durchaus verständlich sein, da Geschäftskunden- und Privatkundenprozesse unter Umständen isoliert voneinander und völlig unterschiedlich modelliert wurden und daher auch unterschiedliche Systeme benötigen. Trotzdem kann man hier genug Szenarien identifizieren, die die eigentliche Zielsetzung des Kundenmanagements – nämlich die Kunden ganzheitlich und individuell zu betreuen – aushebeln.

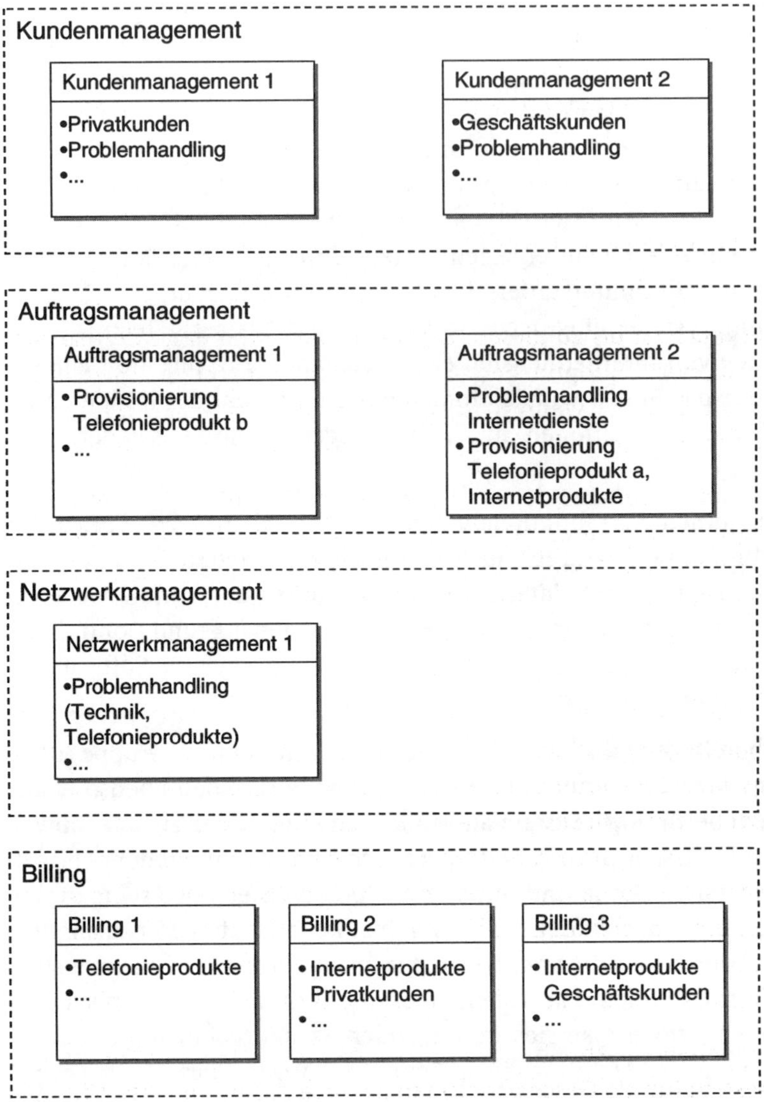

Abbildung 1.13 Funktionale Gruppen, Systeme und abgebildete Funktionen

Negative Auswirkungen der Beispielarchitektur

Stellen wir uns einen Geschäftskunden – Herrn Fröhlich – vor, der eine Frage zur Einrichtung seiner Mailbox hat. Er ruft im Callcenter für die Geschäftskundenbearbeitung an, schildert sein Problem und bekommt vom Callcenter-Mitarbeiter die entsprechende Hilfestellung. Noch während des Gesprächs fällt ihm ein, dass seine Frau ihn am Morgen gebeten hatte, das gemeinsame Privathandy auf einen anderen Tarif umstellen zu lassen, also bittet Herr Fröhlich den Callcenter-Mitarbeiter, den betreffenden Tarifwechsel vorzunehmen. Nach dem erfolglosen Versuch, den Vertrag über die Telefonnummer im System zu finden, fragt der Callcenter-Mitarbeiter Herrn Fröhlich, ob er den Vertrag als Privatkunde oder Geschäftskunde abgeschlossen habe. Herr Fröhlich bestätigt, dass er den Vertrag als Privatkunde abgeschlossen habe, und erfährt daraufhin vom Callcenter-Mitarbeiter, dass er für den Tarifwechsel die Privatkunden-Hotline anrufen muss – ein Durchstellen ist übrigens nicht möglich.

Herr Fröhlich ist bis zu diesem Zeitpunkt nur Opfer eines der harmloseren Fälle von suboptimalem Kundenservice geworden. Spannender wird der Fall dann, wenn man sich vorstellt, dass Herr Fröhlich sein Geschäftshandy gerne in einen Privatvertrag übernehmen möchte.

Nach einem Anruf bei der Geschäftskunden-Hotline (über die Privatkunden-Hotline ging es nicht) hat er den Vertragswechsel in Auftrag gegeben. Ab dem Ersten des nächsten Monats sollen alle Gespräche nach den Tarifen eines Privatkundenvertrags abgerechnet werden. Am nächsten Ersten will Herr Fröhlich morgens auf dem Weg zur Arbeit mit seinem Handy im Büro anrufen, um mitzuteilen, dass er sich wegen eines Staus etwas verspäten wird. Er stellt allerdings fest, dass er keine Verbindung aufbauen kann. Im Büro angekommen, ruft er sofort die Privatkunden-Hotline an, schließlich hat er ja jetzt einen Privatkundenvertrag. Der Callcenter-Mitarbeiter kann ihm allerdings nicht sofort helfen. Er sagt, es sei ein Vertrag zur aktuellen Rufnummer im Privatkundensystem vorhanden, und die SIM-Karte sei aktiviert, es könne sich nur um ein technisches Problem handeln. Der Callcenter-Mitarbeiter teilt Herrn Fröhlich mit, dass er ein Troubleticket aufnehmen werde und dass das Problem umgehend gelöst werde.

Wir erkennen in Abbildung 1.13, dass sowohl das Kundenmanagementsystem für die Geschäftskunden als auch das für die Privatkunden jeweils über Funktionen für das Problemhandling im Callcenter verfügen. Herr Fröhlichs Troubleticket landet also im Problemhandling-Teil des Privatkundenmanagementsystems.

Da Herr Fröhlich nach zwei Tagen noch immer nicht telefonieren kann, ruft er erneut bei der Privatkunden-Hotline an. Man teilt ihm mit, dass seine SIM-Karte aktiv sei, vielleicht habe es ein Problem bei der Deaktivierung im Geschäftskundensystem gegeben. Herr Fröhlich solle bei der Geschäftskunden-Hotline anrufen und sein Problem dort schildern. Herr Fröhlich, der sich mitlerweile wie eine unternehmensinterne

Online-Kommunikationsschnittstelle fühlen muss, ruft also bei der Geschäftskunden-Hotline an und schildert das ganze Problem. Man könne das nicht richtig nachvollziehen, heißt es, da eine Deaktivierung erfolgt sei. Da es sich eventuell um ein technisches Problem handeln könnte, würde man aber ein Troubleticket aufnehmen und das Problem umgehend lösen. Es wird also ein weiteres Troubleticket – diesmal im Geschäftskundensystem – erzeugt, wobei intern keine Verbindung zum ersten Troubleticket hergestellt wird. Wir haben hier den klassischen Fall, dass die linke Hand nicht weiß, was die Rechte tut.

Herr Fröhlich kann nicht wissen, dass die neue SIM-Karte, die ihm der Telko zugeschickt hat, bereits vor drei Wochen auf dem Postweg verloren gegangen ist. Er wurde bisher auch von niemandem darauf hingewiesen, dass er unter Umständen die neue SIM-Karte, von deren Existenz er überhaupt nichts wusste, noch nicht eingesetzt hat. Hätte ein Mitarbeiter des Telkos beide Troubletickets gleichermaßen zu sehen bekommen, wäre die Lösung für das Problem vielleicht sofort klar gewesen. Statt-dessen kann Herr Fröhlich noch immer nicht telefonieren, und ohne eine Dreierkonferenz mit den beiden Callcentern unseres Telkos wird sich an diesem Zustand wohl auch nicht viel ändern.

Dieses Beispiel macht deutlich, wie die mangelhafte Abbildung eines Prozesses in der IT-Architektur das tatsächliche Ziel der betreffenden Systemkomponenten, in unserem Fall kompetenten Kundenservice zu unterstützen, verfehlt. Übrigens ist dieses Beispiel nicht frei erfunden, sondern wir durften einen ähnlichen Fall vor einigen Jahren live miterleben.

Insgesamt haben wir folgende Architekturprobleme in der Darstellung konstruiert:

- Es gibt zwei unabhängige Systeme für das Kundenmanagement. Prozesse zur Betreuung von Privat- und Geschäftskunden werden separat betrachtet.
- Insgesamt vier Systeme bilden das Problemhandling ab: zweimal bezogen auf eine Kundenart (Privat- und Geschäftskunden), zweimal bezogen auf eine Produktgruppe (Telefonie- und Internetprodukte). Darüber hinaus findet man die Funktion Problemhandling in drei verschiedenen funktionalen Gruppen wieder (Kundenmanagement, Auftragsmanagement, Netzwerkmanagement).
- Es gibt in der funktionalen Gruppe »Billing« drei verschiedene Billingsysteme, die für unterschiedliche Kundenarten und Produkte zuständig sind.

Das Beispiel macht deutlich, dass die unzureichende Abbildung der Geschäftsprozesse in der IT-Architektur die eigentlichen funktionalen Ziele nicht erreicht. Außerdem muss eine große Anzahl teilweise komplexer Schnittstellen vorhanden sein. Zudem erschwert die redundante Abbildung vieler Funktionen, ein konsistentes Verhalten der Geschäftsprozesse sicherzustellen, wenn Änderungen an den Funktionen vorgenommen werden müssen, die diese Geschäftsregeln betreffen.

Im Laufe dieses Buches werden Sie immer wieder auf Beispiele und Szenarien treffen, in denen mehrere der hier vorgestellten Systeme eine Rolle spielen. An den konkreten Stellen werden wir dann genauer auf Prozesse und entsprechende Teilfunktionen eingehen, an denen wir Methoden und Architekturentscheidungen verdeutlichen. Für den Anfang soll diese grobe Vorstellung von Systemen eines Telkos ausreichen.

2 IT-Architekturen verstehen und dokumentieren

2 IT-Architekturen verstehen und dokumentieren

»Plant das Schwierige da, wo es noch leicht ist. Tut das Große da, wo es noch klein ist. Alles Schwere auf Erden beginnt stets als Leichtes. Alles Große auf Erden beginnt stets als Kleines.«
Laotse (3. oder 4. Jh. v. Chr.)

2.1 Braucht diese Welt noch Dokumentationen?

Komplexität, Abhängigkeiten des Unternehmens, fehlende Transparenz und Wertschätzung sind nur einige der Begriffe, die Sie als Leser des vorherigen Kapitels mit IT-Architekturen verbinden. Doch wenn man jetzt die Ärmel hochkrempelt, um den doch so eklatanten Missstand zu beheben, fehlen die Ansatzpunkte. Die Kernfragen »Woraus besteht meine IT-Architektur?«, »Wie kann man die IT-Architektur des Unternehmens beschreiben?«, »Wie gut ist meine IT-Architektur?« oder »Wie sieht die für mein Unternehmen ideale IT-Architektur aus?« sind häufig nicht konsistent und schlüssig beantwortet.

Nehmen Sie sich einfach mal einige Minuten Zeit, und versuchen Sie, diese Fragen für Ihr Umfeld zu klären. So konkret diese Fragen auch sind, so schwer ist es, knappe und aussagekräftige Antworten zu finden. Natürlich können Sie bei jedem, der in irgendeiner Art und Weise mit IT-Architekturen in Berührung kommt, Informationen einfordern. Ob Ihnen diese Ergebnisse helfen, ist allerdings fraglich. Was in Wirklichkeit fehlt, sind Strukturen und Vorgaben über Inhalte, um die Ergebnisse sinnvoll konsolidieren und bewerten zu können.

Natürlich kann auch die von uns gelieferte Definition im ersten Kapitel noch nicht die Lösung darstellen, die Licht in das Dunkel bringt. Daher haben wir uns entschlossen, über die Beschreibungen einzelner Facetten die Thematik der IT-Architektur zu erschließen. Auch wenn das vorliegende Kapitel eher theoretischer Natur ist, verfahren wir nach dem Prinzip »Nur so viel wie nötig«. Im Zentrum aller Erklärungen und Beschreibungen steht die Vorstellung der IT-Architektur als Infrastruktur eines Unternehmens, in der Geschäftsprozesse abgebildet werden. Die Überlegungen werden dabei an Beispielen aus der Praxis motiviert.

2.1.1 Zurück zu den Basics

Anstatt Sie jetzt mit einer Masse von Grundüberlegungen, Theorien und Konzepten zu überhäufen, sollten wir erst einmal die Fragen nach dem Standort und dem Ziel beantworten. Leider findet man insbesondere im IT-Bereich für diesen Schritt wenig Anhänger. Der Charme, zu einem entwickelten Konzept das Problem zu suchen bzw. zu definieren, ist vielfach unwiderstehlich. Man denke nur an die Menge der Konzeptpapiere, die in den letzten Jahren entwickelt wurden und jetzt in den Schubladen von IT-Verantwortlichen schlummern. Um diese Schubladen nicht weiter zu strapazieren, werden wir uns erst einmal mit dem »Warum« beschäftigen.

In Kapitel 1 wurde eine Vielzahl von Missständen in den heutigen IT-Architekturen beschrieben. Jeder wird sicherlich im Geiste sein eigenes Umfeld in Hinblick auf die angeführten Problemumfelder überprüft haben. In dem Augenblick, wo ein Missstand registriert wird, kann auch unmittelbar gehandelt werden. Nur leider zeigt unsere Erfahrung aus der Praxis, dass genau diese Überprüfung die erste unüberwindbare Hürde ist. Es ist bekannt, dass der IT-Bereich Unsummen von Geldern verschlingt, nur kennt keiner die Löcher, die damit eigentlich gestopft werden. Das Einführen neuer Applikationen ist komplizierter und aufwändiger als prognostiziert, und die ROI-Kalkulation stellt sich nicht ein, nur weiß keiner, warum. Das Ganze erinnert ein wenig an den Heißluftballonfahrer, der auf seine Frage »Wo bin ich?« die Antwort »Zehn Meter über dem Boden« erhält. Eine absolut korrekte Antwort, nur helfen ihm diese Informationen über seinen Standort vermutlich nicht, eine Strategie zu entwickeln, um seinen Zielort zu erreichen.

Vorgehen IT-Architekturbewältigung

Um nicht in die gleiche Falle wie der Heißluftballonfahrer zu geraten, orientieren wir uns an dem folgenden Vorgehensmodell für den Prozess der Architekturbewältigung:

1. **Bestimmung der Ist-Situation**
   Die Beschreibung der aktuellen Situation ist maßgeblich für den Erfolg oder Misserfolg nachgelagerter Aktionen verantwortlich. Von daher werden wir einen großen Teil unserer Ausführungen der Dokumentation, der Informationsverdichtung und dem Verstehen der IT-Architekturen in Unternehmen widmen.
2. **Beurteilung der Ist-Situation**
   Auf der Grundlage der Beschreibung kann eine IT-Architektur bewertet werden. Die Güte des Ergebnisses des ersten Schrittes

beeinflusst unmittelbar das Beurteilungsergebnis. Fehlen wichtige Informationen in der Beschreibung oder werden diese nicht berücksichtigt, so wirkt sich dieses Defizit auch auf die Bewertung aus.

3. **Entwicklung der Soll-Situation**
   Die Ziel-IT-Architektur wird auf Basis der aktuellen Situation und der strategischen Ausrichtung des Unternehmens entwickelt. Hierdurch werden auf der einen Seite bestehende Missstände beseitigt und auf der anderen Seite das Unternehmensziel in der Ausrichtung der IT-Architektur berücksichtigt. Auch die Soll-Architektur unterliegt natürlicherweise einer steten Veränderung. Damit ist das bewegliche Ziel, das es zu treffen gilt, eine weitere Herausforderung.
4. **Entwicklung der Strategie zur Umsetzung**
   Erst in dieser Phase, wenn sowohl die Ausgangssituation als auch das Ziel klar umrissen sind, wird das Vorgehen zur Zielerreichung entwickelt. Ein Patentrezept für IT-Architekturen, so viel möchten wir an dieser Stelle schon vorwegnehmen, wird es leider nicht geben. Jedoch können durch ein klares Vorgehensmodell und geeignete Werkzeuge zur Strategieumsetzung (wie die in Kapitel 4.5 vorgestellte Balanced Scorecard) ein Weg gefunden werden, der die Komplexität der Thematik deutlich reduziert und beherrschbar macht.

Es beginnt mit der Inventur.

Lassen Sie uns noch einmal auf den ersten Schritt, die Bestimmung des Ist-Zustands, genauer eingehen. Alle Folgeschritte hängen unmittelbar von der Bestandsaufnahme ab. Je höher deren Qualität ist, umso besser wird auch das Ergebnis der Folgeschritte sein. Stellen Sie sich nur vor, dass Fähigkeiten und Möglichkeiten von Systemen, die derzeit nicht genutzt werden, bei der durchgeführten Inventur vergessen oder unvollständig aufgenommen werden. Eine zulässige Schlussfolgerung aus der Bestandsaufnahme und den zukünftigen Erfordernissen wäre der Zukauf dieser Funktionalitäten, um beispielsweise in neue Märkte expandieren zu können.

Gute Dokumentationen sind mehr als Inhalt

Der Begriff der Qualität ist in diesem Zusammenhang schwer fassbar. Dokumentierte Inhalte werden typischerweise nicht von den Personenkreisen gelesen, die sie erfasst haben. Damit kann eine Beschreibung aus der Perspektive des Erstellers komplett sein, und trotzdem fehlen dem Adressaten wichtige Informationen. Betrachten wir als Beispiel einen Lettershop, der für unser Telko-Unternehmen das Erstellen und Verschicken der Rechnungen übernimmt. Ein Systementwickler wird sich bei der Dokumentation der Schnittstelle für die technischen Details wie das vereinbarte Format und bestehende Restriktionen (z.B. Volumenbeschränkungen) interessieren. Für den Mitarbeiter aus der Marketingabteilung hingegen sind die Möglichkeiten der Layoutgestaltung wichtig, und der Einkauf fragt nur nach den Preisen und eventuellen Rabatten bei hohen Volumen. Das Urteil des Marketingmitarbeiters über die technische Dokumentation kann man sich lebhaft vorstellen.

Nicht nur der Inhalt ist entscheidend!

Im Grunde genommen sind bei beschreibenden Texten und Dokumenten drei Blickwinkel bedeutend:

- **Inhalt**
  Hierunter sind die reinen Fakten und Daten einer Dokumentation zu verstehen, unabhängig von einer bestimmten Interpretation und Sichtweise. Diese müssen vollständig und inhaltlich richtig sein.
- **Struktur**
  Die Strukturierung ist der Leitfaden, um schnell bestimmte Informationen aus Dokumenten ermitteln zu können. Der Marketingmitarbeiter hätte vermutlich keine Probleme mit einer noch so umfangreichen Dokumentation, wenn die Struktur beispielsweise einen Abschnitt »Layoutgestaltung« anbieten würde.
- **Darstellung**
  Sachlich richtiger Inhalt in einer wohl definierten Struktur muss für den Leser passend aufbereitet werden. Man stelle sich nur den Versuch des Mitarbeiters der Einkaufsabteilung vor, dem Techniker die Schnittstelle zum Lettershop zu erklären. Auch wenn die Erklärung inhaltlich völlig richtig ist, sprechen beide Parteien so unterschiedliche Sprachen, dass Verwirrungen und Irritationen vorprogrammiert sind.

Methoden des Verstehens

Doch wie schaffen wir es jetzt, die IT-Architektur zu begreifen, die wichtigsten Eigenschaften zu sehen und die Kernelemente zu beschreiben – und das alles noch vor dem Hintergrund der Weiterentwicklung in Richtung Soll-Architektur? Die Wissenschaft bietet zwei methodische Ansätze, um komplexe Gebilde zu verstehen:

- **Top-Down-Ansatz (deduktive Methode)**
  Dabei beginnt man auf einer abstrakten Ebene mit der Analyse und arbeitet sich auf eine konkrete Ebene vor. Das heißt, bei der IT-Architektur wird mit der Ebene des Unternehmens begonnen und anschließend mit tiefer liegenden Ebenen fortgefahren.
- **Bottom-Up-Ansatz (induktive Methode)**
  Bei diesem Ansatz ist die Vorgehensweise genau umgekehrt. Man beginnt mit einer konkreten Ausgangsbasis und arbeitet sich von dort zu den höheren Ebenen vor.

Top-Down vs. Bottom-Up

Beide Sichtweisen bieten Vorteile, die wir nutzen möchten. Der erste Ansatz liefert einen globalen Überblick über IT-Architekturen im Kontext des Unternehmens. Die Ausrichtung und Fokussierung der Architektur muss sich damit immer an der strategischen Ausrichtung des Unternehmens messen lassen. Nehmen wir beispielsweise an, dass sich unser Telko-Unternehmen nur noch auf Geschäftskunden ausrichtet. Eine komplexe Kundenbetreuungsanwendung, deren Schwerpunkt in der individuellen Betreuung von Privatkunden/Massenkunden liegt, kann sich als Anwendung zwar durchaus als wertvoll erweisen, ist allerdings als Unternehmensanwendung uninteressant.

Die Stärken der Bottom-Up-Sichtweise hingegen liegen in der bewussten Beschränkung auf Teilgebiete und der Wiederverwendbarkeit. Über ihre Komposition wird der Blick auf den gesamten Komplex erstelltmöglich. Gerade in dynamischen Umfeldern und bei sich ständig ändernden Rahmenbedingungen ist diese Sichtweise wichtig und verschafft dem Betrachter den Eindruck eines nahezu konstanten Umfelds trotz eines dynamischen Gesamtsystems.

Die nun folgenden Abschnitte beschreiben, wie diese beiden Ansätze für das Themengebiet der IT-Architekturen genutzt werden können. Die Problematik der Dokumentationen nimmt dabei einen großen Teil ein. Denn nur, wenn man Sachverhalte schlüssig und konsistent beschreiben kann, kann man sie auch erfassen und verstehen.

2.2 Der Bottom-Up-Ansatz

Die technisch orientierten Leser werden diesen Ansatz vermutlich sofort mit der Software-Technik in Verbindung bringen, kennt man diese Methode doch aus dem Bereich der Realisierung komplexer Systeme. Diese Assoziation erweist sich als durchaus hilfreich. Lassen Sie uns daher einen kurzen Ausflug in diese Domäne machen, wobei wir der restlichen Leserschaft versprechen, nicht zu technisch zu werden.

Parallelen zur Software-Entwicklung

Das Baukastensystem

Die Idee der Bottom-Up-Methode in der Software-Entwicklung ist das Vorgehen vom Speziellen zum Allgemeinen. Das heißt, der Software-Techniker beginnt mit speziellen Modulen für bestimmte Problemstellungen und setzt diese zusammen, um größere und allgemeinere Probleme zu lösen.

Wie ist dieser Ansatz in die Welt der IT-Architektur übertragbar? Im Prinzip ähnlich! Jeder, der für einen Teilbereich oder eine abgegrenzte Menge von Prozessen in einem Unternehmen verantwortlich ist, hat sich die Lösungen geschaffen, die notwendig waren, um seine Aufgaben effizient und qualitativ hochwertig zu lösen. Für den Bereichsleiter Privatkundenbetreuung bedeutet dies zum Beispiel den Einsatz einer CRM-Applikation. Der Verantwortliche für das fachliche Auftragsmanagement hat beispielsweise eine Software zur Überprüfung der Bonität und der Automatisierung der Antragsbearbeitung etabliert. In dieser Art kann man durch alle Bereiche eines Unternehmens laufen und wird überall IT-Lösungen zur Unterstützung des täglichen Geschäfts finden. Um die übergeordneten Problemstellungen zu lösen, d.h., die eigentlichen Geschäftsprozesse des Unternehmens abzubilden, müssen die einzelnen IT-Lösungen einfach nur noch miteinander verbunden werden.

Integration als Herausforderung beim Bottom-Up-Ansatz

Wir möchten an dieser Stelle einschieben, dass die Praxis uns leider zeigt, dass gerade das nicht so einfach ist. Denn insbesondere die Integration einzelner IT-Lösungen ist eine Aufgabenstellung, die viele Unternehmen extrem herausfordert, wenn nicht sogar überfordert. Für die bittere Erfahrung, dass diese Problemstellung nicht nur durch den Zukauf hierauf ausgerichteter Tools gelöst werden kann, haben einige Unternehmen schon viel Geld bezahlt. Das Werkzeug stellt eben nur einen kleinen Teil der Integration dar. Maßgeblich sind die Unternehmensprozesse und davon abgeleiteten Organisationen und Verantwortlichkeiten. Im Laufe des Buches werden wir noch an anderen Stellen auf das Thema Integration und die damit verbundenen Problemstellungen eingehen.

Vom Einzelteil zum Gesamtverständnis

Doch zurück zu unserem Vergleich: Während sich IT-Lösungen aus mehreren Programmmodulen (Klassen, Funktionen, Prozeduren etc.) zusammensetzen, sind die Basisbestandteile von IT-Architekturen die einzelnen Applikationen. Der Unterschied zur Softwaretechnik besteht also in der Abstraktionsebene. Das gleiche Prinzip ist auch auf Beschreibungen anwendbar. Um die Architektur und Struktur eines

Software-Systems anderen verständlich zu machen, dokumentiert man bei IT-Lösungen die einzelnen Funktionen, Klassen und ihre Abhängigkeiten. Dieser Bereich wird zum Beispiel in der Modellierungssprache UML durch das Klassen- und Objektdiagramm abgedeckt. Die Beschreibung erfolgt, indem man die vorhandenen Klassen als Einheiten mit allgemeinen Charakteristika und Eigenschaften wie Attributen, Schnittstellen und Beziehungen behandelt und dabei von den konkreten Realisierungen und Detailinformationen abstrahiert. Ähnlich verhält es sich bei IT-Architekturen mit den Applikationen. Zur einfacheren Übertragbarkeit haben wir in Tabelle 2.1 die wichtigsten Charakteristika der Software-Technik und der IT-Architektur, bezogen auf den Bottom-Up-Ansatz, gegenüber gestellt. Die IT-Architektur im Bottom-Up-Ansatz stellt sich damit wie folgt dar:

Eine IT-Architektur besteht aus mehreren, untereinander verbundenen Applikationen und bildet Geschäftsprozesse bzw. Teile hiervon ab.

	Software-System	IT-Architektur
Basisbestandteile	Klassen, Module, Funktionen, Komponenten etc.	Applikationen
Verfahren der Verbindung einzelner Basisbestandteile	Programmierung	Integration
Zielsetzung, Zweck	Lösen von Problemen und Unterstützung bei der Arbeit	Abbilden von Geschäftsprozessen bzw. Teilen

Tabelle 2.1 Vergleich von Software-Systemen und IT-Architekturen im Bottom-Up-Ansatz

Prozesse als betrachtete Dimension

Geschäftsprozesse im Blickpunkt des Geschehens

Betrachten wir diesen hierarchischen Ansatz jetzt einmal aus einer anderen Perspektive. Zentraler Gegenstand eines Unternehmens sind die Geschäftsprozesse, d.h. Folgen von Aufgaben und Arbeiten, um von einem Problem zu einer wohldefinierten Lösung zu gelangen. Um nun diese Prozesse effizienter oder kostengünstiger abwickeln zu können, werden Teilaufgaben durch hierfür konstruierte IT-Systeme erledigt.[1] Dies bedeutet aus Sicht der IT-Lösungen aber letztendlich, dass sie genau die technische Realisierung von prozessunterstützenden

Diensten für ein gegebenes Problem darstellen. Die Kommunikation mit einem IT-System und die Nutzung der von diesem IT-System bereitgestellten Dienste und Funktionen erfolgt über hierfür konstruierte Schnittstellen.

Lassen Sie uns an dieser Stelle anhand einiger Anmerkungen diesen Gedankengang vertiefen. Was ist die eigentliche Kernaussage des obigen Absatzes? Die IT-Welt zeichnet sich häufig durch eine schwammige Nutzung der Begriffe »Geschäftsprozess« und »Applikation« aus. Insbesondere die Software-Hersteller rücken ihre Produkte bedenklich nahe an die Abbildung von Prozessen. In unserem Verständnis ist eine Applikation eine Softwarelösung, die eine bestimmte Menge an Funktionen und Diensten bereit stellt. Die Funktionen können zur Unterstützung der Prozesse im Unternehmen herangezogen werden. Damit ist aber die treibende Kraft im Unternehmen der Prozess an sich. Für Applikationen ist die Konsequenz: Je mehr Funktionen einer Applikation zur Prozessunterstützung genutzt werden können, umso besser ist diese Applikation im Sinne des Unternehmens geeignet. Das gern angeführte Argument »Wir müssen die Arbeitsschritte ändern, um die Funktionalität x unseres Produkts nutzen zu können« ist jedoch nicht tragfähig.

Dieser Zusammenhang wird in Abbildung 2.1 an einem Beispiel aus unserem Telko-Unternehmen verdeutlicht. Wir haben den Prozess der Antragsstellung schematisch in den drei Schritten *Kunden erfassen*, *Kunden anlegen* und *Karte freischalten* dargestellt. Die Definition dieses Prozesses ist von der IT-Landschaft unabhängig und basiert nur auf dem Unternehmensmodell. Natürlich werden die vorhandenen Funktionen der IT-Landschaft während der einzelnen Prozessschritte genutzt. Dabei kann durchaus die Situation eintreten, dass ein Prozessschritt auf mehr als eine Applikation zugreift bzw. eine Applikation durch mehrere Prozessschritte angesprochen wird.

1 Dieses beschriebene Vorgehen zeigt den idealen Weg, um prozessunterstützende Applikationen zu spezifizieren. Natürlich existieren auch andere Vorgehensweisen, wie z.B. das Verfahren, den Geschäftsprozess um eine schon existente Applikation herum zu »definieren«, die in der Praxis (leider) üblich sind.

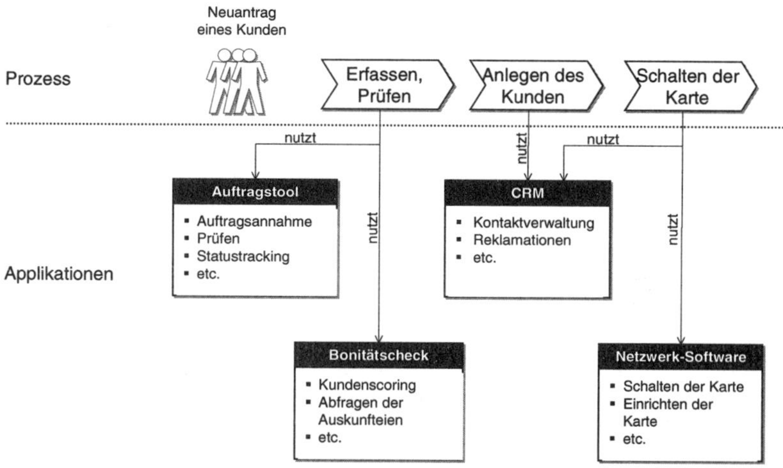

Abbildung 2.1 Beziehung von Prozessschritten und Applikationen

2.2.1 Perspektiven in der Bottom-Up-Sicht

Die Bottom-Up-Ansicht zeichnet sich durch sehr viele Detailinformationen aus. Da man auf einer sehr feinen Granularitätsebene startet, stellt allein die Aufnahme aller Bestandteile der IT-Architektur eine Herausforderung dar, die von den wenigsten Unternehmen mit angemessenem Zeit- und Geldaufwand wahrgenommen werden kann. Dazu kommen die anschließenden Arbeiten der Aufbereitung. Diese Sammlung der Informationen soll ja nicht dem Selbstzweck dienen, sondern dabei helfen, die Struktur der IT-Architektur besser zu verstehen. Vor diesem Hintergrund stellen sich zwei Forderungen, um diese Vorgehensweise in der Praxis nutzbar zu gestalten:

Bewältigung der Informationen

- **Strukturierung**
  Wenn man die Anordnung der Einzelteile einer IT-Architektur zueinander nicht beschreibt, hilft eine Inventarisierung der IT-Landschaft kaum dabei, das gesamte System besser zu verstehen. Nur wenn wir das heute bestehende Beziehungsgefüge und dessen Eigenschaften begreifen, sind wir in der Lage, Optimierungen und Vereinfachungen durchzuführen.
- **Reduktion der Detailinformationen**
  Die Komplexität in der Bottom-Up-Methode hängt maßgeblich von der Menge der Detailinformationen auf der untersten Ebene ab. Je mehr Einzelheiten wir erfassen und verarbeiten, desto mehr Daten müssen auf dem Weg nach oben konsolidiert und ausgewertet werden.

Was können wir eigentlich verstehen?

Ergänzend zu diesen Forderungen müssen wir uns noch über die Aspekte von IT-Architekturen Gedanken machen, die sinnvoll über die Bottom-Up-Sicht zu erschließen sind. Diese Perspektiven müssen natürlich auf die Methode zugeschnitten sein, daher lassen Sie uns noch einmal kurz das oben Gesagte rekapitulieren: Der Bottom-Up-Ansatz arbeitet vom Speziellen zum Allgemeinen, vom Konkreten zum Abstrakten. Anders formuliert: Aus den Komponenten einer niedrigeren Ebene werden die Komponenten der höheren Ebene zusammengebaut. Wenn wir dies auf unsere Situation abbilden, so müssen die darzustellenden Aspekte sich auch im Kleinen wiederfinden. Das heißt, die auf oberster Ebene gezeigte Information muss für die Detailobjekte existent sein. Andernfalls fällt es schwer, diese durch Synthese zu ermitteln.

Facetten des Verstehens

Doch welche Eigenschaften bzw. Dimensionen zeichnen Applikationen, unsere kleinsten Objekte, aus? Um ein differenzierteres Bild zu erhalten, gehen wir noch eine Ebene tiefer und dehnen unsere Betrachtungen auf die Bestandteile von Applikationen bzw. deren Beschreibungen aus. In den Planungs- und Entwicklungsphasen von Applikationen werden einzelne Aspekte detailliert entwickelt:

- **Fachliche und technische Anforderungen**
  Motivation für eine Applikation ist typischerweise ein identifiziertes Problem oder Optimierungspotenzial. In den frühen Phasen der Lösungsfindung werden die Anforderungen und Rahmenbedingungen aufgenommen, die eine Lösung erfüllen muss, um den prognostizierten Nutzen zu erreichen. Dieser Teilabschnitt wird häufig mit Begriffen wie Bedarfsanalyse oder Fachkonzeption bezeichnet.
- **Aufbau und Verhalten**
  Diese Aspekte sind Teile des Lösungskonzepts. Es handelt sich um die Konkretisierung der oben formulierten Forderungen auf technischer Basis. In diesem Bereich werden Daten, Prozesse, Software-Komponenten und Schnittstellen technisch konzeptioniert.

Diese vier Dimensionen lassen sich unmittelbar auf IT-Architekturen übertragen. Bevor wir nun die Umsetzung auf die IT-Architekturen beschreiben, möchten wir diese Aussage in einem ersten Schritt begründen und präzisieren. Zu Beginn dieses Kapitels haben wir bei dem Hierarchiegedanken die Rolle der Applikationen als Bausteine der IT-Architektur erläutert. Über die Komposition einzelner Applikationen erhalten wir die nächsthöhere Abstraktionsebene: die IT-Architektur. Und genau dieses Argument der Komposition ermöglicht uns jetzt den Transfer der oben beschriebenen Dimensionen auf IT-Architekturen. Sowohl die IT-Architektur als auch die Applikationen haben den Zweck, Prozesse und Teilprozesse des Unternehmens zu unterstützen bzw. abzubilden. Dabei liefert die IT-Architektur die Infrastruktur zur Abbildung der Geschäftsprozesse, wohingegen eine Applikation mehrere Funktionen zur Abbildung bzw. Unterstützung von Prozessschritten bündelt.

Sichten auf die IT-Architektur

Die oben erwähnten Dimensionen – abgebildet auf IT-Architekturen – sollen uns im Folgenden bei der Strukturierung unserer Betrachtungen helfen:

- **Fachliche Dimension**
  Dieser Aspekt enthält die fachlichen Motivationen und Zusammenhänge der IT-Architektur und ihrer Bestandteile. Es wird bei den abgebildeten Teilprozessen bzw. Prozessschritten von den technischen Eigenschaften abstrahiert, und es werden nur die fachlichen Hintergründe fokussiert.
- **Technische Dimension**
  Hier werden die Bestandteile und die Zusammenhänge, bezogen auf ihre technische Realisierung, beschrieben. Neben der Fragestellung »Welches System kommuniziert über welche Wege mit anderen Systemen?« zählen auch die technischen Eigenschaften und Anforderungen zu dieser Dimension.
- **Statische Dimension**
  Hierzu gehören Bestandteile wie Applikationen, Schnittstellen und Verbindungen. Dieser strukturelle Aspekt beschreibt Inhalt und Aufbau einer IT-Architektur. In der Praxis besitzt diese Perspektive eine gewisse Stabilität und Kontinuität.
- **Dynamische Dimension**
  Diese Sicht beschreibt die Dynamik der IT-Architektur. Hier findet man die Einbindung der IT-Architektur in die Abwicklung der Geschäftsprozesse. Diese Darstellung präsentiert das Regelwerk, wann welche Funktion unter welchen Bedingungen aufgerufen wird, und beschreibt das Verhalten der einzelnen beteiligten Bestandteile.

Statische Sicht

Insbesondere die statische Sicht kann sich als beliebig komplex erweisen. Man denke nur an die Summe der Bestandteile, aus denen eine IT-Architektur aufgebaut ist. Jeder dieser Bestandteile besitzt wiederum eine Unmenge von relevanten Eigenschaften. Um uns bei den strukturellen Aspekten auf das Wesentliche konzentrieren zu können und uns nicht in Detailinformationen zu verlieren, müssen wir von vielen konkreten Ausprägungen abstrahieren. Aber gerade der Grad der Verallgemeinerung und die dazu vorzunehmenden Verdichtungen lösen typischerweise Diskussionen aus. Auf der einen Seite dürfen wir unser eigentliches Ziel, die IT-Architektur des Unternehmens zu verstehen, nicht aus den Augen verlieren. Allerdings – und der Gefahr sollte man sich bewusst sein – setzt man sich bei jeder Abstraktion dem Vorwurf eines realitätsfremden Bildes der IT-Infrastruktur aus. Diese Anschuldigungen an sich mögen ungerechtfertigt sein, nur muss man sich mit Argumenten dagegen wehren können. Auf der anderen Seite darf man auch nicht in das Gegenteil verfallen und sich mit zu viel Detailwissen belasten. Der Versuch, durch Kenntnis aller technischen Einzelheiten und Besonderheiten der im Unternehmen eingesetzten Applikationen einen konsolidierten Überblick zu erhalten, ist vermutlich zum Scheitern verurteilt. Man wird zwar jede Aussage fundiert begründen können, aber strategische Entscheidungen im Sinne des Unternehmensziels treffen zu können, ist kaum möglich, da man – sprichwörtlich gesagt – den Wald vor lauter Bäumen nicht mehr sieht.

Grundbestandteile

Mit der im Folgenden beschriebenen Abstraktion haben wir uns für einen Mittelweg entschieden, der unserer Meinung nach beide Gefahrenpotenziale minimiert. Wir reduzieren die Struktur der IT-Architektur auf die folgenden Grundbestandteile:

- Komponenten
- Schnittstellen
- Verbindungen

Diese Ebene abstrahiert in der strukturellen Darstellung von technischen Details. Damit möchten wir keineswegs die Technik zu einem unwesentlichen Bestandteil degradieren. Um jedoch die Infrastruktur der Unternehmensprozesse – und genau das stellt die IT-Architektur dar – über den Weg einer induktiven Herangehensweise verstehen zu können, sind fachliche Argumente und deren Abbildung in der Struktur von IT-Systemen die Basis für eine Verallgemeinerung. Auf der anderen Seite ist diese Abstraktionsebene so gewählt, dass keine Informationslücken entstehen. Die Systemverantwortlichen und Applikationsdesigner kennen und begreifen den Detailaufbau und die technischen Einzelheiten dieser Basisbausteine. In Dokumenten wie einem Fachkonzept und DV-Konzept werden genau diese Einzelheiten festgehalten, die in einer Applikation umgesetzt worden sind. Die nächste Stufe, d.h. das Aussehen der Struktur des Zusammenspiels der Applikationen, wird durch die oben genannten Grundbausteine beschrieben.

Wir werden Komponenten, Schnittstellen und Verbindungen in den folgenden Abschnitten ausführlich beschreiben. Auch dort werden alle Bestandteile einer IT-Architektur immer im Kontext der durch die IT-Architektur abgebildeten und unterstützten Unternehmensprozesse betrachtet. Die Implikation, dass die konkrete IT-Architektur eines Unternehmens immer aus der Notwendigkeit der Unterstützung seiner Geschäftsprozesse entstehen sollte, hat nach wie vor ihre Gültigkeit.

2.2.2 Komponenten

Komponenten sind die klassischen Grundelemente einer Struktur. In unserem Fall werden die Grundelemente der IT-Architekturen durch die einzelnen Applikationen[2] repräsentiert. Eine Applikation bezeichnet in diesem Zusammenhang Softwarelösungen, zugehörige Programmmodule, Daten und Dokumentationen, die zur Bewältigung eines wohldefinierten Aufgabenkomplexes benötigt werden.

Grenzen einer Applikation

Wir möchten diese Definition von Applikationen nochmals zum Anlass nehmen, den Nutzen von Applikationen für ein Unternehmen kritisch zu betrachten. In dieser Definition wird die Abgrenzung auf logischer und nicht auf physischer Ebene vorgenommen. Bestimmt wird die Applikation also durch den Aufgabenbereich, in dem sie Unterstützung leisten soll. Dadurch werden Applikationen als Mittel zum Lösen bestimmter Aufgabenstellungen und nicht als eine Einheit mit einem bestimmten Funktionsumfang behandelt. Diese Sicht erfüllt damit die oben angeführte Anforderung an Applikationen, dass die Unternehmensprozesse den Funktionsumfang eingesetzter Applikationen diktieren. Als Konsequenz können Applikationen auf einfache Art und Weise Teilen von Geschäftsprozessen zugeordnet werden. Die Frage, inwieweit der Unterstützungsgrad ausreichend ist, muss natürlich separat geprüft und beantwortet werden.

2 Als Synonym verwenden wir mitunter den Begriff »Anwendung«.

Bevor wir aber mit dieser Definition zu viel Verwirrung stiften, möchten wir diesen Gedankengang an dem in Abbildung 2.2 dargestellten Beispiel verdeutlichen. Man erkennt dort zwei Arbeitsabläufe: die Auftragsbearbeitung für Neukunden und die Reklamationsbearbeitung. In beiden Fällen werden jeweils IT-Systeme zur Unterstützung des Arbeitsprozesses eingesetzt. Während die Prozesse ganz klar umrissen und abgegrenzt werden können, sind bei der Betrachtung der physischen Seite die Grenzen fließend. Beide Prozesse arbeiten auf der gleichen Datenbank, nutzen sogar gleiche Entitäten wie beispielsweise »Kunde«. Außerdem wird bei der Auftragsbearbeitung ein zusätzliches Software-Modul zur Überprüfung der Bonität eingesetzt.[3] Wir sprechen in diesem Beispiel dennoch von zwei Applikationen. Die Abgrenzung erkennt man an den gestrichelten Linien. Das Modul zur Bonitätsüberprüfung ist in diesem Beispiel der Applikation für die Auftragsbearbeitung zugeordnet worden. Ob diese Entscheidung sinnvoll ist, hängt von der individuellen Situation ab. Es ist durchaus auch vorstellbar, diese Anwendung als separate Applikation zu betrachten, beispielsweise wenn die Bonitätsprüfung von mehreren Geschäftsprozessen verwendet wird. Wichtig ist an dieser Stelle, dass die Entscheidung der physischen Verantwortlichkeit keinen negativen Einfluss auf die Abbildung von Prozessen haben darf. In unserem Beispiel besitzt das Unternehmen den Dienst der Bonitätsüberprüfung in der Applikation der Auftragsbearbeitung. Das heißt, diese Funktion ist im Unternehmen vorhanden und damit in jeden Prozess integrierbar. Mit anderen Worten: Die Trennung wird nach logischen und nicht nach physischen Gesichtspunkten durchgeführt. Damit basiert sie auf den Aufgaben, für die diese Applikationen konstruiert wurden. Nicht jedes Unternehmen wird zwangsläufig zur gleichen Aufteilung der Applikationen kommen, denn die Abgrenzung der einzelnen Aufgaben ist ein individuell zu lösendes Problem. In späteren Abschnitten dieses Kapitels finden Sie Methoden und Verfahrensweisen, um diese Separation auch für existierende IT-Landschaften fachlich motiviert und nicht durch das System bedingt zu erstellen.

---

3 Es ist gut vorstellbar, dass dieses Modul unternehmensweit an verschiedenen Stellen eingesetzt wird.

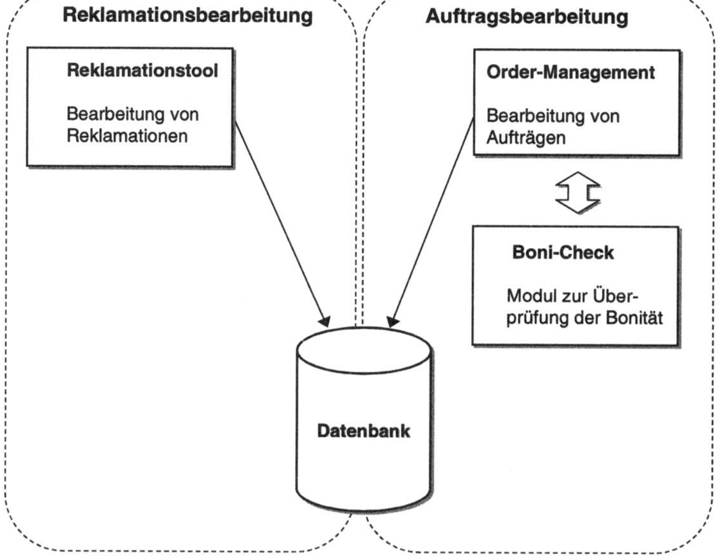

Abbildung 2.2 Verschiedene Applikationen mit einer Datenbank

Im Folgenden werden Applikationen als atomare Bausteine von IT-Architekturen betrachtet. Das bedeutet nicht, dass eine Applikation eine Black Box ist, deren Inneres niemanden interessiert. Gerade bei der Betrachtung der Prozesssicht werden wir auch auf bestimmte Teilaspekte von Applikationen eingehen. Denn die Frage, ob die Applikationslandschaft in der existierenden Form sinnvoll bezogen auf die abzubildenden Prozesse ist, ist fortwährend zu beantworten.

Inventur im Unternehmen

Doch was bedeutet diese Diskussion in der Praxis? Die Überschrift dieses Abschnitts deutet es schon an: Der erste Schritt zum Verstehen ist die Bestandsaufnahme. Doch ohne eine Vorgehensweise, um die Menge der Applikationen in einem Unternehmen ermitteln zu können, werden die oben angeführten Argumente akademisch bleiben. Wir möchten Ihnen daher einen Leitfaden an die Hand geben, der hilft, eine Bestandsaufnahme zu machen. Selbstverständlich wird er nicht jedes Detail lösen können, dazu sind die individuellen Ausprägungen der Unternehmen viel zu verschieden, aber er unterstützt Sie bei einer strukturierten Vorgehensweise.

Bevor wir tiefer in diese Thematik einsteigen, möchten wir noch zwei Begriffe einführen, die für die Bestandsaufnahme essenziell sind:

- **Anwendungssoftware**
  Anwendungssoftware ist im Kontext dieses Buches Software, die Aufgaben und Probleme eines Benutzers dieses Programms mit Hilfe eines Computers löst.
- **Systemsoftware**
  Als Systemsoftware bezeichnen wir die Software, die für den Betrieb oder die Wartung eines Computers eingesetzt wird. Betriebssysteme, Dienstprogramme und Datenbanken fallen in diese Kategorie.

Warum verwenden wir diese Begriffe? Wenn Sie einen IT-Spezialisten nach den Programmen fragen, die er zur Erledigung seiner Aufgaben einsetzt, werden Sie aller Wahrscheinlichkeit nach eine lange Liste verschiedenster Software-Produkte erhalten. Betrachten wir hierzu ein Beispiel aus der Praxis. Eine Abteilung setzt in ihrem Callcenter eine kleine Webapplikation mit dem Namen Anrufgrund-Erfassung[4] ein. Eine legitime Antwort auf die Frage nach den eingesetzten Programme wäre:

- Perl-Skripten zur Auswertung
- Cronjob
- FTP-Programm
- HTML-Generator für die Erfassungsmaske
- Editier-Frontend
- MySQL-Datenbank

Hilft Ihnen diese Antwort? Vermutlich nicht! Neben den fachlichen Bausteinen (Erfassung der Anrufgründe, Editieren der Erfassungsmasken und Auswertung der Gründe) finden sich noch diverse systemnahe Programme in der Liste. In Abbildung 2.3 haben wir diese Informationen strukturiert aufgeführt. Die Applikation für die Anrufgrund-Erfassung besitzt drei Funktionalitäten, die in dem Kasten der Anwendungssoftware dargestellt sind. Die restlichen Softwaremodule sind vom Wesen her allgemeine Unterstützungsprogramme, die als Dienste der Infrastruktur angeboten werden. Damit steht in unserem Beispiel die komplette Liste von Software-Bausteinen für eine Applikation, wobei der Teil der Systemsoftware unabhängig von dem fachlichen Hintergrund ist.

4 Mit ihr wird erfasst, warum ein Kunde angerufen hat, wie zum Beispiel »Beschwerde« oder »Tarifwechselwunsch«.

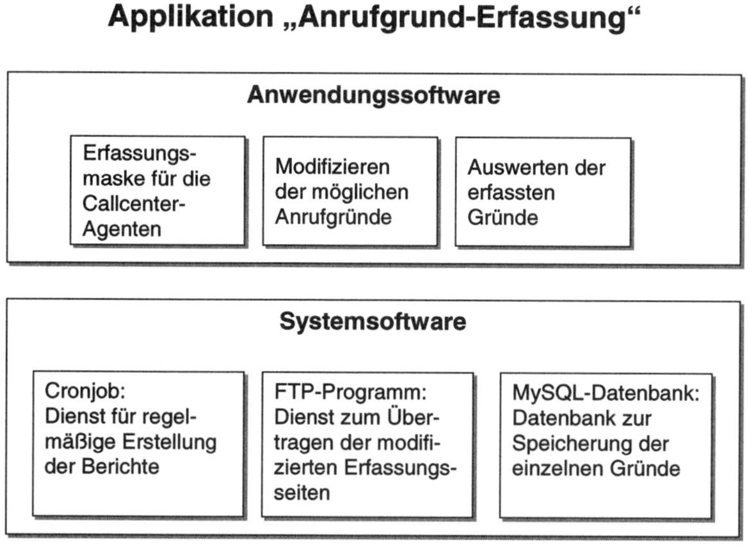

Abbildung 2.3 Beispiel für die Strukturierung einer Applikation

Wir nutzen dieses Beispiel als Grundlage für das folgende Verfahren zur Bestimmung der Applikationen in einem Unternehmen:

Der Weg zur strukturierten Bestandsaufnahme

1. **Sammeln aller Software-Komponenten**
   Es ist unerlässlich, im ersten Schritt eine umfassende Bestandsaufnahme aller im Unternehmen existierenden Software-Komponenten durchzuführen. Die Vollständigkeit und Gründlichkeit bestimmt maßgeblich die Gesamtqualität. Auch eher nebensächlich erscheinende Software-Lösungen wie beispielsweise kleine Access-Anwendungen oder Ähnliches sollten in diesem Schritt erfasst werden. Beachten Sie, dass gerade diese so genannten Kleinstanwendungen sich als unternehmenspolitisch schwierig erweisen. Solche Lösungen entstehen häufig aus der Not heraus, weil die großen Applikationen bestimmte Funktionalitäten gar nicht oder schlecht[5] abbilden. Auf der anderen Seite werden derartige Zwischenlösungen und Eigenfabrikate nicht gern gesehen, da sie die IT-Strategien unterwandern und auf Grund ihrer Entstehungsgeschichte nicht in das operative Geschäft (Wartungs- und Releasezyklen) eingebunden sind.

5 Dieses Attribut drückt gewissermaßen die Akzeptanz des jeweiligen Anwenders der Applikation aus.

Empfindet der Erzeuger einer solchen Zwischenlösung diese Bestandsaufnahme als ersten Schritt einer Säuberungsaktion, so wird die Qualität der von ihm gelieferten Informationen zweifelhaft sein.

2. **Attributieren der Software-Lösungen**
   Jeder der Software-Bausteine muss entweder der Kategorie Anwendungssoftware oder Systemsoftware zugeordnet werden. Auf diese Art erhalten wir die Menge der zu berücksichtigenden Bausteine.
3. **Gruppieren zu Applikationen**
   In diesem Schritt werden die einzelnen Module der Anwendungssoftware gruppiert. Ein Gruppierungsmerkmal ist neben der fachlichen Zugehörigkeit auch die starke technische Kopplung. In unserem Beispiel trifft auf die drei Module der Anwendungssoftware beides zu. Zum einen gehören sie fachlich zusammen, zum anderen bilden diese Module eine Softwareeinheit. Das Ergebnis der Gruppierung sind die einzelnen Applikationen. Module der Systemsoftware spielen in den weiteren Betrachtungen eine eher nachgelagerte Rolle, von daher werden sie in einer separaten Gruppe gesammelt.

An dem in Abbildung 2.3 dargestellten Beispiel können Sie sich die beschriebene Vorgehensweise und das Ergebnis nochmals verdeutlichen. Wir möchten an dieser Stelle darauf hinweisen, dass dieses Verfahren lediglich eine Abgrenzung der einzelnen Applikationen vornimmt. Daher werden sowohl fachliche als auch technische Argumente bei der zu treffenden Entscheidung herangezogen. Eine Überprüfung, ob die Applikation prozessunterstützende Eigenschaften für das Unternehmen besitzt, ist nicht das Ziel dieser Phase – sie wird aber später beschrieben.

Die Applikation – eigentlich ganz einfach

Kennen Sie auch die Aussage »Ihre Anforderungen sind so leider nicht umsetzbar, weil ...«? Viele Änderungswünsche und Modifikationen scheitern an diesem Satz. Man kann häufig nicht einmal ein Gegenargument liefern, da einem die Zusammenhänge und Hintergründe nicht klar sind. Und bei genauerem Nachfragen stellt man dann noch fest, dass gerade dann, wenn applikationsübergreifende Wechselbeziehungen erforderlich sind, auch den einzelnen Verantwortlichen der notwendige Überblick fehlt.

Aus diesem Grund erzeugen wir eine weitere Abstraktionsebene, in der Applikationen simplifiziert, d.h. weitestgehend losgelöst von technischen Details, dargestellt werden. Für die Beschreibung der Strukturen, Zusammenhänge und Abhängigkeiten der IT-Architektur eines Unternehmens bietet diese Ebene die ideale Plattform. Nur in Einzelfällen werden wir uns bestimmten Strukturinformationen von Applikationen widmen. Das Modell für diese Betrachtung wird die Darstellung der Schichtenarchitektur sein. Wir zerlegen die Applikation in mehrere Einheiten, so genannte Schichten, wobei an diese Schichten die folgenden Merkmale geknüpft sind:

Das Schichtenmodell

- Die Dienste, die eine Schicht zur Verfügung stellt, sind fachlich zusammenhängend.
- Eine Schicht kommuniziert nur mit der nächsthöheren bzw. nächstniedrigeren Schicht.[6]
- Jede Schicht abstrahiert von den fachlichen Merkmalen der nächstniedrigeren Schicht.

Doch wie bestimmt man nun die Anzahl der Schichten einer Applikation? Fragt man einen Systemarchitekten nach der Anzahl der Schichten in den durch ihn konzipierten Applikationen, so wird er vermutlich eine hohe Zahl nennen. Denn gerade die Anzahl der einzelnen Schichten wird gern als Merkmal für die Qualität und die Mächtigkeit der Softwarearchitektur verwendet. Um solche Diskussionen erst gar nicht aufkommen zu lassen, beschränken wir uns im Kontext der IT-Architekturen auf maximal drei unterschiedliche Schichten:

- **Präsentationsschicht**
  Diese Ebene beinhaltet die Anwendungsoberfläche, d.h., sie umfasst alle Mittel, die dem Anwender die Kommunikation mit dieser Anwendung ermöglichen. Ein Beispiel für diese Schicht sind die Dialogmasken einer Applikation.
- **Prozessschicht**
  In dieser Schicht werden die einzelnen Geschäftsprozesse abgebildet. Es werden fachliche Dienste zur Verfügung gestellt, die dann entsprechend der Prozessdefinition Aktionen auslösen und Änderungen in der Datenschicht vornehmen.
- **Datenschicht**
  Diese Schicht umfasst die vollständige Verwaltung und Administration aller für die Applikation relevanten Daten.

6 In der Praxis stellt man häufig fest, dass diese Regel nicht durchgängig berücksichtigt wird. So wird z.B. auch bei der Existenz einer Zwischenschicht direkt auf die Datenbank zugegriffen.

Nicht immer sind alle drei Schichten ausgeprägt. Insbesondere bei den klassischen Client-Server-Architekturen verschmelzen oft die Präsentationsschicht und die Prozessschicht. Im Gegensatz dazu fehlt bei Hintergrunddiensten die Benutzeroberfläche.

Der folgende Abschnitt stellt die in diesem Buch verwendete Notation für Komponenten vor. Wir möchten nicht zu technisch werden, dennoch ist es auch im Kontext der IT-Architekturen unerlässlich, sich auf einen gemeinsamen Sprachgebrauch zu einigen. Sie werden feststellen, dass bei allen im Folgenden eingeführten Notationen die Darstellung relativ abstrakt ist. Insbesondere technische Einzelheiten werden kaum noch dargestellt. So können wir die wesentlichen Sachverhalte demonstrieren, ohne durch zu viel Detailtiefe Verwirrung zu stiften. Allerdings muss man sich jederzeit des durch Verdichtung und Abstraktion erzeugten Informationsverlustes bewusst sein. Jede auf Basis derartiger Notationen getroffene Entscheidung muss natürlich implizit oder explizit auf ihre technische Machbarkeit hin überprüft werden.

Notation für Komponenten

Wir stellen die Bausteine[7] von IT-Architekturen als Rechtecke dar. Im Inneren eines solchen Rechtecks finden Sie die Kurzbezeichnung der zugehörigen Applikation. In manchen Fällen, wie zum Beispiel bei der Darstellung der Integration, wird es nötig sein, den groben Aufbau gemäß dem oben beschriebenen Schichtenmodell zu skizzieren.

Schauen Sie sich einfach das folgende Beispiel an. In Abbildung 2.4 sehen Sie exemplarisch drei verschiedene Darstellungsformen. Die Ansicht (i) zeigt die simple Darstellung eines CRM-Systems (Customer Relationship Management), wohingegen in der Ansicht (ii) ein CRM-System mit den existierenden Schichten GUI (G), Prozesse (P) und Daten (D) ausgeführt sind. Es handelt sich dabei durchaus um das gleiche CRM-System, das in verschiedenen Detaillierungsstufen dargestellt wurde. Für welche der beiden Notationsformen Sie sich entscheiden, hängt immer von der jeweiligen Situation ab. Möchten Sie beispielsweise den Zugriff einer anderen Applikation auf die Daten des CRM-Systems dokumentieren, bietet sich Ansicht (ii) an, wohingegen Sie bei der reinen Darstellung der Abhängigkeit von Applikationen mit Ansicht (i) auskommen. Die letzte Darstellung beschreibt einen Faxserver ohne ausgewiesene GUI-Schicht. Besitzt eine Applikation eine der ausgewiesenen Schichten nicht, so wird sie einfach weggelassen.

---

7 Wir verwendet den Begriff des Bausteins im Folgenden bewusst als Synonym für Applikationen.

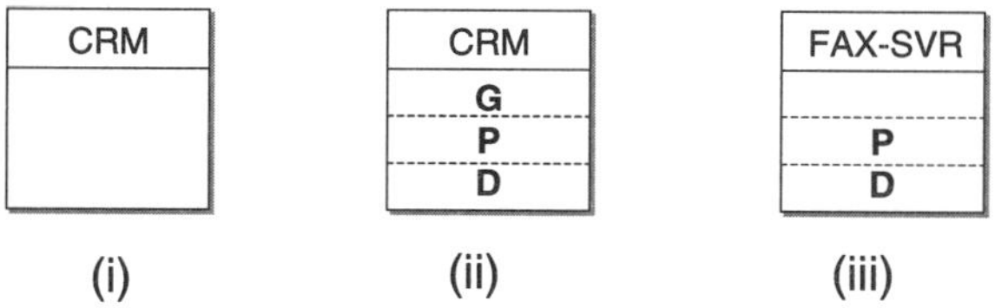

Abbildung 2.4 Darstellung von Applikationen

Weitergehende Detailinformationen wie beispielsweise das Betriebssystem, die verwendete Datenbank oder das verwaltete Datenvolumen haben wir bewusst nicht in der grafischen Notation aufgeführt. Natürlich sind auch solche Daten wichtig und sollten, wenn sie vorhanden sind, auch dokumentiert werden. Nur machen diese Informationen als Elemente der grafischen Notation wenig Sinn, sondern tragen eher zur Verwirrung bei. Rekapitulieren Sie unsere Ziele: Wir möchten mit der Bottom-Up-Methode die strukturellen Eigenschaften und Zusammenhänge der IT-Architektur erschließen. Als Konsequenz, um vom Speziellen zum Abstrakten zu gelangen, nehmen wir in der grafischen Notation nur die Informationen auf, die uns auf den oberen Ebenen auch helfen. die Beschreibung der nächsthöheren Ebene zu erarbeiten. Die Fülle an Zusatzinformationen über Komponenten kann beispielsweise separat erfasst und über Querverweise referenziert werden.

2.2.3 Schnittstellen

Komponenten helfen Ihnen als Benutzer natürlich überhaupt nichts, wenn Sie die angebotenen Dienste nicht in irgendeiner Form auch abrufen können. Von daher verfügen Komponenten über Schnittstellen, um mit ihrer Umgebung kommunizieren zu können. Auch der eigentliche Anwender der Applikation bildet einen Kommunikationspartner. Die von ihm genutzte Schnittstelle ist die Benutzeroberfläche, eine nicht unbedeutende Gruppe von Schnittstellen. Wir werden auf diesen Komplex von Schnittstellen an dieser Stelle nicht näher eingehen, da diese Gruppe von Schnittstellen schon in der Notation der Komponenten durch die Ausführung der Präsentationsschicht behandelt wird. Von daher reduzieren wir uns in diesem Kontext auf die durch die technische Umgebung genutzten Schnittstellen. Das heißt:

> Eine Schnittstelle beschreibt für uns eine Menge von Funktionen, die eine bestimmte Komponente anderen Komponenten zur Verfügung stellt.

Den Technikern unter Ihnen wird diese Aussage bekannt vorkommen. Im Grunde genommen existiert kein Unterschied zu den hinlänglich bekannten Schnittstellen der Software-Komponentenentwicklung. Auch dort werden Schnittstellen als von einer Software-Komponente bereitgestellte Dienstleistungen behandelt. Dieser Vergleich ist nicht nur zulässig, sondern sogar gewollt. Dadurch positionieren sich Schnittstellen im Umfeld der IT-Architektur auf der nächsthöheren Abstraktionsebene bezogen auf die Schnittstellen in Software-Komponenten und schließen gemäß des von uns gewählten Bottom-Up-Ansatzes nahtlos an die Applikationsentwicklung an.

Die fachliche Strukturierung erfolgt danach, ob über die Schnittstelle Informationen ermittelt oder ob anderen Applikationen Anweisungen erteilt werden. Wir unterscheiden bei Schnittstellen die folgenden Kategorien:

Kategorien von Schnittstellen

- **Anweisungen**
  Hierdurch werden bestimmte Aufgaben bzw. Prozessschritte abgearbeitet. In der Regel ändert sich der Zustand des zu Grunde liegenden Objekts. Wird beispielsweise die Schnittstelle »Neu-Kunde anlegen« eines CRM-Systems verwendet, so zeigt sich die Zustandsänderung in einem oder mehreren Datensätzen in der CRM-Datenbank.
- **Anfragen**
  Anfragen dienen der Informationsermittlung. Es wird der Zustand angefragt, und Teile des Zustands werden fachlich aufgearbeitet, dem Aufrufenden als Ergebnis übermittelt. So liefert zum Beispiel die Anfrage »Verträge von Herrn Meier« eine Liste aller Verträge, die Herr Meier mit dem Unternehmen abgeschlossen hat, und alle dazugehörigen Vertragsinformationen.

Häufig findet man als dritte Art der Schnittstellen den Prädikatentest, d.h. die Abfrage mit dem Ergebnis »Ja« oder »Nein«, separat zur Anfrage aufgeführt. Wir behandeln diese spezielle Art der Anfrage nicht gesondert. Denn es zeigt sich in der Praxis, dass die Prädikateneigenschaft oftmals mit einer relativ kurzen Halbwertszeit ausgestattet ist. Nehmen wir als Beispiel die Anfrage »Genügt Herr Meier den im Unternehmen existierenden Bonitätsanforderungen?«. Wurde früher diese Frage mit einem klaren »Ja« oder »Nein« beantwortet, verwenden heute Unternehmen häufig komplizierte Prüfalgorithmen auf der Basis von Fuzzylogik, um den Bonitätsfaktor eines Kunden zu bestimmen. Damit ist das Ergebnis eine Zahl, und erst eine nachgeschaltete Interpretation mit ggf. manuellem Eingriff entscheidet über »Ja« oder

»Nein«. An diesem Fallbeispiel erkennt man, wie schnell sich die Art einer Schnittstelle ändern kann. Von daher erscheint es uns nur folgerichtig, zwischen diesen beiden Typen nicht zu differenzieren.

Der in der Praxis mit den größten Auswirkungen feststellbare Unterschied zu Schnittstellen von Software-Komponenten ist, dass auf der Ebene von Applikationen die beschreibende Attributierung essenziell ist. Der reine Vergleich auf der Grundlage der fachlichen Beschreibung und grafischen Notation ist ohne Detailwissen kaum noch möglich. Das folgende Beispiel verdeutlicht diesen Sachverhalt. Betrachten wir zwei CRM-Systeme, S_1 und S_2. Beide besitzen eine Schnittstelle zum Anlegen eines neuen Kunden. S_1 bietet als technische Realisierung dieser Schnittstelle ein COM-Interface an, das durch andere Systeme einfach genutzt werden kann. Um beim System S_2 neue Kunden erzeugen zu können, müssen diese im Format einer Textdatei auf einem definierten Fileshare gespeichert werden. Das System S_2 lädt bei dem halbtägigen Batchjob alle neuen Dateien mit den Daten neuer Kunden und generiert in der Datenbank von S_2 entsprechende Datensätze für diese Neukunden. Dieses Beispiel zeigt sehr deutlich, dass eine rein fachliche Beschreibung bei Schnittstellen bei weitem nicht genügt. Attribute wie

- online/offline
- Geschwindigkeit
- Zeit- und Antwortverhalten
- Durchsatz
- Sicherheit
- Flexibilität
- Stabilität

sind nur einige der Eigenschaften, die notwendigerweise für eine aussagekräftige Beschreibung erforderlich sind. Im Anhang finden Sie einen Vorschlag für eine grobe Gliederung, nach der Schnittstellen strukturiert beschrieben werden können.

Nachdem Sie die vorherigen Kapitel und Abschnitte gelesen haben, könnten Sie jetzt einwenden, dass für Sie diese technischen Details doch völlig uninteressant sind, vorausgesetzt, die fachlichen Inhalte passen. Dieser Einwand ist folgerichtig und auch durchaus berechtigt. Daher möchten wir an dieser Stelle einige Argumente für eine etwas differenziertere Betrachtungsweise anführen. Das obige Beispiel ist bewusst so gewählt, dass auch Fachfremde sich nie für das System S_2

entscheiden würden. Dazu sind die eingesetzten Mittel der Integration viel zu antiquiert. Dennoch erfüllt S_2 alle fachlichen Anforderungen und ist unter Umständen sogar billiger als S_1. Nun, ein sachlicher Grund für die starke Position des Systems S_1 liegt in der Korrelation der fachlichen Anforderungen und technischen Möglichkeiten. Stellen Sie sich nur den Werbeslogan des Vertriebs »Aktivierung eines Neukunden innerhalb von 20 Minuten« vor. Setzt das Unternehmen das System S_2 ein, müssen Sie im schlimmsten Fall einen halben Tag warten, bis die Hotline Sie als Kunden kennt. Sie sehen an diesem einfachen Fall schon die starken Abhängigkeiten der fachlichen Funktionalitäten von technischen Restriktionen. Auf der anderen Seite ist genau Ihr Einwand unsere Motivation, diese Detailinformationen nur in den Attributen und nicht in der grafischen Notation aufzunehmen. Denn gerade wenn Kosteneffizienz die treibende Kraft ist, muss das oben skizzierte Gedankenspiel »Tausche S_1 gegen S_2« erlaubt sein. Das State-of-the-Art-Argument der Technik kann und darf nicht die treibende Kraft für Entscheidungen sein. Erfüllt ein System alle fachlichen Anforderungen, die heute bekannt und zukünftig denkbar sind, so ist es ein potenzielles Werkzeug für das Unternehmen. Um das oben skizzierte Szenario in diesem Kontext sauber aufzulösen, können Sie beispielsweise die fachliche Anforderung aufnehmen, dass ein Kunde auch über externe Schnittstellen in Echtzeit angelegt werden muss. Durch diese ergänzende Anforderung fällt die Applikation S_2 durch das fachliche Raster. Der oben angegebene Werbeslogan des Vertriebs widerlegt eventuelle Vorwürfe, dass die Anforderungen erst nach der Systemauswahl zusammengestellt werden.

Plug-and-Play bei Applikationen?

Dennoch hat dieses Beispiel Charme. Wie oft hat man schon die Gedankenspiele diskutiert, einige Applikationen bzw. Teile davon durch neuere Varianten zu ersetzen, und die Techniker haben einem immer wieder einen Strich durch die Rechnung gemacht.

Auch wenn es bis zum einfachen Ersetzen und beliebigen Austausch von Applikationen noch ein weiter Weg ist, können an dieser Stelle schon die ersten Schritte in diese Richtung unternommen werden. Applikationen werden maßgeblich über ihre Schnittstellen und die durch sie bedingten Zustandsänderungen und gelieferten Antworten bestimmt. Wenn es gelingt, alle Schnittstellen vollständig und in der nötigen Präzision zu beschreiben, ist eine wichtige Voraussetzung geschaffen, um daraus Anforderungsdokumente für Ersatzsysteme abzuleiten. Eine neue Applikation wird genau dann eine existierende Applikation substituieren können, wenn sie alle Schnittstellen gemäß dieser Dokumentation bereitstellt.

Notation von Schnittstellen

Schon zu Beginn des Abschnitts haben wir auf die Ähnlichkeit zur Entwicklung von Software-Komponenten hingewiesen. Von daher liegt es nahe, die bei der komponentenbasierten Entwicklung etablierten Notationen zu übernehmen. Die Schnittstellen einer Applikation werden durch Linien mit Kreisen an einem Ende beschrieben. Als Beispiel sind in Abbildung 2.5 zwei Schnittstellen der Applikation CRM dargestellt: »Kundenbetreuung« und »Neuanlage«.

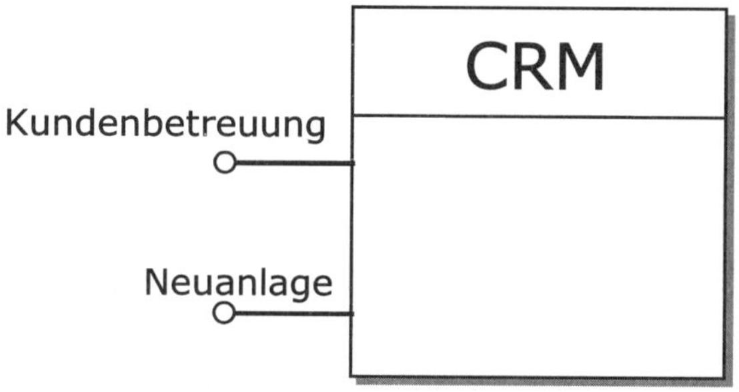

Abbildung 2.5 Schnittstellendarstellung

Es sei hier angemerkt, dass eine dargestellte Schnittstelle durchaus einer Menge physischer Funktionen entsprechen kann. Die Beschreibung stellt lediglich einen Sammelbegriff für eine logisch zusammenhängende Gruppe von technischen Schnittstellenimplementationen dar. Aus diesem Grund vermeiden wir es auch, die einzelnen Schichten der zugehörigen Applikation darzustellen. Die Zuordnung der Schnittstellen in unserem Kontext zu den einzelnen Schichten ist häufig nicht eindeutig. So kann die Neuanlage eines Kunden sowohl Auswirkungen auf die Benutzeroberfläche als auch auf die Prozess- und Datenschicht haben.

Für die Benutzung relevante Informationen werden als Attribute hinterlegt. Die detaillierte Dokumentation der einzelnen Funktionen findet sich typischerweise in den zu der Applikation gehörenden Dokumenten wie dem Fachkonzept und dem DV-Konzept.

2.2.4 Verbindungen

Eine Verbindung bezeichnet die Nutzung einer Komponente durch eine andere Komponente. Diese sehr trockene und akademisch anmutende Definition klingt beim ersten Lesen einfach und unkompliziert, aber die Verbindungen sind die Objekte, die die Komplexität einer IT-Architektur maßgeblich bestimmen. Wissen Sie oder haben Sie zumindest eine Vorstellung davon, welche Anwendung worauf im Unternehmen zugreift oder wie häufig eine Anwendung von anderen genutzt wird? Genau in dem fehlenden übergeordneten Wissen über die existierenden Verbindungen und deren Strukturierung liegt einer der Problempunkte. Wir haben es in der Praxis häufig erlebt, dass Anpassungen von Schnittstellen zu Ausfällen in der EDV geführt haben, obwohl man angeblich alle Abhängigkeiten im Änderungsprozess berücksichtigt hatte.

Wenn wir von Verbindungen sprechen, dann meinen wir immer gerichtete Verbindungen, d.h., es wird von einem System auf ein anderes System zugegriffen. Die Richtung des Zugriffs dokumentieren wir, indem wir die Verbindung durch einen Pfeil notieren. Bei der Beschreibung des Zugriffs unterscheiden wir zwei Detaillierungsgrade:

- **Schichtzugriff**
  Hier wird dargestellt, auf welcher Schicht (GUI, Prozesse, Daten) ein Baustein S1 einen Baustein S2 beeinflusst bzw. auf welche Schicht von Baustein S2 über Baustein S1 zugegriffen wird.
- **Schnittstellenzugriff**
  Diese Beschreibung dient zur Dokumentation der Schnittstellennutzung. Der Pfeil endet bei der Schnittstelle, über die der Zugriff auf die jeweilige Applikation erfolgt.

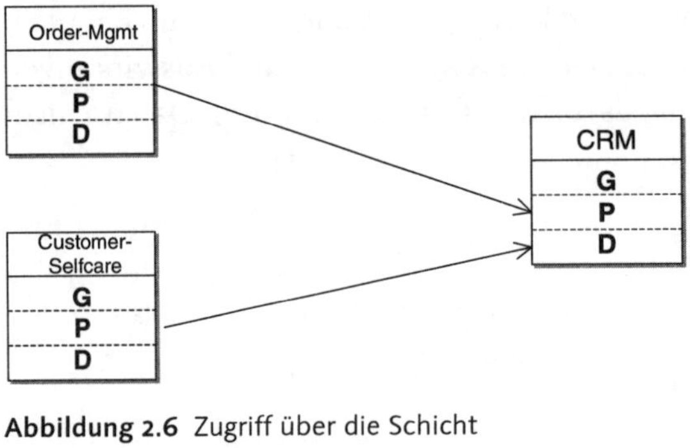

Abbildung 2.6 Zugriff über die Schicht

Verbindung aus der Perspektive Software-Architektur

In Abbildung 2.6 ist der Zugriff über die Schicht dargestellt. Wie bei der Bausteinbeschreibung beschränken wir uns an dieser Stelle auf drei Schichten. Das System *Order-Management* greift auf die Prozessschicht zu, und die Applikation *Customer Selfcare* arbeitet mit den Daten im CRM-System. Die Selektion der jeweiligen Schicht erfolgt nach inhaltlichen Maßstäben. Lassen Sie uns diesen Aspekt an einen Beispiel verdeutlichen. Angenommen, das System *Customer Selfcare* in Abbildung 2.6 nutzt Methoden des CRM-Systems der Form *SetName*, *SetAdress* etc., die lediglich die Attribute der jeweiligen Entität in der Datenbank anpassen. Auch wenn diese Methoden der Prozessschicht des CRM-Systems zugeordnet sind, so haben sie lediglich Auswirkungen auf den Dateninhalt der entsprechenden Tabellen in der Datenbank. Somit bewirken sie *nur* eine Änderung in der Datenhaltung. Uns ist durchaus bewusst, dass diese Unterscheidung mitunter philosophischer Natur ist und damit im Alltag schwierig zu treffen ist. Die Aussage dieses Abschnittes soll aber sein, dass es nicht genügt eine Zuordnung in Anlehnung an den Quellcode zu treffen. Die Frage, ob man einen Dialog eines anderen Systems integriert und damit die komplette Hoheit der Prozesskontrolle in die Verantwortung dieses Systems gibt oder ob man nur aus Wiederverwendbarkeitsgründen eine Datenerfassungsmaske in die eigene Dialogführung integriert, ist nicht immer einfach zu beantworten. Dennoch hängt die Qualität einer jeden Beschreibung von der Sorgfalt und dem Verantwortungsbewusstsein des jeweiligen Verfassers ab.

Doch welchen Vorteil hat man von derart akribisch recherchierten Informationen? Es geht hierbei um die Flexibilität Ihrer Arbeit mit der IT-Architektur. Bei notwendigen Änderungen, Erweiterungen und Anpassungen bestimmen neben den einzelnen Abhängigkeiten auch deren Qualität den Aufwand. Angenommen, die Applikation S_1 greift auf die Datenebene von S_2 zu. Der entstehende Aufwand, um S_2 durch eine neue Applikation S_3 zu ersetzen, ist sicherlich ein anderer als der, wenn S_1 mit der Prozessebene von S_2 arbeitet. Diese Aussage entspricht keiner Wertung beider Zugriffsarten, nur das Wissen um die Art, gepaart mit den architektonischen Eigenschaften der Applikationen S_1 und S_3 hilft Ihnen, schnell die benötigten Informationen zu ermitteln und den Aufwand und die Risiken abzuschätzen.

Verbindungen als Mittel zur Nutzung von Dienstleistungen

Die zweite Art der Darstellung dokumentiert den Zugriff über die Schnittstellen. Erinnern wir uns nochmals an den Abschnitt über Schnittstellen. Dort haben wir Schnittstellen als das Mittel zum Bereitstellen von Dienstleistungen vorgestellt. Das heißt, das Angebot der Dienstleistungen einer Applikation kann über Schnittstellen abgerufen werden. Und die Information, dass eine Applikation bestimmte Dienstleistungen einer anderen Applikation nutzt, wird durch die Form von Verbindungen dokumentiert. Ein Beispiel finden Sie in Abbildung 2.7. Es sind dort zwei Applikationen dargestellt: ein Order-Management-System und eine CRM-Applikation. Der Zugriff des Order-Management-Systems über die Schnittstelle *Neuanlage* auf Dienstleistungen der CRM-Applikation wird durch den Pfeil notiert. Wie bereits oben erwähnt, steht die Schnittstelle *Neuanlage* in diesem Fall stellvertretend für eine Menge von Funktionen, wie z.B. Kunden anlegen, Vertragsverhältnis anlegen, Status anfragen etc. Welche genaue Funktion durch diese Verbindung angesprochen wird, ist in dieser Darstellung unerheblich und daher auch nicht dokumentiert. Typischerweise finden sich Informationen in diesem Detaillierungsgrad in den zu den Applikationen gehörenden Dokumentationen. Die für IT-Architekturen relevante Darstellungstiefe beschränkt sich auf die Beantwortung der Frage »Welches System nutzt welche Schnittstellen?«.

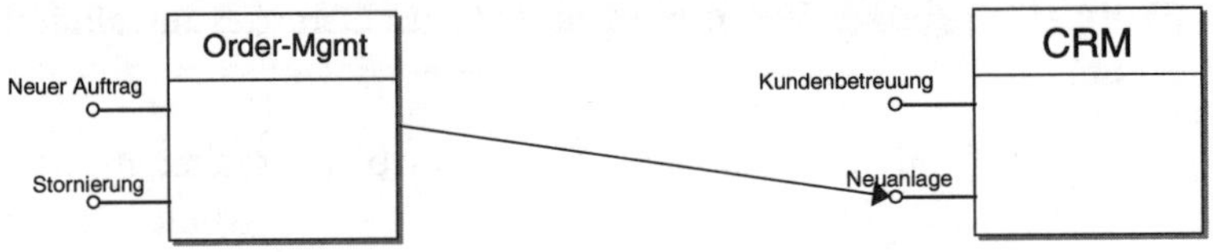

Abbildung 2.7 Zugriff über eine Schnittstelle

Vergleich der Perspektiven auf Verbindungen

Der sicherlich deutlichste Unterschied zwischen diesen beiden Darstellungsarten besteht in der Perspektive auf die Zusammenhänge. In der ersten Form bezieht sich die Aussage auf die Software-Architektur. Es lässt sich schnell ableiten, welche Schichten eines Systems fremd genutzt werden, und neben der Integrationstiefe lässt sich auch die Integrationsart bestimmen. Gerade bei Applikationen mit starken Abhängigkeiten kann man diese zu einer übergeordneten logischen Applikation zusammenfassen. Schauen Sie sich das Beispiel in Abbildung 2.8 an. Im oberen Bereich sind die Applikationen und Verbindungen so dargestellt, wie sie physisch realisiert sind. Die Applikation *Customer Selfcare* nutzt in einem starken Maße sowohl die Prozesse als auch die Daten des CRM-Systems. Im unteren Bereich wird eine logische Applikation abgebildet, die beide physischen Applikationen vereinigt. Über diesen formal einfachen Schritt lässt sich natürlich jede Gruppe von Applikationen zusammenfassen; sinnvoll ist er aber nur, wenn die Konstellation die Konsequenzen und Ableitungsschritte transparent macht. Die Motivation für Applikationszusammenfassung in diesem Beispiel ist in der inhaltlichen Nähe beider Anwendungen begründet. Beide Applikationen unterstützen ähnliche Prozesse der Wertschöpfungskette, ausgedrückt durch den starken Zusammenhang auf der Verbindungsebene. Ob diese Zusammenlegung jedoch auch konsequent verfolgt werden kann, hängt von der jeweiligen Situation ab. Denn durch diesen Abstraktionsschritt wird auf IT-Architekturebene nur noch eine Applikation wahrgenommen, und jede Entscheidung bezüglich Anpassungen und Änderungen wird immer im Kontext der Black-Box-Betrachtung getroffen. Im Umkehrschluss heißt das, dass die Verantwortung für diese logische Applikation auf tieferer Ebene klar definiert und wahrgenommen werden muss. An diesem einfachen Szenario erkennt man bereits die starke Kopplung der IT-Architekturen mit der Organisation des Unternehmens. In Abschnitt 4.2 wird dieser Zusammenhang aus Sicht der Organisation ausführlich beschrieben.

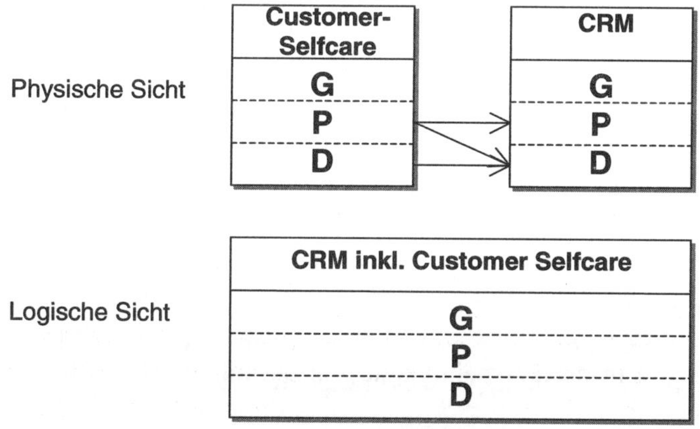

Abbildung 2.8 Zusammenfassen physischer Applikationen

Die zweite Form der Darstellung konzentriert sich auf die fachliche Sicht auf Verbindungen. Aus dieser Ansicht ist unmittelbar ablesbar, welche Funktionen und Dienstleistungen durch welche Applikationen genutzt werden. Da Prozesse als Folge von Funktionen bzw. Arbeitsschritten verstanden werden, können diese über die Darstellung von IT-Architekturen einfach zugeordnet werden: Jeder Prozess mit seinen applikationsübergreifenden Zugriffen findet sich in dieser Dokumentation wieder.

Attributierung von Verbindungen

Die oben vorgestellten Darstellungen beschreiben natürlich nur, auf welche fachlichen Funktionen und auf welche architektonische Ebene bei einer Applikation zugegriffen wird. Um jedoch fundierte Bewertungen oder folgerichtige Entscheidungen treffen zu können, fehlen noch einige Detailinformationen. Anders als bei Applikationen und Schnittstellen, denen typischerweise weiterführende Dokumentationen wie Fach- und DV-Konzepte zugeordnet werden können, fehlen diese Informationsquellen bei Verbindungen. Wir nutzen für die Dokumentation dieser Informationen wie bei den Schnittstellen das Prinzip der Attribute. Alle relevanten Größen werden mit ihren spezifischen Werten in den Verbindungen hinterlegt. Damit können Sie schnell auf sie zugreifen, ohne jedoch die Darstellung der Struktur und Zusammenhänge zu überfrachten. Der Versuch, im Rahmen dieses Abschnitts eine vollständige Liste aller wichtigen Größen zu erzeugen, ist dabei wenig sinnvoll, zumal in Abhängigkeit der jeweils lokal vorherrschenden Situation die Notwendigkeit und Gewichtung einzelner Attribute verschieden ist. Aus diesem Grund geben wir an dieser Stelle nur einige Attributgruppen an, anhand derer die jeweilige Ausprägung vorgenommen werden kann.

Verbindungsattribute

- **Art der Verbindung**
  In diese Kategorie werden konzeptionelle Merkmale der Verbindung aufgenommen. Es sind Attribute über den Typ (Point-to-Point, Bus, Verteiler etc.), das Verfahren (online/offline, direkte Anbindung, Austausch von Dateien etc.) sowie Restriktionen enthalten.
- **Zeitverhalten**
  Diese Sparte beschreibt Eigenschaften wie Durchsatz, Anzahl der Datensätze pro Zeiteinheit, Geschwindigkeit, wichtige Zeitpunkte etc.
- **Sicherheit**
  Sowohl die technische Sicherheit als auch Sicherheitsmaßnahmen gegen Missbrauch werden in diesem Kapitel dokumentiert.

- **Skalierbarkeit, Erweiterbarkeit**
  Dieser Aspekt ist essenziell für die Betrachtungen der Zukunft. Ob und inwieweit eine Verbindung erweitert und höheren Beanspruchungen ausgesetzt werden kann, wird durch die Attribute dieses Abschnitts behandelt.
- **Handhabbarkeit, Wartbarkeit**
  Die Frage der Handhabbarkeit und Wartbarkeit ist für den täglichen Betrieb entscheidend. Gerade bei Applikationen, für die eine hohe Verfügbarkeit und Flexibilität von großer Bedeutung sind, werden die Attribute dieser Kategorie von großer Bedeutung sein.
- **Qualität, Stabilität**
  Entscheidend für die Beurteilung einer Verbindung ist deren Qualität. Diese wird durch Eigenschaften wie Ausfallsicherheit, Resistenz gegen Störungen, Belastbarkeit etc. bestimmt.
- **Wirtschaftlichkeit**
  Die Wirtschaftlichkeit einer Verbindung losgelöst vom Kontext zu berechnen ist kaum möglich. Dennoch kann man über die Ausprägungen bestimmter Attribute ein Gefühl dafür entwickeln, ob das Kosten-Nutzen-Verhältnis einen angemessenen Wert hat. Neben den wirklich anfallenden Kosten (z.B. Internetverbindungen) müssen auch Punkte wie die Wartungsintensität, Aufwand bei Änderungen (z.B. Erhöhen des Datenvolumens) und Technologie berücksichtigt werden.

Integrationsplattformen: Verbindungen oder Komponenten?

Eine Sonderstellung nimmt die Verbindung verschiedener Systeme über Integrationsplattformen ein. Wir stellen in Abschnitt 7.4 verschiedene Integrationsszenarien vor, möchten jedoch bereits an dieser Stelle eine knappe Beschreibung dieser Thematik liefern. Integrationsplattformen sind Applikationen, deren Sinn und Zweck die physische Verbindung mehrerer Applikationen ist. In Abbildung 2.9 sehen Sie ein Beispiel für einen typischen Anwendungsfall. Der obere Teil der Abbildung zeigt die Integration durch direkte Aufrufe. Bei jeder Manipulation von Kundendaten (Neuanlage, Löschen, Ändern) werden die Applikationen *Billing* und *Finanzen* durch die Applikation *CRM* informiert. Die Programmierung der hierfür notwendigen Schnittstellenaufrufe wird typischerweise durch die Entwickler des CRM-Systems durchgeführt. Sie müssen bei jeder Anpassung im Bereich Kunden wissen, welches System in welcher Situation zu informieren ist. Solange die Anzahl der Aufrufe von Schnittstellen überschaubar bleibt, ist die Komplexität dieser Art der Integration praktikabel. Schwierig wird diese Vorgehensweise, wenn mehrere Applikationen anzubinden sind oder wenn eine sehr starke Integration, d.h. eine hohe Anzahl von Schnittstellenaufrufen, gefordert ist. In dieser Situation bietet sich der Einsatz von Integrationsplattformen an. Sie ist für die Verteilung der notwendigen Daten und Informationen an die Partnersysteme verantwortlich. Diese wiederum sind dafür verantwortlich, die gelieferten Daten in ihren Systemen korrekt zu speichern. Das Wissen darüber, welche Applikationen mit welchen Informationen versorgt werden, liegt bei der jeweiligen Integrationsplattform. Im unteren Teil von Abbildung 2.9 ist der Einsatz einer Integrationsplattform für unser Beispiel dargestellt. Die Applikation kennt nur noch die Integrationsplattform und informiert diese entsprechend über Änderungen bei Daten, die den Kunden betreffen. Möchte eine weitere Applikation in den Änderungsprozess eingebunden werden, so verbindet sie sich mit der Integrationsplattform. Durch diese Entkopplung der einzelnen Applikationen können sich die Verantwortlichen für die einzelnen Systeme vollständig auf die inhaltliche Weiterentwicklung konzentrieren, ohne sich Gedanken über die Integration machen zu müssen.

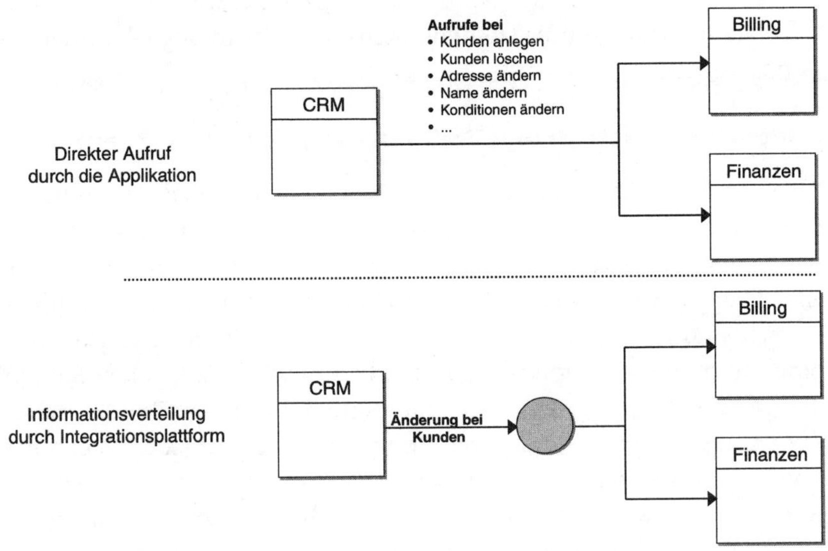

Abbildung 2.9 Beispiel für die Integration mit einer Integrationsplattform

Man erkennt an dem Beispiel seht gut, dass diese Art der Verbindung sowohl den Charakter eines Bausteins als auch den Charakter eines

Verbindungselements besitzt. Auf der einen Seite ist die Aufgabe der Integrationsplattform die Verbindung mehrerer Systeme; es werden keinerlei fachliche Funktionalitäten abgebildet. Andererseits wird sie als eigenständige Applikation realisiert und muss als solche auch wahrgenommen werden. Gerade bei Anpassungen und Erweiterungen der IT-Architektur ist das Wissen um eine lokale Integrationslösung hilfreich, um die richtigen Entscheidungen treffen zu können. Um beiden Sichtweisen gerecht zu werden, haben wir uns in der Darstellung für eine Mischform entschieden. Sie ist in Abbildung 2.10 dargestellt.

Die Integrationsplattform wird in ihrer Symbolik als ein Baustein mit drei Schnittstellen repräsentiert. Aus der logischen Sicht entspricht sie aber einer Verbindung, d.h., sie wird zur Verbindung zweier oder mehrerer Schnittstellen von Systemen verwendet. Man erkennt außerdem in der Abbildung, dass zweimal eine Integrationsplattform dargestellt wird. Es kann sich hierbei durchaus um dasselbe physische System handeln. Einmal wird es zur Verbindung der Bausteine *CRM*, *Billing* und *Order-Management* eingesetzt, und im zweiten Fall stellt es das Verbindungselement vom Billingsystem zum Baustein Mahnwesen dar. Der Bezug wird über den gleichen Namen und ggf. existierende Querverweise dokumentiert (in dem Beispiel ist die Zusammengehörigkeit über die Notation **1/2** bzw. **2/2** dargestellt). Als beschreibende Attribute für Integrationsplattformen sind die jeweiligen Schnittstelleneigenschaften und Verbindungseigenschaften relevant.

Um die strukturellen Auswirkungen des Bausteins *Integrationsplattform* auf die IT-Architektur aussagekräftig darstellen zu können, ist eine separate Darstellung als Baustein zwingend erforderlich. Hier können dann die für diese Perspektive relevanten Aspekte und Parameter erfasst und beschrieben werden. Die Auswirkung einer solchen Betrachtungsweise ist eine verteilte Repräsentation ausgezeichneter Bausteine, d.h. ein physisch existenter Baustein wird in verschiedenen logischen Repräsentationen dargestellt. In diesem Kontext ist es wichtig, dass der Bezug der einzelnen Darstellungen zueinander immer präsent ist und damit berücksichtigt werden kann. Erfolgt die Dokumentation derartiger IT-Architekurausschnitte beispielsweise mit einem Tool, so ist die Fähigkeit zur Verwaltung von verteilten Darstellungen ein essenzielles Auswahlkriterium. Es muss immer sichergestellt sein, dass der Zugriff über den Baustein auf alle Teildarstellungen sowie von einer Teildarstellung auf den Baustein selbst gegeben ist. In dem Abschnitt über Dokumentationen wird im Zusammenhang mit Dokumentationsarten auf diese Problematik nochmals eingegangen, denn verteilte Darstellungen betreffen unter anderem auch die Zuordnung von Technologien und Systemen.

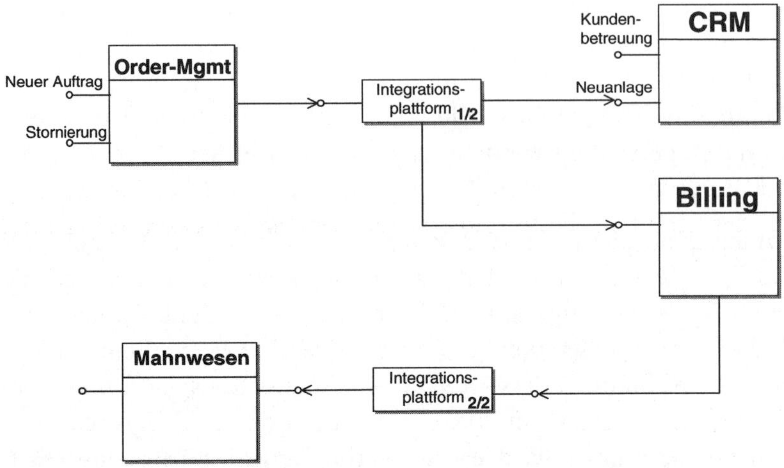

Abbildung 2.10 Verteilte Darstellungen bei Integrationsplattformen

2.2.5 Prozesse

Gerade im IT-Bereich ist der Begriff des Prozesses geradezu inflationär verwendet worden. Überall da, wo im Entferntesten die Dynamik eine Rolle spielt, ranken sich alle Erklärungen und Beschreibungen um die Prozessorientierung. Für strategische Überlegungen bezüglich eines wesentlichen Bestandteils der IT-Architektur ist es unerlässlich, ein gemeinsames Verständnis der Begriffsfamilie »Prozesse« zu haben. Daher möchten wir an dieser Stelle die in diesem Zusammenhang stehenden Begriffe sauber voneinander abgrenzen.

Rund um den Prozess: Abgrenzung der Begriffe

Prozess

Unter einem Prozess verstehen wir eine zeitlich und räumlich spezifisch strukturierte Menge von Arbeitsschritten mit einem Start, einem Ende sowie klar identifizierbaren Eingaben und Ausgaben.

Diese Definition ist sehr allgemein gehalten und ist sowohl von Unternehmen als auch von IT-Systemen unabhängig. Allerdings sind die Beweggründe für Unternehmen, sich mit dieser Sichtweise näher zu beschäftigen, deutlich ablesbar. In prozessgetriebenen Organisationsformen lassen sich Messgrößen für Attribute wie Zeit, Kosten, Qualität, Ergebnisse und Kundenzufriedenheit einfach messen und bewerten –

eine essenzielle Voraussetzung, um eine wirkungsvolle Optimierungsstrategie zu entwickeln. Daher konkretisieren wir die oben angeführte Definition und führen den Begriff des Geschäftsprozesses ein.

Geschäftsprozess

> Ein Geschäftsprozess bezeichnet alle Aktivitäten in einem Unternehmen, die dazu dienen, einem Kunden eine messbare Leistung zu erbringen.

Neben dem Ziel der Leistungserbringung wird beim Geschäftsprozess auch der Empfänger der durch den Geschäftsprozess erbrachten Dienstleistung bzw. des Produkts spezifiziert: der Kunde. Jedoch ist in dieser Definition bewusst die einschränkende Bedingung, dass die Dienstleistung bzw. das Produkt auch zu bezahlen ist, weggelassen worden. Damit dehnt sich der Kundenbegriff auch auf Personengruppen wie Mitarbeiter, Lieferanten, Unternehmen, Partner etc. aus. Denken Sie in diesem Zusammenhang beispielsweise an einen Mitarbeiter, der die Installation eines neuen Softwarepaketes auf seinem Arbeitsplatzrechner beantragt.

Funktion

Bevor wir nun Prozesse im Kontext des Bottom-Up-Ansatzes genauer betrachten, möchten wir noch kurz auf den Begriff der Funktion eingehen. Im weitesten Sinne beschreiben Funktionen klar umrissene Aufgaben in einem größeren Zusammenhang. Konkretisiert auf das Prozessumfeld, sprechen wir von Funktionen als kleinste, in sich abgeschlossene Schritte im Rahmen eines Prozesses zur Transformation von Eingaben in Ausgaben. Schon diese Erklärung lässt die hierarchische Strukturierung erkennen: Funktionen sind in der Rangordnung den Prozessen untergeordnet. Doch lassen Sie uns noch einen weiteren Aspekt der Beziehung von Prozessen und Funktionen betrachten. Vergleicht man beide Definitionen, so ist die Ähnlichkeit kaum zu leugnen. Sowohl der Prozess als auch die Funktion überführt Eingaben in Ausgaben, damit werden beide zur Erledigung definierter Aufgaben eingesetzt. Die Parallelität endet allerdings, wenn es um das Wissen und die Kenntnisse der hierfür erforderlichen Arbeitsschritte geht. Natürlich werden auch bei Funktionen zur Erfüllung der Aufgabe einzelne Aktivitäten unternommen, nur entspricht es dem Wesen der Funktion, hiervon zu abstrahieren.

Funktionen vs. Prozesse

Eine zulässige Schlussfolgerung dieser Ausführungen ist, dass es sich bei Funktionen im Grunde genommen um Prozesse handelt, deren »Innenleben« nicht bekannt ist. Diese Aussage ist zunächst einmal erklärungsbedürftig, hatten wir doch zuvor Funktionen als Bestandteile von Prozessen deklariert. Vielleicht wird dieser Gedankengang anhand eines Beispiels transparenter. Nehmen wir an, ein Kunde möchte über das Internetportal bei seinem Handy-Vertrag den aktuell gültigen Tarif wechseln. Er stößt damit einen für das Telekommunikationsunternehmen durchaus komplexen Prozess an. Ein Ausschnitt der notwendigen Aktivitäten ist in der folgenden Liste aufgeführt:

- Aufnahme des Kundenkontaktes im CRM-System
- Überprüfung, ob der Tarifwechsel zulässig ist
- Überprüfung der Bonität
- Durchführen der Vertragsänderung
- Anpassungen im Billingsystem

Auf der anderen Seite würde der Kunde nie von dem Prozess des Tarifwechsels reden. Für ihn stellt sich diese Dienstleistung als Funktion dar. Er hat als Eingaben neben seiner Identifikation den Wunsch nach einem Tarifwechsel übermittelt und erhält als Ergebnis die entsprechende Anpassung seines Vertrags. Abbildung 2.11 zeigt die Gegenüberstellung.

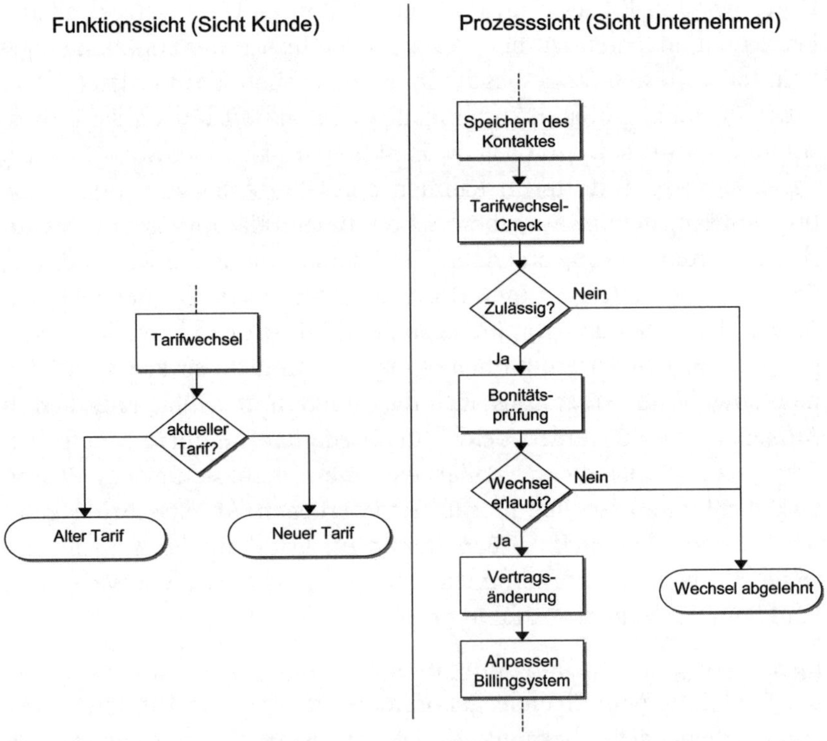

Abbildung 2.11 Prozesse aus der Sicht des Kunden und des Unternehmens

Die Entscheidung, ob es sich um einen Prozess oder eine Funktion handelt, hängt also von der Betrachtungsweise ab. In Verbindung mit der Definition von Prozessen lassen sich auch komplexe und vielschichtige Prozesse übersichtlich durch eine entsprechende Modularisierung erfassen.

Die IT-Architektur im Kontext der Prozesse

Weil die oben diskutierten Abhängigkeiten von Funktionen und Prozessen ideal auf die Bottom-Up-Methode ausgerichtet sind, müssen nur noch die Fragen des Ansatzpunktes und der Einbindung in die IT-Architekturen abgestimmt werden. Wir hatten bereits ausgeführt, dass wir in diesem Ansatz die statische Sicht der IT-Architektur auf die Grundbestandteile Komponente, Schnittstelle und Verbindung reduzieren. Es liegt nahe, auch bei der Betrachtung der Prozesse auf dieser Abstraktionsebene zu starten.

Funktionen als Grundbestandteile der dynamischen Sicht

Das Pendant zu den eben diskutierten Grundbestandteilen der statischen Sicht der IT-Architektur findet man in der dynamische Sicht in den existierenden Funktionen. Oben hatten wir sie als Grundbestandteile von Prozessen eingeführt. Und so, wie eine IT-Architektur aus den Bestandteilen Komponente, Schnittstelle und Verbindung besteht, setzt sich der Prozess aus einzelnen Funktionen zusammen. Was noch fehlt, ist die Kopplung beider Sichten. Schaffen wir es, eine Zuordnung auf atomarer Ebene abzubilden, dann ist die Einbettung der Prozesse in die IT-Architektur leicht ableitbar. Diese Korrespondenz kann aber vor dem Hintergrund der obigen Ausführungen einfach hergestellt werden. Ein Geschäftsprozess besteht aus einer Menge von Aktivitäten, um ein entsprechendes Ergebnis zu erbringen. Auf der anderen Seite stellen Komponenten ihre Dienstleistungen über Schnittstellen bereit. Es liegt auf der Hand, dass die auf der untersten Ebene betrachteten Funktionen die Granularität aufweisen, um durch Dienstleistungen von Komponenten unterstützt bzw. abgebildet zu werden.

Applikationen werden auch in dieser Betrachtungsweise als Lieferanten von Dienstleistungen definiert, um einzelne Geschäftsprozesse in Bezug auf Qualität, Geschwindigkeit und Kosten optimal zu unterstützen. Mit diesem auf den ersten Blick sehr einfach wirkenden Standpunkt setzt man sich unvermeidlich der Kritik der Applikationsentwickler aus. Von daher möchten wir noch einige Argumente zur Begründung liefern. Natürlich existiert eine Vielzahl von Applikationen, die komplexeste Arbeitsabläufe automatisch abwickeln und damit große Rationalisierungspotenziale freisetzen. Und dass diese Programme vielschichtige Geschäftsprozesse unterstützen, sei unbenommen. Die oben angeführte Perspektive soll daher nicht als eine Deklassierung, sondern als eine Erweiterung verstanden werden. Ergänzend zur internen Repräsentation der Prozessunterstützung wird das beobachtete Verhalten einer Applikation erfasst. Auch ist dieser Ansatz nicht als Uniformierung von Applikationen zu verstehen, selbst wenn unterschiedlich komplexe Funktionen nahezu gleichberechtigt nebeneinander stehen. Es kann nicht das Ziel einer Dokumentation der Geschäftsprozesse und deren Unterstützung durch Applikationen sein, einzelne Funktionen und Prozesse zu werten und festzustellen, ob die durch Applikationen gelieferten Dienstleistungen notwendig und gerechtfertigt sind. Dies ist eine aufwändige Fragestellung und ist getrennt zu behandeln. Denn neben der technischen und fachlichen Komplexität müssen auch Wirtschaftlichkeitsbetrachtungen berücksichtigt werden.

Das folgende Beispiel verdeutlicht noch einmal das Verhältnis zwischen IT-Architektur, einzelnen Applikationen und Geschäftsprozessen. Ein Kunde eines Mobilfunkbetreibers ruft im Callcenter an und möchte in einen Tarif wechseln, der für Vieltelefonierer besonders günstig ist. Ein mögliches Szenario ist wie folgt:

Arbeitsschritte des Callcenter-Mitarbeiters	Beteiligte Applikation
Alle relevanten Daten über den Kunden werden geladen.	CRM-System
Der Kundenkontakt wird erfasst.	CRM-System
Der Mitarbeiter sucht in der Wissensbasis einen Tarif für Vieltelefonierer, in den der Kunde unter Berücksichtigung seiner jetzigen Vertragsbedingungen wechseln kann.	Knowledge-Base
Der Vertragswechsel wird durchgeführt.	Vertragswechsel-Tool
Gemäß einer Kategorisierung der Marketingabteilung wird der Anrufgrund erfasst.	Anrufgrund-Erfassungstool

Tabelle 2.2 Geschäftsprozesse überschreiten die Grenzen von Applikationen.

Dieser sehr einfache Geschäftsprozess zeigt schon die hohe Interaktion mit verschiedensten Applikationen. Ob die Menge der Applikationen und die Integration in den Geschäftsprozess sinnvoll ist, muss im Einzelfall geprüft werden. Eines zeigt dieses Beispiel aber ganz deutlich: Applikationen bilden nicht Geschäftsprozesse ab, sondern unterstützen diese. Die Abwicklung des oben dargestellten Prozesses wird durch einen Mitarbeiter gesteuert. Damit wandelt sich sein Bild vom Benutzer diverser Applikationen zum fachlichen Experten. Auf der anderen Seite entspricht die Rolle, die von Applikationen und damit auch von der IT-Architektur eingenommen wird, der eines Arbeitsmittels. Spätestens bei Diskussionen über den Einsatz neuer IT-Systeme bzw. über die Anpassungen und Erweiterungen bestehender Anwendungssysteme hat diese Betrachtungsweise eine zentrale Bedeutung. Charakteristisch für die unterstützende Sichtweise ist, dass bei der Modellierung und Konzeption von IT-Systemen der eigentliche Arbeitsablauf von zentraler Bedeutung ist (bzw. sein sollte) und nicht kontextfreie Überlegungen über interessante Funktionalitäten einer zu schaffenden Applikation.

Am Rande noch eine Bemerkung, die auf Erfahrungen aus der Praxis beruht: Häufig behaupten Software-Hersteller, dass ihre Lösungen genau die Geschäftsprozesse eines Unternehmens abbilden, ohne die dessen spezielle Ausprägung zu kennen. Begründet wird dies durch mehrere Referenzunternehmen mit ähnlichen Problemen aus vergleichbaren Branchen. Die dann folgenden Diskussionen, ob das angebotene System geeignet ist und welche kundenspezifischen Anpassung noch durchgeführt werden müssen, ranken sich damit typischerweise um die Prozesse, für die der Software-Hersteller die Lösung entworfen hat. Diese Pervertierung des Vorgehens[8] und Modellierens resultiert häufig in einer Applikationslandschaft, die weder die versprochenen Optimierungs- und Einsparungspotenziale erkennen lässt noch zu der vorher versprochenen Verbesserung der Mitarbeiterzufriedenheit geführt hat.

Notation von Prozessen

Die Liste der heute etablierten Methoden, um Prozesse zu modellieren, zu beschreiben und zu dokumentieren, ist lang. Für den Bottom-Up-Ansatz bietet sich die Notation an, die sich im Bereich der Applikationen zur Beschreibung der dynamischen Sicht durchgesetzt und etabliert hat: die Unified Modelling Language (UML). Da zu diesem Thema bereits eine umfangreiche Literatur existiert, möchten wir an dieser Stelle nur kurz auf einzelne Facetten eingehen.

8 Dies ist kein pauschaler Vorwurf an sämtliche Software-Hersteller, denn das Szenario ist natürlich nur eine von vielen Ursachen für falsch eingesetzte Applikationen. Wir haben es auch häufig erlebt, dass fehlende Sorgfalt oder politische Interessen zu inhaltlich nicht nachvollziehbaren Entscheidungen geführt haben.

Unified Modelling Language

UML ist eine Modellierungssprache, mit der man verschiedenartige Systeme in Worten und Bildern beschreiben kann. Zur Beschreibung einzelner Sachverhalte wurden verschiedene grafische Darstellungen, so genannte Diagramme, definiert. Dieser Ansatz ist prinzipiell nicht neu, nur hat man mit UML eine weltweite Einigung auf eine Modellierungssprache, die von der Object Management Group (OMG) standardisiert wurde. Das ursprüngliche Ziel war die Vereinheitlichung der verschiedenen Methoden der objektorientierten Analyse und Designs, aber durch die steigende Verbreitung dieses Standards erweiterten sich auch die Einsatzgebiete. Mittlerweile ist UML aus der Geschäftsprozessmodellierung und Modellierung großer IT-Landschaften kaum noch wegzudenken.

Die Menge aller UML-Diagramme ergibt einen vollständigen Überblick auf ein System. Dabei bezieht sich der Begriff der Vollständigkeit nicht nur auf alle Aspekte des Systems, sondern auf seinen Lebenszyklus. Von der Idee über Planung, Entwicklung bis hin zur Einführung und Weiterentwicklung kann jede Phase erfasst werden. Die einheitliche Terminologie und standardisierte Notation gewährleistet dabei eine einfache Kommunikation und wird von den verschiedenen beteiligten Parteien auf die gleiche Weise verstanden. Somit bildet UML die ideale Sprache, um Systeme bzw. komplexe Sachverhalte

- zu modellieren,
- zu spezifizieren,
- zu konstruieren,
- zu visualisieren und
- dokumentieren.

Für die Darstellung der dynamischen Sicht sind drei Diagramme von Bedeutung:

UML-Diagramme

- **Anwendungsfalldiagramm**
  Dieses Diagramm beschreibt die Funktionalitäten und die Anwender eines Systems. Es werden hierbei die Begriffe »Akteur« als Anwender (z. B. Kunde, andere Systeme etc.) und »Anwendungsfall« als bereit gestellte Dienstleistung unterschieden. Auf einem hohen Abstraktionsniveau erhält man einen guten Überblick über die Geschäftsprozesse und die Schnittstellen zur Umgebung.

- **Aktivitätsdiagramm**
  Aktivitätsdiagramme zeigen Geschäftsprozesse des dargestellten Systems. Gegenstand der Beschreibung sind die Interaktionen und Aktivitäten der Akteure.
- **Sequenzdiagramm**
  Sequenzdiagramme zeigen den zeitlichen Ablauf der Aktivitäten. Die Aktivitäten werden als Nachrichten modelliert, die zwischen den Beteiligten ausgetauscht werden.

Wie bereits erwähnt, werden wir nicht detailliert auf die einzelnen Sprachelemente und Eigenschaften von UML eingehen. Um Ihnen dennoch einen Eindruck von der Leistungsfähigkeit vermitteln zu können, werden wir anhand des Beispiels Tarifwechsel die eben aufgeführten Diagramme erklären.

Anwendungsfall-diagramm

Abbildung 2.12 zeigt die Akteure Kunde und Callcenter-Mitarbeiter, den Anwendungsfall Tarifwechsel und ihre Beziehung, die durch den verbindenden Strich symbolisiert wird. Akteure werden immer, auch wenn es sich um externe Systeme handelt, durch Strichmännchen dargestellt. Typische Anwendungsfalldiagramme zeigen mehrere Geschäftsprozesse und deren Zusammenspiel untereinander. Damit hat ein Unternehmen in einer kompakten und leicht lesbaren Form die Dokumentation aller Geschäftsprozesse.

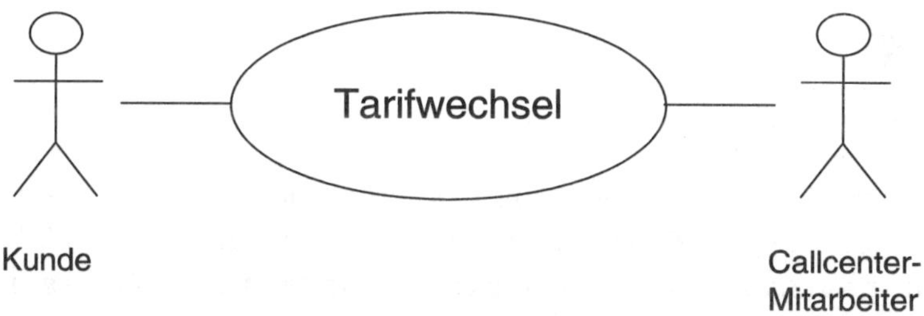

Abbildung 2.12 Anwendungsfalldiagramm am Beispiel Tarifwechsel

Aktivitätsdiagramm

Um nun den Ablauf des Geschäftsprozesses Tarifwechsel darstellen zu können, wird das Aktivitätsdiagramm eingesetzt. Abbildung 2.13 zeigt die Abfolge für den Geschäftsprozess des Tarifwechsels. Initiiert wird dieser durch die telefonische Anfrage des Kunden im Callcenter. Der Callcenter-Mitarbeiter prüft, ob der gewünschte Tarifwechsel für den Kunden zulässig ist. Im positiven Fall wird der Tarifwechsel durchgeführt. Zum Schluss wird noch der Anrufgrund dokumentiert. Im Vergleich zum Anwendungsfalldiagramm wird durch das Aktivitätsdiagramm die nächsttiefere Detaillierungsstufe repräsentiert. Damit eignet sich diese Diagrammform auch als interne Arbeitsanleitung, da sie die Folge der notwendigen Arbeitsschritte und die vorhandenen Abhängigkeiten klar dokumentiert.

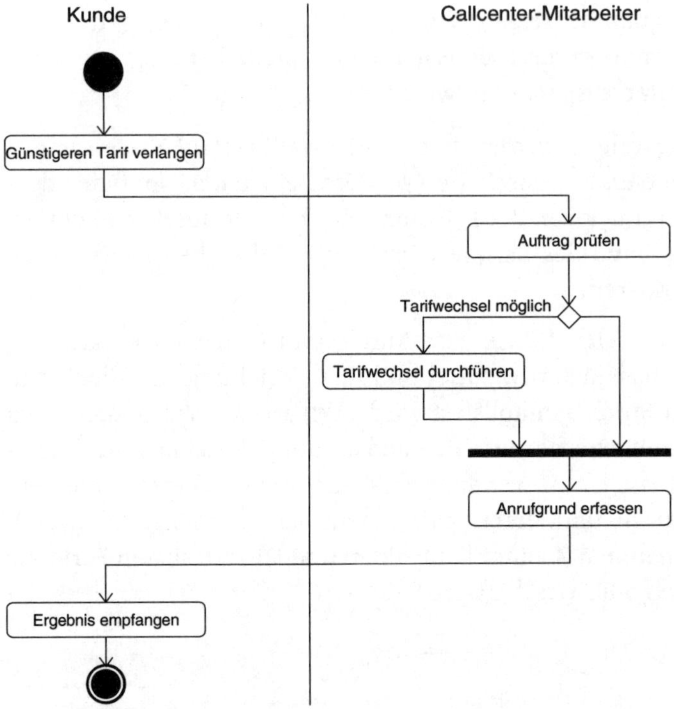

Abbildung 2.13 Aktivitätsdiagramm am Beispiel des Tarifwechsels

Sequenzdiagramm

Die letzte in diesem Zusammenhang angesprochene Diagrammvariante wird in Abbildung 2.14 dargestellt. Für ein gegebenes Szenario eines Geschäftsprozesses, hier die erfolgreiche Abwicklung eines Tarifwechsels, wird der zeitliche Ablauf beschrieben. Es ist zu erkennen, wie die beteiligten Personen bzw. Systeme miteinander kommunizieren und welche Nachrichten sie untereinander weitergeben. Der Mitarbeiter nimmt einen Auftrag entgegen, lädt die Kundendaten und erfasst den Kontakt. Anschließend prüft er über die Wissensbasis und das nachgeschaltete Bonitätsprüfsystem die Zulässigkeit. Bei erfolgreicher Prüfung wird der Tarifwechsel durchgeführt und für die Marketingabteilung der Grund des Anrufes separat aufgenommen. Der Geschäftsprozess ist dann abgeschlossen, wenn der vertikale Balken des Mitarbeiters endet.

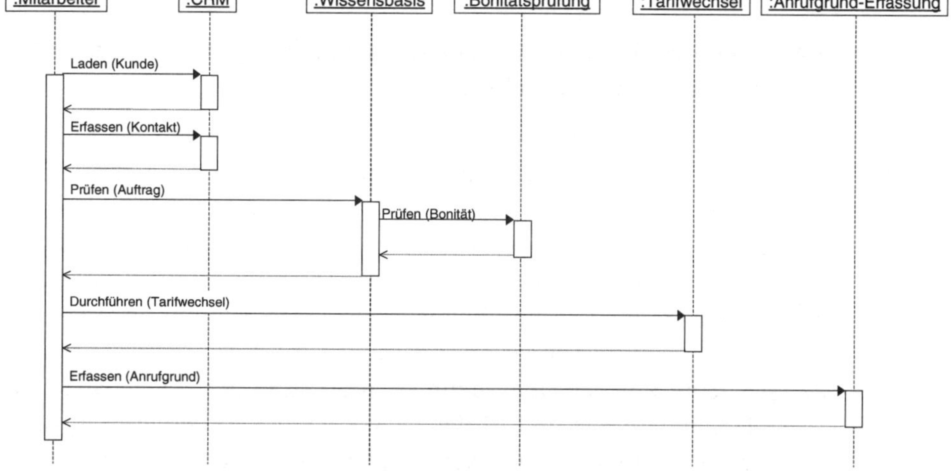

Abbildung 2.14 Sequenzdiagramm am Beispiel des Tarifwechsels

Dieses Beispiel kann natürlich nur einen groben Eindruck dessen vermitteln, wozu die Sprachmittel von UML in der Lage sind. Aber schon an dem dargestellten Geschäftsprozess ist erkennbar, dass komplexe Arbeitsabläufe übersichtlich aus verschiedenen Blickwinkeln abgebildet werden können. Gerade auch im Hinblick auf eine Erneuerung oder Änderung der IT-Architektur durch z.B. neue IT-Systeme kann das UML-Modell umfassende Unterstützung leisten. Das Risiko großer Überraschungen wie fehlender Verbindungen zwischen Abteilungen, Inkompatibilitäten oder unvollständig dokumentierter Geschäftsprozesse wird weitestgehend minimiert.

2.2.6 Zusammenfassung

Der Abschnitt über die Bottom-Up-Methode beschreibt ein Verständnis der IT-Architektur, das auf ihren Bestandteilen basiert. Die Schwierigkeit, die sich dem Anwender stellt, bzw. die Kunst besteht in der Festlegung des Abstraktionsgrades der Basisbestandteile. Sind diese zu fein, detailliert und konkret gewählt, wird der Anwender die Übersicht auf den Gesamtkontext verlieren. Bei zu abstrakten Basisbestandteilen geht notwendiges Wissen über die Details verloren.

Über den Ansatz, mit den Objekten Komponente, Schnittstelle, Verbindung und Funktion (als Teil des Prozesses) zu arbeiten, ist ein idealer Mittelweg gefunden. Zum einen ist die Granularität der Basisbestandteile in der Praxis handhabbar, auf der anderen Seite wird nahtlos an bestehende Dokumentationen auf der Applikationsebene angeknüpft.

2.3 Unternehmenssicht

2.3.1 IT-Architektur: Werkzeug oder integraler Bestandteil des Unternehmens

Dokumentation als ungelesener Papierberg?

Das zentrale Thema der vorhergehenden Abschnitte war die Motivation, eine IT-Architektur beschreiben und verstehen zu wollen. Denn es ist zweifelsohne unumstritten, dass Dokumentationen für das Verstehen zwar absolut notwendig, aber auch äußerst problembehaftet sind. Definitionen, Diagramme und eine Dokumentation zum Selbstzweck sind akademisch und helfen in der Regel kaum, operative und strategische Entscheidungen zu treffen. Zusätzlich eilt dieser Thematik der schlechte Ruf der Überdokumentation bzw. der Diskrepanz zwischen Dokumentation und Wirklichkeit voraus. Vollständige und aktuelle Dokumentationen sind kaum mehr zu leisten, und wenn sie erzwungen werden, dann nur um den Preis eines unverhältnismäßig großen Aufwands an Kosten und Zeit. Auch die operative Durchführung der Dokumentationserstellung führt häufig zu qualitativ mangelhaften Ergebnissen. Entweder hat der Ersteller keine Lust oder Zeit, Dokumentationen seiner Architekturänderungen[9] zu erstellen, oder der Leser versteht die Sprache des Schreibers nicht. Und zu guter Letzt muss man sich die Frage gefallen lassen, wie viele Personen überhaupt eine bereits erstellte Dokumentation gelesen haben.

Wir wollen daher, bevor wir uns mit der Dokumentation inhaltlich beschäftigen, die Frage nach dem Mehrwert beantworten und damit jeden in die Lage versetzen, eine Kosten-Nutzen-Betrachtung durchzuführen. In vielen Unternehmen stellen wir heute fest, dass sich die IT-Strukturen als Konsequenz einer schnelllebigen Welt in den vergangenen Jahren oft rapide entwickelt haben. Getrieben von immer neuen Forderungen des Marktes, wurden schnell neue Systeme eingesetzt bzw. existierende Applikationen um neue Funktionalitäten erweitert. Den Gegenwert der getätigten Investitionen können Unternehmen aber häufig nicht beschreiben bzw. beziffern. Welche Systeme mit welchen Funktionalitäten wo eingesetzt werden, scheint ein häufig ungelöstes Rätsel zu sein. Unter Umständen sind zwar die größeren Applikationen wie das CRM-System oder ERP-System im Unternehmen bekannt; was aber fast überall fehlt, ist die Information über die Teile

9 In diesem Zusammenhang sind hierunter alle Arbeitsergebnisse zu verstehen, die die IT-Architektur in irgendeiner Weise ändern. Hierzu gehören z.B. Programmdokumentationen neu erstellter Software, Aktualisierungen von Benutzerhandbüchern usw.

der Geschäftsprozesse, die durch die einzelnen Applikationen abgedeckt werden. Damit kennt vermutlich niemand den eigentlichen Nutzen der einzelnen Applikationen, und von daher kann auch niemand feststellen, ob die getätigte Investition einen für das Unternehmen akzeptablen Gegenwert beschert hat.

Wunderheilmittel ROI-Rechnung?

Was benötigt wird, ist eine Systematik, mit der der Wert gemessen und gesteuert werden kann, doch dies ist leichter gesagt als getan. Natürlich wurden insbesondere in den letzten Jahren in zahlreichen Unternehmen durchgeführte Projekte mit einer ROI-Rechnung untermauert, um den Vorwurf der Unwirtschaftlichkeit zu entkräften. Diese sollte die Lukrativität und das Optimierungspotenzial in Kennzahlen[10] gießen und daraus messbare Argumente für den Nutzen beispielsweise einer neuen Applikation ableiten. Doch Hand aufs Herz: Wie oft sind die prognostizierten Refinanzierungen bzw. Optimierungen auch nachgeprüft worden? Das folgende vereinfachte Beispiel aus der Praxis zeigt, dass derartige Rechnungen zwar vonnöten, aber sicherlich nicht das einzige Werkzeug zur Bewertung von Komponenten der IT-Architektur sind.

Der Verantwortliche für das CRM-System startete ein neues Projekt zur Reduktion der Erstellungskosten für Rechnungen. Jeder Kunde, der sich bereit erklären wollte, seine Rechnung anstatt per Post über einen Faxabruf zu erhalten, sollte ein einmaliges Gesprächsguthaben erhalten. Dass dieses Szenario sich rechnet, wurde mit der in Abbildung 2.15 dargestellten ROI-Rechnung nachgewiesen. Den Kostentreibern »Applikationskosten für den Service des Faxabrufs« und »einmalige Gesprächsguthaben für den Kunden, die diesen Service nutzen« stehen die Einsparungen beim Drucken und Verschicken der Rechnungen gegenüber. Bei einem Zuwachs von ca. 1500 Kunden pro Monat sind die Investitionen nach spätestens 10 Monaten durch die eingesparten Kosten refinanziert. Einer Durchführung eines solchen Projekts, glaubt man den Annahmen, sollte damit nichts im Wege stehen.

---

10 Kennzahlen sind verdichtete Informationen über quantifizierbare Sachverhalte. Sie können im Architekturkontext Aussagen über den aktuellen Stand der Architektur machen und eine Vergleichbarkeit unterschiedlicher Zustände der IT-Architektur zu unterschiedlichen Zeitpunkten ermöglichen. In Abschnitt Architekturmanagement und -steuerung spielen Kennzahlen im Rahmen der Umsetzung einer Architekturstrategie eine große Rolle.

Werte für die ROI-Berechnung:

Gesamtkosten der Applikation	85.000,00 €
einmaliges Gesprächsguthaben	10,00 €
Kosten einer schriftlichen Rechnung	3,10 €
Anzahl neuer Kunden pro Monat, die diesen Service nutzen	1500

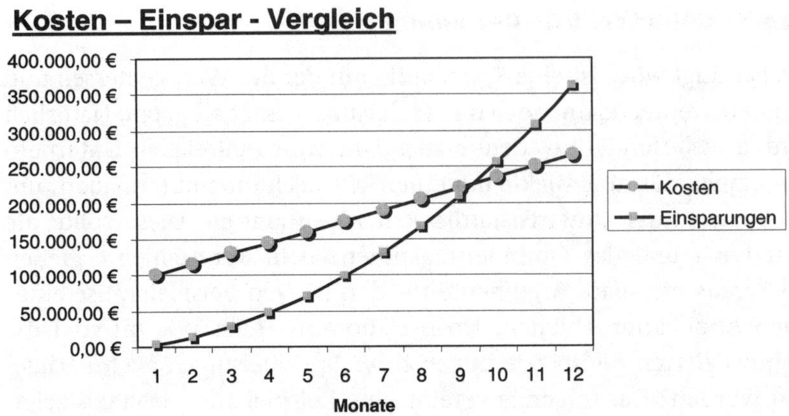

Abbildung 2.15 Beispiel einer ROI-Rechnung für den Faxabruf von Rechnungen

Leicht zeitversetzt initiierte der Leiter des Internet-Portals ein ähnliches Vorhaben. Seine Idee war es, über die Online-Darstellung von Rechnungen in dem Selbstadministrationsteil der Kunden die Kosten für die Rechnungserstellung und den Versand deutlich zu reduzieren. Mit dem gleichen Anreizsystem sowie demselben Ansatz bei der Kostenersparnis sah seine ROI-Rechnung wie die des CRM-Verantwortlichen aus. Auch er wies die Refinanzierung binnen 10 Monaten nach.

Beide eben vorgestellten Szenarien haben den Anschein tragfähiger Projekte, hat man doch die Optimierungsmöglichkeiten in ein Kennzahlensystem gegossen. Doch näheres Hinsehen zeigt die Schwächen einer derartig lokalen Betrachtung. Ein essenzielles Argument für die Tragfähigkeit der ROI-Rechnung ist jeweils die Anzahl der Kunden, die sich für den jeweiligen Dienst entscheiden. Solange dieser Wert plausibel ist, ist die Argumentation auch nachvollziehbar. Aber genau an dieser Stelle befindet sich der erste Bruch in der Argumentation, denn diese Kennzahl ist nicht isoliert zu betrachten. Die neuen Dienste der beiden Projekte basieren darauf, dass der Kunde auf die schriftliche Rechnung verzichtet. Das heißt: Wählt ein Kunde beispielsweise den Dienst des Faxabrufs der Rechnungen, hat er vermutlich auch eine hohe Affinität zu den Online-Rechnungen. Unter Umständen wird er zusätzlich auch diesen Dienst bestellen, wodurch erneut 10 € Startguthaben zu zahlen sind, aber keine neuen Einspareffekte auf der Kostenseite entstehen. Die Wahrscheinlichkeit, dass in einer gesamten Betrachtung ein Großteil der Kunden doppelt gezählt wurde, ist relativ hoch.

Wir möchten mit dieser Argumentation derartige Kosten-Nutzen-Betrachtungen nicht gering schätzen. Im Gegenteil, sie stellt eine notwendige Methode dar, um Projektvorhaben in einem wirtschaftlichen Kontext bewerten zu können. Dennoch – und an dieser Stelle setzt die Kritik an – wird selten der Kontext berücksichtigt, in dem sich das zu beurteilende Projekt befindet. Resultate sind dann nicht realisierte Optimierungen, fehlende Synergienutzungen und eine IT-Architektur, der die lokale Bewertung und Entscheidung anzusehen ist.

Probleme von ROI-Betrachtungen

Wir haben in der Vergangenheit bei derartigen Kosten-Nutzen-Betrachtungen die folgenden Problemstellen identifiziert, die prognostizierte, aber dann nicht eingetretene Optimierungen verursacht haben:

- **Mehrfachwertung gewinnbringender Maßnahmen**
  Das obige Beispiel zeigt sehr deutlich, wie leicht durch eine lokale Betrachtung avisierte Gewinnchancen mehrfach ins Kalkül gezogen werden. Gerade dann, wenn Einsparpotenziale nicht in der eigenen Abteilung angesiedelt sind, ist eine bereichsübergreifende Absprache notwendig. Denn neben der Problematik einer nicht tragfähigen ROI-Rechnung gilt es auch strategische Entscheidungen einzubeziehen. So kann es in unserem Beispiel Unternehmensphilosophie sein, immer schriftliche Rechnungen zu verschicken.
- **Implizite Kosten außerhalb des berücksichtigten Bereichs**
  Eine Beurteilung innerhalb eines eingegrenzten Bereichs führt häufig dazu, dass Aufwände und damit verbundene Kosten, die außerhalb liegen, unberücksichtigt bleiben. Eine Schnittstelle zum Billing-System, mit der die Rechnungsdaten ermittelt werden, führt zu einer Mehrbelastung dieses Systems und führt unter Umständen dazu, dass die Performance verbessert werden muss.
- **Nicht realisierbare Einspareffekte**
  Viele der Einsparpotenziale basieren auf Personalentlastungen und geringerer Nutzung existierender Ressourcen. Beides kann natürlich in der Nutzung optimiert werden, nur lassen sich daraus in der Regel keine kurzfristigen Effekte auf der Kostenseite verwirklichen.

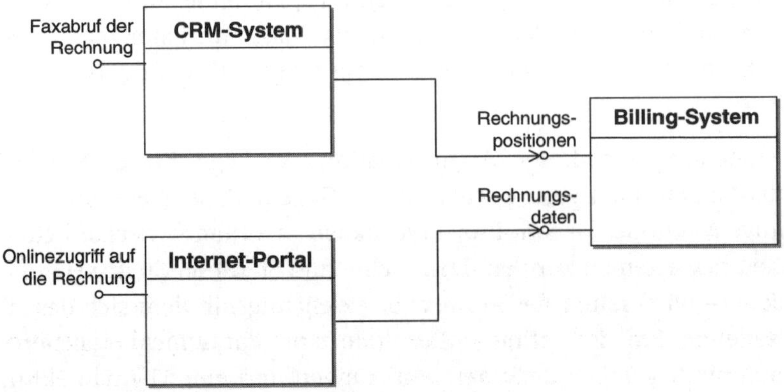

Abbildung 2.16 Beispiel für Mehrfachentwicklungen ähnlicher Funktionen

Ergänzend möchten wir erwähnen, dass durch nicht wahrgenommene Synergien vermeidbare Aufwände und schlechte Auswirkungen auf die IT-Architektur vorprogrammiert sind. Auch für dieses Argument möchten wir das eben beschriebene Beispiel heranziehen. Unabhängig von der Wertigkeit durchgeführter Kosten-Nutzen-Betrachtungen führt eine getrennte Umsetzung fachlich ähnlicher Anforderungen zu einer nicht optimalen, in Abbildung 2.16 dargestellten Architektur. Eine nahezu identische Schnittstelle und deren Verwendung wird zweimal realisiert. Sowohl das CRM-System als auch das Internet-Portal entwickelt getrennt voneinander die Funktionalität einer Rechnungserstellung. Unterschiedlich ist nur die Art des Transports. In späteren Abschnitten wird genauer auf die Identifikation und Verbesserung solcher suboptimaler Strukturen eingegangen.

Offene Fragen einer IT-Architektur

Eine lokale, von der Umgebung isolierte Betrachtungsweise wird unweigerlich immer wieder zu Situationen führen, die eine globalere Optimierung verhindern, und zwar unabhängig vom gewählten Instrumentarium zur Steuerung. Das heißt, ohne Berücksichtigung der IT-Architektur des Unternehmens wird dieser Zustand nicht zu lösen sein. Erforderlich ist ein tieferes Wissen und genauere Kenntnis der Facetten und Bestandteile dieser Infrastruktur. Aus dieser Motivation kristallisieren sich gerade für Unternehmen mit komplexen IT-Architekturen in dynamischen Umfeldern die im Folgenden aufgeführten Fragestellungen heraus:

- **Welche Funktionen bildet die IT-Archiektur ab?**
  Wir haben in den vorangegangenen Abschnitten erläutert, dass IT-Systeme Werkzeuge zur Prozessunterstützung sind. Die Eignung hierfür definiert sich über die fachlichen Funktionen der Applikationen und deren Qualität. Damit stellen die Funktionen ein wesentliches Gut dar.
- **Aus welchen Bausteinen und Schnittstellen besteht die IT-Architektur?**
  Die einzelnen Bausteine bilden die Basis einer jeden IT-Architektur. Sie stellen den direkten Gegenwert der in der Vergangenheit getätigten Investionen dar. Dennoch können viele Unternehmen keine nahezu vollständige Liste der von ihnen beherbergten Applikationen generieren, geschweige denn die für das Unternehmen kritischen IT-Anwendungen benennen. Dieser Zustand ist umso erschreckender, wenn man das vorhandene Know-how zu diesen kritischen Applikationen betrachtet. Nicht selten konzentriert es sich auf einzelne Mitarbeiter.
- **Welche Auswirkungen haben Änderungen?**
  Modifikationen an IT-Architekturen sind häufig nicht kalkulierbar. Das betrifft sowohl kleine Veränderungen (z.B. Applikationserweiterungen, Schnittstellenänderungen etc.) als auch die wirklich großen Umstellungen (z.B. Einsatz neuer Anwendungen, Migration mehrerer IT-Architekturen etc.). Oft sind bestehende Abhängigkeiten unter Applikationen gar nicht bekannt. Dieses ist umso kritischer, als dass die Gründe für Änderungen in der Regel fachlicher Natur sind.
- **Wer hat welche Komponenten-Zuständigkeiten?**
  Bei IT-Architekturen ist die Frage der Zuständigkeiten wichtig. Die Antworten zeigen auf, welchen Rollen im Organigramm welche Verantwortlichkeiten zugeordnet sind.
- **Wer hat welche Funktionen-Zuständigkeiten?**
  IT-Architekturen sind nur die Infrastruktur, um Geschäftsprozesse und Funktionalitäten abzubilden. Die integrale Fragestellung in Unternehmen ist, wer welche Verantwortung für welche Geschäftsprozesse hat. In prozess-abbildenden IT-Architekturen ist dieses deckungsgleich mit den Komponenten-Verantwortlichkeiten. Situationen im Alltag zeigen aber, dass genau hier eine enorme Diskrepanz besteht.

- **Wie ist die Soll-IT-Architektur?**
  Die Soll-IT-Architektur beschreibt den Idealzustand einer IT-Architektur, das Ergebnis einer Planung am Reißbrett. Situationen und Fallbeispiele aus der Praxis zeigen aber, dass genau diese Überlegungen in einem Unternehmen nie getätigt wurden. Für gewöhnlich werden bestehende IT-Architekturen immer bei neuen Anforderungen entsprechend der Notwendigkeit und des zur Verfügung stehenden Zeit- und Geldrahmens expandiert. Eine Zielarchitektur wurde in den seltensten Fällen präventiv erstellt. Nichtsdestotrotz ist es unabdingbar, eine Zielarchitektur zu konzipieren. Denn genau sie stellt den Gegenwert des IT-Investitionskapitals dar.

  Die Herausforderung besteht in der Migration der Ist-IT-Architektur in die Soll-IT-Architektur. Diese Migration ist eine nicht zu unterschätzende Aufgabe. Denn so, wie die Ist-IT-Architektur Änderungen durch fachliche Anforderungen ausgesetzt ist, sind der Markt und die dadurch bedingte Strategie eines Unternehmens der Haupteinflussfaktor für eine Soll-IT-Architektur.

Diese exemplarische Sammlung an Fragen lässt sich sicherlich beliebig erweitern. Jeder, der versucht, diese Fragen für sich in seinem Umfeld zu beantworten, wird letztendlich zugeben müssen, dass die Antworten inhaltlich, fachlich und technisch alles andere als optimal sind.

Wissen ist Macht

Die Antworten auf die oben aufgelisteten Fragen sind der Schlüssel zur Beherrschung der IT-Dynamik eines Unternehmens. Wer die Bestandteile und Zusammenhänge einer IT-Architektur kennt und begreift, ist in der Lage, den Status quo zu messen und zu bewerten. Er wird Auswirkungen von Änderungen beurteilen können und damit Entscheidungen immer optimal auf derzeitige und zukünftige Belange abgestimmt treffen können. Denn die Kenntnis der Bestandteile, Abhängigkeiten, Schnittstellen und Datenflüsse ist die notwendige Voraussetzung für die Weiterentwicklung bestehender IT-Architekturen.

Nehmen Sie sich ein paar Minuten Zeit, und überlegen Sie, wo in Ihrem Unternehmen diese Informationen verankert sind. Unserer Erfahrung nach fehlt häufig ein konsolidierter, konsistenter und vollständiger Informationspool, aus dem alle benötigten Sichten abgeleitet werden können. Erschwerend mussten wir feststellen, dass die Transparenz, d.h. wo findet man welche Informationen, selten vorhanden ist. Als Folge davon werden dann natürlich auch Pflegeprozesse nur ungenügend durchgeführt.

2.3.2 Vollständige Dokumentation

Enzyklopädie der IT-Architektur

Notwendig ist also eine Enzyklopädie, die alle IT-Architektur-bezogenen Fragen zu jedem Zeitpunkt für jede Rolle und Situation knapp und qualitativ hochwertig beantworten kann.

Ein Ansatz hierfür sind Dokumentationen bzw. Modellierungssprachen, die es erlauben, verschiedene Sichtweisen auf ein Objekt zu beschreiben. Besitzt man eine vollständige Sammlung hochwertiger und aktueller Beschreibungen der Objekte, aus denen alle Sichtweisen ableitbar sind, hat man alle Informationen, die für eine solche Enzyklopädie nötig sind.

Heute findet man zu jeder Abstraktionsebene in der Software-Landschaft im Bereich der Dokumentation eine Vielzahl von Ideen, Vorschlägen, Schablonen und Standards. Der bekannteste Vertreter ist sicherlich die Modellierungssprache UML, die schwerpunktmäßig in der Software-Entwicklung eingesetzt wird. Durch die Vielzahl der durch UML spezifizierten Diagramme können die verschiedenen Facetten und Aspekte eines Systems einzeln hervorgehoben und beschrieben werden. Die Summe der Diagramme bildet eine komplette Dokumentation. Im Abschnitt 2.2.5 finden Sie daher einen kurzen Abriss über UML anhand eines Beispiels.

Mittlerweile wurden verschiedenste Methoden entwickelt, um diesen Ansatz auf höhere Abstraktionsebenen von IT-Systemen zu erweitern. Somit existieren alle Möglichkeiten der vollständigen Beschreibung von IT-Landschaften in jedem Konkretisierungsgrad. Im folgenden Abschnitt beschreiben wir kurz einen dieser Ansätze und stellen seine Vorteile, aber auch die Nachteile dar, die sich offenbaren.

Das Zachman-Framework als Repräsentant für vollständige Dokumentationen

Im Bereich der IT-Architekturen ist der von John A. Zachman gewählte Ansatz sicherlich am bekanntesten. Zachmans Ansatz basiert auf einem von ihm entwickelten Rahmenwerk (Framework) für Unternehmensarchitekturen, d.h. einer Konstruktion, die eine generische Lösung für Probleme im Kontext von IT-Architekturen vorgibt. Dieses Rahmenwerk wird zu einer konkreten Lösung, wenn man es spezialisiert bzw. die vorgegebenen Parameter mit entsprechenden Inhalten füllt.

Die Inspiration für diesen Ansatz holte sich John A. Zachman aus anderen Bereichen wie der Flugzeugherstellung oder dem Gebäude- und Städtebau, in denen ähnlich komplexe Lösungen produziert werden. Das Framework basiert auf der Erkenntnis, dass gerade bei komplexen Architekturen – egal in welchem Bereich – nicht nur eine, sondern eine Menge von Darstellungen existieren. Für verschiedene Perspektiven auf das Produkt sowie für die Rollen, die man in dem jeweiligen Herstellungsprozess gespielt hat, werden auch verschiedene Darstellungen und Beschreibungen bereitgestellt.

Merkmalsdimension der IT-Architektur

Die einzelnen Merkmale, die ein Produkt aufweisen kann, werden in Form von Fragen charakterisiert:

- **Was?**
  Die Antwort auf diese Frage sind die einzelnen Bestandteile, aus denen das zu beschreibende Produkt besteht. Im Fall von IT-Architekturen ist dies die Sicht auf die Daten.
- **Wie?**
  Hier wird genau dargestellt, wie das betrachtete Produkt funktioniert. Es wird die dynamische Sicht auf IT-Architekturen beschrieben. Inhalte sind somit die abgebildeten Prozesse und Funktionen.
- **Wo?**
  Hier wird dokumentiert, wo sich die einzelnen Bestandteile befinden, und zwar in Relation zum Gesamtsystem und in Relation zu den anderen Bestandteilen. Diese Betrachtungsweise im Kontext von IT-Architekturen betrifft das Netzwerk und die Hardware.
- **Wer?**
  Bei dieser Frage geht es um die einzelnen Rollen bzw. Personen, die mit dem im Fokus befindlichen Produkt arbeiten. Zusätzlich liefert dieser Abschnitt die Informationen, wie und womit sich die jeweiligen Personen beschäftigen. Zentraler Bestandteil dieser Charakteristika ist die eigentliche Organisation des Unternehmens, d.h. die Kopplung von Rollen, Funktionen und Personen, die im Unternehmen existieren.
- **Wann?**
  Der Fokus dieser Frage sind die Zeit und alle damit zusammenhängenden Informationen. Betrachtet man diese Frage im Zusammenhang mit IT-Architekturen, so werden an dieser Stelle relevante Zeitpunkte und wiederkehrende Ereignisse behandelt, die Auswirkungen auf Bestandteile der IT-Architektur haben.

- **Warum?**
  Hier wird die Motivation dafür dokumentiert, bestimmte Entscheidungen, Auswahlen etc. zu treffen. Bei IT-Architekturen ist diese Fragestellung eng mit den Unternehmenszielen und der Unternehmensstrategie und natürlich mit Wirtschaftlichkeitsbetrachtungen gekoppelt.

Der Vorteil der Isolierung einzelner Charakteristika eines Produkts bzw. von IT-Architekturen besteht in der einfacheren Bewältigung der Gesamtkomplexität. Diese Art der Abstraktion erlaubt es, einzelne Aspekte unabhängig vom Gesamtsystem zu berücksichtigen. Der Versuch hingegen, alle Eigenschaften und Merkmale gemeinsam zu beschreiben, würde aller Wahrscheinlichkeit nach in einer unstrukturierten, unverständlichen und damit wenig Nutzen bringenden Dokumentation enden.

Sichten auf die IT-Architektur

Zusätzlich identifizierte Zachman sechs verschiedene Perspektiven auf der Grundlage von Verantwortungsbereichen im Herstellungsprozess des Produktes bzw. von IT-Architekturen:

- **Gesamtsicht**
  Diese Sicht betrachtet das Unternehmen und seine IT-Architektur im Gesamtkontext, d.h. unter Berücksichtigung der Umgebung. Es ist eine objektive und neutrale Sicht. Auf Rollen abgebildet, entspricht diese Sicht der des Planers.
- **Unternehmenssicht**
  In dieser Perspektive wird die IT-Architektur aus dem Blickwinkel des Unternehmens betrachtet. Sie entspricht der konzeptionellen Betrachtungsweise und kann der Rolle des Gesamtverantwortlichen für die IT-Architektur des Unternehmens zugeordnet werden.
- **Systemsicht**
  Der in diesem Kontext dargestellte Blickwinkel ist der des Systemdesigners. Die Modellierung und Beschreibung wird auf der Ebene der Systeme durchgeführt.
- **Technologiesicht**
  Diese Sicht betrachtet die IT-Architektur eines Unternehmens und ihre Bestandteile auf der Technologie-Ebene. Die Informationen über die Systeme befinden sich damit auf einer sehr konkreten Stufe.

- **Kontextfreie Sicht**
  Die Betrachtung aus diesem Blickwinkel entspricht der Rolle des Programmierers bzw. eines Untervertragsnehmers. Die Informationen haben einen hohen Detaillierungsgrad und sind von jeweiligen Kontext unabhängig.
- **Anwendersicht**
  In diesem Zusammenhang werden die Fragestellungen auf der Ebene des Anwenders behandelt.

Antwort auf jede Frage

In Abbildung 2.17 ist die Originalversion des Frameworks von John A. Zachman dargestellt. Man erkennt sehr schön den hohen Grad der Vollständigkeit, wenn man IT-Architekturen mit diesem Rahmenwerk dokumentiert. Jede Zelle entspricht einer Antwort auf eine Frage aus einer bestimmten Perspektive heraus. Somit kann jeder Betrachter über dieses Schema Antworten auf seine Fragen erhalten, die sich auf die von ihm eingenommene Perspektive beziehen. Sucht man beispielsweise Informationen über logische Datenmodelle, so findet man in der Zelle, die sich durch die Spalte mit der Frage »Was?« und die Zeile »Systemsicht« ergibt, die gewünschten Dokumentationen. Um sich den vollständigen Überblick über eine bestimmte Fragestellung zu verschaffen, genügt es einfach, alle Zellen der zur Frage gehörenden Spalte zu betrachten. Umgekehrt werden mit dem Zachman-Framework auch alle vorhandenen Informationen geliefert, die in einer bestimmten Rolle benötigt werden. Hierzu stehen die Dokumentationen in der entsprechenden Zeile.

Das Zachman-Framework ist so generisch aufgebaut, dass man beliebige Arten von IT-Architekturen beschreiben kann. Er funktioniert sowohl bei einer Kundenbetreuung mittels einer kleinen Datenbank als auch bei einer Komplettsoftware für das Customer Relationship Management. Dieser Vergleich zeigt illustrativ die Möglichkeit der Abbildung von beliebigen Hierarchien. Über diese Methode lassen sich Substrukturen beschreiben, die als eigenständige Komponente des Gesamtsystems gelten. Bei einer derartigen Strukturierung sind die Informationen essenziell, die gewährleisten, dass eine Komponente sich sauber und problemlos in die nächste übergeordnete Form einfügen lässt. Die erste Zeile des Frameworks fordert genau diese Informationen ein.

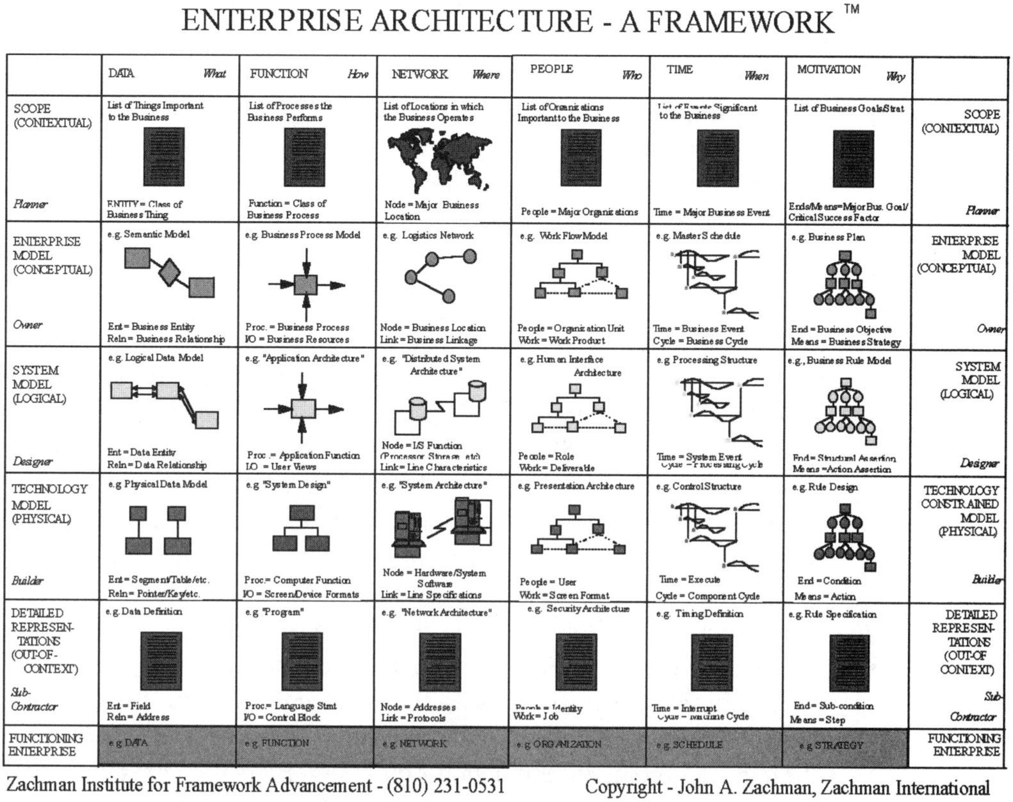

Abbildung 2.17 Das Framework von John A. Zachman

Ordnung der Sichtweisen

Die verschiedenen Sichtweisen auf IT-Architekturen sind so aufgebaut, dass Anforderungen, Bedingungen und Zwänge in der Regel von oben nach unten durchgereicht werden. Das heißt, der Markt (Gesamtsicht) bestimmt das Unternehmen. Das Geschäftsmodell (Unternehmenssicht) wiederum beeinflusst die IT-Systeme usw. Dieser Einfluss existiert nicht nur in die eine Richtung. Einschränkungen können natürlich auch Auswirkungen nach oben haben, nur sind diese typischerweise nicht so restriktiv. Eine häufige Quelle für Restriktionen mit Auswirkungen nach oben ist die Technologie. Wenn irgendeine Anforderung technologisch in den vorhandenen Systemen nicht abgebildet werden kann, hat es durchaus auch einschränkende Folgen für das Unternehmen. Gerade in der Telekommunikationsbranche gab es in dem Bereich der Produktpalette und damit verbundenen Preisen eine Vielzahl von Restriktionen durch die vorhandenen Billing-Systeme.

Ideales Framework?

Dieses Rahmenwerk scheint die ideale Lösung aller Architekturprobleme zu sein. Jedes Unternehmen, das das Zachman-Framework zur Konstruktion seiner IT-Architektur einsetzt, besitzt alle notwendigen Informationen. Dennoch zeigt sich in der Praxis, dass genau diese Beschreibungen nicht existieren. Warum ist das so? Vielleicht liegt es ja an der fehlenden Verbreitung dieser Vorgehensweise. Gegebenenfalls ist diese Methode auch zu komplex. Bevor wir nun über Gründe spekulieren, lassen Sie uns die Schwächen diskutieren, die dieser Ansatz in sich birgt.

Problem der Pflegbarkeit

In dynamischen Märkten wachsen und verändern sich die Anforderungen an IT-Architekturen so rapide, dass die Systemhersteller und Applikationsprogrammierer es kaum schaffen, die Menge an Anforderungen in der kurzen Zeit, die ihnen zur Verfügung steht, zu bewältigen. Betrachtet man dagegen die Komplexität des Zachman-Frameworks, so fordert diese eine Vielzahl von Dokumentationen, die als Basis der IT-Architektur- Konstruktionsphase dienen bzw. parallel zum eigentlichen Entwicklungsprozess erstellt werden müssen. Genau an dieser Stelle offenbart sich der erste Widerspruch. Sowohl die Zeit als auch das notwendige Geld hierfür werden in den seltensten Fällen in den Unternehmen bereitgestellt. Zusätzlich kommt der erforderliche Pflegeaufwand für alle Dokumentationen hinzu. Denn eine IT-Architektur sowie die Rahmenbedingungen für diese unterliegen einem permanenten Änderungsprozess. Werden hierbei die existierenden Unterlagen nicht angepasst, so sind diese relativ schnell nutzlos. Diese fortwährenden Änderungsanforderungen erfordern aber in letzter Konsequenz eine Berücksichtigung in der Organisationsstruktur, um die zeitnahe und qualitativ hochwertige Anpassung der Unterlagen zu gewährleisten. Ein dritter Kritikpunkt liegt im Framework selbst. Es hat zweifelsohne seine Stärken in der Konstruktion von IT-Architekturen. Baut man die IT-Architektur für ein neues Unternehmen auf, so bietet das Rahmenwerk wertvolle Unterstützung. Nur unserer Erfahrung nach werden selten IT-Architekturen bzw. größere Teile davon am Reißbrett geplant und konstruiert. Vielmehr wächst und verändert sich die IT-Architektur mit dem Unternehmen. Bei den fortwährenden Änderungen in IT-Architekturen stellt sich das Zachman-Framework als sehr undynamisch und unflexibel dar. Zusammengefasst kann man daher schlussfolgern: So ideal sich dieses Rahmenwerk für den Leser, d.h. denjenigen, der Informationen sucht, darstellt, so ungünstig präsentiert es sich für den Schreiber, d.h. denjenigen, der Veränderungen an der IT-Architektur des Unternehmens verantwortet.

Mit diesen Kritikpunkten möchten wir nicht den Wert schmälern, den dieses Konzept zweifelsohne hat. Eine vollständige und ganzheitliche Beschreibung einer IT-Architektur zu fordern, ist ein Ziel, das es zu verfolgen gilt. Insbesondere die Unterscheidung verschiedener Perspektiven und Fragestellungen sowie die Möglichkeit, Hierarchien zu bilden, sind strukturelle Glanzpunkte im Zachman-Framework. Die Kritik äußert sich weniger im Ergebnis, als in dem Prozess, zu diesem zu gelangen.

Letztendlich muss jedes Unternehmen für sich entscheiden, ob es Werkzeuge wie das Zachman-Framework einsetzen will oder nicht. Allein die Dosierung und Verhältnismäßigkeit der umgesetzten Dokumentation ist für den Erfolg oder Misserfolg eines solchen Ansatzes maßgeblich.

2.3.3 Zusammenfassung

Anders als bei der vorherigen Perspektive stand in diesem Abschnitt das Unternehmen im Mittelpunkt. Wir haben erarbeitet, dass die Top-Down-Sicht das Verständnis erleichtert, wie sich die IT-Architektur im Unternehmenskontext repräsentiert und wo bezogen auf übergeordnete Ziele Verbesserungspotenziale existieren. Allerdings ist es in der Praxis nicht möglich, eine so vollständige Dokumentation, wie sie beispielsweise durch das Zachman-Framework abgebildet wird, zu erstellen und aktuell zu halten.

2.4 Dokumentation

2.4.1 Ziele der Dokumentation

Wir möchten daher an dieser Stelle ein alternatives Verfahren beschreiben, um zu einem umfassenden Verständnis und damit zur Dokumentation der IT-Architektur zu gelangen. Wir wollen dazu alle Vorteile eines Zachman-Frameworks nutzen, die beschriebenen Nachteile aber umgehen. Im Vordergrund stehen für uns dabei die verschiedenen Perspektiven, aus denen man die IT-Architektur betrachten kann. Neben den einzelnen Inhalten, die für eine qualitativ hochwertige Dokumentation notwendig sind, werden wir insbesondere auf den Erstellungsprozess eingehen. Bei diesem finden sich die Grundkonzepte der Bottom-Up-Methode wieder.

Theoretischer Ansatz der vollständigen Dokumentation

Es zeigt sich in der Praxis, dass der Ansatz, eine jede Belange abdeckende Beschreibung zu fordern, nicht wirklich durchsetzbar ist. Um Aktualität und Authentizität zu gewährleisten, müssten derartige Dokumentationen typischerweise begleitend zum Entstehungs- oder Änderungsprozess von IT-Strukturen erstellt werden. Insbesondere im Bereich von IT-Architekturen zeigt sich jedoch, dass genau diese Beschreibungen in der Regel zwar schon existieren, nur wurde der dokumentierende Prozess in der Vergangenheit einfach vernachlässigt bzw. maximal auf Systemebene durchgeführt. Das Ergebnis sind unvollständige, nur den Techniker berücksichtigende Dokumente. Damit zeigt sich schon in diesem kleinen Umfang, dass vollständige Dokumentationen, auch wenn nur Teilaspekte berücksichtigt werden, in der Praxis äußerst schwer durchzusetzen sind. Ein weiteres Argument gegen eine allumfassende Beschreibung basiert auf einer simplen Kosten-Nutzen-Betrachtung. Die IT-Landschaft bezüglich jeder Dimension zu dokumentieren erzeugt Aufwände, die von keinem Unternehmen zu bezahlen sind. Man denke nur an die Vielzahl von UML-Diagrammen, die für jedes IT-System erstellt werden müssten. Dazu kommen alle denkbaren systemübergreifenden Informationen. Auch diese müssen natürlich für jeden denkbaren Betrachter transparent und verständlich dargestellt werden. Der hierfür erforderliche Erstellungs- und Verwaltungsaufwand ist so riesig, dass er von keinem Unternehmen getragen werden kann. Denn es muss nicht nur eine gute Qualität und Durchgängigkeit sichergestellt, sondern auch die Aktualität gewährleistet sein. Genau diese korreliert nämlich direkt mit dem Nutzen einer solchen Dokumentation. Versucht man, einen solchen durchgängigen Dokumentationsprozess in die Praxis umzusetzen, so scheitert das Ganze sowohl am benötigten Zeitrahmen als auch am notwendigen Investitionsvolumen.

Welche Informationen brauchen wir?

Von daher wechseln wir unseren Standpunkt und wählen den Weg über den Dokumentationsbedarf. Die zentrale Frage bei Dokumentationen ist die Frage nach der Zielgruppe, da diese die Qualität, den Umfang und die Abstraktionsebene bestimmt. Damit gilt es erst einmal die folgende Frage zu beantworten:

- Wer benötigt in welchen Situationen welche Informationen?

Die Praxis zeigt uns zwei Fälle, in denen man auf Informationen über die IT-Architektur[11] zurückgreifen muss:

Wann wird ein Verständnis benötigt?

- **Modifikationen an der IT-Architektur**
  Jede systemübergreifende Modifikation einer Applikation wirkt sich direkt auf die IT-Architektur aus. Benötigt beispielsweise das CRM-System bei Prepaid-Handy-Verträgen die Höhe des noch bestehenden Guthabens (z.B. für kostenpflichtige Dienste), ist eine Schnittstelle an der Billing-Applikation erforderlich.
- **Migration in Richtung Soll-IT-Architektur**
  Eine permanente Aufgabe der IT-Verantwortlichen ist die Anpassung der Ist-IT-Architektur in Richtung der Soll-IT-Architektur. Damit muss neben der Umsetzung der fachlichen Anforderungen immer berücksichtigt werden, dass alle vorgenommenen Maßnahmen den Unterschied zwischen der Ist-IT-Architektur und der Soll-IT-Architektur reduzieren.

Daraus abgeleitet muss die Dokumentation sowohl an die Belange der Personen, die die Migration der IT-Architektur durchzuführen haben, als auch an die Belange der einzelnen Applikationsverantwortlichen angepasst sein. Es stellen sich daher einige Anforderungen an die Mittel, Methoden und Elemente einer Dokumentation einer Architektur:

Eigenschaften

- **Einfachheit**
  Die Forderung nach einer einfachen Dokumentation enthält zwei Betrachtungsweisen. Zum einen muss eine IT-Architektur unkompliziert und schnell dokumentiert werden können. Alles andere führt zu schlechten bzw. fehlenden Beschreibungen. Andererseits muss aber auch die zielgruppenbezogene Verständlichkeit gewährleistet sein. Eine Dokumentation muss der Erwartungshaltung gerecht werden, dass man aus einer gewählten Perspektive bestimmte Merkmale der IT-Architektur ermitteln möchte.
- **Flexibilität**
  Jede IT-Architektur unterliegt permanenten Änderungen, Anpassungen und Erweiterungen. Nur wenn hier die Aktualität der Unterlagen gewährleistet ist, lohnt sich der Mehraufwand. Des Weiteren muss eine Dokumentation als eine Entscheidungsgrundlage den Änderungsprozess unterstützen können. Die Dokumentation muss

11 Wir nehmen in diesem Kontext an, dass applikationsspezifische Dokumentationen wie beispielsweise ein Fachkonzept oder DV-Konzept vorhanden sind und dass »nur noch« applikationsübergreifende Fragen zu klären sind.

Informationen über Konsequenzen, die Machbarkeit sowie über den Zeit- und Ressourcenaufwand bei der Umsetzung neuer Anforderungen bieten.

- **Vollständigkeit**
  Die Vollständigkeit bezieht sich auf die Erfassung aller Bestandsteine, deren Struktur, Zusammenhänge sowie Abhängigkeiten. Fehlende Detailinformationen von IT-Systemen können immer noch später erfasst werden. Nur wenn Komponenten gänzlich fehlen bzw. Wechselbeziehungen nicht bekannt sind, ist es schwer, während eines Änderungsprozesses die Auswirkungen sauber zu bestimmen und zu bewerten.

Der im folgenden Abschnitt beschriebene Ansatz verfolgt genau diese Forderungen; die Strukturierung orientiert sich dabei an dem Unternehmensökosystem.

2.4.2 Bestandteile einer Dokumentation

Im Folgenden gehen wir immer vom Betrachtungsraum des Unternehmens aus. Alle Aussagen lassen sich aber ohne Probleme auf größere Betrachtungsräume (z.B. Unternehmensverbund) verallgemeinern bzw. auf kleinere Betrachtungsräume (z.B. Abteilungen) reduzieren.

Bei der Dokumentation einer IT-Architektur finden wir im Wesentlichen drei Bestandteile[12], die es zu beschreiben gilt:

Dokumentationsdimensionen

- **Funktionen im Unternehmen**
  Funktionen in diesem Kontext sind Geschäftsprozesse bzw. Teile hiervon, die sich inhaltlich beschreiben lassen und die im Sinne des Geschäftsmodells als zusammengehörig betrachtet werden.
- **Applikationen**
  Die Menge der Applikationen beschreibt die Gruppe von IT-Werkzeugen, die zur Unterstützung bzw. zur Abwicklung der Funktionen eingesetzt werden. Applikationen haben somit Referenzen und Beziehungen zu den Funktionen.

---

12 Bezogen auf das Unternehmensökosystem IT-Architektur fehlen in diesem Kontext zwei wesentliche Aspekte: die Unternehmensstrategie und die Organisation. In den Kapiteln 1 und 4 werden in diesem Zusammenhang je nach gewähltem Modell ganz unterschiedliche Formen des Verständnisses und die damit vebundenen Konsequenzen erläutert.

- **Daten**
  Ein kritischer Punkt in Unternehmen ist die Verwaltung und Strukturierung der Daten. Die eigentlichen Vermögenswerte in der IT-Architektur findet man genau an dieser Stelle. Werden irgendwelche Informationen für die Abwicklung von Prozessen oder für die Bildung von Entscheidungen benötigt, so ist die Quelle hierfür die Datenbasis.

Man wird diese drei Aspekte nicht gegeneinander abgrenzen oder gänzlich getrennt betrachten können. Im Gegenteil, es existiert eine hohe Abhängigkeit untereinander. Zu den Daten gehören einzelne Prozesse und Applikationen, die sie erzeugen, bearbeiten und löschen. Die Grundlage der Funktions- und Prozessdefinition wiederum wird durch die Struktur der Datenbasis gebildet, und die Arbeitsweise der Applikationen wird stark durch die Datenmodellierung beeinflusst. Diese Liste der wechselseitigen Abhängigkeiten und Implikationen lässt sich beliebig erweitern.

Eine weitere Komponente, zu der eine starke Kopplung besteht, ist die eigentliche Organisationsform und Rollendefinition des Unternehmens. Denn über die Prozesse entwickeln sich auch die einzelnen Verantwortungsbereiche. Wie wir bereits oben angemerkt haben, werden wir diese Betrachtung später im Kontext der Unternehmensstrategie aufgreifen.

Applikationen und ihre Dokumentation

Applikationen, reduziert man sich auf die technischen und strukturellen Gesichtspunkte[13], werden in zwei Sichtweisen durch das Unternehmen wahrgenommen:

- **Interne Sicht einer Applikation**
  Die interne Sicht dokumentiert den Aufbau, die Bestandteile und deren Zusammenspiel innerhalb einer Anwendung. Für unsere Betrachtungsweise stellt dieser Fokus allerdings kein wesentlichen Aspekt dar. Zum einen wurde für die Dokumentation der IT-Architektur die Abstraktionsebene so gewählt, dass Applikationen als unteilbare Einheiten behandelt werden und somit im Kontext von IT-Architekturen keiner Dokumentation bedürfen, andererseits gehört genau das schriftliche Festhalten der internen Funktions-

13 Diese Reduktion ist durchaus zulässig, da die fachlichen Aspekte bezüglich. der Innensicht durch das Fachkonzept der Applikation und bezüglich. der Außensicht durch die Geschäftsprozesse abgedeckt werden.

weise zum wesentlichen Lieferumfang einer Applikation und ist daher der Applikation selbst und nicht der IT-Architektur als übergeordnete Ebene zuzuordnen.

- **Externe Sicht einer Applikation**
  Mit dieser Sicht wird dargestellt, was die Umwelt von dieser Applikation zu erwarten hat, wenn sie im Verbund mit den restlichen Applikationen zum Einsatz kommt. Der Schwerpunkt bei dieser Betrachtung liegt auf den bereitgestellten Schnittstellen dieser Applikation und auf den existierenden Verbindungen zu anderen Applikationen.

Dokumentation der Struktur einer IT-Architektur

Die resultierenden Konsequenzen für das Verstehen und die Dokumentation der IT-Architektur unter dem Aspekt *Applikation* sind einfach zu realisieren: Eine interne Sicht muss (zumindest in diesem Kontext) kaum berücksichtigt werden, da alle erforderlichen Dokumente durch die Applikationsverantwortlichen verantwortet werden. Zusätzlich zeigt uns der Bottom-Up-Ansatz aus Abschnitt 2.2.2ff. auf, wie mit der externen Sicht einer Applikation umzugehen ist. Dort haben wir bereits beschrieben, welche Notationen für Komponenten, Schnittstellen und Verbindungen am sinnvollsten einzusetzen sind. Über die Verknüpfung dieser drei Notationen lassen sich leicht der strukturelle Aufbau der IT-Architektur sowie der Datenfluss bzw. die Abhängigkeitsverhältnisse dokumentieren und die Verknüpfung zu den anderen Perspektiven wie Daten und Prozesse darstellen. Und da sowohl die Daten als auch die Prozesse (als dynamische Sicht) als separate Dimensionen des Unternehmensökosystems IT-Architektur wahrgenommen und dokumentiert werden, stellt der Part der Struktur die einzige Lücke dar.

Funktionen und ihre Dokumentation

Weiter oben hatten wir schon angemerkt, dass die Grundlage einer IT-Architektur durch Funktionen auf der Ebene der Geschäftsprozesse gebildet wird. Ein Geschäftsprozess wiederum kann als Folge einzelner Funktionen (auf einer niedrigeren Abstraktionsebene) verstanden werden. Damit erschließt sich die Dimension der Geschäftsprozesse über eine entsprechend detaillierte Dokumentation der Funktionen. Wir unterscheiden dabei die folgenden Informationen:

- deskriptive Informationen
- strukturelle Informationen

Deskriptive Informationen behandeln die Eigenschaften der einzelnen Funktionen und dokumentieren deren fachlichen Hintergründe, wohingegen strukturelle Inhalte die Relation und Kohäsion der Funktionen untereinander beschreiben.

Auf die Dokumentation des dynamischen Teils, d.h. auf die Einbettung in die zu Grunde liegenden Geschäftsprozesse, wird an dieser Stelle nicht detaillierter eingegangen. Im Sinne der Dokumentation genügen hier die bereits vorhandenen Mittel existierender Standards wie zum Beispiel UML[14].

Verfahren zur Funktionsdokumentation

Im Folgenden ist der Weg zur Dokumentation und zur Strukturierung der Funktionen schrittweise beschrieben:

1. **Sammeln aller Funktionen**
   Im ersten Schritt werden alle unternehmensrelevanten Funktionen gesammelt. Man erhält einen hohen Vollständigkeitsgrad, wenn man sich an den Geschäftsprozessen orientiert. Betrachtet man das in Abschnitt 1.4 vorgestellte Telekommunikationsunternehmen, so ist ein Beispiel für einen Geschäftsprozess dort der Arbeitsablauf vom Beantragen eines Anschlusses durch den Kunden bis hin zum Freischalten in den Wirknetzen.
2. **Beschreiben der Funktionen**
   Neben den fachlichen Hintergründen müssen hier auch alle Restriktionen und Bedingungen dieser Funktionen aufgeführt werden, die ggf. Auswirkungen auf die Technik haben. Ein typisches Beispiel hierfür sind vertraglich zugesicherte Reaktionszeiten. An dieser Stelle erfolgen dann auch die Querverweise zu den Dokumentationen der Daten und Applikationen.
3. **Bilden von Funktionsgruppen**
   Im dritten Schritt werden dann die Funktionen gruppiert. Funktionen mit einer starken inhaltlichen Kohäsion werden in einer Funktionsgruppe gebündelt. Einen großen Einfluss hat hier die strategische und organisatorische Ausrichtung des Unternehmens. Auch kann die Situation eintreten, dass eine Funktion nicht eindeutig einer Funktionsgruppe zugeordnet werden kann. Ein klassisches Beispiel ist die Funktion *Ändern der Bankverbindung*. Im Sinne der Kundendaten kann sie der Funktionsgruppe der Kundenbetreuung

14 Gerade im Bereich der Prozessdokumentation existiert eine Vielzahl von Möglichkeiten, um alle erdenklichen Sichtweisen zu beschreiben. Als Beispiel seien hier das Aktivitätsdiagramm oder das Anwendungsfalldiagramm der Modellierungssprache UML genannt.

zugeordnet werden, fachlich benötigt wird sie allerdings im Bereich der Rechnungsstellung zum Beispiel bei einem Bankeinzug.

Man erkennt an der Bildung von Funktionsgruppen den Bezug zu den Applikationen. Auch in diesem Fall haben wir die Abgrenzung auf der Grundlage einer zu erledigenden Aufgabe vorgenommen. Somit entspricht im Idealfall eine Applikation der physischen Repräsentation einer Funktionsgruppe.

4. **Zusammenfassen der Funktionsgruppen zu Funktionsdomänen**
   In einer weiteren Strukturierungsebene werden einzelne, für ein Unternehmen inhaltlich zusammengehörige Funktionsgruppen zu so genannten Funktionsdomänen zusammengefasst. Auch hier ist die Ausrichtung des Unternehmens für diese Gruppierung maßgeblich. Diese Strukturierung findet sich typischerweise in der Organisation des Unternehmens wieder.

Das folgende Beispiel verdeutlicht dieses Vorgehen. Wir haben an dieser Stelle bewusst auf eine Beschreibung der einzelnen Funktionen verzichtet, da diese für das Verständnis nicht erforderlich sind.

Es wurden in einem Telekommunikationsunternehmen alle Funktionen dokumentiert. Das Ergebnis ist die folgende Liste[15]:

- Auftragserfassung
- Auftragsstatus abfragen (Ordertracking)
- Machbarkeitsprüfung
- Anschluss schalten
- Volumenorientiertes Rating
- Rufnummer portieren
- Zeitorientiertes Rating
- Änderung der Kundenadresse
- Rechnungserstellung
- Änderung der Bankverbindung
- Reklamationsbearbeitung
- Rechnungsexport
- Forderung an Debitor in Finanzbuchhaltung einstellen
- Bonitätsprüfung

15 Es handelt sich hier natürlich nur um einen kleinen Auszug der abzubildenden Funktionen.

- Anschluss sperren
- Netzelemente eingeben
- Auslastung überprüfen

Auf dieser Grundlage wurden im folgenden Schritt die einzelnen Funktionsgruppen gebildet:

- Kundenservice
- Netzwerkverwaltung
- Technisches Auftragsmanagement
- Rechnungsgenerierung
- Fachliches Auftragsmanagement
- Rating

In Abbildung 2.18 sehen Sie, wie die beschriebenen Funktionen in die einzelnen Funktionsgruppen eingeordnet wurden.

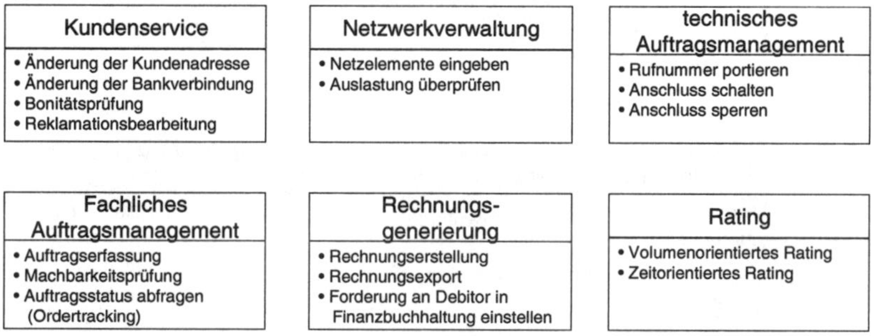

Abbildung 2.18 Zuordnung der Funktionen zu Funktionsgruppen

Die größte Schwierigkeit liegt sicherlich in der Bildung der einzelnen Funktionsgruppen und in der eindeutigen Zuordnung. Die Ursachen solcher Probleme findet man häufig in der Historie eines Unternehmens. Betrachten wir das folgende Beispiel: Ein Telekommunikationsunternehmen (Telco) entscheidet sich, sein Portfolio durch ein Webportal zu komplettieren. Im Laufe der Zeit soll den Kunden ermöglicht werden, diverse Dienste auch über dieses Portal einrichten und administrieren zu können. Damit die verantwortliche Abteilung für das Webportal auch in Zukunft lukrativ für das Unternehmen bleibt, überlegt man sich, auch kostenpflichtige Inhalte (zum Beispiel Musikstücke) über diesen Internetauftritt anzubieten. Die zentrale Frage in unserem Kontext ist nun, ob die Funktion der Rechnungsstellung für diese kostenpflichtigen Inhalte der Funktionsgruppe, die sich allgemein mit der

Rechnungserstellung beschäftigt, oder aber der Funktionsgruppe, in der das Webportal eingeordnet ist, zugeordnet wird. Diese Frage ist sicherlich nicht leicht zu beantworten und hängt stark von der Unternehmensausrichtung ab. Aber egal wie die Entscheidung ausfällt, sie hat weit reichende Auswirkungen auf die IT-Architektur.

Sind die Funktionsgruppen gebildet und die einzelnen Funktionen zugeordnet, werden im nächsten Schritt die Funktionsdomänen erzeugt. In unserem Beispiel haben wir die Funktionsdomänen *Kundenmanagement*, *Netzwerkmanagement* und *Billing*. Abbildung 2.19 zeigt die neue Struktur und Zuordnung der Funktionsgruppen. Man erkennt an diesem Beispiel sehr schön die Querverbindung zur Organisationsstruktur.

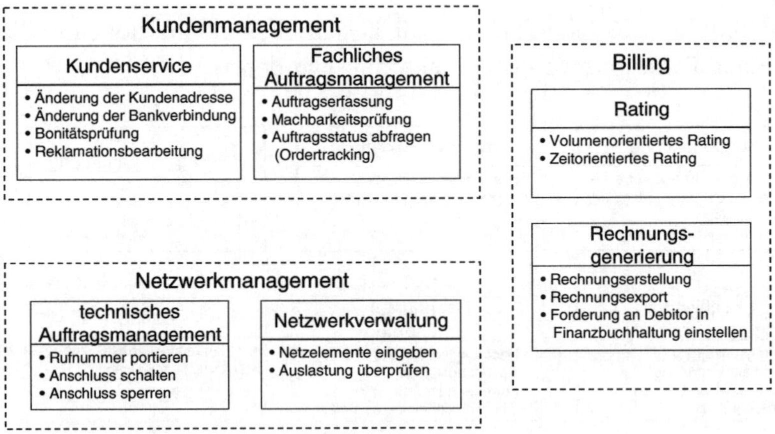

Abbildung 2.19 Funktionsdomänen mit den Funktionsgruppen

Natürlich wird sich in der Regel bei der Bildung der Funktionsdomänen die Organisationsstruktur bzw. eine ähnliche Konstellation herausbilden. Vielfach sind es die gewohnten Prozessabläufe, die einen unweigerlich zu ähnlichen Strukturen gelangen lassen. Dennoch sollten Sie sich die Zeit nehmen und von Grund auf neu beginnen. Tun Sie einfach so, als würden Sie diesen Teil des Unternehmens erneut planen. In der Praxis liefern solche Planspiele mitunter interessante Aspekte, die gut im Kontext einer Architekturvision bzw. Zielstruktur eingesetzt werden können.

Daten und ihre Dokumentation

Der Begriff der Daten wird von vielen sofort mit Technik assoziiert, und damit stellt sich unweigerlich die Frage, warum dieser Themenkomplex in diesem Kontext behandelt wird. Betrachten wir daher dieses Gebiet einmal von einer anderen Seite. Wenn Ihnen die Frage nach den eigentlichen Vermögenswerten bzw. Geschäftsobjekten gestellt wird, was antworten Sie dann? Typischerweise fallen dann Begriffe wie Kunde, Verträge, Produkte etc. Genau das aber sind Daten bzw. hängt integral mit Daten zusammen. Dass die Daten das wertvollste Gut eines Unternehmens darstellen, haben wir bereits in Abschnitt 1.3.5 erläutert. Die oben angesprochene Assoziation mit dem technischen Umfeld stellt nur einen kleinen Teil des Datenmanagements dar, dessen Problematik wir insbesondere in Bezug auf die Geschäftsprozesse und Unternehmensfunktionen beleuchten wollen.

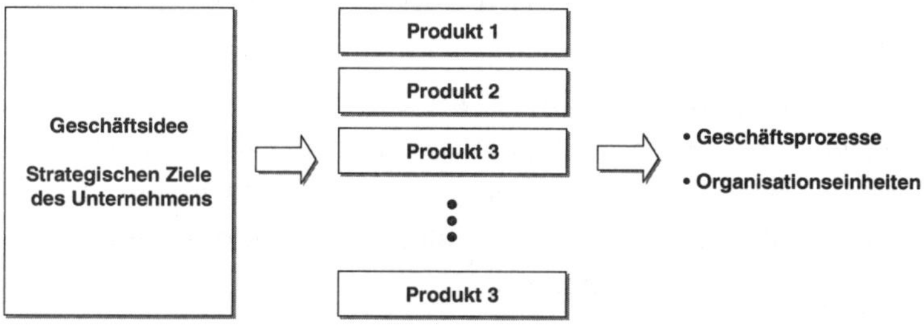

Abbildung 2.20 Abhängigkeiten im Unternehmen

Häufig werden Daten in der Konsequenz eines prozessorientierten oder organisationsform-orientierten Vorgehens behandelt. In Abbildung 2.20 ist diese Abhängigkeit veranschaulicht. Die strategische Ausrichtung eines Unternehmens bildet die Grundlage für die von ihm angebotenen Produkte. Daraus leiten sich dann in der Regel die Instrumentarien wie Geschäftsprozesse und Organisationsstruktur ab. Eine Organisationseinheit erhält die Verantwortung und Hoheit über bestimmte Prozesse bzw. Teilprozesse und verwaltet damit auch die in diesem Zusammenhang stehenden Daten. Ermutigt wird diese Vorgehensweise von den verschiedenen Systemanbietern, die typischerweise eine Komplettlösung inklusive proprietärer Datenhaltung zur Unterstützung eines Prozesses anbieten. Bei der Veränderung des Geschäfts eines Unternehmens (z.B. bei der Erweiterung um ein neues Produkt) findet das Datenmanagement kaum Berücksichtigung. Die einzigen Berührungspunkte sind produktübergreifende Prozesse wie zum Beispiel die Kundenbetreuung.

Die Gefahrenpotenziale werden an dem folgenden Bespiel klar. Betrachten wir wieder unser Telekommunikationsunternehmen. Im Zuge der steigenden Akzeptanz des Internets entscheidet sich unser Unternehmen, den Bereich Webauftritt profitabel zu gestalten, und bietet den Besuchern des Webportals kostenpflichtige Dienstleistungen und Produkte an. Entwickelt die hierfür verantwortliche Organisationseinheit eine entsprechende IT-Lösung, so wird sie (fehlendes unternehmensweites Datenmanagement vorausgesetzt) eine eigene Struktur für ihre Datensicht modellieren und umsetzen. Die Sicht auf die Interessenten und Kunden sowie auf bestehende Kaufverträge ist in dieser IT-Lösung nur von der Organisationseinheit für den Webauftritt geprägt. Nur die individuelle Kreativität der Verantwortlichen entscheidet darüber, ob Fremdinformationen genutzt (z.B. Informationen über das Zahlungsverhalten im Telefoniebereich) oder eigene Informationen (z.B. Kaufschwerpunkte des Kunden) verteilt werden. Zusammengefasst werden an diesem kleinen Beispiel die folgenden Schwachpunkte sichtbar:

Häufige Schwachpunkte beim Datenmanagement

- **Fehlende Unternehmenssicht auf die Daten**
  Wie die jeweiligen Daten modelliert werden, liegt allein in dem Verantwortungsbereich der einzelnen Organisationseinheiten. Damit hat das Geschäftsmodell des Unternehmens nur indirekte Auswirkungen auf das Datenmanagement.
- **Verteilte Daten**
  Dieser Punkt vereint mehrere Nachteile in sich. Zum einen werden gleichartige Daten fragmentiert verwaltet. Es ist damit schwierig, eine umfassende, unternehmensweite Sicht auf bestimmte Perspektiven der Daten zu erhalten. Zum anderen führt die Verteilung zu Redundanzen. Eine redundante Datenhaltung an sich kann durchaus sinnvoll sein. Sie birgt nur die Gefahr von inkonsistenten Informationen. Somit muss ein Problembewusstsein existieren und müssen daraus abgeleitet Lösungsszenarien etabliert werden.
- **Individuelle Qualität**
  Aus der verteilten Verantwortung für die Daten resultiert unmittelbar auch eine individuelle Ausprägung der Qualität der Daten und ihrer Verwaltung. Gerade bei Reorganisationen und Veränderungen entwickelt sich dieser Punkt zu einer schwierigen Aufgabe.

Allerdings zeigt das obige Beispiel andererseits auch den unschlagbaren Vorteil der Flexibilität, der durch eine dezentrale, lokal vorhandene Verantwortung für Datenobjekte existiert. Innovationen und neue Ideen können auf Grund der geringen Abhängigkeiten zu anderen Bereichen schnell realisiert werden.

Unternehmensweites Datenmodell

Ein vollständig anderer Ansatz, der in der Vergangenheit von einigen Unternehmen verfolgt wurde, ist der Ansatz des unternehmensweiten Datenmodells. Das Unternehmen definiert dafür seine Begriffswelt und die Semantik der Relationen. Bei neuen fachlichen Anforderungen werden die Auswirkungen auf das unternehmensweite Datenmodell geprüft und die notwendigen Änderungen vom Unternehmen beschlossen und umgesetzt. Diese Änderungen gelten dann für alle Bereiche im Unternehmen.

Gerade im Bereich der Banken hat man versucht, unternehmensübergreifende Daten- und Begriffsmodelle zu etablieren. Es gibt sogar Bestrebungen, dieses international auszuweiten. Allerdings hat sich dieses Vorhaben als nicht sehr erfolgreich herausgestellt. Insbesondere für die Anwender derartiger Modelle erweist sich die tägliche Arbeit als äußerst schwierig. Verwendete Begriffe stimmen häufig nicht mit denen im Datenmodell benutzten Namen überein, und individuelle Informationen lassen sich nur umständlich abbilden. Gerade bei Änderungen und Erweiterungen erweist sich ein unternehmensweiter Ansatz als träge. Mitunter eingesetzte Mechanismen zum Ablegen individueller Daten (beispielsweise über dynamische, frei definierbare Attribute) erhöhen zwar auf der einen Seite die Flexibilität, fördern andererseits die Undurchsichtigkeit und den Missbrauch. Um nämlich schnell eine Lösung zu erzeugen, werden unternehmensrelevante Informationen einfach in den frei definierbaren Attributen abgelegt.

Ziehen wir mit dem Fokus auf der IT-Architektur die Konsequenzen aus den Ausführungen in diesem Abschnitt, so kristallisieren sich die folgenden Aussagen heraus:

- Die Geschäftssicht auf die Daten ist essenziell für den Erfolg, da die Daten die Quelle für alle Informationen sind. Somit muss die Modellierung und Verwaltung der Daten auch auf Geschäftsebene erfolgen.
- Der Prozess der Modellierung und Verwaltung darf die Flexibilität und Innovationsumsetzung in einem Unternehmen nicht negativ beeinflussen oder hemmen.

Entity-Relationship-Modell

Zur Beschreibung der Daten eines Unternehmens verwenden wir das Entity-Relationship-Modell (kurz: ER-Modell). Es wurde 1976 von P. Chen zur Datenmodellierung entwickelt. Die Flexibilität dieses Modells zeigt sich darin, dass es auf jeder Abstraktionsebene im Unternehmen eingesetzt werden kann. Somit können wir es einfach für die Datenobjekte aus der Unternehmenssicht verwenden. Um die Notation so einfach wie möglich zu gestalten, gehen wir nur auf die wichtigsten Elemente ein.

Wie der Name schon sagt, stützt sich das ER-Modell auf zwei zentrale Begriffe:

- **Entität (engl. Entity)**
  Eine Entität stellt ein identifizierbares Objekt oder einen Sachverhalt dar, der durch einen Begriff benannt werden kann. Beispiele hierfür sind Kunde, Vertrag, Adresse.
- **Beziehung (engl. Relationship)**
  Durch Beziehungen werden Abhängigkeiten und Wechselwirkungen zwischen einzelnen Entitäten beschrieben.

In Abbildung 2.21 ist ein Beispiel für die grafische Notation dargestellt. Die Entitäten (hier Kunde, Vertrag, Adresse) werden als Rechtecke gezeichnet, die Darstellung der Beziehung erfolgt durch Linien. Man kann eine Beziehung fachlich durch einen Text an der Linie näher beschreiben. Die Zahlen an den Linienenden beschreiben, mit wie vielen Entitäten die Entität in Beziehung stehen kann. In dem in Abbildung 2.21 dargestellten Beispiel kann ein Kunde durchaus mehrere Verträge besitzen, ihm ist aber genau eine Adresse zugeordnet.

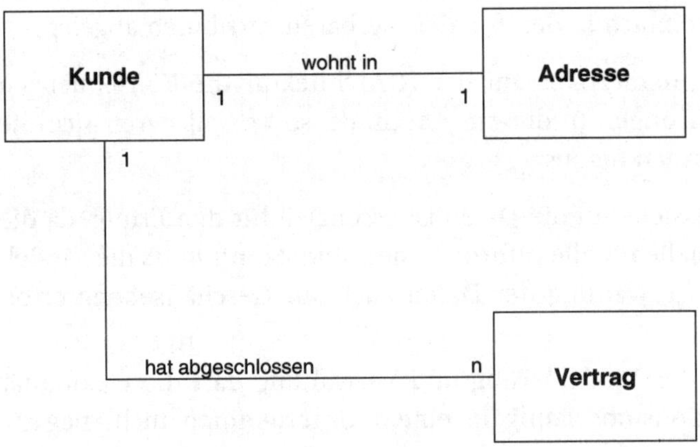

Abbildung 2.21 Beispiel für ein ER-Modell

Die Möglichkeiten, Strukturen und Abhängigkeiten mit einem ER-Modell zu beschreiben, sind weitaus komplexer, als wir es an dieser Stelle darstellen. Weiterführende Informationen finden Sie in der Literatur über Datenbankmodellierung. Für unsere Zwecke soll dieser kurze Überblick aber genügen.

Typen von Entitäten

Für die Dokumentation möchten wir noch zwei weitere Begriffe einführen. Wir unterscheiden zwei Varianten von Entitäten:

- **Geschäftsentitäten**
  Geschäftsentitäten umfassen Einheiten, die grundlegend für mehrere Prozesse sind. Die Menge der Geschäftsentitäten bildet die fachliche Basis für die einzelnen Prozesse und charakterisiert das Geschäft des Unternehmens.
- **Prozessentitäten**
  Prozessentitäten sind Objekte, die einzelnen Prozessen, Organisationseinheiten oder Produkten zugeordnet werden können. Sie sind weitestgehend unabhängig von anderen Bereichen und können somit auch separat behandelt werden.

An dieser Stelle möchten wir anmerken, dass diese Trennung unternehmensindividuell getroffen wird. Insbesondere bei den kritischen Entitäten müssen diese Entscheidungen genau geprüft und abgewogen werden.

Verstehen und Dokumentieren der Daten

Um nun die geschäftsrelevanten Entitäten zu ermitteln und zu klassifizieren, greifen wir auf die Funktionen im Unternehmen zurück. Der nachfolgend aufgeführte Ablauf zur Dokumentationserstellung hat sich als praktikabel erwiesen:

1. **Sammeln der Entitäten auf der Basis der Funktionsgruppen**
   Im ersten Schritt werden alle verwendeten Entitäten gesammelt und aufgelistet. Die Strukturierung und fachliche Grundlage bilden die vorher identifizierten Funktionsgruppen. Das heißt, für alle Funktionsgruppen werden die hierfür benötigten Entitäten erfasst. Dabei kann es durchaus zu ähnlichen Entitäten kommen. Beispielsweise benötigt sowohl die Kundenbetreuung als auch die Rechnungsstellung eine Entität Kunde.
2. **Gruppieren und Klassifizieren**
   Jetzt werden die Funktionsgruppen als Strukturierungsmerkmale entfernt und ähnliche Begriffe gruppiert. Das Ziel ist es, so genannte Datengruppen zu bilden, d.h. Gruppen von Entitäten, die als inhaltlich zusammengehörig bezeichnet werden können. Wichtig an die-

ser Stelle ist, dass die Gruppierung die oben beschriebene Unterscheidung von Entitäten widerspiegelt. Das heißt, jede Datengruppe enthält entweder Prozessentitäten oder Geschäftsentitäten.

Dieser Schritt erfordert mit Sicherheit einen hohen Diskussionsbedarf. Es müssen verschiedene Varianten durchgespielt werden, bis eine unternehmenskonforme Entitätenbildung und Gruppierung erreicht ist.

3. **Modellieren der Relationen**
   Im dritten Schritt werden die Beziehungen der Entitäten abgebildet. Es werden die einzelnen Verbindungen erfasst und mit Kardinalitäten und Bedeutungen versehen.

Das folgende Beispiel veranschaulicht das Vorgehen. Als Basis verwenden wir die Funktionsgruppen *Kundenservice*, *fachliches Auftragsmanagement*, *Rechnungsgenerierung* und *Rating* aus dem Beispiel des vorangegangenen Abschnitts. Abbildung 2.22 zeigt die ermittelten Entitäten.

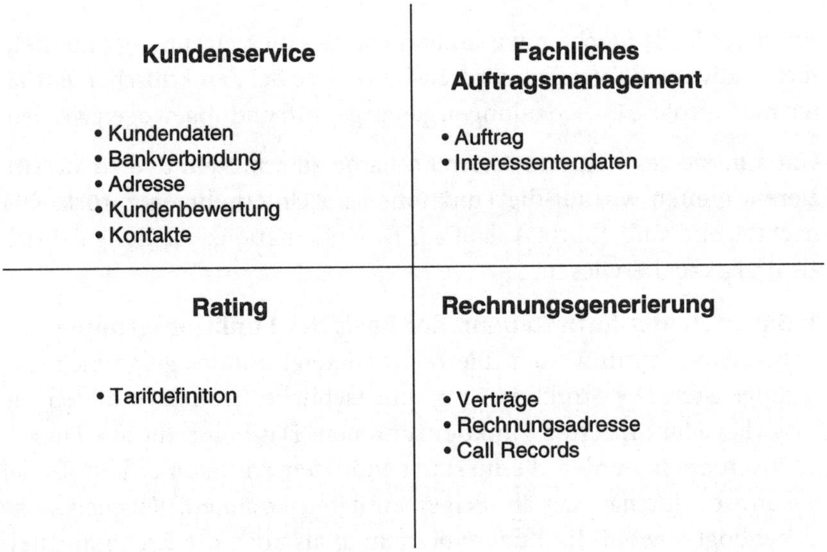

Abbildung 2.22 Beispiel für Entitätensammlung

Schon dieses doch sehr einfache Beispiel zeigt, dass die gefundenen Entitäten durchaus nicht überlappungsfrei sind.

Im jetzt folgenden Schritt werden die Überschriften verworfen und ähnliche Begriffe gruppiert. In Abbildung 2.23 ist das Ergebnis dargestellt. Jedes abgebildete Kästchen repräsentiert eine Entität. Die Überschrift in den Kästchen ist die endgültige Bezeichnung dieser Entität; darunter stehen die im ersten Schritt identifizierten Begriffe gemäß dieser Zuordnung. Die gewählte Gruppierung ist durch die gestrichelten Linien dargestellt. Die beiden unteren Gruppierungen lassen sich den entsprechenden Funktionsgruppen bzw. Funktionsdomänen zuordnen und stellen somit Prozessentitäten dar. Die in der oberen Gruppe befindlichen Entitäten sind prozessübergreifend. Diese Begriffe gelten unternehmensweit und gehören damit zu den Geschäftsentitäten.

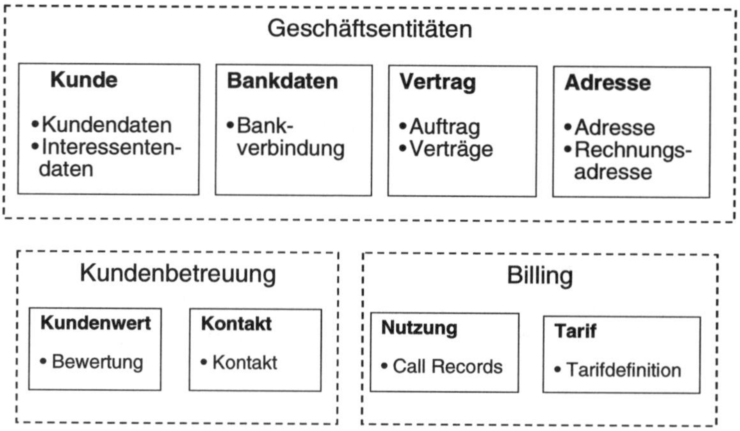

Abbildung 2.23 Gruppierung der Entitäten

Die Beziehungen zwischen den einzelnen Entitäten werden im letzten Schritt definiert. Für unser Beispiel ist die Erstellung der Assoziationen in Abbildung 2.24 dargestellt. Die Zuordnung ist dort nur exemplarisch gezeigt, dennoch erkennt man sehr gut, wie ein Unternehmen seine Geschäftsobjekte und die Beziehung zwischen diesen versteht. Selbst auf der im Beispiel genutzten Abstraktionsebene hilft es, die Auswirkungen von Änderungen an Geschäftsprozessen oder sogar bei Erweiterungen der Geschäftsfelder beurteilen zu können.

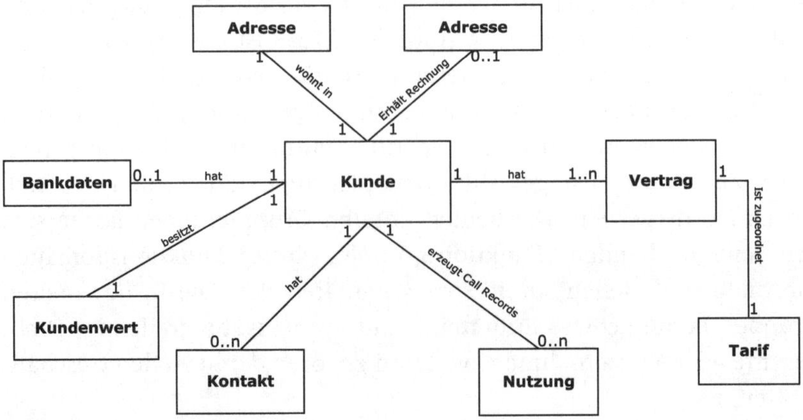

Abbildung 2.24 Beziehungen zwischen den Entitäten

2.5 Zusammenfassung

In den vorangegangenen Abschnitten haben wir ausführlich die Problematik des Verstehens einer IT-Architektur erläutert. Wir haben dabei zwei verschiedene methodische Ansätze (Top-Down-Methode und Bottom-Up-Methode) betrachtet und mussten jeweils feststellen, dass eine Methode allein nicht ausreicht, um ein umfassendes Verständnis zu entwickeln. Erst die Kombination, d.h. die Verknüpfung der jeweiligen Vorteile und Stärken, hat uns geholfen, ein konsistentes und vollständiges Gesamtbild zu formen.

Wenn man die IT-Architektur des eigenen Unternehmens erst einmal genau verstanden hat, kann man eine präzise, knappe und alle wesentlichen Aspekte beleuchtende Dokumentation schreiben – die wiederum das Fundament einer zielgerichteten, planmäßigen und soliden Weiterentwicklung der IT-Architektur bildet. Den letzten Abschnitt dieses Kapitels haben wir daher genutzt, um kurz mögliche Dokumentationsformen einzelner Dimensionen des Unternehmensökosystems IT-Architektur zu schildern. Die Hauptschwierigkeit stellte dabei weder der Inhalt (was muss in einer Dokumentation enthalten sein?) noch die Struktur (wie ist die Dokumentation aufbereitet?) oder die Qualität (Korrektheit, Homogenität, Vollständigkeit etc.) dar, sondern ist im Umfang und in den gewählten Schwerpunkten sowie in der Aktualität begründet. Weiter oben hatten wir für die erstgenannte Problematik das Stichwort *Überdokumentation* verwendet. Von daher möchten wir in dieser Zusammenfassung erneut auf eine der Kernaussagen hinweisen, nämlich dass Dokumentationen niemals zum Selbstzweck erstellt werden sollten. Die Zielgruppe ist immer der Leser! Das heißt, Inhalt, Umfang, Niveau, Qualität, Ausrichtung etc. müssen auf ihn ausgerichtet werden und dürfen niemals am Schreiber orientiert sein– ein Grundsatz, der in der Praxis leider viel zu selten beachtet und befolgt wird. Die Verantwortung hierfür liegt selbstverständlich beim Schreiber. Gleiches gilt auch für das Sicherstellen der Aktualität. Insbesondere bei Weiterentwicklungen gilt es, die zugehörigen Dokumentationen entsprechend anzupassen. In den kommenden Kapiteln werden wir nur selten explizit auf die Thematik der Dokumentation eingehen, sondern setzen einen begleitenden Dokumentationsprozess voraus.

3 IT-Architekturen bewerten

1 Herausforderung IT-Architektur

2 IT-Architekturen verstehen und dokumentieren

3 IT-Architekturen bewerten

4 IT-Architektur im Kontext der Unternehmensorganisation

5 Der IT-Architekt

6 Management von IT-Architekturen

7 Der IT-Architektur-Guide

3 IT-Architekturen bewerten

»Irrtümer entspringen nicht allein daher, weil man gewisse Dinge nicht weiß, sondern weil man sich zu urteilen unternimmt, obgleich man doch nicht alles weiß, was dazu erfordert wird.«
Immanuel Kant (1724–1804), deutscher Philosoph

3

3.1 Methoden der Analyse und Prognose

Herausforderungen für die IT-Architektur

Die Herausforderung für die IT-Architektur eines Unternehmens ist die optimale Unterstützung aller Unternehmensaktivitäten, die auf aktuelle und potentielle Märkte ausgerichtet sind.

Lassen wir diese Aussage ein paar Minuten auf uns wirken. Der Anspruch, der daraus erwächst, ist nämlich alles andere als trivial. Als Erstes ist die starke Anlehnung an die Strategie des Unternehmens zu nennen. Allein daraus entsteht schon die Forderung nach kurz-, mittel- und langfristigen Konzepten für eine bestmögliche, nahezu ausgereifte Dienstleistung im Sektor IT. Und das bedeutet letztendlich, dass die primären und sekundären Wertschöpfungsketten einen hohen Grad an Automatisierung aufweisen müssen. Hierdurch wird wiederum eine hohe fachliche und technische Qualität der Geschäftsprozessunterstützung mit geringstmöglichen notwendigen Eingriffen durch Mitarbeiter vorausgesetzt.

Eines wird hierdurch offensichtlich: Um den an die IT-Architektur implizit gestellten Auftrag erfüllen zu können, muss eine Reihe von Kernfragen geklärt werden. Abbildung 3.1 zeigt die Phasen eines Vorgehensmodells, in die sich die einzelnen Problemstellungen einbetten lassen. Exemplarisch hierfür sind die nachfolgend aufgeführten Fragen:

- **Situationsanalyse**
  Wo steht die IT-Architektur aktuell?
- **Risikoanalyse**
  Was gefährdet das Geschäft oder kann es potenziell gefährden?
- **Wettbewerbsanalyse**
  Was gestalten Mitbewerber in ihrer IT-Architektur anders?
- **Schwachpunktanalyse**
  Wo liegen Verbesserungspotenziale?

- **Maßnahmen**
  Wie wird das definierte Ziel erreicht?
- **Vorgehensweise**
  Was sind die Erfolg versprechenden Wege?
- **Erfolgskontrolle**
  - Kommt man dem Ziel wie geplant näher?
  - Ist das gewählte Lösungsszenario der richtige Weg?

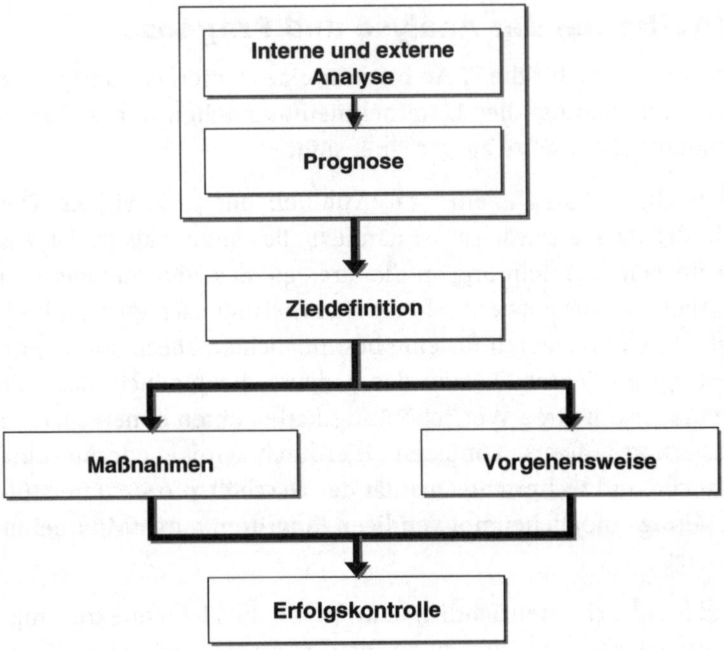

Abbildung 3.1 Für Kernfrage relevante Phasen

Diese Fragen zeigen eines sehr deutlich auf: Die IT-Architektur eines Unternehmens muss aufbauend auf dem Markt und der Geschäftsfeldabgrenzung entwickelt und positioniert werden. Erst durch die Ergebnisse einer fortwährenden Analysephase können Prognosen gestellt und daraus abgeleitet Ziele und Maßnahmen durchgesetzt werden. Somit gewinnt die Analyse der internen und externen Einflussfaktoren, die die Entwicklung des Unternehmens und damit auch die Ausrichtung der IT-Architektur beeinflussen, stark an Bedeutung.

Für die strategische Planung von Unternehmen existiert eine Reihe von Analysetools und anderer geeigneter Instrumente, die sich relativ einfach auf den Bereich der IT-Architektur herunterbrechen lassen. Während wir in Abschnitt 4.5 die *Balanced Scorecard* (BSC) zur Umsetzung einer Architekturstrategie vorstellen, erläutern wir im vorliegenden Abschnitt das Konzept der *Portfolio-Analyse*. Zum einen gelingt für die bekannten Portfolio-Analysen die inhaltliche Abbildung der bei ihnen genutzten Dimensionen so, dass sich die Interpretationen auf das Umfeld der IT-Architekturen übertragen lassen; zum anderen nutzen wir die reine Technik der Gruppierung in Matrizen häufiger an späterer Stelle, so dass diese Basisinformationen als Grundverständnis sinnvoll sind. Darüber hinaus können die hier gewonnenen Erkenntnisse als Grundlage für die Definition einer Balanced Scorecard dienen. Die Portfolio-Analyse wird für die strategische Planung eingesetzt, die BSC für die Realisierung der Strategie.

Werkzeuge zur strategischen Planung und Umsetzung

3.1.1 Portfolio-Analysen

Ursprünglich stammt die Methode der Portfolio-Analyse aus dem Finanz-Management, Sie diente dort dazu, Wertpapiere derart zu mischen, dass ein bestimmter Ertrag mit minimalem Risiko bzw. ein bestimmtes Risiko mit maximalem Ertrag verbunden ist. Später wurde dieser Ansatz als strategisches Planungsinstrument auch für andere Geschäftsfelder übernommen.

Das Ziel ist es, einzelne, vergleichbare Geschäftseinheiten durch zwei Dimensionen in einer Matrix darzustellen. Eine Dimension bildet dabei die externen Erfolgsfaktoren ab, die andere die internen, d.h. durch das Unternehmen beeinflussbaren Faktoren. Das Vorgehen ist sehr eingängig und auch für komplexe Sachverhalte problemlos nutzbar:

1. Abgrenzung der entsprechenden Geschäftseinheit
2. Definition der Portfolio-Dimensionen
3. Positionierung der Geschäftseinheiten innerhalb der zweidimensionalen Matrix

Man erhält so eine einfach handhabbare und anschauliche Darstellung, allerdings mit einem Informationsverlust durch die starke Verdichtung auf die konkreten Faktoren.

In den folgenden Abschnitten gehen wir konkret auf zwei in der Literatur bekannte Portfolio-Analysen ein, übertragen diese bei der Beschreibung aber schon auf das Umfeld der IT-Architektur:

- Wachstums-/Marktanteils-Portfolio
- Marktattraktivitäts-Wettbewerbs-Portfolio

Wachstums-/Marktanteils-Analyse

BCG-Matrix

Die Wachstums-/Marktanteils-Matrix ist wohl die bekannteste Portfolio-Analyse. Entwickelt wurde dieses Portfolio von der Boston Consulting Group in den sechziger Jahren. Daher wird diese Matrix in der Literatur auch häufig als BCG-Matrix bezeichnet. Es wird bei den unternehmensinternen und -externen Dimensionen auf nur jeweils einen Erfolgsfaktor zurückgegriffen. Die Kategorisierung erfolgt auf der Grundlage einer 2x2-Matrix.

Der Transfer auf das Feld der IT-Architektur kann anhand von Bestandteilen bzw. Kombinationen von Bestandteilen vorgenommen werden. Vorstellbar sind beispielsweise Applikationen, Organisationseinheiten oder funktionale Gruppen wie beispielsweise Prozesse.

- **Marktanteil**
  Diese Dimension kann auf den jeweiligen Anteil an der IT-Architektur abgebildet werden. Beispielgrößen sind Bedeutung, Ressourcenbedarf, Budget, Kosten etc.
- **Marktwachstum**
  Der Markt wird an dieser Stelle durch die Entwicklung und Ausrichtung des Unternehmens gekennzeichnet. Unterstützt der betrachtete Teil der IT-Architektur beispielsweise Aktivitäten des Unternehmens, die auf zukünftige Märkte ausgerichtet sind, dann wächst damit unmittelbar auch der Markt für diesen Teil der IT-Architektur.

In Abbildung 3.2 ist die Vier-Feld-Matrix dieser Analyse abgebildet. Dabei haben wir die Bezeichnungen der Felder aus dem Bereich der strategischen Planung übernommen. Die Pfeile stellen den (idealen) Lebenszyklus der betrachteten Geschäftseinheit dar: beginnend mit der Einführung, über das Wachstum und die Reife bis hin zur Sättigung und zum Abbau.

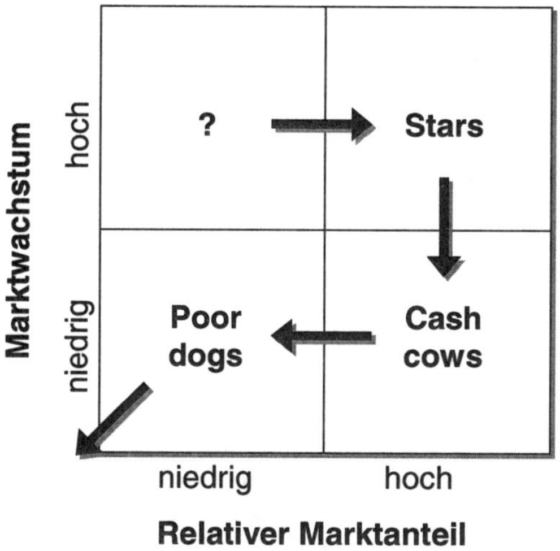

Abbildung 3.2 BCG-Matrix

Der Vorteil dieser Darstellung ist ihre hohe Anschaulichkeit. Die Verteilung einzelner Einheiten ist auf einen Blick erkennbar. Insbesondere kann die Konformität zur Unternehmensstrategie schnell verifiziert werden. Wird beispielsweise ein neues Marktsegment aufgebaut, fehlen aber zugehörige Applikationen im Feld »?« oder werden bestimmte Marktaktivitäten stark reduziert, obwohl nach wie vor viel Geld in die hierfür benötigten Applikationen fließt, sind diese Missstände unmittelbar abzulesen. Genauso werden Schwachpunkte und Missstände deutlich hervorgehoben. Einheiten mit einem hohen Markanteil bei niedrigem Marktwachstum bzw. mit einem niedrigen Markanteil bei hohem Marktwachstum sollten in jedem Fall dahingehend überprüft werden, ob sich ihre zukünftigen Entwicklungen im Sinne des Unternehmens (durch die Pfeile in Abbildung 3.2 dargestellt) verhalten.

Dennoch unterliegt – und dieser Punkt ist nicht zu unterschätzen – diese Matrix durch die Reduktion auf vier Schwerpunkte einer hohen Verdichtung und einem damit verbundenen starken Informationsverlust. Durch sie werden lediglich Indikatoren für Risikopunkte und potenzielle Maßnahmen geliefert. Konkrete Schritte können in der Regel erst im Anschluss an eine Detailanalyse geplant und initiiert werden.

Wettbewerbsvorteils-Marktattraktivitätsanalyse

Dieses Analyse-Instrument wurde von McKinsey entwickelt und stellt im Gegensatz zur BCG-Matrix ein Multifaktoren-Portfolio dar. Das

McKinsey-Matrix

heißt, eine Vielzahl von qualitativen und quantitativen Erfolgsfaktoren wird zu den betrachteten Dimensionen *relative Wettbewerbsvorteile* und *Marktattraktivität* verdichtet. Vorstellen kann man es sich wie folgt: Im ersten Schritt wird die Menge der bewertbaren Faktoren gesammelt und das jeweilige Maß definiert. Bei den Faktoren kann es sich durchaus auch um qualitative Faktoren handeln. Anschließend wird über eine Berechnungsvorschrift (z.B. gewichteter Mittelwert oder Scoring-Algorithmen) der Ergebniswert kalkuliert. Im Unterschied zur BCG-Matrix wird als Darstellungsform eine 3x3-Matrix eingesetzt. Hierdurch wird eine feinere Granularität erreicht.

Gefahr der selbsterfüllenden Prophezeiung

Ein wesentlicher Vorteil liegt in der Berücksichtigung auch qualitativer Faktoren, wodurch ein wesentlich breiteres Spektrum an zu bewertenden Eigenschaften in Betracht gezogen wird. Allerdings sollte fairerweise gesagt werden, dass es an dieser Stelle jedoch durch die subjektive Betrachtung dieser Faktoren zu Verwässerungen der Aussagen kommen kann. Menschen neigen häufig dazu, subjektive Bewertungen im Sinne des von ihnen bevorzugten Ergebnisses vorzunehmen[1]. Erschwerend findet man häufig den Effekt des »Klumpens« in der Mitte der Matrix. Positive und negative Scoring-Werte nivellieren sich zu einem Durchschnittswert.

Auch in diesem Fall lässt sich dieses Analyse-Instrument auf die Problematik der IT-Architektur übertragen. Die beiden Portfolio-Dimensionen lassen sich wie folgt abbilden:

- **Marktattraktivität**
  Dieser externe Einflussfaktor bewertet Eigenschaften wie Marktrisiko, Marktwachstum, Nachfrage etc. Damit gilt: Je höher die Attraktivität der von der bewerteten IT-Architektur-Komponente unterstützten Geschäftseinheit ist, umso höher ist auch die Attraktivität dieser Komponente selbst. Stellen Sie sich vor, dass die Bestellhäufigkeit für ein Produkt stetig wächst. Dieses Wachstum wirkt sich dann auch unmittelbar auf die verarbeitenden Applikationen aus. Als wichtigesBewertungskriterium für die IT-Architektur sollte zusätzlich der Punkt der Strategiekonformität einfließen – ein Faktum, auf dessen Bedeutung schon zu Beginn des Abschnitts eingegangen wurde.

1 Dieses Phänomen wird als *selbsterfüllende Prophezeiung* bezeichnet.

- **Relativer Wettbewerbsvorteil**
  Unter den relativen Wettbewerbsvorteilen werden die Erfolgsfaktoren subsummiert, die das Erfolgspotenzial der betrachteten IT-Architekturkomponente bestimmen, jedoch von den Verantwortlichen direkt beeinflusst werden können. Typische Kriterien für diese Dimension sind Werte wie technische und fachliche Qualität, Güte von organisatorischen Arbeitsabläufen etc.

Ein Beispiel für die Neun-Felder-Matrix finden Sie in Abbildung 3.3. Die Implikationen für die strategischen Entscheidungen hängen von dem jeweiligen Feld ab – man kann durch Gruppierung ähnlicher Felder drei strategische Varianten unterscheiden:

- **Felder mit der Bezeichnung A**
  In Komponenten der IT-Architektur, die sich in diesen Feldern befinden, sollte auf alle Fälle investiert werden. Sowohl die Attraktivität als auch die Wettbewerbsstärke ist überdurchschnittlich hoch. Stellen Sie sich als Repräsentanten dieser Kategorie beispielsweise strategiekonforme, qualitativ hochwertige Applikationen mit starkem wirtschaftlichem Hebel vor.
- **Felder mit der Bezeichnung B**
  Hier ist eine selektive Entscheidung erforderlich, da maximal eine Portfolio-Dimension stark ausgeprägt ist. Ob es sinnvoll ist, in den Ausgleich der Defizite zu investieren oder aber eine Konsolidierung zu verfolgen, hängt von der jeweiligen Situation und der strategischen Ausrichtung des Unternehmens ab.
- **Felder mit der Bezeichnung C**
  Diese Felder enthalten keine strategisch relevanten Komponenten der IT-Architektur. Damit wird hierfür eine sehr begrenzte Investitionspolitik verfolgt, die nur die maximale Abschöpfung zum Ziel haben kann.

Die Unterscheidung der strategischen Varianten ist auf einer Kategorisierung der neun Felder vorgenommen worden. Ein eindeutiger Nachteil dieser Einteilung ist die hohe Sensibilität gegenüber Veränderungen in der Bewertung oder subjektiven Einflussfaktoren. Betrachten Sie das Bewertungsobjekt, das in der Abbildung mit einem Fragezeichen gekennzeichnet ist. Eine leichte Reduktion der Bewertung der Marktattraktivität lässt es in die Bedeutungslosigkeit abrutschen, wohingegen eine positive Sicht auf den relativen Wettbewerbsvorteil es sofort in den Status einer strategischen Komponente hebt. Als Variante empfiehlt sich eine Gruppierung gemäß der Streifen, die in Abbildung 3.3 durch gestrichelte Linien begrenzt sind.

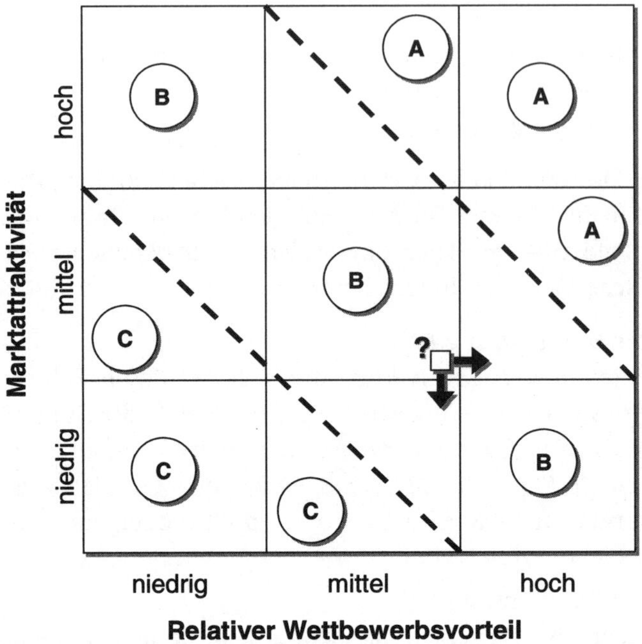

Abbildung 3.3 McKinsey-Matrix

3.2 Methoden der Wertbestimmung

Nachdem wir im vorangegangenen Abschnitt die Analysemethode mittels Portfolio-Werkzeugen vorgestellt haben, ergibt sich für das praktische Leben die Frage: Wie misst und bewertet man die Eigenschaften einer IT-Architektur?

Kennzahlen für jede Lebenslage?

Stellen Sie sich dazu vor, Ihr Chef steht vor Ihnen und möchte wissen, ob die IT-Architektur im Unternehmen der Dynamik des Marktes angepasst ist. Am liebsten wären ihm zwei oder drei Kennzahlen, an denen er sofort diese Eigenschaften ablesen kann und die er als Argumentationshilfe in der nächsten Strategiesitzung benutzen kann. Diese Forderung ruft vermutlich erst einmal Sprach- und Ratlosigkeit hervor, denn Kennzahlen für jede Lebenslage zu produzieren kann ja nicht Ihre Hauptaufgabe sein. Natürlich werden Sie Ihren Fundus an Kennzahlen nicht auf jeden »Angriff« aus den oberen Etagen ausrichten können, zumal die Gründe für solche Anfragen »von oben« häufig unklar bleiben, aber der grundsätzliche Ansatz, die IT-Architektur über ein Instrument wie Kennzahlen zu messen, zu bewerten und zu steuern, ist sicherlich nicht von der Hand zu weisen. Eine Steuerung und Strategieumsetzung kann nicht erfolgreich sein, wenn keine Kennzahlen vorhanden sind, mit denen sich arbeiten lässt.

3.2.1 Messen als Mittel zur Steuerung

Gern zitierte Aussagen wie »Messen heißt wissen« oder »Man kann nicht steuern, was man nicht messen kann« zeigen, dass Messungen notwendig sind, um Eigenschaften von IT-Architekturen zu erkennen. Messungen sind allerdings kein Selbstzweck, sondern müssen als elementarer Bestandteil eines allgemeinen Regelkreises angewendet werden. In Abbildung 3.4 ist die Steuerung über einen solchen Regelkreis visualisiert. Unten rechts ist die Tätigkeit des Messens dargestellt. Zu bewertende Eigenschaften werden entsprechend der anzuwendenden Metriken evaluiert und in Zahlen gepackt. Diese Messergebnisse werden in einem anschließenden Arbeitsschritt konsolidiert und bewertet. Auf der Grundlage dieser Bewertung können dann alle notwendigen Maßnahmen ergriffen werden, um die Eigenschaften der IT-Architektur zu optimieren. Sind die richtigen Maßnahmen ergriffen worden, so spiegelt sich das in einer Verbesserung des Messergebnisses wider.

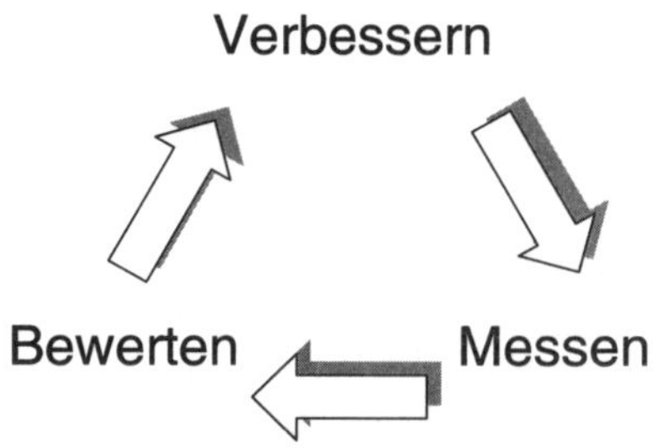

Abbildung 3.4 Regelkreis des Messens

Gerade die Maßnahmen im Optimierungsschritt müssen Sie sorgfältig auswählen. Das Prinzip von Ursache und Wirkung spielt in diesem Zusammenhang eine essenzielle Rolle. Das Ziel der vorangehenden Bewertungsphase muss es sein zu bestimmen, wo Optimierungspotenziale schlummern. Das eigentliche Messergebnis nimmt in diesem Zusammenhang nur die Rolle des Indikators wahr. Stellen Sie sich ein Callcenter vor, das E-Mails von Kunden bearbeitet. Eine klassische Kennzahl in diesem Bereich ist die Anzahl bearbeiteter E-Mails pro Callcenter-Mitarbeiter. Dieser Wert ist geradezu prädestiniert, die Effizienz des Callcenters zu messen, und bietet einen einfachen Ansatz für kostensenkende Maßnahmen. Je höher der durchschnittliche Durchsatz an bearbeiteten E-Mails ist, umso weniger Personal wird benötigt. Doch ob der Wert von 10 E-Mails pro Stunde gut oder schlecht ist, ist schwierig zu beantworten und muss im Einzelfall entschieden werden. Und diagnostiziert man die Steigerungsfähigkeit dieser Kenngröße, so stellt sich die Frage nach den Ursachen für den vermeintlich schlechten Wert. Diese können im vorliegenden Beispiel unmotivierte oder schlecht geschulte Mitarbeiter, eine verbesserungswürdige Organisation und Prozesse, eine fehlende Unterstützung durch die IT-Systeme etc. sein. Erst wenn man die einzelnen Gründe kennt, können die durchzuführenden Maßnahmen festgelegt werden. Auch muss man lokale Verbesserungen, d.h. einzelne Korrekturen an Kennzahlen, vermeiden, wenn sie nicht dem Kontext des Unternehmens entsprechen bzw. nicht zur Gesamtoptimierung beitragen. Den Mitarbeiter anzuhalten, jede E-Mail in maximal drei Minuten zu beantworten, führt zwar zu einer Verbesserung des Durchsatzes – ob diese Maßnahme mittelfristig der Kundenzufriedenheit dient, ist fraglich. In Abschnitt 4.5 wird ausgiebig über Instrumentarien mit sich bedingenden Kennzahlen diskutiert. Dort finden Sie auch Methoden und Verfahren, um Kennzahlen im Kontext der Unternehmensstrategie bzw. der daraus abgeleiteten Strategie über die IT-Architektur zu überwachen und zu steuern.

Allheilmittel Messen?

Messen ist nur ein Teil des Regelkreises

Gerade die Komplexität und der Aufbau der Kennzahlenstruktur ist ein Aspekt, den Sie im Vorfeld genau untersuchen müssen. Steuerungsprozesse über Messungen funktionieren nur mit dem Wissen über diesem Hintergrund. Ein lokales Eingreifen in die IT-Architektur, ohne die globalen Auswirkungen zu verstehen, wird zwangsläufig zu einem Chaos führen. Auch muss man sich im Klaren darüber sein, dass Messungen allenfalls den zweiten Schritt bei der Entwicklung bzw. Pflege einer IT-Architektur bilden und kein Ersatz für eine fehlende Prozessmethodik bzw. eine fehlende Prozess- und Applikationsanalyse darstellen. Der Regelkreis der Messung muss als nachgeschaltete Methode zur Steuerung verstanden werden.

Messen bedeutet stören

Eine weitere, schwer zu steuernde Einflussgröße beim Messen stellt der Faktor Mensch dar. Wir beziehen uns bei dieser Aussage weniger auf den Messenden als auf den Gemessenen. »Messen bedeutet stören«, eine Aussage, die eigentlich durch die Quantenphysik und den Physiker Werner Heisenberg geprägt wurde, weist auf den schwelenden Interessenskonflikt hin. Auch der Gemessene wird den Vorgang des Messens immer als Vorbote für eine nachgeschaltete Optimierung und Effizienzsteigerung verstehen, und damit seine Einflussmöglichkeiten so nutzen, dass für ihn selbst keine negativen Konsequenzen zu befürchten sind. Versetzen wir uns einmal in die Lage zweier Abteilungsleiter von unserem Telko. Herr Müller verantwortet das Internetportal für Großkunden, eine umfangreiche Webplattform, um eine individuelle und hochwertige Betreuung auch über das Internet garantieren zu können. Das Projekt für die Administrationsmöglichkeiten des Massenmarktes über das Internet, d.h. die Privatkunden, werden durch Frau Schmitz betreut. Sie liefert den Kunden immer neue Möglichkeiten, Vertragseinstellungen, Änderungen usw. online sofort durchführen zu können. In Folge des aktuellen Geschäftsbeschlusses »Kosten senken und Effizienz steigern« werden nun regelmäßig folgende Kennzahlen von Herrn Müller und Frau Schmitz eingefordert:

- Durchschnittliche Anzahl der Webzugriffe pro Tag sowie Verweildauer
- Durchschnittliche Anzahl der Geschäftsvorfälle, die durch den Internetbesuch initiiert wurden
- Prozentualer Anteil der Internet-Nutzer, bezogen auf das jeweilige Kundensegment
- Monatliche Kosten (Entwicklung und Betrieb) und Anzahl der zur Weiterentwicklung eingesetzten Mitarbeiter
- Menge der zu nutzenden Funktionalitäten
- Skalierbarkeit des Systems, d.h. Anzahl der möglichen Benutzer, die das Internetportal gleichzeitig verwenden können

Sie können sich sicher vorstellen, was nach dem Geschäftsbeschluss und wegen der eingeforderten Kennzahlen in beiden Abteilungen geschieht. Letztendlich messen gerade diese Kennzahlen die Kosten, den Nutzen und die Möglichkeit der Skalierbarkeit der einzelnen Internetportale. Und getreu dem Motto »Traue keiner Statistik, die du nicht selbst gefälscht hast« liegt es auf der Hand, dass einzelne Kenngrößen sehr wohlwollend ausgelegt werden.

Unterlaufbare Metriken

Wir möchten an dieser Stelle weder den bösen Willen einzelner Verantwortungsträger prognostizieren noch den Sinn von Messungen und Kennzahlen in Frage stellen. Doch jeder, der Zahlen und Werte einfordert, muss sich der Tatsache bewusst sein, dass er subjektiv eingefärbte Ergebnisse[2] erhalten wird. Kennzahlen stellen eine Sicht auf die Lei-

2 In der Messtheorie spricht man in diesem Fall von *unterlaufbaren Metriken*. Man kann nur dann von brauchbaren Ergebnissen ausgehen, wenn der Gemessene kooperiert oder nichts von der Messung weiß.

stungsfähigkeit einzelner Personen bzw. Organisationseinheiten dar, und da ist es ein natürliches Bestreben, sich von seiner guten Seite zu präsentieren.

3.2.2 Metriken

Metriken für IT-Architekturen lassen sich unmittelbar aus den Ansätzen der Messungen in der IT-Architektur ableiten und dienen letztendlich zur Quantifizierung der Ziele, die den Messungen und anschließenden Bewertungen zugrunde liegen. Auf die Ist-Situation einer IT-Architektur projiziert, wird eine Metrik als zahlenmäßige Abbildung einer bestimmten Eigenschaft betrachtet. Damit bietet sich dem Nutzer von Metriken eine einfache Möglichkeit, Eigenschaften vergleichbar zu dokumentieren und in der Konsequenz auch Veränderungen zu beschreiben, zu bewerten und zu klassifizieren.

Klassifizierung der Messergebnisse

Ein einfaches Beispiel für eine Metrik bei einer Applikation ist das Lines-of-Code-Maß, d.h. die Anzahl der Zeilen, aus denen der Quellcode des Programms besteht. Die Problematik bei dieser Art von Abbildung ist die Interpretation der genauen Zahl. Wie bewertet man den Unterschied von zwei Zeilen Quellcode bei zwei Programmen mit einer sechsstelligen Anzahl von Zeilen? Um sich nicht in Detailinformationen zu verlieren, bedient man sich definierter Klassen, die eine Menge möglicher Ergebnisse in Gruppen zusammenfassen. In dem obigen Beispiel sind z.B. die Klassen »< 10.000 Zeilen«, »10.000–99.999 Zeilen«, »100.000–499.999 Zeilen« und »>= 500.000 Zeilen« denkbar. Bildet man diese Klassen entsprechend der Ordnung auf die Ordinalzahlen ab, erhält man wieder die Vergleichbarkeit, nur auf einem etwas gröberen Niveau. Das heißt, ein Programm mit 15.000 Zeilen Quellcode erhält den Wert 2, ein Programm mit 200.000 Zeile Quellcode den Wert 3. Natürlich ist diese Art von Klassifizierung mit einem Informationsverlust verbunden; man erkauft sich dadurch aber den Vorteil der Handhabbarkeit.

Metrik als Sicht auf die Architektur

Bei der Beschreibung von IT-Architekturen haben wir uns in den vorherigen Abschnitten diverser Darstellungsformen bedient. Wir möchten an dieser Stelle den Begriff der Sicht noch einmal aufgreifen, um die Thematik der Metriken konsistent in den Gesamtkontext der Beschreibung von IT-Architekturen einzuordnen. Eine Sicht – und als nichts anderes sind die verschiedenen Darstellungsformen der IT-Architektur zu verstehen – beschreibt die Darstellung eines Systems hinsichtlich einer Menge verwandter Fragen. Bündelt man nun die Menge aller durch Sichten erfassten Informationen, so erhält man dic

Beschreibung der IT-Architektur. Auf der anderen Seite erweisen sich Metriken als Sonderformen von Sichten, indem die Beschreibung durch Zahlen erfolgt und damit die Vergleichbarkeit erlaubt. Bezogen auf die Dokumentation der IT-Architektur repräsentieren Metriken bestimmte Teilaspekte, ordnen sich also in die sonstigen Sichten gleichberechtigt ein.

3

Ziele von Metriken

Gerade weil praktisch alles messbar ist, muss man sich zu Beginn fragen, welches Ziel man damit erreichen will. Was gilt es denn eigentlich bei der eigenen IT-Architektur zu verbessern? Erst wenn diese Frage beantwortet ist, können adäquate Metriken definiert werden, die es erlauben, den Bestand zu analysieren und zu bewerten. Auf Metriken bezogen, lassen sich drei Zielkategorien ermitteln:

- **Leistung der IT-Architektur**
  Die Inhalte dieser Kategorie sind die durch die IT-Architektur abgebildeten bzw. unterstützten Geschäftsprozesse. Eine IT-Architektur ist kein Selbstzweck, sondern wird vielmehr als Arbeitsmittel eingesetzt. Damit ist die Frage zu beantworten, inwieweit die IT-Architektur für die im Unternehmen existierenden Probleme anwendbar ist.
- **Umfang und Komplexität der IT-Architektur**
  IT-Architekturen mit gleichem Leistungsumfang können durchaus in ihrem Umfang und in ihrer Komplexität differieren. Das zeigt sich nicht nur daran, wie einfach sich der Umgang mit der Applikation lernen lässt, sondern hat auch Auswirkungen auf die Wartbarkeit. Auch steht der Komplexitätsgrad in unmittelbarem Zusammenhang mit den Kosten einer IT-Architektur.
- **Qualität der IT-Architektur**
  Attribute der Qualität findet man sowohl in fachlichen, technischen, organisatorischen als auch in wirtschaftlichen Bereichen. Die Zielgröße wird stark sowohl von dem Geschäftsmodell als auch von der persönlichen Einstellung beeinflusst. Unserer Erfahrung nach herrscht häufig eine enorme Diskrepanz zwischen Qualitätsanspruch und gebotener Qualität, und zwar sowohl in die eine als auch in die andere Richtung.

Die Interpretation einer Kennzahl hängt vom Betrachter ab.

Bei der Bestimmung der Zielgrößen ist es erforderlich, verschiedene Rollen im Unternehmensumfeld zu befragen oder sich in deren Position hineinzuversetzen. Befragen wir einfach mal die Rollen Entwickler, Manager, Kunde und Systemverantwortliche zur Zielausrichtung für IT-Systeme und IT-Architekturen. Die folgenden Antworten sind zwar fiktiv, aber durchaus realistisch:

- **Entwickler**
  Bei Entwicklern stehen Maßzahlen für die technische Reife, den internen Komplexitätsgrad der jeweiligen Systeme sowie Maße für die fachliche Vollständigkeit, Modernität der gewählten Technologien, Kreativität bei dem Systemdesign etc. im Vordergrund.
- **Manager**
  Für Manager interessante Maßzahlen sind in der Regel die Werte, mit denen sie Wert, Kosten, Nutzen und die Zustand ihrer IT-Architekturen beschreiben und steuern können. Technische Details, sofern sie keinen direkten Zusammenhang zu wirtschaftlichen Kenngrößen haben, werden selten betrachtet.
- **Kunden**
  Kunden haben kaum ein Interesse an der IT-Architektur als einem Bestandteil des Unternehmens. Vielmehr steht eine einfache, effiziente, performante und zuverlässige Abwicklung des jeweiligen Geschäftsvorfalls im Vordergrund. Damit beziehen sich die Metriken von Kunden auf deren Kontakte mit dem Unternehmen. Zu diesen Kriterien kommen Bewertungen für die freundliche, kompetente und zuvorkommende Kundenbetreuung hinzu.
- **Systemverantwortliche**
  Systemverantwortliche werden Kennwerte nutzen, um zu demonstrieren, dass das jeweilige System modern, innovativ und zukunftssicher ist und bezüglich einer Kosten-Nutzen-Betrachtung die beste Entscheidung ist. Die Kür ist der Nachweis, dass Teile der Anwendung auch für andere Geschäftsfelder einsetzbar sind und somit existierende Lösungen ersetzen können.

Man erkennt schon an dieser kleinen Auswahl von möglichen Perspektiven die Subjektivität und unterschiedlichen Motivationen für die zu verfolgenden Ziele. Eine Festlegung, welche Leistung, Komplexität und Qualität das Unternehmen – denn dessen Arbeitsmittel stellt die IT-Architektur letztendlich dar – erwartet, wird man initial erstellen müssen. So wie die Ist-Situation durch den Messregelkreis fortwährender

Veränderung unterworfen wird, wird man auch regelmäßig die festgelegten Ziele mit den Anforderungen des Unternehmens abgleichen und an sie anpassen müssen.

Eine Bemerkung noch, da wir auf diesen Aspekt nur am Rande eingegangen sind: Das Analyseergebnis bezüglich der Menge der verwendeten Metriken stellt nach den oben angestellten Überlegungen einen Teil der Beschreibung der IT-Architektur dar, denn es ist ja genau der aktuelle Zustand bestimmter Sichten in der Darstellungsform von Zahlen. Auch die formulierten Ziele sind durch Metriken zu beschreiben, denn sonst ist der Bewertungsschritt des Messregelkreises nicht durchzuführen. Daher sind wir bei den Teilen der IT-Architektur, die sich durch Metriken beschreiben lassen, in der Lage, sowohl den Ist-Zustand (als Ergebnis der Messphase) als auch den Soll-Zustand (als Zieldefinition) durch Kennzahlen dokumentieren zu können. Eine quantitative Betitelung der Güte des aktuellen Zustands – zugegeben nicht für die komplette IT-Architektur – ist damit gewährleistet.

Strukturierungsmöglichkeiten von Metriken

Eine Überstrukturierung ist unerwünscht.

Der Versuch, Metriken zu sammeln, um die IT-Architektur des eigenen Unternehmens bis ins letzte Detail zu messen und bewerten zu können, ist vermutlich zum Scheitern verurteilt; zu vielfältig sind die Möglichkeiten. Was benötigt wird, ist eine Strukturierung dessen, was man messen kann. Wir werden nur die obere Strukturierungsmöglichkeit, d.h. die erste Klassifizierung von Metriken, detaillierter beschreiben. Unserer Erfahrung nach ist eine vollständige Gliederung aller vorstellbaren Metriken weder machbar noch sinnvoll. Das bedeutet, dass wir uns von der Hoffnung, die IT-Architektur eines Unternehmens vollständig über Zahlen messen und steuern zu können, leider verabschieden müssen. Die Komplexität, die Menge an externen und unvorhersehbaren Einflussgrößen sowie der schnelllebige und innovative IT-Markt werden immer den Einsatz von qualifizierten Managementkapazitäten erforderlich machen.

Bei der Strukturierung der Metriken für bestimmte Eigenschaften von IT-Architekturen ist die folgende Klassifizierung praktikabel und einfach anzuwenden:

- **Prozessmetriken**
  Metriken dieser Kategorie beschreiben die durch die IT-Architektur unterstützten bzw. zu unterstützenden Prozesse. Damit gehen diese Maße durchaus über den Horizont der eigentlichen IT-Architektur

hinaus. Man denke nur an eine Kenngröße wie die Prozesslaufzeit vom Anruf eines Kunden bis zur Umsetzung den gestellten Auftrags. Eine Zielvorstellung ist die des idealen Arbeitsmittel. Werden bestimmte Prozesse nach dem Stand von heute noch nicht durch die IT-Architektur abgebildet, so stellt dies bei diesem Ziel ein Manko der IT-Architektur dar.

Beispiele für Metriken dieser Kategorie sind Prozesslaufzeiten, der Grad der Automatisierung sowie die Anzahl beteiligter Systeme.

- **Systemmetriken**
  Systeme bezeichnen an dieser Stelle die bewertbaren Komponenten einer IT-Architektur, d.h. Applikationen, Schnittstellen und Verbindungen. Es lassen sich neben den Softwaremetriken wie Umfang, Struktur, detaillierte Architektur etc. auch der Grad der Anwendbarkeit, der Nutzungsgrad bezogen auf die Prozesse, die Erlernbarkeit, die Investionskosten etc. bestimmen. Gerade bei den Systemmetriken muss man sich auf die wesentlichen Merkmale beschränken, da die Vielfalt anwendbarer Metriken enorm ist.

  Beispiele für Metriken dieser Kategorie sind der Nutzungsgrad, das Kosten-Nutzen-Verhältnis bei Erweiterungen, die Integrationsfähigkeit und technologische Qualitäten.

- **Ressourcenmetriken**
  Ressourcenmetriken betrachten alle Eigenschaften, die sich auf Hilfsmittel jeder Art beziehen. Hervorzuheben sind die infrastrukturellen Bereiche Personal, Software und Hardware. Ohne geschulte und qualitativ hochwertige Mitarbeiter, stabile, moderne Betriebssysteme und Datenbanken sowie zuverlässige, performante und redundant ausgerichtete Hardwarekomponenten ist jede noch so ausgefeilte IT-Unterstützung nur halb so viel wert.

  Beispiele für Metriken dieser Kategorie sind die Produktivität von Mitarbeitern, die Systemverfügbarkeit und die Zuverlässigkeit.

- **Life-Cycle-Metriken**
  Diese Gruppe von Metriken bezieht sich auf den Prozess der Erstellung, Weiterentwicklung,Wartung und Betrieb der eigentlichen IT-Architektur, d.h. auf das IT-Architektur-Management. Die schönste IT-Systemlandschaft hilft einen Unternehmen wenig, wenn die Prozesse für eine schnelle Reaktion auf heutige Probleme (Änderungsverfahren, neue Anforderungen, neue Technologien) und für eine Gewährleistung der Flexibilität für künftige Probleme (moderne Architektur und Technologie, effiziente und schnell anpassbare Sys-

teme) nicht oder kaum existieren. Ähnlich wie ein Softwareprodukt unterliegt auch die IT-Architektur einem Lebenszyklus und muss einem permanenten Reengineering unterworfen werden, um konkurrenzfähig zu bleiben.

Beispiele für Metriken dieser Kategorie sind die Wartungsaufwände, Umsetzungszeiten, Aufwände des Änderungsmanagements und der Überalterungszustand der IT-Architektur.

Jede erdenkliche Metrik für IT-Architekturen wird sich in eine der vier Kategorien einordnen lassen. Unabhängig von der inhaltlichen Ausrichtung einer Metrik muss man sich auch immer fragen, welche Bedeutung und welchen Wert ein Messergebnis hat. Wir hatten oben diese Problematik bereits an einer Situation erläutert. Auch wenn das Format der Ergebnisse dem Messenden das Gefühl der Unverfälschtheit vermittelt, so sind die Werte doch mit Vorsicht zu genießen. Die wenigsten der verwendeten Metriken erzeugen exakte Messergebnisse, sondern die meisten basieren auf Schätzungen. Man denke nur an die Eigenschaft der Verständlichkeit einer IT-Architektur. Werte hierfür werden immer über subjektive Einschätzungen bestimmt. Auch sind nicht alle Metriken deskriptiv, d.h. beschreiben den aktuellen Zustand. Gerade um der Dynamik der IT-Märkte gerecht zu werden, werden prognostizierende Metriken benötigt. Diese Metriken liefern Vorhersagen und Einschätzungen von Merkmalen, die erst später festgestellt werden können. Ein typisches Beispiel hierfür ist die Abschätzung der Kosten für eine notwendige Anpassung der IT-Architektur.

Nicht alles ist messbar

Menschen tendieren dazu, Messobjekte bezüglich zählbarer bzw. messbarer Eigenschaften zu bewerten. Gerade diese geben dem Messenden das Gefühl, ein unverfälschbares Ergebnis zu produzieren. Stellen Sie sich eine Applikation vor, bei der der Preis durch den Quotienten *Funktionspunkte/Kosten* bestimmt wird: ein einfaches Verfahren, da sowohl die Anzahl der Funktionspunkte als auch die entstehenden Kosten einfach und unbestreitbar ermittelt werden können. Um jedoch eine vollständige Abdeckung bei der Bewertung von Eigenschaften gewährleisten zu können, muss man auch empirische Bewertungen vornehmen. Denken Sie nur an Kriterien wie

- Erlernbarkeit
- Anwendbarkeit
- Wartbarkeit

- Verständlichkeit
- Handhabbarkeit
- Erweiterbarkeit

Diese Liste ist beliebig erweiterbar. Die Schwierigkeit besteht natürlich darin, diese Eigenschaften zu quantifizieren. Ohne einen quantifizierbaren Wert ist eine Vergleichbarkeit kaum gegeben; von daher wird man auch diese Art von Eigenschaften in eine vollständige Ordnung einbetten müssen. Je nach Aufwand, den man investieren möchte, bieten sich die folgenden Methoden an:

- **Individuelle Bewertung über ein Punktesystem**
  Bei dieser Methode werden für verschiedene Ausprägungen der jeweiligen Eigenschaft Punkte (entsprechend dem Notensystem in der Schule) vergeben. Die Zuordnung der jeweiligen Punktezahl erfolgt durch einen oder mehrere Bewertende. Nehmen wir als Beispiel die Erlernbarkeit der Bedienung einer Applikation. Als Punkte sind die Werte *eins* (für absolut einfach erlernbar und intuitiv bedienbar) bis *sechs* (komplett unverständlich) zulässig. Die Bewertung könnte zum Beispiel durch die Schulungsteilnehmer dieser Applikation erfolgen. Damit ist eine entsprechend große Stichprobe gewährleistet.
- **Definition eines Kennzahlensystems, über das die Bewertung erfolgt**
  Es werden verschiedene Kennzahlen festgelegt, die es erlauben, das jeweilige Kriterium zu bewerten. Anschließend wird eine Vorschrift definiert, um den Gesamtwert zu ermitteln. Bezogen auf das Beispiel der Erlernbarkeit könnte das bedeuten, dass Kriterien wie die Anzahl der Schulungstage, der Umfang der Dokumentation, die Anzahl der Fehlbedienungen pro Geschäftsprozess etc. gemessen werden. Die Ergebnisse werden normiert (beispielsweise auf eine Skala von eins bis zehn) und zu einem Wert konsoliert (zum Beispiel über Summenbildung oder gewichteten Durchschnitt).

Egal welches Verfahren gewählt wird, man erhält einen eindeutigen Wert, den man in Relation zu vergleichbaren Messobjekten setzen kann. Allerdings dürfen Sie jetzt nicht annehmen, dass jede Art von Bewertungskriterien quantifizierbar sei. Merkmale wie Erlernbarkeit, Anwendbarkeit etc., die in einem hohen Maß vom Faktor Mensch abhängen, wird man nie in ein unumstößliches Zahlensystem einbetten können. Diese Aussage gilt ebenso für komplexe Objekte wie beispielsweise Applikationen, Schnittstellen, Verbindungen etc. Wir können zwar Kennzahlen definieren, die einzelne Aspekte in Zahlen abbilden, aber die verschiedenen Bewertungskriterien sind zu unterschiedlich , um eine lineare Ordnung entwickeln zu können. Auch hierfür werden wir uns einiger Hilfsmittel bedienen müssen.

3

Klassifikation der Applikationen

Applikationen spielen eine zentrale Rolle in IT-Architekturen. Für viele Geschäftsprozesse stellen sie den Dreh- und Angelpunkt dar. Man stelle sich nur die Situation vor, dass eine Applikation für einen Tag ausfällt. Je nach Wichtigkeit kann ihr Ausfall bedeuten, dass Teile des Betriebs stillstehen. So führt das Nicht-Funktionieren des CRM-Systems zu massiven Problemen bei der Kundenbetreuung. Allein die Menge der nicht verfügbaren Daten erzeugt enorme Probleme bei der Behandlung von kundenindividuellen Anfragen.

Andererseits – und dieser Aspekt ist auch nicht zu vernachlässigen – sind Applikationen ein sehr kostenintensives Investitionsgut. Neben den notwendigen Releases und Weiterentwicklungen sind es gerade die Positionen Wartung und Betrieb, die enorme Summen an Geld verschlingen.

Kosten versus Nutzen

Führen wir diese beiden Positionen zusammen, landen wir genau bei der zentralen Fragestellung nach dem Kosten-Nutzen-Verhältnis. Wie viel darf ein Unternehmen für eine bestimmte Applikation zahlen? An dieser Stelle muss der Verantwortliche nicht nur die Gesamtkosten ins Verhältnis zum Wert der Applikation für das Unternehmen setzen, sondern auch entscheiden können, wann eine Applikation zu teuer wird. Die Gründe hierfür sind vielfältig. Applikationen können z.B. aus technologischen oder konzeptionellen Argumenten überaltern. Denken Sie nur an das Jahr-2000-Problem. Bei vielen anzupassenden Applikationen war die Frage, ob sich eine Modifikation gegenüber einer Neuanschaffung rechnet, durchaus angebracht. Dass letztendlich dann in unrentablen Situationen doch die Anpassung durchgeführt wurde, hat sicherlich andere Beweggründe. Auch kann eine Änderung der Geschäftsfelder oder der Unternehmensstrategie zur Unwirtschaftlichkeit von Applikationen führen. Sind vor einigen Jahren noch immense Summen in Internetportale zur Kundenselbstadministration geflossen, haben viele Unternehmen die heutigen Investitionen auf ein notwendiges Maß reduziert.

Priorisierung der Applikationen

Die Schwierigkeit, auf die wir häufig in Unternehmen stoßen, ist die Bewertung einzelner Applikationen. In den seltensten Fällen ist eine Inventur der Applikationen zusammen mit einer Bewertung durchgeführt worden. Befragt man IT-Leiter nach der Reihenfolge der Applikationen, beginnend bei der wichtigsten bzw. wertvollsten, erhält man nur vereinzelt eine befriedigende Antwort. Typischerweise werden die drei bis vier wichtigsten Anwendungen genannt. Dieses Resultat ist auch nicht weiter verwunderlich, denn die Komplexität ist insbesondere in sich schnell verändernden IT-Landschaften kaum zu beherrschen.

Klassen von Applikationen

Um den Wert einzelner Applikationen messen und bewerten zu können, verfolgen wir die oben beschriebene Methode der Klassifikation. Applikationen werden einzelnen Klassen zugeordnet. Die im Vorfeld definierten Klassen spiegeln den Wert der jeweiligen Applikation für das Unternehmen wider. Somit kann jeder Applikation ein eindeutiger Wert in einem vordefinierten Wertebereich[3] zugeordnet werden. Die an dieser Stelle vorgestellte Klassifizierung versucht, die einzelnen Gruppen anhand der Stärke ihrer Integration in die IT-Architektur zu bilden. Je stärker die Auswirkung auf unternehmensweite Daten und Prozesse ist, je größer die Interaktion mit anderen wichtigen Applikationen ist und je verbreiteter die Applikation in der Organisationsform ist, umso bedeutender ist diese für das Unternehmen. Ein derartiger Ansatz ist allerdings kaum in Zahlen und Formeln zu fassen. Von daher haben wir bei der Formulierung der einzelnen Klassen uns auf typische Merkmale beschränkt. Verstehen Sie diese Definitionen daher nicht als Dogma, sondern als Anhaltspunkt. Jedes Unternehmen und jeder Unternehmensteil wird eine individuelle, sich an der Gesamtstrategie und Unternehmensphilosophie orientierende Metrik für die detaillierte Abgrenzung der einzelnen Klassen festlegen müssen. Die von uns vorgenommene Einteilung hat damit eher den Charakter einer Metaklassifizierung, also einer Beschreibung für konkrete Klassifizierungen.

Wir betrachten die folgenden Applikationsklassen:

- **Applikationen für den eigenen Gebrauch**
  Applikationen dieser ersten Klasse bezeichnen Programme, die als Arbeitsmittel fungieren. Der Ausfall einer derartigen Applikation hat so gut wie keine Auswirkung auf das Unternehmen. In diese Klasse

3 Die einzelnen Klassen werden gemäß der Zielfunktion des Unternehmens geordnet und auf die Zahlen 1, 2 ... abgebildet.

fallen z.B. die Access- und Excel-Anwendungen, die zur Erleichterung der täglichen Arbeit eingesetzt werden.

- **Applikationen für den eigenen Gebrauch, die auch von der Umgebung genutzt werden**
  Diese Applikationen sind insofern verallgemeinert worden, als dass sie auch von der unmittelbaren Umgebung benutzt werden. Dieser Effekt zeigt sich an der Publikation in der Organisation. Dennoch ist die Bedeutung für das Unternehmen an sich eher gering. Nehmen Sie als Beispiel eine kleine Access-Anwendung, die sich ein Vertriebsmitarbeiter zur Verwaltung seiner aktuellen Interessenten entwickelt hat. Hätte er diese Anwendung so programmiert, dass sie auch von dem einen oder anderen Kollegen benutzt würde, würde diese Anwendung in diese Klasse fallen.
- **Firmeninterne Applikationen, die nur in einem Bereich verwendet werden**
  Mit dieser Klasse betreten wir den Bereich der »offiziellen« Anwendungen. Diese Applikationen werden von einer bestimmten Organisationseinheit im Unternehmen zur Prozessunterstützung eingesetzt und enthalten eine wohldefinierte Menge an unternehmensrelevanten Daten. Ein typisches Beispiel ist das schon in vorherigen Abschnitten beschriebene Tool der Anrufgrund-Erfassung.
- **Firmeninterne Applikationen, die in mehreren Firmenbereichen verwendet werden bzw. unternehmensweite Auswirkungen haben**
  Gewinnt die Applikation an Bedeutung, indem sie z.B. organisationsform-übergreifend Geschäftsprozesse unterstützt oder unternehmenswichtige Daten wie Kunden oder Verträge verwaltet, fällt sie in diese Kategorie. Bedeutende Anwendungen wie das CRM-System oder die ERP-Software sind in dieser Klasse zu finden.
- **Firmeninterne Applikationen, die in mehreren Firmenbereichen verwendet werden bzw. unternehmensweite Auswirkungen haben und für die externe Nutzung vorgesehen sind**
  Diese Erweiterung der vorhergehenden Kategorie berücksichtigt einen neuen Benutzerkreis, der nicht Bestandteil des Unternehmens ist. Durch diese im Sinne des Unternehmens externe Benutzergruppe werden ganz andere Anforderungen und Erwartungen an die Applikation gerichtet und somit muss diese Applikation auch mit einer anderen Wertigkeit behandelt werden. Stellen Sie sich einfach ein CRM-System mit Weboberfläche zur Kundenselbstadministration vor. Nicht nur, dass ein unbedarfter Anwender die

Möglichkeit erhält, die wichtigsten Datenbestände zu manipulieren. Kunden haben sogar die Möglichkeit, massiv in die intern ablaufenden Prozesse einzugreifen, indem sie diverse Funktionen nutzen.

- **Firmeninterne Applikationen, die Netzwerkzugriffsfunktionen beinhalten bzw. eine unternehmensübergreifende Integration anbieten**
  Die technische Integration anderer Unternehmen in die eigene Prozesswelt ist der Grundbaustein einer Automatisierung über die Unternehmensgrenzen hinweg. Hierdurch werden viel stärkere Anforderungen an die IT-Systeme und deren Schnittstellen gestellt. Insbesondere auf qualitative Merkmale wie Stabilität, inhaltliche Qualität, Skalierbarkeit, Nachvollziehbarkeit etc. ist ein besonderes Augenmerk zu richten. Bietet beispielsweise ein Telko eine elektronische Schnittstelle zur Bestellung von Karten für das Mobilfunktelefon an, so erfordert das grundlegende qualitative Eigenschaften. Jede Bestellung muss auf Vollständigkeit und Korrektheit überprüft werden. Auch muss der Besteller die Gewissheit haben, dass die Bestellung das Unternehmen erreicht hat und bearbeitet wird – ideal wäre, wenn jederzeit der Bestellstatus transparent wäre. Eventuelle Performance-Probleme interessieren ihn dabei nicht. Aus Unternehmenssicht spielen Punkte wie Sicherheit und Nachvollziehbarkeit, auch nach Abschluss des Bestellvorgangs, eine essenzielle Rolle.

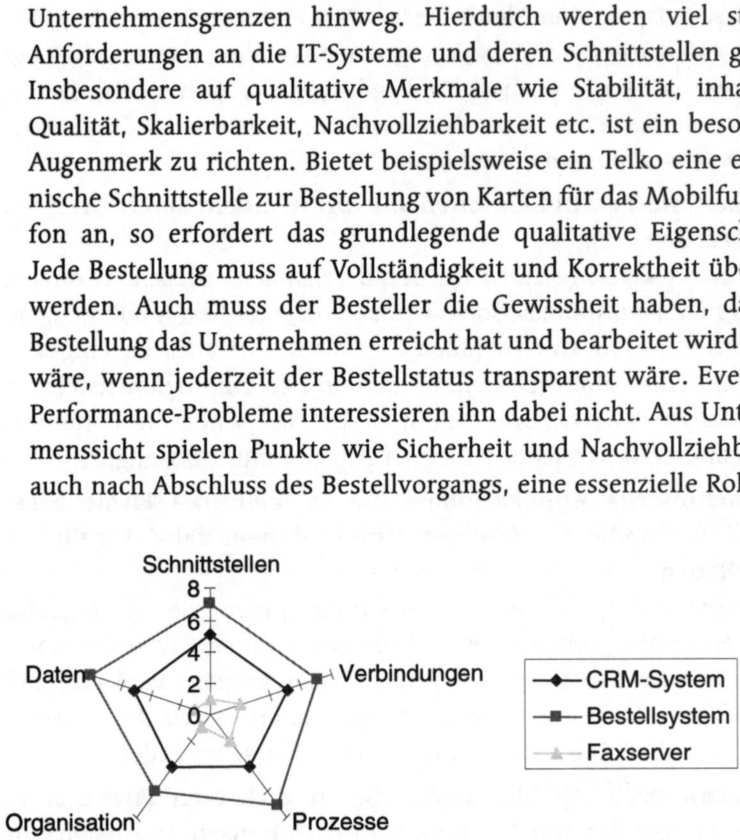

Abbildung 3.5 Klassifizierung von Applikationen

Die für ein Unternehmen daraus abgeleiteten Klassifizierungen müssen sich entsprechend der Definition einer IT-Architektur an den Dimensionen Prozesse, Daten, Schnittstellen und Verbindungen sowie Organisation messen lassen. Aus diesen kann dann auch die konkrete Metrik bzw. das Kennzahlensystem entwickelt werden. In Abbildung 3.5 ist die Bewertung von drei Applikationen exemplarisch dargestellt. Die Bedeutung und Wichtigkeit der Applikationen, bezogen auf die bewerteten Dimensionen, wird durch das Netzdiagramm übersichtlich dargestellt. Eine der legitimen Schlussfolgerungen ist, dass einem CRM-System oder einem Bestellsystem in unserem Beispiel eine höhere Aufmerksamkeit zuteil werden muss als dem Faxserver. Denn auftretende Probleme oder Systemausfälle haben einen weitaus größeren Einflussbereich.

Beispiel für eine »entartete« Applikation

Auch wenn das Beispiel in Abbildung 3.5 eine totale Ordnung der Applikationen suggeriert, kann es in der Praxis zu einem beliebigen Ungleichgewicht der einzelnen Kennzahlen kommen. Lassen Sie uns diese Aussage einmal an einem kurzen Beispiel verdeutlichen. In unserem Telko ist Herr Müller für das Freischalten von Mobilfunkkarten verantwortlich. Bei erfolgter positiver Überprüfung einer Bestellung muss er an den Besteller ein Bestätigungsfax schicken und anschließend in einer Dialogmaske dieses durch Anklicken einer Schaltfläche bestätigen. Dadurch wird die Nummer durch die nachgelagerten Systeme freigeschaltet. »Viel stupide Arbeit macht erfinderisch«, denkt sich Herr Müller und entwickelt ein kleines Programm, das automatisch das Fax verschickt und anschließend den Mausklick simuliert. Auf den ersten Blick erweckt dieses Programm den Eindruck, zur untersten Klasse zu gehören: eine unbedeutende, kleine Applikation, die sich Herr Müller zur Arbeitserleichterung gebastelt hat. Doch beim näheren Hinsehen erkennt man die Konsequenzen, die dieses Programm mit sich bringt. Gerade weil niemand außer Herrn Müller Kenntnis über den automatisierten Arbeitsschritt besitzt, ist es so beachtenswert. Ein Nicht-Funktionieren dieser Applikation kann dazu führen, dass ein essenzieller Geschäftsprozess (hier die Kartenfreischaltung) nicht korrekt durchgeführt wird – und niemand hat Kenntnis über den Problempunkt. In Abbildung 3.6 ist das zugehörige Netzdiagramm dargestellt.

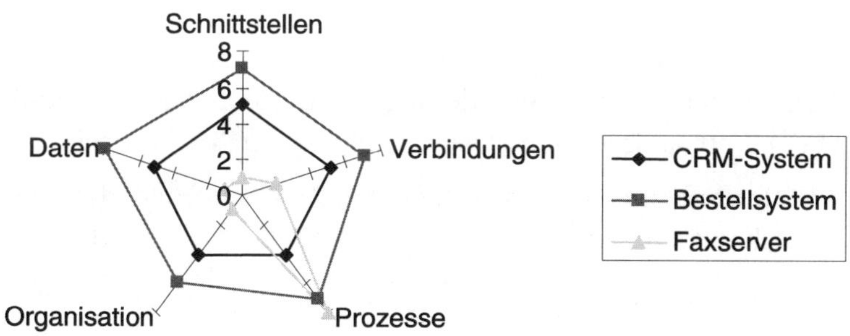

Abbildung 3.6 Applikation im Ungleichgewicht

Das beschriebene Szenario beantwortet implizit auch die Frage der Klassenzugehörigkeit. Diese kann nur über die dominierenden Ausprägungen der verwendeten Dimensionen entschieden werden; in dem vorliegenden Beispiel durch die Dimension des Prozesses. Ob der Maximalwert ausschlaggebend ist, muss sicherlich im Einzelfall entschieden werden; im Falle der Applikation von Herrn Müller ist diese zweifelsohne in den höherwertigen Klassen (vier oder höher) wiederzufinden.

Verantwortlichkeit für Applikationen

Auf einen Punkt, den wir in der Metaklassifizierung nur am Rande erwähnt haben, möchten wir nochmals detailliert eingehen. Wir sprachen bei der dritten Klasse über »offizielle« Applikationen. Bei der Fülle von Applikationen, die die IT-Landschaft beherbergt, bleibt es nicht aus, dass man sich darüber Gedanken macht, welche Applikationen bei den Betrachtungen der IT-Architektur zu dieser gezählt werden und welche nicht. Diese Frage ist nicht ohne Brisanz, wie Sie später in Abschnitt 4.2 sehen werden, denn damit stellt sich die Folgefrage, wie eine Applikation in Abhängigkeit ihrer Bedeutung behandelt wird. Je nach Konsequenz kann es für einen Applikationsverantwortlichen durchaus bequem und probat sein, wenn seine Applikation nicht als Bestandteil der IT-Architektur des Unternehmens gewertet wird – was mitunter dazu führen kann, dass der Sinn und Zweck von organisatorischen Festlegungen und Abläufen auf den Kopf gestellt wird. Zur Lösung dieser Problematik schlagen wir das folgende Szenario vor. Es wird ein Regelwerk –ob im Team oder durch einen hierfür Verantwortlichen – definiert und vereinbart, das die Eigenschaften für die Zugehörigkeit zur IT-Architektur beschreibt. Dieser Schritt bietet zwei Vorteile: Zum einen ist die Diskussion von der Applikationsebene auf die Erfüllung einzelner Regeln verlagert worden. Dadurch existieren klare Messpunkte, an denen eine Entscheidung manifestiert werden kann. Zum anderen enthalten Entscheidungen eine Zeitabhängigkeit. Applikationen, die gestern bestimmte Eigenschaften noch nicht erfüllt haben, können heute durch Veränderung des Umfelds oder der Funktionalität der Applikation Teil der betrachteten IT-Architektur sein.

Klassifikationen von Verbindungen

Einbeziehung von aufrufender und aufgerufener Applikation

Die Thematik der Klassifizierung kann natürlich, ähnlich wie bei Applikationen, auch im Kontext von Verbindungen diskutiert werden. Leider – und hier unterscheiden sich Applikationen und Verbindungen sehr deutlich – ist der zu bewertende Gegenstand nicht offensichtlich. Denken Sie nur an eine Verbindung, bei der jeweils in der Nacht eine Datei mit Kundendaten von der aufrufenden Applikation erzeugt, zur empfangenden Applikation übertragen und von dieser letztendlich importiert wird. Was würden Sie in diesem Beispiel bewerten bzw. klassifizieren? Die Art der Netzwerkverbindung? Oder die Übertragungsart? Solange wir uns auf der technischen Ebene bewegen, werden wir vermutlich kaum eine sinnvolle und befriedigende Antwort finden. Das Problem bei Verbindungen ist, dass es sich im Grunde genommen um fachliche Verknüpfungen einzelner Applikationen handelt. Die physischen Bestandteile stellen lediglich eine mögliche Variante des Transportmediums dar. Betrachten wir aber fachliche Verknüpfungen – denn diese besitzen ihr Pendant in der Prozesslandschaft des Unternehmens –, müssen wir die aufrufende Stelle in der Quellapplikation und die angesprochene Schnittstelle in der Zielapplikation in den Betrachtungsraum mit einbeziehen.

Verbindungsklassen

Diese Erweiterung mag beim ersten Lesen etwas befremdlich wirken, hatten wir doch im vorangegangenen Kapitel bewusst zwischen Verbindungen und Schnittstellen unterschieden. Um diesen Gedankengang plausibel zu machen, wechseln wir die Perspektive und betrachten Verbindungen aus der Sicht des Unternehmens. Da auch Klassifikationen von Verbindungen aus der Unternehmenssicht getroffen werden, ist dieser kleine Kunstgriff in diesem Kontext durchaus legitim. Konzentrieren wir uns auf die Frage nach dem Nutzen von Verbindungen für das Unternehmen. Der Nutzen lässt sich in zwei Kategorien einteilen:

- **Transport von Daten**
  Entweder benötigt die aufrufende Applikation aus einer entfernten Applikation Datensätze, oder sie übermittelt bestimmte Datenpakete. Wenn Sie sich beispielsweise an einem Kundenselbstadministrationsportal über das Internet authentifizieren, werden im ersten Schritt Ihre Stammdaten aus dem CRM-System geladen. Ändern Sie anschließend Ihre Adresse, wird die neue Adresse wieder im CRM-System abgelegt.

- **Nutzen von Dienstleistungen**
  Die Art der Verbindungsnutzung umfasst sowohl den Aufruf einzelner Servicefunktionalitäten als auch die Abwicklung von Teilprozessen durch die entfernte Applikation. Die Überprüfung, ob eine Post-Adresse korrekt ist, bzw. der Bonität eines Kunden sind Beispiele für typische Servicefunktionalitäten. Die verteilte Prozessunterstützung findet man beispielsweise im Bereich Billing, wo die Rechnungserstellung durch den Lettershop durchgeführt wird.

Auf der Grundlage dieser Sichtweise und Nutzung von Verbindungen haben wir eine Klassifizierung entwickelt, die Verbindungen über ihre Bedeutung kategorisiert. Auch an dieser Stelle werden, entsprechend der Klassifikation von Applikationen, der Grad der unternehmensweiten Bedeutung und die Relevanz für die Integration bewertet.

Die im Folgenden vorgestellten Kategorien sind so allgemein formuliert, dass sie leicht auf jedes Unternehmen adaptiert werden können:

- **Verbindungen für den eigenen Gebrauch**
  In Anlehnung an die Applikationen behandeln wir an dieser Stelle die Verbindungen, die nur als Arbeitsunterstüzung verwendet werden. Auch wenn diese Verbindung durch die lokale Umgebung genutzt wird, ist sie dieser Kategorie zuzuordnen. Wichtig in diesem Zusammenhang ist, dass es sich um eine lokale Lösung zur Arbeitserleichterung oder Qualitätsverbesserung ohne inhaltliche Auswirkungen handelt. Stellen Sie sich als Beispiel eine Auftragserfassungsmaske vor, die zur Arbeitsunterstützung eine Verbindung zu einer Adressdatenbank hat, um die Postleitzahl anhand des Städtenamens zu überprüfen.
- **Verbindungen, die nur in einem Bereich verwendet werden**
  Es handelt sich hierbei um die ersten »offiziellen« Verbindungen im Unternehmen. Die Nutzung beschränkt sich auf einen Bereich. Stellen sich als Beispiel die Bearbeitung von Rechnungsreklamationen in unserem Telko vor. Da dort bei der Bewilligung von Gutschriften die Rechnungsadresse benötigt wird, wurde von der Reklamationsanwendung eine Verbindung in Richtung des Billingsystems etabliert.
- **Verbindungen, die unternehmensweite Relevanz haben**
  Die Relevanz bezieht sich in diesem Kontext auf die Geschäftsprozesse, bei denen die betrachtete Verbindung zum Tragen kommt, d.h. es wird die fachliche Nutzung und nicht die Realisierung der Verbindung bewertet. Ein Beispiel für Verbindungen dieser Katego-

rie in unserem Telko ist die Verbindung des CRM-Systems zum technischen Auftragsmanagement, über die bei Neukunden die technische Schaltung des beantragten Anschlusses erfolgt.

- **Verbindungen mit externer Nutzung**
  Durch die externe Nutzung arbeitet eine Benutzergruppe, die nicht dem Unternehmen angehört, mit Verbindungen dieser Kategorie. Damit erhalten Anwender, denen die interne Abbildung der Geschäftsprozesse nicht transparent sind, eine die Möglichkeit, in die unternehmensinternen Prozesse einzugreifen. Die Folge sind gestiegene Anforderungen und ein höherer Stellenwert. Die Verbindung vom Kundenselbstadministrationsportal zu den internen Applikationen fällt beispielsweise in diese Klasse.
- **Verbindungen für die unternehmensübergreifende Integration**
  Verbindungen, die über Unternehmensgrenzen hinweg integrieren, besitzen einen hohen Stellenwert. Sie stellen den Eingang zu den internen Strukturen dar. Das Resultat sind eine Transparenz eines Teils der Prozessunterstützung. Neben der Stabilität ist der Schutz der eigenen IT-Landschaft, die Konsistenz der Daten und das Sicherstellen einer gleichbleibenden Qualität zu gewährleisten. Beispiele für derartige Verbindungen finden Sie häufig bei der Anbindung von Vertriebspartnern für elektronische Bestellungen etc.

Diese Kategorisierung ist der inhaltlichen Ausrichtung der Klassifizierung von Applikationen angelehnt. Es ist auch nicht weiter verwunderlich, denn Verbindungen sind über die Schnittstellen und Aufrufpunkte eng mit Applikationen gekoppelt. So wird man auch häufig feststellen, dass die zugeordnete Kategorie einer Verbindung an den miteinander verbundenen Applikationen orientiert ist. Dennoch wird man in der Praxis den Fall einer niedrig klassifizierten Verbindung, die zwei hoch bewertete Applikationen koppelt, erleben.

Eigendynamik

Das prägnanteste Beispiel, das wir diesbezüglich in einem Unternehmen gesehen haben, ist in Abbildung 3.7 dargestellt. Ein Mitarbeiter entwickelte, damit von der Callcenter-Applikation eine Auftragsverfolgung möglich wurde, Verbindungen zu jeder angesprochenen Applikation, um die internen Protokollierungstabellen auslesen zu können. Er wollte damit eine zügige Diagnose im Fehlerfall erreichen. Mittlerweile haben sich diese Verbindungen *verselbständigt* und werden von verschiedenen Callcenter-Mitarbeitern intensiv bei der täglichen Arbeit genutzt. Trotz der hohen Bedeutung der beteiligten Applikationen ist dieser Gruppe von Verbindungen sicherlich nur eine geringe Wertigkeit beizumessen.

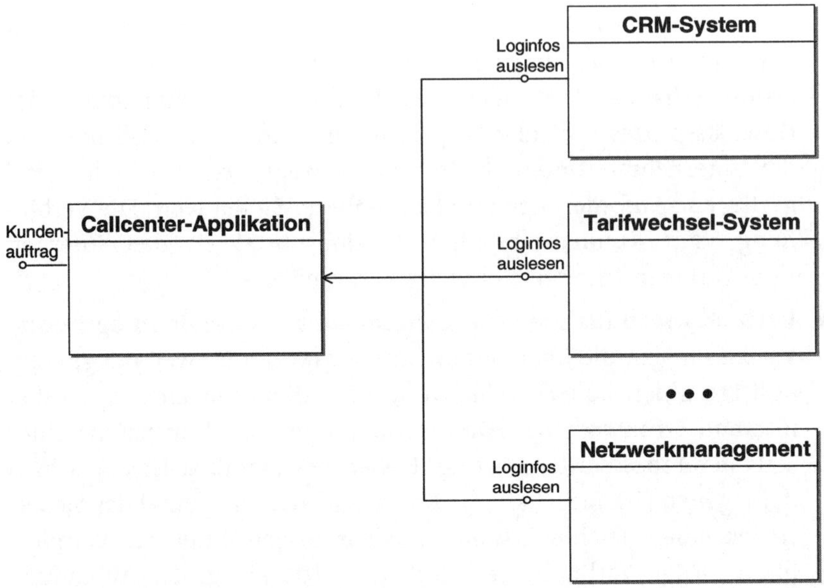

Abbildung 3.7 Niederwertige Verbindungen im Kontext bedeutender Applikationen

Den umgekehrten Fall, d.h. eine als hochwertig eingestufte Verbindung, die als einen Endpunkt eine unbedeutende Applikation anbindet, wird man im IT-Alltag aller Wahrscheinlichkeit nicht antreffen. Die Aussage dieser Konstellation wäre nämlich, dass der Nutzen der Datenlieferung, Datenextraktion oder Verwendung einer Dienstleistung aus Unternehmenssicht höher anzusiedeln ist als die aufrufende bzw. aufgerufene Applikation. Verstehen Sie diese Bemerkung aber nicht als Freibrief, die eigene IT-Architektur nicht auf derartige Strukturen untersuchen zu müssen. Häufig fallen diese Zustände erst durch eine konsequente Bewertung der Verbindungen auf, da diese einzelnen Prozessschritten im Arbeitsablauf zuordenbar sind und damit von vielen Mitarbeitern eher bewertet werden können sind als Applikationen. Derartige Zustände sollten, sofern sie existieren, unmittelbar behoben werden. Das Lösungsszenario gestaltet sich häufig im ersten Ansatz recht einfach, da »nur« eine höhere Wertschätzung der betroffenen Applikation erforderlich ist.

3.3 Interpretation über die Methode der Abstraktion

3.3.1 Abhängigkeitsstruktur

Vereinfachung der Darstellung von IT-Architekturen

Die bis jetzt beschriebenen Darstellungen repräsentieren einzelne Facetten der IT-Architektur eines Unternehmens in einer übersichtlichen Art und Weise und ermöglichen durch das Konzept der Attributierung eine vollständige Dokumentation. Gerade in größeren IT-Architekturen erweist sich allerdings auch diese Form schnell als unhandlich, da immer noch zu viele Detailinformationen abgebildet werden. Insbesondere verdichtete Strukturinformationen sind bei wachsender Komplexität nur schwer zu ermitteln. Der Grund hierfür ist hauptsächlich die gleichzeitige Präsentation von fachlichen Inhalten und strukturellen Informationen. Um Strukturen und Abhängigkeiten zu verstehen, ist daher eine Darstellung notwendig, die von den fachlichen Aspekten vollständig abstrahiert.

Abstraktion von den fachlichen Inhalten

Um zu dieser neuen Repräsentationsform zu gelangen, entfernen wir aus der grafischen Darstellung einer IT-Architektur einfach alle fachlichen Inhalte. Das betrifft sowohl die Bezeichnungen der einzelnen Applikationen als auch die Namen der aufgerufenen Schnittstellen. Der Wegfall der Schnittstellenbeschreibungen hat zwei Konsequenzen: Zum einen sind die Schnittstellen nicht mehr unterscheidbar und können somit auch aus der Darstellung entfernt werden. Auf der anderen Seite muss die Richtung der Verbindungen neu interpretiert werden. In den ursprünglichen Diagrammen gab sie die Richtung des Datenflusses an, nur ohne fachlichen Hintergrund ist diese Information relativ wertlos. Daher werten wir die Richtung in dieser reduzierten Repräsentation als die Aufrufrichtung einer Schnittstelle. Das Ergebnis ist eine Darstellung der strukturellen Zusammenhänge der IT-Architektur in Form eines gerichteten Graphen[4].

Diese relativ theoretische Beschreibung der Reduktion der Darstellung wird an dem folgenden Beispiel klar. In Abbildung 3.8 ist ein einfacher Ausschnitt einer IT-Architektur dargestellt. Obwohl auf Attribute der Applikationen, Schnittstellen und Verbindungen verzichtet worden ist, wirkt dieser Teil schon sehr komplex. Die Version in Form eines Graphen finden Sie in Abbildung 3.9. Die Applikationen wurden durch

4 In der Mathematik und Informatik bezeichnet ein gerichteter Graph G das Tupel (V, E), wobei V eine endliche Menge und $E \subseteq V \times V$ ist. V bezeichnet dabei die Menge der Knoten, E die Menge der Kanten von G.

nummerierte Kreise ersetzt, und die Richtungen der Verbindungen wurden entsprechend der Aufrufrichtung angepasst.

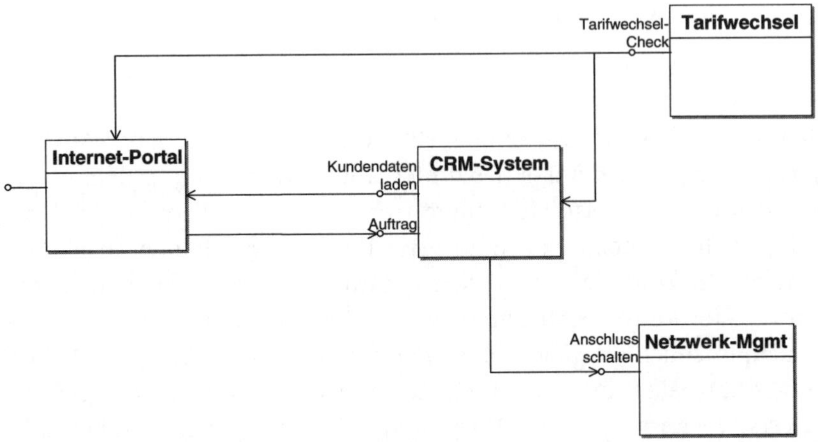

Abbildung 3.8 Darstellung eines Ausschnitts einer IT-Architektur mit fachlichen Inhalten

Die Aussage zur Wichtigkeit einer Applikation muss erhalten bleiben.

Bevor wir den Nutzen einer derartigen Repräsentation diskutieren, möchten wir noch eine Schwachstelle beheben. Durch die Reduktion auf die strukturellen Eigenschaften und bestehenden Abhängigkeiten unterscheiden sich die einzelnen Knoten des Graphen nicht mehr voneinander. Damit haben Sie keine Möglichkeit mehr, beispielsweise wichtige von nebenläufigen Applikationen zu unterscheiden. Wir sagten zu Beginn dieses Abschnitts, dass wir von allen fachlichen Ausprägungen abstrahieren möchten, und dieser Ansatz bleibt auch weiterhin bestehen. Dennoch benötigen wir einen Mechanismus, der die Wertigkeit von Applikationen und Verbindungen widerspiegelt. Die Lösung dieses Problems sind gewichtete Knoten (diese entsprechen den Applikationen) und Kanten (ihr Pendant sind die Verbindungen) unseres Graphen[5]. Wir versehen beide mit Wertigkeiten: Je höher der Wert an dem Knoten bzw. an der Kante, umso höher ist der Stellenwert der Applikation bzw. Verbindung im Unternehmen. Hervorragend für eine Gewichtungsfunktion sind dabei die in den vorherigen Abschnitten entwickelten Klassifizierungen der Applikationen und Verbindungen. In Anlehnung an die zugeordnete Klasse wird der Wert bestimmt.

5 Von kantengewichteten Graphen spricht man, wenn eine Abbildung $f_E : E \rightarrow N$ existiert, wobei E die Menge der Kanten und N die Menge der natürlichen Zahlen bezeichnet. Die Definition von knotengewichteten Graphen ist analog.

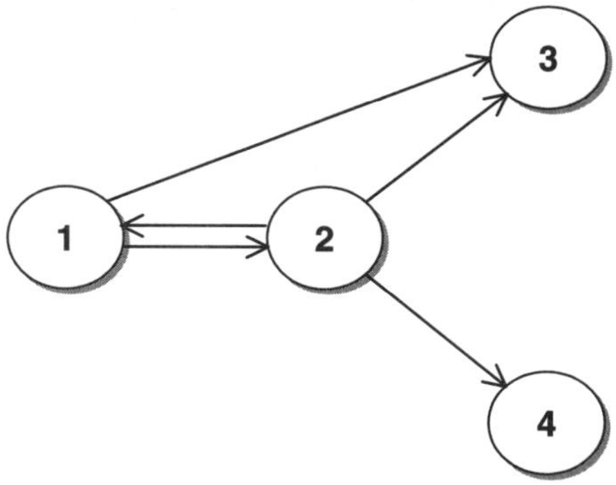

Abbildung 3.9 Abstrakte Darstellung struktureller Eigenschaften der IT-Architektur

Verdichtung auf strukturelle Eigenschaften

Doch welchen Nutzen kann man aus einer derart reduzierten und abstrakten Darstellung ziehen? Im Grunde genommen ist die Repräsentation als gerichteter Graph nichts anderes als eine Verdichtung der strukturellen Eigenschaften der IT-Architektur: Wir reduzieren unseren Blickwinkel auf den Aufbau der IT-Architektur und abstrahieren dabei von allen fachlichen Inhalten. Damit liefert diese Darstellung alle Strukturinformationen, das heißt die Elemente und deren Beziehungen bzw. Abhängigkeiten. Immer dann, wenn Fragen und Probleme, die die Struktur betreffen, diskutiert werden, ist der gerichtete Graph eine wertvolle Darstellungsform. Die nachfolgend aufgeführten Punkte stellen einen kleinen Ausschnitt derartiger Problempunkte dar.

- **Abhängigkeiten**
  Auf einen Blick sind Abhängigkeiten einzelner Applikationen zu erkennen, und Sie können ablesen, wo kritische Verbindungen bestehen. Gerade bei Release-Wechseln einzelner Applikationen ist dieser Punkt interessant, da die Verantwortlichen für Schnittstellen in der Regel nicht die Leidtragenden sind, sollten Schwierigkeiten bei Änderungen von Schnittstellen auftreten.
- **Ordnung und Übersicht**
  Änderungen an der IT-Architektur, wie beispielsweise der eben angesprochene Release-Wechsel, sind umso schwieriger, je mehr Abhängigkeiten bestehen. Das heißt, die Kosten und das Risiko von Änderungen an Applikationen hängen integral mit der Dichte des Beziehungsgeflechts zu anderen Applikationen zusammen. Wir haben in Abbildung 3.10 zwei mögliche Szenarien erstellt, die der in Abbildung 3.9 dargestellten Applikationslandschaft, jetzt um ein Billing-System ergänzt, entsprechen könnten. Dass die IT-Architektur, die dem linken Graphen entspricht, einen höheren Wartungsauf-

wand verursacht, ist offensichtlich. Häufig entstehen derartige Komplexe durch im Vorfeld nicht sauber konzeptionierte Verantwortlichkeiten und Zuständigkeiten. Wird beispielsweise im Internet-Portal das Ändern der Rechnungsadresse neu entwickelt und nicht auf die bestehende Funktion in dem CRM-System zurückgegriffen, kann dieses einen notwendigen Schnittstellenaufruf im Billing-System erzeugen.

- **Risikoanalyse**
  Durch Ausdünnen des Graphen, das heißt durch das Entfernen aller niederwertigen Kanten und Knoten, erhält man einen kompakten Überblick über alle unternehmenskritischen Applikationen und Verbindungen. Die verbleibende Anzahl ist dabei nicht unbedingt aussagekräftig. Vielmehr muss an dieser Stelle zum Vergleich die Soll-Architektur herangezogen werden. Stellen Sie sich einfach eine bolidische Applikation vor, in der jede erforderliche Funktionalität umgesetzt wurde. Dass Resultat ist zwar nur eine unternehmenskritische Anwendung, allerdings konzentriert diese Applikation alle Gefahrenpotenziale und Risikopunkte.
- **Schwachstellen**
  Unterbewertete Applikationen, das heißt unternehmenswichtige Applikationen, denen von den Verantwortlichen keine oder nur wenig Aufmerksamkeit beigemessen wird, können zum Teil erkannt werden. Eine hochwertige Kante, die als einen Endpunkt einen niederwertigen Knoten besitzt, ist ein typisches Indiz für derartige Applikationen. In Abschnitt 3.3.4 wird detailliert auf diesen Punkt eingegangen.

Diese Aufzählung ist nur ein kleiner Ausschnitt der Möglichkeiten, wie gerichtete Graphen als Informationsquelle genutzt werden können. Die Reduktion auf nur eine Dimension der IT-Architektur, nämlich die des strukturellen Aufbaus, hilft immens dabei, die Beschaffenheit und den aktuellen Zustand besser zu verstehen und daraus die richtigen Schlussfolgerungen zu ziehen.

Ableitung der Darstellung aus der vorhandenen Dokumentation

Wir möchten an dieser Stelle nochmals darauf hinweisen, dass diese Art der Darstellung keinen zusätzlichen Pflegeaufwand bedeutet. Es handelt sich lediglich um eine Ableitung bestehender Dokumentationen. Das oben beschriebene Verfahren zeigt, wie die Repräsentation als Graph erzeugt werden kann.

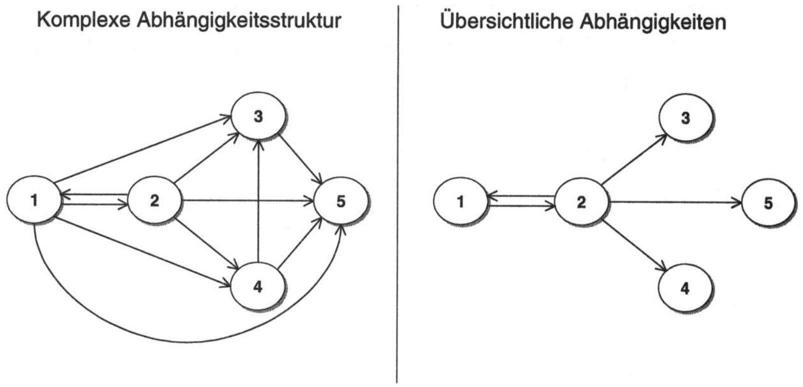

Abbildung 3.10 Gegenüberstellung von zwei Darstellungen als Graph, basierend auf derselben Applikationslandschaft

Gerade dann, wenn man zur Dokumentationsunterstützung entsprechende Tools einsetzen möchte, ist die Darstellung verschiedener Facetten der IT-Architektur, die aus den erfassten Informationen erzeugt werden können, eine wesentliche Funktionalität.

3.3.2 Altersstruktur

Die Frage nach der Modernität der IT-Architektur beschäftigt vermutlich jedes Unternehmen. Allerdings wird man auch auf diese Problemstellung keine allgemein gültige Antwort bekommen. So unterschiedlich die Philosophien, Geschäftsmodelle und Organisationen sind, so verschieden sind auch die IT-Architekturen. Dennoch lässt sich diese Fragestellung sehr wohl diskutieren und ein induktiver Lösungsansatz entwickeln.

Lebenszyklus einer Applikation

Wie modern muss eine IT-Architektur sein? Eine Metrik, die den Verwertungsgrad aktueller akademischer Forschungsergebnisse im IT-Bereich bewertet, wird kaum diese Frage beantworten. Immer die modernste IT-Architektur zu besitzen ist für ein Unternehmen weder finanzierbar noch von den zur Verfügung stehenden Arbeitskräften umsetzbar. In unseren Augen ist es vielmehr wichtig, eine bezogen auf das Kosten-Nutzen-Verhältnis ausgewogene IT-Infrastruktur zu haben und zu erhalten. Diese Zielsetzung ist mit der Bildung und Erhaltung einer Struktur von Angestellten in einer Abteilung vergleichbar. Auch da geht es in erster Linie um Stabilität und Kontinuität, unter der Rahmenbedingung eines angemessenen Kosten-Nutzen-Verhältnisses. Junge Mitarbeiter sind in der Regel günstig im Preis, da ihre Leistungsfähigkeit auf Grund fehlender Erfahrung und Wissen noch nicht optimal ist. Für einen erfahrenen Mitarbeiter hingegen wird man mehr bezahlen müssen, erhält aber dafür auch eine hohe Leistungsfähigkeit. Die Menge der Kriterien und Rahmenbedingungen für die Bildung eines solchen Teams lässt sich noch beliebig erweitern. Der Verantwortliche für die Personalentwicklung ist an dieser Stelle gefordert, unter den Rahmenbedingungen Stabilität, Kontinuität, Zukunftssicherheit, Innovation und Gesamtkosten immer die optimale Mischung zu erreichen.

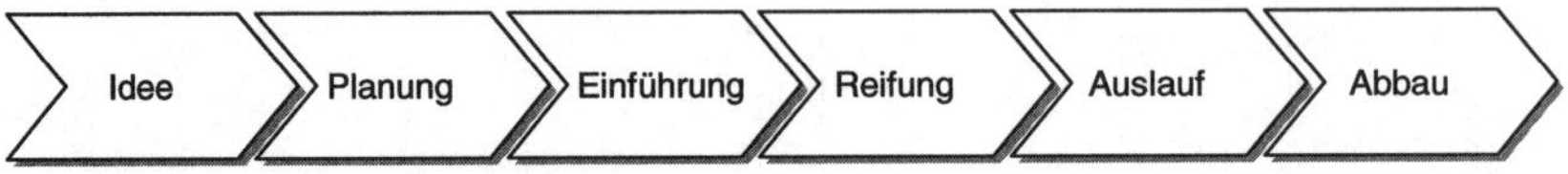

Abbildung 3.11 Lebenszyklus von Applikationen

Dieser Ansatz lässt sich auf die IT-Architekturen übertragen. Statt Mitarbeitern betrachten wir jetzt Applikationen. Auch sie unterliegen ähnlich wie Menschen einem Lebenszyklus. In Abbildung 3.11 sind die einzelnen Phasen von der Geburt einer Applikation (Phase der Idee) bis hin zu ihrem Tod (Phase Abbau) dargestellt. Dieser Lebenszyklus wirft zwei Probleme auf:

1. Was bedeutet er für die einzelnen Applikationen?
2. Welche Konsequenzen ergeben sich für die IT-Architektur?

Die erste Fragestellung lässt sich durch das Tagesgeschäft des IT-Verantwortlichen beantworten. Jede Phase bedingt einen Änderungsprozess, der initiiert und gesteuert werden muss. Für die Phase der Reifung entspricht dieses beispielsweise der Release-Planung; die Phase des Rückgangs beinhaltet die stückweise Ablösung einer Applikation. Der ungefähre Anteil der einzelnen Phasen, bezogen auf die Gesamtlebensdauer, ist in Abbildung 3.12 abgebildet. Natürlich kann diese Verteilung nur als grober Anhalt verstanden werden, denn die genauen Werte hängen sicherlich von der Art der Applikation und der Umgebung ab.

Einfluss der IT-Architektur auf die Organisation

Die Voraussetzung für diesen fortwährenden Änderungsprozess ist natürlich die Kenntnis und die gleiche Auffassung der beteiligten Personen über den jeweiligen Zustand der Applikationen. Gerade der zweite Punkt ist nicht ganz unerheblich und birgt eine Menge Diskussionspotenzial. Stellen Sie sich einfach einmal vor, dass eine Applikation sich Ihrer Meinung nach im Zustand Rückgang befindet. Diese

Einschätzung hat natürlich auch unmittelbare Folgen auf die Organisation.

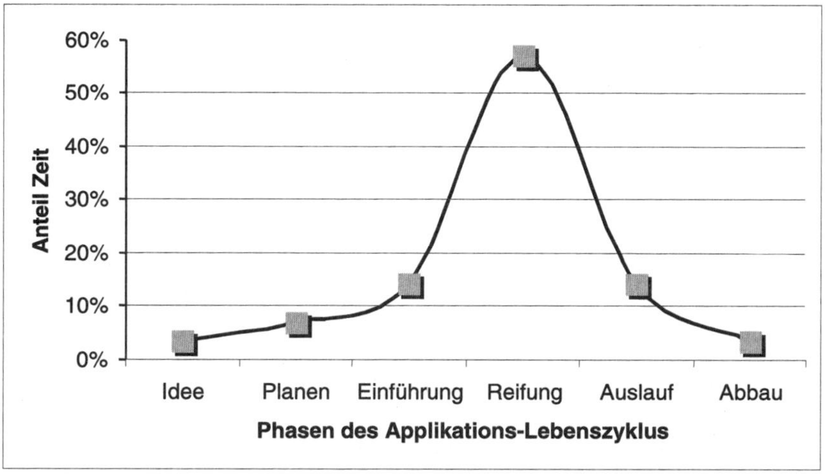

Abbildung 3.12 Verteilung der Phasen im Applikations-Lebenszyklus

Der zugehörige Verantwortliche, gestern noch Leiter einer für das Unternehmen wichtigen Applikation, erfährt heute, dass genau diese Applikation in den mittelfristigen Planungen keine Rolle mehr spielen wird. Dass dies natürlich Auswirkungen auf seine Handlungsweise hat, ist nur menschlich und verständlich. Das heißt, gerade bei den Endphasen des Lebenszyklus muss der Änderungsprozess massiv in den Bereich Organisation eingreifen.

Die Auswirkungen des Lebenszyklus von Applikationen auf die IT-Architektur sind weitaus komplexer. Es wird die Frage zu beantworten sein, ob die Zusammenstellung und die Struktur der Zielvorstellung des Unternehmens angemessen sind. Ähnlich wie in einer Gesellschaft können auch bei IT-Architekturen Probleme wie Überalterung, fehlende Integration oder zu geringes Leistungspotenzial auftreten. Um die Folgen ein wenig greifbarer beschreiben zu können, betrachten wir eine Metrik zur Dokumentation der Altersstruktur einer IT-Architektur. Dazu müssen die Antworten auf die nachfolgend aufgeführten Fragen bekannt sein:

1. In welcher Phase des IT-Lebenszyklus befinden sich die einzelnen Applikationen des Unternehmens?
2. Welche Wertigkeiten haben die einzelnen Applikationen für die IT-Architektur des Unternehmens?

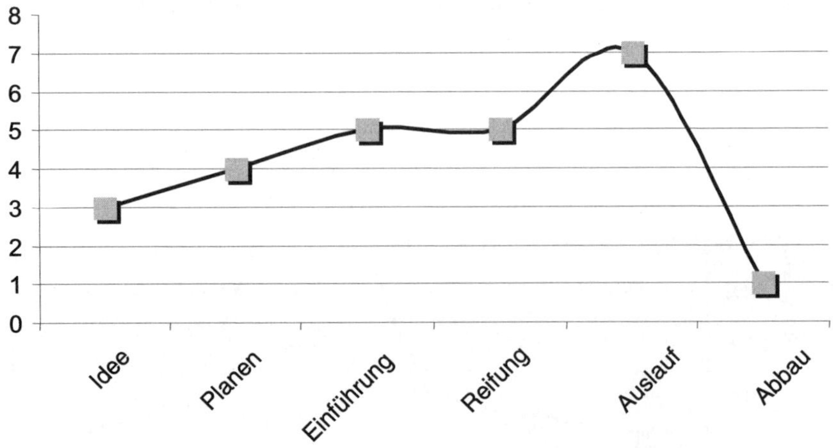

Abbildung 3.13 Beispiel für die Anzahl der Applikationen in den einzelnen Phasen

Dass bei einer Konsolidierung der Ergebnisse zu Frage 1 die Aussagekraft nicht sonderlich gut ist, demonstriert eindrucksvoll Abbildung 3.13. Übernimmt man dieses Ergebnis unreflektiert, kann man den Eindruck einer überalterten IT-Architektur bekommen. Ein Großteil der Applikationen befindet sich in der Phase des Auslaufs.

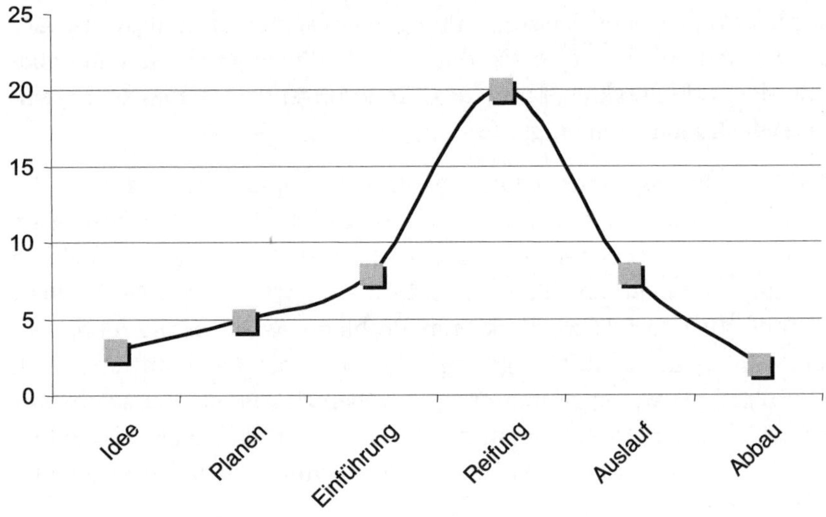

Abbildung 3.14 Beispiel für die Summation einer Gewichtsfunktion

Gewichtung von Applikationen

Aus diesem Grund schlagen wir bei einer derartigen Metrik die Gewichtung der Applikationen mit ihrer Wertigkeit für die IT-Architektur vor. Es wird eine Gewichtsfunktion definiert, die die Wertigkeit einer jeden Applikation abbildet. Anstatt die Anzahl der Applikationen pro Phase im Lebenszyklus zu zählen, werden einfach die entsprechenden Ergebnisse der Gewichtsfunktion summiert. Damit wirken sich bedeutende Applikationen wie beispielsweise das *CRM-System* oder die *Billing-Anwendung* weitaus stärker aus als eine kleine Datenbanklösung zur Unterstützung eines Mitarbeiters. Wie die Gewichtungsfunktionen im Detail gestaltet werden, muss individuell entschieden werden. In der in Abbildung 3.14 dargestellten Verteilung wurde die Gewichtungsfunktion anhand der in diesem Abschnitt beschriebenen Klassifizierung für Applikationen gebildet. Man erkennt, dass der Schwerpunkt der Applikationen sich in den Phasen Einführung, Reifung und Auslauf befindet, ein Indiz für eine gut arbeitende IT-Landschaft.

Messergebnisse als Indiz zur Identifikation von Problemen

Bevor nun diese Metrik von als die zentrale Kennzahl gewertet wird, möchten wir kurz auf ihre Positionierung und damit auch auf ihre Unzulänglichkeit eingehen. Diese Kennzahl liefert eine einfache Momentaufnahme der IT-Architektur. Insbesondere die Struktur der IT-Architektur bezogen auf den Lebenszyklus wird in einer klaren Art und Weise dargestellt. Man kann der Verteilungskurve auf einen Blick ansehen, wie sich die Altersstruktur der IT-Systeme zusammensetzt. Aber an dieser Stelle endet auch schon die Aussagekraft. Zum einen ist nur eine Dimension der IT-Architekturen, nämlich die Dimension der Applikationen, berücksichtigt worden. Und auch hier wurden nur die Phasen des Lebenszyklus und die Wertigkeit der einzelnen Applikationen als Eingabe verwendet. Das heißt, Themen wie Integration, Automatisierung etc. werden an dieser Stelle nicht einmal tangiert. Zum anderen muss man sich auch der Aussagekraft einer Metrik bewusst sein. Eine Metrik bzw. ein Kennzahlensystem liefert in erster Linie nur Indizien für problembehaftete Situationen. Damit wird ein identifiziertes Problempotenzial zum Initiator einer Metrik. In dem in diesem Abschnitt beschriebenen Beispiel würde das bedeuten, dass man sich der Gefahr einer Überalterung von Applikationen in der IT-Architektur bewusst ist und aus dieser Motivation heraus eine derartige Metrik entwickelt.

3.3.3 Komplexitätsbestimmung über Function Points

Kosten und Nutzen einer Architektur sind in ständiger Bewegung.

Ob das Preis-Leistungs-Verhältnis für die IT-Architektur gerechtfertigt erscheint, ist schwer zu beantworten. Zu viele Parameter beeinflussen die Entscheidungen bezüglich der Leistungsfähigkeit und steuern damit natürlich auch die anfallenden Kosten. Technologische Aspekte,

Zukunftssicherheit und strategische Gründe sind nur einige davon. Dennoch sind die Kosten einzelner Funktionen und deren Entwicklungen durchaus von Interesse. Gerade die Betrachtung der Kostenentwicklung, heruntergebrochen auf einzelne IT-Systeme oder Systemgruppen, liefert Indizien für problembehaftete Abschnitte. Steigen zum Beispiel die Aufwände für die Realisierung neuer Funktionen in der CRM-Applikation signifikant an, kann dies ein Hinweis auf eine nicht mehr adäquate Systemarchitektur oder Technologie sein. Auch bietet diese Kostenbetrachtung eine Vergleichsmöglichkeit unterschiedlicher IT-Systeme, die gleiche Funktionen realisieren. Ob die Funktionalität der Adressänderung im Kundenselbstadministrationsportal teurer oder günstiger ist als in der Applikation, die von den Callcenter-Mitarbeitern genutzt wird, können heute nur wenige IT-Verantwortliche beantworten.

Messung der Funktionalitäten

Die Grundlage für eine Bestimmung derartiger Kosten ist das Wissen um die Anzahl und Wertigkeit von Funktionen, die eine Neuentwicklung bzw. eine Änderung beinhaltet. Ein mittlerweile etabliertes Verfahren, dies zu ermitteln, ist die *Function Point-Methode*. Sie wurde 1979 von A. J. Albrecht entwickelt und misst die Größe bzw. den Umfang einer Anwendung aus Benutzersicht. Das heißt, es werden die vom Anwender geforderten Funktionalitäten gemessen. Das resultierende Maß ist somit unabhängig von der eingesetzten Technologie. Konsequent eingesetzt, erhält man applikationsübergreifende, konsistente Daten über alle realisierten und geplanten Applikationen sowie über die Änderungen, die an diesen durchgeführt wurden.

Der Verwendungsmöglichkeit dieser Kennzahlen erstreckt sich auf viele Bereiche und kann unternehmensweit genutzt werden. Dazu zählen:

- **Grundlage für die Projektabwicklung**
  Die ermittelten Function Points können in der Aufwandsschätzung, Projektstrukturierung, Release-Planung und Qualitätssicherung (sowohl bei der Testfallerstellung als auch bei der Planung der Testdurchführung) eingesetzt werden.
- **Maß für die Applikationsbewertung**
  Die Anzahl der Function Points bildet die Basis für viele abgeleitete Kenngrößen wie zum Beispiel für die Applikationsgröße, für die Anzahl Fehler pro Function Point, für den Entwicklungsaufwand pro Function Point, für den Wartungsaufwand pro Function Point etc.

- **Kostenbewertung**
  Da die Function Points unabhängig von der verwendeten Technologie sind, bietet sich eine einfache Möglichkeit, den Aufwand pro Function Point zu berechnen. Der Aufwand kann unter anderem zum Kostenvergleich von Applikationen und einzelnen Releases herangezogen werden.
- **Bewertung neuer Projektvorhaben**
  Die Zählung der Function Points kann schon mit dem Abschluss[6] der Fachkonzeptionsphase, d.h. im Anschluss an die Bedarfsermittlung erfolgen. Denn zu diesem Zeitpunkt sind die fachlichen Funktionalitäten und benötigten Datenstrukturen aus Benutzersicht klar definiert. Da die Anzahl der Function Points im direkten Zusammenhang mit dem Aufwand und damit mit der benötigten Zeit sowie mit den anfallenden Kosten stehen, können IT-Projekte zuverlässig bewertet und weiterführende Entscheidungen getroffen werden.

Die Vorgehensweise bei der Zählung der Function Points ist durch die International Function Point User Group (IFPUG) standardisiert[7] und in der Literatur vielfältig behandelt worden. Von daher möchten wir an dieser Stelle nur kurz auf die Durchführung einer Zählung eingehen, um Ihnen einen Eindruck von dem Verfahren zu geben.

Typ der Zählung festlegen

Die Zählung ist in fünf Schritten organisiert. Im ersten Schritt wird der Typ der Zählung festgelegt. Es wird zwischen Neuentwicklung, Weiterentwicklung und Anwendungssystemen unterschieden. Die Unterscheidung der Neu- und Weiterentwicklung betrifft weniger die eigentliche Projektabwicklung als die Ermittlung der Gesamtanzahl an Function Points. Denn das Entfernen bzw. Ändern von Funktionen wirkt sich unmittelbar auf die Anzahl der Function Points einer Applikation aus.

Umfang der Zählung festlegen

Anschließend werden der Umfang der Zählung und die davon abhängigen Systemgruppen definiert. An dieser Stelle sei noch einmal erwähnt, dass der Bereich der Zählung ausschließlich über die Benutzersicht festgelegt wird.

6 Bei Eigen- bzw. Fremdentwicklungen empfiehlt es sich, auch zum Abschluss des Projekts eine weitere Zählung der Function Points durchzuführen. Die Praxis zeigt, dass bei vielen Projekten während der Durchführung die Anzahl der Function Points stetig wächst.

7 Derzeit ist das IFPUG Release 4.1 im Einsatz.

Durchführung der Zählung

Der dritte Schritt beinhaltet die eigentliche Zählung. Dabei werden fünf so genannte Funktionstypen unterschieden:

- **Interne Datenbestände**
  Dies sind Daten, die innerhalb der zu bewertenden Anwendung verwaltet und gepflegt werden
- **Externe Schnittstellen-Datenbestände**
  Daten, die außerhalb der zu bewertenden Anwendung verwaltet und gepflegt werden, fallen in diese Kategorie.
- **Externe Eingabedaten**
  Dieser Funktionstyp bezeichnet den Prozess, der von außen kommende Daten verarbeitet. Ein typisches Beispiel für einen Prozess dieser Art ist das Anlegen eines neuen Kunden über einen Dialog
- **Externe Ausgabedaten**
  Gemeint ist der Prozess, der Ausgabedaten bzw. Statusinformationen erzeugt. Das Anzeigen der Daten bei der Kundensuche nach Namen beispielsweise ist ein elementarer Prozess dieser Kategorie.
- **Externe Abfragen**
  Hiermit wird der Prozess zum Durchführen von Abfragen klassifiziert. Die Darstellung von Kundendaten anhand von Suchmustern fällt in diese Kategorie.

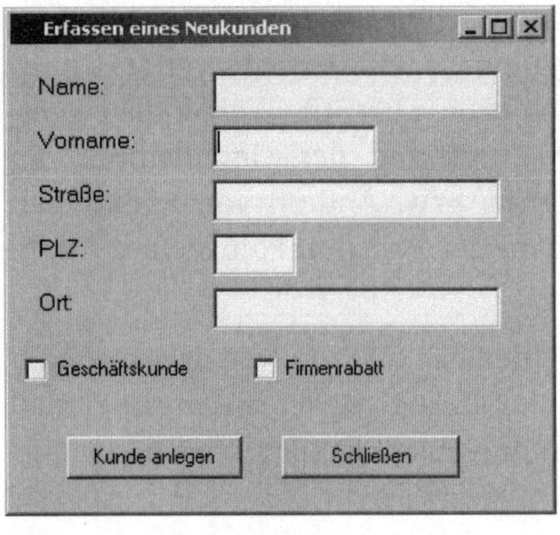

Abbildung 3.15 Erfassungsmaske für Neukunden

Festlegung des Komplexitätsgrades

Zur Verdeutlichung des eigentlichen Zählverfahrens beschreiben wir dieses anhand eines Beispiels für den Funktionstyp der externen Eingabedaten. In Abbildung 3.15 ist ein einfacher Dialog zur Erfassung von Neukunden abgebildet. Um nun die Function Points für diesen Erfassungsprozess ermitteln zu können, muss zunächst die Komplexität bestimmt werden. Der Komplexitätsgrad hängt dabei von zwei Faktoren ab:

- **Anzahl der Datenelemente**
  Zur Ermittlung dieses Wertes werden alle Felder und Schaltflächen gezählt, die von dieser Operation betroffen sind. In unserem Beispieldialog sind es insgesamt acht Datenelemente (sieben Eingabefelder und die Schaltfläche »Kunde anlegen«. Die Schaltfläche »Schließen« wird nicht mitgezählt, da sie für die Operation nicht relevant ist).
- **Anzahl der referenzierten Datenbestände**
  Es werden alle Datenbestände gezählt, die durch diese Erfassungsmaske angesprochen und gepflegt werden. Auch an dieser Stelle werden ausschließlich Datenbestände aus Benutzersicht betrachtet, d.h., in unserem Beispiel gehen wir von einem referenzierten Datenbestand, nämlich der Entität Kunde aus.

Der Dialog in Abbildung 3.15 erhält somit acht Datenelemente und einen referenzierten Datenbestand. Eine Komplexitätsmatrix liefert zu diesen beiden Parametern den Komplexitätsgrad für den jeweils berücksichtigten Prozess, in unserem Fall den Komplexitätsgrad »niedrig«. Über eine weitere Matrix erhält man dann die Information, dass bei externen Eingabedaten der Komplexitätsgrad »niedrig« mit drei ungewichteten Function Points zu bewerten ist. Die Gesamtanzahl der ungewichteten Function Points ergibt sich, indem bei der zu bewertenden Anwendung die Funktionalitäten für alle Funktionstypen geschätzt werden. Entsprechend der beschriebenen Zählverfahren in dem Beispiel hat die IFPUG für die fünf Funktionstypen Zählvorschriften definiert.

Auswertung und Ergebnisinterpretation

Ist das Projektvorhaben vollständig gezählt worden, bestimmt sich die Anzahl der ungewichteten Function Points des Projekts über Summation. Damit wird dem Unternehmen eine Kenngröße an die Hand gegeben, die die Komplexität des Projekts, bezogen auf die rein fachlichen Anforderungen, beschreibt. Allerdings sind bis zu diesem Zeitpunkt keinerlei andere relevante Faktoren berücksichtigt worden. Lassen Sie uns hierzu noch einmal kurz unseren Beispieldialog aufgreifen. Je nach Einsatzgebiet und Anwendungsfall kann das Thema der Benutzerfreundlichkeit den zu investierenden Entwicklungsaufwand durchaus in die Höhe treiben. Da aber bis zum jetzigen Zeitpunkt nur von der Erfassung einiger kundenspezifischen Attribute gesprochen wurde, fehlt die Bewertung dieses Einflusses noch.

Gesamteinflussfaktor zur Bestimmung gewichteter Function Points

Zur Lösung dieses Problems wurde ein so genannter Gesamteinflussfaktor definiert, mit dem dann die gewichteten Function Points bestimmt werden können. Dieser wiederum setzt sich aus 14 allgemeinen Einflussfaktoren wie zum Beispiel verteilte Verarbeitung, Leistungsfähigkeit, Benutzerfreundlichkeit, Wiederverwendbarkeit etc. zusammen. Zur Ermittlung existieren von der IFPUG entsprechende Zähl- und Berechnungsregeln. Das Ergebnis ist ein Wert zwischen 0,65 und 1,35, wodurch die gewichteten Function Points maximal eine 35%-ige Abweichung von den ungewichteten Function Points haben können.

3.3.4 Anti-Pattern

Wir haben im vorherigen Abschnitt Metriken als probates Mittel kennen gelernt, um Antworten auf bestimmte Fragestellungen in einfacher und konsolidierter Form darstellen zu können. Überall da, wo man Merkmale und Eigenschaften durch Berechnungsvorschriften messen kann, eignen sich Metriken sehr gut für eine kompakte Beschreibung und zügige Validierung der Sollstrukturen. Möchte man jedoch architektonische bzw. strukturelle Missstände der IT-Architektur aufdecken, sind Metriken eher unzweckmäßig. Zwei Hauptgründe sprechen gegen einen Einsatz:

1. Strukturelle Defizite in der IT-Architektur treten typischerweise lokal, d.h. an einzelnen Stellen auf. Es ist eine Detailanalyse notwendig, um diesen Problemen auf die Spur zu kommen. Der Ansatz von Metriken ist aber gerade ein gegensätzlicher: Durch Konsolidierung und Abstraktion wird ein Mechanismus etabliert, um einen Überblick zu bestimmten Fragestellungen zu erhalten.
2. Das Ziel von Messungen ist es, ein stetiges Optimierungsverfahren abzubilden. Auf bestimmten Modellen werden Maße definiert und bewertet, anschließend erfolgt eine fortwährende Verbesserung entsprechend des Regelkreises: Messen – Interpretieren des Ergebnisses – Korrigieren des Messobjekts. Problembehaftete Strukturen hingegen müssen gezielt gesucht und behoben werden. Eine Metrik wird höchstens einen Hinweis darauf geben können, dass prinzipiell etwas im Argen liegt; die Entdeckung der Problemstelle wird aber nur durch genaue Betrachtung und Beurteilung der Strukuren möglich sein.

Häufig sind problembehaftete Strukturen in der IT-Landschaft historisch gewachsen. Ein schnell wachsender Markt und daraus resultierend immer wieder neue Anforderungen, die in kürzester Zeit umgesetzt werden müssen, führen zu einer Vernachlässigung einer gesamtarchitektonischen Betrachtung. Wir haben in der Vergangenheit zwei Situationen erkennen können, die zu nicht optimalen Strukturen geführt haben:

- Häufig war der Stellenwert einer unternehmensweiten Konzeption für die IT-Architektur nicht sehr hoch. Abteilungen waren für abgegrenzte Aufgaben verantwortlich und haben die Arbeitsabläufe durch IT-Systeme unterstützt. Es stand nicht genug Geld zur Verfügung, und diese IT-Systeme konnten nur intern gepflegt (Wartung, Backup etc.) werden.
- Da in der Regel ein hoher Zeitdruck bei der Einführung neuer Applikationen herrscht und der Nutzen eventuell existierender unternehmensweiter Richtlinien für den Einzelnen oft nicht erkennbar ist, neigen viele für Applikationen Verantwortliche dazu, Standards und Vorgehensweisen im Bereich IT-Architekturen zu ignorieren. Häufig sind die Organisationsformen in den Unternehmen kaum auf eine derartige Dynamik ausgerichtet.

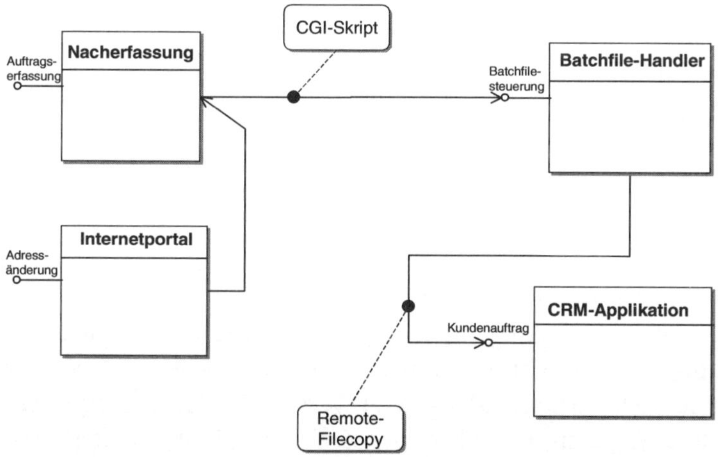

Abbildung 3.16 Beispiel einer historisch gewachsenen IT-Architektur

Das in Abbildung 3.16 dargestellte Beispiel aus der Praxis zeigt, wie nicht optimale IT-Strukturen entstehen. Ursprünglich existierte die rechts unten abgebildete CRM-Applikation mit einer zusätzlichen File-Schnittstelle, um Kundenaufträge im Batchbetrieb abarbeiten zu können. Diese Variante wurde genutzt, wenn Probleme bei einzelnen im Geschäftsprozess der Kundenaufträge beteiligten Systemen auftraten. Konnte beispielsweise ein Callcenter-Mitarbeiter wegen Netzwerkproblemen mehrere Kundenaufträge nicht direkt in die CRM-Applikation eingeben, so sammelte er diese in einer Datei und importierte sie später. Um diese Arbeitsweise mit ein wenig mehr Komfort auszustatten, entwickelte eine Abteilung eine kleine Internetanwendung, die die Erstellung der Dateien sowie den Importvorgang in die CRM-Applikation vereinfachen sollte. Die Mitarbeiter bekamen eine kleine Auftragserfassungsmaske und hatten die Möglichkeit, entweder Aufträge zu speichern oder die gespeicherten Aufträge in Richtung der CRM-Applikation zu transferieren. In beiden Fällen wurde ein CGI-Skript ausgeführt, das die jeweilige Operation ausführte. Als die Abteilung für die Bereitstellung des Internetportals von dieser technischen Umsetzung erfuhr, sah sie eine einfache Möglichkeit, den Kunden auch die Administration über das Web bereitzustellen. Es wurde einfach eine ähnliche Erfassungsmaske entwickelt. Betätigte der Kunde den »Übernehmen«-Button dieser Maske, wurde erst das CGI-Skript zum Speichern in der Datei, dann das CGI-Skript zum Übertragen dieser Datei aufgerufen. Das Resultat des Architekturausschnitts zeigt Abbildung 3.16.

Es ist offensichtlich, dass der in diesem Beispiel gewählte Lösungsweg alles andere als gut ist. Ohne uns zu sehr auf dieses Beispiel konzentrieren zu wollen, möchten wir kurz einige der Schwachstellen aufzeigen:

- **Fachliche Probleme**
  Diese Lösung bietet keinen wirklichen Online-Service. Ob und wann der Auftrag abgearbeitet wird, hängt stark vom Importverhalten der CRM-Applikation ab. Rückmeldungen können über diesen Weg nicht verarbeitet werden. Des Weiteren ist dieser Weg alles andere als stabil.
- **Technische Probleme**
  Sowohl die Verwendung einer Importschnittstelle als auch die Benutzung der Routinen eines dazwischen geschalteten IT-Systems sind als schlechte Entscheidungen zu werten. Es können keine seriösen Zusicherungen bezüglich der Stabilität, Skalierbarkeit und Erweiterbarkeit dieser technischen Abbildung des Geschäftsprozesses der Kundenadministration über das Internet gemacht werden.
- **Organisatorische Probleme**
  Da diese Anbindung nicht über den offiziellen Weg etabliert wurde, werden die Entwickler des Internetportals über eventuelle Änderungen an der Importschnittstelle nicht informiert. Da bei derartigen

Änderungen aber eine Anpassung der mitgenutzten CGI-Skripten erforderlich sein kann, ist ein Fehlverhalten vorprogrammiert.

Interimslösung wird zur ständigen Lösung

Das Hauptproblem einer derartigen Lösung ist aber, dass in den von der Technik abstrahierenden Ebenen dieser Missstand nicht mehr wahrgenommen wird. Vielmehr vermittelt man den Eindruck, dass man die Problematik der Kundenselbstadministration über das Internet gelöst hat. Damit ist genau das Gegenteil von der eigentlichen Absicht erreicht worden: Was ursprünglich einmal eine kreative Idee eines engagierten Entwicklers war, mutiert auf Entscheiderebene zu der effizienten Lösung eines großen Problems. Die Aussage, dass es eigentlich nur um eine Interimslösung handelt und dass für die richtige Lösung noch eine Menge Zeit und Geld benötigt wird, will keiner mehr hören und damit wird auch niemand mehr diese Aussage – so richtig sie auch ist – tätigen[8].

Nutzung von Anti-Patterns in Anlehnung an das Software-Engineering

Um solche strukturellen Schwächen in der IT-Architektur frühzeitig erkennen und daraufhin gegensteuern zu können, möchten wir eine weitere Methode etablieren, im Aspekte der IT-Architektur besser verstehen zu können. Der Begriff der *Anti-Pattern* stammt ursprünglich aus dem Bereich des Software-Engineerings und wurde dort als natürliche Erweiterung zu den Entwurfsmustern eingeführt. Anti-Pattern beschreiben Lösungen zu Problemen, die negative Konsequenzen auslösen. Es sind Lösungsstrukturen, die zeigen, wie man es eben nicht machen sollte. Diese Methodik ist auch im Bereich der IT-Architekturen nutzbar. Auch hier findet man gleichartige Situationen, die durch ähnliche Lösungsszenarien behandelt wurden. Das heißt, mit einem Anti-Pattern wird nichts anderes als eine Schablone für eine Klasse von Problemsituationen beschrieben – in diesem Fall im Kontext von IT-Architekturen. Um mit Anti-Pattern umgehen zu können, sind im Wesentlichen drei Fragen zu beantworten:

1. Wie erkennt man Anti-Pattern in IT-Architekturen?
2. Welche Maßnahmen sind durchzuführen, um erkannte Anti-Pattern durch adäquate Lösungen zu ersetzen?
3. Durch welche präventiven Maßnahmen sind Anti-Pattern zukünftig zu verhindern?

8 Überbringer von schlechten Nachrichten riskieren ihren Kopf – zumindest war es bei Boten der Antike so.

Um Ihnen an dieser Stelle ein Gefühl für diese Thematik zu geben, schildern wir drei typische Beispiele aus dem Bereich der »schlechten Lösungen«.

Redundanzproblematik

Die redundante Datenhaltung, d.h. die Speicherung von bestimmten Informationen in mehreren Systemen, ist ein viel und kontrovers diskutiertes Thema. Insbesondere das Argument der Konsistenz wird von Gegnern der doppelten Datenhaltung angeführt. Dennoch wird man immer Situationen finden, in denen aus fachlichen, technischen oder wirtschaftlichen Gründen das Risiko der Inkonsistenz bewusst in Kauf genommen worden ist.

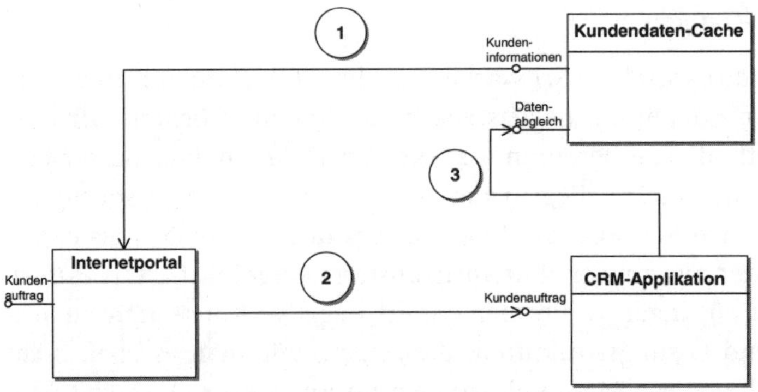

Abbildung 3.17 Beispiel für redundante Datenhaltung

Das in Abbildung 3.17 dargestellte Beispiel zeigt die Verwendung redundanter Daten in einem Lesesystem. Das Ziel ist die Entlastung des eigentlichen operativen Systems und in Folge davon eine Performance-Optimierung für die betroffenen Prozesse. IT-Systeme, die Informationen über Kundendaten benötigen, greifen statt auf die CRM-Applikation in Zukunft auf den Kundendaten-Cache zu. Für den durch einen Internet-Benutzer initiierten Geschäftsvorfall stellt sich der Ablauf wie folgt dar:

1. Bei der Anmeldung werden die aktuellen Kundendaten geladen. Diese definieren in Abhängigkeit von den Verträgen die Menge der erlaubten Operationen in dem Internet-Portal.
2. Nachdem der Kunde seine Aufträge in dem Internet-Portal gestellt hat, werden diese an die CRM-Applikation als Kunden- und Vertragsdaten verwaltende Anwendung übermittelt.

3. Sobald die Kundendaten in der CRM-Applikation aktualisiert worden sind, wird auch der Kundendaten-Cache über die Änderungen informiert.

Gefährdung der Datenaktualität

Diese Konstellation sieht zunächst ganz vernünftig aus, denn sie löst das zu Grunde liegende Problem: Das operative System wird entlastet. Das Gefahrenpotenzial liegt in diesem Fall in der Aktualität der Daten und der Durchführung operativer Prozesse. Konsequenzen für die Applikationen und Prozesse können sein:

- Die Aktualisierung der Kundendaten im Kundendaten-Cache muss als Transaktion der ändernden Operation durchgeführt werden. Andernfalls kann die Situation eintreten, dass der Kundendaten-Cache veraltete Daten anbietet und dass dadurch nicht zulässige Aufträge erzeugt werden.
- Die planmäßigen Wartungsintervalle der beiden Systeme müssen abgestimmt werden, da sich sonst die Ausfallzeiten addieren.
- Die Release-Wechsel der beiden Systeme müssen abgesprochen werden. Sobald sich etwas Datenrelevantes in der CRM-Applikation ändert, müssen auch der Datenabgleich und die betroffenen Schnittstellen angepasst werden.
- Der Funktionsbereich des Kundendaten-Caches muss klar abgegrenzt sein. Ansonsten entsteht schnell der Zustand, dass beispielsweise über den Kundendaten-Cache auch andere Daten bereitgestellt werden.
- Die Qualitätsmerkmale Performance und Stabilität des Kundendaten-Caches müssen sehr stark ausgeprägt sein.

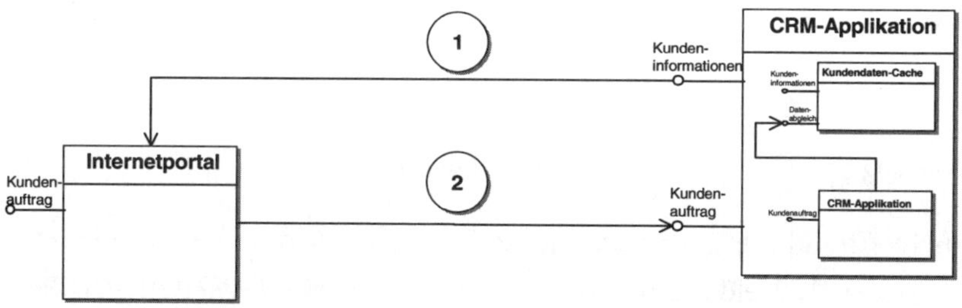

Abbildung 3.18 Beispiel für die Abstraktion der redundaten Datenhaltung

Mängel treten erst mit Zeitverzögerung auf.

Diese Liste kann noch beliebig erweitert werden. Sie erkennen aber schon an dieser Aufzählung die Problematik. Die prognostizierten Schwierigkeiten bestehen weniger in der Konstellation der einzelnen Applikation als in der Organisation und in den Verantwortlichkeiten.

Da eine IT-Architektur einer Dynamik unterliegt, werden die Reibungsverluste erst in der Zukunft eintreten. In Abbildung 3.18 ist die Abgrenzung der Applikationen so gezogen, dass von der redundanten Datenhaltung abstrahiert wird. Damit reduziert sich die Behandlung des zu Grunde liegenden Geschäftsvorfalls auf verbleibende zwei Schritte. Natürlich ist der technische Mechanismus ein und derselbe, denn nach wie vor werden die Daten aus Gründen der Geschwindigkeit doppelt gehalten. Nur in dieser Konstellation ist es eine technische Lösung der Verantwortlichen der CRM-Applikation und nicht Bestandteil der IT-Architektur.

Zentrale Dienste in heterogenen Strukturen

Die Mehrfachrealisierung zentral nutzbarer Dienste ist ein häufig anzutreffendes Problem bei schnell wachsenden IT-Architekturen. Die hierbei auftretenden Schwierigkeiten liegen nicht nur in der Auslagerung ähnlicher Funktionalitäten, sondern auch in der richtigen Formulierung dieser Dienste.

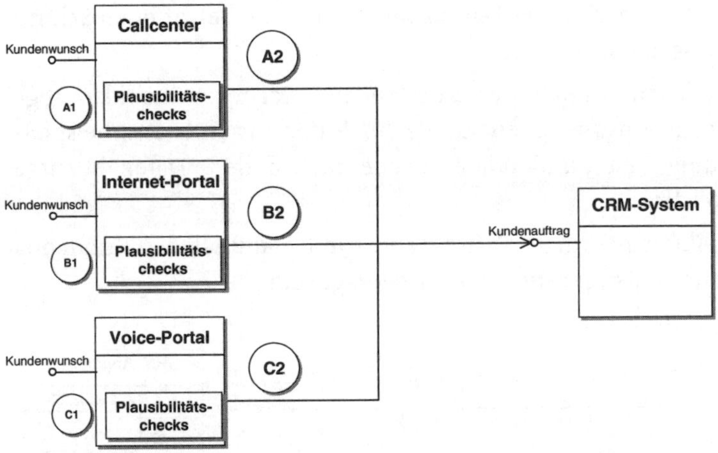

Abbildung 3.19 Beispiel für mehrfach realisierte Funktionalitäten

Das in Abbildung 3.19 dargestellte Beispiel soll das Gesagte verdeutlichen. Es sind drei verschiedene Eingangskanäle repräsentiert, über die der Kunde einen Auftrag (zum Beispiel einen Tarifwechsel in unserem Telko) erteilen kann. Der Ablauf ist ähnlich:

1. Es wird geprüft, welche Tarifwechsel in Abhängigkeit von den Rahmenbedingungen (Vertragsverhältnis, Historie etc.) überhaupt möglich sind.
2. Hat der Kunde einen entsprechend seinen Möglichkeiten zulässigen Auftrag erteilt, wird dieser der CRM-Applikation übermittelt.

Der erste Schritt wird in ähnlicher Art und Weise sowohl vom Callcenter als auch vom Internet-Portal und vom Voice-Portal durchgeführt. Trotzdem wurden die hierfür benötigten Funktionen jedes Mal neu[9] umgesetzt. Aus der resultierenden IT-Architektur lassen sich unmittelbar einige Problempunkte ablesen:

- Die Entwicklungskosten gleicher Funktionalitäten fallen für jeden Eingangskanal separat an.
- Durch die getrennte Entwicklung besteht die Gefahr, dass gleiche fachliche Anforderungen verschieden realisiert werden. Das Resultat ist eine unterschiedliche Behandlung eines Geschäftsvorfalls, abhängig davon, über welchen Eingangskanal der Kunde mit dem Unternehmen in Verbindung tritt.
- Die Release-Planung der Eingangskanäle muss abgestimmt und ggf. synchronisiert werden. Gerade bei Anforderungen an den Plausibilitätscheck sind alle Verantwortlichen gefordert, ihre Systeme anzupassen.
- In dieser Architektur ist es nicht ohne weiteres möglich, eine kanalübergreifende Logik (zum Beispiel: Tarifeinstellungen dürfen innerhalb von 24 Stunden nur zweimal geändert werden) zu etablieren. Durch die Unkenntnis der anderen Kanäle ist eine Historienbetrachtung kaum zu realisieren.
- Je nachdem, wo die Validierung der Aufträge angesiedelt ist, kann es in dieser Architektur zu falschen bzw. inkosistenten Aufträgen und Missbrauch kommen.

Die auf der Hand liegende Lösung ist, den Plausibilitätscheck als zentralen Dienst zu etablieren. Doch das einfache Ausgliedern dieser Funktionalität ist nur die halbe Lösung. Es gibt eine Facette, die bis dato noch nicht berücksichtigt wurde – nämlich die parallele Nutzung dieser Kanäle. Es ist nicht nur so, dass den Kunden mehrere Eingangskanäle zur Verfügung stehen, sondern sie können diese Kanäle auch in kürzes-

9 Derartige Architekturen haben sich häufig im Laufe der Zeit entwickelt. Denn die einzelnen Kanäle, über die Kundenaufträge gestellt werden können, entstanden nicht gleichzeitig, sondern in Anlehnung an die Marktrelevanz.

ter Zeit in beliebiger Reihenfolge verwenden. Von daher bietet sich eine Reorganisation der IT-Architektur gemäß Abbildung 3.20 an.

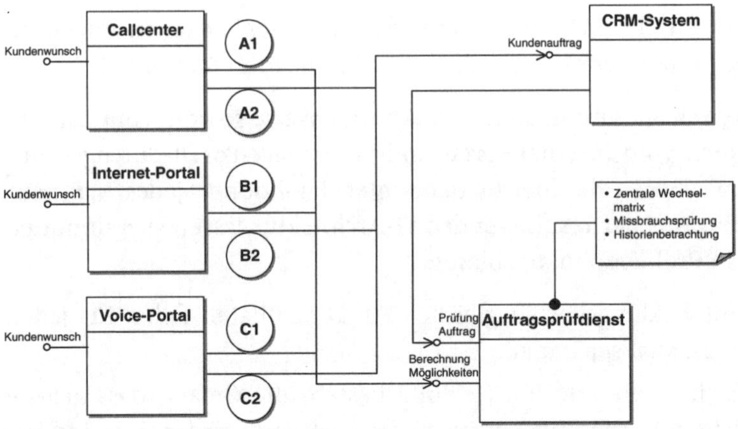

Abbildung 3.20 Zentrale Dienste in der IT-Architektur

Als gemeinsame Funktionalität wurde der Plausibilitätscheck ausgelagert. Damit können, egal über welchen Eingangskanal der Kunde mit dem Unternehmen in Kontakt tritt, durch einen zentralen Service die Wechselmöglichkeiten (siehe Schnittstelle »Berechnung Möglichkeiten«) geliefert werden. Das Voice-Portal kann dementsprechend den Sprachbaum aufbauen, im Internet können die zulässigen Möglichkeiten angeboten werden, und der Callcenter-Mitarbeiter hat die Mittel, um eine zielgerichtete Beratung anzubieten. Über eine zweite Schnittstelle wird die Antwort geliefert, ob ein Kundenauftrag zu einem gegebenen Zeitpunkt zulässig ist. Die Nutzung dieses Dienstes liegt primär bei dem CRM-System. Zu bemerken ist, dass neben der eigentlichen Logik dieser zentrale Dienst um Funktionen wie Überprüfung der Historie und Testen von Missbrauchszenarien ergänzt wurde. Denn gerade, wenn ein Geschäftsvorfall über mehrere verschiedene Eingangskanäle erzeugt werden kann, müssen Dimensionen wie die Zeit und der Eingangskanal in den Entscheidungsprozess einbezogen werden.

Verschiebung der Applikationsklassifizierung

Wir sind im Abschnitt über Metriken bereits ausführlich auf die Thematik der Klassifikation von Applikationen eingegangen. An dieser Stelle gilt unser Augenmerk der Abhängigkeit von Applikationen unterschiedlicher Wertigkeit. Gemeint ist damit der Zugriff zentraler und wichtiger Applikationen auf eher unbedeutende Anwendungen. Solche Konstellationen sind insofern gefährlich, als dass sie nicht geplant werden, sondern eher im Laufe der Zeit entstehen.

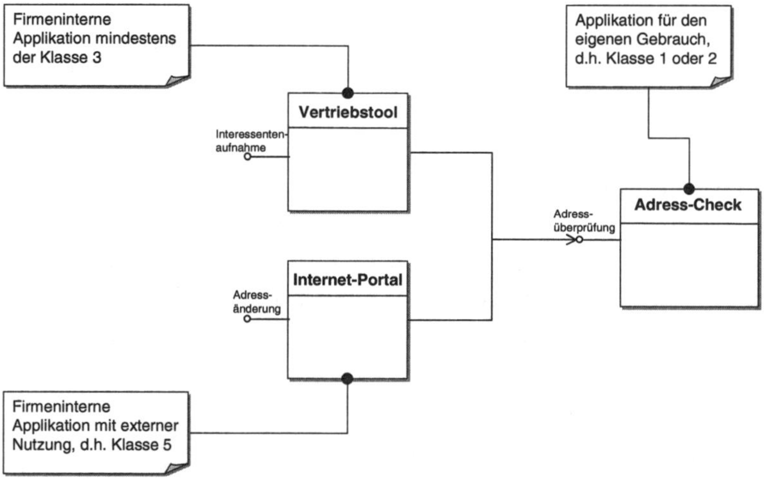

Abbildung 3.21 Abhängigkeit bedeutender Systeme von einfachen Anwendungen

Betrachten wir hierzu das Beispiel in Abbildung 3.21. Bei der Applikation »Adress-Check« handelt es sich um eine kleine Applikation, die auf Basis eines Adressbestands mittels Fuzzysuche (unscharfe Suche, bei der auch ähnliche Adressen gefunden werden) ermittelt, ob eine eingegebene Adresse existiert. Ist die Anwendung fündig geworden, gibt sie die ggf. korrigierte Adresse an den Anwender zurück. Dieses Tool wurde von einem Mitarbeiter der Reklamationsbearbeitung zur Arbeitsunterstützung entwickelt. Da genau diese Funktionalität auch von der Kundenselbstadministration des Internet-Portals benötigt wurde, setzte man sich kurzerhand zusammen und definierte eine zusätzliche Schnittstelle. Heute wird diese Schnittstelle auch noch von dem Interessenten-Management des Vertriebsbereichs zur Verbesserung der Adressqualität genutzt.

Wichtige Applikation ohne Stellenwert

Was auf den ersten Blick wie ein implizit entstandener zentraler Dienst aussieht, kann sich im Laufe der Zeit zu einer durchaus problematischen Konstellation entwickeln. Der essenzielle Unterschied zu einem zentralen Dienst ist der niedrige Stellenwert dieses Tools in der IT-Architektur des Unternehmens. Dadurch fällt diese Anwendung aus den meisten Betrachtungen und Planungen heraus. Im schlimmsten Fall ist ihre mittlerweile zentrale Bedeutung bei den IT-Verantwortlichen nicht einmal bekannt. Damit wird sie weder bei den fachlichen noch bei den technischen Planungen berücksichtigt. Niemand, wenn nicht der Konstrukteur dieses Tools selbst, wird sich beispielsweise um eine regelmäßige Aktualisierung der untersuchten Adressbestände kümmern.

Es lassen sich zwei Ursachenfelder identifizieren, die diese Konstellation möglich machen:

- **Die den Applikationen zugeordnete Klasse entspricht nicht dem aktuellen Einsatz**
  Bedingt durch die Dynamik der IT-Architektur unterliegt auch die Einteilung der Applikationen in ihre Klassen permanenten Schwankungen. Die Bedeutungen von Applikationen sowie die Integrationstiefe in das betrachtete Umfeld kann steigen und fallen. Das Resultat ist eine notwendige Anpassung der aktuellen Klassifizierung.
- **Abhängigkeiten von Applikationen sind nicht bekannt**
  Gerade Applikationen der Klasse 1 und 2, d.h. Applikationen für den eigenen Gebrauch, werden in der Planung der IT-Architektur selten berücksichtigt. Als Konsequenz sind natürlich auch Zugriffe auf Applikationen dieser Kategorie unbekannt.

Abhängigkeit von Applikationsgewichtung und Geschäftsprozessen

Die Lösung ergibt sich fast automatisch durch Betrachtung der Ursachen. Zum einen ist die Zuordnung der Applikationen zu den einzelnen Klassen regelmäßig zu überprüfen und zu justieren. Das eben beschriebene Beispiel zeigt sehr deutlich, wie schnell sich die zugeordnete Klasse ändern kann. Auf der anderen Seite müssen alle Abhängigkeiten zu Applikationen dokumentiert und bei Planungen berücksichtigt werden. Dabei ist es erst einmal nicht wichtig, wie einflussreich die jeweilige Applikation ist. Vielmehr ist die Bedeutung der Abhängigkeit, bezogen auf die betroffenen Geschäftsprozesse, zu ermitteln. Würde der oben beschriebene Adress-Check beispielsweise bei der Bonitätsprüfung im Antragsmanagement eingesetzt werden, wären die Auswirkungen eines veralteten Adressbestands weitaus höher als bei einer Verwendung für einen Serienbrief der Marketingabteilung.

3.4 Zusammenfassung

Wir haben in diesem Kapitel gezeigt, warum es wichtig ist, IT-Architekturen bewerten zu können, und mit welchen Maßnahmen dies geschehen kann. Neben für den Architekturkontext neuen interessanten Konzepten wie den Anti-Patterns haben wir sowohl die *Function Point-Methode* als auch abstrakte Bewertungsmethoden vorgestellt. Hieraus ergibt sich einerseits, dass grundsätzlich viele Methoden aus verschiedenen Bereichen des Software-Engineerings oder auch artfremden Wissenschaften adaptiert werden können. Das Kapitel soll also nicht nur zur Verwendung der hier vorgestellten Methoden anregen, sondern auch das Bewusstsein erzeugen, dass je nach Unternehmenskontext auch eigene Methoden entwickelt werden können.

Eine Sonderrolle im Architekturkontext nehmen sicherlich die Ansätze zur *Portfolio-Analyse* ein, da sie eine starke Unterstützung der Strategiefindung bieten. Sie können gewissermaßen als die Vorstufe zu den Ausführungen am Ende des nächsten Kapitels betrachtet werden, in denen die Balanced Scorecard als Steuerungsinstrument zur Umsetzung einer Architekturstrategie vorgestellt wird.

Zuvor jedoch betrachten wir im folgenden Kapitel die IT-Architektur im Kontext der Unternehmenssituation. Das Kapitel soll Sie für die Bedeutung der Wechselwirkung zwischen IT-Architektur und Organisation sensibilisieren und zeigt, warum eine Architekturorganisation erforderlich ist.

4 IT-Architektur im Kontext der Unternehmensorganisation

4 IT-Architektur im Kontext der Unternehmensorganisation

»Ich bin überzeugt, dass eine Organisation, die sich den Herausforderungen einer sich wandelnden Welt stellen will, bereit sein muss, auf ihrem Weg durch das Leben eines Unternehmens alles an sich selbst in Frage zu stellen – mit Ausnahme ihrer Grundüberzeugungen.«
Thomas J. Watson jun. (1914), amerikanischer Topmanager, ehemaliger Konzernchef von IBM*

4.1 Einführung

In dem vorliegenden Kapitel untersuchen wir die Wechselwirkung zwischen der IT-Architektur und der Unternehmensorganisation. Dabei beschäftigen uns im Wesentlichen drei Fragen:

- Warum sind die IT-Architektur, ihre Qualität und Akzeptanz von der Organisation geprägt und abhängig?
- Mit welchen Organisationsformen und Rollen kann die IT-Architektur unterstützt werden, und wie können diese Organisationsformen und Rollen in ein bestehendes Unternehmensumfeld eingebettet werden?
- Welche Instrumente eignen sich, um komplexe Zusammenhänge zwischen der Unternehmensstrategie, der Technik und der Organisation zu steuern und in Einklang zu bringen?

Bevor wir in den nächsten Abschnitten auf die einzelnen Fragestellungen eingehen, erläutern wir zunächst, wie wir den Begriff »Organisation« im Zusammenhang dieses Kapitels verstehen.

Kieser und Kubicek beschreiben Organisationen als Ressourcenpools. Als Ressourcen betrachten sie dabei ganz unterschiedliche Dinge wie Geld, Arbeitskraft oder auch Rechte, zum Beispiel in Form einer Handlungsvollmacht bzw. einer Weisungsbefugnis.[1] Aus dieser Definition ergeben sich zwei Basisprobleme, mit denen eine Organisation zu kämpfen hat: Zum einen muss definiert werden, wie die Leitung über einen solchen Ressourcenpool organisiert wird, zum anderen ist eine Festlegung erforderlich, wie die durch den Ressourcenpool erzielten Erträge verteilt werden.

1 Vgl. [KIESER92], S. 4

- Im vorliegenden Kapitel bedienen wir uns dieser Sichtweise einer Organisation und arbeiten heraus, wie sich Ressourcen (zum Beispiel Know-how, Mitarbeiter oder IT-Budgets) im Sinne der Unternehmensziele einsetzen lassen und welche formalen Strukturen geeignet sind, um die Mitglieder der Organisation auf diese gemeinsamen Ziele auszurichten. Denn auch wenn heute jedes Unternehmen natürlich über formale Strukturen und Rollen verfügt, die die komplexe IT-Architektur beherrschbarer machen sollen, so gibt es doch im Alltag immer wieder Überraschungen. Die kurze (und wahre) Geschichte aus Abschnitt 4.2.1 ist ein Beispiel dafür, dass ein scheinbar unbedeutender Mangel der Organisation weit reichende negative Auswirkungen auf die IT-Architektur haben kann.

4.2 Die Wechselwirkung zwischen IT-Architektur und Organisation

4.2.1 Die starke Einfluss organisatorischer Schwächen

Vor einigen Jahren betreuten wir ein Projekt bei einem mittelständischen Unternehmen mit ca. 500 Mitarbeitern. Das Ziel dieses Projekts war im Prinzip die komplette Erneuerung der IT-Architektur. Die drei unternehmenskritischsten Applikationen sollten ersetzt werden, weil sie durch das rasante Wachstum des Unternehmens in den vorausgegangenen drei Jahren den Anforderungen an funktionale Abdeckung, Geschwindigkeit und Flexibilität bei der Weiterentwicklung nicht mehr gewachsen waren. Darüber hinaus sollte eine unternehmensweite Plattform etabliert werden, über die zunächst sämtliche Kernsysteme und später dann weitere Sekundärsysteme nahtlos integriert werden sollten. Und zu guter Letzt galt es in diesem Zusammenhang ein Unternehmensdatenmodell zu definieren, an dem sich die neuen Applikationen und die zukünftig einzuführenden Systeme zu orientieren hatten. Abgesehen davon, dass dieses Gesamtprojekt für ein Unternehmen dieser Größenordnung bereits eine erhebliche Herausforderung darstellte (allein die Zahl der Projekt-Mitarbeiter lag zwischen 30 und 40 Personen), war es auch für uns ein äußerst spannendes Vorhaben, da wir im Prinzip mit einem gut ausgestatteten Budget auf der grünen Wiese einen wesentlichen Ausschnitt der IT-Architektur neu planen und realisieren durften. In der Initialisierungsphase wurde die Struktur des Projektteams zusammengestellt. Dabei wurden neben einem Gesamtprojektleiter auch mehrere Teilprojektleiter für verschiedene Projektinhalte eingesetzt. Das Projektteam selbst war eine sehr heterogen zusammengesetzte Mannschaft. Neben den ca. 20 internen Mitarbeitern des Kunden, die sowohl aus der IT-Abteilung als auch aus den Fachbereichen stammten, waren die restlichen Mitarbeiter Spezialisten von zeitweise bis zu fünf verschiedenen externen IT-Dienstleistungsunternehmen. Trotz dieser Heterogenität stimmte die Chemie im Team, und trotz eines straffen Zeitplans wurde das Projekt kompetent und erfolgreich vorwärtsgetrieben. Man sollte meinen, dass unter diesen nahezu optimalen Rahmenbedingungen für ein IT-Projekt eine herausragende IT-Architektur entstanden sei, doch davon war der Kunde noch fast ein Jahr nach dem offiziellen Projektende weit entfernt. Das Projekt wurde zwar im Zeitplan und unter Einhaltung des Budgets abgeschlossen, doch in späteren Projektphasen zeigten sich immer wieder Probleme bei sämtlichen Modifikationen des Systems, die das unternehmensweite Datenmodell betrafen. Was war geschehen?

Eines der Teilprojekte umfasste die Dokumentation und Pflege des Datenmodells, die federführend von einem bestimmten internen Mitarbeiter des Kunden durchgeführt wurde. Die zentrale Aufgabe dieses Mitarbeiters bestand darin, die Datenmodellausschnitte, die einzelne Softwareentwickler entworfen hatten, inhaltlich zu hinterfragen, auf Konsistenz mit dem Gesamtdatenmodell zu überprüfen und auf die Einhaltung der Namenskonventionen für Tabellen und Attribute zu achten. Erst nach einer Freigabe durch diesen Mitarbeiter wurde die Datenmodelländerung in das Schema-File des jeweils nächsten Entwicklungs-Releases aufgenommen. Allerdings war es alles andere als einfach, eine solche Freigabe zu bekommen. Viele der wirklich fähigen Entwickler beschwerten sich bald darüber, dass nur nach endlosen Diskussionen und garantierten Änderungsanforderungen am Originalentwurf eine Freigabe zu erhalten war. Nach weniger als sechs Wochen Projektlaufzeit fühlten sich die Entwickler durch den Mitarbeiter des Teilprojekts »unternehmensweites Datenmodell« schikaniert und in ihrer Arbeit behindert. Ohne ein Urteil über die fachlichen Fähigkeiten dieses Mitarbeiters abgeben zu wollen, kann man sicherlich sagen, dass er sowohl richtige als auch weniger richtige Einwände vorbrachte, die eine Freigabe verzögerten. Weder Eskalationen zum Gesamtprojektleiter noch die in den Statusmeetings offen angesprochenen Probleme mit Datenmodelländerungen führten eine Verbesserung der Situation herbei. Aus irgendeinem Grund (den wir bis heute nicht kennen) hatte der Mitarbeiter einen Bonus, der es ihm ermöglichte, seine Meinung durchzusetzen, auch wenn vier oder fünf hoch qualifizierte Spezialisten in aller Einigkeit das Gegenteil behaupteten. Die Entwickler lösten das Problem dann schließlich auf ihre Art, denn weder der Zeitplan noch die Nerven des Projektteams konnten diesen Zustand weiter verkraften. Jeder von ihnen entwickelte (unausgesprochen) eine individuelle Strategie, um auf möglichst wenig Widerstand bei der Realisierung von Datenmodelländerungen oder -erweiterungen zu treffen. Die einen nahmen ein schlechteres Design in Kauf und lösten das Problem mit dem bereits bestehenden Datenmodell unter Verwendung eines weniger optimalen Programmcodes, oder aber sie versuchten, bei bestimmten Problemstellungen gänzlich auf die Benutzung der Datenbank zu verzichten, etwa indem sie Teile der temporär benötigten Daten in ASCII-Files auslagerten. Andere vermieden einfach sämtliche Diskussionen beim »Genehmigungsverfahren« und akzeptierten jeden Vorschlag des besagten Mitarbeiters, war er auch noch so falsch.

Das Resultat war ein erstmal planmäßig verlaufendes Projekt und eine auf den ersten Blick funktionierende IT-Architektur, die sich aber sehr schnell an vielen Stellen durch schlechte Änderbarkeit und geringe Verarbeitungsgeschwindigkeit auszeichnete. Obwohl das Projekt als erfolgreich abgeschlossen galt, wurde ein wesentliches Ziel nicht erreicht, nämlich eine Architektur zu schaffen, deren Qualitätsniveau über mehrere Release-Zyklen der eingesetzten Softwaresysteme Bestand hat. Das Beispiel zeigt, wie ein eigentlich atomarer Bestandteil der Organisation, nämlich ein einziger Mitarbeiter, erheblichen Einfluss auf die IT-Architektur haben kann. Selbstverständlich wurden die Unzulänglichkeiten vom gesamten Projektteam mitverschuldet[2] bzw. einfach in Kauf genommen. Dennoch war es die Organisation, die nicht leistungsfähig genug war, um die erkannten Probleme zu beseitigen. Weder Eskalationen noch der Druck eines ganzen Projektteams konnten eine nachhaltige Wirkung erzielen. Es liegt natürlich nahe zu behaupten, dass die Schuld vollständig bei dem besagten Mitarbeiter des Datenmodellteams lag, doch ganz so einfach wollen wir uns die Sache nicht machen, denn schließlich haben die Entwickler letzten Endes die architektonischen Unzulänglichkeiten produziert und in Kauf genommen. Die Projektleiter haben offenbar ebenfalls keine Möglichkeit gefunden, den Zustand nachhaltig zu verbessern, und so bleibt die Frage bestehen, woran es denn nun gelegen hat.

Die eine Möglichkeit ist, dass die Organisation nicht in der Lage war, ein angemessenes und akzeptiertes Rahmenwerk von Standards,

2 Beispielsweise ist zu hinterfragen, ob das Projektziel, eine release-fähige Applikation zu realisieren, überhaupt formuliert wurde.

Regeln und Steuerungsmechanismen zur Verfügung zu stellen, das Menschen, Rollen, Entscheidungs- und fachliche Kompetenzen auf das Projektziel ausrichtet. Eine zweite und in diesem Fall die wahrscheinlichere Antwort ist, dass die IT-Architektur überhaupt nicht im Fokus der Organisation stand. Die Qualität der IT-Architektur war nie ein explizit definiertes Projektziel, wie es etwa der Fertigstellungszeitpunkt oder die inhaltliche Richtigkeit einzelner Funktionen usw. waren. Wenn heute überhaupt über die IT-Architektur bei der Projektdefinition und -organisation nachgedacht wird, geht man in der Regel davon aus, dass die Kompetenzen der einzelnen Mitarbeiter zusammen mit bestimmten Entwurfs- und Entwicklungsmethoden eine hochwertige IT-Architektur sozusagen als »Abfallprodukt« des Projekts hervorbringen müssen. Eigens auf die IT-Architektur ausgerichtete Maßnahmen werden nur selten und wenig konsequent verfolgt, weil sie oft zusätzlichen Aufwand bedeuten. Die Maßnahmen verlassen oftmals den eigenen Projektfokus und werden damit von den Projektverantwortlichen aus lokaler Sicht auf das Projekt als uninteressant und lästig empfunden. Zu diesem Zustand kommt erschwerend die Problematik hinzu, dass – selbst wenn das Bewusstsein präsent ist – vielfach die Rahmenbedingungen wie beispielsweise vorgegebene Handlungsspielräume gar nicht definiert sind.

Wir wollen im folgenden Abschnitt etwas genauer untersuchen, wie sich die IT-Architektur aus Sicht der Organisation in das Unternehmen einbettet. Dabei beschreiben wir die wichtigsten Entitäten aus dem Umfeld der Organisation und ihrer IT-Architektur sowie deren Zusammenhänge und schaffen damit eine Basis, um ein zunächst nebulös anmutendes Thema strukturiert aufzubereiten.

4.2.2 Schlüsselentitäten im organisatorischen Umfeld der IT-Architektur

Bei der Beschreibung der wichtigsten Entitäten orientieren wir uns an dem in Abbildung 4.1 dargestellten IEEE-Framework, einer konzeptuellen Architekturbeschreibung software-intensiver Systeme in UML-Notation. Ursprünglich zielt dieser Standard in hohem Maße auf Inhalte und Konzepte einer Architekturbeschreibung im Sinne einer Architekturdokumentation ab. Für uns interessant wird diese Darstellung allerdings wegen ihrer konsequenten Einbettung der Entitäten *Anspruchsgruppe*, *Interesse* und *Standpunkt* für die Organisationsaspekte der IT-Architektur. Wir verwenden sie daher an dieser Stelle in einem etwas abgeänderten Kontext, um zu zeigen, warum diese Entitäten im Umfeld einer IT-Architektur von Bedeutung sind und in welcher Beziehung sie zueinander stehen. Gleichzeitig führt die Darstellung einige Begriffe ein, die wir in den folgenden Abschnitten und Kapiteln immer wieder verwenden.

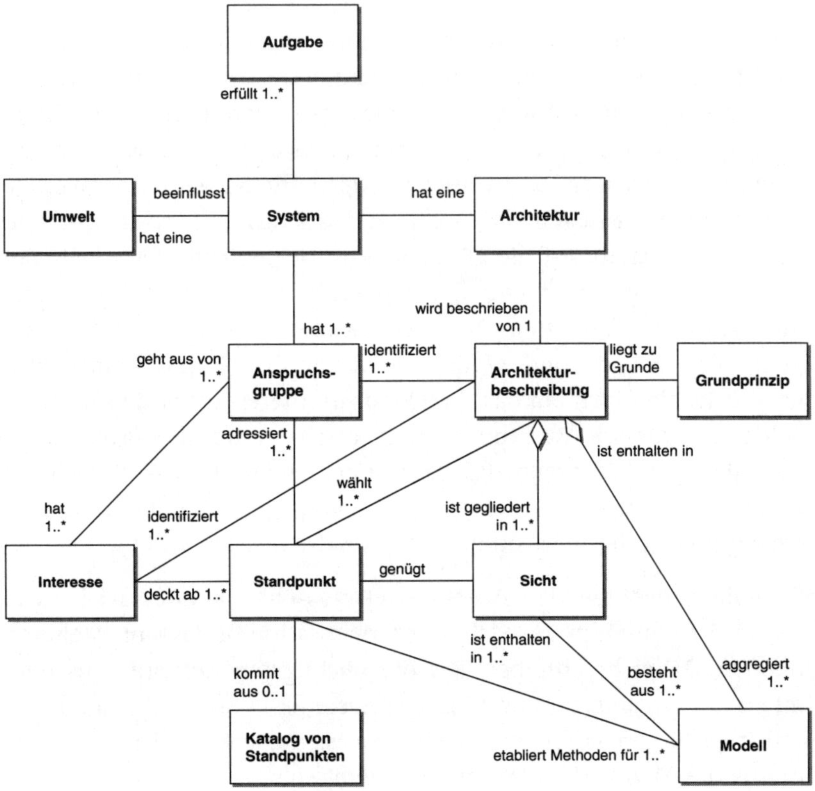

Abbildung 4.1 Konzeptuelles Modell einer Architekturdefinition[3]

Schauen wir uns die Kernaussagen von Abbildung 4.1 etwas genauer an:

- Die Systeme[4] einer IT-Architektur sind in eine Umwelt eingebettet, die die Systeme entsprechend von außen beeinflusst. Als Einflüsse gelten in diesem Kontext technische Rahmenbedingungen, Vorge-

3 Vgl. [IEEE1471-00] , S. 5
4 Im Sinne dieses Standards wird der Begriff »System« sehr vielschichtig verwendet. Er kann einzelne Anwendungen beschreiben, Systemverbünde, Untersysteme, bestimmte Softwareprodukte und -produktfamilien. Streng genommen kann hierbei auch die Gesamtarchitektur eines Unternehmens als ein großes übergreifendes System verstanden werden.

hensmodelle zur Softwareerstellung und Systemeinführung sowie politische Aspekte. Die Umwelt eines einzelnen Systems beinhaltet natürlich weitere Systeme, die miteinander in Interaktion treten und damit auch einen gegenseitigen Einfluss aufeinander ausüben und gegebenenfalls auch voneinander abhängen.

- Ein System hat eine oder mehrere Anspruchsgruppen[5], die ein bestimmtes unmittelbares oder mittelbares Interesse an dem System, seiner Funktionsweise oder seinem Evolutionsprozess haben. Die Anspruchsgruppen und deren Interessen bilden ein vielschichtiges Geflecht aus Eigenschaften, die das System aus Sicht einzelner Anspruchsgruppen haben soll oder auch nicht haben soll. Beispiele für solche Eigenschaften sind Performance, Wirtschaftlichkeit, Sicherheit, Funktionsumfang usw.
- Ein System hat eine oder mehrere Aufgaben zu erfüllen. Die Aufgaben entsprechen dabei dem Zweck, den einzelne Anspruchsgruppen in dem System sehen.
- Jedes System hat eine bestimmte Architektur und ist gleichzeitig Teil einer übergeordneten Architektur. Jede Architektur wird durch eine Architekturbeschreibung dokumentiert.
- Jede Architekturbeschreibung gliedert sich in eine oder mehrere Sichten. Die Sichten sind dabei von den Standpunkten einzelner Anspruchsgruppen abhängig. Beispielsweise wird der Standpunkt eines Datenschutzbeauftragten eine andere Sicht auf die Architekturbeschreibung erfordern als der Standpunkt des Abteilungsleiters, dessen Mitarbeiter mit dem betroffenen System arbeiten müssen.

Für unsere Zwecke soll die Beschreibung der Entitäten und ihrer wichtigsten Beziehungen hiermit ausreichen. Allein diese Punkte zeigen schon deutlich, dass der Umgang mit einer IT-Architektur viel mehr ist als nur eine technische Veränderung unterschiedlicher Applikationen. Die Umwelt, die Anspruchsgruppen und deren Standpunkte sowie die eigentlichen Aufgaben der Systeme stellen wesentliche Einflussgrößen auf die IT-Architektur eines Unternehmens dar.

Architekturentscheidung

Der Einfluss, den die Anspruchsgruppen auf die IT-Architektur nehmen, wird über entsprechende Entscheidungen ausgeübt, die wir im Folgenden als *Architekturentscheidungen* bezeichnen wollen. Der Begriff, wie wir ihn hier verwenden, umfasst nicht nur technische Ent-

5 Wir verwenden den Begriff »Anspruchsgruppe« im Folgenden als Übersetzung für den englischen Begriff »stakeholder«.

scheidungen, die im Kontext der Unternehmensorganisation weniger relevant sind. Die politische Seite der Architekturentscheidung spielt für uns hier ebenfalls eine wesentlich wichtigere Rolle, wie Sie in Abschnitt 4.2.3 sehen werden.

4.2.3 Die Bedeutung der Architekturentscheidung

Wie bereits zu Beginn des Abschnitts 4.1 erwähnt wurde, besteht der Zweck einer Organisation darin, die Ressourcen der Organisation im Sinne der Unternehmensziele zu verteilen. Im Wesentlichen wird die Verteilung der Ressourcen durch entsprechende Entscheidungen herbeigeführt, deren Sinnhaftigkeit durch die Unternehmensziele legitimiert und deren Spielraum durch die Organisation vorgegeben wird. Wie für alle anderen Teile eines Unternehmens trifft das natürlich auch auf die IT-Architektur und die Entscheidungen zu, die Einfluss auf sie nehmen. Eine Organisation produziert jeden Tag Hunderte oder sogar Tausende von Entscheidungen, die sich direkt oder indirekt auf die IT-Architektur auswirken. Sei es ein einzelner Entwickler, der eine bestimmte Implementierungsstrategie wählt, oder der CIO, der den Anstoß für einen neuen Ansatz eines unternehmensweiten Reportings gibt – jeder Mitarbeiter trägt täglich zur (Ver-)Formung der IT-Architektur bei.

Die Ziele der Anspruchsgruppen im Gleichgewicht

Entscheidungen, die sich auf die IT-Architektur auswirken, sofern sie überhaupt als solche identifiziert werden, sind inhärent komplex. Abbildung 4.2 zeigt, dass neben technischen auch fachliche Anforderungen oder Rahmenbedingungen berücksichtigt werden müssen. Hinzu kommen zum Beispiel noch persönliche Interessen der Mitarbeiter und limitierende Faktoren wie Zeit oder Budgets, die direkten Einfluss auf eine Architekturentscheidung nehmen.

Die Aufgabe der Organisation besteht nun darin, den richtigen Zielkorridor für Entscheidungen aufzuzeigen und eine Architektur-Anarchie zu vermeiden. Die Unternehmen haben daher normalerweise Strukturen, Rollen und Regeln etabliert, an denen sich die Anspruchsgruppen orientieren müssen. Ob diese etablierten Maßnahmen im Sinne der IT-Architektur immer wirksam und positiv sind, sei zunächst mal in Frage gestellt.

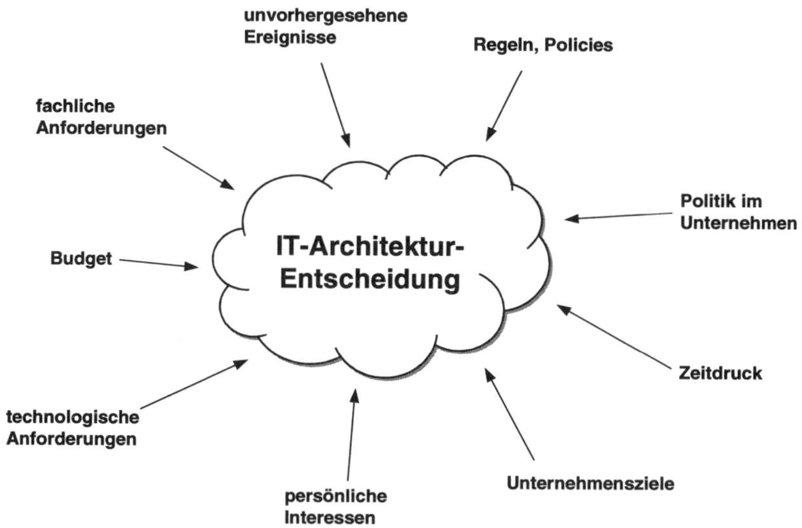

Abbildung 4.2 Viele Faktoren beeinflussen die IT-Architektur-Entscheidung

Sowohl auf Grund der angesprochenen Komplexität als auch wegen der Unkenntnis über strategische Ziele der IT-Architektur ist kein einzelner Mitarbeiter in der Lage, eine Architekturentscheidung unter Berücksichtigung sämtlicher Rahmenbedingungen zu treffen. Die meisten Entscheidungen können nur durch unterschiedliche Teile der Organisation, also verschiedene Anspruchsgruppen, gemeinsam erarbeitet und zur Umsetzung gebracht werden und sollten in diesem Fall natürlich auch auf gemeinsame Akzeptanz stoßen. Doch genau im letzten Punkt liegt die Schwierigkeit. Sowohl persönliche Präferenzen als auch die persönliche Perspektive und fachliche Ausrichtung der einzelnen Personen, die an der Entscheidung beteiligt sind, arbeiten massiv gegen den Konsens.

Entscheidungen werden selten durch den Einzelnen getroffen.

Ein Gleichgewicht der Ziele der Anspruchsgruppen herzustellen, ist damit die größte Herausforderung einer Organisation in Bezug auf die IT-Architektur.

Der eigene Vorteil als stärkste Motivation

Insbesondere die persönlichen Präferenzen fallen stark ins Gewicht, da sie kaum durch die Organisation erkannt oder gar beeinflusst werden können. Gemeint sind dabei die ganz individuellen Gründe einzelner Anspruchsgruppen, die sich im politischen Taktieren und in der Suche nach dem optimierten Eigenvorteil wiederfinden. Gehen die persönlichen Ziele und Motivationen nicht in dieselbe Richtung wie das Gesamtziel oder fehlt der Spielraum, um individuelle Ansichten durchzusetzen, ist ein Schaden an der IT-Architektur unvermeidbar. Auch wenn diese Schilderung sehr negativ ist, so entspricht sie doch häufig der erlebten Realität. Wir wollen Ihnen in diesem Zusammenhang die folgende kurze Geschichte nicht vorenthalten:

Golf als Handicap

Vor einiger Zeit saßen wir mit dem Leiter des Kundenservice eines großen Telekommunikationsunternehmens zusammen und unterhielten uns über die Entscheidungsfindung zur Auswahl einer CRM-Standardsoftware. Die Software war zu diesem Zeitpunkt bereits seit fast einem Jahr in Betrieb, jedoch hatte sich bald herausgestellt, dass sie aufgrund vieler Integrationsprobleme und fehlenden internen Know-hows nicht zu einer signifikanten Verbesserung der Prozesse oder gar des Kundenservice beigetragen hatte. Eine zu schlechte Anforderungsabdeckung und viele Medienbrüche sorgten zudem dafür, dass die Akzeptanz bei den Benutzern nur sehr gering war. Auf unsere Frage, warum diese Mängel nicht im Produktauswahlprozess bereits aufgefallen waren, antwortete der Leiter des Kundenservice, dass die Produktauswahl zwar mit hohem Aufwand und großer Sorgfalt durchgeführt worden sei, jedoch in letzter Sekunde per Anordnung der Geschäftsleitung einem anderen als dem ursprünglich ausgewählten Produkt der Vorzug gegeben wurde. Wie konnte das sein? Die Erklärung hierfür ist ganz einfach: Der CIO des Telekommunikationsunternehmens traf sich regelmäßig mit dem CEO eines großen CRM-Produktherstellers zum Golfspielen, und somit wurde die Architekturentscheidung wahrscheinlich im Sandbunker zwischen dem 12. und 13. Loch getroffen.

Der beschriebene Fall, bei dem die Chefetage kraft ihrer hohen Entscheidungskompetenz die IT-Architektur durch persönliche Präferenzen negativ beeinflusst, ist sicherlich eine extreme Ausprägung und dürfte bei den wenigsten Führungskräften auf Zustimmung stoßen. Dennoch zeigt er, dass auch Methoden und eine strukturierte Vorgehensweise, in diesem Fall die Produktauswahl, nicht automatisch zum Ziel führen.

Verschiedene Standpunkte und unterschiedliche Auffassungen über das Ziel

Wie bereits weiter oben angesprochen, werden häufig die persönlichen Standpunkte und inhaltlichen Ausrichtungen der Mitarbeiter zum Hindernis für fundierte Architekturentscheidungen, wie in Abbildung 4.3 dargestellt. Dieser Umstand liegt in der Natur der Sache, denn schließlich sammelt man ja gerade wegen der Komplexität einer Architekturentscheidung die verschiedenen Perspektiven unterschiedlicher Mitarbeiter, um möglichst viele Facetten des Problems zu betrachten.

Hat man erst einmal die betreffenden Mitarbeiter am besagten Tisch sitzen, fängt die eigentliche Herausforderung erst an, denn letztendlich läuft die Entscheidung auf eine Optimierung der unterschiedlichen Standpunkte hinaus. Das bedeutet einerseits, dass nicht jede Anspruchsgruppe gleichermaßen ihren Willen bekommen kann, und andererseits, dass die gefundene Lösung dennoch tragfähig für alle Parteien sein muss.

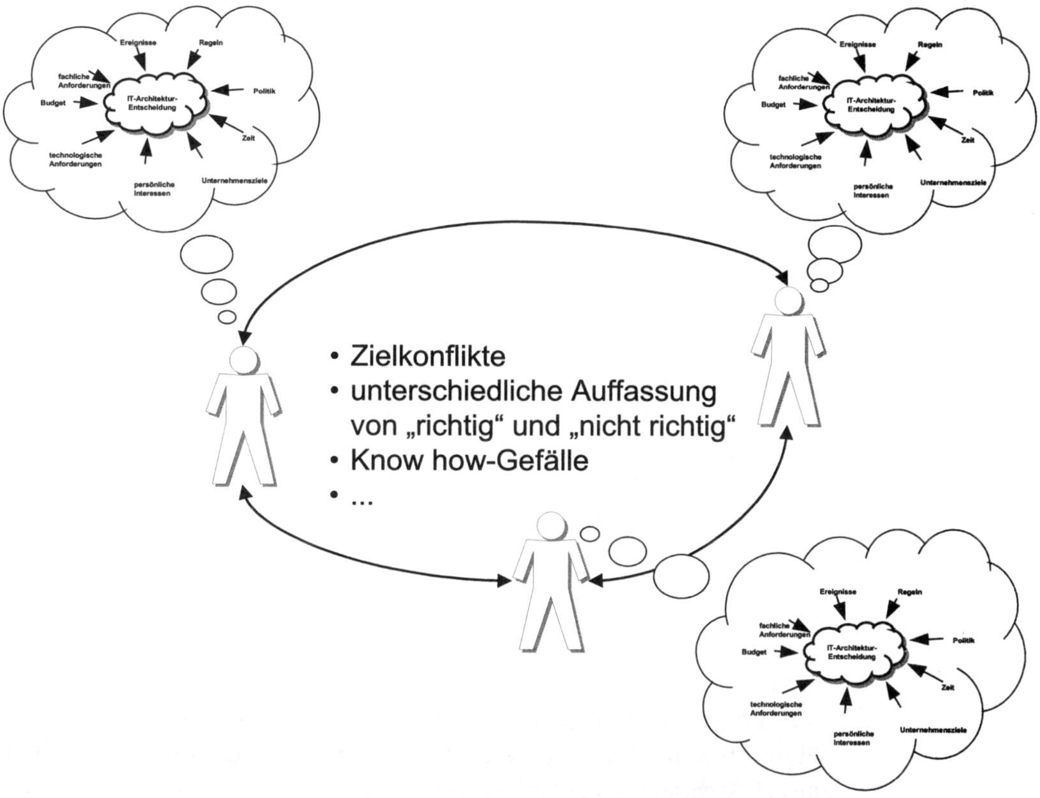

Abbildung 4.3 Viele Interessen müssen bei der Herbeiführung einer Architekturentscheidung miteinander vereinbart werden.

In der Regel kommt erschwerend hinzu, dass die Anspruchsgruppen unterschiedlicher Unternehmensbereiche nicht dieselbe Sprache sprechen. Die unterschiedliche fachliche Ausrichtung und der immer stärkere Zwang zur Spezialisierung haben den Effekt, dass die Mitarbeiter für gleiche Sachverhalte ein unterschiedliches Vokabular oder auch dieselben Vokabeln für unterschiedliche Sachverhalte benutzen. Dieser Umstand war schon in Babylon ein Problem und ist auch bei einer Architekturentscheidung nicht zu unterschätzen. Zudem haben die Beteiligten nicht selten verschiedene Auffassungen vom eigentlichen Ziel der Entscheidung. So denkt der Mitarbeiter der IT-Abteilung bei der Systemauswahl wahrscheinlich eher an Integrierbarkeit und den Bedarf an internem Know-how, um einen angemessenen Support leisten zu können. Dem Leiter des Fachbereichs, dessen Mitarbeiter später mit dem System arbeiten müssen, sind die einfache Bedienung und eine hohe funktionale Abdeckung wichtig, und unser CIO möchte, dass sein Golfkumpel glücklich ist. Hinzu kommt, dass einzelne Aspekte einer Architekturentscheidung von den Mitarbeitern unterschiedlich gewichtet werden. Jeder der Spezialisten behandelt natürlich genau die Aspekte bevorzugt, die seinem eigenen Arbeitsumfeld am nächsten sind. Ein gutes Beispiel hierfür ist der Softwaredesigner, der in seine Zielfunktion immer die technische Eleganz seiner Entwürfe einfließen lassen wird, obwohl in der Anforderungsdefinition Eleganz nie explizit gefordert wird.

Kompetenzüberschneidungen

Neben den zuletzt genannten Punkten, die eine Architekturentscheidung durch die unterschiedlichen inhaltlichen Ausrichtungen der Beteiligten erschweren, tritt aber in verschiedenen Fällen der genau gegenteilige Effekt, nämlich die Überschneidung von Kompetenzen, auf. Zwei Mitarbeiter unterschiedlicher Bereiche beanspruchen in diesem Fall den Titel des unangefochtenen Know-how- oder Entscheidungsträgers für sich. Ein Beispiel hierfür haben Sie bereits in Abschnitt 4.2.1 kennen gelernt.

Man wird bei jeder größeren Architekturentscheidung unweigerlich auf die oben angesprochenen Probleme stoßen. Es kommt lediglich darauf an, den richtigen Kitt zu finden, der aus einer Gruppe von Individualisten ein entscheidungsfähiges Team formt und eine produktive und konstruktive Ergebnisfindung vorantreibt. Wir gehen auf diesen Punkt in Kapitel 5 detailliert ein, wo wir die Rolle und die Aufgaben des IT-Architekten genau beschreiben.

4.2.4 Organisation vs. IT-Architektur

Wir haben in den vorangegangenen Abschnitten viel über Anspruchsgruppen, deren Standpunkte und den persönlichen Vorteil gesprochen. Allerdings ist zu diesem Zeitpunkt noch nicht ganz klar, warum ausgerechnet Architekturentscheidungen so viel Zündstoff für Konflikte liefern und einzelne Anspruchsgruppen so viel Herzblut daran hängen, *ihre* persönlichen Vorstellungen von der IT-Architektur durchzusetzen.

Um auf diese Frage eine Antwort zu geben, haben wir eine Reihe von Aspekten zusammengetragen, die eine IT-Architektur in einem neuen Licht darstellen. Je nachdem, wie ein Unternehmen organisiert ist und wie das Machtgefüge zwischen den verschiedenen Anspruchsgruppen aussieht, kann die IT-Architektur als Sicherung des Arbeitsplatzes, als Statussymbol oder auch als politische Waffe missbraucht werden. Denn einerseits beeinflusst die Organisation die IT-Architektur, andererseits beeinflusst aber auch die IT-Architektur die Organisation und nimmt somit direkt Einfluss auf die persönlichen Standpunkte der verschiedenen Anspruchsgruppen. Schauen wir uns also einige der Bedeutungen an, die eine IT-Architektur für unterschiedliche Anspruchsgruppen haben kann.

4

Die Bremse für organisatorische Veränderungen

Statusverlust

Für verschiedene Aspekte einer IT-Architektur, beispielsweise für Systeme oder Prozesse, sind häufig einzelne Personen verantwortlich. Diese Personen werden natürlich alles daran setzen, die Bedeutung ihres eigenen Verantwortungsbereiches so groß bzw. so stabil wie möglich zu halten. Ein Systemverantwortlicher, der feststellt, dass sein System von einer Ablösung bedroht sein könnte, wird sich bei dem Ablösungsprozess wenig kooperativ[6] verhalten. Schließlich wird ihm ein Stück seines Verantwortungsbereichs weggenommen, der ihn vielleicht noch vor ein paar Monaten als unkündbar gelten ließ. Normalerweise zieht die Neueinführung eines Systems auch eine lokale Reorganisation und damit die Verteilung neuer Verantwortlichkeiten nach sich, daher kann der Systemverantwortliche davon ausgehen, dass er nicht zwangsläufig für das neu einzuführende System eingesetzt wird. Hier wartet schon der nächste Kandidat in der Reihe, der mit neuen Ideen, neuen Konzepten und einer neuen Applikation den Job des »alten« Systemverantwortlichen endlich besser macht. Als Ergebnis wird in der Organisation ein Rosenkrieg geführt, der nicht selten viel Geld und Zeit kostet, wie das folgende Beispiel aus der Praxis verdeutlicht.

Im Frühjahr 2000 beschloss die Geschäftsführung eines größeren europäischen Telkos, dass das bestehende selbst entwickelte CRM-System

6 Häufig trifft man sogar destruktive Verhaltensweisen an – weil der Verantwortliche bzw. seine Mitarbeiter zu diesem Zeitpunkt eigentlich nichts mehr zu verlieren haben.

abgelöst werden sollte. Zwar verfügte es mittlerweile über einen enorm großen Funktionsumfang, war weit reichend bei den Benutzern akzeptiert und verfügte als zentrales System über eine Vielzahl hochfrequentierter Schnittstellen. Jedoch wurde es mit der Zeit immer teuerer und schwieriger, neue Funktionen hinzuzufügen und neue Prozesse flexibel abzubilden. Man entschied sich also, dass ein neues System entwickelt oder gekauft werden sollte, das zum einen sämtliche Funktionalitäten des Altsystems beinhaltete und zum anderen so erweiterbar und flexibel sein sollte, dass es zu einer nachhaltigen Verbesserung der IT-Architektur beitragen konnte. Nach einer Phase, die durch Bestandsaufnahmen, Ist-Analysen, ROI-Berechnungen und dergleichen geprägt war, fiel die Entscheidung letztendlich auf ein Standardprodukt, dessen Datenmodell offen gelegt war und das durch eine eigene Programmierschnittstelle fast beliebig an die unternehmensspezifischen Bedürfnisse angepasst werden konnte. Ein großes Migrations- und Einführungsprojekt mit einer Laufzeit von 24 Monaten und einem entsprechend hohen Gesamtbudget wurde gestartet. Als Projektleiter wurde der zukünftige neue Systemverantwortliche bestimmt. Nach ca. 36 Monaten und mit einem um 40% höheren Budgetbedarf wurde das Projekt abgeschlossen. Wie konnte es zu dieser enormen Verzögerung und Budgetüberschreitung kommen?

Konstruktiver Boykott

Einer der wesentlichen Gründe für diesen Effekt war der Systemverantwortliche für das Altsystem, der das neue CRM-System *konstruktiv* boykottierte. Während der gesamten Projektlaufzeit wurden im Altsystem natürlich permanent neue Funktionen[7] abgebildet und Anforderungen an Prozessänderungen verarbeitet. Mit dem Wissen im Hinterkopf, dass sein System abgelöst werden sollte, legte sich der Systemverantwortliche mächtig ins Zeug. Er ließ alle Funktionen so schnell wie möglich umsetzen, versuchte, eine hohe Anwenderzufriedenheit zu erzielen, und zog damit wichtige Anspruchsgruppen auf seine Seite. Er nahm dabei auch Workarounds und Entwurfsdefizite bei der Lösungsfindung in Kauf und rechtfertigte die architektonisch unschönen Lösungen damit, dass das System ja ohnehin bald abgelöst werden würde und man lieber mehr Energie für die Implementierung der neuen Funktionalitäten in das neue System aufwenden sollte. Die Folge dieser Strategie war, dass das neue System permanent versuchte, ein bewegliches Ziel zu tref-

7 Menschen entwickeln in solchen Phasen ein enormes Kreativitätspotenzial. So durften wir erleben, dass Funktionen, von denen man wusste, dass sie durch die Philosophie in der neuen Applikation sehr schwierig umzusetzen waren, mit einer hohen Priorität in der alten Applikation realisiert und den Fachbereichen als absolut notwendig angepriesen wurden.

fen. Die ständig neu auftretenden Anforderungen, die oftmals einen konzeptuellen Bruch erzeugten, ließen sich nicht so einfach in das neue System einflechten, zumal es sich ja noch in der Implementierungsphase befand. Darüber hinaus dauerte es offenbar viel länger, die Anforderungen im neuen System abzubilden als im alten. Dass die durch den Systemverantwortlichen initiierten »Quick and Dirty«-Lösungen natürlich langfristig eine Sackgasse waren, interessierte die anfordernden Stellen kaum. Sie waren höchst zufrieden mit ihrem Altsystem und sahen eigentlich kaum einen Bedarf, an der Entwicklung des neuen Systems konstruktiv mitzuarbeiten. Schlussendlich wurde das Einführungsprojekt mehr oder weniger per Anweisung durch die Geschäftsführung als erfolgreich abgeschlossen bezeichnet. Viele der vormals definierten Funktionen waren zu diesem Zeitpunkt noch nicht umgesetzt, und die Akzeptanz der Benutzer war alles andere als hoch.

IT-Architektur als politische Waffe

Das Beispiel verdeutlicht, wie stark die Wechselwirkung zwischen der IT-Architektur und der Organisation sein kann. Es zeigt, wie die Architektur als eine politische Waffe instrumentalisiert wird und wie viel es ein Unternehmen kosten kann, wenn es diesen Umstand ignoriert. Ein sicheres Mittel, diesen Effekt zu vermeiden, hätte darin bestehen können, dem Changemanagement, auf das wir in Abschnitt 4.4.7 noch etwas detaillierter eingehen mehr Aufmerksamkeit zu widmen. Eine stärkere Kontrolle der neu zu implementierenden Funktionalitäten des Altsystems oder einfach eine Perspektive für den Systemverantwortlichen, das neue System zu übernehmen, hätten einen völlig anderen Projektverlauf herbeiführen können. Insbesondere bei der hohen Bedeutung des CRM-Systems hätte dieser Umstand Berücksichtigung finden müssen.

> Organisatorisch gehört zu jeder Architekturänderung ein bewusster und kontrollierter Änderungsprozess. Je wichtiger das abzulösende oder einzuführende System ist, umso stärker muss der Veränderungsprozess gesteuert werden.

Statussymbole

Im vorangegangenen Beispiel haben die Entscheidungsträger, die beschlossen haben die Architektur zu ändern, damit auch eine potenzielle organisatorische Veränderung hervorgerufen, die der Systemverantwortliche um jeden Preis abzuwenden versuchte. Für ihn war der bestehende Zustand der IT-Architektur wie eine Existenzsicherung.

Statussymbole Eine weiteres Phänomen, das wir häufig angetroffen haben, ist der Einsatz der IT-Architektur als ein Statussymbol. Ein System- oder Prozessverantwortlicher versucht hierbei, möglichst viele Anforderungen in seinem Verantwortungsbereich umzusetzen und damit die Bedeutung seines eigenen Systems und damit auch seine eigene Bedeutung ständig anzuheben. Das Ergebnis eines solchen Handelns sind IT-Architekturen, die Eierlegende–Wollmilchsau-Systeme enthalten, die für alles zuständig sind. Daraus ergeben sich eine Reihe unerwünschter Effekte. Zum einen ist die Wartbarkeit solcher *Systemboliden* wegen der hohen Funktionsvielfalt und des konzentrierten Know-hows kaum noch zu gewährleisten. Zum anderen kann man nicht mehr erkennen, an welchen Stellen das System aufgeteilt werden könnte, was sinnvolle Architekturentscheidungen zusätzlich erschwert oder gar unmöglich macht. Idealerweise werden Architekturentscheidungen ohnehin auf der Basis einer vorhergehenden Dekomposition der Architekturkomponenten getroffen. Spätestens, wenn die Dekomposition ernsthafte Schwierigkeiten bereitet, ist nicht nur die Entscheidung schwer zu treffen, sondern es steht auch ein ernsthaftes Architekturproblem im Raum.

Verlust der Objektivität Nicht zu unterschätzen ist außerdem auch, dass der Einfluss des Verantwortlichen für diese Systeme (wie vom Verantwortlichen gewünscht und daher häufig forciert) immer größer wird. Im Laufe der Zeit lässt sich hier keine objektive und unabhängige Architekturentscheidung mehr treffen.

Mittelfristig gesehen, haben die Systemboliden auch aus technischer Sicht negative Konsequenzen, denn aus der Perspektive der Gesamtarchitektur werden viele Funktionen doppelt entwickelt, obwohl sie prinzipiell als zentraler Dienst zur Verfügung gestellt werden könnten. Der Grund dafür sind meist die fehlende Offenheit der Systemboliden und die beschränkten Systemleistungen, die es verbieten, die Systeme als zentralen Service zu benutzen. Die Konsequenzen derartiger Szenarien sind meistens leider weitreichender, als auf den ersten Blick zu erkennen ist. Bestandsanalysen in Unternehmen zeigen, dass dadurch ganze Teilprozesse mehrfach in ähnlicher Form durch IT-Systeme abgebildet werden. Leider fällt dieser Missstand in der Regel erst auf, wenn man sich wundert, warum sich bei Strategieanpassungen des Unternehmens die IT-Architektur sehr träge verhält.

Anforderungsmanagement Häufig tritt gerade dieses Phänomen in Unternehmen auf, die kein geregeltes Anforderungsmanagement einsetzen. Anforderungen werden dort realisiert, wo es den Verantwortlichen gerade am besten passt, und einige wenige Systeme werden immer weiter durch neue Funktionen aufgepumpt. Eine sinnvolle Erweiterung der IT-Architektur kann so niemals sichergestellt werden.

Organisatorisch muss jede Architekturänderung vorher ein Anforderungsmanagement durchlaufen haben, das überprüft, ob eine Anforderung sinnvoll ist, und die Koordination mit anderen Anforderungen überwacht.

Katalysator für das organisatorische Chaos

Wir haben weiter oben in diesem Abschnitt angesprochen, dass die IT-Architektur häufig missbraucht wird, um organisatorische Veränderungen zu bremsen oder sogar ganz aufzuhalten. Gerade dieses Szenario verdeutlicht, wie stark der Einfluss der IT-Architektur auf die Unternehmensorganisation sein kann. Wenn dieser Einfluss genutzt werden kann, um organisatorische Veränderungen zu verhindern, dann kann er natürlich auch dafür sorgen, eine organisatorische Veränderung durchzusetzen oder überhaupt erst notwendig zu machen. Stellen Sie sich vor, dass eine neue Applikation in einem Unternehmen etabliert werden soll. Welche Verantwortlichkeiten sind nötig, damit das System nahtlos in einem Unternehmen funktioniert?

Zuständigkeiten für Systeme

Die anfallenden Aufgaben sind vielfältig. Die Applikation muss betrieben, weiterentwickelt und gewartet werden. Außerdem müssen die Anforderungen der Fachabteilungen bestmöglich abgedeckt und architekturkonform an Änderungen der Geschäftsprozesse angepasst werden. Je nach Größe des Systems oder Komplexität des Funktionsumfangs müssen für alle diese Aspekte eine oder mehrere Personen die Verantwortung tragen. Diese Verantwortungen liegen heute längst nicht mehr automatisch bei der IT-Abteilung, sondern werden gleichermaßen von Fachabteilungen, Stabsstellen und manchmal sogar von unternehmensexternen Mitarbeitern wahrgenommen. Das Geflecht von Zuständigkeiten und Stellen ist oftmals so komplex und undurchschaubar, dass es fast schon an ein Wunder grenzt, die richtige Person zu finden, die bei einem bestimmten Problem weiterhelfen kann. Denn nicht zuletzt ist diese Verteilung von Zuständigkeiten hochdynamisch und muss sich praktisch parallel zur IT-Architektur weiterentwickeln.

In Abbildung 4.4 ist dargestellt, wie sich durch die Veränderung der IT-Architektur im Laufe der Zeit einerseits ergibt, dass für bestimmte Veränderungen keine eindeutig verantwortlichen Stellen in der Organisation vorhanden sein können, und andererseits durch Veränderungen Stellen existieren, die keinen ausgewiesenen Teil der IT-Architektur mehr verantworten.

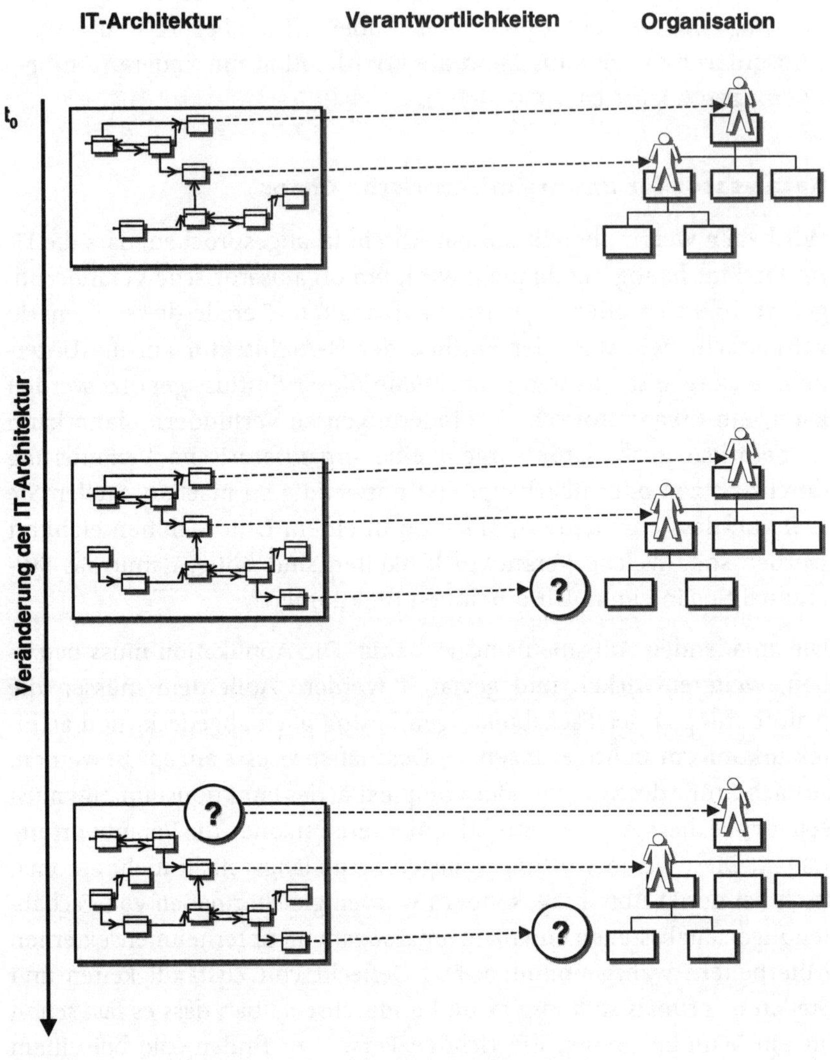

Abbildung 4.4 Divergenz von IT-Architektur und Organisation

Diese beiden Situationen werden von vielen Unternehmen unterschätzt. Die Folge ist eine IT-Architektur, die sich geradezu in einem organisatorischen Chaos befindet. Die perfekte Beschreibung der Folgen dieses Zustands lieferte uns der IT-Leiter eines größeren mittelständischen Unternehmens, als eine Produkteinführung aufgrund eines grundlegenden Architekturproblems erst wesentlich später als geplant stattfinden konnte, was einen erheblichen finanziellen Schaden verursachte:

> *»Bei der Architekturentscheidung reden alle mit, bei der Verteilung von Pöstchen schreien alle laut »hier«, und bei Problemen und schlechten Nachrichten ist niemand mehr zu finden, der die Verantwortung wahrnehmen will.«*

Organisation und IT-Architektur im Einklang

Hier nutzten die eigentlich »Verantwortlichen« die Komplexität des organisatorischen Geflechts und fehlende klare Regelungen, um sich ihrer Verantwortung zu entziehen, als es brenzlig wurde. Um einem solchen Szenario entgegenzuwirken, müssen bei einer Architekturentscheidung immer die Konsequenzen für die Organisation und die damit wiederum verbundenen Konsequenzen für die IT-Architektur berücksichtigt werden. Die Weiterentwicklung der Unternehmensorganisation sollte also bewusst parallel zur Weiterentwicklung der IT-Architektur stattfinden und nicht als automatisches Abfallprodukt einer Architekturentscheidung verstanden werden.

Tatsächlich ist dies leichter gesagt als getan, denn Veränderungen an der Organisation laufen wesentlich träger ab als Veränderungen der IT-Architektur. Hier könnte man also die Frage stellen, ob die Dynamik unter organisatorischen Gesichtspunkten überhaupt jemals beherrscht werden kann. Konsequenterweise würde dies nämlich bedeuten, dass Architekturentscheidungen ebenfalls träge getroffen werden, damit die Organisation noch Schritt halten kann oder Organisationsänderungen schneller und ohne große Reibungsverluste durchgeführt werden können. Wie so oft im Leben liegt hier die Wahrheit wahrscheinlich in der Mitte und hängt von der individuellen Situation und dem Unternehmensumfeld ab. Dennoch gilt für jedes Unternehmen:

Grundlegende Architekturänderungen müssen immer mit einem konsequenten Organisationsmanagement einhergehen.

4.2.5 Regeln, Recht und Ordnung

Sie haben im letzten Abschnitt gesehen, wie eng die IT-Architektur mit der Organisation verwoben sein kann und welche Konsequenzen sich für eine Architektur ergeben können, wenn organisatorische Aspekte nicht hinreichend beachtet werden. Darüber hinaus haben Sie die Bedeutung der Architekturentscheidung kennen gelernt und festgestellt, dass die persönlichen Interessen einzelner Anspruchsgruppen wesentlich mehr Einfluss auf eine IT-Architektur ausüben, als ausschließlich sachliche oder technische Fakten.

Wir haben dabei viele Probleme aufgezeigt, zu deren Lösungen sicherlich keine Patentrezepte existieren. Dennoch haben wir in der Vergangenheit immer wieder Unternehmen kennen gelernt, die besser darin waren, die IT-Architektur durch die Organisation zu unterstützen, als andere Unternehmen. Im vorliegenden Abschnitt fassen wir die Schlüsselfaktoren für den Erfolg dieser Unternehmen zusammen und bieten somit einige Lösungsansätze, die im Sinne einer »best practice« dazu beitragen, die Qualität einer IT-Architektur mit Hilfe der Organisation zu steigern und ihre Komplexität beherrschbar zu machen. Dabei dürfen wir natürlich nie aus den Augen verlieren, dass nicht jedes Unternehmen gleich ist, denn unterschiedliche Unternehmensgrößen, -kulturen und Führungsstile wirken sich erheblich auf den Erfolg bestimmter Organisationsansätze aus. Die folgenden Überlegungen und Ableitungen sind daher immer an die jeweilige Unternehmenssituation anzupassen.

Organisation vs. Freiheit

Nur wenige Unternehmen haben heute explizit Organisationselemente implementiert, die ausschließlich für die IT-Architektur zuständig sind. Meistens wird hier die Verantwortung in die Hände der IT-Abteilung gelegt. Diese Vorgehensweise kann die angemessene Weiterentwicklung der IT-Architektur jedoch nur bedingt gewährleisten, denn der Wirkungsbereich einer klassischen IT-Abteilung ist für umfassende Problemstellungen aus dem Umfeld der IT-Architektur einfach zu eingeschränkt. Sämtliche Unternehmensbereiche über sämtliche Hierarchiestufen hinweg sind von diesen Problemstellungen betroffen. Im weitesten Sinne bedeutet das auch, dass die Organisationselemente zur Steuerung der IT-Architektur die Interessen der Anspruchsgruppen aus vielen verschiedenen Unternehmensbereichen berücksichtigen müssen. Dennoch müssen Regeln und Richtlinien für Änderungen der IT-Architektur festgelegt und gegebenenfalls immer wieder angepasst werden. Entscheidungen zur Änderung der IT-Architektur müssen regelkonform getroffen werden, und die Einhaltung der Regeln bei der Umsetzung von Architekturentscheidungen muss überprüft werden. Gleichzeitig soll keine Anspruchsgruppe in der Lage sein, persönliche Interessen den Interessen der Organisation überzuordnen, und trotzdem sollen alle Betroffenen bei Architekturentscheidungen die nötige Kreativität und Freiheit im Sinne der IT-Architektur entwickeln.

Wildwuchs

Die Festlegung und Umsetzung von Regeln und Richtlinien ist jedoch insbesondere in diesem Umfeld keine leichte Aufgabe. Denn durch die vielen Faktoren, die Einfluss auf die IT-Architektur nehmen, müssen die neu geschaffenen oder abgeänderten Regeln kommuniziert und durch Akzeptanz aller Betroffenen zum Leben erweckt werden. Dass sich viele IT-Spezialisten eher auf einem Kreuzzug für neue Technologien befinden, als sich in ihrem IT-Projekt an der optimalen Umsetzung der fachlichen Projektziele zu orientieren, erschwert diese Aufgabe allerdings erheblich. Regeln, die zu sehr einschränken, zu speziell sind oder zu drastische Veränderungen herbeiführen, werden im Allgemeinen von den Betroffenen nicht akzeptiert. Die Organisation verkraftet derartige Änderungen einfach nicht und entwickelt eine Eigendynamik, wie sie in dem Beispiel aus Abschnitt 4.2.1 beschrieben wurde. Doch das macht alles nur noch schlimmer. Der Wildwuchs der Architektur wird mit harten Regeln und Richtlinien nicht verhindert, sondern nur aus dem Bewusstsein einiger Verantwortlicher verdrängt. Als unvermeidbare Konsequenz entsteht wieder ein Wildwuchs, der allerdings nicht mehr so einfach erkannt wird und kaum mehr kontrollierbar und beherrschbar ist.

Wirkungslosigkeit von Regelsystemen

Falls Sie ein wirklich gutes Beispiel für die Wirkungslosigkeit unsensibel eingeführter Regelsysteme suchen, dann werden Sie sicherlich beim viel gescholtenen QS-Beauftragten ihres Vertrauens fündig. Entweder er hat kaum wirklichen Einfluss, sondern vertritt nur einen festgeschriebenen Formalismus, bei dem die nötige Unterschrift problemlos bei einer Tasse Kaffee zu bekommen ist. Oder er stellt einen unüberwindlichen Hemmschuh dar, der Bürokratie und Behördendenken förmlich zelebriert. Sie werden an dieser Stelle sicherlich häufig auf das eine oder andere Extrem gestoßen sein und wahrscheinlich nur selten auf einen gemäßigten Mittelweg.

Gewaltenteilung als Perspektive

Die starre Festlegung von Regeln und deren bürokratische Umsetzung und Überprüfung kann also keine Lösung sein. Sie ist ebenso schädlich für die IT-Architektur, wie eine Architektur-Anarchie, bei der jeder machen kann, was er will. Die Herausforderung für die Organisation besteht darin, Regeln und Richtlinien aus Sicht der IT-Architektur und aus Sicht der Anspruchsgruppen des Unternehmens zu integrieren. Einige Unternehmen, die wir kennen gelernt haben, scheinen dies zu schaffen. Obwohl sie im direkten Vergleich völlig unterschiedliche Organisationsformen, Stellen und Rollen einsetzen, so haben sie doch ein einziges Prinzip gleichermaßen umgesetzt. Ähnlich wie beispielsweise die Bundesrepublik Deutschland, deren organisatorisches und politisches Gefüge ja nun auch nicht gerade trivial ist, haben die Unternehmen, die eine erfolgreiche Architektur-Organisation betreiben, eine Art Gewaltenteilung etabliert; und auch wenn die BRD nicht gerade als Garant für unbürokratische schnelle und weise Entscheidungen gilt, so können wir uns am Grundprinzip der Gewaltenteilung doch einiges abgucken.

4.3 Gewaltenteilung

Die klassische Gewaltenteilungslehre geht vor allem auf den englischen Philosophen John Locke und den französischen Schriftsteller und Staatsphilosophen Charles de Montesquieu zurück. Sie beschreibt die Aufteilung der staatlichen Gewalt in mehrere Gewalten, die sich gegenseitig kontrollieren und beschränken und die von verschiedenen Personen ausgeübt werden. Hierbei wird zwischen legislativer (gesetzgebender), exekutiver (ausführender) und judikativer (Recht sprechender) Gewalt unterschieden.

Gewalten im Gleichgewicht

Das Ziel der Gewaltenteilung ist die Aufteilung politischer Macht auf Institutionen, die sich gegenseitig durch Begrenzung, Hemmung, Balancierung und Kontrolle beeinflussen. Dabei wird die Gewaltenteilung allerdings häufig als die Forderung nach einer völligen Trennung der einzelnen Gewalten missverstanden. Es wird verkannt, dass die Gewaltenteilung nur dadurch funktionieren kann, dass die Organe der einzelnen Gewalten ein Eingriffsrecht in die anderen Gewalten besitzen müssen, um effektiv ihre Kontrollfunktion ausüben zu können.

Wenn man genauer darüber nachdenkt, enthält die Gewaltenteilung viele Aspekte, die sie als einen vernünftigen Lösungsansatz für die Organisation im Umfeld der IT-Architektur qualifiziert. Natürlich wollen wir Sie keinesfalls dazu überreden, einen Rechtsstaat in Ihrem Unternehmen aufzubauen. Wir wollen uns vielmehr darauf konzentrieren, welche Organe in einem Unternehmen vorhanden sein müssen, damit das politische Machtgefüge, in dem sich eine IT-Architektur befindet, beherrscht werden kann. Hierzu ermitteln wir zunächst den Aufgabenbereich, den die einzelnen Organe abdecken müssen.

4.3.1 Legislative

Festlegung der Regeln

Dieses Organ ist für die Festlegung der Regeln und Richtlinien zuständig, die bei einer Architekturentscheidung zu berücksichtigen sind. Es soll einen Rahmen schaffen, der Architekturentscheidungen immer unter der Nebenbedingung einer geplanten Soll-Architektur stellt. Beispielsweise kann man sich vorstellen, dass eine Festlegung existiert, die bestimmte Datenbanktechnologien oder Entwicklungsmethoden präferiert. Darüber hinaus werden durch die Legislative der IT-Architektur die Prozesse definiert, die Einfluss auf die IT-Architektur nehmen. Zum Beispiel wird durch diese Instanz geregelt, wie bestimmte Anforderungen zur Umsetzung gebracht werden können, wie diese zu bündeln sind und unter welchen Rahmenbedingungen welche Prozesse angestoßen werden. Natürlich wird hier auch festgelegt, welche Rollen im Unternehmen für bestimmte Aufgaben zuständig sind und wer die Verantwortung für die jeweiligen Änderungen der IT-Architektur trägt.

Selbstverständlich gibt es eine solche Instanz in irgendeiner Form in jedem Unternehmen. Allerdings handelt es sich hierbei häufig um unabhängige Abteilungen, die verschiedene Regelwerke publizieren, die auf völlig unterschiedlichen Perspektiven aufbauen und sich unter Umständen gegenseitig negativ beeinflussen.

Regeln sind keine Dogmen.

Bei einem größeren mittelständischen Unternehmen, das wir vor einiger Zeit betreuten, gab es eine ganz beträchtliche Menge von Richtlinien und Verfahrensregeln, die bei IT-Projekten zu berücksichtigen waren. Allerdings spielten diese Regeln nicht immer Hand in Hand. So gab es beispielsweise die Festlegung der Organisationsabteilung, dass kein Budget für interne oder externe Softwareentwicklung freigegeben werden durfte, solange kein vom Fachbereich freigegebenes Fachkonzept vorlag. Andererseits aber wollte der Fachbereich häufig keine Freigabe erteilen, ohne eine genauere Vorstellung von dem umgesetzten Ergebnis zu haben. Vor der Einführung dieser Regel wurden genau aus diesem Grund Prototypen entwickelt, die beispielsweise die Benutzeroberfläche oder auch die Prozessabfolge einer Applikation demonstrieren konnten. Da diese Prototypen aber normalerweise von der IT-Abteilung oder auch externen Beratern entwickelt werden mussten, wurde nach der Einführung der Reglementierung kein Budget mehr für die Entwicklung der Prototypen bereitgestellt. Die Qualität und Akzeptanz der Anwendungen, die auf der Basis der ohne Prototyp freigegebenen Fachkonzepte entwickelt wurden, verschlechterten sich drastisch. Schlussendlich wurde die Regel dahingehend abgeändert, dass die Prototypenerstellung als Teil der Fachkonzeption angesehen und auch im Zuge dessen mit Budget versorgt wurde. Diese Lösung erscheint trivial, dennoch nahm es einige Zeit und erstaunlich viele Abstimmungen in Anspruch, bis die Organisationsabteilung, die IT-Abteilung und die Fachbereiche das tatsächliche Problem erkannten und eine konstruktive Lösung entwickelten.

Aus diesem Beispiel lassen sich zwei wesentliche Ableitungen für die Legislative der IT-Architektur treffen:

- Bei Regeln und Richtlinien darf es sich nicht um unantastbare Dogmen handeln. Die Behandlung von Sondersituationen ist ebenso wichtig wie die Abwicklung des Tagesgeschäfts. Denn nicht zuletzt lassen sich Innovationen und Kreativität nur dann freisetzen, wenn sie nicht von vornherein im Keim erstickt werden. Der berühmte Satz »Keine Regel ohne Ausnahme« behält auch in diesem Kontext seine Gültigkeit.
- Die Regeln sollten nicht nur durch eine einzelne Anspruchsgruppe oder Abteilung festgelegt werden. Hier sind beispielsweise Gremien hilfreich, die aus Mitarbeitern verschiedener Unternehmensbereiche zusammengesetzt werden. Nur so lassen sich überschneidungsfreie und schlanke Regelwerke entwickeln, die auf einer breiten Akzeptanzbasis aufbauen.

Es kommt natürlich maßgeblich auf die Unternehmensgröße und die Unternehmenskultur an, wie formalisiert Regeln entstehen, wie groß die Gremien sind und wie viel Zeit und Geld hier in die IT-Architektur gesteckt wird. Dennoch zeigt die Erfahrung, dass Organisationen, die sich an den oben beschriebenen Prinzipien der Legislative der IT-Architektur orientieren, mehr Akzeptanz und eine höhere Qualität von Regeln und Richtlinien erreichen.

4.3.2 Exekutive

Sicherstellung der Regeleinhaltung

Dieses Organ zeichnet für die Einhaltung und Durchsetzung der geltenden Regeln und Richtlinien im Umfeld der IT-Architektur verantwortlich. Hierzu gehören beispielsweise die Review von Konzeptdokumenten und Spezifikationen sowie die Überprüfung bestimmter Lösungsszenarien auf die Konformität mit der bestehenden IT-Architektur. Darüber hinaus soll die Exekutive allerdings auch aktiv bei der Lösungsfindung unterstützen und eigene Erfahrungen in Konzepte und Spezifikationen einbringen. Sie können sich dieses Organ dabei durchaus als eine Art Helpdesk vorstellen, der beispielsweise bei anstehenden Architekturentscheidungen technische oder fachliche Fragen beantworten kann.

Legitimation von Architekturentscheidungen

Das Organ hat einen umfassenden Überblick über die gesamte IT-Architektur, kennt Interdependenzen einzelner Anwendungen und kann die richtigen Anspruchsgruppen für die notwendigen Entscheidungen zusammenbringen. Außerdem liefert die Exekutive ein wichtiges Feedback aus der täglichen Praxis an die Legislative. Hierdurch können Regeln und Richtlinien jederzeit in Frage gestellt werden, und eine praxiskonforme Anpassung des Regelwerks wird damit erleichtert. Alte und unpraktikable Regeln können abgeschafft und ineffiziente Prozesse können optimiert werden. Eine sehr wichtige Aufgabe besteht außerdem in der Legitimation von Ausnahmen für bestimmte Architekturentscheidungen und in der fortwährenden Überprüfung, ob bestimmte Ausnahmen mittelfristig in das Regelwerk übernommen werden sollten.

Insbesondere für die Exekutive der IT-Architektur haben wir des Öfteren praktische Beispiele erlebt. Vor ungefähr einem Jahr startete ein größerer Telko ein Projekt, in dem es um die weltweite Vereinheitlichung der IT-Architektur im Bereich der Kundenmanagementsysteme geht. Das Ziel ist der Einsatz einer von dem Unternehmen selbst entwickelten Software, die fünf Jahre zuvor zum ersten Mal in Betrieb genommen wurde und die im Laufe der Zeit umfassende Erweiterungen erfahren hat. Für den Rollout der Software in mehreren Ländern müssen entsprechende landesspezifische Anpassungen vorgenommen werden, und die Integration in die IT-Architektur der jeweiligen Landesgesellschaften muss geplant werden. Trotz der spezifischen Anpassungen soll jedoch auf einer einheitlichen Codebasis und IT-Architektur weiterentwickelt werden. Man kann sich vorstellen, dass ein Projekt dieser Größenordnung eine entsprechend komplexe und aufwändige Projektorganisation erfordert. Ein besonderes interessantes Element in dieser Projektorganisation bildet das Architektursupport-Team, das bisher sehr erfolgreiche Arbeit leistet. Das Team setzt sich aus Vertretern der einzelnen Landesgesellschaften zusammen, die allesamt ausgezeichnete Kenner der IT-Architekturen der ihres jeweiligen Unternehmens sind. Der Vorsitzende des Architektursupport-Teams steht in ständigem Kontakt mit der Gesamtprojektleitung; die einzelnen Teammitglieder sind dadurch ständig über den Status und die Entwicklung des Gesamtprojekts informiert. Die Hauptaufgabe des Architektursupport-Teams ist die Unterstützung der lokalen Teilprojekte. Ein wesentlicher Arbeitsinhalt besteht zum Beispiel darin, die einzelnen lokalen Entwicklungsstandards wie Namenskonventionen oder Dokumentationsanforderungen sinnvoll mit den Entwicklungsstandards des Gesamtprojekts in Einklang zu bringen. Das Team soll gewährleisten, dass eine einheitliche Behandlung der Architekturkomponenten für das Gesamtprojekt erfolgt und andere lokale Projekte dennoch ohne Akzeptanzprobleme und Reibungsverluste weitergeführt werden können. Obwohl das Projekt sehr komplex ist und insbesondere die Führungsstile und Projektkulturen über die Landesgrenzen hinweg sehr unterschiedlich sind, haben wir bis heute überwiegend positive Äußerungen über diese Vorgehensweise gehört. Die Mitglieder des Architektursupport-Teams stehen den jeweiligen Teammitgliedern bei Fragen mit Rat und Tat zur Seite und können häufig von Erfahrungen aus den Teilprojekten der anderen Länder berichten.

Nicht nur für große Unternehmen

Das Beispiel zeigt, dass durch dieses Vorgehen nicht nur das primäre Ziel einer einheitlichen Architekturbehandlung und Bewältigung der Projektkomplexität erreicht werden kann, sondern dass auch eine hohe Identifikation der einzelnen Teilprojekte mit dem Gesamtprojekt stattfindet. Besonders herauszuheben ist hierbei die Tatsache, dass in diesem Projekt eine eigene organisatorische Einheit im Rahmen der Projektorganisation geschaffen wurde, die ausschließlich für die Unterstützung der IT-Architektur zuständig ist. Es handelt sich hierbei sicherlich um ein größeres Projekt, das nicht in allen Dimensionen repräsentativ für alle Unternehmens- und Projektgrößen ist. Dennoch ist eine solche Organisationseinheit, bezogen auf die gesamtes IT-Architektur eines Unternehmens, bereits bei kleineren Unternehmen realisierbar und allemal sinnvoll.

4.3.3 Judikative

Eskalationsstelle und Lösung von Konflikten

Nicht jede Architekturentscheidung wird konfliktfrei getroffen werden können. Kaum ein IT-Projekt wird problemlos, ohne Diskussionen und zeitweise verhärtete Standpunkte der Anspruchsgruppen abgewickelt werden. In solchen Situationen muss verhindert werden, dass festgelegte Regelwerke blind und ohne zu hinterfragen durchgeführt werden können. Außerdem müssen Regeln und Richtlinien sinn- und maßvoll etabliert werden. Es wird daher eine neutrale Instanz benötigt, die wir als die Judikative der IT-Architektur bezeichnen wollen. Die Aufgabe dieser Instanz besteht darin, als Ansprechpartner in konfliktbehafteten Situationen zu fungieren, bei der Auflösung von Konflikten zu unterstützen und Grauzonen bei der Interpretation von Richtlinien zu klären. Nicht zuletzt nimmt sie außerdem die Rolle einer Eskalationsstelle ein, die verschiedene Standpunkte bei strittigen Fragen genauer analysiert und entsprechende Lösungsszenarien entwickelt oder auch wesentliche Architekturentscheidungen trifft.

Lenkungsausschuss

Wir Sie weiter unten sehen werden, ist das Organ der Judikative mit einem Projektlenkungsausschuss vergleichbar. In unserem Fall handelt es sich also zum Beispiel um einen Architekturlenkungsausschuss, der sich entweder regelmäßig für das die IT-Architektur betreffende Tagesgeschäft trifft oder im Rahmen von Projekten aktiv wird, die besonderen Einfluss auf die IT-Architektur haben. Es liegt auf der Hand, dass dieses Organ – noch mehr als alle anderen – aus Mitarbeitern der verschiedensten Unternehmens- oder Projektbereiche zusammengesetzt sein muss, damit Entscheidungen kompetent getroffen werden können und jeder mit den Konsequenzen auch leben kann. Insbesondere folgt hieraus, dass neben den ständigen Mitgliedern des Architekturlenkungsausschusses ergänzend nicht ständige Mitglieder je nach Entscheidungsbedarf hinzugezogen werden müssen.

4.4 Die Architekturorganisation

Die Skalierbarkeit der Architekturorganisation steht im Vordergrund.

Wir haben am Modell der Gewaltenteilung aufgezeigt, dass die maßvolle Umsetzung von Regeln und Richtlinien nur durch ein ausgewogenes Kräfteverhältnis der vielen verschiedenen Anspruchsgruppen, die auf eine IT-Architektur Einfluss nehmen, gewährleistet werden kann. Ergänzend zu den bisher eher theoretischen Ausführungen wollen wir im vorliegenden Abschnitt einen konkreten Leitfaden für Organisationsformen und Rollen innerhalb der Architekturorganisation darstellen. Dabei dürfen wir nie aus den Augen verlieren, dass der Arbeitsaufwand der einzelnen Organe je nach Unternehmensgröße, Komplexität der IT-Architektur oder auch je nach der aktuellen Projektsituation stark voneinander abweicht. Um einen möglichst großen Leserkreis mit diesen Lösungen anzusprechen, haben wir deshalb den Fokus dieses Leitfadens auf zwei Hauptaspekte gelegt:

- Alle vorgestellten Rollen sind als Bausteine zu verstehen, die in eine Unternehmens- oder Projektorganisation eingebunden werden können.
- Die Skalierbarkeit der Organisationsformen soll weitestgehend erhalten bleiben, d.h., nicht alle Rollen müssen besetzt sein, wenn die Komplexität des Architekturumfelds eine schlankere Organisation zulässt.

Projekt- und Architekturorganisation im Einklang

- Sicherlich sind vielen Lesern einige der vorgestellten Rollen und die damit verbundenen Tätigkeitsfelder bereits aus der Projektpraxis bestens bekannt. Bei der Lektüre des vorliegenden Abschnitts dürfen wir aber nie vergessen, dass wir das Hauptaugenmerk auf die Rollen im Bezug auf Veränderungen der IT-Architektur legen. Der wesentliche Unterschied zu rein projektbezogenen Rollen besteht dabei darin, dass die Architekturorganisation im Prinzip parallel zu einer bestehenden IT-Organisation oder auch Projektorganisation aufgebaut wird und die Interessen der IT-Architektur bei den einzelnen Vorhaben vertritt. Werden im Unternehmen beispielsweise gleichzeitig mehrere architekturelevante Projekte abgewickelt, so arbeiten die temporär installierten Projektorganisationen sehr eng mit der Architekturorganisation zusammen, die ggf. auch temporär erweitert wird. Dagegen gehört es zu den permanenten Aufgaben der Architekturorganisation, dass grundsätzlich die Elemente des Unternehmensökosystems IT-Architektur auf die Soll-Architektur ausgerichtet werden. Hierbei handelt es sich streng genommen um ein ständig laufendes Dachprojekt, auch wenn wir an dieser Stelle anmerken müssen, den Begriff des Projekts nicht ganz sauber zu verwenden. Denn nach DIN 69901 wird ein Projekt als ein Vorhaben definiert, das im Wesentlichen durch die Einmaligkeit der Bedingungen in ihrer Gesamtheit gekennzeichnet ist. Hierzu gehören eine klare und abgestimmte Zielvorgabe, zeitliche, finanzielle und personelle Rahmenbedingungen und eine unzweifelhafte Abgrenzung gegenüber anderen Vorhaben. Zusätzlich zeichnet sich ein Projekt durch eine spezifische Organisation, einen eindeutigen Start und ein eindeutiges Ende sowie durch sachliche und wirtschaftliche Relevanz aus.

- Diesen Kriterien zufolge handelt es sich beim Tagesgeschäft des IT-Architektur-Engineerings nicht um ein Projekt im eigentlichen Sinne. Da jedoch die meisten Architekturänderungen ohnehin nur im Rahmen eines Projekts abgewickelt werden können, benutzen wir die Begriffe *Projekt* und *Architekturänderung* synonym.
- Die folgenden Abschnitte zeigen die Rollen und Zuständigkeiten auf, die je nach Umfang und Komplexität einer Architekturänderung im Rahmen der Architekturorganisation benötigt werden.

4.4.1 Auftraggeber

Man kann den Auftraggeber einer Architekturänderung oder auch eines Projekts, das großen Einfluss auf die IT-Architektur hat, auch als die primäre Anspruchsgruppe für die jeweilige Architekturänderung ansehen. Von daher besitzt der Auftraggeber auch die Gesamtverantwortung und Entscheidungskompetenz für die Architekturänderung. Grundsätzlich stellt der Auftraggeber die erforderlichen Budgets bereit und sorgt ggf. auch für deren Kürzung oder Erweiterung.

Wird die Architekturänderung im Rahmen eines Projekts abgewickelt, entscheidet der Auftraggeber beispielsweise über alle wesentlichen Projektvorlagen und Ergebnisse, über den Start und das Ende jeder Projektphase oder auch über die Fortsetzung, die Unterbrechung und den Abschluss des Projekts. Darüber hinaus obliegen dem Auftraggeber Ziel- und Ergebnisänderungen des Projekts. Außerdem entscheidet der Auftraggeber über Projektänderungen und initiiert ihre Durchführung. Er erhält vom Projektleiter der Projektorganisation Statusberichte und führt mit diesem regelmäßige Reviews auf die Architekturänderung durch. Im Eskalationsfall führt er zeitnahe Entscheidungen herbei und beruft dazu einen Architekturlenkungsausschuss ein.

Entscheidungskompetenz

Im Rahmen der fortlaufenden Anpassung der existierenden IT-Architektur in Richtung der Soll-Architektur kann es sich bei dem Auftraggeber grundsätzlich nur um ein für die IT zuständiges Mitglied des Managements handeln, wie z.B. den CIO oder CTO des Unternehmens. Der Auftraggeber muss in jedem Fall über die nötigen Entscheidungskompetenzen in Sach- und Personalfragen verfügen, ganz egal ob es sich um ein laufendes Projekt oder die stetige Architekturentwicklung handelt.

4.4.2 Anforderungsmanager

Sinnvolle Anforderungen

Der Anforderungsmanager nimmt jedes Projektvorhaben als erste Instanz entgegen, überprüft das Projekt daraufhin, ob die Anforderungen Sinn machen, und sucht nach Möglichkeiten für die optimale Verteilung der zur Verfügung stehenden Ressourcen im Bezug auf andere Projektvorhaben. Zur Überprüfung gehört beispielsweise die Sichtung der Anforderungsdokumentation, ggf. in einer vorgelagerten Phase sogar deren Erstellung. So trivial es klingen mag: Der Anforderungsmanager hat hierbei auf eindeutige und klare Formulierungen zu achten und ggf. zu große Interpretationsspielräume zu beseitigen.

Transparenz über sämtliche Projektvorhaben

Die Zusammenhänge bzw. Abhängigkeiten zwischen Projekten oder Architekturänderungen können indifferent, synergetisch oder konkurrierend sein. Ein indifferentes Verhältnis ist beispielsweise gegeben, wenn eine Architekturänderung sich auf technischer Ebene mit der Umstellung von Datei- auf Online-Schnittstellen einer bestimmten Applikation beschäftigt und ohne Berührungspunkte zum Release-Wechsel einer anderen Applikation parallel durchgeführt wird. Synergetisch ist es, wenn in einem Projekt oder einer Architekturänderung Know-how aufgebaut wird, das in einem Folge- oder Parallelprojekt bzw. im Rahmen einer folgenden oder parallel an anderer Stelle vorkommenden Architekturänderung genutzt werden kann. Gleichzeitig kann der Fall auftreten, dass zwei Architekturänderungen um ein bestimmtes Know-how oder ein Lösungsszenario konkurrieren. Die Voraussetzung für die erfolgreiche Tätigkeit des Anforderungsmanagers ist aber in jedem Fall, dass er über sämtliche Vorhaben des Unternehmens, die einen wesentlichen Einfluss auf die IT-Architektur haben, im Bilde sein muss.

Priorisierung

Doch auch wenn das Anforderungsmanagement dafür verantwortlich ist, dass Abhängigkeiten, Synergien und Konflikte vor der Initiierung einer Architekturänderung erkannt werden können und somit die bestmögliche Verteilung von Budget, Ressourcen, Know-how und Zeit sichergestellt werden kann, kann es nicht in jedem Fall die architektonisch vernünftigste Entscheidung treffen. Aus der Priorisierung bestimmter Vorhaben – vor allem bezüglich der Zuteilung von Ressourcen und der Fokussierung aus Sicht des Auftraggebers oder des Managements – ergeben sich Konsequenzen für die Entscheidungen des Anforderungsmanagements. Als Konsequenz müssen hier häufig Synergieeffekte oder architektonisch bessere Lösungen hinter der Priorisierung des Auftraggebers zurückstehen. Als Beispiel sei hier noch einmal auf den Golfspieler aus Abschnitt 4.2.3 verwiesen.

4.4.3 Architecture-Board

Verantwortung für die Gesamtheit aller Projekte

Die Aufgabe des Architecture-Boards[8] ist die Überwachung und Unterstützung größerer Architekturveränderungen. Einerseits werden durch diesen Ausschuss regelmäßig Reviews über laufende Projekte durchgeführt, die die fachlichen und betriebswirtschaftlichen Ergebnisse mit den Zielvorgaben der einzelnen Projekte und insbesondere mit der Soll-Architektur abgleichen. Außerdem ist das Architecture-Board für die Priorisierung und Freigabe von Projekten mit großem Einfluss auf die IT-Architektur sowie für die außerplanmäßige Beendigung derartiger Projekte verantwortlich. Eine wesentliche Herausforderung besteht darin, die Konsequenzen aus Beschlüssen für die Gesamtheit aller Projekte und der IT-Architektur zu berücksichtigen.

Hohe Kompetenz

Der Ausschuss tritt außerdem als Eskalationsstelle auf. Hierbei obliegt ihm die Beurteilung von Handlungsoptionen und Entscheidungsfindung bei Abweichungen und Änderungen von vorgegebenen Richtlinien und Regelwerken, die die Architektur betreffen. Dabei soll er

8 Manchmal findet man hierfür auch den Begriff »Architekturlenkungsausschuss«.

nicht nur strittige Fragen klären, sondern auch Anlaufstelle für die Entscheidungsfindung bei wesentlichen Architekturentscheidungen sein. Sämtliche Entscheidungen werden immer so getroffen, dass die fachlichen, qualitativen, wirtschaftlichen und strategischen Architekturziele miteinander in Einklang gebracht werden können. Hieraus folgt insbesondere, dass sich dieser Ausschuss aus Mitgliedern mit hoher Entscheidungskompetenz und hervorragender fachlicher Expertise zusammensetzt.

Der Architekturlenkungsausschuss entspricht der in Abschnitt 4.3.3 erwähnten Judikative der IT-Architektur. Zur Wahrnehmung seiner Aufgaben setzt er sich aus den in Tabelle 4.1 aufgeführten ständigen Mitgliedern zusammen. Es wird in der Praxis allerdings in den seltensten Fällen vorkommen, dass man auf ein vollständig besetztes Architecture-Board trifft. Häufig werden auch für die Ausübung der verschiedenen Kompetenzen bestimmte Mitarbeiter durch die einzelnen Leitungsfunktionen benannt, so dass zumindest ein breites Themenspektrum abgedeckt werden kann, ohne dass zu viele Entscheider gleichzeitig an einen Tisch gebracht werden müssen.

Ständiges Mitglied	Beispielhafte Ausprägung
Technisch verantwortliches Mitglied der Geschäftsführung	CIO oder CTO
Hauptverantwortlicher für die IT-Architektur (i.d.R. direkt dem CIO/CTO unterstellt)	(Chef)-IT-Architekt
Hauptverantwortlicher für die Umsetzung von IT-Projekten	Leiter der IT-Abteilung
Hauptverantwortlicher für Organisation und Unternehmensprozesse	Leiter der Org-Abteilung
Hauptverantwortlicher für die strategische Unternehmensentwicklung	Leiter des Business Developments oder Leiter des strategischen Marketings
Hauptverantwortlicher für die zahlenbasierte Steuerung des Unternehmens	Leiter des Controllings

Tabelle 4.1 Ständige Mitglieder des Architecture-Boards

Zusätzlich werden je nach Projektsituation oder bei Bedarf von speziellem fachlichen Know-how verschiedene nicht ständige Mitglieder in den Ausschuss aufgenommen. Tabelle 4.2 gibt hierzu einige Beispiele.

Nicht ständiges Mitglied	Beispielhafte Ausprägung
Hauptanforderer oder Budgetverantwortlicher für eine Architekturänderung oder ein Projektvorhaben	Auftraggeber
Hauptverantwortlicher für die operative Umsetzung von Architekturänderungen oder Projektvorhaben	Projektleiter, Teilprojektleiter
Spezialisten für bestimmte technische oder fachliche Themen	Hier kann je nach benötigten Kenntnissen praktisch jeder Mitarbeiter des Unternehmens zum Einsatz kommen.

Tabelle 4.2 Nicht ständige Mitglieder des Architecture-Boards

4.4.4 IT-Architekt

Der IT-Architekt ist eine der wichtigsten Personen für sämtliche Fragen, die eine ganzheitliche Betrachtung der Gesamt-IT-Architektur eines Unternehmens betreffen. Er hat vielfältige Aufgaben wahrzunehmen und muss über ein herausragendes fachliches und persönliches Mitarbeiterprofil verfügen. Wir haben dem IT-Architekten daher das gesamte Kapitel 5 gewidmet.

4.4.5 Architekturmanagement-Team

Eine der wichtigsten Aufgaben innerhalb der Architekturorganisation obliegt dem Architekturmanagement-Team, das manchmal auch als Architekturgremium bezeichnet wird. Wie bereits in Abschnitt 4.3.1 beschrieben, nimmt das Architekturmanagement-Team die Rolle der Legislativen der IT-Architektur ein. Dieses Gremium beschäftigt sich mit der Festlegung von Richtlinien und Regeln, die die Arbeit an der IT-Architektur betreffen, und nimmt außerdem eine wichtige Rolle bei der Definition der Soll-Architektur ein. Damit ist es die oberste Instanz zur Festlegung des Handlungsspielraums beim IT-Architektur-Engineering. Die vom Architekturmanagement-Team festgelegten Regeln umfassen folgende Themengebiete:

- **Festlegung von Berichtsanforderungen**
  Hierbei wird festgelegt, in welchem Umfang und in welchen Zyklen Änderungen an der IT-Architektur zu berichten sind. Die Berichtsanforderungen sind dabei unabhängig vom jeweiligen Projektreporting zu sehen. Sie betreffen ausschließlich Architekturaspekte.

- **Festlegung von Dokumentationsanforderungen**
  Diese Festlegungen bestimmen, welche Dokumente im Rahmen von Architekturänderungen vorhanden sein müssen, um einen nahtlosen Wissenstransfer zwischen verschiedenen Mitarbeitern gewährleisten zu können und auf eine bestmögliche Beschreibung des Ist-Zustandes der IT-Architektur zurückgreifen zu können. Wie bereits in Kapitel 2 ausführlich beschrieben wurde, besteht die Herausforderung bei diesem Vorhaben darin, eine Überdokumentation zu vermeiden. Denn eine Tonne Papier hilft niemandem weiter, schon gar nicht der IT-Architektur.
- **Festlegung methodischer Anforderungen**
  Bei der Festlegung der methodischen Anforderungen wird ein Rahmenwerk geschaffen, das sämtliche methodische Ansätze umfasst, mit denen Arbeiten an der IT-Architektur durchgeführt werden können. Beispielsweise könnte eine Anforderung sein, sämtliche Aufwände für ein Architekturprojekt über die *Function Points-Methode*[9] zu schätzen, um eine Vergleichbarkeit der Aufwandsschätzungen für verschiedene Projekte zu erzielen.
- **Festlegung technologischer Anforderungen**
  Hierbei handelt es sich um ein weites Feld, das in enger Abstimmung mit der IT-Abteilung bearbeitet wird. Die technologischen Anforderungen an eine IT-Architektur können beispielsweise im Datenbankbereich einen bestimmten Hersteller vorschreiben oder auch festlegen, dass bei zukünftigen Entwicklungen nur noch internetbasierte Frontends zu berücksichtigen sind. Insbesondere hierbei ist es wichtig, dass die Mitglieder des Architekturmanagement-Teams mit dem aktuellen Stand der Technik vertraut sind und Technologietrends frühzeitig erkennen sowie den Sinn (bzw. Unsinn) des Einsatzes beurteilen können.
- **Festlegung von Designanforderungen**
  Eine Designanforderung beschreibt den grundlegenden Aufbau, den eine bestimmte Problemlösung haben muss oder nicht haben darf. Beispielsweise könnten im Schnittstellenbereich File-Schnittstellen explizit ausgeschlossen werden, oder es könnte festgelegt sein, dass neue Applikationen, die kritische Aufgaben übernehmen, mindestens über eine Mehrschichtarchitektur mit einer eigenen Geschäftslogik-Schicht verfügen müssen.

9 Vgl. hierzu auch Abschnitt 3.3.3

Bei all diesen Festlegungen ist es wichtig, dass die Regeln ein Rahmenwerk vorgeben und auf keinen Fall der Eindruck der Überreglementierung entsteht. Regeln sollen nicht als Dogma verstanden und durchgesetzt werden, sondern wie ein hilfreicher Werkzeugkasten genutzt werden können. Auch möchten wir in diesem Zusammenhang nochmals ausdrücklich betonen, dass die Entitäten *Berichtwesen* und *Dokumentation* des Vorgehensmodells sehr dosiert etabliert werden müssen. Ein Überstrapazieren in Form von beispielsweise umfangreichen und häufigen Reportings oder komplexen, vielschichtigen Dokumentationen ist sicherlich nicht zielführend im Sinne des Unternehmens und wird daher kaum auf breite Akzeptanz stoßen.

Das Architekturmanagement-Team besteht in der Regel aus einer Reihe hervorragender, technisch orientierter Mitarbeiter oder aus eigens hierfür vorgesehenen IT-Architekten. In Abschnitt 5.4 wird das benötigte Mitarbeiterprofil des IT-Architekten detailliert beschrieben. Zusätzlich sollten im Architekturmanagement-Team temporär weitere Mitarbeiter aus unterschiedlichen Fachbereichen oder der IT-Abteilung zum Einsatz kommen, etwa wenn Spezial-Know-how gefordert wird oder wenn bestimmte Anspruchsgruppen von der Definition einzelner Regeln besonders tangiert werden. Durch die Aufnahme in das Architekturmanagement-Team macht man die Betroffenen frühzeitig zu Beteiligten und verhindert somit später Akzeptanzprobleme bei der Umsetzung der Regeln.

4.4.6 Organisationsmanager

Wie wir bereits in Abschnitt 4.2.4 gesagt haben, müssen wesentliche Änderungen der IT-Architektur immer mit einem Organisationsmanagement einhergehen, da umfassende Architekturentscheidungen häufig eine Veränderung der Ablauf- und Aufbauorganisation zur Folge haben. Während jedoch die Änderungen der Ablauforganisation inhärent für IT-Projekte sind, da Prozesse direkt durch die IT-Architektur abgebildet werden, gilt dies nicht für die Aufbauorganisation. Das Organisationsmanagement zeichnet dafür verantwortlich, dass mit der Änderung der IT-Architektur die Auswirkungen auf die Aufbauorganisation hinreichend betrachtet werden. Als Ergebnis seiner Arbeit präsentiert der Organisationsmanager den Applikations- und Prozessverantwortlichen die Auswirkungen auf die Organisation und Vorschläge zu erforderlichen Organisationsanpassungen. Dabei können hier durchaus kreative Lösungen zu Tage treten, wie folgendes Beispiel aus der Praxis zeigt:

»Best-of-Breed« ohne Betriebs-Know-how

Ein großer Telko startete vor ca. 18 Monaten ein umfangreiches Datawarehouse-Projekt. Im Rahmen dieses Projekts mussten zahlreiche Quellsysteme, die teilweise an anderen Konzernstandorten vorhanden sind, als operative Datenquellen angebunden werden. Nicht alle Datenlieferungen konnten aufgrund organisatorischer und datensicherheitstechnischer Beschränkungen des Kunden automatisiert angebunden werden, so dass eine Reihe manueller Eingriffe und fachlicher Abstimmungen mit verschiedenen Datenlieferanten auch während des Betriebs nötig ist. Darüber hinaus ist die IT-Architektur des Telkos im Datawarehouse-Umfeld nach dem »Best of Breed«-Ansatz aufgebaut. Es wurden also für sämtliche Komponenten des Datawarehouse (Präsentation, OLAP-Server, Datenbank, ETL-Anwendung usw.) Produkte unterschiedlicher Hersteller ausgewählt. Der Vorteil dieses Vorgehens ist sicherlich eine mit den leistungsfähigsten Produkten ausgestattete IT-Lösung. Als Nachteil sind hier der erhöhte Integrationsaufwand und das sehr breit gefächerte Know-how zu nennen, das für einen reibungslosen Betrieb und eine konsequente Weiterentwicklung benötigt wurde. Nach Fertigstellung des Gesamtsystems sollte der Betrieb, wie ursprünglich geplant. an die zuständige IT-Abteilung übergeben werden. Diese hatte zwar die Auswahl der einzelnen Produkte für das Datawarehouse vorgenommen, sah sich aber nicht in der Lage, den Betrieb des Systems durch einen einzigen Mitarbeiter sicherzustellen, da hierzu keine Personalressourcen mehr zur Verfügung standen. Hinzu kam, dass sich die IT-Abteilung nicht für das manuelle Einsammeln der einzelnen Datenlieferungen zu fest definierten Zeitpunkten verantwortlich fühlte.

Das Organisationsmanagement stellte fest, dass der Auftraggeber, in diesem Fall ein bestimmter Fachbereich, in seinem Budget noch eine Planstelle zur Verfügung hatte. Es wurde vorgeschlagen, dass die betreffende Planstelle an die IT-Abteilung übertragen werden sollte. Ein geeigneter neuer Mitarbeiter sollte gesucht werden und eigens für den Betrieb des Gesamtsystems verantwortlich sein. Er war wie ein Mitarbeiter der IT-Abteilung zu betrachten und war disziplinarisch auch deren Leiter unterstellt. Jedoch sollte er sich exklusiv um den Betrieb und die Weiterentwicklung des Datawarehouse kümmern, was er auch heute noch erfolgreich tut.

4.4.7 Veränderungsmanager

Wir haben bereits in Abschnitt 4.2.4 gezeigt, dass mit grundlegenden Änderungen der IT-Architektur auch eine Änderung der Organisation einhergeht. Alle nötigen Veränderungen können sich sowohl auf die Aufbau- als auch auf die Ablauforganisation beziehen und bringen alle dieselben Probleme mit sich.[10]

Veränderungen sind selten erwünscht.

Die meisten Menschen mögen keine Veränderungen oder haben sogar Angst davor. Sei es aus Bequemlichkeit, die alten Gewohnheiten nicht ablegen zu wollen, oder sei es der Versuch, an Statussymbolen und Anerkennung festzuhalten. Es gibt unzählige Gründe dafür, dass große Veränderungen innerhalb einer Organisation nur durch ein gezieltes Veränderungsmanagement umzusetzen sind, denn eine bloße Anweisung von »oben« reicht bei weitem nicht aus, wie Abbildung 4.5 am Eisbergmodell der Organisation deutlich macht.

Mächtige informelle Strukturen

Die Aussage des Eisbergmodells besteht darin, dass sich nur ein vergleichsweise geringer Teil einer Organisation steuern und kontrollieren lässt. Der kontrollierbare Teil der Organisation wird dabei als das formelle System bezeichnet. In diesem System gelten Zahlen, Daten und Fakten. Hier werden Entscheidungen nach rationalen Gesichtspunkten getroffen und durchgesetzt. Letztendlich sind jedoch die Faktoren des informellen Systems weitaus mächtiger und können Entscheidungen, die auf der Grundlage des formellen Systems durchgesetzt werden sollen, zum Scheitern bringen. Konkret bedeutet das, dass Anweisungen einfach »ausgesessen« werden oder bestimmte Entscheidungen gezielt boykottiert werden, wenn die von der Veränderung betroffenen Personen die Entscheidung nicht mittragen. Ein Beispiel hierzu hatten wir Ihnen bereits in Abschnitt 4.2.4 vorgestellt.

Meistens ist es schon von Vorteil, wenn sich ein Unternehmen überhaupt der Tatsache bewusst ist, dass informelle Strukturen existieren und dass hier ohne die Schaffung von Transparenz und Akzeptanz keine gezielten Veränderungen vorgenommen werden können.

---

10 Wir beziehen uns in diesem Abschnitt nicht auf den Change-Manager, der für das Management der technischen und betriebswirtschaftlichen Änderungsprozesse zuständig ist. Diesem Änderungsmanager obliegt die Aufgabe der Release-Koordination, der Berücksichtigung von Impact-Matrizen usw. Wir sehen diese Aufgaben implizit im Rahmen der Projektorganisation bzw. durch den IT-Architekten wahrgenommen. Das hier angesprochene Veränderungsmanagement ist also eher auf personeller Ebene zu verstehen.

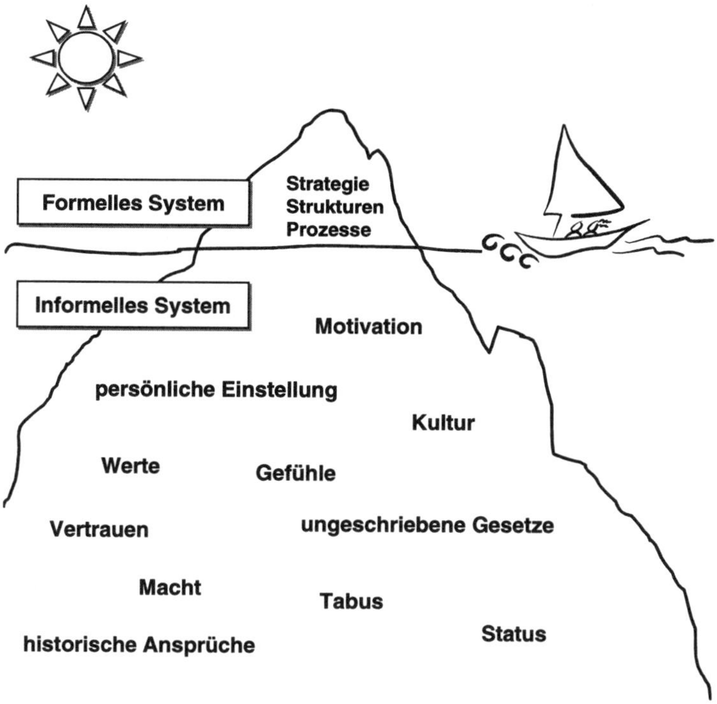

Abbildung 4.5 Das Eisbergmodell der Organisation

Akzeptanz schaffen

Zu den Aufgaben des Veränderungsmanagers[11] zählt es, genau diese Art der Akzeptanz zu schaffen und möglichst viele Aspekte der informellen Strukturen aufzudecken und zu berücksichtigen, wenn zum Beispiel Organisations- oder Prozessveränderungen durchzusetzen sind. Hierbei sind die in Abschnitt 4.2.3 angesprochenen persönlichen Präferenzen einzelner Anspruchsgruppen von großer Bedeutung. Damit hat der Veränderungsmanager eine äußerst schwierige Aufgabe zu bewältigen. Denn neben der meist knapp bemessenen Zeit zur Vorbereitung größerer organisatorischer Veränderungen stößt er häufig auf die neuralgischen Punkte einzelner Anspruchsgruppen. Außerdem greifen umfassende Veränderungen nur, wenn sie von der Kultur getragen werden.

Im Gegensatz zum Organisationsmanager, der sich mit dem »Was« auf Organisationsebene beschäftigt, ist es die Aufgabe des Veränderungsmanagers, nach dem »Wie« zu suchen, wobei hier nicht nur organisatorische Aspekte, sondern auch Prozesse relevant sind.

---

11 Wahrscheinlich ist dem einen oder anderen Leser diese Rolle eher unter dem Begriff »Changemanager« geläufig.

4.4.8 Einordnung der Rollen in die Architekturorganisation

Wie in Abschnitt 4.3 erwähnt wurde, ist ein ausgewogenes Kräfteverhältnis der einzelnen Organe der Gewaltenteilung essenziell für die Bewältigung komplexer Architekturänderungen und den daraus folgenden hohen Anforderungen an eine Organisation. Wie die oben erläuterten Rollen den einzelnen Organen der Gewaltenteilung zugeordnet sind, stellt Tabelle 4.3 dar.

Legislative	Judikative	Exekutive
Architekturmanagement-Team	Architecture-Board	Auftraggeber
		Organisationsmanager
		Anforderungsmanager
		Veränderungsmanager

Tabelle 4.3 Die Rollen der Architekturorganisation als Organe der Gewaltenteilung

Linienorganisation vs. Architekturorganisation

In dieser Darstellung wird der IT-Architekt nicht aufgeführt, da er zunächst nicht eindeutig einem der Organe der Gewaltenteilung zugeordnet werden kann. Einerseits ist er als ständiges Mitglied (Chef-IT-Architekt) im Architecture-Board vertreten, andererseits sind ihm ggf. andere IT-Architekten unterstellt, die sowohl in operativen Organen als auch im Architekturmanagement-Team vertreten sein können. Er ist damit implizit in sämtlichen Organen der Gewaltenteilung vertreten, wodurch ein hohes Potenzial an Rollenkonflikten entsteht, denn die IT-Architekten berichten innerhalb der Linienorganisation auch an den Chef-IT-Architekten. Ähnlichen Rollenkonflikten können übrigens auch andere Mitarbeiter in den einzelnen Rollen der Architekturorganisation ausgesetzt sein. Wir wollen den Schwerpunkt dieses Abschnitts dennoch auf die Architekturorganisation legen, denn diese Situation ist aus Matrixorganisationen hinlänglich bekannt und kann durchaus beherrscht werden, wenn das Rollenverständnis und die Erwartungen klar kommuniziert und fixiert werden. Vielen Lesern wird genau dieser Sachverhalt durch die Koexistenz von Projekt- und Linienorganisation hinlänglich aus der täglichen Praxis bekannt sein.

Ausgewogenheit der Machtverhältnisse in der Architekturorganisation

In Abbildung 4.6 sind die Zusammenhänge zwischen den einzelnen Entitäten der Architekturorganisation dargestellt. Im vorliegenden Abschnitt wollen wir die bisher beschriebenen Rollen in ein entsprechendes Organisationsmodell einordnen. Dazu werden wir die Zusammenhänge der einzelnen Rollen untereinander erläutern und die entsprechenden Berichtswege, informellen Schnittstellen und Weisungsbefugnisse erläutern.

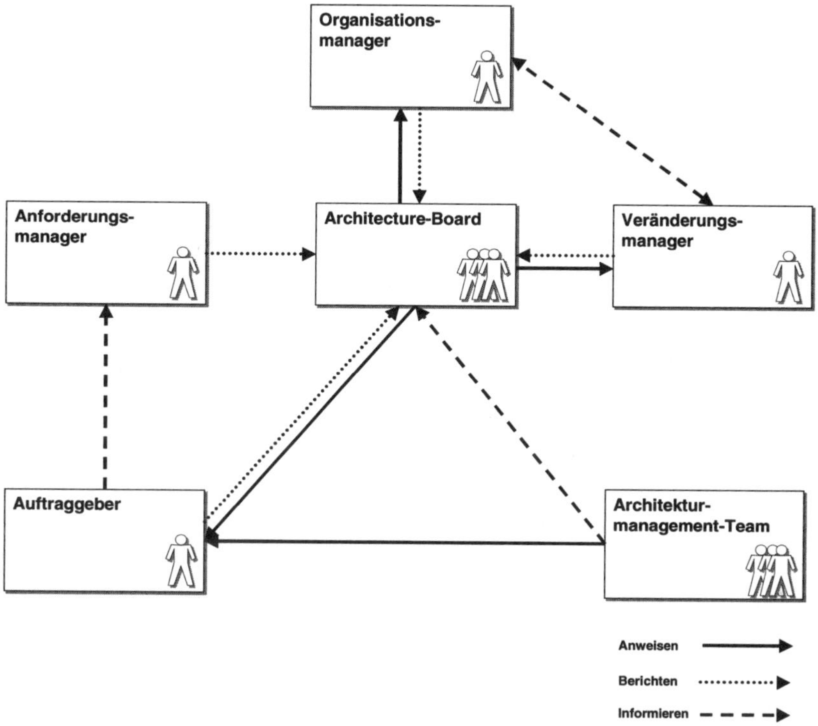

Abbildung 4.6 Die Architekturorganisation

Projektübergreifendes Veränderungs- und Organisationsmanagement

Jede neue Anforderung bzw. jede neue Projektidee für eine Architekturänderung wird durch den Auftraggeber an das Anforderungsmanagement übergeben. Hier wird die Anforderung gemäß der in Abschnitt 4.4.2 genannten Kriterien überprüft und als Entscheidungsvorlage an das Architecture-Board übergeben. Wurde dort die Entscheidung für eine Umsetzung der Anforderungen getroffen, werden im Rahmen der operativen Umsetzung sowohl der Auftraggeber (hier stellvertretend für das gesamte Projektteam) als auch das Organisations- und das Veränderungsmanagement aktiv. Während die Steuerung der operativen Umsetzung der Anforderungen beim Auftraggeber liegt, werden das Veränderungsmanagement und das Organisationsmanagement, die auf informeller Ebene zusammenarbeiten, im Bedarfsfall durch das Architecture-Board koordiniert. Hierdurch wird ein projektübergreifendes Veränderungs- und Organisationsmanagement sichergestellt.

Unabhängige Prüfstelle

Das Architekturmanagement-Team kann als unabhängige Prüfstelle jederzeit Einsicht in laufende Projektaktivitäten nehmen und ggf. auf der operativen Ebene steuernd eingreifen. Gleichzeitig wird das Architecture-Board über sämtliche Eingriffe informiert, so dass bei Ausnahmen und Abweichungen direkt im laufenden Prozess Handlungsoptionen abgeleitet werden können. Darüber hinaus können Auswirkungen auf andere Projekte schnell aufgedeckt und kompensiert werden. Neben Anpassungen der laufenden Projekte können auf diesem Wege außerdem nötige Änderungen von Reglementierungen bewertet und durchgesetzt werden.

4.4.9 Architekturorganisation und Projektorganisationen

Rollen der Projektorganisation

In einem einzelnen Unternehmen läuft normalerweise eine Vielzahl unterschiedlicher Projekte parallel ab. Hier werden Projektteams in klassischen Projektorganisationsformen eingesetzt. Die Projektorganisation stellt gewissermaßen eine Organisation innerhalb der Organisation dar, wobei die Mitglieder einer einzelnen Projektorganisation jeweils mit starkem Fokus auf das eigene Projekt arbeiten. Aus ihrer Perspektive ist die erfolgreiche Beendigung des Projekts als primäres Ziel einzustufen. Im vorliegenden Abschnitt wollen wir kurz die Komponenten und Rollen sowie ein klassisches Organisationsmodell der Projektorganisation vorstellen. Darauf aufbauend verbinden wir das Modell später mit dem Organisationsmodell der Architekturorganisation aus Abschnitt 4.4.8.

Innerhalb eines einzelnen Projekts gibt es verschiedene Rollen und Zuständigkeiten:

- **Projekteigner, Projektauftraggeber**
  Ähnlich wie der Auftraggeber in der Architekturorganisation hat der Projekteigner die Gesamtverantwortung und Entscheidungskompetenz für ein Projekt. Bei hoch angesiedelten Projekten mit unternehmensweitem Fokus handelt es sich bei dem Projekteigner und dem Auftraggeber der Architekturorganisation häufig um ein und dieselbe Person.
- **Projektlenkungsausschuss**
  Der Projektlenkungsausschuss agiert wie das Architecture-Board als überwachende und unterstützende Stelle für sämtliche IT-Projekte.
- **Projektleiter**
  Der Projektleiter hat die Koordinations- und Steuerungsverantwortung für ein Projekt. Er stellt die zentrale Schnittstelle zwischen operativen und steuernden Rollen der Projektorganisation dar. Bei großen Projekten oder im Rahmen des Multiprojektmanagements können Projekte in Teilprojekte unterteilt werden, so dass hier häufig weitere Projektleiterebenen, z.B. die der Teilprojektleiter, eingezogen werden.
- **Projektmitarbeiter**
  Die Projektmitarbeiter sind für die operative Abarbeitung der Arbeitspakete zuständig, die der Projektleiter festgelegt hat.
- **Qualitätsmanagement**
  Als unternehmensweit etablierter Service ist das Qualitätsmanagement für die Definition und Einhaltung aller Maßnahmen verantwortlich, die zur Einhaltung der vorgeschriebenen Qualitätsstandards des Unternehmens nötig sind. Zu den Aufgaben des Qualitätsmanagements bzw. der Qualitätssicherung (QM/QS) gehört beispielsweise die Durchführung regelmäßiger Reviews zu definierten Meilensteinen und eine die Projektphasen begleitende Überwachung. Prinzipiell hat der Qualitätssicherer ein Vetorecht, das Freigaben und Inbetriebnahmen bestimmter Softwarekomponenten oder Applikationen verhindern kann.

Abbildung 4.7 bringt die beschriebenen Rollen in einen Zusammenhang. Bei den Verbindungen zwischen den einzelnen Entitäten werden dabei der Berichtsweg und die Weisungsbefugnisse separat gekennzeichnet.

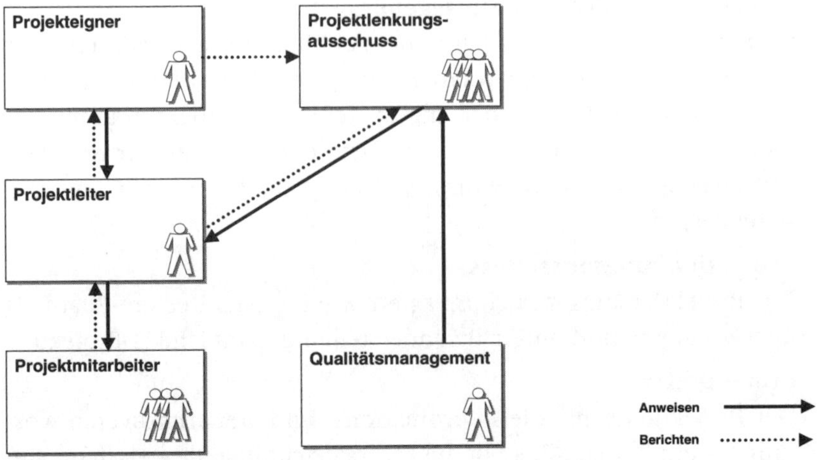

Abbildung 4.7 Organisationsmodell einer Projektorganisation

Multiprojektmanagement

Die Koordination der verschiedenen Projekte wird in der Regel unternehmensweit in Form des Multiprojektmanagements abgewickelt. Unter Multiprojektmanagement verstehen wir die übergreifende Steuerung von mehreren Projekten mit dem Ziel, Planungsqualität sicherzustellen, Zielkonflikte zu erkennen, Synergien zwischen Projekten zu nutzen, Ressourcen prioritätsgerecht bereitzustellen und Entscheidungen projektübergreifend zu betrachten. Hierzu werden in der Regel zwei weitere Rollen installiert, um die projektübergreifenden Aufgaben zu bewältigen. Zum einen wird ein wie in Abschnitt 4.4.2 beschriebenes zentrales Anforderungsmanagement etabliert, zum anderen wird ein Projektmanagement-Board eingesetzt, das die übergreifende Koordination und Priorisierung einzelner Projekte vornimmt. Abbildung 4.8 stellt das Organisationsmodell des Multiprojektmanagements dar.

Zusätzlich zu den Berichtswegen und Weisungsbefugnissen sind in Abbildung 4.8 die Informationswege dargestellt. Die Projekteigner informieren das Anforderungsmanagement über ein neues Projektvorhaben. Das Qualitätsmanagement, das in der Einzelprojektorganisation sein Vetorecht gegenüber den einzelnen Lenkungsausschüssen ausüben kann, informiert im Modell des Multiprojektmanagements zusätzlich das Projektmanagement-Board. Weiterhin ist es dafür verantwortlich, einen projektübergreifenden Qualitätsstandard sicherzustellen, beispielsweise bei der Integration und beim Zusammenspiel einzelner Projektvorhaben.

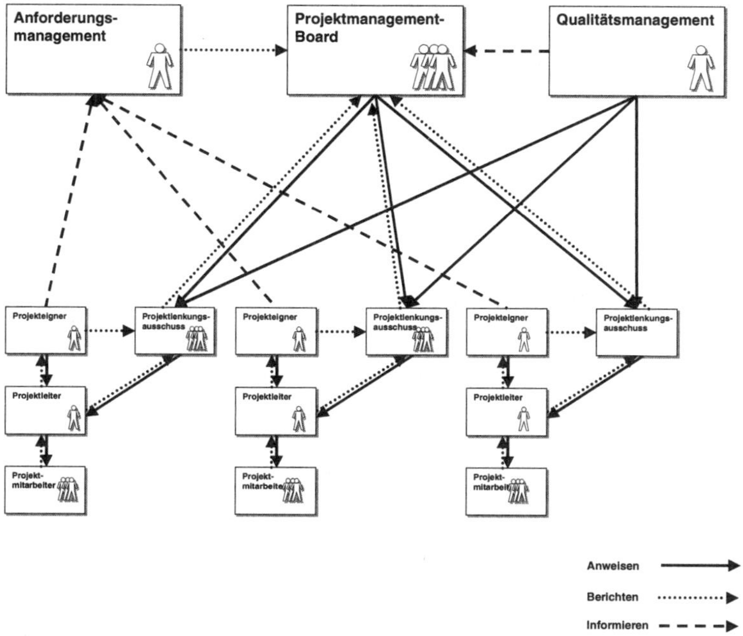

Abbildung 4.8 Organisationsmodell für das Multiprojektmanagement

Zusammenführung der Organisationsmodelle

Verschmelzung von Architektur- und Projektorganisation

Architekturspezifische übergreifende Aspekte wie eine Architekturstrategie des Unternehmens oder eigens hierfür etablierte Regelwerke haben aus Sicht des Multiprojektmanagements nur eine untergeordnete Bedeutung. Das Primärziel der Architekturorganisation ist jedoch, sämtliche Maßnahmen, die die IT-Architektur beeinflussen, unternehmensweit auf die Soll-Architektur auszurichten. Aus diesem Grund ist eine Verschmelzung der Architekturorganisation mit der Projektorganisation sinnvoll und notwendig. Einerseits wird somit unnötiger Overhead verhindert, da einige der Rollen durchaus in Personalunion wahrgenommen werden können, andererseits wird die Akzeptanz der Architekturorganisation nicht gefährdet, denn ein komplett isoliertes Vorgehen ohne enge Verzahnung aller Beteiligten der IT-Projekte lässt zu leicht den Eindruck des Elfenbeinturms entstehen. Wie bereits erwähnt wurde, werden umfassende Architekturänderungen ohnehin in Form eines Projekts abgewickelt, so dass zwischen der Projektorganisation und der Architekturorganisation bereits eine starke Verbindung besteht, die die Verschmelzung der beiden Organisationen erleichtert. Ein Beispiel, das auf den zuvor dargestellten Organisationsmodellen aufbaut, sehen Sie in Abbildung 4.9.

Minimaler Overhead

Dabei fällt zunächst auf, dass nur drei vollkommen neue Entitäten in das Modell einzufügen sind. Hier kann insbesondere davon ausgegangen werden, dass ein Veränderungsmanagement in Unternehmen mit ständigem internen Projektgeschäft in irgendeiner Form ohnehin vorhanden ist, so dass der zusätzlich durch die Architekturorganisation erzeugte Overhead minimal ist. Die gravierendste Änderung ist hier sicherlich in der Einführung des Architekturmanagement-Teams zu sehen. Ähnlich wie das Qualitätsmanagement kann das Architekturmanagement-Team unabhängige Überprüfungen laufender Projekte vornehmen und das Projektmanagement- und Architecture-Board über Abweichungen informieren. Das klassische Projektmanagement-Board wird um die ständigen Mitglieder des Architecture-Boards erweitert. Auch hierbei sind in den meisten Fällen die benötigten Mitglieder bereits weitestgehend vorhanden, so dass sich lediglich der inhaltliche Fokus dieser Entität erweitert. Dasselbe gilt für das Anforderungsmanagement, das in der Regel keine Änderungen erfährt.

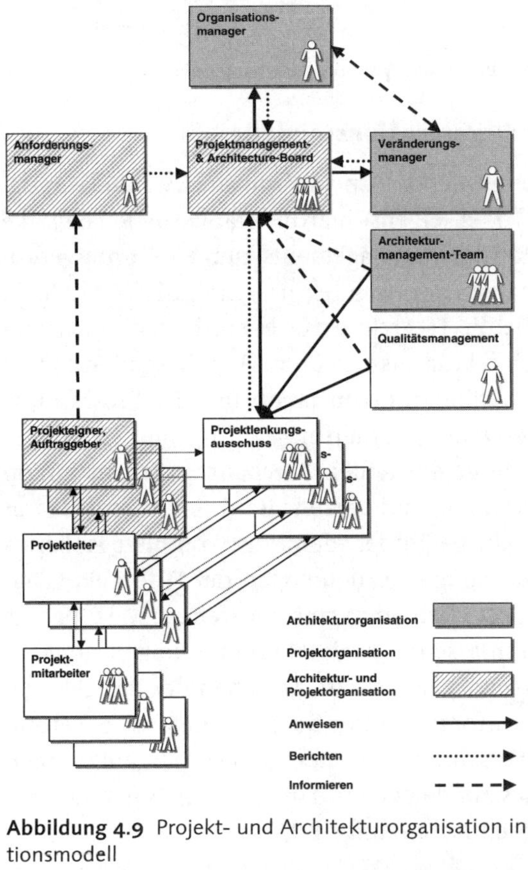

Abbildung 4.9 Projekt- und Architekturorganisation in einem gemeinsamen Organisationsmodell

Die Lenkungsausschüsse der einzelnen Projekte sind durch die zusätzliche Überwachung des Architekturmanagement-Teams angehalten, für eine mit den Architekturrichtlinien konforme Umsetzung der Projekte zu sorgen. Gleichzeitig steht ihnen dabei das Architekturmanagement-Team aber nicht nur kontrollierend, sondern primär beratend zur Verfügung.

4.4.10 Zusammenfassung

Vergleicht man das Organisationsmodell des Multiprojektmanagements mit dem um die Architekturorganisation erweiterten Modell, ist zu erkennen, dass eine Organisationserweiterung ohne wesentlichen Overhead stattfinden kann. Diese Erweiterung sorgt für einen bewussteren Umgang mit der IT-Architektur und hilft, deren Komplexität zu bewältigen. Natürlich sind Modelle wie die Gewaltenteilung oder auch die Einführung eines Organisationsmanagements nicht für sämtliche Unternehmensgrößen oder für alle Unternehmenskulturen umsetzbar. Von daher können diese Ansätze nur Denkanstöße für die jeweilige individuelle Situation in einem Unternehmen darstellen.

Offenheit gegenüber neuen Ideen

Allein beim Vergleich der unterschiedlichen Organisationsmodelle für Projektorganisationen, die in Unternehmen zu finden sind, wird schnell klar, dass wohl niemand ein Patentrezept für die perfekte Architekturorganisation aus dem Hut zaubern kann. Doch neben der Größe eines Unternehmens spielt auch die Innovationsfreudigkeit eine entscheidende Rolle, wenn ein neues Organisationsmodell umgesetzt werden soll. Risikobereitschaft und visionäres Denken sowie die prinzipielle Offenheit gegenüber Veränderungen sind hier ungemein hilfreich.

Nicht zuletzt entscheidet auch die Kostenstruktur eines Unternehmens über die Bereitschaft, eine Architekturorganisation zu installieren. Ohne begründbaren und messbaren Mehrwert wird kein Unternehmen bereit sein, neue Stellen zu schaffen und an bestehenden und funktionierenden Prozessen Veränderungen vorzunehmen. Doch auch, wenn die Bereitschaft zur Veränderung der Organisation gegeben ist, müssen die durch die Architekturorganisation gestützten Prozesse gesteuert und gemessen werden. Performance und Wirtschaftlichkeit sind gefragt, was direkt das nächste Problem aufwirft. Denn wie lässt sich ein komplexes System wie eine IT-Architektur, das sämtliche Unternehmensbereiche tangiert und maßgeblich durch die strategische Ausrichtung eines Unternehmens beeinflusst wird, steuern? In Abschnitt 4.5 wollen wir uns genau dieser Frage widmen. Wir hoffen,

Ihnen damit ein Werkzeug an die Hand zu geben, das Ihnen hilft, die komplexe Steuerung der IT-Architektur beherrschbar zu machen.

4.5 Architekturmanagement und -steuerung

4.5.1 Einführung

Money, Money, Money

Die IT hat heute in den Unternehmen oftmals einen schweren Stand. Die IT-Kosten sind hoch, die Vorteile und der Nutzen der IT sind dabei nur schwer messbar, und den Mythos von dem in Zeiten des Neuen Marktes überstrapazierten ROI der IT will niemand mehr hören, geschweige denn daran glauben.[12] So ist es zwar einerseits ernüchternd, aber andererseits nur verständlich, wenn eine Top-Managerin wie beispielsweise Carleton Fiorina, CEO von Hewlett-Packard, sagt:

> *»Ich bin nicht anders als jeder CEO: Ich will weniger Geld für Informationstechnik ausgeben, aber gleichzeitig mehr Vorteil daraus ziehen.«*

Prinzipiell ist gegen diese Einstellung nichts einzuwenden, jedoch macht sie deutlich, dass die IT primär von der Kostenseite her bewertet wird. Wie soll es auch anders sein, wenn die einzige verifizierte und aussagekräftige Kennzahl über die IT, die auf dem Tisch des Managements landet, Ausgaben in siebenstelliger Höhe sind, ohne dass sich die Effizienz messbar gesteigert oder die Mitarbeiteranzahl nennenswert verringert hätte?

Eine ganzheitliche Betrachtung ist zur ganzheitlichen Steuerung nötig.

Wir haben bereits an vielen Stellen in diesem Buch angesprochen, dass die IT-Architektur sämtliche Bereiche eines Unternehmens tangiert und in erheblicher Wechselwirkung mit IT-fremden Aspekten steht. Hieraus folgt, dass die Wirtschaftlichkeit einer IT-Architektur, wenn überhaupt, nur bei einer Betrachtungsweise bestimmt werden kann, die weit über den Tellerrand der Technik hinausgeht. Wir haben in Kapitel 3 eine Reihe von Möglichkeiten dargestellt und erläutert, mit denen sich die technischen Aspekte der IT-Architektur in Zahlen darstellen lassen. Darüber hinaus gilt es jedoch, die nicht technischen Aspekte des Unternehmensökosystems IT-Architektur ebenfalls messbar zu machen und gleichzeitig die vielen weichen Faktoren als Steuergrößen verwenden zu können. Doch die Verwandlung weicher Faktoren in harte Kennzahlen ist noch nicht der Weisheit letzter Schluss, denn nur die ganzheitliche Betrachtung der Zusammenhänge dieser

12 Vgl. auch Abschnitt IT-Architektur: Werkzeug oder integraler Bestandteil des Unternehmens.

Kennzahlen und ein Steuerungsinstrument, das daraus ableitbare Maßnahmen deutlich macht, bringen einen Nutzen.

Kennzahlen zur Legitimation von Architekturänderungen

Es soll außerdem nicht das primäre Ziel dieses Abschnitts sein, die IT-Architektur mit konkreten Kennzahlen zu beschreiben und damit Architekturänderungen finanziell zu legitimieren und Begründungen für neue IT-Investitionen zu untermauern. Vielmehr wollen wir ein Steuerungsinstrument vorstellen, das eine Architekturstrategie von der Idee bis zur Zielerreichung begleitet. Dabei stehen die Berücksichtigung von Wechselwirkungen der Komponenten des Unternehmensökosystems IT-Architektur sowie die Möglichkeit der Strategieanpassung im Vordergrund. Darüber hinaus muss eine permanente Erfolgskontrolle ermöglicht werden, mit der Abweichungen von der Architekturstrategie aufgedeckt werden können. Auf diese Weise kann mit geeigneten Maßnahmen frühzeitig gegengesteuert werden.

Wir haben hierzu ein Steuerungsinstrument adaptiert, das den oben beschriebenen Anforderungen entspricht und vielen Entscheidern heute bestens bekannt ist: die Balanced Scorecard für die Steuerung der IT-Architektur.

4.5.2 Der Balanced-Scorecard-Ansatz

Nicht messen, sondern managen

Steuerungsinstrument für das strategische Management

Der Balanced-Scorecard-(BSC-)Ansatz wurde in den frühen neunziger Jahren von Robert Kaplan und David Norton als ein Steuerungsinstrument für das strategische Management entwickelt. Zu diesem Zeitpunkt wurde an den bis dato eingesetzten Steuerungssystemen vor allem kritisiert, dass sie sich ausschließlich mit finanziellen Aspekten des Unternehmens beschäftigten. Kaplan und Norton waren der Meinung, dass diese Beschränkung die konsequente Umsetzung der Strategie eines Unternehmens erschwere oder sogar verhindere. Weiterhin vertraten sie die Meinung, dass eine Reihe anderer Faktoren und Sichtweisen im Unternehmen außer den Finanzen ebenfalls erheblichen Einfluss auf den Erfolg der Umsetzung einer Strategie hätten.

Reduktion auf das Wesentliche

Grundsätzlich wollten sie ein Instrument schaffen, das es Organisationen erlauben sollte, das Handeln der Mitarbeiter im Unternehmen auf die definierten Visionen und Strategien hin auszurichten und dabei sowohl externe als auch interne Faktoren zu berücksichtigen und messbar zu machen, um insbesondere Handlungsoptionen daraus ableiten zu können. Eine der wichtigsten Neuerungen gegenüber bestehenden

Steuerungssystemen war es, Transparenz zwischen den Beziehungen zwischen Ursache und Wirkung der einzelnen Faktoren zu schaffen und die Komplexität der betrieblichen Abläufe auf die relevanten Teilaspekte zu reduzieren. Außerdem sollte es in einer sich ständig verändernden Welt möglich sein, notwendige Strategieanpassungen vorzunehmen und über ständige Feedback-Schleifen eine kontinuierliche Annäherung an die gesetzten strategischen Ziele zu erreichen.

Kaplan und Norton beschreiben ihren Balanced-Scorecard-Ansatz folgendermaßen:

> *»The balanced scorecard retains traditional financial measures. But financial measures tell the story of past events, an adequate story for industrial age companies for which investments in long-term capabilities and customer relationships were not critical for success. These financial measures are inadequate, however, for guiding and evaluating the journey that information age companies must make to create future value through investment in customers, suppliers, employees, processes, technology, and innovation.«*

Vier Perspektiven zur Umsetzung der Unternehmensstrategie

Insgesamt schlagen Kaplan und Norton vier Perspektiven vor, die bei der Strategieumsetzung zu berücksichtigen sind:

- **Finanzperspektive**
  Diese Perspektive enthält die Erwartungshaltung der Investoren (also einer externen Anspruchsgruppe) gegenüber dem Unternehmen. Das primäre Ziel eines jeden Unternehmens ist es, seinen Wert zu steigern und Anteilseignern Erträge zu sichern. Das oberste Ziel des betrieblichen Erfolgs ist damit monetärer Art. Anhand der Finanzkennzahlen lässt sich leicht überprüfen, ob die Implementierung einer Strategie zur Ergebnisverbesserung beiträgt oder nicht.
- **Kundenperspektive**
  Die Kundenperspektive beschreibt, welche Leistungen die Kunden (eine weitere externe Anspruchsgruppe) eines Unternehmens erwarten. Die Erfassung und Beeinflussung der Kundenbedürfnisse ist deshalb so wichtig, weil sie dem Unternehmen finanzielle Mittel einbringt. In der Kundenperspektive wird deshalb verstärkt auf Aspekte wie Marketing, Kundenbindung und Kundenzufriedenheit geachtet, weil hierdurch ein langfristiges Einkommen gesichert wird.

- **Interne Prozessperspektive**
  Die Geschäftsprozesse eines Unternehmens sind die Voraussetzung dafür, die Kunden optimal bedienen zu können. Hohe Qualität und Geschwindigkeit der Prozesse steigern somit die Fähigkeit, die Kundenanforderungen zu befriedigen. Die interne Prozessperspektive beschreibt daher, bei welchen Prozessen ein Unternehmen besonders exzellent sein muss, um Kunden (und damit auch Investoren) optimal zufrieden stellen zu können.
- **Lern- und Entwicklungsperspektive**[13]
  Die Optimierung von Prozessen und die Entwicklung neuer Produkt- und Leistungsangebote verlangt motivierte und ständig fortgebildete Mitarbeiter. Insbesondere wenn man bedenkt, dass die IT-Architektur die Basisinfrastruktur für die Unterstützung von Geschäftsprozessen darstellt und dass ein immenses Know-how erforderlich ist, um diese Architektur weiterzuentwickeln und zu betreiben, wird die Wichtigkeit der Lern- und Entwicklungsperspektive klar. Sie soll die Frage beantworten, wie neue Potenziale in Bezug auf Mitarbeiter, Leistungen und Produkte erschlossen und weiterentwickelt werden können.

Ausgangspunkt ist die Vision.

In Abbildung 4.10 sind die eben beschriebenen Perspektiven der BSC dargestellt. Der Ausgangspunkt und die Grundmotivation für alle Aktivitäten sind immer die Visionen des Unternehmens und eine formulierte Strategie, wie diese Visionen erreicht werden können. Für jede der Perspektiven werden die strategischen Ziele festgelegt. Dazu werden, bezogen auf die Erfolgstreiber und die Ergebnisse, die jeweils passenden Kennzahlen gesucht, Vorgaben festgelegt und die zur Umsetzung nötigen Maßnahmen definiert. Dabei ist es wichtig, dass auch für die Erfolgstreiber, die zunächst nur durch weiche Ziele zu beschreiben sind, entsprechende Kennzahlen gefunden werden. Beispielsweise kann man sich vorstellen, dass als ein Erfolgstreiber der Kundenperspektive die »Kundentreue« identifiziert wurde. Hierfür muss jetzt eine geeignete Kennzahl gefunden werden. In unserem Beispiel kann man etwa die Vertragslaufzeit als einen geeigneten Indikator verwenden.

13 Diese Perspektive wird oft auch als Innovations- oder Potenzialperspektive bezeichnet.

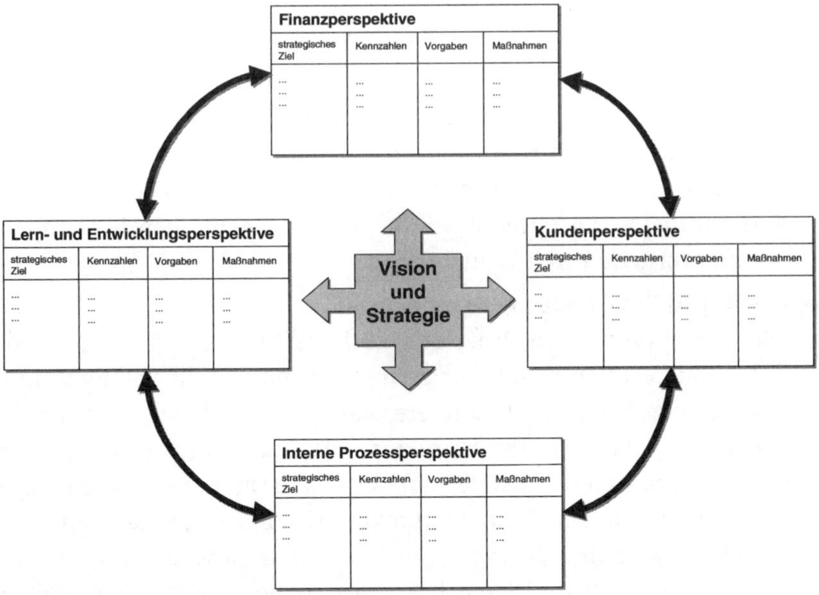

Abbildung 4.10 Der Balanced-Scorecard-Ansatz nach Kaplan und Norton

Die Kenntnis von Ursache und Wirkung

Die vier strategisch relevanten Perspektiven eines Unternehmens sind bei der BSC in ein einfaches Ursache-/Wirkungsverhältnis zueinander gestellt, woraus sich verschiedene Kausalketten innerhalb der Balanced Scorecard herausbilden. Jede Kausalkette führt letztendlich zu einer finanziellen Kennzahl. Denn schließlich schafft nur der finanzielle Erfolg die Grundlage für das Fortbestehen des Unternehmens. Die Optimierung der finanziellen Kennzahlen ist somit das Endziel für alle anderen Faktoren der BSC. Nur wenn eine Optimierung der Kennzahlen der anderen Perspektiven, also der Kunden-, Prozess- und der Lern- und Entwicklungsperspektive sich positiv auf die finanziellen Kennzahlen auswirkt, ist diese auch tatsächlich erwünscht und sinnvoll. Die Ziele der Finanzperspektive, die an erster Stelle stehen, müssen folglich mit den notwendigen Maßnahmen für Kunden, interne Prozesse und schließlich mit Mitarbeitern und Systemen in Verbindung gebracht werden, um langfristig die ökonomische Leistung zu erreichen. Abbildung 4.11 stellt eine exemplarische BSC mit identifizierten Ursache-/Wirkungsketten dar.

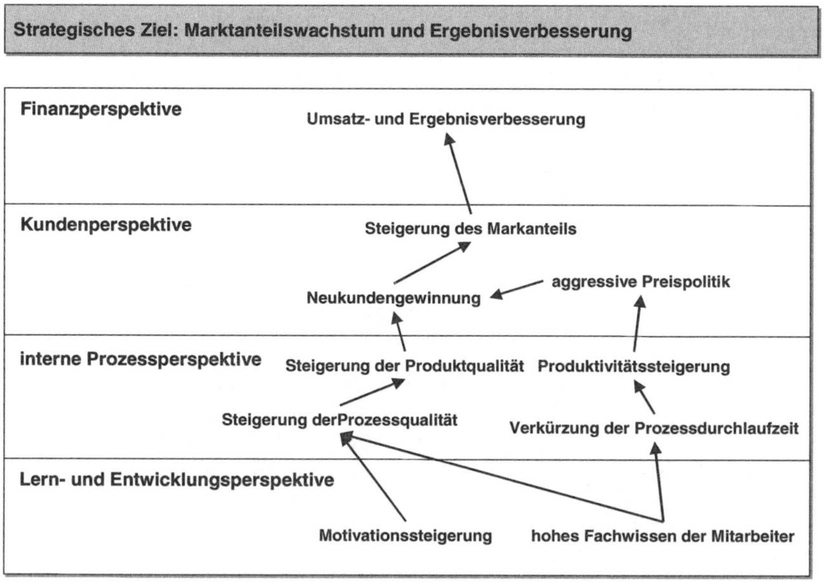

Abbildung 4.11 Ursache-/Wirkungsketten in der Balanced Scorecard

Auch wenn es sich hierbei nur um ein sehr einfaches Beispiel handelt, wird das Prinzip klar. So hat beispielsweise die Motivation der Mitarbeiter einen Einfluss auf die Qualität der durch die Mitarbeiter ausgeführten Prozesse. Hieraus folgt, dass sich auch die Qualität der produzierten Produkte erhöht, was wiederum die Neukundengewinnung erleichtert usw. Es kommt in dieser Phase lediglich darauf an, die Abhängigkeiten der verschiedenen Ziele zu ermitteln und dabei sicherzustellen, dass jeweils Auswirkungen auf Ziele der Finanzperspektive bestehen.

Stehen die Ursache-/Wirkungsketten fest, müssen die Kennzahlen für die einzelnen strategischen Ziele ermittelt werden. Für das strategische Ziel »Motivationssteigerung« könnten beispielsweise die Kennzahlen »Krankenstand« oder »Anzahl der Beschwerden beim Betriebsrat«, ggf. sogar eine Kombination dieser beiden Kennzahlen herangezogen werden. Ausgehend vom Ist-Zustand wird dann für jede Kennzahl eine Zielgröße als Vorgabe festgelegt, und darauf basierend werden Maßnahmen definiert, wie diese Vorgabe zu erreichen ist. In Tabelle 4.4 haben wir einige dieser Parameter exemplarisch ausgearbeitet.

Strategisches Ziel	Kennzahlen	Vorgaben	Maßnahmen
Motivations-steigerung	Anzahl Beschwerden Anzahl der Krank-heitstage	Senkung der Beschwer-den um 40% bis Ende des Jahres Senkung der Kranken-tage um 20% innerhalb der nächsten 3 Monate	Angenehme Arbeitsatmosphäre schaffen: Pflanzen in jedem Büro aufstellen Regelmäßige »Rückenschule« für die Mitarbeiter anbieten Mehr Eigenverantwortung schaffen: Mitarbeiter mit umfassenden Informationen versorgen
Fachwissen der Mitarbeiter steigern	Verringerung des Bedarfs an externen Beratern Anzahl fachlich pas-sender Mitarbeiterpro-file Anzahl veröffentlichter Publikationen	Abbau von 20% der Berater bis Ende des Jah-res 15 passende Profile bis zum Quartalsende ein-stellen 2 Publikationen pro Mit-arbeiter pro Jahr	Veranstaltung eines Bewerber-tages für Fachkräfte Etablierung regelmäßiger Fort-bildungsmaßnahmen Etablierung eines Wissenszir-kels Einführung eines unterneh-mensinternen Preises »Artikel des Monats«
...	...	...	...

Tabelle 4.4 Parameter der Balanced Scorecard

Viele Vorteile eines flexiblen Managementsystems

Die Balanced Scorecard repräsentiert einen ganzheitlichen Steuerungsansatz und ist dennoch in ihrer Handhabung sehr einfach. Sie ist praktisch für sämtliche Strategievorhaben einsetzbar und kann in sämtlichen Skalierungen vom Großkonzern bis hin zur IT-Abteilung verwendet werden. Normalerweise wird die Einführung einer BSC in der Praxis top-down durchgeführt. Das heißt, es werden eine Dach-Scorecard und davon abgeleitete Unter-Scorecards definiert. Die Umsetzung der strategischen Ziele kann damit bis in die operativen Ebenen hinunter getragen werden. Sollte in Ihrem Unternehmen bereits auf höheren Ebenen über die BSC gesteuert werden, so können (bzw. müssen) Sie die BSC zur Steuerung der IT-Architektur natürlich der gegebenen Dach-Scorecard unterordnen.

Einbeziehung von Früh- und Spätindikatoren

Die vollständige Realisierung der BSC überführt einen akademischen Denkansatz in das Nervenzentrum eines Unternehmens. Sowohl Früh- als auch Spätindikatoren lassen sich mit ihr messen und bewerten, eine Anpassung an eine Redefiniton der Strategie ist jederzeit möglich. Genau aus diesen Gründen sind wir der Meinung, dass sich dieses Steuerungsinstrument hervorragend eignet, um die hochdynamischen

IT-Strategien umzusetzen und zu steuern, mit denen wir im Umfeld der IT-Architektur laufend zu tun haben. Prinzipiell ist die BSC in der Lage, durch die vier Perspektiven ein in sich geschlossenes Geschäftsmodell abzubilden. Jedoch werden in der Praxis nicht selten Adaptionen der Perspektiven definiert. Genau dies werden wir auch in Abschnitt 4.5.3 demonstrieren, wo wir eine eigene Beispiel-BSC für die Umsetzung einer IT-Strategie aufbauen.

Nicht immer positives Feedback

Allerdings bekommt die BSC nicht immer nur positives Feedback. Vor einiger Zeit diskutierten wir mit dem IT-Leiter eines größeren mittelständischen Telkos über die Möglichkeit, seine IT-Strategie konsequenter zu Umsetzung zu bringen. Er befand sich in der Situation, dass er eine Strategie und auch einen Maßnahmenkatalog zu deren Umsetzung definiert hatte. Das Unternehmen bzw. die IT-Abteilung machte jedoch keine Fortschritte gemäß der festgelegten Strategie. Es war dem IT-Leiter unmöglich festzustellen, wie weit er sich schon seinem Ziel – die Strategie umzusetzen – genähert hatte. Als wir ihm das Konzept der BSC im Kontext einer IT-Strategie vorstellten und ihm den Vorschlag machten, es einzusetzen, winkte er ab: Die BSC nur auf seiner lokalen Abteilungsebene einzusetzen mache keinen Sinn. Nur wenn das ganze Unternehmen mitzöge, ließe sich solch ein Konzept durchsetzen, da ansonsten zu viele äußere Einflüsse die einzelnen strategischen Ziele gefährden würden. Wir können diese Meinung ganz und gar nicht teilen, denn schließlich ist jedes strategische Ziel äußeren Einflüssen unterworfen, selbst die Ziele, die in der Dach-Scorecard eines Großkonzerns festgelegt wurden. Außerdem argumentierte der IT-Leiter, dass ohne die Rückendeckung der Geschäftsführung die Umsetzung der Maßnahmen wirkungslos verpuffen würde. Dies ist jedoch unserer Ansicht nach keineswegs ein Problem der BSC, denn schließlich müssen zur Strategieumsetzung entsprechende Maßnahmen definiert und umgesetzt werden, ganz gleich, welches Werkzeug zum Einsatz kommt. Schließlich ergab sich aus dem Gespräch, dass die Strategie des IT-Leiters nicht eindeutig mit den Zielvorgaben der Geschäftsführung in Einklang gebracht werden konnte, so dass das eigentliche Problem ein ganz anderes war.

Gemeinsames Strategieverständnis

Einer der häufigsten positiven Nebeneffekte einer BSC-Einführung ist sicherlich, dass dazu eine Strategie klar definiert werden muss. Oftmals fällt in der Diskussion mit den Entscheidern auf, dass keine einheitliche Auffassung über die gemeinsame Strategie zwischen den verschiedenen betroffenen Anspruchsgruppen im Unternehmen existiert. Die BSC setzt eine klare Strategiedefinition voraus und zwingt damit das

Unternehmen, genau diese Definition vorzunehmen. Auf dieser Basis lassen sich die benötigten Maßnahmen festlegen und vor allen Dingen auch legitimieren.

Wir halten den BSC-Ansatz für eines der derzeit leistungsfähigsten Konzepte, um die Komplexität einer IT-Architektur auf die wesentlichen Steuergrößen zu reduzieren und die Umsetzung der strategischen Architekturziele sicher voranzutreiben.

4.5.3 Beispiel: Umsetzung der IT-Architekturstrategie mit der BSC

In diesem Abschnitt wollen wir exemplarisch eine BSC für die Steuerung der IT-Architektur eines Telkos entwickeln. Dabei soll das Beispiel einerseits dazu dienen, ein Gefühl dafür zu entwickeln, welche Schritte nötig sind, um eine BSC zu etablieren, und andererseits dazu dienen, einige der BSC-Konzepte etwas plastischer vorzustellen.

Die Definition unserer BSC erfolgt dabei in folgenden Schritten:

- Architekturvision als Ausgangspunkt
- Festlegung der strategischen Ziele
- Auswahl der geeigneten Perspektiven
- Identifikation der Beziehungen von Ursache und Wirkung
- Festlegung der Kennzahlen, Vorgaben und Maßnahmen

Architekturvision als Ausgangspunkt

Die Ausgangssituation für unser Beispielunternehmen ist die in Abschnitt 1.4 beschriebene Dynamik, der jedes Unternehmen in den heute hart umkämpften Märkten gegenüber steht. Kurze Innovationszyklen verlangen eine fortwährende Anpassung der Geschäftsprozesse. Daher muss auch die IT-Architektur ständig angepasst werden. Die Kosten der Architektur erscheinen den Entscheidern permanent zu hoch, und es gibt niemanden, der den tatsächlichen Wertbeitrag der IT-Maßnahmen zum Unternehmen qualifizieren, geschweige denn quantifizieren kann. Die Vision des CIOs für eine IT-Architektur lautet:

> *Wir wollen eine IT-Architektur, die flexibel an Veränderungen des Marktes angepasst werden kann und deren Kosten dem tatsächlichen Wertbeitrag zum Unternehmen in angemessenem Verhältnis gegenüber stehen. Die Veränderung der IT-Architektur soll für alle Mitarbeiter ein fortwährender und natürlicher Prozess sein.*

Festlegung der strategischen Ziele

In diesem Schritt werden die strategischen Ziele festgelegt, die zu einer Verwirklichung der Architekturvision beitragen sollen. Zum einen wird hierdurch die in der Regel stark interpretierbare und sehr plakative Vision in konkrete Absichten gegossen, zum anderen stellt die Bildung der strategischen Ziele die Grundlage für ein gemeinsames Verständnis zur Strategieumsetzung innerhalb der Organisation dar. Es ist wichtig, dass ein Konsens über die strategischen Ziele geschaffen wird, denn nur auf dieser Basis lassen sich die später festzulegenden Maßnahmen konsequent in die Tat umsetzen.

Darüber hinaus bestimmen die strategischen Ziele in der Regel darüber, welche Perspektiven für die BSC gewählt werden. Wie bereits erwähnt, sind die ursprünglich von Kaplan und Norton vorgeschlagenen Perspektiven veränderbar. Es hängt ganz von den strategischen Zielen ab, ob weitere Perspektiven hinzugefügt werden oder bestehende Perspektiven verändert oder ganz entfernt werden.[14]

Für unser Beispiel wollen wir die folgenden strategischen Ziele festlegen:

- Kernprozesse des Unternehmens besser unterstützen
- Komplexität der IT-Systeme reduzieren
- Beitrag zur Wertschöpfung erhöhen
- Die Architektur durch die Organisation effizienter unterstützen
- Durchlaufzeiten der Kernprozesse verkürzen
- Qualität der Kernprozesse verbessern
- Akzeptanz der IT-Systeme steigern
- Transparenz der Architektur erhöhen
- Zufriedenheit der Anwender steigern
- Flexibilität der Systeme steigern
- Integrationsgrad erhöhen
- Für die IT-Architektur verantwortliche Personen etablieren
- Kosten-Nutzen-Verhältnis der IT-Architektur erhöhen
- Redundante Funktionalitäten reduzieren

14 In der Praxis werden Sie feststellen, dass die vier ursprünglich gewählten Perspektiven allgemein genug gehalten sind, um die meisten strategischen Ziele abzudecken.

Im nächsten Schritt wird versucht, die einzelnen strategischen Ziele den von Kaplan und Norton vorgegebenen Perspektiven zuzuordnen.

Auswahl der geeigneten Perspektiven

Durch die Zuordnung der strategischen Ziele zu den Perspektiven wird einerseits sichergestellt, dass weitere Perspektiven identifiziert werden, falls sich ein strategisches Ziel nicht zuordnen lässt. Andererseits wird der Fundus an strategischen Zielen hiermit auf Vollständigkeit und Konsistenz überprüft. Denn nur Ziele, die sich in eine Ursache-/Wirkungsbeziehung zueinander setzen lassen und die sich damit gegenseitig ergänzen, werden zu einer wirkungsvollen Umsetzung der Strategie beitragen. Werden konkurrierende Ziele aufgedeckt, so ist entweder die Strategie nicht ausreichend klar definiert worden, oder die betreffenden Ziele müssen später mit stark unterschiedlicher Gewichtung verfolgt werden.

Einfügen einer neuen Perspektive

In Abbildung 4.12 haben wir die oben definierten strategischen Ziele den einzelnen Perspektiven zugeordnet. Bei der Zuordnung zeigt sich, dass zur Umsetzung der Architekturvision einige Ziele wichtig sind, die eine eigene Perspektive verlangen. Da diese strategischen Ziele stark auf infrastrukturelle und technische Aspekte hindeuten, haben wir die Perspektive *Strukturperspektive* genannt. Es stellt sich außerdem heraus, dass die Kundenperspektive in dem von uns aufgebauten Szenario keine wesentliche Rolle spielt. Jedoch kann man aus interner Unternehmenssicht selbstverständlich die Anwender als Kunden der IT bezeichnen, so dass wir anstelle der Kundenperspektive die *Anwenderperspektive* eingeführt haben.

Neben der Zuordnung der strategischen Ziele zu den einzelnen Perspektiven müssen jetzt noch die Gewichtungen der Perspektiven festgelegt werden. Dies ist für die Priorisierung der Maßnahmen sowie für die spätere Steuerung durch Soll-Ist-Vergleiche der Kennzahlen unerlässlich. Die Gewichtung der einzelnen Perspektivenkann aus der Gewichtung der verschiedenen strategischen Ziele abgeleitet werden. Ausgehend von 100 Prozentpunkten werden die Gewichtungen auf die strategischen Ziele verteilt. Im Anschluss daran kann dann für jede Perspektive die Gewichtung ermittelt werden, indem man die zu der jeweiligen Perspektive zugeordneten Einzelgewichtungen der strategischen Ziele addiert (siehe Tabelle 4.5).

Finanzperspektive

- Beitrag zur Wertschöpfung erhöhen
- Kosten-Nutzen-Verhältnis der IT-Architektur erhöhen

Anwenderperspektive

- Zufriedenheit der Anwender steigern
- Akzeptanz der IT-Systeme steigern

interne Prozessperspektive

- Kernprozesse des Unternehmens besser unterstützen
- Durchlaufzeiten der Kernprozesse verkürzen
- Qualität der Kernprozesse verbessern

Strukturperspektive

- Komplexität der IT-Systeme reduzieren
- Flexibilität der Systeme steigern
- Integrationsgrad erhöhen
- Transparenz der Architektur verbessern
- Redundante Funktionalitäten reduzieren

Lern- und Entwicklungsperspektive

- Für die IT-Architektur verantwortliche Personen etablieren
- Architektur durch die Organisation effizienter unterstützen

Abbildung 4.12 Zuordnung der strategischen Ziele zu den Perspektiven der BSC

Strategisches Ziel	Einzelgewichtung	Perspektive	Gewichtung der Perspektive
Beitrag zur Wertschöpfung erhöhen	10%	Finanzperspektive	20%
Kosten-Nutzen-Verhältnis der IT-Architektur erhöhen	10%		
Zufriedenheit der Anwender steigern	5%	Anwenderperspektive	10%
Akzeptanz der IT-Systeme steigern	5%		
Kernprozesse des Unternehmens besser unterstützen	10%	Interne Prozessperspektive	20%
Durchlaufzeiten der Kernprozesse verkürzen	5%		
Qualität der Kernprozesse verbessern	5%		
Komplexität der IT-Systeme reduzieren	5%	Strukturperspektive	30%
Flexibilität der Systeme steigern	10%		
Integrationsgrad erhöhen	5%		
Transparenz der Architektur erhöhen	5%		
Redundante Funktionalitäten reduzieren	5%		
Architektur durch die Organisation effizienter unterstützen	10%	Lern- und Entwicklungsperspektive	20%
Für die IT-Architektur verantwortliche Personen etablieren	10%		
	100%		100%

Tabelle 4.5 Gewichtung der strategischen Ziele und Perspektiven

Identifikation der Ursache-/Wirkungsbeziehungen

Nachdem die Ziele, die Perspektiven und die jeweiligen Gewichtungen festgelegt sind, können wir uns nun an die Festlegung der *strategischen Story*, also an die Identifikation der Ursache-/Wirkungsketten machen.

Für unser Beispiel ist die entsprechende strategische Story in Abbildung 4.13 dargestellt.

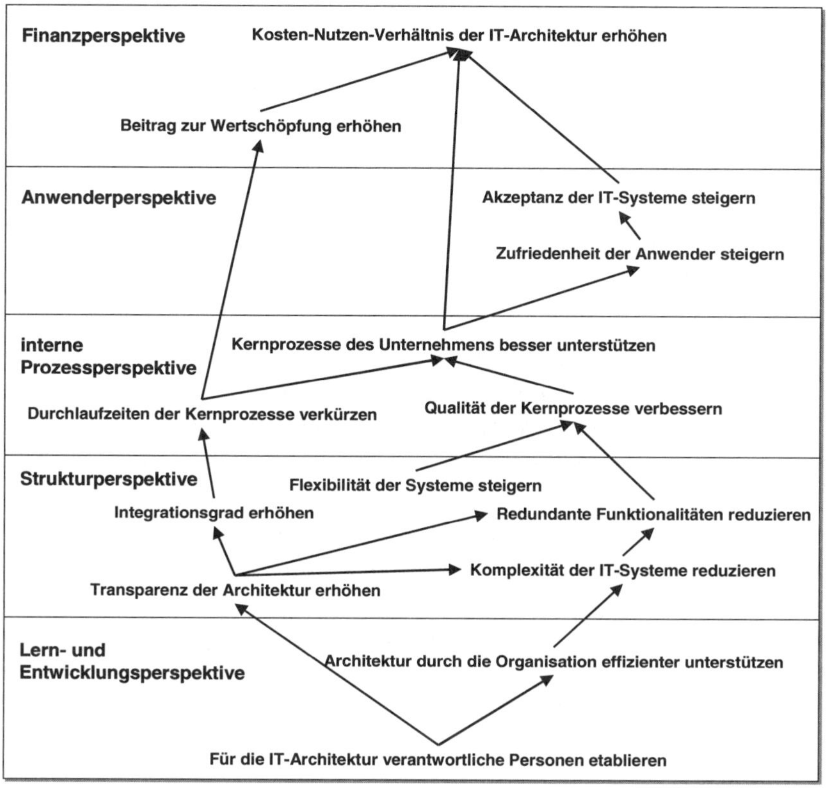

Abbildung 4.13 Ursache-/Wirkungsketten des BSC-Beispiels

Sollte bei diesem Schritt ein strategisches Ziel nicht in eine Beziehung zu anderen Zielen gesetzt werden können, so ist zu prüfen, ob es eventuell nicht zur Gesamtstrategie passt oder ob es zu allgemein formuliert ist. In diesem Fall können weitere Ziele definiert werden, die das allgemeine Ziel konkretisieren müssen.

Festlegung der Kennzahlen und Vorgaben

Einer der häufigsten Fehler bei der BSC-Einführung ist die unzureichende Festlegung der Kennzahlen. Häufig gibt es eine Menge bestehender Kennzahlen im Unternehmen, über die Strategieumsetzungen gesteuert wurden. Eine Wiederverwendung dieser Kennzahlen führt zwangsläufig dazu, dass der Grundgedanke der BSC ausgehebelt wird, denn bei den meisten Kennzahlen handelt es sich um leicht ermittelbare Spätindikatoren (z.B. Umsatzrendite, ROI usw.). Diese Spätindikatoren können normalerweise nur zur Erfolgskontrolle herangezogen werden und erlauben damit lediglich einen Blick in die Vergangenheit. Das Konzept der BSC sieht aber insbesondere auch die Berücksichtigung der Frühindikatoren vor, die sich auf die Entwicklungsfähigkeit, Innovation und weiche Faktoren wie beispielsweise auf die »Qualität« zur Strategieumsetzung beziehen. Unter anderem verdankt die BSC genau diesem ausgewogenen Verhältnis von Frühindikatoren und Spätindikatoren das Attribut »balanced«. Darüber hinaus haben vorhandene Kennzahlendefinitionen das Problem, nicht exakt auf die strategischen Ziele abgestimmt zu sein, die im Rahmen der BSC-Definition aufgestellt wurden.

Für jedes strategische Ziel müssen Kennzahlen und Vorgaben ermittelt werden.

So kommt man also nicht umhin, für jedes strategische Ziel die Kennzahlen und Vorgaben zu ermitteln. Insbesondere bei den strategischen Zielen, die über Frühindikatoren gesteuert werden, sind große Sorgfalt und fortwährende Justierung erforderlich. Wenn wir zum Beispiel auf unserer Scorecard einmal das Ziel »Integrationsgrad erhöhen« betrachten, stellt sich sofort die Frage, wie denn wohl der Integrationsgrad einer IT-Architektur gemessen werden kann. Hier muss die Aussage des strategischen Ziels untersucht werden und die Kennzahl an die Intention, die mit dem Ziel verfolgt werden sollte, angepasst werden.

Grundsätzlich sollte eine Kennzahl über die folgenden Eigenschaften verfügen:[15]

- **Validität**
  Die Kennzahl misst genau nur das, was sie vorgibt zu messen.
- **Messbarkeit**
  Die Daten sind mit vertretbarem Aufwand zu ermitteln.
- **Nutzbarkeit**
  Die ermittelte Größe lässt sich durch geeignete Maßnahmen mit vertretbarem Aufwand beeinflussen.
- **Zuverlässigkeit**
  Bei einer Wiederholung der Messung erhält man unabhängig vom Zeitpunkt, Ort und Beobachter das gleiche Resultat.
- **Verständlichkeit**
  Die Messung und ihr Resultat sind auch für Außenstehende einfach nachvollziehbar.

---

15 Vgl. [AMMON96]

- **Zeitgerechtigkeit**
  Die Resultate sind dann erhältlich, wenn sie benötigt werden.
- **Vollständigkeit**
  Die Kennzahl informiert umfassend über den gesamten zu untersuchenden Aspekt.
- **Redundanzfreiheit**
  Die Aussage der Kennzahl überschneidet sich nicht mit den Aussagen anderer Kennzahlen.

Normalerweise wird bei der BSC-Definition für jede Kennzahl ein Datenblatt angelegt, das die wichtigsten Informationen zur Herkunft und Interpretation der Kennzahl enthält. Da die Beschreibung sämtlicher Kennzahlen den Rahmen dieses Abschnitts bei weitem sprengen würde, wird an dieser Stelle nur eine einzige in Tabelle 4.6 dargestellte Kennzahl exemplarisch in ein Datenblatt eingetragen.

Strategisches Ziel	Redundante Funktionalitäten reduzieren
Kennzahl	Anzahl der mehrfach abgebildeten Prozessschritte und Funktionen
Frühindikator/ Spätindikator	Frühindikator
Berechnungs- vorschrift/Formel	Die Anzahl der Funktionen oder Prozesschritte, die dieselben Eingabedaten nach denselben Berechnungsvorschriften bearbeiten und damit dasselbe Ergebnis liefern. Es sollen nur solche Funktionen bewertet werden, die ohne zusätzlichen Integrationsaufwand abgelöst werden können.
Interpretation/ Begründung	Jede Funktionalität, die mehrfach innerhalb der IT-Architektur implementiert wurde, muss bei einer Änderung des Prozesses, den sie unterstützt, angepasst werden. Das bedeutet insbesondere, dass doppelte Aufwände entstehen und unter Umständen Fehler bei der Anpassung der Funktionalitäten in den verschiedenen Systemen gemacht werden. Die Reduktion der Redundanzen führt zu einer schlankeren und stabileren Bearbeitung der Prozesse.
Messeinheit/ Messverfahren	Ermittlung der Komplexität bzw. des Funktionsumfangs durch regelmäßige Messung anhand der *Function Point*-Methode (halbjährlich)
Datenquelle	Architekturdokumentation
Genauigkeit	Hängt von der Aktualität der Dokumentation ab. Vor der Datenerhebung ist diese zu verifizieren.

Tabelle 4.6 Datenblatt zur BSC-Kennzahlendefnition

Erhebungshäufigkeit	Einmal pro Quartal
Verantwortlich für Datenbereitstellung	Leiter Informationssysteme
Verantwortlich für Dateninterpretation	Chef-IT-Architekt
Bemerkungen	–
Ist-Wert	24
Vorgabewert	< 50% zum Ist
Erreichungszeitraum	Ende 4. Quartal
Maßnahmen	Anforderungsmanagement auf Prüfung redundanter Funktionen bei neuen Anforderungen ausrichten. Redesign der entsprechenden Anforderungen bei bestehenden und in Planung befindlichen Projekten einplanen.

Tabelle 4.6 Datenblatt zur BSC-Kennzahlendefnition (Forts.)

Wenn Sie die für die Kennzahlen zu erfassenden Informationen genauer betrachten, werden Sie feststellen, dass unter Umständen nicht jede Kennzahl sinnvoll zu erfassen oder zu beschreiben ist und dass eine geeignetere Messgröße gefunden werden muss. Natürlich kann es auch sein, dass einfach keine Messgröße für bestimmte strategische Ziele gefunden werden kann. Es kommt also nicht nur darauf an, Ziele zu definieren, sondern diese auch messbar zu gestalten, denn nur so ist später eine wirkungsvolle Steuerung möglich.

Maßnahmen als Motor der Strategieumsetzung

Darüber hinaus ist anzumerken, dass die Maßnahmendefinition gewissermaßen als Motor für die Strategieumsetzung eine weitere wichtige Rolle einnimmt. Hier kann zwischen den konkret durchzuführenden Maßnahmen und den generellen Maßnahmen unterschieden werden. Die konkreten Maßnahmen bestehen aus direkt auf die Zielerreichung ausgerichteten Aktionsprogrammen. Sie werden im IT-Umfeld häufig in Form eines eigens hierfür definierten Projekts umgesetzt. Um zusätzlich die Voraussetzungen zu schaffen, dass bestimmte Maßnahmen dauerhaft im Unternehmen implementiert werden, und die Umsetzung der strategischen Ziele zu erleichtern, werden außerdem auch generelle Maßnahmen definiert. In dem vorliegenden Szenario wird beispielsweise das Anforderungsmanagement zusätzlich in den Aktionsplan einbezogen, so dass bei sämtlichen neuen Anforderungen automatisch verhindert wird, dass neue redundante Funktionalitäten erzeugt werden.

Benutzung der BSC

Unser Beispiel endet damit, dass die in den vorangegangenen Abschnitten aufgebaute BSC konkret zur Umsetzung unserer Strategie verwendet wird. Hierbei sind drei Facetten zu berücksichtigen:

- **Die Transparenz von Zielen und Maßnahmen ist für den Erfolg entscheidend**
  Generell ist auf das Changemanagement beim Einführungsprozess der BSC besonderer Wert zu legen. Die von den Maßnahmen betroffenen Mitarbeiter sollten so weit wie möglich über die strategischen Ziele, die Kennzahlen und die Maßnahmen Bescheid wissen. Nur so wird sichergestellt, dass das Handeln der Mitarbeiter auf die strategischen Ziele ausgerichtet ist und dass eine ausreichende Akzeptanz bei der Durchführung der Maßnahmen erreicht wird.
- **Die Arbeit mit der BSC ist ein fortwährender Prozess**
  Allein durch ein bloßes Vergleichen der Vorgabewerte mit den Ist-Werten kann der Grad, zu dem die Strategie bereits umgesetzt wurde, jederzeit bestimmt werden, wobei an dieser Stelle insbesondere die Gewichtung der strategischen Ziele und der Perspektiven berücksichtigt werden muss. Darüber hinaus werden durch die Gewichtung auch die kritischen Pfade der Ursache-/Wirkungsketten innerhalb der Strategieumsetzung herausgearbeitet. Die BSC bietet somit umfassende Informationen über den aktuellen Zustand der Strategieumsetzung an.

  Dennoch helfen diese Informationen nur dann weiter, wenn die Entscheider die Aussagen der BSC auch regelmäßig auswerten und operative Ableitungen daraus treffen. Mittlerweile gibt es auch für die BSC eine große Anzahl verschiedener Anwendungsprogramme, die bei der Definition und Verwaltung sowie bei der Auswertung der Ergebnisse Unterstützung anbieten. Die Erfahrung zeigt jedoch, dass nach der Anfangseuphorie viel zu häufig das Interesse am Management-Cockpit nachlässt. Hier kann nur durch die aktive Beteiligung der einzelnen Entscheider und durch die Verknüpfung der strategischen Ziele und Maßnahmen mit der persönlichen Zielerreichung ein fortwährendes Interesse an den BSC-Ergebnissen gewährleistet werden.
- **Die BSC muss an strategische Änderungen angepasst werden**
  Der Prozess der Strategiefindung und -durchführung ist hochgradig dynamisch. Zudem stehen die Festlegung und die Durchführung der Strategie in einem engen Zusammenhang. Eine mit besten Absichten

verfolgte Strategie kann schnell wertlos werden, weil sich ihre Umwelt permanent verändert und zuvor getroffene Annahmen nicht mehr stimmen. Daher ist es für die Entscheider wichtig, aus den Kennzahlen auch Rückmeldungen über den Erfolg oder Misserfolg der Strategie abzuleiten. Erst dies führt zur Möglichkeit des strategischen Lernens. Gelingt dies, können Entscheider ihre Annahmen in Frage stellen und analysieren, ob das von ihnen festgelegte Modell der Ursache-/Wirkungsbeziehungen noch konsistent ist.[16] Ein Rückfluss dieser Erkenntnisse muss dann wieder in die BSC eingearbeitet werden, so dass BSC und Strategieabsichten wieder übereinstimmen.

Fazit zur BSC

Natürlich konnten wir in dieser kurzen Einführung nur einen groben Überblick über das generelle Verfahren zum Aufbau einer BSC geben. Dennoch hat das Beispiel deutlich gemacht, dass die BSC als ein mächtiges Steuerungsinstrument eingesetzt werden kann. In der Praxis sind BSC-Umsetzungen allerdings nur in Unternehmen durchführbar, deren Entscheider die nötige Lern- und Änderungsbereitschaft mitbringen. Darüber hinaus müssen die Verantwortlichen in der Lage sein, sämtlichen Anspruchsgruppen im Unternehmen die Vision und Strategie angemessen zu vermitteln, was insbesondere durch die in der IT häufig ausgetragenen Glaubenskriege sehr schwierig ist.

Wir sind trotzdem der Überzeugung, dass die Etablierung einer Balanced Scorecard zur Steuerung der Architekturstrategie eines der Werkzeuge ist, die den größten Erfolg versprechen. Denn letztendlich hilft Ihnen die Sicht auf ein komplexes Umfeld wie eine IT-Architektur, die notwendigen Perspektiven und Steuergrößen zu reduzieren und somit operative Handlungsableitungen zielgerichtet im Sinne der Architekturstrategie treffen zu können.

4.6 Zusammenfassung

Wir haben im vorliegenden Kapitel gezeigt, dass die Organisation und das Management einen erheblichen Einfluss auf die Qualität, den Nutzen und den Erfolg einer IT-Architektur haben. Dabei muss klar sein, dass dieses Kapitel nur einen Überblick über mögliche Lösungsszenarien und Verbesserungspotenziale geben kann, weil jedes Unternehmen individuell mit der IT-Architektur und deren Management

16 Dieses Vorgehen ist auch als »double-loop-learning« bekannt.

umgeht. An dieser Stelle ist es jedoch viel wichtiger, dass dem Leser Denkanstöße gegeben werden, die er auf die Situation im eigenen Unternehmen beziehen kann, um daraus geeignete Lösungsszenarien zu entwickeln . Sowohl die Architekturorganisation als auch die Überlegungen zur Balanced Scorecard sind aber auf der Grundlage vieler praktischer Erfahrungen erarbeitet worden, so dass sie nicht als realitätsfremd oder unrealisierbar angesehen werden sollten. Eine Architekturorganisation und ein Architekturmanagement haben im Sinne des Gesamtunternehmens viele Vorteile. Jedes Unternehmen, das dies verstanden hat und bewusst an diesen Konzepten arbeitet, wird sich davon wegbewegen, dass sich die IT zu sehr mit sich selbst beschäftigt. Vielmehr werden diese Unternehmen in der Lage sein, die IT als Werkzeug anzusehen, als eine Produktionstrasse, die zur Wertschöpfung im Unternehmen einen erheblichen Beitrag leisten kann.

Um eine Architekturorganisation zu etablieren und ein konsequentes Architekturmanagement sicherzustellen, muss es eine Rolle oder Person geben, die sich mit genau diesen Aspekten beschäftigt. Diese Person denkt und handelt in einem unternehmensweiten Kontext und kann eine Brücke zwischen den technischen und nicht technischen Aspekten der IT-Architektur bilden. Das ist die Aufgabe des IT-Architekten, auf dessen Profil und Arbeitsweise wir im folgenden Kapitel detailliert eingehen.

5 Der IT-Architekt

5 Der IT-Architekt

Franz Lloyd Wright erschien als Zeuge vor Gericht. »Ihr Beruf?« fragte der Vorsitzende. »Ich bin der größte lebende Architekt.« Nachher fragten seine Freunde bestürzt, wie er so etwas habe sagen können. »Ich musste«, antwortete Wright. »Ich stand unter Eid.«
Unbekannter Autor

5.1 Einleitung

IT-Architekt als Kitt

Wie Sie in Abschnitt 4.2.1 gesehen haben, kann eine einzelne Person innerhalb eines Unternehmens negativen Einfluss auf die IT-Architektur nehmen oder zumindest wesentlich zu negativen Einflüssen auf die IT-Architektur beitragen. Umgekehrt sind einige progressive Unternehmen dazu übergegangen, einen kleinen Kreis von Personen zu etablieren, der entsprechend positiven Einfluss auf die IT-Architektur ausüben kann. Im Zuge dessen haben diese Unternehmen Rollen und Stellen unterschiedlichster Ausprägung definiert, die positiven Einfluss auf die IT-Architektur nehmen sollen. Allerdings ist die Etablierung, Weiterentwicklung und Pflege einer qualitativ hochwertigen Architektur eine unternehmensübergreifende verantwortungs- und überaus anspruchsvolle Aufgabe. Die Personen in einem Unternehmen, die sich dieser Aufgabe annehmen (dürfen), müssen über viele verschiedene Fähigkeiten verfügen, denn sie stellen gewissermaßen den Kitt dar, von dem das Unternehmensökosystem IT-Architektur zusammengehalten wird. Wie aus Abschnitt 1.3 hervorgeht, sind Aufgaben, die sich im Umfeld der IT-Architektur bewegen, immer interdisziplinär. Diese Aufgaben werden zusätzlich erschwert, da neben umfangreichem Fachwissen im technischen und betriebswirtschaftlichen Bereich auch das politische Machtgefüge eines Unternehmens durch weit reichende Architekturentscheidungen tangiert wird. Neben den fachlichen Fähigkeiten müssen diese Personen also auch eine Reihe von Soft-Skills mitbringen, um ihre Ideen auch durchzusetzen und verteidigen zu können. Wir bezeichnen diese Personen als *IT-Architekten*. Wie in Abschnitt 4.4 dargestellt, handelt es sich hierbei um eine zentrale Rolle in der Architekturorganisation.

In den folgenden Abschnitten beschäftigen wir uns nicht nur mit den Aufgaben eines IT-Architekten und mit den Methoden, die er anwendet, sondern beschreiben auch die Anforderungen an diese Rolle und die Fähigkeiten, die ein Architekt mitzubringen oder auszubilden hat. Wenn wir im Folgenden von dem »IT-Architekten« sprechen, ist damit nicht zwangsläufig nur eine einzige Person gemeint, sondern es kann sich je nach Unternehmensgröße bzw. Komplexität der IT-Architektur auch um mehrere Personen bzw. ein Architekturteam handeln.

Akzeptanz der Lösungen ist nur kurzfristig beizubehalten.

Die Komplexität einer Problemstellung ist aber nicht die einzige Schwierigkeit, mit der ein IT-Architekt zu kämpfen hat. Zusätzlich wird seine Aufgabe dadurch erschwert, dass seine Lösungen nur temporär akzeptabel sind. In einem Umfeld, in dem der Markt permanent neue Anforderungen stellt und in dem in immer kürzeren Zyklen neue Technologien als »state of the art« gehandelt werden, hat der IT-Architekt kaum eine Chance, eine Architektur zu erschaffen, die von Bestand ist. Ein Beispiel hierfür ist die Entwicklung der Client/Server-Applikationsarchitektur in den letzten drei bis sieben Jahren. Während im Jahre 1995 nur wenige Anwendungen auf der Basis einer 3-Schichten-Client/Server-Architektur aufgebaut waren, war diese Architektur 1997 kaum mehr aus professionellen Anwendungen wegzudenken. Seit dem Jahr 2000 ist im Zuge der Applikationsserver eine vierte Schicht (etwa speziell für den Datenbankzugriff oder für eine mit anderen Applikationen geteilte Geschäftslogik) üblich, und spätestens seit dem Jahr 2002 muss jede Applikation als Präsentationsschicht eine Web-Oberfläche anbieten.

Gesetz von Moore

Ob ein initiales Design richtig ist oder nicht, hängt also maßgeblich davon ab, wie lange es den Anspruchsgruppen genügt. Aus den Gesetzen von Moore und Rutowski[1] lässt sich ableiten, dass sich eine Architektur, wie sie in Abbildung 5.1 dargestellt ist, mit fortschreitender Zeit überproportional von ihrer initialen Richtigkeit entfernt.[2] Mit anderen Worten: Ein Architekt kämpft gewissermaßen gegen die Zeit und muss seine Lösungen ständig neu bewerten.

Wie der IT-Architekt den zumindest für eine gewisse Zeitspanne richtigen Lösungsansatz für seine Architektur findet und welche Arbeitsmethoden er hierzu einsetzen kann, beschreiben wir im folgenden Abschnitt.

---

1 Das Gesetz von Moore besagt, dass sich IT-Technologien durchschnittlich alle zwei Jahre wesentlich ändern. Rutkowski ist der Ansicht, dass sich diese Zeitspanne aufgrund der hohen Dynamik im Umfeld des Internets sogar in Monaten messen lässt.

2 Diese Ableitung ist nicht nur theoretischer Natur, denn das Gesetz von Moore hat seit über 40 Jahren Gültigkeit.

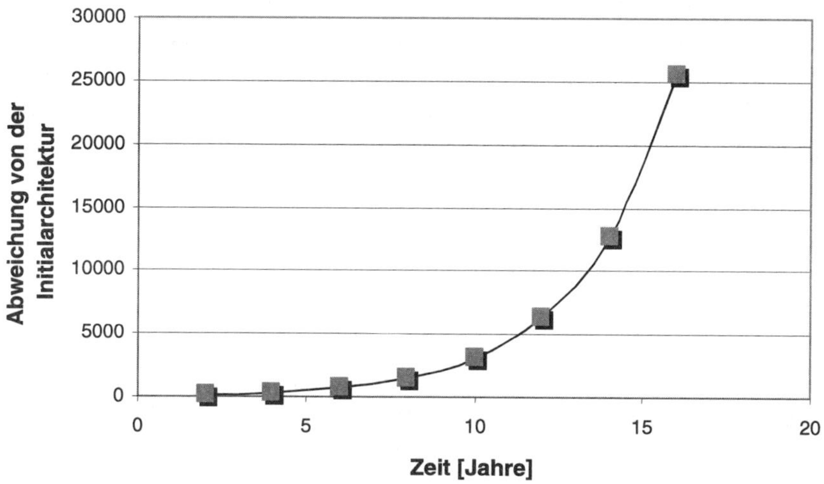

Abbildung 5.1 Abweichung von der initialen IT-Architektur nach dem Gesetz von Moore

5.2 »Architecting« – Die Arbeitsmethoden des Architekten

5.2.1 Einleitung

Was macht der IT-Architekt?

Was bedeutet »Architecting»? Leider gibt es zu diesem Begriff kein direktes deutsches Pendant. Kurz und prägnant könnte man den Begriff mit »dem Schaffen von Architekturen« übersetzen. Bezogen auf eine IT-Architektur wird daraus das Entwerfen, Konzipieren und Weiterentwickeln von IT-Architekturen. »IT-Architecting« ist das, was der IT-Architekt macht. Es bedeutet, immens komplexe Systeme und deren Interaktionen in hoher Qualität und Funktionsabdeckung abzubilden. Die Frage »Was bedeutet Architecting?« ist damit beantwortet – die Frage »Wie geht das?« jedoch längst nicht.

Der IT-Architekt muss viele durch die Umwelt der IT-Architektur festgesetzte technische und nicht-technische Rahmenbedingungen bei der Lösungsfindung berücksichtigen. Neben oftmals heterogenen technischen Applikationslandschaften und komplexen Prozessabbildungen in den Systemen gehören hierzu auch enge Zeitpläne und Budgetgrenzen. Beim Architekten laufen alle Fäden zusammen, und er muss faktisch jede Facette des Problems erkennen und berücksichtigen. Um zu zeigen, wie der IT-Architekt es trotz dieser hohen Anforderungen schaffen kann, die Rahmenbedingungen möglichst vollständig zu beachten und gleichzeitig eine von den Anspruchsgruppen akzeptierte Architektur zu schaffen, wollen wir an dieser Stelle ein einfaches Beispielszenario skizzieren. In diesem Szenario stellen wir das Handwerkszeug vor, mit dem der Architekt an seine Arbeit geht. An dem Beispiel wird außerdem deutlich, dass eine sehr einfache Problemstellung eine enorme Anzahl von Aspekten beinhalten kann, die bei der Lösungsfindung berücksichtigt werden müssen.

In Abbildung 5.2 ist die Ausgangsarchitektur des Beispielszenarios dargestellt. Die Basis stellt hier ein CRM-System dar, das über eine Online-Schnittstelle wohldefinierte Zugriffe auf ein ERP-System ausführen kann, in dem die Finanzbuchhaltungsfunktionen des Unternehmens abgebildet sind. Hierbei ist in unserem Beispiel insbesondere die Funktion »Kundenkonto abfragen« wichtig, um den Sachbearbeitern neben den vertriebs- und servicerelevanten Informationen auch Finanzdaten über die Kunden zur Verfügung zu stellen. Sollte beispielsweise ein Kunde nach dem aktuellen Status seiner Rechnung fragen wollen, so kann der Sachbearbeiter ihm Auskunft geben, ohne das Frontend des ERP-Systems zu benutzen. Er sieht die benötigten Informationen zum Kundenkonto direkt in der Benutzeroberfläche des CRM-Systems. Darüber hinaus existiert in der Beispielarchitektur noch eine CSC-Plattform (Customer Selfcare). Über dieses Internetportal können die Kunden einfache Geschäftsprozesse wie beispielsweise das Ändern der Adresse oder der Bankverbindung selbst durchführen. Um das Callcenter in Zukunft zusätzlich zu entlasten, soll es den Kunden ermöglicht werden, über die CSC-Plattform das Kundenkonto selbst abzufragen.

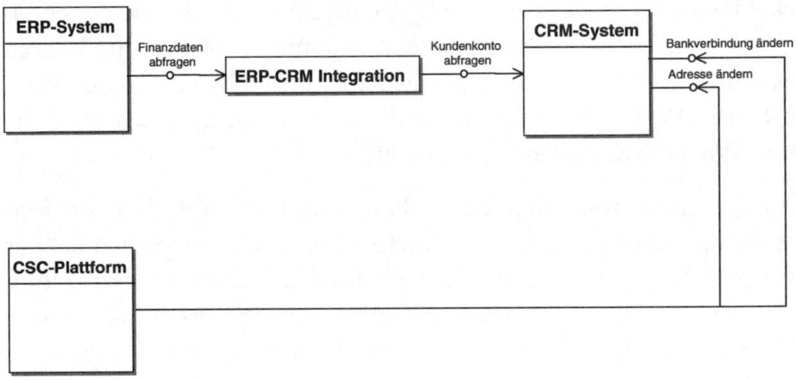

Abbildung 5.2 Ausgangsarchitektur für das Beispielszenario

Das Projekt soll gestartet werden und landet auf dem Schreibtisch des IT-Architekten, dem wir (natürlich mit seinem Einverständnis) für die folgenden Abschnitte über die Schulter schauen dürfen. Er wird während des gesamten Problemlösungsprozesses implizit auf verschiedene Methoden zurückgreifen, die ihm helfen, das Problem zu strukturieren und letztendlich auch zu lösen. Im Wesentlichen handelt es sich hierbei um:

- Den Einsatz von Heuristiken
- Die W-Fragen-Methode
- Die Quantifizierung des Problemfeldes
- Dekomposition und Integration
- Perspektivenwechsel

Natürlich ist es nicht so, dass der IT-Architekt diese Methoden in einer streng vorgegebenen Reihenfolge abarbeitet. Genauso wenig wird er auch nur einmal während des Problemlösungsprozesses auf eine einzelne Methode zurückgreifen. Vielmehr springt er bei der Lösungsfindung permanent zwischen den Methoden hin und her. Uns geht es bei den folgenden Ausführungen in erster Linie darum, eine sinnvolle Strukturierung für die Arbeitsweise des Architekten zu finden.

5.2.2 Der Einsatz von Heuristiken

Das Schaffen und Modifizieren einer IT-Architektur ist eine schwierige und interdisziplinäre Aufgabe. IT-Architekturen sind normalerweise dermaßen komplex, dass ein einzelner Mensch sie nicht bis ins Detail verstehen kann. Darüber hinaus existiert eine IT-Architektur nicht isoliert auf der Welt. Ihre Umwelt, also die Komponenten des Unternehmensökosystems IT-Architektur, spielt bei der Betrachtung einer Architektur eine wichtige Rolle. Wie kann also der IT-Architekt in dieser komplexen Welt die »richtigen« Entscheidungen treffen und die »richtige« Lösung finden?

Komplexe Problemstellungen

Realistischerweise muss man eingestehen, dass es die »richtige« oder »optimale« Lösung für eine IT-Architektur wohl nicht gibt. Dazu sind die Anforderungen der verschiedenen Anspruchsgruppen viel zu verschieden. Die einzige Möglichkeit für den IT-Architekten ist es, eine Lösung zu produzieren, die den Anspruchsgruppen *weitestgehend* gerecht wird. Der Architekt legt dabei den Schwerpunkt seiner Arbeit darauf, dass letzten Endes eine hohe Akzeptanz der Lösung bei möglichst vielen Mitgliedern der Anspruchsgruppen vorhanden ist.

Obwohl diese Aufgabe fast unlösbar scheint, hat die Vergangenheit immer wieder gezeigt, dass Architekten erfolgreiche Lösungen auch in extrem komplexen Problemumfeldern gefunden haben. Die Konzeption und Planung der technischen Architektur, die nötig ist, um beispielsweise eine Raumstation wie ISS zu realisieren oder globale Buchungssysteme für den internationalen Flugverkehr mit Tausenden beteiligter Partner und Applikationen, stellt eine unglaubliche Herausforderung dar. Wie also findet der Architekt eine annehmbare Lösung? Fragt man einen erfolgreichen IT-Architekten, wie er zu einer bestimmten Lösung gekommen ist, wird er vermutlich antworten, dass man hierzu nur etwas gesunden Menschenverstand und eine Portion Erfahrung benötige. Da es aber auf Grund der Komplexität der Aufgabe unmöglich ist, das Problem ganzheitlich zu erfassen, kann dies für uns keine zufrieden stellende Antwort sein.

Methodologien

Die tatsächliche Antwort auf das »Wie?« ist wohl eher in Aspekten wie empirischen Erfahrungen, Best Practices und Intuition zu finden, wie Rechtin[3] schreibt. Rechtin bezieht zwar bei dieser Aussage seine Erfahrungen primär aus Systemarchitekturen im Flugzeugbau, jedoch lassen sich die dort gewonnenen Erkenntnisse leicht auf IT-Architekturen übertragen. Rechtin sagt, dass das Schaffen von Architekturen neben (ingenieurs-)wissenschaftlichen Fähigkeiten auch Fähigkeiten erfordert, deren Einsatz eher mit einer *Kunst* zu vergleichen ist.

Rechtin unterscheidet dabei vier Methodologien, mit deren Hilfe komplexe Architekturprobleme gelöst werden können:

- **Normative Methodologie**
  Hiermit sind die standardisierten Verfahren oder auch der Einsatz von standardisierten Komponenten gemeint, deren Verhalten hinlänglich bekannt ist und zu denen bereits ein breites Erfahrungsspektrum vorliegt.
- **Rationale Methodologie**
  Hiermit sind Verfahren gemeint, die Probleme auf der Basis von Algorithmen lösen. Die Verfahren beschreiben also mathematisch, *wie* eine Lösung zu finden ist. Ein typischer Anwendungsfall hierfür sind Optimierungsprobleme.

3 Vgl. [RECH92], S. 66–69

- **Argumentative Methodologie**
  Hierbei werden Lösungen durch das Zusammenwirken verschiedener Personen, wie beispielsweise durch Brainstorming, produziert. Diese Methodologie dient insbesondere auch zur Problemfindung über den technischen Bereich hinaus. Hier können zum Beispiel die Interessen verschiedener Anspruchsgruppen in die Lösung einfließen und so zu einer hohen Akzeptanz der Lösung beitragen.
- **Heuristische Methodologie**
  Die Heuristik ist die Lehre von den Methoden zur Gewinnung neuer Erkenntnisse mithilfe bestimmter Denkstrukturen, Analogien und Gedankenmodelle. Das bedeutet, dass die Heuristik, anders als die Logik, eine Lösung zwar finden, aber nicht zwangsläufig abschließend begründen kann. Wenn der Architekt von »gesundem Menschenverstand« spricht, meint er damit eigentlich die Heuristik. Hier fließen sowohl persönliche Erfahrungen, der »Daumenwert« und nicht zuletzt die Intuition des Architekten in die Lösungsfindung mit ein.

Alle diese Methodologien werden bewusst oder unbewusst von Architekten eingesetzt, wobei die heuristische Methodologie die künstlerische Seite beim Schaffen einer Architektur ist.

Rechtin und Maier haben 180 verschiedene Heuristiken aus unterschiedlichsten Quellen zusammengetragen und in Kategorien wie z.B. Systemanalyse, -planung, Modellierung, Aggregation, Integration usw. eingeteilt. Diese Heuristiken geben einige Rahmenaussagen vor, die sogar bei offenbar wissenschaftlich begründeten Architekturentscheidungen zusätzliche Berücksichtigung finden sollten. Drei Beispiele für solche Heuristiken sind:[4]

- Manchmal ist es nötig, ein Konzept zu erweitern, um die Problemstellung zu vereinfachen.
- Der Erfolg einer Architektur wird durch die Meinung der Anspruchsgruppen bewertet und nicht durch den Architekten.
- Die beste technische Lösung ist nicht zwangsläufig auch die beste politische Lösung.

Auch wenn Heuristiken auffallend an die gravierten Messingtafeln über dem Schreibtisch eines amerikanischen Managers erinnern, so bergen sie dennoch viele wertvolle Denkanstöße, die bei rein techni-

4 Vgl. [RECH00] S. 267–278

scher oder wissenschaftlicher Denkweise kaum Beachtung finden. Jeder Architekt sollte daher eines im Hinterkopf behalten:

> Geeignete Heuristiken beinhalten auf Erfahrung basierende Regeln, die für eine komplexe IT-Architektur Gültigkeit besitzen, auch wenn sie nicht beweisbar sind. Sie schaffen einen Handlungsrahmen, der einen effektiven Beitrag zur Bewältigung der Komplexität einer IT-Architektur leistet.[5]

5.2.3 Die W-Fragen-Methode

Hierbei handelt es sich um eine Methode zur Erfassung von Inhalt, Struktur und Rahmenbedingungen eines Problems durch Formulierung eines Fragenkatalogs. Diese Fragen werden als *W-Fragen* formuliert. Das Stellen und Beantworten der W-Fragen hilft dem Architekten, eine unstrukturierte Problemstellung zu begreifen und gegebenenfalls auch neue Aspekte zu identifizieren, die in der initialen Problemstellung noch keine Berücksichtigung gefunden haben. Insgesamt gibt es sechs Fragenklassen, die in Tabelle 5.1 dargestellt sind.

Fragenklasse	Zielsetzung
Was?	Struktur des Problems verdeutlichen
Warum?	Zweck der Anforderung verstehen
Wie?	Den Prozess hinter den abzubildenden Anforderungen verstehen
Wer?	Berücksichtigung des organisatorischen Umfeldes
Wann?	Berücksichtigung zeitlicher Einschränkungen
Wo?	Identifikation der neuralgischen Stellen des Problemraums

Tabelle 5.1 Die W-Fragen des IT-Architekten

Die ersten drei Fragenklassen werden häufig auf die technische Seite des Problems angewendet. Sie dienen dazu, die inhaltlichen Anforderungen eines Problems zu ermitteln und bestimmte Lösungsvorschläge zu überprüfen. Die letzten drei Fragenklassen dienen normalerweise dazu, das Problem in den politischen und organisatorischen Kontext eines Projekts oder einer Abteilung einzuordnen. Der Einsatz der

5 Eine Lektüre von [RECH00] ist allein schon wegen der Sammlung von Heuristiken empfehlenswert.

W-Fragen-Methode ist übrigens in der IT-Branche nicht unüblich. So arbeitet beispielsweise Tichy im Rahmen des Software-Konfigurationsmanagements mit einem entsprechenden Fragenkatalog.[6]

Unser Architekt hat für das Beispielszenario einen eigenen Fragenkatalog im Kopf, aus dem wir in Tabelle 5.2 einige Beispielfragen aufgenommen haben:[7]

Fragenklasse	Frage
Was?	Was für Systeme könnten von der Anforderung betroffen sein? Was für ein System bildet die Funktionalität bereits ab? ...
Warum?	Warum sollen Kunden von außen auf die Finanzdaten zugreifen können? Warum kam diese Anforderung plötzlich auf? ...
Wie?	Wie könnten die benötigten Daten aus dem ERP-System in die CSC-Plattform gelangen? Wie kann bei einem Zugriff von außen die Sicherheit beim Zugriff auf sensible Daten gewährleistet werden? Wie groß ist das Zugriffsvolumen, mit dem im Laufe eines Tages zu rechnen ist? ...
Wer?	Wer ist heute für die benötigten Datenquelle verantwortlich? Wer im Unternehmen profitiert von der Erweiterung der CSC-Plattform? Wer hat durch die Erweiterung einen Nachteil? ...
Wann?	Wann soll diese Anforderung umgesetzt sein? Wann sind nötige Projektmanagement- und Entwicklerressourcen frei, die sich mit der Umsetzung der Anforderungen befassen können? ...
Wo?	Wo werden die größten technischen Probleme erwartet? Wo werden die größten politischen Probleme erwartet? ...

Tabelle 5.2 Fragenkatalog zu unserem Beispielszenario

6 Vgl. [TICHY95] S. 17–23

7 Tatsächlich wird ein Architekt im Rahmen der vorliegenden Problemstellung weit über 100 Fragen stellen, auch wenn er diese nicht alle explizit ausformuliert.

Kommunikation

Zur Beantwortung der Fragen wird der Architekt zunächst mit einigen der beteiligten Personen kommunizieren müssen, und er wird ein Gefühl für die verschiedenen Stimmungen bezüglich des Vorhabens bekommen. Die Bearbeitung des Fragenkatalogs zwingt ihn außerdem dazu, sich nicht nur mit den technischen Aspekten des Problems zu beschäftigen, sondern auch die fachlichen, organisatorischen und politischen Seiten zu verstehen. Gleichzeitig wird die Beantwortung der Fragen wiederum neue Fragen aufwerfen, die es zu beantworten gilt, was dem Architekten hilft, ein immer detaillierteres Bild von der eigentlichen Problemstellung zu bekommen.

In unserem Beispiel könnte der Architekt über das erwartete Zugriffsvolumen ermitteln, ob die Publikation einer Kontoschnittstelle, die online auf das ERP-System zugreift, überhaupt den benötigten Datendurchsatz sicherstellen kann. Immerhin hat bis heute nur eine fest definierte Anzahl von Callcenter-Mitarbeitern auf die Daten zugegriffen. Wenn nun plötzlich eine vielfache Anzahl von Kunden gleichzeitig auf das ERP-System zugreifen, sind Performance-Probleme vorprogrammiert. Weiterhin könnte der Architekt feststellen, dass die Lizenzpolitik des ERP-Systems auf einem »Named User Konzept« aufbaut. Hierdurch wird jeder physische Nutzer des Systems als kostenpflichtiger Anwender geführt, ganz gleich ob er über einen eigens für ihn eingerichteten Account verfügt oder nicht. Dies kann weit reichende Konsequenzen bei der Bereitstellung einer Online-Schnittstelle haben, denn bisher wurden nur die Callcenter-Mitarbeiter als Benutzer geführt und waren damit lizenzrelevant. Stellt man jetzt jedem Kunden einen Direktzugriff auf das ERP-System zur Verfügung, so wird jeder dieser Kunden auch als Benutzer lizenzrelevant. Übrigens gilt dieses Lizenzmodell auch, wenn die Online-Zugriffe technisch gesehen nur über einen einzigen angemeldeten Benutzer durchgeführt werden, der alle Anfragen bündelt; denn bei diesem Lizenzmodell kommt es auf die tatsächliche Benutzeranzahl des Systems an.

Die W-Fragen-Methode ist ein wichtiges Werkzeug.

Allein an diesen beiden Überlegungen lässt sich ausmachen, wie viele Fragen der IT-Architekt klären muss und wie vielschichtig seine Lösungsszenarien aussehen können. So könnte beispielsweise die gesamte Wirtschaftlichkeitsbetrachtung ins Wanken geraten, nur weil das Lizenzmodell nicht hinreichend berücksichtigt wurde und sich daher völlig andere Lösungsansätze oder sogar eine Änderung der Anforderungen ergeben. So trivial die W-Fragen-Methode auch aussehen mag, sie ist definitiv eines der wichtigsten Werkzeuge auf dem Weg zu einer fundierten Architekturentscheidung.

An dieser Stelle wollen wir unsere Überlegungen zu dem Beispiel abbrechen und uns der nächsten Arbeitsmethode des IT-Architekten widmen.

5.2.4 Die Quantifizierung des Problemfeldes

Beim Versuch, das Problem zu begreifen, wird der Architekt versuchen, verschiedenen Aspekte des Problems zu quantifizieren, also in Zahlen zu fassen. Diese Quantifizierung hilft ihm, bestimmte Lösungsszenarien unterschiedlich zu bewerten und viele Unschärfen des Themas greifbarer darzustellen. Als Ergebnis seiner Bemühungen wir der Architekt unterschiedlichste Mengenmodelle zur Verfügung haben, die ihm helfen, Architekturentscheidungen zu treffen und vor allem diese Architekturentscheidungen auch vor den Anspruchsgruppen begründen zu können.

Wie in Abbildung 5.3 dargestellt, wird der Architekt beim Aufbau eines Mengenmodells für ein bestimmtes Problem mit fortschreitender Zeit und bei fortschreitender Beschäftigung mit dem Problem eine Präzisierung des Modells vornehmen.

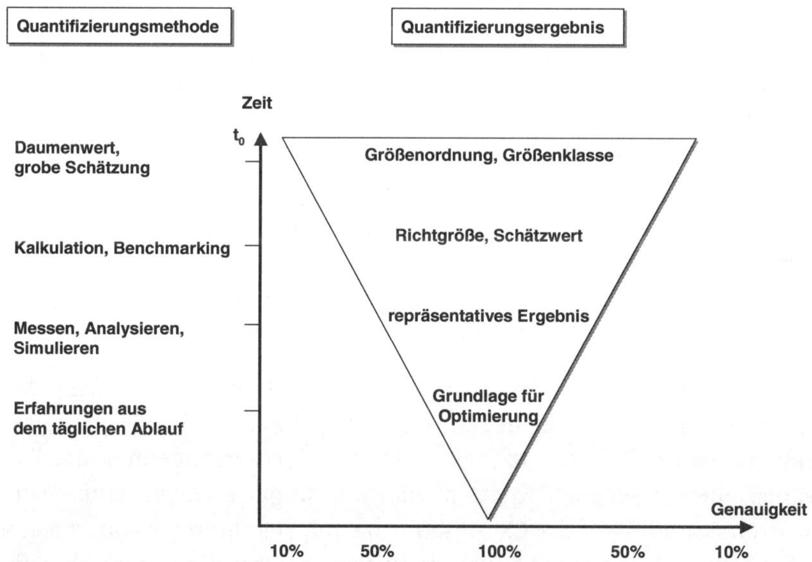

Abbildung 5.3 Steigerung der Genauigkeit bei der Quantifizierung

Verständnis der Problemstruktur

Bei der ersten Beschäftigung mit dem Problem wird sich der Architekt durch eine grobe Schätzung ein Bild von den Mengengerüsten seines Problemumfeldes machen. Später kann er dann geeignete Kalkulationen aufstellen und für bestimmte Szenarien ein potenzielles Ergebnis berechnen. Darüber hinaus kann er beispielsweise die Möglichkeit nutzen, Mengengerüste durch konkrete Analysen, Erfahrungswerte oder Simulationen zu bestätigen. Die Quantifizierung ist deshalb so wichtig, weil sie in einem komplexen Umfeld mit oftmals nur vagen Informationen einige Fixgrößen etabliert. Sie kann den Architekten außerdem zum Umdenken bewegen. Weichen beispielsweise die Quantifizierungsergebnisse einer Schätzung oder einer Kalkulation erheblich von denen einer tatsächlichen Messung ab, so kann der Architekt davon ausgehen, dass er die Struktur des Problems noch nicht hinreichend berücksichtigt bzw. noch nicht vollständig verstanden hat.

Kommen wir zu unserem Beispielszenario zurück, um das Vorgehen bei der Quantifizierung zu verdeutlichen:

Wie wir bereits im letzten Abschnitt gesehen haben, ist die Betrachtung der Benutzeranzahl für die zu erwartende Last des ERP-Systems von erheblicher Bedeutung. Als erste grobe Schätzung für das Benutzeraufkommen könnte der Architekt im schlimmsten Fall mit der Gesamtanzahl der Kunden des Unternehmens rechnen, die gleichzeitig auf das System zugreifen würden. Natürlich dürfte dieser Fall in der Praxis kaum vorkommen, und so trifft der Architekt die Annahme, dass basierend auf der Gesamtkundenzahl und der Anzahl der heute eingesetzten Callcenter-Mitarbeiter vermutlich eine wesentlich geringere Anzahl – sagen wir etwa zwei Prozent der Gesamtkundenzahl – gleichzeitig ihre Kontoinformationen abruft. Der Architekt kann sein Ergebnis allerdings noch verfeinern, denn im CRM-System wird zu jedem Anruf auch der Anrufgrund erfasst. Da auch die Anfrage nach dem aktuellen Kontostand als einer der auswählbaren Anrufgründe festgehalten wird, lässt sich für beliebige Zeiträume feststellen, wie hoch die durchschnittliche Abfragehäufigkeit der Kontoinformationen ist.

Darüber hinaus muss der IT-Architekt jedoch bedenken, dass der Abfrageservice in einem neuen Medium präsentiert wird und unter Umständen häufiger genutzt wird, als es in der Vergangenheit der Fall war. Vielleicht schauen Kunden, die ursprünglich wegen eines ganz anderen Grundes auf der CSC-Plattform sind, aus Interesse auch zusätzlich auf ihren Kontostand.[8] Es kann auch sein, dass die Hemmschwelle der Kunden, die Information über das CSC-Portal abzufragen, wesent-

8 Das gleiche Szenario gilt natürlich auch umgekehrt. Durch die Erweiterung der CSC-Plattform um einen neuen Dienst, der von den Kunden gut angenommen wird, könnten auch die ursprünglichen Dienste plötzlich wesentlich stärker frequentiert werden.

lich geringer ist, weil hierbei keine unangenehmen Erinnerungen an den aktuellen Mahnstatus durch den Callcenter-Mitarbeiter zu erwarten sind. Um sich ein genaueres Bild über all diese Aspekte zu machen, könnte der IT-Architekt beispielsweise die Zugriffshäufigkeiten ähnlicher Services vergleichen, um hieraus wiederum neue Erkenntnisse abzuleiten.

Egal zu welchem Ergebnis unser Architekt kommt, auf jeden Fall macht das Beispiel deutlich, dass die Quantifizierung des Problems von erheblicher Wichtigkeit für das Problemverständnis und damit für die späteren Lösungsansätze ist.

5.2.5 Dekomposition und Integration

Probleme lokal lösen und global bewerten

Wir haben bereits in Abschnitt 5.2.2 angesprochen, dass sich der IT-Architekt mit Problemen beschäftigen muss, die er auf Grund ihrer Komplexität nicht vollständig und bis ins Detail verstehen kann. Die Komplexität einer IT-Architektur besteht dabei im Wesentlichen darin, dass viele Architekturkomponenten, also Systeme, miteinander in Wechselwirkung stehen. Zahlreiche Schnittstellen, die durchgängige Abbildung der Geschäftsprozesse über Systemgrenzen hinweg und das innere Verhalten eines Systems machen es praktisch unmöglich, sämtliche Auswirkungen einer Änderung an der IT-Architektur vorherzusagen. Betrachtet man die IT-Architektur nicht ausschließlich auf Systemebene (also im technischen Kontext), sondern unter den Maßgaben des Unternehmensökosystems IT-Architektur, wird die Komplexität noch immens erhöht. Der Architekt braucht also ein Werkzeug, das ihm hilft, sich möglichst lokal auf einen wesentlichen Teil des Problems (bzw. -systems) zu konzentrieren und trotzdem das globale Problem nicht aus den Augen zu verlieren. Diese lokale Konzentration auf ein bestimmtes Teilsystem wird auch als *Dekomposition* bezeichnet. Der IT-Architekt ist danach in der Lage, ein Problem lokal zu lösen und die lokale Lösung in eine sinnvolle übergreifende Lösung zu *integrieren*.

Teile und herrsche

Wahrscheinlich ist Ihnen dieser Ansatz bereits als Machiavellis Prinzip »teile und herrsche« geläufig. Das Prinzip wurde schon auf viele komplexe Problemstellungen – ganz gleich ob politischer oder technischer Natur – angewendet und ist heute aus vielen IT-Bereichen, wie beispielsweise aus der Softwareentwicklung, nicht mehr wegzudenken. Dennoch stellt sich die Frage, wie (und ob) sich ein Problem auf der Ebene der Gesamt-IT-Architektur überhaupt lokal lösen lässt und ob eine lokale Lösung in diesem Kontext zu einer globalen Lösung beitragen kann.

Systemtheorie

Zur Klärung dieser Frage bedienen wir uns der Grundprinzipien der Systemtheorie[9], die sich seit bereits mehr als 50 Jahren unter anderem mit dieser Frage beschäftigt. Die Systemtheorie lässt sich auf viele unterschiedliche Gebiete anwenden, unter anderem auch auf die IT-Architektur. Die folgende Definition für ein System wollen wir den weiteren Ausführungen zugrunde legen:

»Ein System ist ein dynamisches Ganzes, das als solches bestimmte Eigenschaften und Verhaltensweisen besitzt. Es besteht aus Teilen, die so miteinander verknüpft sind, dass kein Teil unabhängig ist von andern Teilen und das Verhalten des Ganzen beeinflusst wird vom Zusammenwirken aller Teile.«[10]

Wie in Abbildung 5.4 dargestellt, kann die IT-Architektur eines Unternehmens als ein System auf oberster Gliederungsebene angesehen werden, das wiederum aus verschiedenen Untersystemen zusammengesetzt ist, die ihrerseits untergliedert werden können usw. Die eigentliche Aufgabe des Architekten besteht nun darin, eine geeignete Gliederung bzw. Dekomposition der IT-Architektur zu finden, die der Lösung seines Problems gerecht wird. Der IT-Architekt legt mit der Gliederung fest, wo die Systemgrenzen zu ziehen sind und welche Funktionalitäten innerhalb welcher Systemgrenzen zu finden sind. Die so definierten Systeme können dann als Blackbox betrachtet werden, womit die Interaktionen, also die Schnittstellen, zwischen den Systemen in den Vordergrund rücken.

Die Definition der Systemgrenzen legt fest, dass Beziehungen innerhalb des Systems stärker sind als solche außerhalb. Die Elemente innerhalb des Systems weisen also eine höhere Kohäsion auf. Im Kontext einer IT-Architektur ist daher die Unterteilung auf Applikationsebene nahe liegend und in den meisten[11] Fällen auch sinnvoll, da eine Applikation in der Regel inhaltlich zusammengehörende Funktionen abbildet.

---

9 »Systemtheorie« ist ein Ausdruck, der in sehr vielen Kontexten erscheint. Die jeweiligen Kontexte bestimmen, wie der Ausdruck zu deuten ist. Für diejenigen Leser, die sich bereits tiefergehend mit der Systemtheorie beschäftigt haben, sei angemerkt, dass wir den Begriff in Sinne der konstruktiven Systemtheorie verwenden. Eine weitergehende Betrachtung, insbesondere für die Verbindung der IT-Architektur mit dem Unternehmensökosystem, würde die allgemeine Systemtheorie liefern, wobei die Ausführungen zu diesem Thema allerdings den Rahmen dieses Buches sprengen würden.

10 Vgl. [ULRICH91], S. 30

11 Zum Beispiel können manche Applikationsboliden, wie etwa ERP-Systeme durchaus logisch in mehrere Applikationen unterteilt werden. Die jeweilige Granularität hängt natürlich maßgeblich vom eigentlich Problem ab.

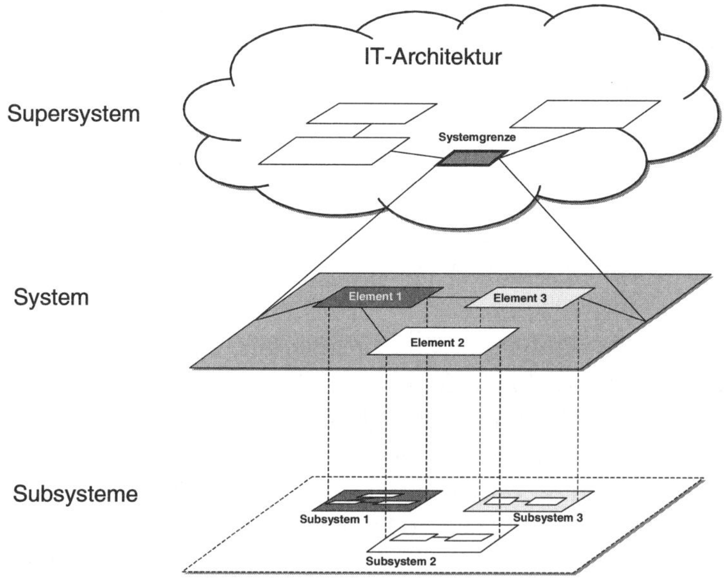

Abbildung 5.4 Darstellung des Systembegriffs im Kontext der IT-Architektur, angelehnt an Spahni[12]

Integration

Weit schwieriger als die Dekomposition der IT-Architektur stellt sich allerdings die Integration der einzelnen Subsysteme dar. Um diesen Punkt zu diskutieren, kehren wir zu unserem Beispielszenario zurück.

Nehmen wir an, unser IT-Architekt hat die beteiligten Komponenten seines Problemumfeldes identifiziert und sucht nun nach einer geeigneten Integrationsmöglichkeit. Das Ziel seiner Bestrebungen ist es, den Kunden einen Zugriff auf die Kontoinformationen aus dem ERP-System zu ermöglichen. Wir haben in Abbildung 5.5 drei Integrationsszenarien dargestellt, die sich auf den ersten Blick anbieten.

- Bei der Variante (1) greift die CSC-Plattform direkt auf das ERP-System zu. Ein Zugriff kann direkt und ohne Umweg über andere Systeme erfolgen. Allerdings wird keine Schnittstelle zur Publikation des Kundenkontos implementiert; es ist lediglich eine generische Finanzdatenschnittstelle vorhanden, so dass zusätzlicher Entwicklungsaufwand entsteht. Darüber hinaus wird kein kanalisierter Zugriff auf die Finanzdaten mehr sichergestellt, da eine eigene, an der Integrationsplattform »ERP-CRM« vorbeigehende Schnittstelle bereitgestellt wird. Außerdem besteht in dieser Variante keine Puf-

12 Vgl. [SPAHNI98], S. 17

fer- oder Bündelungsmöglichkeit für die Zugriffe, so dass sämtliche Anfragen direkt von der CSC-Plattform auf ein Kernsystem zugelassen werden.

- Variante (2) sieht einen Zugriff der CSC-Plattform über die bereits vorhandene Integrationsplattform vor. Über diese kann parametrisiert ein Zugriff auf die Kontoinformationen ohne zusätzlichen Entwicklungsaufwand bereitgestellt werden. Ein Loadbalancing wird prinzipiell durch die Integrationsplattform ermöglicht, allerdings sind die Basisfunktionalitäten für eine Webschnittstelle noch nicht vollständig realisiert.
- Bei Variante (3) erfolgt die Implementierung einer zusätzlichen Schnittstelle für das Kundenkonto am CRM-System. Hier besteht eine enge fachliche Bindung (Kohäsion) der Funktionalitäten, die das CRM-System dem CSC-Portal bereitstellt. Außerdem werden das Loadbalancing und Sicherheitsmechanismen für Webzugriffe optimal unterstützt, da bereits andere Schnittstellen im CSC-Portal abgebildet wurden. Als Nachteil fällt sofort auf, dass das CRM-System nur als Duchgangssystem benutzt wird, da es die benötigten Daten nicht originär vorhält. Dadurch wird das CRM-System zusätzlich belastet und stellt außerdem eine potenzielle Fehlerquelle (wie auch schon bei den anderen Webschnittstellen) dar, denn schließlich muss das CSC-Portal Tag und Nacht funktionieren.

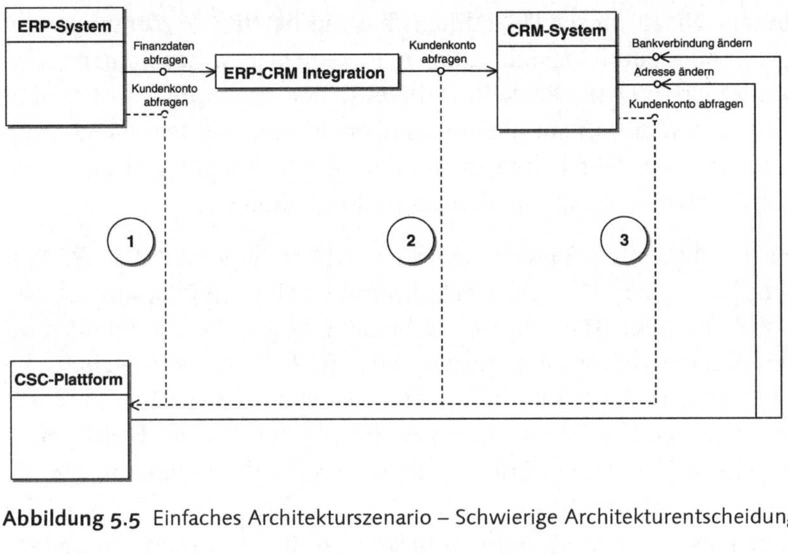

Abbildung 5.5 Einfaches Architekturszenario – Schwierige Architekturentscheidung

Für welche Variante würden Sie sich entscheiden?

Da es sich hier ohnehin um ein konstruiertes Szenario handelt, bei dem noch viele weitere, auch nicht technische Rahmenbedingungen zum Tragen kommen, macht es wenig Sinn, eine eindeutige Antwort zu liefern bzw. die Vor- und Nachteile ausführlich zu diskutieren. Vielleicht hätte sich unser IT-Architekt für keine der drei Varianten entschieden und ein kombiniertes synchrones/asynchrones Pufferungssystem hinzugefügt, das in Zukunft sämtliche Webzugriffe bündelt und für das Loadbalancing und die Kompensation der Offline-Zeiten zuständig ist, wer weiß?

Es sind viele Varianten zu betrachten.

Das Beispiel zeigt, wie aus einer offenbar einfachen Dekomposition ein schwieriges Integrationsszenario werden kann. Wichtig ist, dass der Architekt verschiedene Varianten durchdenkt, seine Entscheidungen vor dem Hintergrund der Quantifizierungsergebnisse trifft und niemals die Motivationen der Anspruchsgruppen aus den Augen verliert.

5.2.6 Perspektivenwechsel

Breite Akzeptanz

In Abschnitt 5.1 haben wir bereits gesehen, dass die Qualität einer IT-Architektur nur für einen bestimmten Zeitraum als gut angesehen werden kann und dass die Qualität oft nicht mit objektiven Kriterien bewertet wird. Dies ist nicht weiter verwunderlich, wenn man bedenkt, dass unterschiedliche Anspruchsgruppen durch unterschiedliche persönliche Motivationen angetrieben werden. Eine Architekturentscheidung, die aus technologischer Sicht sinnvoll ist, kann aus organisatorischer oder politischer Sicht völlig falsch sein, weil die Entscheidung auf wenig Zustimmung stößt. Für den Architekten ist es daher immer wichtig, auf die Ausgewogenheit einer Entscheidung zu achten. Das soll nicht heißen, dass der IT-Architekt ein Jasager sein soll oder dass er versuchen muss, es allen recht zu machen. In den Fällen, in denen eine Architekturentscheidung einen Zielkonflikt zwischen zwei einflussreichen Anspruchsgruppen auslöst, werden ohnehin kaum noch objektive Kriterien betrachtet (und der IT-Architekt ist im Grunde überflüssig). Es geht vielmehr darum, eine möglichst akzeptierte und damit länger beständige Lösung zu schaffen, die den Ansprüchen der verschiedenen Anspruchsgruppen auch Rechnung trägt. Wenn eine Lösung allerdings ausgewogen und für möglichst viele Anspruchsgruppen akzeptabel sein soll, so muss der IT-Architekt zwangsläufig auch die jeweiligen Sichtweisen und persönlichen Motivationen verstehen und in seine Architekturentscheidungen einfließen lassen. Er ist bei seiner Arbeit also zu einem ständigen Perspektivenwechsel gezwungen.

Unterstützung der Spezialisten

Da der Architekt nicht jedes technische Detail seines Problemumfeldes kennen kann, muss er sich darüber hinaus von unterschiedlichen Spezialisten unterstützen lassen. Das wiederum bedeutet, dass er neben der Erfüllung seiner inhaltlichen, fachbezogenen Aufgaben ständig damit beschäftigt ist, Brücken zwischen den Spezialisten und den Anforderungen der Anspruchsgruppen zu schlagen, geeignete Kommunikationsplattformen zu schaffen und die Problemstellung jeweils, wie in Abbildung 5.6 dargestellt, durch die Brille eines jeden Spezialisten und einer jeden Anspruchsgruppe zu betrachten. Diese verschiedenen Sichtweisen und Eindrücke muss der Architekt durch ein übergreifendes Verständnis zusammenfügen, um zu einer beständig akzeptierten Lösung zu kommen.

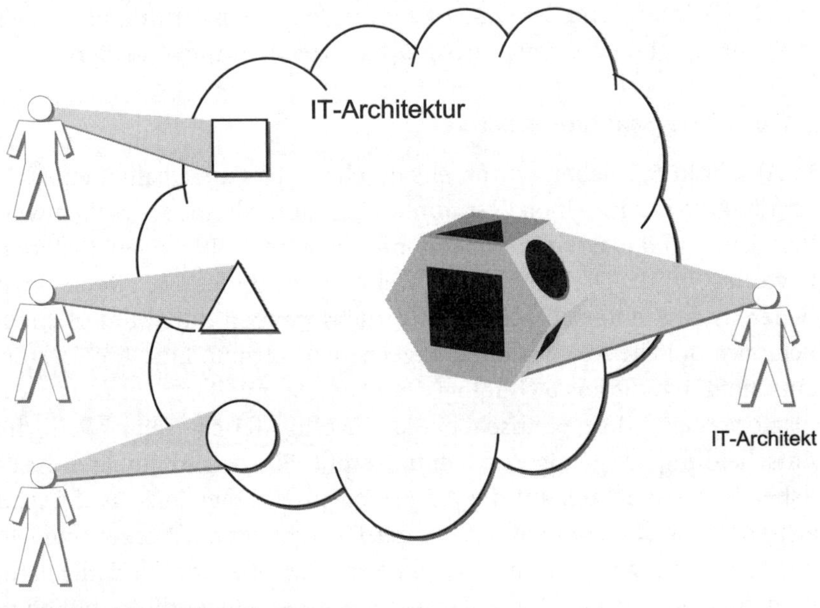

Abbildung 5.6 Die integrative Sichtweise des IT-Architekten

Um ein konkretes Beispiel für den Perspektivenwechsel zu bekommen, schauen wir unserem IT-Architekten über die Schulter, der noch immer mit der Lösung unseres Architekturszenarios beschäftigt ist.

Er wird sich – entweder mental oder auf einem Blatt Papier – eine Aufstellung der Personen machen, die an dem Projekt beteiligt sind, bestimmte Interessen verfolgen oder durch die Umsetzung der Anforderungen betroffen sein könnten. Bei seinen Überlegungen wird er berücksichtigen, dass jede der Personen auf Grund ihrer Rolle und

Funktion im Unternehmen eine andere persönliche Perspektive auf das Projektvorhaben hat.

In Tabelle 5.3 sind die persönlichen Perspektiven der einzelnen Anspruchsgruppen und Spezialisten exemplarisch für unser Architekturszenario dargestellt. Zusätzlich sind die Motivation bzw. die Bedenken aufgeführt, mit denen zu rechnen ist, wenn die Personen anfangs von dem Projektvorhaben erfahren.

Anspruchsgruppe, Spezialist	persönliche Perspektive	Motivation/Bedenken
Kunde	Neues Serviceangebot des Unternehmens	*Motivation:* Kontoinformationen können jederzeit performant abgefragt werden. Schnelle und umkomplizierte Serviceleistung *Bedenken:* Sicherheit der persönlichen Daten muss gewährleistet sein. Wird der Service einfach in der Bedienung sein?
Leiter der IT-Abteilung	Erweiterung der Systemlandschaft	*Motivation:* Erweiterung des Verantwortungsbereichs *Bedenken:* Bereitstellung der Personalressourcen muss gewährleistet sein.
Leiter des Callcenters	Verlagerung/Änderung eines Geschäftsprozesses	*Motivation:* Entlastung der Callcenter-Mitarbeiter. Qualität kann gesteigert werden. *Bedenken:* Unter Umständen können Personalressourcen einsgespart werden. Verlust von Einfluss; die Entlastung wird nicht zur Qualitätsverbesserung genutzt.
Mitarbeiter des Callcenters	Eine Funktion des CRM-Systems wird seltener benötigt.	*Motivation:* Es fällt weniger Arbeit als »Auskunftsdienst« an. *Bedenken:* –

Tabelle 5.3 Perspektiven der Anspruchsgruppen des Beispielszenarios

Anspruchsgruppe, Spezialist	persönliche Perspektive	Motivation/Bedenken
Verantwortlicher für das ERP-System	Zugriff von außen auf die Daten des ERP-Systems	*Motivation:* – *Bedenken:* Starke Belastung des Systems Es entsteht ein potenzielles Sicherheitsloch.
Verantwortlicher für das CRM-System	Senkung der Bedeutung des CRM-Systems	*Motivation:* Die Daten sollten der CSC-Plattform durch das CRM-System bereitgestellt werden. *Bedenken:* Verlust von Einfluss
Verantwortlicher für die CSC-Plattform	Erhöhung der Bedeutung der CRC-Plattform	*Motivation:* Gewinn von Einfluss *Bedenken:* –
Projektleiter	Initiierung eines neuen Projekts	*Motivation:* Neues Projekt, um sich zu behaupten *Bedenken:* Zeitrahmen könnte nicht ausreichen. Mitarbeiterressourcen könnten nicht ausreichend zur Verfügung stehen.
Projektmitarbeiter (Spezialist für Webtechnologie)	Implementierung einer neuen Funktionalität in die CRC-Plattform	*Motivation:* Technische Perfektion der Lösung Interessante Aufgabe *Bedenken:* Für die Berücksichtigung der Sicherheit und Performance wird zu wenig Zeit gelassen. Die Verfügbarkeit der bestehenden Schnittstellen ist zu gering.

Tabelle 5.3 Perspektiven der Anspruchsgruppen des Beispielszenarios (Forts.)

Anspruchsgruppe, Spezialist	persönliche Perspektive	Motivation/Bedenken
Projektmitarbeiter (Spezialist für Schnittstellen)	Bereitstellung einer neuen Schnittstelle	*Motivation:* Die Schnittstelle ist bereits fertig, es sind keine aufwändigen Modifikationen an der bestehenden Integrationsplattform nötig. Technische Perfektion der Lösung *Bedenken:* Es kommen Vorschläge auf, die die Schnittstellenkomplexität unnötig erhöhen.
Geschäftsführung, Management	Neue Investition in die IT	*Motivation:* Senkung der Personalkosten im Callcenter Steigerung der Kundenzufriedenheit Vorteil vor den Mitbewerbern, die diesen Service noch nicht anbieten Steigerung der Kundenzufriedenheit *Bedenken:* Ist der ROI, wie versprochen, in neun Monaten erreicht?
...	...	...

Tabelle 5.3 Perspektiven der Anspruchsgruppen des Beispielszenarios (Forts.)

Es ist die Aufgabe des Architekten zu verstehen, dass beispielsweise der Leiter des Callcenters in dem Projekt eine Veränderung des Geschäftsprozesses sieht. Durch eine Vereinfachung bzw. Verschlankung des Prozesses erfahren seine Mitarbeiter eine Entlastung, was ihnen Zeit lässt, in bestimmten Bereichen die Qualität zu steigern. Andererseits sieht der Leiter des Callcenters die Gefahr, dass die Zeitersparnis dazu genutzt wird, Personal abzubauen. Hierdurch ist einerseits keine signifikante Verbesserung der Servicequalität erreichbar, andererseits bedeutet der Verlust von Personal auch einen Statusverlust, was sicherlich nicht zu unterschätzen ist. Hier ist gegebenenfalls ein Abgleich zwischen der Motivation der Geschäftsführung und den Bedenken des Callcenter-Leiters durchzuführen.

Der Verantwortliche für das ERP-System hat hingegen ganz andere Bedenken. Er ist in jeder Hinsicht besorgt, was die Belastung und die Sicherheit seines Systems angeht, und hat eigentlich überhaupt kein

Interesse, zusätzliche Zugriffe auf das System zu erlauben. Gegebenenfalls kann er durch einen Architekturvorschlag, der genau diese Bedenken sauber berücksichtigt, überzeugt werden, die Anforderungen mit zu tragen.

Man kann die Liste der Überlegungen noch beliebig fortführen. In jedem Fall muss der Architekt bei jeder Entscheidung, die er trifft, all diese Aspekte im Hinterkopf haben, Konflikte aufdecken und objektiv im Sinne des Gesamtziels entscheiden.

Interessanterweise wird der bewusste Wechsel der Perspektive in der Praxis häufig vernachlässigt, obwohl er eine der wirkungsvollsten Methoden zur Herbeiführung stabiler Architekturentscheidungen darstellt.

5.2.7 Zusammenfassung

Die in den letzten Abschnitten vorgestellten Techniken des Architecting werden prinzipiell auch in vielen anderen IT-Bereichen verwendet. Allerdings werden sie eher unbewusst eingesetzt. Im Wesentlichen liegt dies daran, dass Werkzeuge wie die W-Fragen-Methode oder der bewusste Perspektivenwechsel nicht in den »offiziell« verabschiedeten Vorgehensmodellen für IT-Projekte auftauchen. Darüber hinaus sind Entscheidungen, die beispielsweise auf dem Einsatz von Heuristiken und Erfahrungswerten basieren, wesentlich schwieriger vor Lenkungsausschüssen und dem Management zu vertreten, als solche, die sich aus scheinbar hundertprozentig richtigen Nutzwertmatrizen ergeben haben.

Natürlich gehören zum Architecting auch weit verbreitete Methoden wie strukturierte und objektorientierte Analyse und Design, ER-Modellierung usw., zu denen hervorragende Literatur existiert. Der Schlüssel, um die Komplexität einer Architekturentscheidung zu bewältigen, besteht jedoch in der Kombination all dieser Methoden. Zusätzlich zum täglichen Handwerkszeug sind außerdem eine Reihe von Eigenschaften wichtig, über die der Architekt verfügen muss, damit er nicht nur technisch, sondern auch politisch und organisatorisch seine Aufgaben bewältigen kann. Genau mit diesen Aufgaben und Eigenschaften beschäftigen sich die folgenden Abschnitte 5.3 und 5.4. Sie geben Aufschluss darüber, wie das Aufgabenspektrum des Architekten aussieht und welche Fähigkeiten ein IT-Architekt zur erfolgreichen Bewältigung mitbringen muss. Dabei wird nicht nur der Soll-Zustand des idealen IT-Architekten betrachtet, sondern es wird auch der Unterschied zwischen den Anforderungen an einen Junior- bzw. Senior-IT-Architekt herausgearbeitet, der sich letztendlich auch im Tätigkeitsprofil niederschlägt.

Und was ist aus unserem Architekten geworden, der sich mit dem Beispielszenario befasst hat? Zweifellos wird er auf dem Weg, zu einer ausgewogenen Architekturentscheidung zu kommen, viele Schlachten geschlagen haben. Wie auch immer die Entscheidungen ausgefallen sind, so hat das Beispiel gezeigt, wie eine scheinbar einfache Problemstellung viele verschiedene Aspekte zu Tage fördert, die zu beachten sind, und wie anspruchsvoll das Architecting sein kann.

5.3 Aufgaben des IT-Architekten

Aufgabenspektrum

Wie bereits in Abschnitt 5.2 erwähnt wurde, besteht die Aufgabe des Architekten darin, IT-Architekturen zu erschaffen und im Sinne der Unternehmensziele weiterzuentwickeln. Alle Tätigkeiten, die hierzu notwendig sind, fallen dabei in sein Aufgabengebiet. Hierzu gehören z. B. die Definition der Architekturvision, die Konzeption unterschiedlicher Architekturszenarien und der permanente Abgleich der bestehenden Architektur mit den bestehenden inhaltlichen Anforderungen. Jede der Aufgaben zielt im Grunde darauf ab, die Ausgewogenheit zwischen den Elementen des Unternehmensökosystems IT-Architektur herzustellen und zu erhalten. Es ist daher sehr schwierig, eine scharfe Grenze zwischen den Aufgaben des IT-Architekten und den Aufgaben anderer Rollen zu ziehen, zumal jedes Unternehmen und jede IT-Architektur wohl eigene Besonderheiten aufweisen dürfte und sich die Aufgabenverteilung im Wesentlichen aus diesen Besonderheiten ableitet. Prinzipiell kann man jedoch sagen, dass sich die Aufgaben dabei in vier Kategorien gliedern:

- Technologische Aufgaben
- Unternehmensstrategische Aufgaben
- Unternehmenspolitische Aufgaben
- Organisatorische Aufgaben

Wir beschreiben in diesem Abschnitt die Kernaufgaben, wie sie jeder IT-Architekt in der Praxis wahrzunehmen hat. Interessanterweise werden nicht alle diese Aufgaben direkt in einer Stellenanzeige artikuliert werden können, wie sie in Abschnitt 5.4 dargestellt ist. Es kommt in diesem Abschnitt vielmehr darauf an, die »versteckten« Aufgaben zu betrachten, die ein Architekt wahrzunehmen hat und die über Erfolg und Misserfolg der IT-Architektur des Unternehmens entscheiden können.

5.3.1 Aufgabenkategorien

Technologische Aufgaben

Konzeption

Hierunter verstehen wir sämtliche Aufgaben, die die technologischen Rahmenbedingungen für die IT-Architektur definieren sowie ihre praktische Umsetzung garantieren. Einerseits gehören hierzu konzeptuelle Tätigkeiten, wie beispielsweise die Definition und Modellierung von Datenmodellen oder Integrationsszenarien, der Entwurf von Prototypen und Experimentalumgebungen oder auch die Festlegung von Produktauswahlkriterien für die Anschaffung neuer Softwarekomponenten oder Applikationen sowie die Dokumentation und Präsentation von Architekturszenarien.

Innovation

Andererseits gehören zu den technischen Aufgaben auch solche, die eher von planerischen und technologiestrategischen Aspekten geprägt sind. So gehört es in der Praxis vielfach zu den Aufgaben des Architekten, immer ein Auge auf technische Neuerungen und Trends zu haben und sorgsam dabei abzuwägen, welche der Trends nur eine Modeerscheinung sind und welche das Unternehmen wirklich weiterbringen können. Außerdem gehört zu den Aufgaben die Identifikation oder auch Definition bestimmter Standards im Architekturumfeld, sofern dies möglich und sinnvoll ist.

Unternehmensstrategische Aufgaben

Planung und Strategie

Nicht zuletzt deshalb, weil der Architekt seine integrative Aufgabe im Unternehmensökosystem IT-Architektur wahrnehmen muss, gehören die unternehmensstrategischen Aufgaben zu seinen täglichen Arbeitsinhalten. Eine sinnvolle Formulierung der Architekturvision kann nur mit Hilfe fundierter Kenntnisse über die eigentliche Geschäftstätigkeit und Prozesse eines Unternehmens gefunden werden. Bei seinen Entscheidungen muss der Architekt immer wieder den Blick auf die inhaltliche Zukunft des Unternehmens richten. Dazu gehört insbesondere das Verständnis der Unternehmensstrategie, die Kenntnis der Planungszyklen und der Entscheidungsprozesse. Eine der wichtigsten Aufgaben des IT-Architekten besteht darin, all diese Erkenntnisse in die Architekturvision einfließen zu lassen und somit die IT-Architektur an der Unternehmensstrategie auszurichten. Die Voraussetzung hierfür ist natürlich, dass der Architekt auch auf der strategischen Ebene in die vorhandenen Entscheidungsprozesse einbezogen wird. Hier stimmen wir einem unbekannten Autor zu, der sinngemäß schrieb:

> »Ein fähiger Architekt kann eine *gute* Architektur kreieren, ein guter Stratege aber wird die *richtige* Architektur für das Unternehmen erschaffen.«

Unternehmenspolitische Aufgaben

Ein guter Architekt muss die Politik perfekt beherrschen.

Mittelbar oder unmittelbar haben viele Anspruchsgruppen im Unternehmen ein unterschiedlich großes Interesse an bestimmten Architekturentscheidungen und damit auch an den Tätigkeiten, die der IT-Architekt wahrnimmt. Damit der Architekt überhaupt eine Chance hat, seine Ziele und Vorstellungen im Sinne des Gesamtunternehmens zu vertreten, und nicht den Interessen einer einzelnen Anspruchsgruppe zum Opfer fällt, gehört auch eine Reihe von Aufgaben in seinen Bereich, die man auf den ersten Blick nicht unbedingt einem IT-Architekten zuschreiben würde.

Tatsache ist, dass – insbesondere wenn eine Architekturentscheidung weit reichenden Einfluss hat – sowohl das Management als auch bestimmte Schlüsselpersonen im Unternehmen für die Idee gewonnen werden müssen. Dazu gehört eben nicht nur, dass der Architekt mit objektiv richtigen Argumenten für seine Architekturvision wirbt, sondern dass er sowohl geschäftsrelevante Aspekte als auch die persönlichen Ziele der entscheidenden Personen kennen lernen und richtig bewerten muss. Es gehört also ebenfalls zu der Aufgabe eines IT-Architekten, die richtigen Leute auf seine Seite zu ziehen und sich ein unterstützendes Fundament für seine Vorschläge und Entscheidungen zu schaffen. Zu den Schlüsselpersonen kann übrigens auch der vermeintlich unwichtige Entwickler gehören, der vielleicht eine Architekturentscheidung »abnickt«, in Wahrheit aber seine eigene Lösung für das Problem findet und unbemerkt die Bestrebungen des Architekten untergräbt. Ein ähnliches Szenario haben wir Ihnen ja bereits in Abschnitt 4.2.1 vorgestellt.

Kontaktnetzwerk

All dies bedeutet konkret, dass nur derjenige Architekt erfolgreich auf seinem Gebiet sein kann, der gut zuhört, die politischen Strömungen richtig einzuschätzen weiß, sein Kontaktnetzwerk innerhalb und außerhalb eines Unternehmens einzusetzen weiß und insbesondere in der Lage ist, seine Architekturvision pointiert und effektiv zu »verkaufen«.

Politik als Kernkompetenz

Wir sind bei den Recherchen zu diesem Thema übrigens öfter mit der Meinung konfrontiert worden, dass es für den Architekten besser wäre, sich aus der Politik herauszuhalten und sich auf seine »Kernkompetenzen« zu konzentrieren. Wir können diese Meinung nur bedingt teilen, denn leider gehört heutzutage zur Durchsetzung von Interessen und dem vermeintlich richtigen Weg weit mehr als nur fachliche Exzellenz. Der Besinnung auf die Kernkompetenzen stimmen wir voll zu, allerdings ist das (De-)Politisieren heute mehr denn je eine Kernkompetenz aller Personen, die Veränderungen in Organisationen, Verantwortungsgefügen und Prozessen herbeiführen wollen – und nichts anderes macht der IT-Architekt.

Organisatorische Aufgaben

Führungsqualitäten

Die vorangegangenen Aufgabenkategorien haben deutlich gemacht, wie wichtig die Rolle des IT-Architekten ist. Es bleibt dabei nicht aus, dass auf den IT-Architekten insbesondere als Leiter eines Architekturteams auch organisatorische Aufgaben zukommen. Hierzu gehören unter anderem die richtige Auswahl der Mitarbeiter für das Architekturteam, die Teambildung und die Ausrichtung des Teams auf die gemeinsame Architekturvision. Auch wenn diese Aufgaben im Wesentlichen in jeder Leitungsfunktion auftauchen, haben wir diese Aufgabenkategorie in diesem Kontext separat aufgeführt. Dies hat insbesondere mit den Eigenschaften der Spezies »Architekt« zu tun, da hier sehr häufig Personen auf Grund ihrer überragenden fachlichen Kompetenz in Rollen gedrängt werden, in denen emotionale Intelligenz und Führungsqualitäten immer wichtiger werden. Wir haben in der Vergangenheit nicht wenige technologisch exzellente Architekten an genau diesen Aufgaben scheitern sehen. In Abschnitt 5.4 gehen wir detaillierter darauf ein, was sich hinter diesen Fähigkeiten verbirgt und warum sie von so großer Bedeutung sind.

5.3.2 Ein Tag im Leben des IT-Architekten

In Abschnitt 5.3.1 haben wir die Aufgaben des Architekten in vier Kategorien eingeteilt. Im vorliegenden Abschnitt wollen wir diese Aufgaben unter etwas anderen Gesichtspunkten betrachten und dabei mehr auf das tägliche operative Geschäft des IT-Architekten eingehen. Normalerweise zielen die Tätigkeiten eines IT-Architekten immer auf zwei potenzielle Szenarien ab: Entweder beziehen sie sich auf ein geplantes oder aktuell laufendes IT-Projekt oder sie sind den Aufgaben zuzuordnen, die durch den Architekturlebenszyklus vorgegeben werden. Hierunter sind die Arbeiten zum Aufbau, zur Erhaltung und zur Erweiterung der IT-Architektur zu verstehen, die proaktiv durch den IT-Architekt eingeleitet werden.

Definition der Soll-Architektur

Jedes Unternehmen verfügt über eine Vision, ein Leitbild, das ein langfristig zu erreichendes Ideal vorgibt. An der Unternehmensvision orientiert sich die Unternehmensstrategie, also alle Maßnahmen, die auf die Erfüllung bzw. Erreichung der Vision Einfluss nehmen sollen. Ohne eine Vision kann keine Strategie definiert werden, und ohne eine Strategie weiß niemand, welche Ziele das Unternehmen verfolgt und warum welche Maßnahmen richtig oder falsch sein sollen.

Definition der Architekturvision

Dasselbe gilt auch für die IT-Architektur. Es ist die Aufgabe des IT-Architekten, eine Architekturvision zu definieren und eine Architekturstrategie zu entwickeln, um diese Vision zu erreichen. Diese Architekturvision kann man auch als die Soll-Architektur bezeichnen. Die davon abgeleitete Architekturstrategie gibt den Rahmen vor, an dem sich Maßnahmen, Regeln und Standards zu orientieren haben. So wird sichergestellt, dass alle Veränderungen der Ist-Architektur genau so ablaufen, dass sie auf die Soll-Architektur ausgerichtet sind und damit den Abstand zur Soll-Architektur stetig verkleinern.

Allerdings handelt es sich hierbei nicht um eine einmalige Aufgabe. Im Gegensatz zu einer Unternehmensvision ist eine Architekturvision wesentlich stärkeren äußeren Einflüssen ausgesetzt. Hier verwandeln der Markt, die Unternehmensstrategie und kurze Technologiezyklen die Soll-Architektur in ein »Moving Target«. Es ist deshalb für den IT-Architekten essenziell, seine Architekturvision immer vor dem aktuellen Kontext zu hinterfragen und gegebenenfalls anzupassen.

Abgleich der Ist-Architektur mit der Soll-Architektur

Ähnlich wie die Soll-Architektur erfährt eine IT-Architektur ständig Veränderungen. Sei es durch äußere Einflüsse der Umwelt einer Architektur, sei es durch eine einfache Architekturentscheidung. Der Architekt muss permanent die Veränderung der Ist-Architektur mit der Soll-Architektur in Einklang bringen.

Er sollte immer im Hinterkopf behalten, dass die Definition der Architekturstrategie, also das Festlegen von Regeln und Standards, kein Selbstzweck ist, sondern nur dazu dient, der Soll-Architektur *kontrolliert* näher zu kommen. Realistischerweise wird allerdings jeder, der die Produkt- und Technologievielfalt des IT-Marktes kennt, bestätigen, dass die Einhaltung strenger Standards nur schwer zu realisieren ist. Architekturstandards können, wenn überhaupt, nur mit einer sehr kurzen Halbwertzeit existieren, und wenn sie definiert wurden, dann sollen sie gewiss nicht als Dogma verstanden werden.

Der Abgleich zwischen der Ist- und der Soll-Architektur gehört damit zu den schwierigsten Aufgaben, die ein IT-Architekt täglich zu bewältigen hat, da die Soll-Architektur bei jeder Entscheidung als Nebenbedingung zu berücksichtigen ist.

Architekturmängel aufdecken und kommunizieren

Keine Architektur ist perfekt. Bei seiner täglichen Arbeit schaut der Architekt unter viele Steine und legt dabei naturgemäß auch viele Mängel offen. Die Bewertung dieser Mängel und deren Kommunikation ist ebenfalls eine fortwährende Aufgabe des IT-Architekten. Das Aufdecken von Architekturmängeln ist außerdem eine der zentralen Aufgaben bei aktuellen IT-Projekten. Hier dient die integrierende Sichtweise des Architekten dazu, einzelne, offenbar gute und brauchbare Entwürfe auf ihr Zusammenspiel in der Gesamtarchitektur zu überprüfen.

Wie in Abbildung 5.7 dargestellt, ist aus lokaler Sicht jede der Komponenten zeitlich und aus Sicht der Entwurfsqualität als unkritisch einzustufen. Erst bei der Integration und dem Test im Kontext der Gesamtarchitektur fällt ein Mangel oder eine Schwäche auf. Es ist die (vorbeugende) Aufgabe des Architekten zu verhindern, dass es zu diesem Szenario kommt. Wenn er seine Arbeit gut macht und die beschriebenen Probleme aufdeckt, steht er direkt vor der nächsten schwierigen Aufgabe, nämlich der Kommunikation des gerade entdeckten Mangels. Zweifellos wird die Entdeckung für irgendeine Person, sei es der Projektleiter oder der Chefdesigner, unangenehme Konsequenzen haben. Hier ist viel politisches Feingefühl seitens des Architekten gefragt, weil er grundsätzlich auf die Kooperationsbereitschaft dieser Personen angewiesen ist.

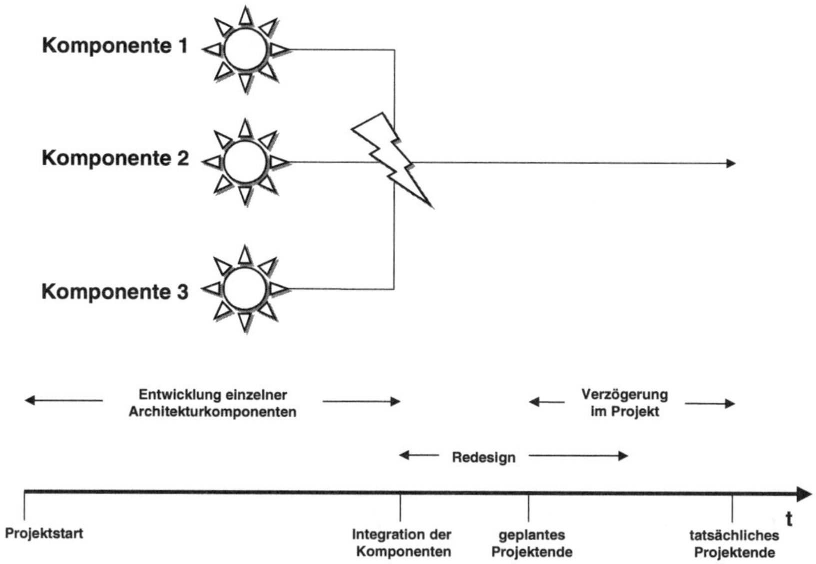

Abbildung 5.7 Die Integration deckt vorher unbekannte Probleme auf.[13]

Ständige Optimierung

Lobby für Budget und Personalressourcen

Grundsätzlich gehört auch die ständige Optimierung der IT-Architektur zur regelmäßigen Arbeit des Architekten. Prinzipiell bedeutet das, dass er ein offenes Ohr für mangelhafte funktionale Abbildungen der Architekturkomponenten hat und kostenintensive überalterte Komponenten erkennt. Hieraus ergeben sich natürlich neue Anforderungen und neue Projekte. Nicht jeder suboptimale Zustand der IT-Architektur findet allerdings auch eine Anspruchsgruppe, die ein entsprechendes Budget bereitstellt, um den Mangel zu beheben. Hinzu kommt, dass knappe Personalressourcen und ständig enge Zeitpläne der laufenden Projekte kaum Spielraum für Optimierungsvorhaben lassen. In diesen Situationen ist die Kreativität des Architekten gefragt, entweder eine plausible Wirtschaftlichkeitsbetrachtung für sein Vorhaben zu erarbeiten oder aber laufende Projekte zu nutzen, die ohnehin Berührungspunkte mit zu optimierenden Architekturkomponenten haben. Eine Lobby und ein Budget für das Vorhaben sind so wesentlich leichter zu finden. Ansonsten bleiben die Bestrebungen zur Optimierung der IT-Architektur in der freien Wirtschaft wohl nur akademischer Natur.

13 Vgl. [MULLER01], S. 5

Projektbezogene Aufgabe

Konformität mit der Architekturstrategie

Den sicherlich größten Teil seiner Zeit wird der Architekt mit dem laufenden Projektgeschäft rund um seine IT-Architektur verbringen. Neue Projektvorhaben werden mit dem Anforderungsmanagement besprochen, und die Auswirkungen auf die IT-Architektur werden aufgedeckt. Es obliegt dem IT-Architekten. Entwurfsvorschläge auf IT-Architekturebene zu erarbeiten und die einzelnen Entwurfsvorschläge der Projektmitarbeiter mit der IT-Architektur und der IT-Strategie abzugleichen. Dabei steht der Architekt dem Projekt begleitend zur Verfügung. Er überprüft DV-Konzepte und Spezifikationen und verschafft sich einen stichprobenartigen Überblick über die aktuelle Projektsituation. All dies tut er immer vor dem Hintergrund, dass die getroffenen Entscheidungen und Projektaktivitäten mit der Architekturstrategie konform sind und somit eine Ausrichtung auf die Soll-Architektur unterstützen oder ihr zumindest nicht entgegenwirken.

5.4 Fähigkeiten des Architekten

5.4.1 Suche nach dem Universalgenie?

Nach der Beschreibung der Arbeitsmethoden und Aufgaben eines IT-Architekten in den Abschnitten 5.2 und 5.3 wird klar, dass der IT-Architekt eine eierlegende Wollmilchsau sein muss, um den Anforderungen, die an ihn gestellt werden, tatsächlich gerecht werden zu können. In Abbildung 5.8 haben wir die wesentlichen Anforderungen für eine realistische Stellenanzeige aufgeführt, mit der man sich auf die Suche nach einem IT-Architekten machen könnte.

Ein Unternehmen wird seine liebe Mühe haben, einen Bewerber zu finden, der hundertprozentig auf dieses Suchprofil passt, dennoch ist eine erfolgreiche Suche nicht unmöglich.

IT-Architekt als Karriereperspektive

Das beste Beispiel hierfür ist ein Unternehmen, das wir bereits seit mehreren Jahren im Rahmen unserer Beratungstätigkeit begleiten und das nach ähnlich qualifizierten Mitarbeitern für das neu zu gründende *Architekturmanagement-Team* suchte. Neben einem Suchprofil, das ein sehr breites Aufgabenspektrum und gleichzeitig ein hohes Qualifikationsniveau voraussetzte, kam damals bei der Suche erschwerend hinzu, dass zu dieser Zeit der Arbeitsmarkt für IT-Fach- und -Führungskräfte praktisch leergefegt war. Dem Unternehmen blieb nichts anderes übrig, als den Aufbau des Architekturmanagement-Teams als eine mittel- bis langfristige Aufgabe zu betrachten und gewissermaßen ein Personalaufbauprogramm als Investition in die Zukunft zu starten, das IT-Architekten in geeignetem Maße aus- und fortbildete. Es wurde also eine Initiative gestartet, ähnlich wie es bereits seit längerer Zeit im Bereich des Managementprogramme für Highpotentials üblich ist. Heute, nach ca. vier Jahren, verfügt das Unternehmen nicht nur über einige hervorragende Architekten, sondern auch über eine wohldurchdachte und zukunftsweisende IT-Architektur.

Wir suchen eine/-n Chef IT-Architekt/-in

Aufgabengebiet

- Zyklische Definition und Dokumentation der Architekturstrategie und der daraus abgeleiteten Architekturrichtlinien auf der Basis der Unternehmensstrategie
- Ständige Überprüfung laufender und neuer IT-Projekte auf Konformität mit den Architekturrichtlinien
- Initiierung und Überwachung von Maßnahmen zur Ausrichtung der IT-Projekte auf die Architekturstrategie
- Bereitstellung technischer Beratungsleistung in heterogenen IT-Landschaften
- Gemeinsame Abstimmung von Architekturentwürfen mit der IT-Abteilung und den operativen Projektteams unter Berücksichtigung der Fachbereichsanforderungen
- Durchführung von Machbarkeits- und Kosten-/Nutzen-Analysen für neue Projektvorhaben
- Identifizierung und Evaluierung neuer Technologien
- Permanenter Aufbau und Erhaltung der Kenntnisse über die Business Pläne des Unternehmens und der eingesetzten IT-Lösungen
- Strategiefindung zur Definition einer IT-Roadmap, die eine wirtschaftliche Weiterentwicklung der IT-Architektur sicherstellt
- Definition von Tätigkeitsprofilen für den IT-Architekturbereich und Unterstützung des Bereichs Human Resources bei der Personalauswahl

Fähigkeiten und Kenntnisse

- Strategische Planung
- Nutzung von Forschungs- und Entwicklungsansätzen zur Förderung neuer Ideen und Identifikation von Innovationspotenzialen
- Projektmanagement großer IT-Projekte (> 400 PT)
- Erfahrung mit komplexen und heterogenen IT-Landschaften, die zur Unterstützung unternehmenskritischer Prozesse eingesetzt werden
- Fähigkeit zur Identifikation komplexer Zusammenhänge und übergreifendem Denken sowie hohe Problemlösungskompetenz
- Fähigkeit zur fachlichen und disziplinarischer Führung innovativer Teams unter gleichzeitigem Einsatz hoher Teamfähigkeit
- Fundierte betriebswirtschaftliche Kenntnisse
- Ausgeprägte Präsentations- und Moderationsfähigkeiten
- Sicheres Auftreten
- Die Fähigkeit über sämtliche Hierarchieebenen hinweg die Mitarbeiter von neuen Ideen zu begeistern

Abbildung 5.8 IT-Architekt/-in gesucht

Wir wollen im vorliegenden Abschnitt das Anforderungsprofil an den IT-Architekten definieren und darstellen. Hierbei gehen wir davon aus, dass der IT-Architekt nicht allein auf der Welt ist, sondern Mitglied oder auch Leiter eines Architekturmanagement-Teams sein könnte. Auf der Grundlage dieses Profils lassen sich dann unternehmensspezifische Profile weiterentwickeln und Ableitungen für entsprechende Personalentwicklungs- und Ausbildungspläne treffen.

Hohe Ansprüche an angehende IT-Architekten

Die Anforderungen an einen IT-Architekten lassen sich zunächst grob in sieben Teile gliedern. Auch wenn es so aussieht, als ob diese Eigenschaften für viele Berufsbilder wichtig seien und sich Attribute wie *Belastbarkeit*, *Ergebnisorientierung* usw. in fast jeder Stellenanzeige wiederfinden, so möchten wir deutlich machen, dass ein erfolgreicher und erfahrener IT-Architekt *alle* diese Attribute in sich vereinen muss. Die dauerhafte Qualität einer IT-Architektur hängt maßgeblich davon ab.

5.4.2 Fachliches und technisches Wissen

Spezialistentum

Der Architekt selbst muss kein ausgewiesener Spezialist sein, um seinen Aufgaben gerecht zu werden. Vielmehr muss er in der Lage sein, die Meinungen und Ansichten mehrerer Spezialisten miteinander zu vereinen, die jeweils besten Lösungsansätze zu identifizieren und in einem sinnvollen Kontext nutzbar zu machen. Trotzdem werden aber die meisten IT-Architekten auf dem einen oder anderen Gebiet Spezialisten (gewesen) sein, da es gerade die Top-Experten zu einem bestimmten Thema sind, die Karriere machen. Es ist wichtig, darauf zu achten, dass der werdende Architekt von seinem Spezialistentum loslassen kann. Früher oder später muss er sich damit abfinden, nicht mehr das kleinste Detail in seinem Fachgebiet genauestens zu kennen.

Generalistentum

Ein guter Architekt ist immer ein Generalist. Er muss sich mit vielen verschiedenen inhaltlichen Aspekten seines Arbeitsumfeldes auskennen. Hierzu gehören neben den technischen Architekturthemen auch die betriebswirtschaftlichen Seiten eines Unternehmens. Wichtig dabei ist insbesondere, dass sich der IT-Architekt sehr schnell in neue Themen einarbeiten und die gewonnenen Erkenntnisse in den Gesamtkontext seiner Aufgabe einordnen kann.

Es liegt in der Natur der Sache, dass sich der Architekt bei einer breiten Wissensbasis nicht mit Details eines jeden Aspekts auskennen kann. Dies ist auch nicht notwendig, denn hierfür sind die Entwickler und Spezialisten aus den Fachabteilungen da. Der Architekt muss sich immer auf das System als Ganzes konzentrieren.

Konzeptuelle Fähigkeiten

Das Design von Datenmodellen, Applikationen und Integrationsszenarien ist eine der zentralen Aufgaben des IT-Architekten. Der Architekt muss über Erfahrungen mit verschiedensten Designmethoden verfügen und diese zielgerichtet je nach Problemstellung einsetzen können. Darüber hinaus gehören zu ganzheitlichen Gesamtkonzeptionen auch Verfahren zur Aufwandsschätzung von IT-Projekten, wie z.B. die in Abschnitt 3.3.3 vorgestellte *Function Point*-Methode.

Operative Fähigkeiten

Der Architekt wird auf Grund seiner Berufslaufbahn vermutlich gern noch selbst Hand anlegen, wenn es darum geht, ein besonders elegantes Stücken Quellcode zu schreiben. Ehrlich gesagt, sollte er aber die Finger davon lassen. Einerseits ist es einfach nicht mehr seine Aufgabe, tatsächlich operativ bis in kleinste Details hinein aktiv zu werden, andererseits hat er möglicherweise auch bereits verlernt, wie er »State of the art«-Code erzeugt. Ein IT-Architekt, der es nicht lassen kann, sollte sich mit dem Gedanken anfreunden, dass er wohl in diesem Job nicht richtig eingesetzt ist.

5.4.3 Führungsqualitäten

Mitarbeitermotivation und Stressmanagement

Wie bei jeder Führungsaufgabe ist es auch für einen IT-Architekten wichtig, sein Team zu motivieren. Im Architekturumfeld ist dies besonders wichtig, weil hier häufig große Widerstände bei der Umsetzung neuer Ideen zu erwarten sind. Der permanente Kampf zur Durchsetzung eleganter Architekturlösungen führt sonst schnell zur Frustration und zur Demotivation des gesamten Teams.

Konfliktlösungsfähigkeit

Die Mitglieder eines Architektur-Teams finden sich oft zwischen den Fronten verschiedenster Interessengruppen wieder. Konflikte bleiben dort nicht aus, so dass hier vom IT-Architekten viel Feingefühl und

Konfliktlösungsfähigkeit gefragt ist. Übrigens gilt dies nicht nur für Konflikte zwischen dem Architektur-Team und der Außenwelt, sondern insbesondere auch für Konflikte zwischen Teammitgliedern, da ein Arbeitsumfeld, das von Kreativität und technischer Eleganz geprägt ist, den idealen Nährboden für technologische »Glaubenskriege« bietet.

5.4.4 Personalauswahl und -entwicklung

Fähigkeit zur Personalauswahl

Der Architekt muss wissen, worauf es bei einem Mitarbeiter ankommt. Neben den fachlichen Fähigkeiten, die er zu beurteilen hat, muss er abschätzen können, inwieweit ein Bewerber auch den betriebswirtschaftlichen und politischen Seiten der IT-Architektur gerecht wird. Einem erfahrenen IT-Architekten sollten hier seine hoffentlich gut ausgeprägten interpersonellen Fähigkeiten helfen, die richtigen Entscheidungen zur Personalauswahl zu treffen.

Coachingfähigkeiten

Zahlreiche Erfahrungen zur Funktionsweise bestimmter Unternehmensbereiche, die persönlichen Motivatoren der verschiedenen Anspruchsgruppen und der richtige Riecher für die Strategie tauchen nicht im Hochschul-Curriculum auf. Hier sind die erfahrenen Architekten gefragt, ihr Wissen und ihre Erfahrungen weiterzugeben und die unerfahrenen Mitglieder des Architektur-Teams zu coachen. Dabei ist es wichtig, dass sie nicht versuchen, ein Ebenbild von sich selbst heranzuzüchten, sondern vielmehr die abgesicherte Möglichkeit zu schaffen, dass sich der unerfahrene Architekt selbst durch eigene Erfahrungen entwickeln kann. Hierzu sagte der Führungsexperte Sprenger, der das Coaching richtigerweise sehr kritisch und differenziert betrachtet: »Ein Weizenkeim wächst auch nicht schneller, wenn man daran zieht.«[14]

Fähigkeit zur Bewertung von Mitarbeitern

Hiermit ist nicht der Bewertungsbogen gemeint, in dem die Leistungen des Mitarbeiters periodisch im Soll-Ist-Vergleich quantifiziert werden. Hier kommt es darauf an, dass der Architekt die Stärken und Schwächen seiner Mitarbeiter erkennt und sie zeitnah und situationsabhängig darüber informiert und dass gemeinsam die geeigneten unterstüt-

14 Vgl. [SPRENG00], S. 78

zenden Maßnahmen für die Weiterentwicklung des Mitarbeiters definiert werden.

5.4.5 Projektmanagement-Fähigkeiten

Ergebnisorientierung

Nur das Ergebnis zählt. In komplexen IT-Projekten, die erhebliche Auswirkungen auf die IT-Architektur und die Organisation des Unternehmens haben können, wird das Ziel bzw. das erwartete Ergebnis oft genug aus den Augen verloren. Die Aufgabe des Architekten ist es, die abgestimmten Ziele permanent im Auge zu behalten und ergebnisorientiert vorzugehen. Das heißt übrigens auch für den Architekten, dass er in der Lage sein muss, die Eleganz und Schönheit einer Lösung dem Pragmatismus und einer zeitgerechten Ergebnisfindung unterzuordnen.

Nicht der Weg, sondern das Ziel ist das Ziel.

Entscheidungsfähigkeit

Architekturentscheidungen sind oft weit reichend und können meist nur mit großem Aufwand revidiert werden. Der IT-Architekt muss daher in der Lage sein abzuwägen, Entscheidungen zu treffen und zu ihnen zu stehen. Es ist eine seiner wichtigsten Aufgaben, die IT-Architektur von der Glaskugelleserei zu befreien und die Anspruchsgruppen, mit denen er es zu tun hat, für seine Entscheidungen zu gewinnen.

Zeitmanagement

Permanentes Telefonklingeln, eingehende E-Mails und endlose Meetings sind der sichere Tod für jede Bestrebung nach Produktivität. Für eine Person, die sich an einer zentralen Stelle befindet, ist das Zeitmanagement besonders schwierig in den Griff zu bekommen. Sie muss Ihre Arbeit häufiger unterbrechen, um nicht der Bottleneck eines gesamten Projektvorhabens zu sein.

5.4.6 Persönliche Eigenschaften

Belastbarkeit

Als zentraler Ansprechpartner für komplexe Fragen zur IT-Architektur, als freigebende Instanz für bestimmte Designvorschläge und als Integrator für zahlreiche Spezialisten ist der Architekt viel gefragt und ständig unter Druck. Nicht nur, dass sein Arbeitstag von zahlreichen Überstunden geprägt ist, er muss praktisch während der gesamten Arbeitszeit in Hochform sein.

Fähigkeit zur Selbstmotivation

Für den Architekten ist es immens wichtig, sich selbst motivieren zu können. Wie soll er sein Team motivieren, wenn er selbst nicht motiviert ist, und wie soll er eine IT-Architektur vorantreiben, wenn er nicht einem inneren Antrieb dazu folgt? Ebenso, wie dies die inhärente Eigenschaft eines jeden Managers sein muss, so muss die Fähigkeit zur Selbstmotivation auch eine Eigenschaft des IT-Architekten sein.

Problemlösungskompetenz

Auch diese Eigenschaft ist für den Architekten wichtig wie kaum eine zweite. Er hat die meisten Entscheidungen unter der Berücksichtigung der Rahmenbedingungen im Unternehmensökosystem IT-Architektur zu treffen, er muss permanent über den Tellerrand hinausschauen, kreativ und innovativ sein. Tatsächlich kann die Problemlösungskompetenz eines Menschen durch unterschiedliche Techniken (Brainstorming, Brainwriting, Analogie-Techniken usw.) erhöht werden, so dass die Vermittlung dieser Techniken in jeden Personalentwicklungsplan des IT-Architekten gehört.

Abstraktionsvermögen

Insbesondere komplexe wirtschaftliche und technologische Umfelder können nur durch die Abstraktion von den Details beherrscht werden. Der Forderung an den Architekten, einen ständigen Perspektivenwechsel zu realisieren, kann er nur durch ein hohes Abstraktionsvermögen gerecht werden – Detailverliebtheit ist in diesem Komplexitätsgrad der sichere Tod.

Strategische Denkweise

Zur Aufgabe des IT-Architekten gehört es, eine Architekturvision zu definieren und zu verwirklichen. Das bedeutet, er muss in gewisser Weise vorhersehen, wie sich das Unternehmen in den kommenden Jahren entwickelt und was eine geeignete Zielarchitektur hierfür ist. Er muss in die Zukunft denken und ein Visionär sein, ohne als Spinner abgetan zu werden. Hierzu gehört nicht nur viel Mut, sondern auch die Fähigkeit, strategisch zu denken. Das bedeutet, dass sich der Architekt kreativ und pionierhaft mit der Zukunft auseinander setzt, dass er permanent Alternativen für sein zukünftiges Handeln überdenkt, Potenziale und Chancen identifiziert und diese für das Unternehmen nutzt. Bei dieser Aufgabe steht einerseits das vernetzte Denken im Vordergrund, da es im Unternehmensökosystem besonders auf die Abhängigkeiten und Wechselwirkungen zwischen organisatorischen und technischen Aspekten der IT-Architektur ankommt. Andererseits muss der Architekt mental ständig in Bewegung sein und seine Ansichten und Ziele permanent neuen Erkenntnissen anpassen können, denn bei einer IT-Architektur handelt es sich sozusagen um die Jagd auf ein bewegliches Ziel.

5.4.7 Interpersonelle Fähigkeiten

Kommunikationsfähigkeit

Neben der Fähigkeit, sein Wissen und seine Erkenntnisse angemessen in Dokumenten und Konzepten festzuhalten, gehören solide Präsentations- und Moderationstechniken zum Handwerkszeug eines jeden IT-Architekten. Je besser diese Fähigkeiten ausgeprägt sind, desto höher kann man seine Kommunikationsfähigkeit einstufen und desto besser wird er seine Ideen vermitteln können.

Überzeugungskraft

Ausgeprägte Überzeugungskraft hängt teilweise mit der Kommunikationsfähigkeit zusammen, jedoch gehört neben einer netten Verpackung einer neuen Idee auch immer ihre inhaltliche Richtigkeit und Nachvollziehbarkeit dazu. Darüber hinaus, und das ist sicherlich die größte Herausforderung, muss der Architekt die eigene Begeisterung für eine Lösung auf andere übertragen können. Er muss andere mitreißen und ein Stück ihres Herzbluts für sich gewinnen können. Diese Fähigkeit ist schwer erlernbar, und ein Unternehmen kann sich glücklich schätzen, wenn es einen Mitarbeiter gefunden hat, dem sie bereits in die Wiege gelegt wurde.

5.4.8 Fähigkeiten zum kommerziellen Denken

Dienstleistungsgedanke und Zweckgebundenheit

Bei allen Visionen und technisch perfekten Lösungen darf der Architekt eines nie vergessen: Er ist Dienstleister in seinem eigenen Unternehmen. Seine Aufgabe besteht darin, für alle Seiten ausgewogene

Lösungen zu präsentieren, die mit der Architekturvision konform gehen. Das bedeutet, dass eine Lösung niemals nur wegen ihrer Eleganz ausgewählt werden darf oder weil sie dem Architekten persönlich gefällt, sondern immer einen konkreten Sinn und Zweck erfüllen muss. Der IT-Architekt ist keine Forschungsabteilung, sondern er wird an konkret umsetzbaren Zielen gemessen.

Kostenbewusstsein

IT-Architekturentscheidungen sind nicht nur oftmals weit reichend, sondern haben gleichermaßen auch große finanzielle Auswirkungen. Ein ausgeprägtes Kostenbewusstsein, zu dem natürlich auch die finanzielle Transparenz seitens der Unternehmensführung gehört, ist essenziell.

5.4.9 Gewichtung der Anforderungen

Abschließend zu diesem Abschnitt haben wir in Abbildung 5.9 und Abbildung 5.10 die Anforderungsprofile für einen Junior- und einen Senior-IT-Architekten in einer Netzgrafik dargestellt.

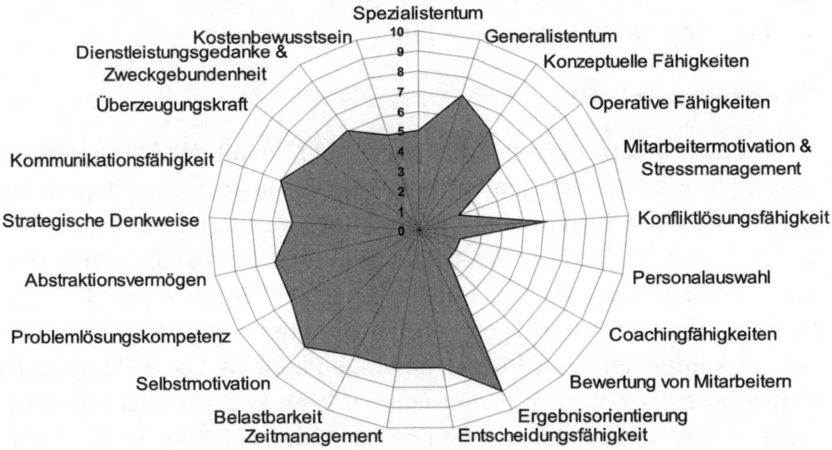

Abbildung 5.9 Das Anforderungsprofil an den Junior-IT-Architekten

Dabei ist zu erkennen, wie die Gewichtung für die einzelnen Anforderungen ausfällt. Den Anforderungen und Gewichtungen liegt übrigens ein realer Anwendungsfall zugrunde, bei dem die Entwicklung eines Junior-IT-Architekten zu einem Senior-IT-Architekten durch geeignete Personalentwicklungsmaßnahmen forciert wurde. Je nach definiertem Aufgabenschwerpunkt des Architekten und unternehmensspezifischen

Gegebenheiten, muss diese Gewichtung natürlich angepasst und gegebenenfalls auch um neue Anforderungen erweitert werden.

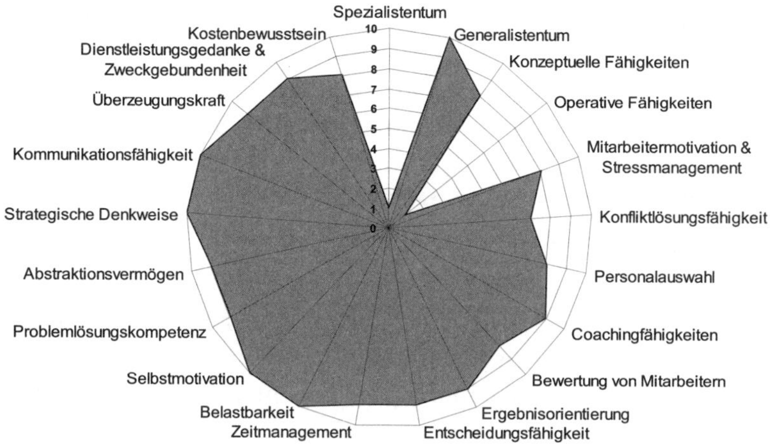

Abbildung 5.10 Das Anforderungsprofil an den Senior-IT-Architekten

In Abbildung 5.11 haben wir die beiden Anforderungsprofile gegenübergestellt. Die ausgefüllte Fläche entspricht dem Profil des Junior-IT-Architekten, die transparente umrandete Fläche dem Profil des Senior-IT-Architekten. Es ist deutlich zu erkennen, dass die operativen Fähigkeiten deutlich an Gewicht verlieren und dass dafür der gesamte Bereich der Soft-Skills stärker ausgebaut werden muss.

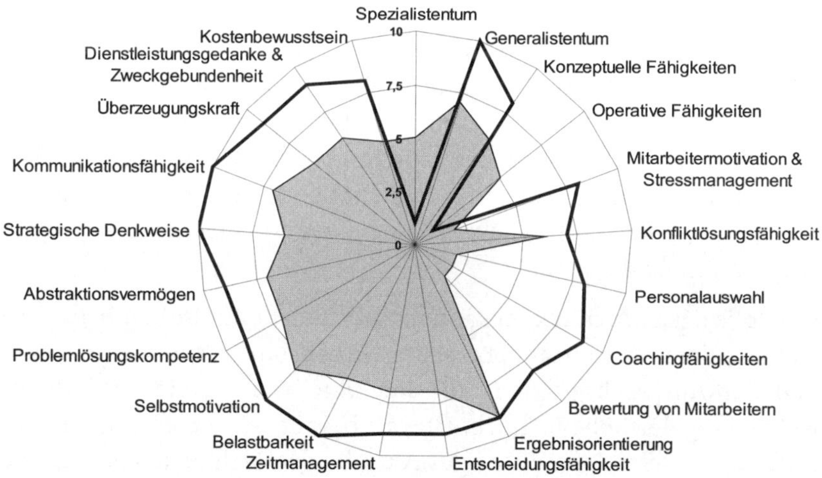

Abbildung 5.11 Gegenüberstellung der Anforderungsprofile

Ein Unternehmen, das ein Architekturmanagement-Team etablieren möchte, muss sich darüber im Klaren sein, dass Mitarbeiter mit dem perfekten Profil nur schwer am Markt zu finden sind. Hier kann nur eine konsequente Personalentwicklungsstrategie zum gewünschten Ziel führen. Darüber hinaus wird man bei der Bildung eines Architekturmanagement-Teams darauf achten, dass die Anforderungen an das Profil zumindest auf Teamebene vorhanden sind. So können sich die Mitarbeiter mit komplementären Fähigkeiten ergänzen, und das Team kann erfolgreiche Arbeit leisten. Leider gilt dies nicht für den Chef-IT-Architekten, dessen Profil nahezu komplett sein sollte.

Mit den genannten Punkten ist die Arbeit jedoch längst nicht getan. Wie bei allen anderen Schlüsselpositionen im Unternehmen müssen auch die mit hohem finanziellen und zeitlichen Aufwand ausgebildeten Architekten durch Personalbindungsmaßnahmen im Unternehmen gehalten werden.

Hierbei haben wir die Erfahrung gemacht, dass als Personalbindungsmaßnahmen für einen Top-Architekten die Übergabe von möglichst viel Verantwortung und das Vertrauen der Vorgesetzten mehr zählen als rein monetäre Anreize. IT-Architekten sind in gewisser Weise auch Ideologen und motivieren sich damit häufig mehr über ihre Profession als über Geld.

5.5 Ein kritischer Blick auf die Rolle des IT-Architekten

Bisher mag der IT-Architekt mit seiner überragenden Kompetenz und seinem umfassenden und anspruchsvollen Aufgabengebiet als eine Art Superheld dargestellt worden sein. Das Bild eines idealen IT-Architekten soll daher im vorliegenden Abschnitt relativiert werden, in dem wir auf die typischen Gefahren und Probleme eingehen, die bei der Etablierung eines IT-Architekten oder eines Architekturmanagement-Teams auftreten können.

Die Akzeptanz des Architekten entscheidet über seinen Erfolg.

Die Rolle des IT-Architekten kann natürlich nicht nur isoliert betrachtet werden, denn erst im Kontext seines Arbeitsumfelds, seiner Kollegen und der Anspruchsgruppen, die ihn umgeben, ist eine realistische Beurteilung der Rolle möglich. Dies ist besonders interessant, weil die Integration vieler Spezialisten zur Aufgabe des Architekten gehört und er daher per definitionem mit sehr vielen Stellen im Unternehmen Berührungspunkte hat. Weitere Berührungspunkte mit vielen verschiedenen Ansprechpartnern kommen durch das breite Aufgabenspektrum aus betriebswirtschaftlichen und technologischen Aspekten hinzu. Der IT-Architekt hat somit vielfältige Möglichkeiten, zwischen die Mühlsteine einzelner Parteien zu geraten oder sich durch eine unpopuläre Entscheidung gegenüber einer Partei die Tür für ein zukünftiges Vorhaben zuzuschlagen. Es ist daher wichtig, bei der Etablierung eines Architekten für den Aufbau und die Erhaltung der nötigen Akzeptanz zu sorgen, damit er überhaupt die Chance hat, auch Konfliktsituationen zu meistern. In erster Linie steht und fällt mit dieser Akzeptanz sein Erfolg, ganz egal, wie perfekt er ein definiertes Anforderungsprofil erfüllt.

Beteiligte zu Betroffenen machen

Es ist alles andere als leicht, diese nötige Akzeptanz zu schaffen und zu bewahren, wenn man sich vorstellt, dass der Architekt auf Grund seiner Aufgaben häufig als eine Person angesehen wird, die sich überall einmischt, unangenehme Fragen stellt, prinzipiell auf der Jagd nach potenziellen Schwächen in den IT-Vorhaben des Unternehmens ist und sich selbst nie die Hände an einem Stückchen C++-Code schmutzig macht. In vielen Fällen hilft es, die Beteiligten zu Betroffenen zu machen, was in gewisser Weise eine Ausprägung der Integrationsfunktion des Architekten darstellt. Dennoch hängt es maßgeblich von der Unternehmenskultur ab, inwiefern die Kooperationsbereitschaft der einzelnen Beteiligten (Betroffenen) aktiviert wird. Erfahrungsgemäß gibt es einige Kardinalfehler, die ein IT-Architekt begehen kann und durch die er seine Akzeptanz mit Sicherheit zerstört. Wir wollen diese Fehler im Folgenden kurz diskutieren und einen Denkanstoß geben, wie diese Fehler vermieden werden können.

5.5.1 Der Elfenbeinturm

Transparenz und Offenheit

Eine große Gefahr besteht darin, dass der IT-Architekt oder sein Team als Elitetruppe angesehen werden, die im stillen Kämmerlein oder in ihrem Elfenbeinturm isoliert Entscheidungen trifft und deren Umsetzung erzwingen will. Den betroffenen Stellen, wie beispielsweise den Entwicklern, sind häufig der Sinn und Zweck bestimmter Entscheidungen nicht klar, weil ihnen eine Gesamtsicht auf das Projekt verwehrt bleibt und eventuell nicht genug Informationen vom Architekturteam weitergegeben werden. Ist dies der Fall, wird der IT-Architekt mehr oder weniger boykottiert. Ähnlich wie bei dem Mitarbeiter des Datenmodellteams aus Abschnitt 4.2.1, der übrigens *nicht* die Rolle eines Architekten bekleidete, finden die Entwickler oder Mitarbeiter der Fachbereiche garantiert einen Weg, der an der Entscheidung des Architekten vorbeiführt.

Ein IT-Architekt sollte also immer darauf achten, eine möglichst offene Informationspolitik zu betreiben und permanent auf eine intensive Zusammenarbeit von Architekten und »Nicht-Architekten« zu drängen.

5.5.2 Übertriebenes Verlangen nach technischer Perfektion und Eleganz

Bitte nicht in Schönheit sterben!

Auf Grund des Anforderungsprofils an einen IT-Architekten handelt es sich hier meist um sehr kreative, motivierte, aber auch von ihren Lösungen überzeugte und damit leider auch sehr kompromisslose Menschen.

Eine Lösung, die zwar überaus elegant ist, jedoch den Zeit- oder Budgetrahmen sprengt, bringt das Unternehmen nicht weiter. Außerdem ist kaum jemals einer der Entscheidungsträger direkt an einer eleganten oder technisch perfekten Lösung für ein Problem interessiert: Hauptsache, das Problem wird überhaupt gelöst. Auch wenn es dem Architekten noch so weh tut, er muss manche seiner Aufgaben eben nur mit einem Qualitätsniveau von 80% erledigen. Jedoch müssen die 80% Qualitätsniveau des IT-Architekten 110% des Qualitätsniveaus der übrigen Mitarbeiter ausmachen, die sich mit der IT-Architektur auseinander setzen.

Diese Einsicht hatten bisher nur wenige der IT-Architekten, die wir im Laufe der letzten Jahre kennen gelernt haben. Dennoch ist es aus unserer Sicht essenziell, dass Eleganz nicht über Pragmatismus gestellt wird. Nicht zuletzt wird auch die Rolle des Architekten nur zum Selbstzweck, wenn seine Entscheidungen zu Verzögerungen und Budgetüberschreitungen führen.

5.5.3 Es kann nur einen geben!

Neu gegründete Architektur-Teams haben mit dem Phänomen zu kämpfen, dass die Anzahl der Chef-IT-Architekten im Team entweder gleich null oder gleich der Anzahl der Teammitglieder ist.

Viele Architektur-Teams entstehen interessanterweise dadurch, dass die geeigneten Kandidaten zusammengesteckt werden, ohne dass ein Chef-IT-Architekt festgelegt wird. Stattdessen wird dem Team als erste

Amtshandlung aufgetragen, seinen Chef selbst zu bestimmen. Normalerweise entsteht hieraus eines der beiden folgenden Szenarien:

- Das Team wählt den Mitarbeiter aus, der sich am schlechtesten durchsetzen kann. Damit ist es faktisch ohne Führung, da bei späteren Entscheidungen derjenige am Ruder sitzt, der sich in der jeweiligen Situation durchgesetzt hat. Die Folge ist – neben end- und fruchtlosen Diskussionen – ein Zickzackkurs bei Architekturentscheidungen ohne klare Strategie.
- Das Team wählt den Mitarbeiter aus, der über die beste technische Expertise verfügt. Auch hieraus kann sich letztendlich eine Führungsschwäche ergeben, da hier häufig ein Top-Spezialist für ein bestimmtes Gebiet ausgewählt wird. Wie wir in Abschnitt 5.4 gezeigt haben, entspricht dies jedoch kaum dem Anforderungsprofil an einen Chef-IT-Architekten.

Vernünftigerweise wird zur Bestimmung des Chef-IT-Architekten ein geeignetes Personalauswahlverfahren durchgeführt.[15] Derjenige ist dann hoffentlich der Richtige und hat das Sagen. Er trifft abschließend die Architekturentscheidungen, auch wenn einmal nicht alle seiner Architektenkollegen der gleichen Meinung sind.

Hier hat übrigens Hewlett Packard eine interessante Führungsmethode mit dem »Crying Towel« erfunden. Es hängt an der Bürotür des Chef-IT-Architekten und jeder Mitarbeiter, der mit einer getroffenen Architekturentscheidung nicht zufrieden ist, kann es zum Ausweinen benutzen, bevor er sich an seine Arbeit macht und die Entscheidung mitträgt.[16]

5.6 Zusammenfassung

Wir haben in diesem Kapitel viele Facetten des IT-Architekten betrachtet. Dabei ist deutlich geworden, wie umfangreich und anspruchsvoll das Aufgabengebiet ist, in dem sich der Architekt bewegt. Gleichzeitig ist aber auch klar geworden, dass jedes Unternehmen und natürlich auch jede Person, die die Rolle eines IT-Architekten bekleidet, eine eigene Vorstellung und Definition dessen hat, was tatsächlich in dieser Rolle zu leisten ist.

Trotzdem haben wir einige Punkte herausgearbeitet, die sicherlich für viele IT-Architekten und Unternehmen, die IT-Architekten aufbauen wollen, wertvoll sind. Insbesondere die Arbeitsmethoden und die

15 Dies sollte idealerweise für das gesamte Architekturmanagement-Team gelten.
16 Vgl. [MCCO97]

Anforderungsprofile für den Junior- und den Senior-IT-Architekten sind leicht auf die tägliche Praxis zu übertragen und wurden bereits an vielen Stellen erfolgreich umgesetzt.

6 Management von IT-Architekturen

6 Management von IT-Architekturen

Die einen, so scheint mir, haben viele Werkzeuge und wenig Ideen; die anderen haben viele Ideen und gar keine Werkzeuge. Das Interesse der Wahrheit würde verlangen, dass die Denkenden sich endlich dazu herbeilassen, sich mit den Schaffenden zu verbünden.
Denis Diderot (1713–84), französischer Philosoph und Schriftsteller der Aufklärung

6.1 Das Puzzle fügt sich zusammen

6.1.1 Kennen wir jetzt IT-Architekturen?

Blicken wir einfach einmal auf das bisher Gesagte zurück. Jedes der Kapitel rankt sich um den Begriff der IT-Architektur: Entweder wurden einzelne Aspekte und Dimensionen beschrieben, oder der Fokus lag auf Methoden und Werkzeugen zum Verstehen und Beherrschen einer IT-Architektur. Überraschend für den einen oder anderen Leser werden dabei der Einfluss und das Ausmaß von IT-Architekturen in Unternehmen gewesen sein. Denn neben den technischen Komponenten wie Applikationen, Schnittstellen und Daten sind auch Teile der Organisation, die Geschäftsprozesse und die Unternehmensstrategie unmittelbar mit der IT-Architektur in Verbindung zu bringen. Die einfache Trennung in der IT-Architektur der Unternehmen zwischen dem Werkzeug (in der Form von technischer Infrastruktur) und der Strategie des Unternehmens im Markt, wie sie noch auf der Ebene der Software-Architektur funktionierte, ist nicht mehr möglich.

Wenn dies aber die bisher gewonnene Erkenntnis ist, dann sind noch zwei essenzielle Fragen zu beantworten, um ein abgerundetes Bild und tief gehendes Verständnis zu erlangen:

- Wie ist die IT-Architektur in das Unternehmen eingebettet?
- Wie können typische Problemstellungen im Kontext der Unternehmensprozesse gelöst werden?

Vernetzung der IT-Architektur im Unternehmen

Die erste Frage zielt auf den unternehmensweiten Einfluss der IT-Architektur und die daraus resultierenden Konsequenzen ab. Wenn wir eben die These formuliert haben, dass ein enger Zusammenhang zwischen der Unternehmensstrategie und der IT-Architektur existiert, dann ist konsequenterweise die Frage zu behandeln, welche direkten und indirekten Einflüsse des Marktes zu erwarten sind und wie mit diesen umzugehen ist.

Einflussfaktoren auf die IT-Architektur

Entscheidende Bedeutung haben hierbei die Dynamik und die rasante technologische Weiterentwicklung des IT-Marktes. Dadurch bilden sich nämlich zwei Einflussfaktoren, die den Wandel der IT-Architektur nachhaltig beschleunigen.

Neue Produkte

Auf der einen Seite bedeutet eine technologische Weiterentwicklung, dass ein Unternehmen neue Produkte auf dem Markt positionieren kann. Ein typisches Beispiel für diesen Fall ist die Erweiterung des Portfolios vieler Telekommunikationsunternehmen um Kabelfernsehanschlüsse. Diese Anpassung des Geschäftsmodells ist durchaus konsequent, da mittlerweile die technologische Entwicklung so weit fortgeschritten ist, dass auch Internet- und Telefoniedienste über den Kabelanschluss angeboten werden können. Die Änderung der IT-Architektur ist damit eine Folge der Anpassung des Geschäftsmodells des Unternehmens an die neuen Gegebenheiten im Markt.

Neue Technologietrends

Wie stark sich andererseits die Technologieentwicklung zusätzlich direkt auf die IT-Architektur auswirkt, kann man an dem Beispiel der Technologie des Internets sehen. Das vor einigen Jahren noch als Spielwiese von Universitäten und Computerfanatikern verschriene Medium ist heute aus den Unternehmen nicht mehr wegzudenken. Dienste wie Portale zur Kundenselbstadministration, elektronische Bestellmöglichkeiten etc. werden von den Kunden als selbstverständlich hingenommen, mitunter sogar gefordert.

Dieses Argument zeigt eines deutlich auf: Für die IT-Architektur eines Unternehmens wird ein Verständnis benötigt, das weit über Begriffe wie *Infrastruktur* oder *Werkzeugsammlung* hinausgeht. Genau in diesem Punkt liegt der Unterschied zwischen einer IT-Architektur und technischen Hilfsmitteln wie beispielsweise eine Produktionsstraße im Autobau. Während im zweiten Fall der Markt nur indirekt Einfluss auf die verwendeten Werkzeuge nimmt – Herstellungskosten und -zeiten müssen sicherstellen, dass der Preis des resultierenden Produkts am

Markt konkurrenzfähig ist –, werden bei der IT-Architektur eine gewisse Transparenz und ein bestimmter Grad an Modernität gefordert. Argumente für diese Position sind, dass Applikationen sich in der Zwischenzeit über die Eigenschaft des »Herstellens von Ergebnissen« zu geschäftsprozessunterstützenden Systemen entwickelt haben. Damit leistet die IT-Architektur einen erheblichen Beitrag zur kompletten Wertschöpfungskette.

Wie schwer im heutigen Alltag der Anspruch nach einer modernen IT-Architektur zu begreifen und schlussendlich umzusetzen ist, werden Sie sicherlich am besten beurteilen können. Vergleichen Sie nur einmal die Zeit, die Sie für operative und administrative Tätigkeiten aufwenden müssen, mit dem Raum, der Ihnen für neue, innovativ getriebene Projekte bleibt. In der Regel ist man froh, wenn man schnell genug auf neue Anforderungen reagieren kann. Der Freiraum und die Möglichkeiten für eine Vorbereitung der IT-Architektur auf zukünftige Belange ist selten vorhanden. Entweder fehlt das Bewusstsein auf der Managementebene oder aber die notwendigen finanziellen Mittel.

Patentrezepte für typische Probleme

Die zweite Frage nach Lösungsszenarien für typische Problemstellungen in IT-Architekturen schließt sich nahtlos an. Allerdings – und hierauf möchten wir an dieser Stelle ausdrücklich hinweisen – kann die Relevanz dieser Antwort erst zu einem späteren Zeitpunkt steigen. Ein Katalog voller Lösungen ohne eingehendes Wissen über die IT-Architektur wird kaum helfen, diese zu beherrschen.[1]

Viele Unternehmen sind noch in den frühen Reifephasen der IT-Architektur.

Abbildung 6.1 zeigt die verschiedenen Reifephasen beim Verstehen von IT-Architekturen, in denen sich ein Unternehmen befinden kann. Die Kategorisierung erfolgt gemäß des Entwicklungsstands, d.h. vom Nichtverstehen bis hin zur kompletten wissenschaftlichen Durchdringung. Auf diese Weise bietet sich jedem Unternehmen die Möglichkeit einer Standortbestimmung. Wenn wir den augenblicklichen Zustand beurteilen, müssen wir leider feststellen, dass viele Unternehmen eher in den frühen Reifephasen einzuordnen sind. Damit möchten wir keineswegs einzelne Personen oder Abteilungen angreifen (im Gegenteil: Es gibt eine Reihe von Bereichen, in denen hochprofessionell und nach

1 Eine Parallele hierzu findet man in der objektorientierten Programmierung. Den mittlerweile sehr umfangreich gewordenen Katalog von Entwurfsmustern wird man auch nur nutzen können, wenn eingehende Kenntnisse in der objektorientierten Softwareentwicklung vorhanden sind.

klaren Prinzipien gearbeitet wird), sondern beziehen uns auf das Verständnis des Unternehmens selbst. Das ist umso erstaunlicher, da in den gleichen Unternehmen der Entwicklungsstand bei der Software-Architektur ungleich höher ist.

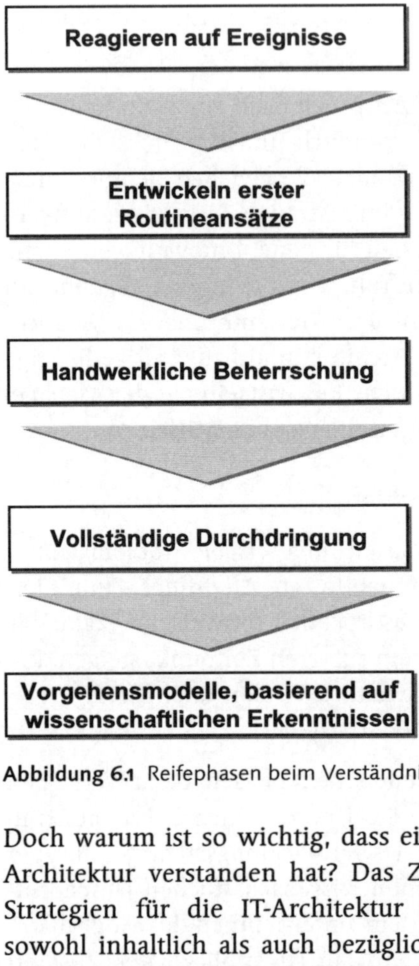

Abbildung 6.1 Reifephasen beim Verständnis der IT-Architektur

Doch warum ist so wichtig, dass ein Unternehmen für die eigene IT-Architektur verstanden hat? Das Ziel von Unternehmen muss sein, Strategien für die IT-Architektur entwickeln zu können, die sich sowohl inhaltlich als auch bezüglich der Dynamik an der Unternehmensstrategie orientieren. Die Voraussetzung hierfür ist allerdings, dass das Tagesgeschäft bezogen auf Zeit, Aufwand, Kosten und Qualität beherrscht wird, d.h., typische Probleme der IT-Architektur müssen rechtzeitig erkannt und kontrolliert behoben werden können. Idealerweise muss das Unternehmen sogar in der Lage sein, präventiv Lösungsszenarien für anfallende Aufgaben zu entwickeln und in einem vordefinierten Zeit- und Kostenrahmen in der erforderlichen Qualität umzusetzen.

6.1.2 Einflussfaktoren

Markt als Treiber der IT-Architektur

Wenn über Einflüsse auf die IT-Architektur diskutiert wird, ist als einer der Hauptverursacher sicherlich der Markt an sich zu nennen. Vereinfacht formuliert, basieren Geschäftsmodelle auf dem Prinzip, Umsätze mit einer bestimmten Menge von Produkten bei einer bestimmten Zielgruppe zu erzeugen. Getrieben von dem eigentlichen Ziel des Wachstums, werden diese Geschäftsmodelle bzw. die operativen Ableitungen davon insbesondere in dynamischen Marktsegmenten fortwährend modifiziert und angepasst. Das bedeutet, dass die Ausprägungen der folgenden Parameter ständigen Veränderungen unterliegen:

- Produktausprägungen
- Produktpalette
- Zielgruppe

Wie stark die direkten Auswirkungen auf die IT-Architektur des Unternehmens sind, wird an den Beispielen der folgenden Aufzählung klar. Wir haben exemplarisch drei typische Änderungen aus dem Bereich Telekommunikation mit potenziellen Auswirkungen auf die IT-Architektur gegenübergestellt.

- **Etablieren eines neuen Tarifs (neue Produktausprägung)**
  Ein neuer Tarif hat Auswirkungen auf alle relevanten operativen Systeme, angefangen beim Auftragsmanagement über die CRM-Applikation bis hin zum Abrechnungssystem und Beschwerdemanagement. Jeder Bereich, der mit Kunden arbeitet, wird in der Regel auch mit dem neuen Tarif konfrontiert werden.
- **Anbieten von Internetzugängen (neues Produkt)**
  Auch bei Erweiterungen der Produktpaletten zieht sich der Einfluss quer durch die gesamte IT-Architektur. Alle Marketing-, Vertriebs- und Kundenbetreuungsapplikationen müssen an die neuen Produkte angepasst werden. Des Weiteren ist der Umgang mit Produktkombinationen zu definieren und anschließend abzubilden (beispielsweise als Rabattkombinationen bei Internetzugang mit Telefonanschluss).
- **Ausdehnung der Kunden auf das Privatkundensegment (neue Zielgruppe)**
  Jede Zielgruppe erfordert eine eigens für sie abgestimmte Behandlung. Diese bestimmt sich zum einen aus der Erwartungshaltung des jeweiligen Kunden und zum anderen durch die maximal tragfähigen

Kosten. Insbesondere die Kostenseite lässt sich in der IT-Architektur durch Automatisierung und den Grad der Prozessunterstützung steuern.

Maßgeblicher Einfluss des Marktes

Dass wir in der Überschrift dieses Abschnitts den Markt als treibende Kraft bezeichnet haben, hat seinen Grund. Die Auswirkungen der rasanten Entwicklungen in den IT-Technologien – wir hatten diesen Punkt bereits zu Beginn dieses Kapitels kurz angerissen – spiegeln sich nämlich auch in der Entwicklung der IT-Architektur eines Unternehmens wider. Die Kunden fordern in vielen Bereichen geradezu den Einsatz bestimmter Technologien. Kommen Unternehmen diesen Forderungen nicht oder nur in unzureichender Qualität nach, müssen sie mit Unzufriedenheit oder sogar Abwanderung rechnen. Allein die Anzahl der möglichen Medien[2], mit denen heute ein Kunde mit einem Unternehmen in Verbindung treten kann, zeigt den enormen Einfluss der Technologieentwicklung.

Technologie ist kein Selbstzweck

Für denjenigen, der für die IT-Architektur verantwortlich ist, leitet sich aus diesen Tatsachen unmittelbar die folgende Forderung ab: Er muss gewährleisten, dass jede Technologie, sofern sie für das Unternehmen strategische Relevanz besitzt, auch unter den Rahmenbedingungen Qualität, Kosten und Zeit einsetzbar ist. Im ersten Augenblick klingt das nach einem einleuchtenden und auch erfüllbaren Anspruch, allerdings zeigen insbesondere die Erfahrungen der letzten Jahre, dass genau in diesem Punkt bei den meisten Unternehmen enormer Nachholbedarf besteht.

Die E-Mail-Verarbeitung in Unternehmen ist ein gutes Beispiel, um diese Aussage zu untermauern. Mit dem steigenden Popularitätsgrad dieses Kommunikationsmediums entschieden sich auch die Unternehmen, ihren Kunden eine E-Mail-Adresse für Fragen, Beschwerden und Wünsche jeder Art zur Verfügung zu stellen. Für die Entscheider galt die Integration dieser neuen Technologie damit als abgeschlossen. Wie schlecht jedoch die Bearbeitung der E-Mails selbst heute noch funktioniert, belegen diverse Studien. Entweder werden E-Mails gar nicht oder aber in einer unzureichenden Qualität bearbeitet, und in den seltensten Fällen können Kontakte über den E-Mail-Kanal denen über das Telefon zugeordnet werden. Die Ursache für derartige Inkonsistenzen ist die Behandlung dieser Aufgaben: Es wird lediglich der Forderung nach einem Kontaktkanal für das Medium E-Mail Folge geleistet, anstatt die Auswirkungen eines neuen Kommunikationskanals auf die

---

2 Beispiele hierfür sind Internet, E-Mail, Voice-Portale, WAP etc.

Geschäftsprozesse zu beleuchten und in Abhängigkeit davon die erforderlichen Anpassungen an der IT-Architektur (d.h. sowohl an den Prozessen als auch an den Applikationen) durchzuführen.

Vision der IT-Architektur

Im Rahmen der Recherchen für dieses Buch haben wir mehreren Verantwortlichen von IT-Architekturen unter anderem die folgenden Fragen gestellt:

- Welche Tätigkeiten würden Sie durchführen, wenn es eine Auszeit vom Tagesgeschäft von drei Monaten geben würde?
- Wie wird Ihre IT-Architektur in drei Jahren aussehen?

Das Resultat war bemerkenswert. Die Frage nach den Tätigkeiten ergab die nachfolgend aufgelistete Rangfolge

1. Aufräumarbeiten, d.h., all das erledigen, was während der vergangenen Zeit liegen geblieben ist
2. Überprüfung und Dokumentation des Zustands der IT-Architektur
3. Definition von Richtlinien, Regeln, Standards und Arbeitsprozessen

Keine Atempause für IT-Manager

Diese Antworten zusammengefasst und interpretiert, bedeuten nichts anderes als: IT-Verantwortliche möchten einen geordneten (wie dieser auch immer aussehen mag) Zustand ihrer IT-Architektur herstellen und anschließend Mechanismen etablieren, damit der Zustand erhalten bleibt. Dummerweise wird ein IT-Manager diese Auszeit niemals bekommen. Stattdessen läuft er immer seinen operativen Problemen hinterher und wird sich nie mit einer Architekturstrategie beschäftigen können.

Doch wo liegt das eigentliche Problem, das die Dringlichkeit dieser Tätigkeiten in der Vergangenheit hat in den Hintergrund rücken lassen? Wenn die Ursache für die Notwendigkeit einer dreimonatigen Auszeit durch die Dynamik der Märkte begründet ist, wird man über kurz oder lang wieder in die gleiche Falle laufen. Etablierte Richtlinien und Arbeitsprozesse beschleunigen sogar diesen Vorgang, da sie naturgemäß mehr Aufwand bedeuten.

Der Weg ist bekannt, nicht jedoch das Ziel.

Die eigentliche Problematik, mit der die Unternehmen konfrontiert sind, wird umso deutlicher, wenn wir die zweite Frage betrachten. Interessanterweise hatten sich die meisten IT-Verantwortlichen über eine derartige Frage noch keine Gedanken gemacht und wussten daher auch keine Antwort. Ketzerisch formuliert ist dieses Szenario gleichbedeutend mit der Aussage, dass man zwar genau weiß, wie man weitergehen möchte, nur dass das Ziel gänzlich unbekannt ist.

Was also fehlt, ist die Formulierung einer Ziel-Architektur, d.h. der Form der IT-Architektur, die man in einigen Jahren erreichen möchte. So wie das Unternehmen selbst eine Vision besitzt, wo es sich und den Markt in einigen Jahren sieht, ist auch für die IT-Architektur eine Vision erforderlich: die Soll-Architektur.

Interessant im Zusammenhang mit der Soll-Architektur ist, dass sich die Tätigkeiten, die sich aus der oben angeführten ersten Frage ergeben, einfach ableiten lassen. In Abbildung 6.2 sind die Aufgabenpakete dargestellt, die sich unmittelbar einer Definition der Soll-Architektur anschließen.

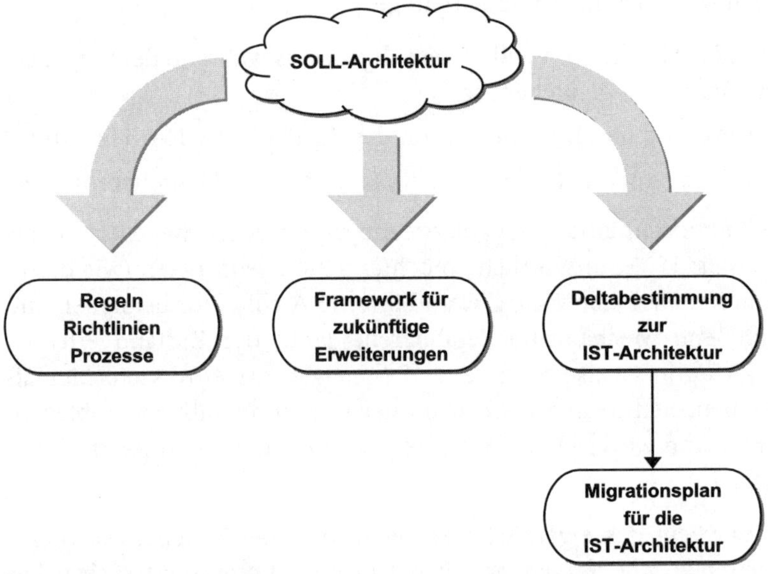

Abbildung 6.2 Konsequenzen aus einer Soll-Architektur

Jede Maßnahme muss die Soll-Architektur unterstützen.

Der Komplex der Regeln, Richtlinien und Arbeitsprozesse muss gewährleisten, dass alle Manipulationen der IT-Architektur immer im Kontext der Soll-Architektur durchgeführt werden. Keine Änderung, Anpassung oder Erweiterung darf den Abstand zwischen der Ist-Architektur und der Soll-Architektur vergrößern. Um operativ zu gewährleisten, dass die Soll-Architektur auch realisiert werden kann, wird ein Migrationsplan entwickelt. Dieser enthält die erforderlichen Schritte zur Anpassung der Ist-Architektur in Richtung der Architekturvision.

In diesem Zusammenhang müssen wir den Begriff des Frameworks erklären. Wir verstehen darunter das Folgende:

> Ein Framework (Rahmenwerk) ist ein anpassbares, erweiterbares System kooperierender Komponenten, mit dem Ziel, einen einfachen Ausbau der IT-Architektur unter Einhaltung der Rahmenbedingungen zu gewährleisten.

Doch bevor wir uns mit dieser doch sehr abstrakt formulierten Definition beschäftigen, wollen wir kurz den Zweck eines Frameworks beschreiben. Bereits weiter oben haben wir erwähnt, dass jede Anpassung und jede Änderung der IT-Architektur immer im Kontext der Soll-Architektur erfolgen muss. Das heißt, die Konformität zur Soll-Architektur bestimmt die Arbeitsweise und das Vorgehen. Daraus werden Regeln und Richtlinien abgeleitet, die beschreiben, wann eine Manipulation zulässig und im Kontext der Soll-Architektur erforderlich ist. Doch jedes Mal, wenn eine Person vor der Aufgabe steht, beispielsweise eine Erweiterung vorzunehmen, wird sie das Rad neu erfinden müssen. Das heißt, Fragen wie zum Beispiel

- Wie reiht sich die Erweiterung in die Geschäftsprozesse ein?
- Wie werden Geschäftsvorfälle beschrieben?
- Was ist erforderlich, um eine neue Applikation in die IT-Architektur einzufügen?
- Wie werden Funktionen in Applikationen abgebildet?

müssen neu formuliert und letztendlich beantwortet werden. Genau diese Lücke füllt ein für das Unternehmen entwickeltes Framework. Es beschreibt die Philosophie der IT-Architektur des Unternehmens und unterstützt den Mitarbeiter im Rahmen dieser Philosophie bei Änderungen, indem es wiederkehrende Fragmente und abzubildende Beziehungen schon vorgefertigt besitzt. Die exemplarisch aufgelisteten Fragen zeigen den Schwerpunkt eines Frameworks auf: Es soll die Auffassung des Unternehmens von seinen eigenen Geschäftsprozessen widerspiegeln, denn idealerweise stellen Geschäftsprozesse als Arbeitsabläufe für Geschäftsvorfälle den Motor für die Entwicklung der IT-Architektur dar.

Doch zurück zur Definition eines Frameworks für IT-Architekturen. Die Kernaussage ist die Formulierung »System kooperierender Komponenten[3]«. Wenn wir das Umfeld von IT-Architekturen in Unternehmen betrachten, können wir drei Ebenen identifizieren, in die sich die Komponenten eines Frameworks einteilen lassen:

- **Unternehmensebene**
  Diese Ebene beinhaltet die Darstellung von Unternehmensstrategien und -grundsätzen sowie die möglichen Geschäftsvorfälle und Geschäftsprozesse.
- **Anwendungsebene**
  Die Komponenten zur Unterstützung der Geschäftsprozesse, d.h. sowohl die Applikationen, Schnittstellen, Verbindungen und Daten als auch deren Zusammenhänge fallen in diese Ebene.
- **Technische Ebene**
  Die Abbildung der Infrastruktur, die zum Betrieb der Komponenten der Anwendungsebene benötigt wird (Betriebssystemplattformen, Datenbanken etc.), ist in dieser Ebene enthalten.

Abstraktion

Auf Grund der Komplexität erfordern insbesondere die Komponenten der Unternehmensebene eine sehr abstrakte Modellierung. Das bedeutet, es wird dort ein vereinfachtes Abbild der Realität entworfen, und diese Aspekte der IT-Architektur werden auf die wesentlichen, am besten fassbaren Parameter und Wechselwirkungen reduziert. Bei den restlichen beiden Ebenen handelt es sich um konkret fassbare und begreifbare Objekte. Dort wird man die betrachteten Komponenten von ihrer Umgebung sinnvoll abgrenzen, die einzelnen Bestandteile erfassen und die erforderlichen Wechselwirkungen (sowohl intern als auch mit der Umgebung) beschreiben können.

Abbildung 6.3 zeigt ein Beispiel für die strukturelle Beschreibung eines Frameworks für die IT-Architektur. Es sind die einzelnen Komponenten und Abhängigkeiten abgebildet. Damit kann für jeden Bestandteil der IT-Architektur schnell und einfach ermittelt werden, welche Änderungen im Sinne der Soll-Architektur zulässig sind und welche Auswirkungen durchgeführte Anpassungen haben.

3 Der an dieser Stelle verwendete Begriff der Komponente ist nicht mit den Komponenten einer IT-Architektur zu verwechseln. Die Komponenten bezeichnen hier die Bestandteile des Frameworks.

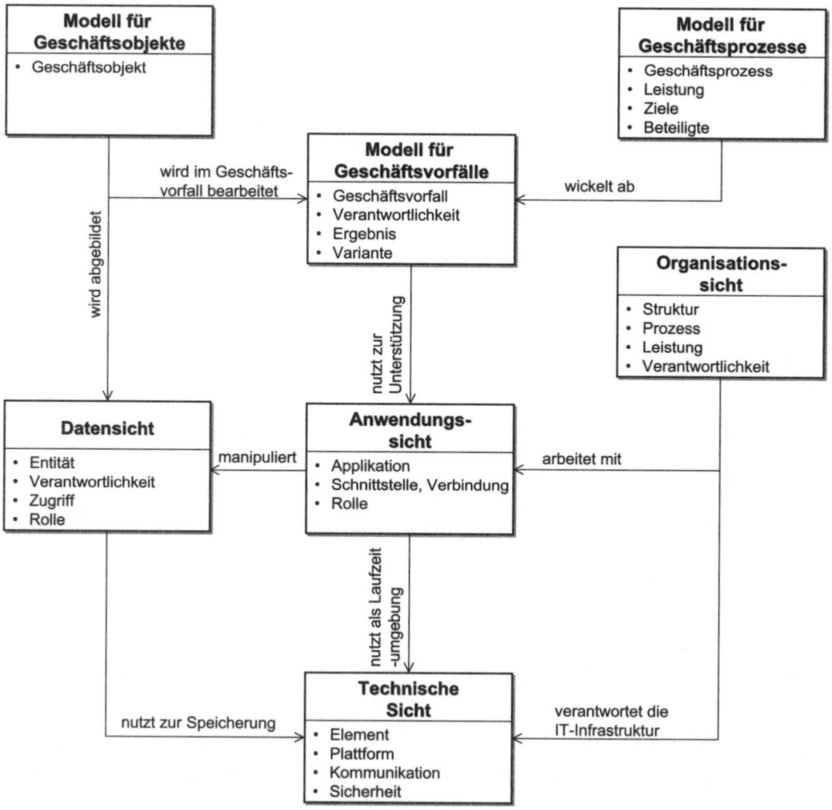

Abbildung 6.3 Beispiel für Komponenten eines Frameworks der IT-Architektur und deren Beziehungen

Das bewegliche Ziel der Soll-Architektur

Bei den oben beschriebenen Tätigkeiten, die sich aus der Definition einer Soll-Architektur ableiten, handelt es sich allerdings nicht um einmalige Aufgaben. Vielmehr müssen die Regeln, Richtlinien und das Framework fortwährend angepasst werden. Der Grund sind die direkten und indirekten Einflussfaktoren auf die Soll-Architektur.

Eine IT-Architektur (und damit auch die Soll-Architektur) existiert nicht zum Selbstzweck, sondern dient einer (optimalen) Unterstützung der heutigen und zukünftigen Geschäftsprozesse. Damit ist die Architekturvision ähnlichen Einflussfaktoren ausgeliefert wie die Unternehmensstrategie selbst. Abbildung 6.4 zeigt diese Abhängigkeiten.

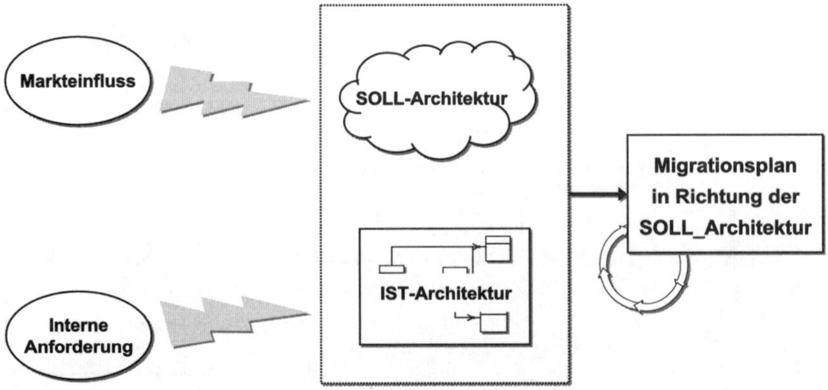

Abbildung 6.4 Einflüsse auf die Soll-Architektur und den Migrationsplan

Neben den internen Anforderungen wie Systemvorgaben, technischen Einschränkungen und Bedürfnissen der Fachbereiche, die sich auch nachhaltig auf die Soll-Architektur auswirken, ist der Einfluss des Marktes eine wesentliche Größe. Zum einen bedeutet jede Auswirkung des Marktes auf die Unternehmensstrategie in Konsequenz, dass die Soll-Architektur aller Wahrscheinlichkeit nach auch adaptiert werden muss. Entscheidet sich beispielsweise ein Telko, in Zukunft auch Kabelfernsehen anzubieten, so wirkt sich diese Entscheidung unmittelbar auf Applikationen, Daten, Prozesse und Organisation aus – die wesentlichen Bestandteile einer IT-Architektur.

Zusätzliche Effekte bei den Markteinflüssen sind von der Technologieseite zu erwarten. Gerade die technologische Entwicklung unterliegt besonders kurzen Innovations- und Entwicklungszyklen. Blickt man nur auf die letzten zwei bis drei Jahre zurück, sind eine Reihe neuer Technologieentwicklungen kreiert worden. Application-Server, Web-Server, die Enterprise Application Integration (EAI), Content-Managent-Systeme (CMS) sind nur einige der Begriffe, mit denen sich jeder IT-Verantwortliche auseinander setzen muss.

Diese technologische Entwicklung tangiert allerdings in den seltensten Fällen die Unternehmensstrategie. Wenn die Ist-Situation aus Sicht der IT-Verantwortlichen den Einsatz einer technologischen Neuentwicklung erforderlich macht, so sind die Auswirkungen auf die IT-Architektur zu prüfen und je nach Ergebnis die erforderlichen Anpassungen vorzunehmen.

6.1.3 Der IT-Architektur-Lebenszyklus

Die Herausforderungen, vor denen heute die meisten Unternehmen stehen, sind gerade die Bewältigung der Ist-Situation sowie die Entwicklung und Erreichung einer IT-Architekturvision, die für das Unternehmen (auch) zukünftig eine optimale wirtschaftliche Leistungsfähigkeit und Flexibilität gewährleistet.

Man kann drei Hauptprozesse identifizieren, die das Fundament einer derartigen Entwicklung der Ist-Architektur bilden:

- Entwicklung der IT-Architektur
- Repräsentation der IT-Architektur
- Bewertung der IT-Architektur

In den folgenden Abschnitten werden diese drei Hauptprozesse detailliert beschrieben. Auf Grund der starken Interaktion dieser Prozesse ist eine getrennte Betrachtung nur schwer möglich. Daher haben wir uns zwar für eine einzelne Beschreibung entschieden, stellen aber die Verzahnung in den Abbildungen durch das Dokumentensymbol dar.

Entwicklung

Erarbeitung von Soll-Architektur und Migrationsplan

Dieser Prozess ist sowohl für die Bereitstellung und Erhaltung der Ist-Architektur als auch für die Erstellung und Erreichung der Soll-Architektur verantwortlich. Für die Ist-Architektur müssen entsprechende unterstützende Mittel bereitgestellt werden, damit die architekturkonforme Benutzung sichergestellt ist. Dazu zählen einzuhaltende Richtlinien, Standards, Prozesse, Frameworks etc.

Die Soll-Architektur wird durch diesen Prozess erarbeitet bzw. fortwährend angepasst. Neben der reinen Planung umfassen diese Arbeitsschritte auch die Entwicklung eines entsprechenden Migrationsplans. Dieser erfordert die Definition der einzelnen Meilensteine in Form von Ziel-Architekturen, die Formulierung zugehöriger Teilstrategien zur Erreichung dieser Meilensteine sowie die Erstellung notwendiger Bewertungskriterien zur Sicherstellung der Erreichung und Einhaltung der einzelnen Ziel-Architekturen.

In Abbildung 6.5 ist der Prozess der Entwicklung einer IT-Architektur dargestellt.

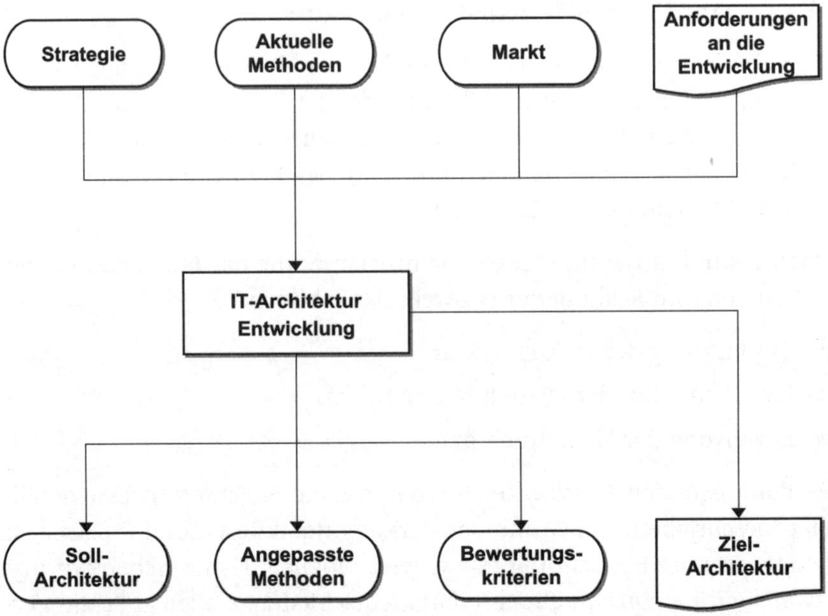

Abbildung 6.5 Prozess der Entwicklung der IT-Architektur

Repräsentation

Zielarchitektur-konforme Realisierung

Mindestens genauso wichtig wie die Entwicklung ist die Repräsentation der IT-Architektur im Unternehmen. Dieser Prozess dient der eigentlichen Umsetzung der Ziel-Architektur durch operative und präventive Unterstützungsleistungen.

Bei aktuellen Projektvorhaben wird durch Mitarbeit eine architekturkonforme Realisierung gewährleistet. Zusätzlich können mögliche Synergien genutzt und eventuelle Redundanzen vermieden werden. Ein weiterer Schwerpunkt dieses Prozesses ist die Schulung und Weiterbildung der Mitarbeiter des Unternehmens. Dies ist ein wichtiger Teil, denn nur, wenn die Motivation, Inhalte und Hintergründe der Ziel-Architektur den Mitarbeitern vermittelt werden, sind diese auch fähig und willens, die Ziel-Architektur auch zu realisieren.

Abbildung 6.6 zeigt den Prozess der Repräsentation der IT-Architektur im Überblick.

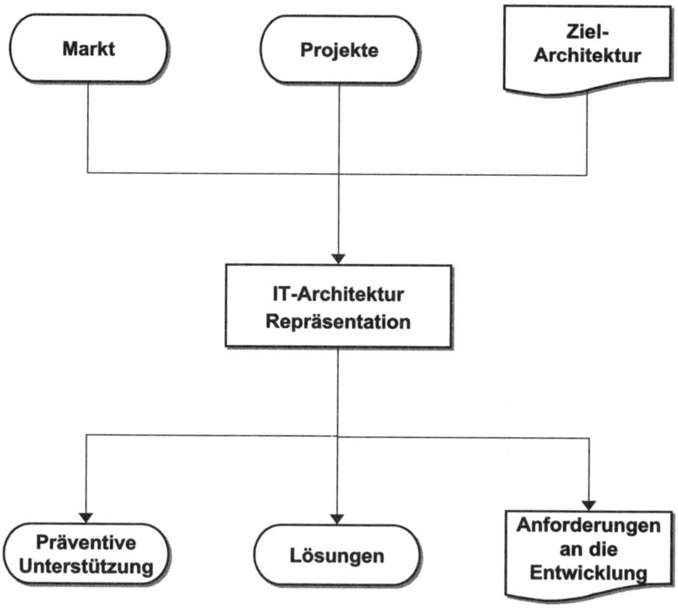

Abbildung 6.6 Prozess der Repräsentation der IT-Architektur

Prozess der Bewertung

Soll-Ist-Vergleich

Eine wesentliche Aufgabe stellt die Beurteilung und Bewertung der aktuellen IT-Architektur bezogen auf die Ziel-Architektur dar. Die einzelnen Projektvorgaben müssen sowohl in ihren Zielen als auch in den erreichten Ergebnissen daraufhin überprüft werden. ob sie mit der Architektur konform sind. Zu überwachende Parameter sind unter anderem:

- Strategie
- Ziel-Architektur
- Geschäftsprozesse
- Framework
- Synergien und Redundanzen
- Standards, Regeln und Richtlinien

Der Prozess der Bewertung und Beurteilung der IT-Architektur ist in Abbildung 6.7 dargestellt.

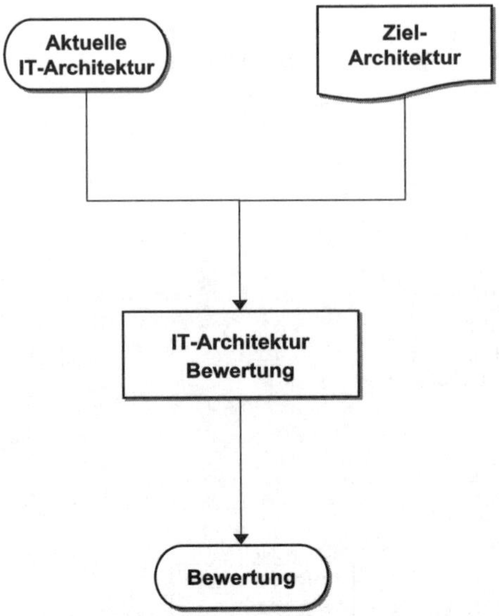

Abbildung 6.7 Prozess der Bewertung der IT-Architektur

Zusammenspiel der Prozesse

Die Instanziierung, d.h. das Starten und Durchführen der oben beschriebenen Prozesse, erfolgt immer dann, wenn ein Änderungsauftrag an die IT-Architektur[4] gestellt wird. In Abbildung 6.8 ist der Ablauf schematisch dargestellt.

Änderungsanforderungen entstehen entweder durch neue bzw. angepasste Geschäftsprozesse oder als Folge des Migrationsplans in Richtung Ziel- bzw. Soll-Architektur. In beiden Fällen muss die Anforderung aufgenommen und in ein Projektvorhaben umgesetzt werden.

Zu Beginn des Projektvorhabens sind die Prozesse *Architektur-Repräsentation* und *Architektur-Bewertung* involviert. Der Part der Architektur-Repräsentation begleitet das Projekt aktiv und sorgt für eine architekturkonforme Umsetzung durch Methoden der Mitarbeit an Lösungsszenarien und des Coachings. In den frühen Phasen sind die IT-Architektur-Komponenten *Applikationen* und *Daten*, später auch die *Aufbau-* und *Ablauforganisation* betroffen.

4 IT-Architektur umfasst in diesem Kontext die Formen Ist-Architektur, Ziel-Architektur sowie Soll-Architektur.

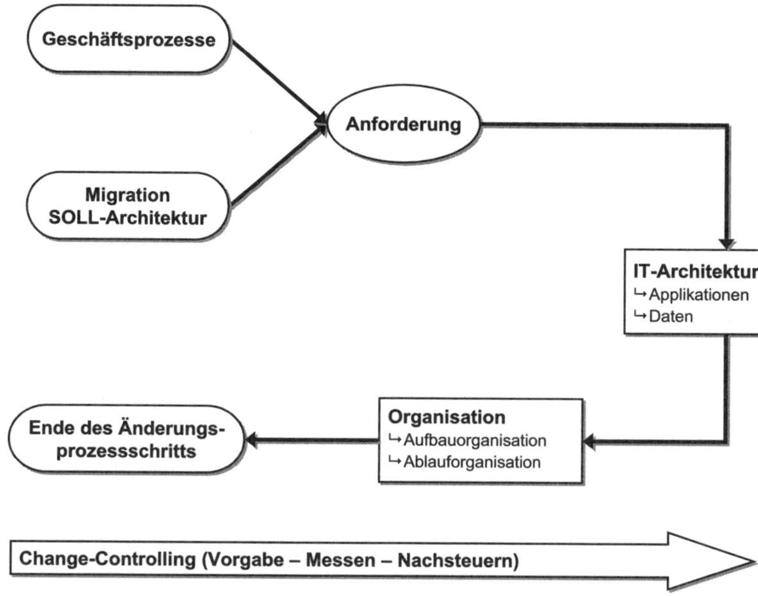

Abbildung 6.8 IT-Architektur-Lebenszyklus

Währenddessen begleitet der Prozess der Architektur-Bewertung alle laufenden Projekte vom Anfang bis zum Ende. Sowohl die Ziele als auch die einzelnen Ergebnisse werden daraufhin überprüft, ob sie mit der Ziel- und Soll-Architektur konform sind. Neben strategischen, strukturellen und technologischen Rahmenbedingungen werden dabei auch Punkte wie Redundanzen, Synergien und Wiederverwendbarkeit überprüft.

6.1.4 Aufgaben und Rollen

Die Organisation hilft bei der Bewältigung der Komplexität.

Zur Beherrschung derart komplexer Abläufe sind verschiedene Rollen notwendig, die ausgeübt werden müssen. In Abbildung 6.9 sind erforderliche Rollen und die gegenseitigen Einflüsse aus Sicht des Änderungsprozesses dargestellt. An dieser Stelle möchten wir betonen, dass sich daraus nicht die Forderung nach einer Vielzahl von Stabsstellen ableiten lässt. Vielmehr unterstreicht die Grafik noch einmal die in Abschnitt 5.4 beschriebene Vielseitigkeit und Universalität eines IT-Architekten im Speziellen und der operativen Beteiligten an der Entwicklung der IT-Architektur im Allgemeinen.

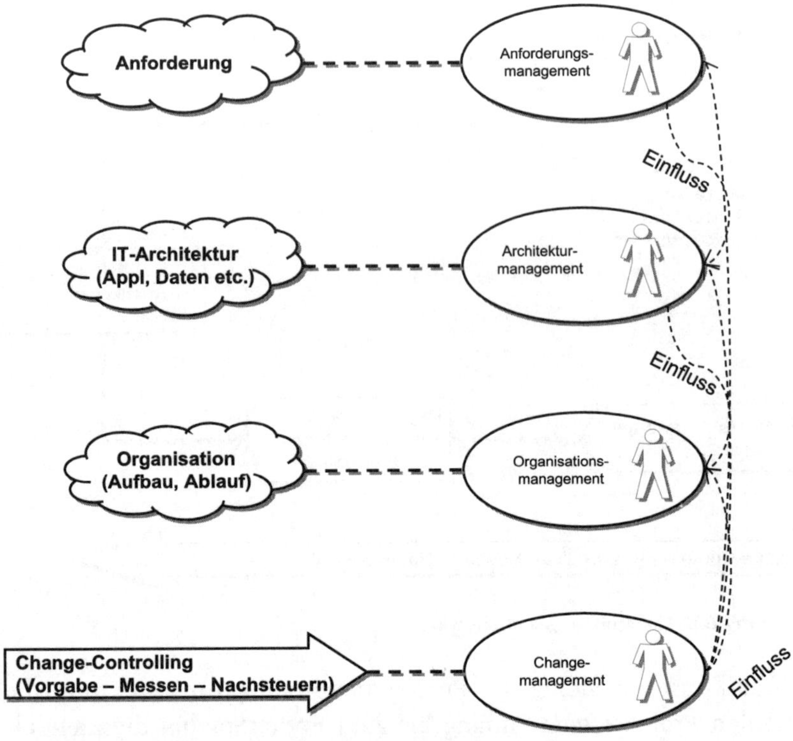

Abbildung 6.9 Rollen und ihre Abhängigkeiten

6.1.5 Komposition der Teilaspekte

Blicken wir jetzt auf die Eingangsfrage dieses Kapitels zurück: »Kennen wir jetzt IT-Architekturen?«. Auch wenn es sich bei der IT-Architektur sicherlich um ein sehr komplexes Thema handelt und vielleicht noch ein paar Fragen unbeantwortet sind, können wir jetzt zumindest die Positionierung einer IT-Architektur im Unternehmen und die Einflüsse, die das Tagesgeschäft maßgeblich beeinflussen, beschreiben.

IT-Architektur ist Chefsache.

Die IT-Architektur ist als eine der Kernkompetenzen eines Unternehmens zu betrachten und wird damit massiv vom Markt und der Unternehmensstrategie beeinflusst. Damit müssen die Verantwortlichen für die IT-Architektur im intensiven Austausch mit der Unternehmensführung stehen. Denn nur so kann die für die Märkte erforderliche Flexibilität und Dynamik gewährleistet werden.

Unmittelbar davon leitet sich ab, dass die operativen Prozesse derart etabliert sein müssen, dass sowohl die IT-Architekturvision als auch die Konsequenzen der Unternehmensstrategie schnell umgesetzt werden können. Abbildung 6.10 fasst diesen Änderungskreislauf einer IT-Architektur zusammen. Markteinflüsse, die sich in der Regel in der Unternehmensstrategie oder in Technologieentscheidungen widerspiegeln, und die Soll-Architektur sind die Hauptursachen für die Initiierung des eigentlichen Architekturkreislaufs. Über sie werden die Änderungen an den einzelnen Komponenten der IT-Architektur eingeleitet. Diverse Rollen überwachen einzelne Facetten des durch die Projekte eingeleiteten Änderungsprozesses, um einen konsistenten und stabilen Gesamtzustand gewährleisten zu können. Ist ein Projekt umgesetzt, muss im Anschluss geprüft werden, ob es eventuell die Soll-Architektur beeinflusst.

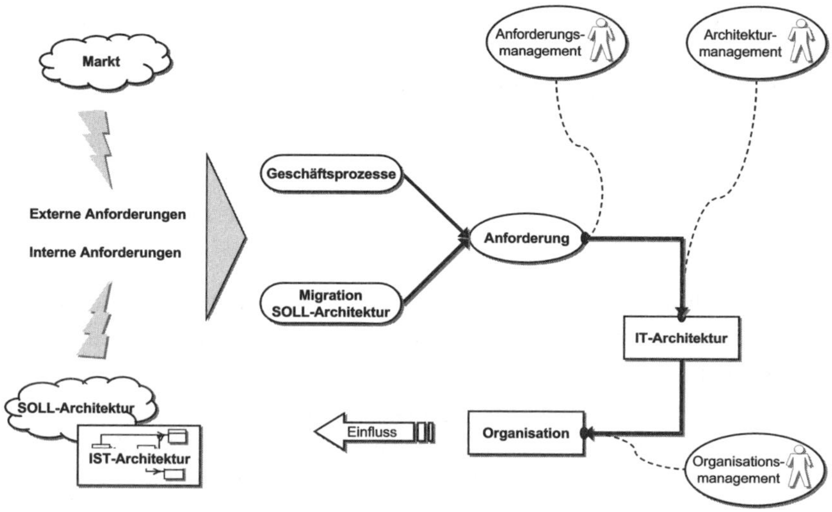

Abbildung 6.10 Kreislauf der Änderungen an der IT-Architektur eines Unternehmens

6.2 Anleitung für die IT-Architektur

Eine Anleitung für die IT-Architektur zu besitzen ist ein verlockender Gedanke. Doch wie kann eine Anleitung für ein komplexes Gebilde, wie es die IT-Architektur eines Unternehmens darstellt, aussehen? Durch die bisherigen Ausführungen ist sicherlich nachvollziehbar, dass es kein Leitfaden im Sinne eines Kochrezepts sein kann, der für jede Situation, für jede Fragestellung und jedes Problem die richtige Antwort bietet. Dafür sind die Materie und die Abhängigkeiten zu vielschichtig und die unternehmensspezifischen Anforderungen zu individuell.

Wir haben uns entschieden, einen zweigeteilten Leitfaden zu entwickeln, in dem sich die schwerwiegendsten Problemzonen der IT-Architekturen von Unternehmen widerspiegeln. An erster Stelle ist sicherlich ein Verfahrensmodell erforderlich, das die Punkte *Ist-Bestimmung*, *Zieldefinition* und *Zielerreichung* behandelt. In der operativen Umsetzung der Zielerreichung trifft man dann aber unmittelbar auf eine zweite Klasse von Problemen: den Umgang mit typischen Aufgabenstellungen in der IT-Architektur. Die Schwierigkeit besteht in der Abgrenzung dieser Aufgabenstellungen. Der Abstraktheits- und Komplexitätsgrad muss hierbei so gewählt sein, dass die Aufgabenstellungen von dem IT-Architekten bzw. einem IT-Architekturgremium als atomare Einheiten behandelt und durch entsprechend qualifizierte Mitarbeiter als eigenständige Projekte durchgeführt werden können.

6.2.1 Zeitbombe »Reorganisation der IT-Architektur«

Eine durchaus »motivierende« Überschrift für diejenigen, die sich gerade ein Herz gefasst haben, die Restrukturierung ihrer IT-Architektur anzugehen – doch lassen Sie uns kurz den Hintergrund dieser Aussage erklären.

Kleine Applikationen mutieren zu Boliden.

Die IT-Architektur der Unternehmen ist typischerweise durch die Anforderungen der vergangenen Jahre gewachsen. Immer wenn neue Anforderungen, sei es unternehmens- oder marktgetrieben, an die Verantwortlichen der IT-Architektur herangetragen wurden, mussten als Erstes die betroffenen Applikationen und die notwendigen Anpassungen bestimmt werden. Auf der Basis dieser Änderungsmatrix entstand dann typischerweise der Release-Plan. In Zeiten einer überschaubaren Applikationslandschaft und einer übersichtlichen Vernetzung von Applikationen war dieses Vorgehen auch durchaus opportun. Als die Komplexität in Form vielfältiger Applikationen und einer komplexen Integration zunahm, führte diese Arbeitsweise die IT-Architektur durch immer enger werdende finanzielle, zeitliche und technologische Spielräume in den Zustand einer Handlungsunfähigkeit. Erschwerend kommt dazu, dass sich Änderungen und Erweiterungen immer um die Kern-Applikationen ranken. Verantwortliche für Applikationen versuchen natürlich. alle Anforderungen in den bestehenden, durch sie betreuten Systemen abzubilden – ein nachvollziehbares Verhalten, da wie in Abschnitt 4.2.4 beschrieben, mit dem Wachstum einer Applikation auch die Bedeutung der zugehörigen Organisationseinheit wächst. Nur leider führt diese Entwicklung auch unwillkürlich zu einer Form von entarteten Applikationen.

Das Gesamtbild, das wir in den vergangenen Jahren immer wieder vor Augen geführt bekommen haben, bestätigt das: Viel zu viele Applikationen befinden sich auf einem viel zu engen Raum,[5] und jede Applikation kommuniziert in irgendeiner Form mit nahezu jeder der anderen Applikationen. Diese Problematik wird genau dann akut, wenn man beispielsweise versucht, mit der betreibenden Abteilung ein Service Level Agreement auf Geschäftsprozessebene zu vereinbaren. Alternativ kann man einmal versuchen, die Kosten und Qualität eines Geschäftsprozesses zu messen.

Recycling

Bei der Repositionierung der IT-Architektur wird man einen zum bisherigen Vorgehen völlig anderen Weg beschreiten. Applikationen oder Teile davon werden als Konsequenz von definierten Geschäftsprozessen eingesetzt. Bildlich gesprochen, werden alle bestehenden Applikationen zerschlagen und benötigte Applikationsstücke recycelt. Im Ergebnis werden einige Applikationen überhaupt nicht mehr benötigt, andere vielleicht nur zu geringen Teilen. Auf alle Fälle wird sich die Bedeutung der einzelnen Applikationen massiv ändern, und damit wird auch eine Verschiebung der Machtverhältnisse stattfinden. Dass dieser Änderungsprozess naturgemäß eine Menge Unruhe in das Unternehmen bringen kann, ist offensichtlich.

Das Ziel dieses Abschnitts ist es nicht, Sie zu desillusionieren. Wichtig ist nur, sich der Gefahren und Risiken im Vorfeld bewusst zu sein und den Änderungsprozess dementsprechend durch geeignete Maßnahmen zu begleiten. Bereits in Abschnitt 4.5 haben wir erarbeitet, dass in jeder Phase der Architekturentwicklung die volle Unterstützung durch das Top-Management sichergestellt werden muss.

6.2.2 Standort- und Zielbestimmung

Jeder, der sich der Herausforderung stellt, die IT-Architektur seines Unternehmens neu zu gestalten und fit für die zukünftigen Anforderungen zu machen, sieht sich einer Vielzahl von Problemen ausgesetzt.

- **Nicht vorhandenes Wissen über technische und fachliche Abhängigkeiten**
  Der Grad des wiederverwertbaren Wissens spiegelt sich in der Dokumentation wider. Doch gerade hier offenbart sich häufig das erste Dilemma. Entweder fehlen Dokumentationen gänzlich, oder

5 Der Begriff »Raum« bezieht sich in diesem Kontext auf durch Applikationen abbildbare Funktionalitäten und Unterstützungsleistungen.

sie sind unvollständig und veraltet. Diese Problematik – sie ist ja schon aus dem Bereich der Software-Entwicklung bekannt – verstärkt sich noch dahingehend, dass die Glaubwürdigkeit von Aussagen immer wieder in Frage gestellt werden muss.

Auch äußert sich dieser Missstand in redundanten und inflationären Entwicklungen. Insbesondere der Sachverhalt der Redundanz wirkt sich direkt auf die IT-Architektur-Komponenten *Daten* und *Funktionen*, teilweise sogar auf die Applikationen aus. Verstärkend kommt ein überproportionaler Anstieg von eingesetzten Produkten und Produktversionen dazu, so dass zuverlässige und vollständige Aussagen zur Frage »warum was in welcher Version eingesetzt wurde« kaum zu erwarten sind.

- **Kaum noch beherrschbare Abhängigkeiten zwischen einzelnen Projektvorhaben**
  Die ständig wachsende Komplexität von Applikationen, Daten und Funktionen, gepaart mit fehlender oder unzureichender Modularität führt zwangsläufig zu immer größer werdenden Problemen bei parallel durchgeführten Projekten. Waren zu Beginn der IT-Architektur die Interaktionen zwischen den einzelnen Applikationen noch überschaubar, muss man heute vielerorts feststellen, dass jede Applikation fast zu allen anderen Applikationen Schnittstellen und Verbindungen aufweist. Diese Komplexität schlägt natürlich auch unmittelbar auf gleichzeitig durchgeführte Projekte abhängiger Applikationen durch.
- **Technologischer Wildwuchs**
  Dieser Punkt ist nicht als Aufforderung zur Mono-Technologie zu verstehen. Unsere Erfahrungen in den vergangenen Jahren haben aber gezeigt, dass häufig der Grad, in dem die Komplexität zunimmt, von der Wahl der Technologie abhängt. Lassen Sie uns diesen Effekt kurz an ein, zwei Beispielen erläutern.

  Wir haben vielfach bei essenziellen Geschäftsprozessen Verbindungen zwischen Applikationen vorgefunden, die aus technogischen Gründen nach dem Muster

  - Daten in eine Textdatei exportieren
  - Daten zur Zielapplikation kopieren
  - Daten konvertieren, so dass die Zielapplikation diese versteht
  - Daten importieren

  entwickelt waren. Dass bei derartigen Verbindungen das Wissen um deren Existenz, das Wissen über die Realisierungsform und der historische Hintergrund höchstens in den Köpfen der Entwickler vorhanden ist, können Sie sich gewiss vorstellen.

Ein anderer Fall von Auswirkungen fehlender technologischer Kompatibilität ist mit dem Begriff der Wiederverwendbarkeit verknüpft. Häufig genug mussten wir feststellen, dass Geschäftsprozesslogik mehrfach realisiert wurde, weil in einzelnen Applikationen technische Restriktionen existierten, die die Nutzung bereits realisierter Funktionalitäten verhindert[6] haben. Ein typisches Beispiel hierfür, für das einige der uns bekannten Unternehmen Pate stehen, ist das Kundenselbstadministrationsportal über das Internet. Viele Funktionen sind neu realisiert worden, obwohl die Funktionalitäten bereits in der CRM-Applikation zur Verfügung standen. Hier werden beispielsweise Adressvalidierungen, Bestandskundenprüfungen und Ordertracking-Mechanismen komplett neu implementiert, ohne auf die bereits in der CRM-Applikation vorhandenen Dienste zurückzugreifen.

6

Stationen auf dem Weg zur Soll-Architektur

Über die Lösung dieser Probleme lassen sich leicht die einzelnen Ziele bestimmen und in ein Abhängigkeitsverhältnis zueinander setzen. In Abbildung 6.11 sehen Sie die einzelnen Teilziele grafisch veranschaulicht. Relevante Dokumente, die entweder als Eingabe oder aber als Ergebnis eine Rolle spielen, sind mit gestrichelten Linien mit den zugehörigen Zielen verbunden. Doch lassen Sie uns ein wenig detaillierter auf die einzelnen Ziele und deren Strukturierung eingehen.

Ohne Transparenz und Akzeptanz wird die Soll-Architektur nie erreicht werden.

Wichtig bei der Konzeption des Weges in Richtung einer IT-Architektur, die im Einklang mit der Geschäftsstrategie funktioniert, ist die Berücksichtigung der Lernfähigkeit des Unternehmens. Wir müssen uns jederzeit darüber im Klaren sein, dass dieser Weg massive Einschnitte und Veränderungen für die bis dato gewohnte Arbeitsweise bedeuten wird. Ein globales Architekturdenken ist nämlich für die meisten Mitarbeiter im Unternehmen ungewohnt, teilweise sogar nicht gewollt. Betrachten wir hierzu die gängige Praxis: Bis zu diesem Zeitpunkt wurden Entscheidungen von dem lokal Verantwortlichen auf der Grundlage persönlicher Erfahrungswerte und Präferenzen getroffen. Und das bedeutet, dass jede Veränderung in Richtung eines

6 Der Fairness halber muss an dieser Stelle erwähnt werden, dass technologische Inkompatibilitäten häufig von Entwicklern als Vorwand für die Möglichkeit zu einer erneuten Realisierung genutzt werden. Von daher sind redundant implementierte Funktionen auch im Nachhinein immer wieder zu hinterfragen.

standardisierten, unternehmenskonformen Vorgehens automatisch eine Beschränkung der Rechte und Möglichkeiten des Einzelnen nach sich zieht und damit zwangsläufig Unzufriedenheitspotenzial in sich birgt. Ein Verhindern von Widerstand wird nur durch ein hohes Maß an Transparenz und einer dem Unternehmen angepassten Umsetzungsgeschwindigkeit zu erreichen sein. Aus dieser Motivation entwickeln sich die in Abbildung 6.11 dargestellten Ziele für den IT-Architekten bzw. ein IT-Architekturgremium von einer Lernphase über die Rolle des Ratgebers bis hin zum Manager der IT-Architektur im Kontext der Unternehmensstrategie.

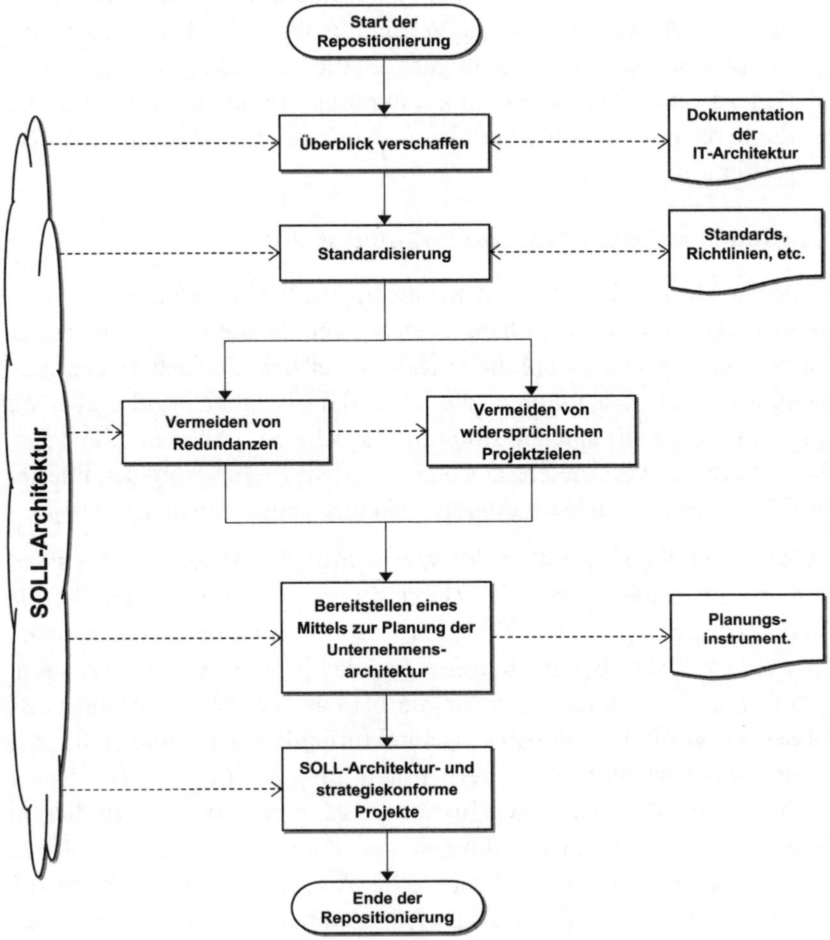

Abbildung 6.11 Ziele auf dem Weg zu einer unternehmenskonformen IT-Architektur

Beim ersten Teilziel handelt es sich um eine reine Lernphase. Es gilt, einen umfassenden Überblick über die Unternehmensziele, die IT-Architektur und ihre Bestandteile zu gewinnen. Alle Prozesse, Applikationen, Schnittstellen und Daten müssen aufgenommen, dokumentiert und bewertet werden. Kapitel 2 und 3 beschreiben hierzu detailliert Rahmenbedingungen und Vorgehen. Auch müssen Sie sich an dieser Stelle ein gründliches Wissen über die Unternehmensziele und Unternehmensstrategie verschaffen. Diese beiden Facetten, die bestehende IT-Architektur auf der einen und die Unternehmensstrategie auf der anderen Seite, spannen den Handlungsrahmen auf.

Bestandsaufnahme

Im nächsten Schritt werden auf der Basis der erfassten Informationen Richtlinien und Standards für Prozesse, Applikationen, Schnittstellen und Daten definiert – die erste Phase im Repositionierungsprozess, in der der IT-Architekt aktiv in die IT-Architektur eingreift. Diese Maßnahmen in Richtung zu mehr Standardisierungen dienen primär dazu, die Komplexität zu bewältigen. Denn ohne klare Vorgaben für zukünftige Veränderungen wird es nicht möglich sein, die IT-Architektur zu steuern. Das bedingt natürlich auch, dass Standardisierungstätigkeiten kein abschließbarer Prozess, sondern ein fortwährender Vorgang sind.

Definition des Zielkorridors

Anschließend beginnen erst die korrigierenden Maßnahmen, in Abbildung 6.11 mit *Vermeiden von Redundanzen* und *Vermeiden von widersprüchlichen Projektzielen* bezeichnet. Redundanzen in der IT-Architektur wirken sich unmittelbar auf die Komplexität und damit auf die Flexibilität und entstehenden Aufwände aus. Beispielsweise führen neue Anforderungen, die redundant existierende Funktionen, Applikationen oder Daten betreffen, zu Mehraufwänden bei der Umsetzung und damit zu Komplexitätssteigerungen. Ähnlich verhält es sich bei widersprüchlichen Projektzielen. Das Erkennen und Beseitigen dieser Konstellationen ist eine erste Realisierung von Rationalisierungspotenzialen in der IT-Architektur. Des Weiteren wandelt sich die Rolle des IT-Architekten in Richtung eines Beraters und Optimierers.

Korrigierende Maßnahmen

In der folgenden Phase der Repositionierung der IT-Architektur ist der IT-Architekt gefordert, ein Planungsinstrument bereitzustellen. Vereinfacht gesprochen, wird er ein Mittel zur Beantwortung der Frage »*Wann wird was warum wo gebaut?*« konstruieren und in das Unternehmen einführen. Um diesen Schritt leisten zu können, sind zwei operative Meilensteine zwingend erforderlich:

Planung und Steuerung

- Die Konzeption der Soll-Architektur
- Die Bereitstellung eines Architektur-Frameworks

Gerade diese Phase ist ein wesentlicher Abschnitt beim Wandel der Bedeutung der IT-Architektur. Mit dem Erreichen des gesteckten Ziels ist ein essenzieller Schritt in Richtung auf die direkte Unterstützung der Unternehmensziele und -strategien vollzogen. Als bewährtes Planungsinstrument hierfür haben wir in Abschnitt 4.5 bereits die Balanced Scorecard (BSC) für die Umsetzung der Architekturstrategie vorgestellt. Die BSC bildet das Fundament zu einer Investitionsplanung in Anlehnung an die Unternehmens- und damit Architekturentwicklung. So können beispielsweise Gelder zielgerichtet und effizient zur strategischen Unterstützung eingesetzt werden.

Fokussierung auf die Soll-Architektur

Der letzte Meilenstein hat die Durchführung strategiekonformer Projekte zum Ziel. Das heißt, jedes dann existierende Projekt orientiert sich in seinem Beitrag zur Wertschöpfung an der Soll-Architektur und damit an den strategischen Zielen des Unternehmens. Der Gesamtentwicklungsprozess bis zu diesem Ziel ist nicht zu unterschätzen, er beinhaltet nämlich neben einer Neu-Strukturierung und -Positionierung der IT-Architektur auch einen Sinneswandel im Unternehmen. Lassen Sie uns diesen Abschnitt daher mit einer Diskussion des Begriffs »Sinneswandel« schließen.

IT nur noch zweckgebunden und architekturkonform akzeptieren

Heute sind viele Unternehmen durch ein fehlendes IT-Architekturdenken geprägt. Viele der getroffenen Entscheidungen basieren typischerweise auf den Erfahrungswerten und Präferenzen einzelner Mitarbeiter, die im Unternehmen den Guru-Status genießen. Zwangsläufig resultieren daraus Konsequenzen wie beispielsweise individuelle Lösungsansätze und fehlende Kontinuität und Kompatibilität. Und genau diesen Zustand greift das oben vorgestellte Vorgehensmodell an. Von einzelnen getroffene Entscheidungen werden durch Beschlüsse eines IT-Architekturgremiums ersetzt, Lösungskonzepte müssen sich zukünftig am Beitrag zum Geschäftserfolg messen lassen, und Eigenschaften wie Konformität, Nutzenbetrachtung und Wirtschaftlichkeit werden zu den treibenden Faktoren für die Entscheidungen bei zukünftigen Projekten. Insbesondere diejenigen Mitarbeiter, deren Handschrift in der aktuellen IT-Architektur deutlich sichtbar ist, werden durch diesen Änderungsprozess starke Einschnitte in der gewohnten Arbeitsweise erfahren. Um nun negative Auswirkungen auf die IT-Architektur und damit das Unternehmen zu vermeiden, ist es eine der zentralen Aufgaben, bei den Meinungsbildern und treibenden Kräften Fürsprecher für diesen Änderungsprozess zu gewinnen.

6.2.3 Fallbeispiel Applikation

Der Weg zur Soll-Architektur ist ein hehres Ziel, doch wie und wo soll man beginnen? Für jede der Dimensionen des Unternehmensökosystems IT-Architektur muss ein Entwicklungsplan entworfen und umgesetzt werden[7] – und zwar so, dass die Beziehungen untereinander in einem ausgewogenen Verhältnis zueinander bleiben. In diesem Abschnitt erläutern wir das Vorgehen am Beispiel der Applikationen. Dabei orientieren wir uns an den folgenden Schritten, die mühelos auch auf die anderen Dimensionen übertragen werden können:

- Bewertung des aktuellen Zustands
- Zielbeschreibung
- Maßnahmenbestimmung
- Bestimmung erlaubter Lösungsszenarien
- Beschreibung der Lösung und des erforderlichen Entwicklungspfads

Bewertung des aktuellen Zustands

Im ersten Schritt gilt es, die existierenden Applikationen zu bewerten. Für uns sind zwei Gruppen von Bewertungskriterien maßgeblich, die wir als aggregierte Kenngrößen in das Beurteilungsschema einfließen lassen:

- **Heutige Leistungsfähigkeit**
  Diese Kenngröße beschreibt den aktuellen Zustand der einzelnen Applikationen. Zur Bestimmung dieses Wertes fließen natürlich verschiedenste Werte ein, die über eine zu definierende Metrik in einen einzelnen Wert transformiert werden. Das Ziel ist ein Maß, das die Leistungsfähigkeit der Applikationen bzw., anders herum ausgedrückt, den zu erwartenden Aufwand bei der Anpassung der Qualität an das erforderliche Niveau ausdrückt.

  In Abbildung 6.12 sind drei Applikationen exemplarisch bezüglich ihrer technischen und fachlichen Qualität angeordnet. Über den Abstand der Projektion auf die Winkelhalbierende (vgl. die Strecke x_1 in der Abbildung) werden diese beiden Werte pro Applikation zu einer Kennzahl aggregiert.

7 Dieser Entwicklungsplan kann später zum Beispiel als Grundlage für die Definition der strategischen Ziele für die BSC verwendet werden (vgl. Abschnitt 4.5).

- **Zukünftiger Beitrag zur Wertschöpfung**

  Die zukünftige Relevanz einer Applikation ist ein weiterer wichtiger Wert, der in diesen Entwicklungsplan einfließen muss. Diese Kenngröße setzt sich aus Kriterien wie wirtschaftlicher Hebel, Unterstützung wertschöpfender Geschäftsprozesse, Strategiekonformität etc. zusammen.

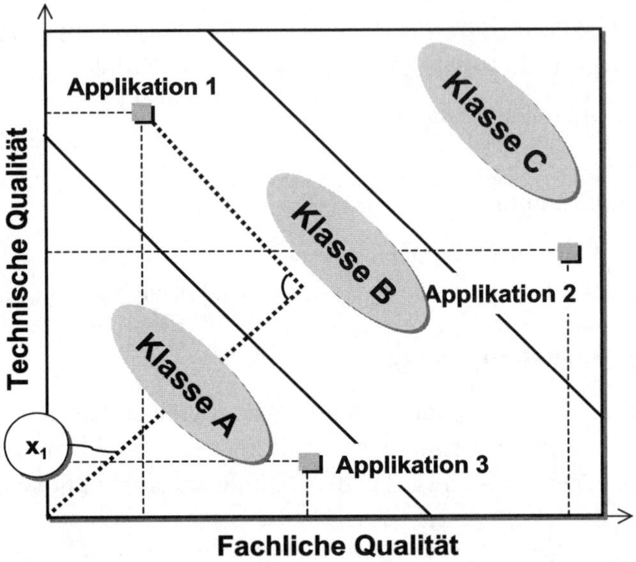

Abbildung 6.12 Beispiel für die Bewertung der aktuellen Leistungsfähigkeit der Applikationen

Applikationen müssen zur Wertschöpfung beitragen

Diese beiden Kenngrößen sind so gewählt, dass sie auf einfache Weise den heutigen Wert und die notwendigen Handlungsableitungen der einzelnen Applikationen für die Zukunft darstellen. Doch was heißt das im Detail? Vereinfacht ausgedrückt hat es für die Unternehmen die folgende Konsequenz:

> Ein Unternehmen benötigt eine redundanzfreie Landschaft von Applikationen mit großem Wertschöpfungspotenzial in hoher technischer und fachlicher Qualität.

Es gelten daher die Schlussfolgerungen:

- Wenn kein Wertschöpfungspotenzial im Sinne des Unternehmens existiert, lohnt sich eine Entwicklung der jeweiligen Applikation nicht.
- Bei Applikationen mit hohem Wertschöpfungspotenzial und schlechter Qualität müssen die Schwächen verbessert werden.
- Bei der Bestimmung investitionswürdiger Applikationen ist immer die Forderung nach einer in Hinblick auf die Funktionen redundanzfreien IT-Architektur zu berücksichtigen.

Handlungsoptionen

In Abbildung 6.13 sind beispielhaft für einzelne Applikationen die Einordnung bezüglich der Kenngrößen *Leistungsfähigkeit* und *Wertschöpfungspotenzial* abgebildet. Wir haben die Applikationen in drei Gruppen geteilt:

- **Nicht investieren**
  Applikationen dieser Kategorie besitzen eine hohe Qualität und Flexibilität, allerdings haben die abgedeckten Funktionen kaum Wertschöpfungspotenzial. Die Konsequenz ist, dass diese Applikationen in Hinblick auf ihre wirtschaftliche Leistungsfähigkeit nahezu ausgereizt sind.
- **Bedingt investieren**
  Gerade im mittleren Bereich dieser Sektion, das heißt bei Applikationen mit durchschnittlicher Qualität und durchschnittlichem Wertschöpfungspotenzial, muss im Einzelnen geprüft werden, in welchem Maße Investitionen sinnvoll sind. Unser Erfahrung nach werden die meisten Applikationen eines Unternehmens in diesem Abschnitt eingeordnet. Somit stellt die Forderung nach Redundanzfreiheit unter der Prämisse *Kosten sparen* ein wesentliches Argument für die Entscheidung dar, ob in diese Applikation investiert werden soll.
- **Investieren**
  Dieser Abschnitt enthält Applikationen mit niedriger Qualität, hoher Wartungsintensität sowie großer Komplexität. Allerdings – und das ist das Interessante an diesem Abschnitt – sind diese Applikationen auf Grund ihres Wertschöpfungspotenzials wirtschaftlich interessant für das Unternehmen. Investitionen können wirksam eingesetzt werden und versprechen eine hohe Rentabilität.

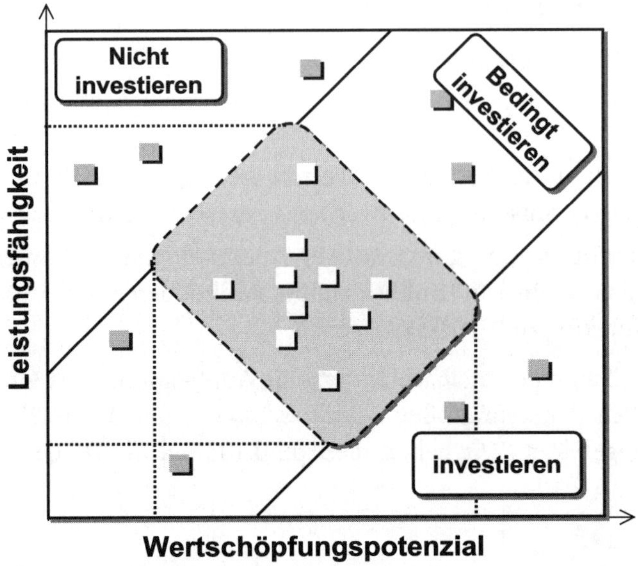

Abbildung 6.13 Kategorisierung der Applikationen der IT-Architektur

Zielbeschreibung für Applikationen

Wertschöpfungspotenzial als Treiber für die Soll-Architektur

Die Zielbeschreibung ist im ersten Schritt völlig losgelöst vom aktuellen Zustand der IT-Architektur zu formulieren. Die Frage, die es zu beantworten gilt, lautet: »Welche Applikationen werden benötigt, wenn man die Chance hätte, die komplette IT-Architektur neu aufzubauen?«. Lassen Sie hierfür einmal die Bewertungsdimensionen des vorherigen Abschnitts Revue passieren. Wir haben die Applikationen sowohl bezüglich des aktuellen Zustands als auch bezüglich des Wertschöpfungspotenzials beurteilt. Für die Zielbeschreibung ist das Wertschöpfungspotenzial der Treiber. Angewandt auf die Applikation, ist die Frage wie folgt zu formulieren: Wie müssen Applikationen aufgebaut sein, damit sie ein hohes Wertschöpfungspotenzial im Unternehmen aufweisen? Das Hauptkriterien für die Forderung nach einem hohen Wertschöpfungspotenzial sind die Strategie des Unternehmens sowie die heutigen und zukünftigen Geschäftsprozesse, bei denen durch Applikationsunterstützung ein großer wirtschaftlicher Hebel zum Tragen kommt. Das Kapitel 2 beschreibt Verfahren und Techniken, um auf Basis von Prozessen und Funktionen die Grundlage für Applikationsbeschreibungen zu schaffen.

Erst anschließend wird der erste Entwurf der Zielbeschreibung mit der bestehenden Applikationslandschaft abgestimmt. Mitunter kann es erforderlich sein, Applikationsgrenzen aus Kostengründen neu zu definieren. Der abzubildende Funktionsumfang und die Funktionsgruppen und Funktionsdomänen sollten aber im Wesensgehalt unverändert bleiben, da genau sie das Wertschöpfungspotenzial bilden.

Ausgewogenheit von Qualität, Zeit und Kosten

Wir haben jetzt die Soll-Applikationen in ihrer funktionalen Ausprägung definiert, wobei das treibende Argument das Wertschöpfungspotenzial war. Um jedoch diese Soll-Applikationen mit dem Ist-Zustand vergleichen und entsprechende Handlungsableitungen festlegen zu können, fehlt die geforderte Leistungsfähigkeit. Die Forderung nach dem Maximalwert wäre natürlich, d.h. eine bezüglich technischer und fachlicher Qualität optimale Ausprägung, nur schlägt dieser Anspruch unmittelbar auf die Kostenseite durch. Wir schlagen an dieser Stelle vor, einen Anspruch an die Qualität zu formulieren, der in einem realistischen Kosten- und Zeitrahmen umgesetzt werden kann und sich somit am Bestand orientiert. Damit bewegen sich die Soll-Applikationen qualitativ im oberen Bereich[8], nicht notwendigerweise jedoch am Maximalwert.

Maßnahmenbestimmung

Durch die Ist- und Soll-Bestimmung können nun die notwendigen Maßnahmen geplant werden. Aus Applikationssicht bedeutet das letztlich die Beantwortung der folgenden Fragen:

- Welche Ist-Applikationen werden (mittelfristig) abgelöst?
- Welche Ist-Applikationen werden zu welchen Soll-Applikationen weiterentwickelt?
- Welche Ist-Applikationen gehen in welchen Soll-Applikationen auf?

Als Konsequenz auf die Antworten muss für jede der Ist-Applikationen ein Ablöseplan, ein Migrationsplan oder aber ein Weiterentwicklungsplan erstellt werden.[9] Abbildung 6.14 zeigt exemplarisch auf der Grundlage der Einordnung der Applikationen die Entwicklungspfade. Die in den Kreisen darstellten Applikationen repräsentieren die Soll-Applikationen, die grauen Quadrate stehen für die Ist-Applikationen.

8 Für das Maß der unteren Grenze sind eine beherrschbare Komplexität und eine finanzierbare Wartung wichtig.

9 An dieser Stelle treten viele Wechselwirkungen mit den anderen Dimensionen des Unternehmensökosystems IT-Architektur auf. Betrachten Sie nur die Auswirkungen auf die Organisation, wenn eine Applikation beispielweise abgelöst wird, wie in Abschnitt 4.2.4 beschrieben.

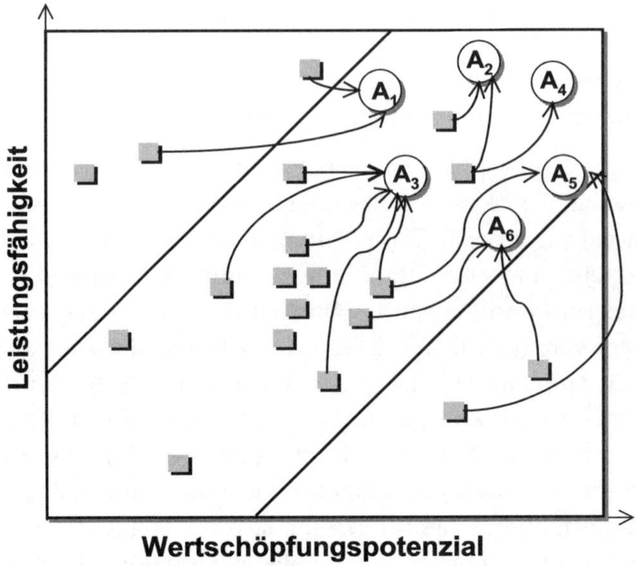

Abbildung 6.14 Entwicklungspfade der Applikationen

Diese Phase ist äußerst brisant, denn wie weiter oben bereits erwähnt wurde, verschiebt sie organisatorische Machtverhältnisse. Mitunter fällt die Entscheidung für eine Ablösung oder Zerschlagung bestimmter Applikationen, im Gegenzug werden Nischenapplikationen aufgewertet.

Bestimmung erlaubter Lösungsszenarios

Standards, Richtlinien und Machbarkeit als Filter

Jedes Lösungsszenario, das als potenzieller Kandidat für eine Zieldefinition in Frage kommt, ist in Hinblick auf bestehende Rahmenbedingungen zu verifizieren. Festgelegte Standards und Richtlinien fungieren in dieser Situation als eine Art Filter, der die möglichen Lösungsszenarien von den nicht zulässigen trennt. Ergänzend ist die Machbarkeit zu gewährleisten. Jedes Szenario muss sich dem Rahmen anpassen, der durch die zur Verfügung stehenden Ressourcen und den geplanten Zeitrahmen vorgegeben wird.

Ein wichtiger Prüfstein für Lösungsvorschläge wird durch das Framework gebildet. Nur Lösungen, die sich konform zum definierten Framework etablieren lassen, kommen für die weitere Planung in Frage. Ausnahmesituation stellen die Fälle dar, in denen sich nicht alle Lösungen für eine Problemstellung in den definierten Architekturkontext einbetten lassen. Diese Situation erfordert entweder eine Erweiterung der bestehenden Rahmenbedingungen oder aber die bewusste Entscheidung für eine Ausnahmeregelung.

Beschreibung der Lösung und des erforderlichen Entwicklungspfads

Ist die Entscheidung für ein Lösungsszenario gefallen, erfolgt eine detaillierte Konzeption und Beschreibung der Zielarchitektur. Anschließend erfolgt die Projektplanung, bei der Beschränkungen durch den Zeitplan und die Kosten berücksichtigt werden. An dieser Stelle muss ganz bewusst der Gesamtprojektplan für die Migration der IT-Architektur eingebunden werden: Zum einen sind potenzielle Abhängigkeiten und Zielkonflikte aufzulösen, auf der anderen Seite kann an dieser Stelle die Konformität bezüglich der operativen Umsetzung verifiziert werden. Das bedeutet, dass beispielsweise Messpunkte etabliert werden, an denen geprüft werden kann, ob sich der geplante Effekt in der Realität einstellt.

6.3 Zusammenfassung

In den ersten Abschnitten dieses Kapitels haben wir nochmals kurz die Einflussfaktoren auf die IT-Architektur beschrieben und dabei feststellen müssen, dass der Markt, in dem sich ein Unternehmen bewegt, dabei eine erhebliche Rolle spielt. Denn letzten Endes ist der Markt die treibende Kraft für die Unternehmensstrategie und damit für die Soll-Architektur, also für die Vision einer IT-Architektur. Die dadurch erwachsene Komplexität wird im abschließend behandelten Architekturlebenszyklus klar. Denn mit dem Markt sind auch die Unternehmensstrategie und die daraus abgeleitete Soll-Architektur einer fortwährenden Veränderung ausgesetzt. Als Konsequenz kann man dieser Problematik nur mit einem geeigneten Entwicklungsprozess und einer angepassten Organisation begegnen.

Der zweite Teil dieses Kapitels beschäftigte sich dann mit dem »Wie« – dem Weg zur Architekturvision. Die zentrale Fragestellung ist dabei das Vorgehensmodell für die Entwicklung einer Soll-Architektur. Für jede Dimension des Unternehmensökosystems IT-Architektur, das wir in diesem Kapitel am Beispiel der Applikation erläutert haben, muss zu Beginn eine Ist-Analyse und Soll-Definition durchgeführt werden. In den anschließenden Phasen wird darauf aufbauend ein Maßnahmenkatalog und ein vertretbares Lösungsszenario festgelegt. Dabei müssen die vielen nötigen Migrationsvorhaben so geschickt in das Tagesgeschäft integriert werden, dass weder die Vision noch das operative Geschäft aus dem Auge verloren werden.

Die folgenden Kapitel beschreiben dieses bisher nur theoretisch dargestellte Vorgehen anhand verschiedener Beispiele für eine IT-Architektur.

7 Der IT-Architektur-Guide

7 Der IT-Architektur-Guide

In sieben Tagen schuf Gott die Welt. Danach traten ihm die Baumeister und Ingenieure zur Seite, um zu vollenden, was der Herr nicht zu Ende gebracht hatte. Seitdem pflügen sie die Erde um und sind bis heute nicht fertig.
*Michael Mönninger (*1958), dt. Journalist (FAZ)*

7.1 Rezeptbuch für typische Problemstellungen

Wir haben in den vorangegangenen Kapiteln die Komplexität und das bestehende Abhängigkeitsgefüge der IT-Architektur im Unternehmen beschrieben und dabei den Begriff des Unternehmensökosystems IT-Architektur geprägt. Nach der Beschreibung einzelner Grundlagen und erforderlicher Handwerksmethoden haben wir anschließend Ableitungen getroffen, die nötig sind, um eine IT-Architektur über ihren gesamten Lebenszyklus hinweg zu managen. Damit sind Sie als Leser in der Lage, die IT-Architekturvision aufzuzeigen und den Weg zur Erreichung zu planen und durchzuführen.

Doch wie geht man mit den typischen Problemstellungen um, auf die man während der Umsetzung einer IT-Strategie unweigerlich trifft? Dieses Kapitel soll die vorhandene Lücke schließen. Für bestimmte immer wiederkehrende Problemstellungen stellen wir Lösungsszenarien vor und betten diese in die in diesem Buch gewonnene Erkenntnisse über IT-Architekturen ein.

Bevor nun eine falsche Erwartungshaltung entsteht, möchten wir einige ergänzende Bemerkungen machen. Alle hier vorgestellten Problem- und Lösungsszenarien sind naturgemäß generisch, d.h., sie müssen sowohl an die Ist-Situation, an die Soll-Architektur als auch an die gewählte Vorgehensweise zur Erreichung dieser Architektur angepasst werden. Dazu ist wiederum ein tiefes Verständnis der IT-Architekturen im Allgemeinen und der aktuellen Ist-Architektur im Unternehmen absolut erforderlich. Der eventuell herrschenden Vorstellung, dass man die Entwicklung der IT-Architektur auf sich zukommen lassen und bei entstehenden Problemen die zugehörige Lösung aus einem Katalog heraussuchen könne, müssen wir an dieser Stelle eine klare Absage erteilen.

Die behandelten Problemszenarien sind so ausgewählt worden, dass sie entweder bei der Migration in Richtung Soll-Architektur auftreten oder aber einen massiven Eingriff in die IT-Architektur des Unternehmens bedeuten. Folgende Situationen werden beschrieben:

- Ablösen einer Applikation
- Etablieren von Reportingschnittstellen
- Aufbau einer Integrationsplattform
- Einführen eines Datenmanagements
- Unternehmenszusammenschlüsse

Diese Liste ist sicherlich alles andere als vollständig, behandelt aber die wesentlichen Ereignisse, die eine IT-Architektur nachhaltig beeinflussen. Ansätze für nicht beschriebene Situationen können somit leicht aus den aufgeführten Vorgehensweisen abgeleitet werden.

Gliederung eines Lösungsszenarios

Um diesem Kapitel ein wenig den Charakter eines Katalogs zu verleihen, haben wir alle der beschriebenen Szenarien in einem gleich gegliederten Format dargestellt:

- **Typisches Szenario**
  Dieser Abschnitt beschreibt die jeweils behandelte Problemstellung und typische Situationen, die zu diesem Problemszenario führen. Um dieses einfach in Ihre Umgebung transferieren zu können, finden Sie die Beschreibung einiger Fälle aus der Praxis, die diese Situation verdeutlichen bzw. im jeweiligen Kontext auftreten.
- **Vorgehen**
  Die Umsetzung der Problemlösung ist der Inhalt dieses Abschnitts. Zur besseren Übersichtlichkeit stellen wir immer zu Beginn die Vorgehensweise anhand einer grafischen Darstellung vor. In Abbildung 7.1 sehen Sie das Aussehen, die verwendeten Objekte und die Notation. Die Repräsentation erfolgt mittels eines Zeitstrahls, der bei der Problemidentifizierung (bezeichnet mit t_0) beginnt. Auf der linken Seite werden alle betroffenen Rollen dargestellt. Die Tätigkeiten und Aktionen sind jeweils auf der Höhe der verantwortlichen Rolle eingezeichnet.

  Im Anschluss erfolgt dann die Schilderung der einzelnen Phasen bis hin zur Problemlösung.

- **Auswirkungen**
  Jeder Eingriff in die IT-Architektur hat natürlich enorme Auswirkungen auf die Umgebung. Bei der Dokumentation dieser Auswirkungen orientieren wir uns am Unternehmensökosystem IT-Architektur und zeigen über die Dimensionen
  - Daten,
  - Applikationen,
  - Prozesse und
  - Organisation

  die Folgen auf. Da die Unternehmensstrategie der Motor für die IT-Architekturvision und damit für alle größeren Eingriffe in die IT-Architektur ist, ist es nicht erforderlich, auf diesen Aspekt gesondert einzugehen.
- **Risikopunkte**
  Eingriffe in die IT-Architektur und damit verbundene Änderungsprozesse bringen unvermeidbar auch Risiken mit sich. Nur wenn alle Risiken beleuchtet werden, können sinnvolle Gegenmaßnahmen geplant und durchgeführt werden. Aus diesem Grund gehen wir auf diese Thematik in einem eigenen Abschnitt ein.
- **Varianten**
  Natürlich gibt es nicht nur eine gültige Lösung. Das ideale Vorgehen hängt von vielen Faktoren (wie aktuelle Gegebenheiten und infrastrukturelle Rahmenbedingungen, Ausrichtung des Unternehmens, Stellenwert der IT etc.) ab. In diesem Abschnitt diskutieren wir daher einige Variationen des vorgestellten Lösungsszenarios bzw. Teilprobleme, die je nach lokaler Ausprägung verschieden gelöst werden können.

Bevor wir nun die einzelnen Szenarien im Detail beschreiben, möchten wir nochmals darauf hinweisen, dass es nicht unser Ziel ist, eine technisch perfekte Lösung zu präsentieren. Unser Schwerpunkt liegt auf dem Vorgehensmodell, das neben der eigentlichen Problemlösung das Ziel verfolgt, sich perfekt in die Gesamtentwicklung der IT-Architektur einzufügen. Die Umsetzbarkeit der beschriebenen Lösungsszenarien konnten wir bereits in der Praxis erfolgreich erproben.

Notation für die Darstellung der Vorgehensweise

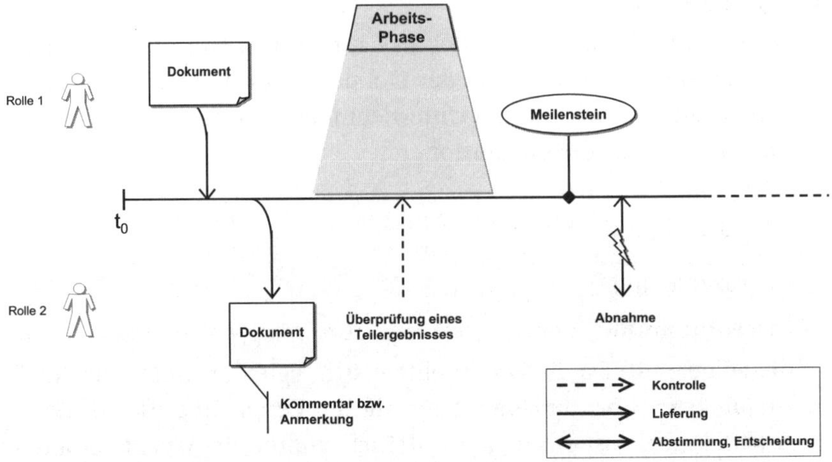

Abbildung 7.1 Beispiel für die Darstellung einer Vorgehensweise

7.2 Ablösen einer Applikation

7.2.1 Typisches Szenario

In diesem Abschnitt behandeln wir die Situation des Ablösens und Ersetzens von Applikationen. Gründe, die diesen Schritt erforderlich machen, gibt es viele. Insbesondere in dynamischen Märkten, bei sich schnell verändernden Anforderungen an die IT-Architektur sowie in stark wachsenden Unternehmen wird die Notwendigkeit, diesen Schritt durchzuführen, häufiger eintreten. Typische Gründe für einen Austausch einer Applikation sind:

- **Überalterung einer Applikation**
  Diesen Grund kann man sich sehr plastisch vorstellen. Unweigerlich denkt man an Vergleiche wie den Kauf eines neues Autos oder den Neukauf anderer abgenutzter Gebrauchsgegenstände. Dieser Vergleich ist durchaus zutreffend, denn sowohl der Hintergrund als auch die Motivation des Wechsels sind ähnlich. Gegenstände bieten entweder nicht mehr den Komfort, der als zeitgemäß angesehen wird, oder sind mittlerweile bezüglich der aufzubringenden Kosten zu teuer geworden. Um dies beurteilen zu können, muss natürlich fortwährend der Zustand einzelner Applikationen und der IT-Architektur im insgesamt gemessen und im Vergleich mit dem Sollzustand bewertet werden. Die Frage, die man sich dabei permanent stellen muss, lautet, ob der Zeitpunkt eines Wechsels gekommen ist.

- **Zusammenfassung mehrerer Applikationen zu einer Applikation**
  Gerade in schnell wachsenden IT-Architekturen findet man häufig eine hohe Anzahl so genannter Interimslösungen, d.h. Applikationen, die zur Überbrückung entwickelt wurden, bis die »richtige« Applikation fertig gestellt ist. Die Erfahrung zeigt, dass genau diese Übergangslösungen weitaus länger im Einsatz sind, als ursprünglich geplant. Auch, wenn die Geschäftsprozessunterstützung einigermaßen funktioniert, muss der IT-Architekt sich der Aufgabe stellen, diese Interimslösungen mittelfristig durch eine entsprechend entwickelte Applikation zu ersetzen.
- **Aufwerten von Applikationen**
  Diese Problematik hatten wir schon im Zusammenhang mit der Bewertung von Applikationen beschrieben. Mitunter existieren unternehmenskritische Applikationen, deren technologische Basis eine Aufwertung nicht zulässt.
- **Ersetzen von selbst entwickelten Applikationen durch eine Standard-Software (bzw. umgekehrt)**
  Diese Situation tritt häufig als typische Folge in schnell wachsenden Unternehmen bzw. deren IT-Architekturen auf. Zuerst werden zur Unterstützung schnell einige Tools und Automatismen entwickelt, die die Geschäftsprozessabwicklung beschleunigen sollen. Allerdings stehen in solchen Fällen die Funktionalität und nicht Qualitätsmerkmale wie Skalierbarkeit etc. im Vordergrund. Wird das Unternehmen größer, genügen diese Tools den Anforderungen nicht mehr. In Konsequenz wird über eine umfassendere und zukunftssichere IT-Lösung nachgedacht und das passende Angebot an Standardlösungen in Hinblick auf die neuen Ansprüche untersucht.
- **Technologiesprung**
  Diskussionen über nicht mehr zeitgemäße Technologien führen häufig zur Entscheidung, Applikationen zu ersetzen. Es entspricht ein wenig dem Streben der Menschen nach modernen Lösungen – oft sind es nur Trends oder Modeströmungen, denen man versucht gerecht zu werden. Die vorgebrachten Argumente sind mitunter sehr fragwürdig, denn unserer Erfahrung nach werden diese in den seltensten Fällen mit einer Wirtschaftlichkeitsbetrachtung bewiesen. Denken Sie beispielsweise an Begriffe wie Client-Server, 3-Schichten-Architektur, Web-Applikationen, Application-Server etc., die in den letzten Jahren Einzug in unsere IT-Landschaften erhalten haben.

- **Unternehmensindividuelle Entscheidungen**
  Es gibt viele Motivationen dafür, Applikationen abzulösen, die nicht fachlich begründet sind. Zu teuer gewordene Lizenzkosten, technologische Richtlinien, keine Individualentwicklung etc. sind nur einige davon. In diesem Zusammenhang darf man auch nicht die Migration in Richtung der Soll-Architektur –vergessen – ein Ziel, das parallel zum Tagesgeschäft zu verfolgen ist.

Diese Liste der Gründe ist beliebig erweiterbar. Die erste Schwierigkeit für ein Unternehmen ist es zu erkennen, ob eine Applikation ausgetauscht werden soll und wann der geeignetste Zeitpunkt dafür ist. Da diese Entscheidung mit immensen Kosten verbunden ist, besteht natürlich kein Interesse, diesen Schritt früher als notwendig zu unternehmen. Auf der anderen Seite erzeugen zu späte Ablösungen latente zusätzliche Kosten, die in der Regel von den Finanzabteilungen der Unternehmen nicht registriert werden. Denken Sie nur an überalterte Applikationen, bei denen die Kosten der Releases trotz gleich bleibender Anforderungsmenge stetig teurer werden.

Neue Applikation versus alte Applikation

Daraus erwächst für den IT-Architekten, insbesondere in Situationen, bei denen keine Impulse von außerhalb kommen, die Aufgabe, entsprechende Situationen zu erkennen und daraufhin Entscheidungsvorlagen zu erzeugen. Die Einschätzung, ob eine Applikation beispielsweise überaltert oder technologisch nicht mehr tragbar ist, kann nur von ihm kommen. Er bündelt alle hierfür erforderlichen Informationen und ist damit in der Lage, entsprechende Auswertungen durchzuführen.

Zwei Strömungen erschweren es allerdings, derartige Entscheidungen objektiv im Sinne des Unternehmens zu treffen:

- Anwender wehren sich gegen eine neue Applikation, da ein Wechsel wieder Einarbeitung, Lernphasen, Erfahrungsaufbau etc. nach sich zieht. Insbesondere lieb gewonnene Interimslösungen, die dem Anwender alle Freiheiten lassen, stellen erfahrungsgemäß die größten Hürden dar.
- Anwender fordern eine neue, moderne IT-Lösung, da die aktuell im Einsatz befindliche Applikation für sie nicht den Komfort bietet, der erforderlich ist, um die anstehenden Aufgaben zu lösen. Vielfach ist dieses Argument durch persönliche Präferenzen und subjektive Einschätzungen geprägt. Wir haben den Fall erlebt, dass unbedingt eine neue CRM-Applikation[1] angeschafft werden sollte, da die existie-

1 Es gab auch schon genaue Vorschläge für das gewünschte neue CRM-System, und die anfallenden Lizenzkosten waren auch schon ermittelt worden.

rende angeblich zu langsam war. Das Argument, dass die zu Grunde liegende Datenbank auf einem zu klein ausgelegten Rechner installiert war, wollte niemand hören.

7.2.2 Vorgehen

Austausch eines CRM-Systems

Die Vorgehensweise beim Ersetzen einer Applikation lässt sich sehr plastisch am Austausch einer unternehmensweit relevanten Applikation, hier an einem CRM-System eines Telkos, erläutern. Es sind sicherlich nicht alle Schritte unreflektiert übertragbar; der rote Faden wird sich aber in ähnlichen Situationen wieder anwenden lassen.

Unser Telko besitzt eine eigenentwickelte CRM-Applikation in einer klassischen Client-Server-Architektur. Da es in dieser immer schwieriger wird, neue Produkte abzubilden und neue Tarifstrukturen einzupflegen, wird im Unternehmen die Entscheidung gefällt, eine neue CRM-Applikation zu realisieren. Als technologische Grundlage soll eine 3-Schichten-Architektur mit einem Application-Server verwendet werden.

Der Weg zum neuen CRM-System

In Abbildung 7.2 ist die grobe Vorgehensweise dargestellt. Der Zeitstrahl beginnt bei der getroffenen Entscheidung, ein neues CRM-System zu realisieren, und endet bei der vollständigen Ablösung des alten CRM-Systems. Neben dem IT-Architekten spielt auch das Anforderungsmanagement eine bedeutende Rolle. Derartige Vorhaben lassen sich nicht nebenbei umsetzen, sondern benötigen einen gewissen Zeit- und Ressourcenbedarf. Damit kollidiert diese Unternehmung mit den täglich neuen Anforderungen der Freibereiche und erfordert eine Koordination im Sinne des Unternehmens.

Auftrag zum Austausch

Der operative Ablöseprozess beginnt mit dem Antrag beim Anforderungsmanagement, die CRM-Applikation zu ersetzen. Dieser auf den ersten Blick etwas bürokratisch anmutende Schritt hat durchaus seine Berechtigung. Auch wenn klar ist, wie die neue Struktur in der IT-Architektur aussehen soll, handelt es sich um ein Vorhaben von unternehmensweiter Bedeutung und beeinflusst damit auch andere Vorhaben. Eine Steuerung durch eine Rolle wie das Anforderungs-

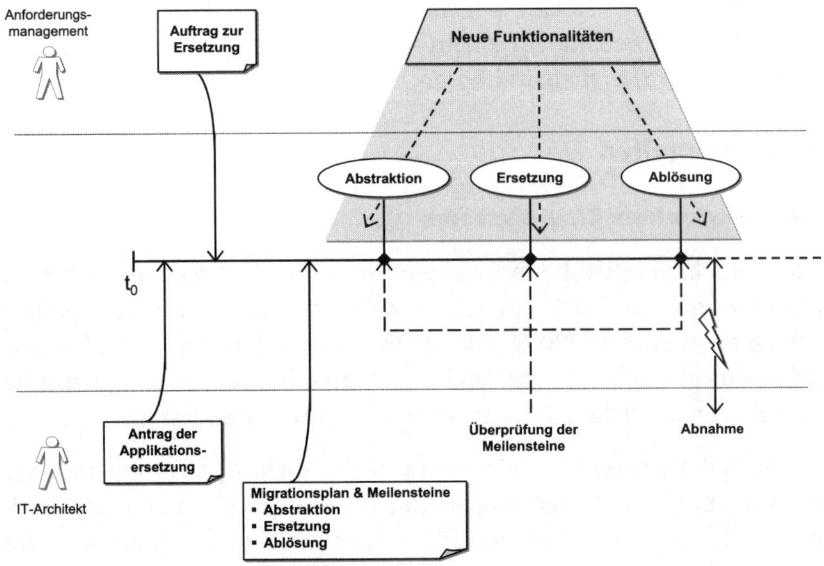

Abbildung 7.2 Ablauf beim Ersetzen einer Applikation

management ist also absolut erforderlich. Denken Sie beispielsweise an die organisatorischen Auswirkungen. Auch für das neue CRM-System wird ein Verantwortlicher benötigt. Die gleichzeitige Steuerung von zwei derart mächtigen Applikationen ist durch eine Person nicht zu bewältigen. Des Weiteren muss eine Regelung getroffen werden, wie mit neuen Anforderungen umzugehen ist, die die CRM-Welt betreffen. Sowohl die Priorisierung als auch die Zuordnung der neu geforderten Funktionalitäten ist dadurch beeinflusst.

Das Anforderungsmanagement etabliert dieses neue Vorhaben mit allen notwendigen Maßnahmen. Aus den oben angeführten Gründen ist es absolut erforderlich, dass während der kompletten Laufzeit des Ablöseprozesses das Anforderungsmanagement über den aktuellen Zustand informiert ist. Die neuen Verantwortungsbereiche während des Ersetzens der alten CRM-Applikation sind in Abbildung 7.3 dargestellt.

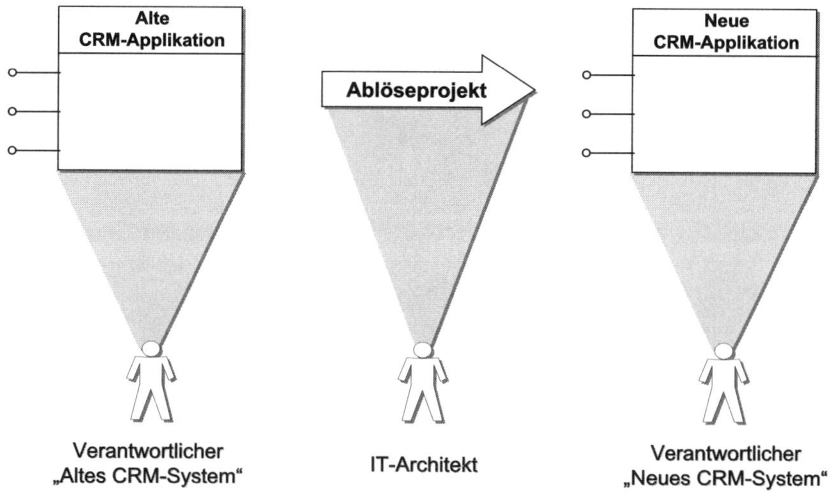

Abbildung 7.3 Die neuen Verantwortungsbereiche während des Ablöseprozesses

Migrationsplan

Im nächsten Schritt erarbeitet der IT-Architekt den Migrationsplan für die Erstellung des neuen CRM-Systems und die Ablösung des alten CRM-Systems. In unserem Beispiel handelt es sich um eine sehr komplexe Applikation; von daher wird die Ersetzung in mehreren Schritten erfolgen: Für einen bestimmten Zeitraum sind sowohl die alte als auch die neue CRM-Applikation im Einsatz, wobei die neue Applikation immer mehr an Bedeutung gewinnt. Abbildung 7.4 zeigt einen möglichen Verlauf einer Ablösung. In den frühen Phasen der Migration wächst die Bedeutung der neuen CRM-Applikation merklich an, um in der IT-Architektur schnell einen entsprechenden Stellenwert zu erlangen.

Die Bedeutung der neuen Applikation soll deswegen so schnell gesteigert werden, weil die Personen, die zuvor mit der alten Applikation befasst waren, natürlich daran gerne festhalten wollen. Der mittelfristige Wegfall einer Applikation bedeutet nämlich, dass bestimmtes technisches Know-how und erworbenes Detailwissen wertlos werden. Dass diese Aussicht nicht jeden Mitarbeiter zur konstruktiven Mitarbeit an dem Ablöseprozess ermutigen wird, liegt auf der Hand.

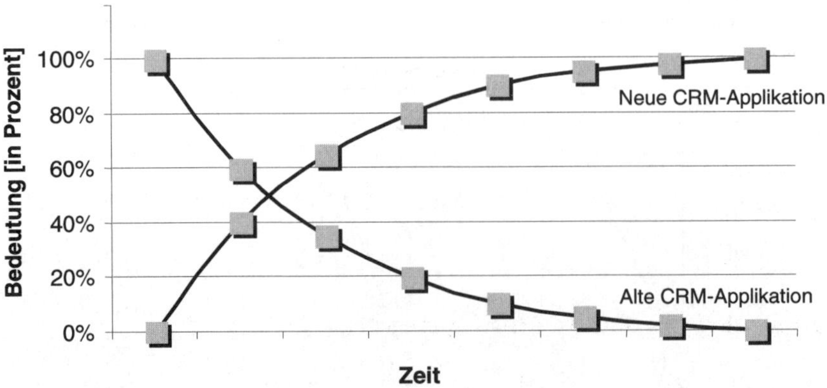

Abbildung 7.4 Ideale Ablösung einer Applikation, bezogen auf die Zeit

Die Schwierigkeit besteht nun darin, das Realisierungsprojekt der neuen CRM-Applikation so in einzelne Pakete zu unterteilen, dass mit jedem Schritt die Applikation für das Unternehmen an Bedeutung gewinnt, also der Ablösungsprozess nur noch sehr schwer aufgehalten oder rückgängig gemacht werden kann. Neben der inhaltlichen Abgrenzung der Arbeitspakete müssen diese auch so konzipiert werden, dass am Ende eines jeden Releases das Ziel des Bedeutungszuwachses gemessen werden kann. Dabei kann die Bedeutung beispielsweise an folgenden Dingen festgemacht werden:

- Anzahl der Mitarbeiter, die nach dem Release-Wechsel zusätzlich mit der neuen Applikation arbeiten
- Anzahl der Geschäftsprozesse, die durch das neue Release zusätzlich unterstützt werden
- Zuwachs der Daten, die durch die neue CRM-Applikation nach dem Release-Wechsel verwaltet werden

In unserem Beispiel entscheidet sich der IT-Architekt für Migrationsphasen auf der Grundlage von Kundensegmenten. Entsprechend der Organisationsstruktur werden einzelne Kundengruppen definiert und diese nach und nach in Richtung der neuen CRM-Applikation portiert. Das heißt für jedes dieser Kundensegmente, dass in der neuen CRM-Applikation alle Funktionalitäten realisiert werden, die für das jeweilige Kundensegment notwendig sind. Anschließend erfolgt eine Verschiebung dieser Kundendaten vom alten in Richtung des neuen CRM-Systems. Und je nachdem, ob ein Kunde schon migriert wurde oder nicht, arbeiten die Anwender entweder mit dem alten oder mit dem neuen System.

Aus diesem Konzept leiten sich die folgenden Migrationsphasen und damit verbundenen Meilensteine ab:

- Abstraktion
- Ersetzung
- Ablösung

Abstraktion von den CRM-Systemen

Die abzulösende CRM-Applikation kann natürlich nicht unabhängig von ihrem Umfeld betrachtet werden. Gerade ein so zentrales System besitzt eine Vielzahl von Abhängigkeiten zu Partnersystemen. Die CRM-Applikation wird von diversen Applikationen als Dienstleister genutzt, entweder in Form eines Daten- und Informationslieferanten oder als Ausführender bestimmter Funktionen. Außerdem spricht die CRM-Applikation auch diverse Schnittstellen anderer Applikationen an. Über die Darstellung der IT-Architektur als Graph können alle bestehenden Abhängigkeiten schnell und einfach ermittelt werden.

7

Während die Nutzung fremder Schnittstellen nur von dem Verantwortlichen der neuen CRM-Applikation als zusätzliche Funktionalität zu beachten ist, stellt die andere Richtung der Verbindungen eine Herausforderung dar. Sprechen diese Applikationen in gewohnter Manier die Schnittstellen der alten CRM-Applikation an, laufen sie unweigerlich Gefahr, dass benötigte Daten nicht mehr ermittelt oder Funktionen nicht mehr durchgeführt werden können. Jedes Mal, wenn ein bereits migrierter Kunde in irgendeiner Form durch die alte CRM-Applikation angesprochen wird, tritt diese Situation ein.

Lese- und Schreibsystem

Daher müssen Systeme etabliert werden, die zu jedem Zeitpunkt wissen, in welcher CRM-Applikation sich welcher Kunde befindet bzw. welche CRM-Applikation welche Funktionen mit welchen Parametern ausführen kann. Es liegt auf der Hand, dass diese Funktionalität sicherlich nicht in den Partnersystemen umgesetzt wird. Der Aufwand für einen derartigen Lösungsweg wäre bei weitem zu hoch. Stattdessen entscheidet sich der IT-Architekt für zwei zusätzliche Applikationen, um von den eigentlichen CRM-Applikationen zu abstrahieren:

- **Ein Lesesystem**
  Jede Applikation, die bestimmte Informationen oder Daten aus einer der CRM-Applikationen benötigt, greift zukünftig auf das Lesesystem zu. Dieses enthält die notwendige Logik, um zu entscheiden, wo sich welche Daten befinden, und weiß damit, auf welche der beiden CRM-Applikationen es zur Beantwortung der Anfrage zugreifen muss.
- **Ein Schreibsystem**
  Analog wird eine zweite Applikation realisiert, die alle von außen nutzbaren Funktionen der CRM-Applikationen publiziert. Je nach den Eingabeparametern und dem Stand der Ablösung entscheidet sie, im welchem CRM-System sie diese Funktion ausführen kann.

Abbildung 7.5 zeigt den entsprechenden Ausschnitt aus der IT-Architektur. Lediglich das Lese- und Schreibsystem hat noch Zugriff auf die beiden CRM-Applikationen. Für diese beiden zusätzlichen Applikationen müssen allerdings, auch wenn sie nur temporär bestehen werden, eigene Verantwortliche etabliert werden. Diese stellen sicher, dass entsprechend der Migrationsphasen die notwendigen Anpassungen vorgenommen werden.

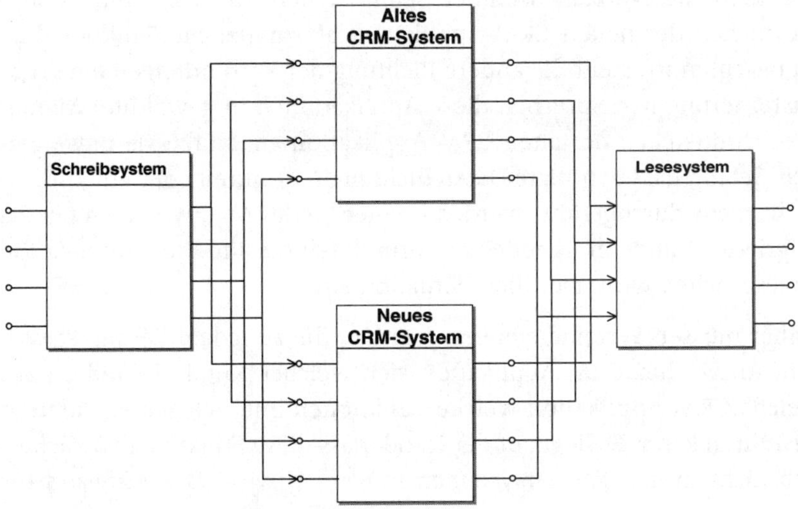

Abbildung 7.5 Abstraktion von den Lese- und Schreibschnittstellen

Durchführen der Abstraktion

Um nun zu Beginn des Migrationsprojekts die für die Abstraktion notwendigen Aufgaben durchzuführen, sind mehrere Schritte notwendig. In Abbildung 7.6 ist das Vorgehen dargestellt. In einem ersten vorbereitenden Abschnitt müssen alle aktuell existierenden Partnerapplikationen ermitteln werden. Denn genau diese definieren die betroffenen Funktionen und Daten, die von dem Lese- und Schreibsystem bereitgestellt werden müssen. Auf der Grundlage dieser analysierten Informationen kann die Definition der zu realisierenden Schnittstellen erfolgen. Es muss nicht unweigerlich sein, dass alle derzeit benutzten Schnittstellen auch in der bestehenden Art nachgebildet werden. Vielmehr ergibt sich in dieser Phase die Möglichkeit, ohne großen zusätzlichen Aufwand Vereinfachungen in der Schnittstellenlandschaft durchzuführen. Großen Einfluss wird die Soll-Architektur auf die Schnittstellenkonzeption ausüben, da an dieser Stelle auch implizit eine Anpassung der Ist-Architektur in Richtung Soll-Architektur erfolgen kann. Stellen Sie sich zum Beispiel vor, dass eine Applikation zur Evaluierung der Kundenstammdaten direkt auf die Datenbank zugreift. Im Zuge der Konzeption des Schreibsystems kann diese Schnittstelle entsprechend der Rahmenbedingungen für die Soll-Architektur angepasst werden.

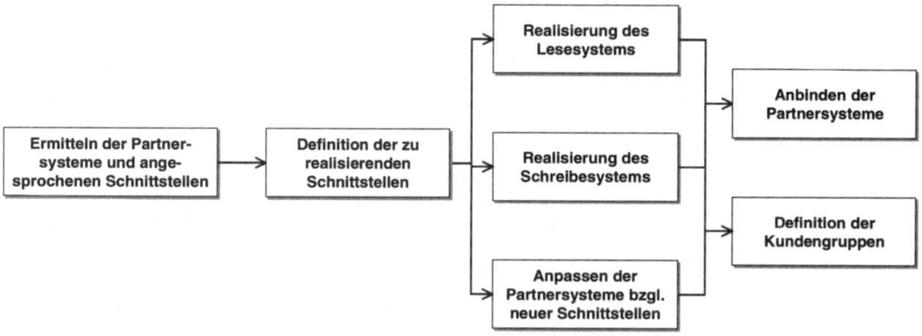

Abbildung 7.6 Umsetzung der Abstraktion

Im Anschluss an die Schnittstellendefinition können sowohl das Lese- als auch das Schreibsystem konzeptioniert und umgesetzt werden. Obwohl es sich bei beiden Applikationen um zeitlich beschränkte Applikationen handelt, sind sie dennoch während der Migrationsphase von außerordentlicher Wichtigkeit und brauchen daher eigene Verantwortliche. Wir erwähnten es bereits in den vorangegangenen Kapiteln: Menschen mit Verantwortungsbereichen tendieren dazu, diese zu vergrößern. Genau dieses Verhalten ist in dieser Situation allerdings mit Nachteilen behaftet, da diese Positionen nur temporär existieren. Um zu verhindern, dass nicht ablösbare neue Applikationen entstehen, muss der IT-Architekt nun zusätzlich die Bedeutung dieser neuen Applikationen in der IT-Architektur genau beobachten, um gegebenenfalls regulierend eingreifen zu können.

Nahezu parallel können die einzelnen Partnersysteme ihre Funktionsaufrufe in Richtung der abzulösenden CRM-Applikation entsprechend der Schnittstellenspezifikation anpassen. Das Ergebnis dieser eben beschriebenen Arbeitspakete ist eine vollständige Abstraktion von der derzeit im Einsatz befindlichen CRM-Applikation. Für die Partnersysteme ist nicht mehr nachvollziehbar, ob sie mit der alten oder mit der neuen CRM-Applikation arbeiten.

Die exakte Definition der Kundengruppen, über die der Ablösevorgang gesteuert wird, sollte in der Endphase der Vorbereitung fertig gestellt werden. Natürlich sind schon die Entscheidung über das Verfahren und die Grobkonzeption der beiden Abstraktionssysteme durch eine vage Gruppierung beeinflusst. Aber erst, wenn man die genaue Konzeption und Realisierung der zusätzlichen Applikationen kennt, wird man die Machbarkeit des Ablöseprozesses auf Basis einer Kundengruppierung beurteilen können.

Die bis jetzt durchgeführten Aktionen stellen einen nicht unbedeutenden Eingriff in die IT-Architektur dar und ziehen damit einigen administrativen Aufwand nach sich. Zum einen muss die Änderung der IT-Architektur bekannt gemacht werden. Denn jede Applikation, die in Zukunft auf die CRM-Applikation zugreifen möchte, muss sich mit dem Lese- bzw. Schreibsystem beschäftigen. Denn nur in diesen können neue Anforderungen umgesetzt werden, ansonsten würden wir unser Abstraktionsprinzip verletzen. Andererseits muss der IT-Architekt die neuen Applikationen, Schnittstellen und Verbindungen sowie die dadurch modifizierten internen Prozesse in sein Arbeitsumfeld aufnehmen.

Phasen der Ablösung

Sind die vorbereitenden Maßnahmen abgeschlossen, kann die Migration in Richtung der neuen CRM-Applikation beginnen. Die Partnersysteme sind von diesem Vorgang weitestgehend nicht betroffen. Sie sind nur dann involviert, wenn durch beispielsweise neue Produkte auch neue Schnittstellen erforderlich sind bzw. existierende Schnittstellen angepasst werden müssen. In diesem Fall erfolgt die Absprache nicht mehr mit dem CRM-Verantwortlichen, sondern mit dem Verantwortlichen für das Lese- bzw. Schreibsystem.

Typischerweise erfolgt die Umsetzung neuer Anforderungen an die CRM-Applikationen in klar abgegrenzten Release-Zyklen. Es bietet sich daher an, auch die Phasen der Applikationsersetzung in den Release-

Plan einzubetten. Damit sind für einen bestimmten Zeitraum die einzelnen Releases maßgeblich von der Ersetzung des aktuellen CRM-Systems geprägt. Von daher sollte das Migrationsvorhaben auch den Fachbereichen mitgeteilt werden, da es unmittelbar auch Auswirkungen auf die Menge der umsetzbaren neuen Funktionalitäten hat.

Releases in der Ablösephase

Während der Ablösungsphase setzt sich jedes Release aus den nachfolgend aufgeführten Schritten zusammen:

- **Anpassen des Lese- und Schreibsystems**
  Dadurch, dass mit der Auslieferung des neuen Releases bestimmte Kundengruppen nicht mehr in der alten, sondern in der neuen CRM-Applikation zu finden sind, müssen diese beiden Applikationen entsprechend adaptiert werden.
- **Deaktivieren nicht mehr benötigter Funktionen (alte CRM-Applikation)**
  Alle Funktionen, die sich ausschließlich auf bereits migrierte Kunden beziehen, können deaktiviert werden. Dies vermeidet potenzielle Fehler und bietet einen guten Überblick über den aktuellen Fortschritt der Migration. Ist die alte CRM-Applikation abgelöst, dürften auch keine aktiven Funktionen mehr existieren.
- **Umsetzung der neu benötigten Funktionen (neue CRM-Applikation)**
  In dem gleichen Maße, wie in der alten CRM-Applikation Funktionen deaktiviert werden, müssen die Funktionen in der neuen CRM-Applikation realisiert werden.
- **Umsetzung der vom Anforderungsmanagement priorisierten neuen Anforderungen**
  Die Hauptschwierigkeit dieses Vorgangs sind die neuen Wünsche und Anforderungen der einzelnen Fachseiten. Denn diese müssen jedes Mal entscheiden, welche Teile in welcher CRM-Applikation umgesetzt werden. Grundlage hierfür ist im Prinzip die Kundenaufteilung im Anschluss an das Release. Doch ganz so trivial ist die Lösung leider nicht. Durch die Umsetzung neuer Anforderungen im alten CRM-System verändern wir implizit auch den abgestimmten Migrationsplan, da irgendwann jede Funktionalität auch in der neuen CRM-Applikation realisiert werden muss.

Im Anschluss an die Umsetzungsphase erfolgt die eigentliche Verschiebung der Kundendaten der jeweiligen Kundengruppe. Die Strukturen und Funktionalitäten in der neuen CRM-Applikation sind zu diesem

Zeitpunkt so angepasst, dass die neuen Kundendaten verwaltet werden können. Abbildung 7.7 fasst die einzelnen Schritte[2] der Migration nochmals zusammen.

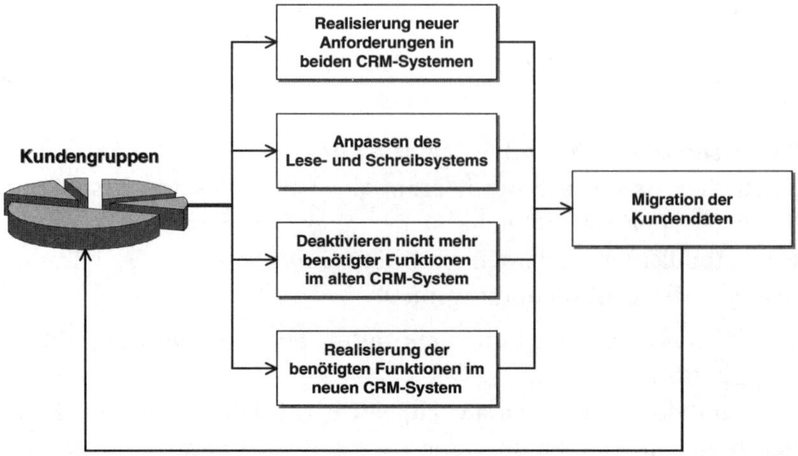

Abbildung 7.7 Migration in mehreren Phasen

7.2.3 Auswirkungen

Im Folgenden haben wir die Auswirkungen, die eine Ersetzung einer Applikation durch eine andere auf Komponenten des Unternehmensökosystems IT-Architektur hat, am Beispiel der CRM-Applikation zusammengefasst.

Daten

Phase	Auswirkungen
Vor der Migration	./.
Während der Migration	Gegebenenfalls entstehen neue Enitäten bzw. werden bestehende Enitäten angepasst.
Nach der Migration	./.

Tabelle 7.1 Auswirkungen der Ablösung einer Applikation auf die Daten der IT-Architektur

2 Natürlich kann es sein, dass während einer Phase Kunden einen Segmentwechsel durchführen und damit der Migrationsprozess erschwert wird. Aus Gründen der Übersichtlichkeit verzichten wir in diesem Kontext auf eine gesonderte Behandlung dieses Falls.

Applikationen

Phase	Auswirkungen
Vor der Migration	Zwei neue Applikationen mit externen Schnittstellen entstehen (Lese- und Schreibapplikation). Verbindungen werden redefiniert.
Während der Migration	Eine neue CRM-Applikation entsteht. Neue Verbindungen zwischen dem Lese- bzw. dem Schreibsystem und der CRM-Applikation entstehen. Verbindungen zwischen dem Lese- bzw. Schreibsystem und der CRM-Applikation fallen weg.
Nach der Migration	Die Lese- und Schreibapplikationen werden wieder aus der IT-Architektur entfernt. Verbindungen werden redefiniert.

Tabelle 7.2 Auswirkungen der Ablösung einer Applikation auf die Applikationen der IT-Architektur

Prozesse

Phase	Auswirkungen
Vor der Migration	./.
Während der Migration	Funktionen werden verlagert und gegebenenfalls angepasst.
Nach der Migration	./.

Tabelle 7.3 Auswirkungen der Ablösung einer Applikation auf die Prozesse der IT-Architektur

Organisation

Phase	Auswirkungen
Vor der Migration	Neue Verantwortliche für die neue CRM-Applikation sowie für die Lese- und Schreibapplikationen werden eingesetzt.

Tabelle 7.4 Auswirkungen der Ablösung einer Applikation auf die Organisation der IT-Architektur

Phase	Auswirkungen
Während der Migration	Es entwickelt sich ein neuer Verantwortungsbereich für die neue CRM-Applikation. Der existierende Verantwortungsbereich für die alte CRM-Applikation muss fortwährend reduziert werden.
Nach der Migration	Die Verantwortlichen für das Lese- und Schreibsystem werden nicht mehr benötigt. Die verbleibenden Mitarbeiter der für die alte CRM-Applikation verantwortlichen Organisationseinheit müssen neu zugeordnet werden.

Tabelle 7.4 Auswirkungen der Ablösung einer Applikation auf die Organisation der IT-Architektur (Forts.)

7.2.4 Risiken

Gerade Projekte mit dieser großen Komplexität bergen eine Vielzahl von Risiken, die nachhaltig den Erfolg gefährden können. Bei der Ersetzung wichtiger und einflussreicher Applikationen, wie sie exemplarisch in den vorhergehenden Abschnitten beschrieben wurde, kann man eine Vielzahl von Faktoren ermitteln, die Einfluss auf das Risikopotenzial haben:

- Die hohe Anzahl der beteiligten Parteien
- Der starke Einfluss der Änderung auf die IT-Architektur und deren Bestandteile
- Die lange Zeitdauer des Vorhabens
- Die hohe Dynamik während des gesamten Projekts

Für die steuernden und koordinierenden Organe wie das IT-Architekturmanagement und das Anforderungsmanagement ist die Konsequenz, dass sie den Vorgang permanent überwachen und ggf. korrigierend einwirken müssen. In den folgenden Abschnitten sind die gravierendsten Gefahren und daraus resultierende Folgen aufgeführt.

Verzögerung wegen zu vieler neuer Anforderungen

Die Angehörigen der Fachbereiche überblicken häufig nicht die Auswirkungen einer Entscheidung, alte Applikationen durch neue zu ersetzen. Wird in Folge dieser Unkenntnis während der Ablösung der Umfang neuer Anforderungen nicht angepasst, kommt es unweigerlich zu Engpässen. Wir haben es in den letzten Jahren immer wieder erleben müssen, dass in solchen Konfliktsituationen nicht das Volumen der neuen Anforderungen, sondern die Größe des Migrationsschrittes reduziert wurde (in unserem Beispiel entspricht dies einer Verkleinerung der aktuell zu portierenden Kundenmenge).

Abbildung 7.8 zeigt grafisch die möglichen Konsequenzen auf. Die zu erwartende Verzögerung ist nicht konstanter, sondern linearer Natur. Damit läuft man während der Ablösungsphase einem sich bewegenden Ziel hinterher. Der Grund für die Linearität ist das fehlende Bewusstsein der beteiligten Parteien. Solange es eine legitime Option ist, den Migrationsplan zu Gunsten neuer Funktionalitäten zu reduzieren, wird man diese Option auch weiterhin nutzen. Erschwerend kommt dazu, dass die Bildung der Kundengruppen nicht beliebig variabel ist. Denn letztendlich muss der aktuelle Stand der Ablösung entsprechend in den Frontends der Anwender abgebildet werden.

Um das Eintreten dieser Situation zu vermeiden, kommt auf das Anforderungsmanagement eine zentrale Aufgabe zu: Es muss sowohl auf die beiden CRM-Verantwortlichen als auch auf die Fachseiten steuernd und mitunter reglementierend einwirken.

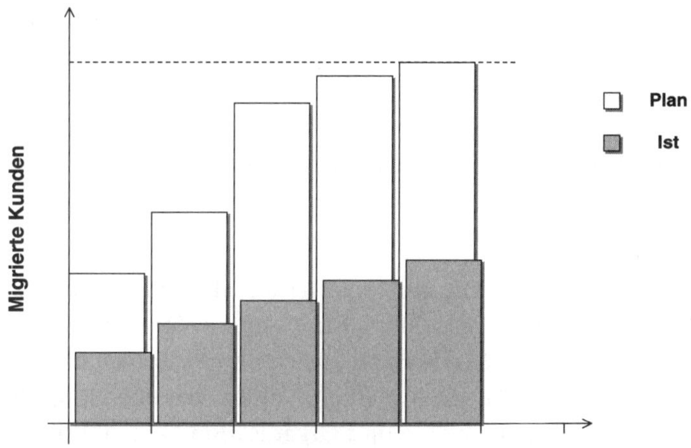

Abbildung 7.8 Auswirkungen von Verzögerungen

Unkontrollierte Weiterentwicklung der alten Applikation

Der beschriebene Prozess der Ablösung basiert auf der Annahme, dass an der alten Applikation so wenig wie möglich noch weiterentwickelt wird. Allerdings — und dessen sollte man sich bewusst sein – wird nicht jeder den Ablöseprozess mit dem gleichen Nachdruck vorantreiben. Sowohl für die Anwender als auch für die Entwickler und Analytiker der alten Applikation wird eine neue Applikation eine enorme Umstellung und Lernaufwand bedeuten. Diese Situation resultiert häufig in einem unproduktiven Konkurrenzkampf, wenn keine vorbeugenden Maßnahmen etabliert werden. Der beteiligte Personenkreis (Anwender, Entwickler, Analytiker etc.) spaltet sich in zwei Fraktionen.

Politische Einwirkungen

Um nun die Anwender von dem Wert der alten Applikation zu überzeugen, entstehen schnell kontraproduktive Maßnahmen für den Ablöseprozess:

- **Zurückhaltende Informationspolitik**
  Um die Funktionalitäten in der neuen Applikation entwickeln zu können, muss man die Stärken und Schwächen der korrespondierenden Teile in der alten Applikation genau kennen. Die Güte der Neuimplementierung hängt damit maßgeblich von der Güte der Imformationsverteilung ab. Für Anhänger der alten Applikation bietet sich an dieser Stelle die erste Möglichkeit, die Qualität einer Neuentwicklung negativ zu beeinflussen.
- **Inoffizielle Weiterentwicklung der alten Applikation**
  Die Migration in Richtung der neuen Applikation kann beliebig erschwert werden, indem während des Ablösevorgangs der Funktionsumfang der alten Applikation ständig in großen Mengen erweitert wird. Während die Entwicklungsmannschaft der neuen Anwendung bemüht ist, den Basisfunktionsumfang bereitzustellen, werden in der alten Anwendung durch schnelle Lösungen die Akzeptanz und Zufriedenkeit gesteigert.

Wir wollen an dieser Stelle keine Horrorszenarien als tägliche Realität beschreiben oder die Anhänger einer abzulösenden Applikation als durchweg destruktiv bezeichnen. Man muss sich nur vor Augen halten, dass die Ablösung einer wichtigen Applikation einen massiven Eingriff in die Prozesse, Verantwortlichkeiten und Organisation bedeutet. Widmet man diesem Änderungsprozess nicht genügend Aufmerksamkeit, dann sind derartige Reaktionen durchaus nachvollziehbar.

Unerwünschte Ausweitung der Bedeutung von Hilfssystemen

Auf eine ähnlich gelagerte Problematik trifft man bei eventuell notwendigen Hilfsapplikationen. Diese erlangen für einen kurzen Zeitraum eine hohe Bedeutung und müssen daher mit guten Teams und Verantwortlichen besetzt werden. In solchen Konstellationen besteht die Gefahr, dass der realisierte Funktionsumfang deutlich höher ist als der benötigte. Betrachten wir hierzu das oben beschriebene Beispiel. Mit der Lese- und Schreibapplikation werden die Schnittstellen der beiden CRM-Applikationen vollständig zur Außenwelt gekapselt. Jede Form der Anbindung von Partnerapplikationen erfolgt über die beiden Hilfsapplikationen. Die gesamte Planung des Migrationsprojekts basiert hierbei auf der Annahme, dass lediglich die Weichenfunktion realisiert wird und die bereitgestellten Schnittstellen sowohl technisch als auch fachlich den Schnittstellen des neuen CRM-Systems entsprechen. Wird jedoch ein gewisses Maß an Kreativität und Eigeninitiative in die Gestaltung der Hilfsapplikationen investiert, kann sich die Ablösung der Hilfssysteme zum Flaschenhals entwickeln.

In Abbildung 7.9 ist ein mögliches Szenario dargestellt. Die CRM-Applikationen bieten den anderen Applikationen als Schnittstelle Basisfunktionalitäten wie »Kunde anlegen«, »Vertrag anlegen«, »Tarif einrichten« etc. an. Diese werden natürlich nach dem Abstraktionsprinzip auch von der Schreibapplikation offeriert. Ergänzend zu diesen geplanten Schnittstellen wird für die neuen Partnerapplikationen als besonderer Service die Möglichkeit angeboten, ganze Geschäftsvorfälle als einen Funktionsaufruf über ein entsprechendes XML-Protokoll abzuwickeln. Das heißt: Wenn ein Kunde beispielsweise einen Tarifwechsel und eine Adressänderung durchführen möchte, kann von der zugehörigen Partnerapplikation statt drei Aufrufen (Tarif löschen, Tarif einrichten, Adresse ändern) alternativ nur noch ein Auftrag in Form einer XML-Beschreibung gestellt werden.

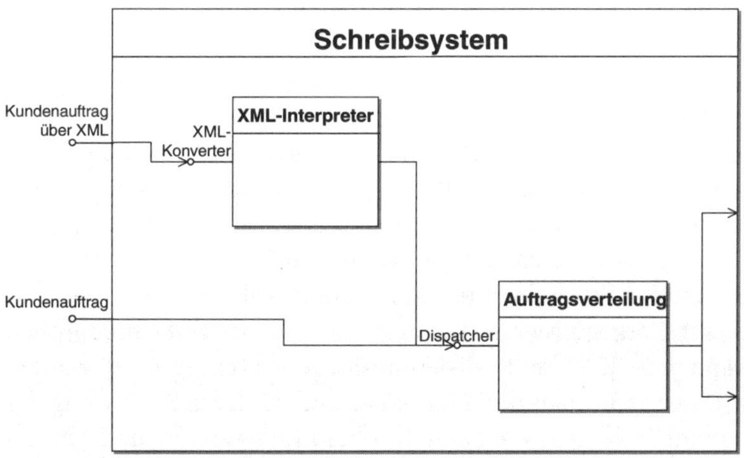

Abbildung 7.9 Beispiel für die »Verselbständigung« einer Applikation

Dieser auf den ersten Blick ganz vernünftig wirkende Ansatz birgt aber einen gravierenden Nachteil: Diese XML-Schnittstelle muss im Anschluss an die Migration entweder von der neuen CRM-Applikation auch entsprechend umgesetzt werden, oder die Partnerapplikationen, die diesen Dienst nutzen, müssen die Aufrufe entsprechend der Konventionen in der neuen CRM-Applikation anpassen. Beides bedeutet auf jeden Fall erheblichen Mehraufwand.

Auch an dieser Stelle gilt: Nicht immer sind es eigennützige oder destruktive Antriebe, die eine vergleichbare Situation bedingen. Ist den Teams der benötigten Hilfsapplikationen die zu Grunde liegende Strategie nicht bekannt oder ist der vollständige Änderungsprozess (d.h. auch über die Ablösung der alten CRM-Applikation hinausgehend) nicht klar kommuniziert bzw. verstanden worden, ist das Risiko nicht konformer Handlungsweisen latent vorhanden.

7.2.5 Varianten

Das Prinzip der Abstraktion kann je nach Applikationsarchitektur auf verschiedenen Ebenen angewendet werden. Die folgende Liste enthält einige Varianten, die sich in der Praxis als erfolgreich herausgestellt haben:

- **Kapseln des Datenmodells**
  Diese Variante ersetzt bei einer Applikation alles bis auf das Datenmodell. Damit gestaltet sich insbesondere die Migration der Leseschnittstellen problemlos. Einsetzbar ist dieses Vorgehen bei selbst entwickelten Applikationen, bei denen eine Menge Know-how in die Modellierung der Datenbank geflossen ist.
- **Neu-Modellierung der Geschäftsprozesse**
  In diesem Szenario bleibt die Dialogführung der Applikation weitestgehend unberührt. Die Ablösung erfolgt prozessorientiert, d.h., die Neu-Realisierung der abzulösenden Applikation wird Geschäftsprozess für Geschäftsprozess vorgenommen. In die Dialogen wird lediglich eine Art Weiche eingebaut, die entscheidet, ob der Prozess in der neuen oder in der alten Applikation realisiert wird. Der Vorteil dieser Vorgehensweise ist, dass nahezu jederzeit ohne großen Aufwand auf die alte Realisierungsform zurückgegriffen werden kann. Dafür zahlt man den Preis einer unflexibleren Anpassung der Datenmodellierung sowie eines erhöhten Integrations- und Koordinierungsaufwands während der Phasen der gleichzeitigen Entwicklung.

- **Getrennte Benutzergruppen**
  Ist eine Applikation nicht sehr tief in die IT-Architektur des Unternehmens integriert, bietet sich ein Migrationskonzept auf Basis der Anwender an. Das bedeutet, dass Anwender in mehreren Gruppen von der abzulösenden auf die neu erstellte Applikation umgestellt werden. Die Gruppierung wird dabei so gewählt, dass in den frühen Phasen erst einmal die Anwender, deren Ansprüche an die Applikation gering sind, mit der neuen Applikation arbeiten müssen. Werden gruppenübergreifende Daten benötigt, ist dies bei der Migration zu berücksichtigen.
- **Ablösung mittels Datenintegration**
  In den Fällen, in denen eine Parallelentwicklung der alten und neuen Applikation unvermeidbar ist, die oben angesprochenen Konzepte aber nicht angewendet werden können, besteht die Möglichkeit einer Datenintegration. Das bedeutet, dass Daten, die applikationsübergreifend bekannt sein müssen, zwar redundant verwaltet werden, dass aber ein zeitnaher Abgleich beispielsweise mit einer Integrationsplattform durchgeführt wird. Die weitestgehende Unabhängigkeit erkauft man sich durch eine zusätzliche Infastruktur (z.B. eine Integrationsplattform) und einen erhöhten Abstimmungs- und Koordinationsaufwand – jede datenrelevante Änderung muss natürlich den Anwendern mitgeteilt und in den Zielapplikationen angepasst werden.

Man erkennt an dieser Auswahl, dass die Möglichkeiten einer Applikationsablösung sehr vielfältig sind. Alle vorgestellten Szenarien bergen allerdings ähnliche Gefahrenpotenziale in sich. Einerseits muss während der Ersetzungsphase eine Geschäftsprozesskonsistenz sichergestellt werden, d.h., egal über welche Applikation ein Geschäftsprozess abgewickelt wird, die Auswirkungen und Ergebnisse müssen die gleichen sein. Andererseits ist ein besonderes Augenmerk auf die Daten zu richten. Sowohl die Datenqualität (Aktualität, Korrektheit, Konsistenz etc.) als auch die Verfügbarkeit dürfen sich während der Ablösungsphase nicht verschlechtern. Dass es keine wirklich triviale Aufgabe ist, erkennt man daran, dass zeitweise zwei Applikationen existieren, die dieselbe Art von Daten erzeugen und benötigen. Solche Situationen erzeugen entweder Redundanzen und damit die Gefahr von Inkonsistenzen oder aber kompliziertere Datenzugriffsmechanismen und damit gegebenenfalls verbundene Schwierigkeiten.

7.3 Reporting-Schnittstellen

7.3.1 Typisches Szenario

Das Thema dieses Abschnitts sind Reporting-Schnittstellen von Systemen – eine auf den ersten Blick nicht sonderlich spannende und herausfordernde Angelegenheit. Lassen Sie uns daher kurz die Problematik beschreiben, bevor wir operative Details behandeln.

Dynamische, durch Wachstum geprägte Märkte bewirken in Unternehmen häufig einen hohen Investitionsdrang, der sich insbesondere in Bestandteilen der IT-Architektur widerspiegelt. Die Macht einzelner Bereiche in der Organisationsform wird durch Faktoren wie Größe (gemessen in der Anzahl der Mitarbeiter) und verfügbarem Budget bestimmt. Das heißt: Je mehr Mittel für neue Investitionen und Ressourcen einer Abteilung zur Verfügung stehen, umso größer ist in der Regel ihr Stellenwert und die Sensibilität des Verantwortlichen. Wenn man diesen Gedanken weiterentwickelt, wird eine wachsende Abteilung auch immer bemüht sein, ihr Budget frühzeitig einzusetzen – denn wie sonst kann man effizient das vorhandene Ideenpotenzial in Innovationen umsetzen. Da in der heutigen Zeit garantiert ein beträchtlicher Teil IT-Unterstützung gewünscht wird, wird man daher unweigerlich auch einen erheblichen Teil an Applikationen vorfinden, die als Werkzeuge bzw. Hilfsmittel umgesetzter Ideen fungieren. So viel als kurzer, prosaischer Abriss zur Entstehung einer weit reichenden Applikationslandschaft.

Unternehmensgut Daten

Über den Sinn oder Unsinn variantenreicher Applikationslandschaften kann man jetzt natürlich wahrlich streiten und kontrovers diskutieren, doch was (nahezu) alle Applikationen gemeinsam haben, sind Daten. Eine banale Aussage, werden Sie jetzt sicherlich sagen. Selbstverständlich ist dieses Argument nicht wirklich von der Hand zu weisen, aber im Prinzip lässt sich die Daseinsberechtigung von Applikationen auf zwei Kernfunktionalitäten reduzieren:

- Unterstützung von Arbeitsprozessen
- Verwaltung von Daten

Während der erste Punkt den Begriff des *Werkzeugs* in der Prozessabwicklung noch einmal nachhaltig unterstreicht, beschreibt der zweite Punkt die Verantwortung für eine weitere wichtige Dimension von IT-Architekturen: die Daten. Jede Applikation erzeugt während ihrer Laufzeit eine Vielzahl von Daten, wobei die meisten dieser Daten in der Regel auch durch die Applikation selbst verwaltet werden. Natürlich dienen diese gespeicherten Informationen in erster Linie zur Abwicklung der jeweils unterstützten Arbeitsprozesse, sie können aber auch für das Berichtswesen und damit verbundene Steuerungsprozesse und Optimierungszyklen genutzt werden. Fassen wir das Gesagte kurz zusammen, dann kann die folgende Hypothese konsequenterweise als eine Folgerung formuliert werden:

Für jedes operativ genutzte Datum bzw. für jede durch Applikationen gespeicherte Information wird es zeitversetzt unweigerlich eine Schnittstelle zur Bereitstellung dieser Daten geben, damit über Analyseverfahren dieser Werte Ableitungen für Optimierungspotenziale für das Unternehmen ermittelt werden können.

Diese doppelte Art der Datennutzung kann man sehr einfach am Beispiel der Kundenbetreuung verdeutlichen. Vor einigen Jahren – die Telekommunikationsbranche wies durch die Deregulierung ein starkes Wachstum auf – etablierte nahezu jedes Unternehmen irgendeine Form eines Kundenbetreuungssystems. Kunden konnten von der Antragstellung bis hin zur Kündigung durchgängig durch ein System betreut und bedient werden. Einige Zeit später kam dieser Markt in die Sättigungsphase, und als Folge dieses Wandels wurde in vielen Unternehmen die Strategie von Kundengewinnung auf Kundenbindung umgestellt. Auf die CRM-Systeme bezogen, führte dieser Strategiewandel zu den folgenden Konsequenzen:

- Das Unternehmen muss den Kunden ergänzend zur obligatorischen Betreuung für sie individuell interessante Produkte und Leistungen anbieten, damit der Reiz des Unternehmens fortwährend spürbar bleibt.
- Abwanderungswillige Kunden müssen frühzeitig erkannt und ggf. durch Kundenbindungsmaßnahmen zurückgewonnen werden.

Mehrwert durch gezielte Datenanalysen

Beide exemplarisch angeführten Ableitungen dieses Strategiewandels resultieren darin, dass massiv auf Analysemethoden, die auf existierende Datenbestände angewendet werden, zurückgegriffen werden muss. Beispielhaft für diese Problematik sind die nachfolgend aufgeführten Fragestellungen, die häufig nur durch intensive Betrachtungen des Kundenverhaltens beantwortet werden können:

- Welche Kunden haben welche Affinität zu Produkten des Unternehmens (Stichwort: gezielte Marketingaktionen)?
- Welche Kunden sind die wirklich wertvollen Kunden für das Unternehmen (Kundenklassifizierung)?
- Gibt es erkennbare Verhaltensmuster, die auf Kündigungen von Kunden schließen lassen?
- Welche Bedürfnisse haben Kunden, die derzeit nicht bzw. unzureichend befriedigt werden?
- Welche Kunden werden durch welche Produkte angesprochen bzw. welche Kunden nutzen welche Services und Dienstleistungen?
- Wo liegen die größten Problemzonen bei den Produkten bzw. Dienstleistungen?

Die Liste von Fragen kann beliebig erweitert werden. Aber schon diese kleine Auswahl zeigt eines ganz deutlich: Um zufrieden stellende Antworten geben zu können, ist eine Analyse der im Unternehmen verfügbaren Daten notwendig – ja, sogar absolut erforderlich. Für die IT-Architektur ist die Konsequenz dieser Aussage nicht unbedeutend. Im Extremfall muss jede Applikation allein für Analyse- und Reporting-Funktionalitäten mit einer Vielzahl von Schnittstellen ausgestattet werden. Welche verwaltenden und administrierenden Aufgaben damit auf den IT-Architekten zukommen, können Sie sich sicher vorstellen.

Doch bevor wir adäquate Lösungsszenarien zeigen, beschreiben wir einige fachlich motivierte Situationen, die Schnittstellen für Reporting-Funktionalitäten nach sich ziehen. Denn um diese Schnittstellenproblematik in geregelte Bahnen lenken zu können, ist es wichtig, schon frühzeitig »Entstehungswahrscheinlichkeiten« abschätzen zu können.

- **Einführung eines Data Warehouse**
  Data Warehouse ist eines der bekanntesten Konzepte zur Unterstützung bei strategischen und taktischen Entscheidungen für alle Entscheidungsträger im Unternehmen. Durch eine von operativen Datenbanken getrennte, einheitlich strukturierte, zentrale und dauerhafte Sammelstelle (multidimensionale Datenbank) für entscheidungsrelevante Unternehmensdaten werden Informationen konsolidiert, bereinigt, validiert und synthetisiert. Nachgelagerte Analysetools ermöglichen auf dieser Basis die Extraktion entscheidungsunterstützender Informationen in dem jeweils erforderlichen Aggregationsniveau.

Um die Befüllung dieser multidimensionalen Datenbank zu gewährleisten, sind viele lesende Schnittstellen zu den operativen Applikationen erforderlich. Und da es sich bei Realisierungen von Data Warehouses um zentrale, analytische Informationssysteme des Unternehmens handelt, ist bei der Realisierung und Wartung der notwendigen Schnittstellen absolute Sorgfalt erforderlich.

- **Kampagnenmanagement**
  Eine weitere Methode, existierende Datenbestände zu nutzen, ist die Eingrenzung der Zielgruppen für geplante Kampagnen. Die Effektivität einer Kampagne hängt maßgeblich von den durch sie angesprochenen Personenkreisen ab. Stellen Sie sich vor, dass in unserem Beispiel-Telko ein neuer Tarif beworben werden soll, der den Versand von SMS (Short Message Service) kostenlos anbietet, dafür allerdings eine erhöhte Grundgebühr verlangt. Würde man mit dieser Initiative die breite Masse der Kunden ansprechen, wäre die Resonanz vermutlich eher mäßig. Erst durch Auswertung des Telefonieverhaltens kann die Zielgruppe für eine Marketingkampagne so präzisiert werden, dass sich der gewünschte Erfolg einstellt.
- **Performance-Messungen**
  Bearbeitungsgeschwindigkeit und *Prozessdurchlaufzeit* sind die Schlagworte, die in diesem Zusammenhang häufig genannt werden. Um jedoch derartige Werte berechnen zu können, sind gezielte Zeitinformationen nach der Abarbeitung bzw. Beendigung einzelner Prozessschritte erforderlich. Neben den notwendigen Anpassungen der Applikationen für die einzelnen Messpunkte ist diese Anforderung für entsprechende Leseschnittstellen prädestiniert.

Alle diese Situationen haben eines gemeinsam: Es müssen ergänzend Schnittstellen für den lesenden Zugriff etabliert werden, die weder für die operative Bestimmung der jeweiligen Applikation erforderlich sind noch im Sinne der durch die Applikation unterstützten Wertschöpfungskette eingesetzt werden. Vielmehr liegt ihre Bestimmung in Bereichen wie Steuerung, Überwachung und Kontrolle. In Abbildung 7.10 ist die Positionierung in Form einer Übersicht dargestellt.

Mit diesem Stellenwert in der operativen Landschaft ergibt sich für diese Art von Schnittstellen allerdings noch ein ganz anderes Problem. Bei Release-Wechseln und Weiterentwicklungen der Applikationen werden diese Schnittstellen häufig nicht oder nur unzureichend berücksichtigt; gerade inhaltliche Fehler fallen erst relativ spät auf.

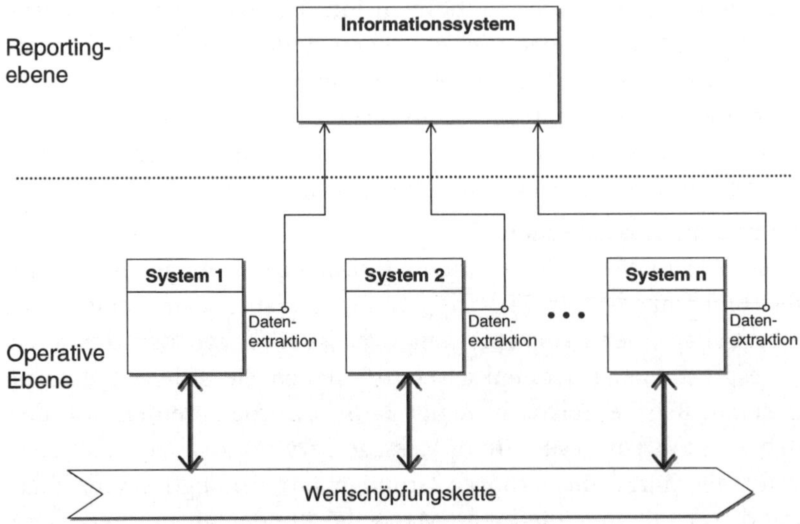

Abbildung 7.10 Reporting-Systeme in der Applikationslandschaft

Ein sehr anschauliches Beispiel, das wir vor einiger Zeit in einem Unternehmen vorgefunden haben, dokumentiert diesen Punkt. Eine Schnittstelle zum operativen Kundenbetreuungssystem lieferte unter anderem das Alter der Kunden in Form eines Textfeldes mit zwei Zeichen. Im Zuge eines späteren Release-Wechsels wurde dann die Semantik des Inhalts dieses Parameters so modifiziert, dass neuerdings anstatt des Alters das Geburtsjahr zurückgegeben wurde. Unglücklicherweise wurden die Anwender dieser Leseschnittstelle nicht über die vorgenommene Änderung informiert. Man stelle sich die Auswirkungen dieser Unterlassung bei der Nutzung der Daten für eine Kampagne vor. Würde man ein Produkt bewerben, das die jüngere Klientel unter den Kunden ansprechen soll, erreicht man mit einem Datenexport über diese Schnittstelle nach besagtem Release-Wechsel genau die gegenteilige Altersgruppe.

Doch wo liegen die Probleme solcher Zustände bzw. potenzielle Gefahrenquellen? Viele Gründe sind sicherlich individuell und von der spezifischen Konstellation abhängig. Dennoch findet man wiederkehrende Anhaltspunkte, über die sich ein Zusammenhang herstellen lässt. Die nachfolgend aufgeführten beiden Sachverhalte begründen unserer Erfahrung nach maßgeblich die vorhandenen Schwierigkeiten.

Um die Komplexität zu bewältigen, wird häufig für die Kernsysteme eine in sich abgestimmte Release-Planung über mehrere Perioden organisiert. Durch die Ansätze des Multiprojektmanagements werden die Schwierigkeiten, die durch die hohen Abhängigkeiten der Applikationen unweigerlich entstehen, entschärft und in einen planbaren Prozess überführt. Allerdings – und an dieser Stellen scheiden sich Theorie und Praxis – mussten wir oft genug erleben, dass der Begriff der Abhängigkeit nur über operativ eingesetzte Applikationen definiert wurde. Für ein Berichtswesen oder Kontrollaufgaben eingesetzte Informationssysteme gelten in den seltensten Fällen als Systeme, die bei einem Release-Wechsel berücksichtigt werden müssen.

Von persönlichen Gefallen zu einer unternehmenskritischen Schnittstelle

Erschwerend kommt hinzu, dass diese Form von Schnittstellen oft nicht bekannt bzw. nicht automatisiert sind. Unterstrichen wird dies durch die Bezeichnung dieser Anbindung in der Kollegensprache. Man spricht dort eher über eine technische Realisierung eines Datenexports als über eine Schnittstelle zu einer Partnerapplikation. Schon diese feine Art der Differenzierung zeigt aber deutlich, warum derartige Kopplungen zwischen Applikationen oft vergessen werden. Erschwerend kommt dazu, dass diese Begriffswahl auch durchaus Rückschlüsse auf die gewählte Implementierungsform zulässt. Gehen Sie einmal aufmerksam durch Ihren IT-Bereich, und zählen Sie die Schnittstellen, die nach dem Prinzip »*Daten in eine Textdatei exportieren*« – »*Textdatei importieren*« realisiert wurden. Insbesondere im Bereich Data Warehouse und Kampagnenmanagement wird dieses Verfahren gern gewählt, funktioniert es doch schnell und unbürokratisch. Die Motivation, derartige Schnittstellen zu etablieren, ist dabei oft historisch gewachsen. Das Szenario »*Wir brauchen ganz schnell einen Export aller Kunden unter 30 mit einer hohen Affinität zu SMS*« über »*Können wir noch mal den Export der Kunden vom letzten Monat haben, nur diesmal bitte ohne Altersbeschränkung*« bis hin zu »*Wenn wir den Kundendaten-Export der letzten Woche regelmäßig per E-Mail bekommen könnten, wäre es super*« kann vermutlich stellvertretend für viele dieser Anbindungen stehen.

Notwendige Prozesse für eine Extraktionsschnittstelle

Für den IT-Architekten erwachsen damit aber gleich zwei Prozesse, die definiert, beschrieben und gelebt werden müssen:

- Es wird ein Prozess benötigt, der die Bedarfsaufnahme an Datenextraktionsschnittstellen frühzeitig sicherstellt und deren Umsetzung initiiert und begleitet.
- Bei Release-Wechseln bzw. Weiterentwicklungen datenliefernder Applikationen muss sichergestellt werden, dass auch die über Leseschnittstellen angeschlossenen Applikationen in dem erforderlichen

Maße berücksichtigt werden. Dabei ist sicherlich keine Integration in die Projektabwicklung in der Tiefe notwendig, wie es operative Partnersysteme erforderlich machen, aber eine Beachtung während der Planung und Durchführung muss auf alle Fälle gewährleistet werden.

7.3.2 Vorgehen bei neuen Reporting-Schnittstellen

Beteiligte bei Reporting-Schnittstellen

Im Allgemeinen werden Schnittstellen für einen Datenabzug bilateral zwischen dem Applikationsbetreiber und dem Schnittstellenanforderer abgesprochen. Die oben angeführten Konsequenzen zeigen allerdings, dass dieser Ansatz für eine Lösungsfindung im Kontext einer ganzheitlichen IT-Architektur nicht ausreichend ist. Von daher bevorzugen wir es, eine dritte Partei hinzuzuziehen, am besten vertreten durch den IT-Architekten. Die Besetzung dieser Rolle mit einer Person, die sich nicht nur auf die Schnittstelle konzentriert, kann durch eine Reihe von Argumenten untermauert werden:

- Damit die neu geschaffene Schnittstelle auch bei zukünftigen Release-Wechseln der liefernden Applikation beachtet wird, ist es zwingend erforderlich, dass diese Schnittstelle als Bestandteil der IT-Architektur behandelt wird. Daraus erwächst unmittelbar eine Reihe von Forderungen: Die Schnittstelle und die daraus resultierenden Abhängigkeiten müssen bekannt und gut dokumentiert sein. Des Weiteren muss die technische Realisierung den Standards und Richtlinien entsprechen, die für die IT-Architektur gelten.

  Um dieses zu erreichen, sind sicherlich mehrere Wege denkbar, von denen einige auch weniger Initialaufwand bedeuten. Gerade die Variante des Informierens, d.h. beim Entstehen derartiger Verbindungen wird einer zentralen Stelle die Existenz und Beschaffenheit einer Verbindung berichtet, wird in der Regel als eine besonders effiziente Möglichzeit genannt. Da sie aber unzuverlässig ist und nur schwachen Einfluss bietet, haben wir aber genau diese Form bewusst ausgeschlossen.
- Die Anforderung, die originär besteht, ist eigentlich nicht der Wunsch nach einer Schnittstelle zu einer bestimmten Applikation, sondern die Notwendigkeit wohldefinierter Datenlieferungen. Unweigerlich führt dieser fachliche Anspruch zu dem Ruf nach einer Person, die in der IT-Architektur die Zusammenhänge zwischen dem

fachlichen Bedarf und den hierfür realisierten technischen Werkzeugen kennt. Gegebenenfalls kann sogar die Situation eintreten, dass die geforderten Daten gar nicht in der gewünschten Art und Weise zur Verfügung stehen, sei es aus technischen oder fachlichen Gründen. In diesem Fall ist eine übergeordnete Instanz gefordert, die befähigt ist, eine im Sinne der strategischen Entwicklung der IT-Architektur konforme Entscheidung zu treffen und anschließend auch durchzusetzen. Ein Beispiel für eine solche Instanz ist das in Abschnitt 4.4.5 vorgestellte Architekturmanagement-Team.

- Auch wenn der Begriff *Synergieeffekte* mittlerweile in der IT-Branche nahezu inflationär verwendet wird, können im Bereich der Schnittstellen derartige Potenziale nicht nur genutzt werden, sondern zwecks Minimierung von Abhängigkeiten sollte jede neue Anforderung auf Widerverwendbarkeit und Nutzung bestehender Lösungen überprüft werden.
- Durch neue Schnittstellen und dadurch entstehende Verbindungen wird in den Aufbau der IT-Architektur eingegriffen. Da aber die Entwicklung der IT-Architektur einem Planungsszenario unterliegt, das sich an der strategischen Entwicklung des Unternehmens orientiert, müssen auch derartige Manipulationen auf die Konformität mit der Planung in Richtung Ziel- und Soll-Architektur überprüft werden.
- Ein ähnliches Argument, weniger mit einem fachlichen Fokus, ist das Mandat der technischen Beratung. Eine zusätzliche Schnittstelle bei Applikationen bedeutet zwangsläufig auch höhere Belastungen. Damit muss der IT-Architekt zwei Positionen gegeneinander abwägen: Zum einen muss ermittelt werden, in welcher Häufigkeit, Zuverlässigkeit, Qualität und Aktualität die Daten benötigt werden, und zum anderen sind alle hierfür in Frage kommenden Applikationen daraufhin zu überprüfen, ob sie diese zusätzliche Aufgabe ohne merkliche Performance-Einbußen überhaupt bewältigen können.

  Bei sich abzeichnenden Zielkonflikten muss unter Umständen über ein datenvorhaltendes System als ergänzende Applikation nachgedacht werden – eine Entscheidung, die nur über eine Instanz wie den IT-Architekten gesteuert und forciert werden kann.

Diese Liste an Argumenten lässt sich beliebig ergänzen, doch eines ist an dieser Stelle offensichtlich: Sowohl durch die Trennung der Begriffe *Daten als fachliche Anforderung* und *Applikation als technisches Verwaltungssystem* als auch durch die Notwendigkeit, übergeordnete Rahmenbedingungen berücksichtigen und aufgrund dieser Entscheidungen treffen zu müssen, ist eine Partei, die die Verantwortung für die IT-Architektur des Unternehmens übernimmt, zwingend erforderlich.

Vom Datenwunsch bis hin zur Lieferung

Wie bereits weiter oben erwähnt wurde, beginnt der Prozess bei dem Bedarf nach bestimmten Daten. Von daher werden wir die Beschreibung dieses Prozesses bei diesem Zeitpunkt beginnen. Auch gehen wir von den im vorherigen Abschnitt dokumentierten drei beteiligten Rollen aus.

Der Übersicht halber haben wir uns entschieden, den einfachen Fall zu behandeln, d.h. die Situation, dass der Bedarf durch eine einfache Schnittstelle bei einer Applikation zu befriedigen ist. Varianten dieses Szenarios wie beispielsweise die Notwendigkeit einer zusätzlichen Applikation werden weiter unten in einem separaten Abschnitt aufgeführt. Der grobe Ablauf des zugehörigen Szenarios ist in Abbildung 7.11 skizziert.

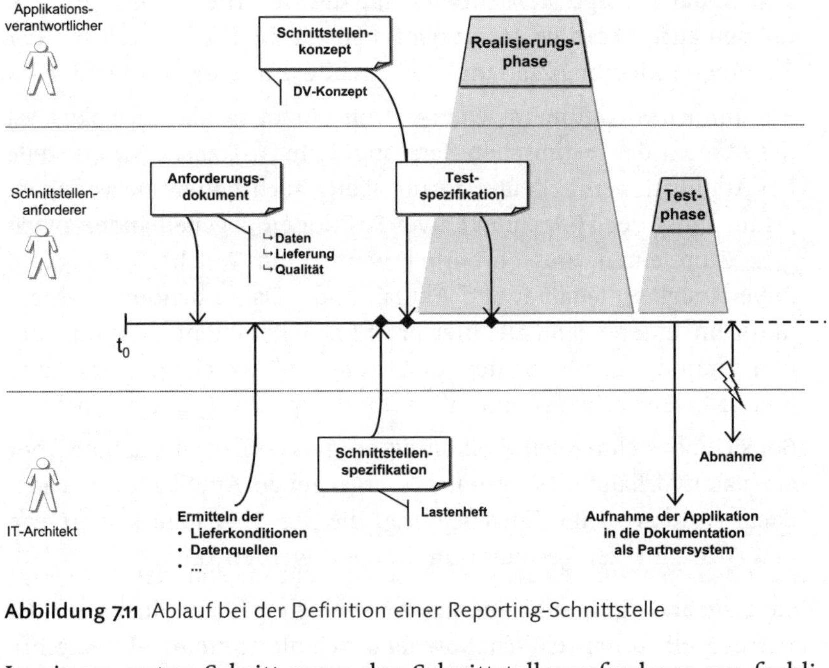

Abbildung 7.11 Ablauf bei der Definition einer Reporting-Schnittstelle

In einem ersten Schritt muss der Schnittstellenanforderer aus fachlicher Sicht seinen Blickwinkel auf die Schnittstelle beschreiben. Semantisch entspricht dies einem Anforderungsdokument für Schnittstellen. Darin wird auf folgende Punkte eingegangen:

- Fachliche Inhalte der Schnittstelle (Attribute, Filter, Gruppierung, Sortierung etc.)
- Technische Anforderungen (Technologie, Online/Offline, Performance, Verfügbarkeit etc.)
- Datenqualität (Aktualität der Daten, Genauigkeit, Integrität, Konsistenz etc.)
- Lieferinformationen (Mengengerüst, Häufigkeit, Zeitpunkt, Dauer etc.)

Im Anhang haben wir ein Beispiel für ein derartiges Dokument zusammengestellt.

Auf dieser Grundlage kann der IT-Architekt entscheiden, wie diese Daten durch die bestehende IT-Architektur geliefert werden können. Häufig ist es nicht einfach, diese Designentscheidung zu treffen. Der erste Schritt ist das Evaluieren der Datenquellen und der für diese verantwortlichen Applikationen, die inhaltlich überhaupt in die Lage versetzt werden können, die benötigten Informationen zu liefern. In einem nachgelagerten Schritt – für den Fall, dass die Daten in der geforderten Version vorhanden sind – muss bewertet werden, welche auf das operative Tätigkeitsumfeld Auswirkungen die Erfüllung der Lieferanforderungen durch die verantwortlichen Applikationen hat. Vor allem dürfen keine Qualitätseinbußen auftreten. Stellen Sie sich nur vor, dass ein großes Volumen an Kundenkontaktdaten mehrfach während des Tagesgeschäfts für statistische Zwecke benötigt wird. In diesem Fall muss man schon sehr kritisch prüfen, ob eine direkte Anbindung an die bestehende Kundenbetreuungsapplikation überhaupt in Hinblick auf die zu prognostizierende Belastung vertretbar ist.

Varianten zur direkten Schnittstelle

Sollte ein direkter Datenabzug nicht akzeptabel oder grundsätzlich nicht möglich sein, muss eine Alternativlösung entwickelt werden. Es ist unmöglich, an dieser Stelle ein Patentrezept für eine derartige Situation zu geben, dazu sind die Situationen viel zu individuell und die Möglichkeiten viel zu reichhaltig. Nichtsdestotrotz gehen wir kurz auf einige Lösungsszenarien ein, die sich bereits in der Vergangenheit bewährt haben.

- **Integration eines Reporting-Moduls in die Applikation**
  Je nach den Gegebenheiten kann es durchaus sinnvoll sein, die datenliefernde Applikation um ein Reporting-Modul zu erweitern. Dieses Modul übernimmt dann die Verantwortung für die Bereitstellung der angeforderten Daten, ohne dass die operativen Tätigkeiten negativ beeinflusst werden.

  Der Vorteil dieser Lösungsoption besteht einerseits in einer gebündelten Verantwortung – der Applikationsverantwortliche zeichnet sowohl für die operativen als auch für die berichtenden Funktionalitäten verantwortlich, andererseits kann die Möglichkeit des Reportings auch in den normalen Funktionsumfang der Applikation eingebunden werden. Gerade bei den Online-Händlern im Internetbereich findet man häufig auf den Katalogseiten situationsabhängige Empfehlungen, die auf der Basis von Online-Analysefunktionalitäten ermittelt und dann als verkaufsfördernde Maßnahmen eingesetzt werden.
- **Entwicklung eines Datenservers**
  Ein Datenserver ist in diesem Zusammenhang eine separate Applikation bzw. ein separater Datenpool, der alle erforderlichen Daten vorhält. Seine Kernfunktionalitäten sind:
  - Daten laden (aus den operativen Applikationen)
  - Daten verwalten (redundant, in einer eigenen Datenbank)
  - Daten bereitstellen (für die nachgeschalteten Applikationen)

  Die Belastung der operativen Applikationen durch Datenabzug wird dadurch stark reduziert, da sämtliche Auswertungsfunktionen und Datenextraktionen der nachgelagerten Applikationen über eine vom operativen Bereich getrennte Applikation abgewickelt werden. Einen Nachteil handelt man sich durch diese Lösungsvariante jedoch ein: Die Aktualität der Daten ist nicht mehr gewährleistet. Diese hängt insbesondere von der Anzahl der Synchronisationspunkte des Datenservers mit den operativen Systemen ab. Umgekehrt steigt natürlich die Belastung der operativen Applikationen, je häufiger die Daten abgeglichen werden. Die Praxis zeigt allerdings, dass in den meisten Fällen eine Synchronsation pro Tag, die dann in den Nebenzeiten wie beispielsweise nachts durchgeführt werden kann, völlig ausreicht.

- **Realisierung einer Selektionsplattform**
  Eine Selektionsplattform ist im Prinzip eine inhaltliche Weiterentwicklung eines Datenservers. Ergänzend zum reinen Datenabgleich, -verwaltung und -bereitstellung kann diese Applikation sowohl bei dem Lademodul als auch bei dem Bereitstellungsmodul mit einer Vielzahl von Funktionen ausgestattet werden. Beispiele für einen erweiterten Funktionsumfang sind:

  Lösung: Selektionsplattform

  - Überprüfung der Quelldaten
  - Konsistenzprüfung der Quelldaten
  - Ausführen von einfachen Transformationsregeln und Umrechnungen
  - Verwalten von Metadaten, d.h. von Informationen über die Semantik der gespeicherten Daten
  - Protokollierungsfunktionen
  - Vorgefertigte und parametrisierbare[3] Datenliefer-, Abfrage- und Berichtsfunktionen

  In den Unternehmen, in denen wir die Thematik der Selektionsplattform diskutiert haben, hat sich diese Form eines konsolidierenden Systems mittlerweile zu einem günstigen und inhaltlich völlig ausreichenden Substitut für ein aufwändiges Data Warehouse entwickelt.

  Aus diesem potenziellen Entwicklungspfad leitet sich unmittelbar eine architektonische Forderung ab: Die Fähigkeit, mehrere datenliefernde Applikationen anzubinden, sowie eine Variation an auf Daten zugreifenden Möglichkeiten zu offerieren, muss selbstverständlich gewährleistet sein. Abbildung 7.12 zeigt, wie sich eine Selektionsplattform in die IT-Architektur des Unternehmens einbettet.

Realisierung der Datenlieferschnittstelle

Sobald die präferierte Lösungsvariante (d.h. die Schnittstelle zu einer bestehenden Applikation bzw. die Entwicklung oder Erweiterung eines Datenservers bzw. einer Selektionsplattform) feststeht, können alle Anforderungen kann der IT-Architekt in einer fachlichen Spezifikation zusammenfassen. Auch kann der Verantwortliche für die Umset-

3 Häufig findet man bei Selektionsplattformen eine Parametrisierung, die sich funktional an einer Untermenge der Datenbank-Abfragesprache SQL orientiert. Das heißt, neben der Attributauswahl und primitiven Umrechnungsfunktionen sind Optionen wie Filter, Sortierungen und Gruppierungen möglich.

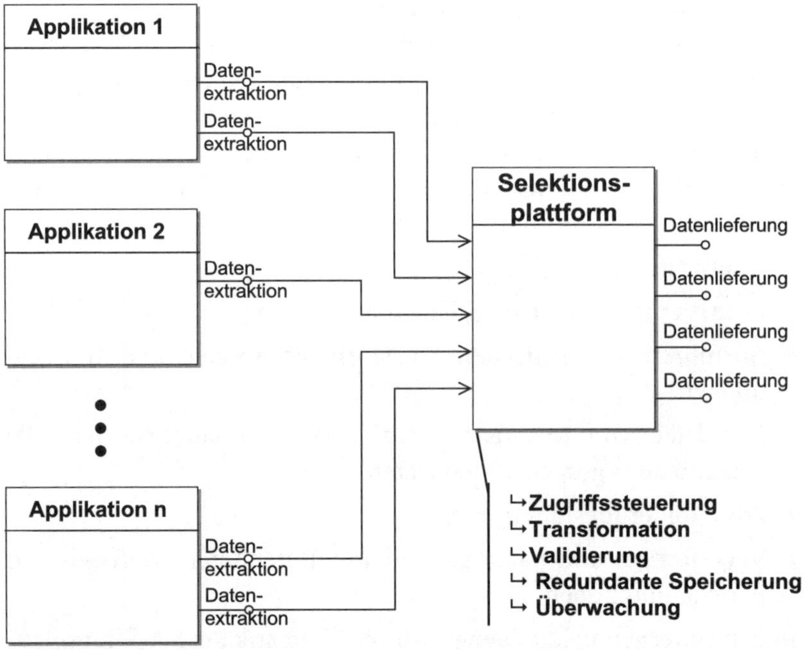

Abbildung 7.12 Selektionsplattform als Bestandteil der IT-Architektur

zung definiert werden: Im Falle einer separaten Applikation wie beispielsweise eines Datenservers muss eine bestehende Applikation erweitert bzw. neu konzeptioniert und entwickelt werden; im Falle einer zu realisierenden Schnittstelle ist eine Erweiterung der zugehörigen Applikation erforderlich.

Die nun folgenden Tätigkeiten (wie oben erwähnt, gehen wir in diesem Szenario von der Erweiterung einer Applikation um eine Schnittstelle aus) entsprechen denen des normalen Software-Lebenszyklus. Der Verantwortliche für die datenliefernde Applikation formuliert die geplante Umsetzung in Form einer dv-technischen Schnittstellenkonzeption und lässt auf dieser Basis die Schnittstelle realisieren. Parallel wird – hier dient die Schnittstellen-Spezifikation als Grundlage – von dem Schnittstellenanforderer eine Testspezifikation für abnahmerelevante Testszenarien erstellt. Das Ende dieses Prozesses ist die Abnahme und Freigabe für den produktiven Einsatz.

Der IT-Architekt muss seine Dokumentationen um die neu erzeugte Schnittstelle und damit um die entstandenen Verbindungen ergänzen. Auch wenn es sich um »nur« eine Schnittstelle handelt, lässt sich aus den neuen Abhängigkeiten unmittelbar eine gestiegene Komplexität ableiten. Entwickelt sich beispielsweise die datenliefernde Applikation weiter, ist ein neues Partnersystem zu berücksichtigen. Gleiches gilt für neue Anforderungen bei Datenlieferungen. Hierfür erforderliche Schnittstellenanpassungen müssen sowohl mit der Release-Planung der datenliefernden Applikation als auch mit den datennutzenden Applikationen und Anwendern koordiniert werden.

7.3.3 Vorgehen bei der Weiterentwicklung datenliefernder Applikationen

Der zweite anzupassende Prozess ist die Weiterentwicklung der Applikationen, die über Schnittstellen mit konsolidierenden Systemen verbunden sind. Man könnte sie normal in das Multiprojektmanagement einreihen und damit wie alle anderen integrierten Applikationen behandeln. Demgegenüber ist allerdings der daraus resultierende und nicht zu unterschätzende Mehraufwand zu bewerten. Erfahrungswerte, die wir bei dieser Form der Problemstellung gesammelt haben, zeigen ferner, dass durch die fehlende Integrationstiefe eine starke Einbindung in die Projektabwicklung keinesfalls notwendig ist.

In Abbildung 7.13 finden Sie die Darstellung eines Vorgehensmodells, bei dem das Maß der Einbindung der Integrationstiefe der Applikationen gerecht wird. Schon mehrfach konnten wir diesen Ablauf in der Praxis begleiten und dabei feststellen, dass dieses Vorgehen keinerlei Qualitätseinbußen nach sich zieht.

Leseschnittstellen bei Release-Wechseln von Applikationen

Man erkennt in der Darstellung den normalen Software-Lebenszyklus, beginnend bei der Fachkonzeption, über die DV-Konzeption, die Entwicklung und den Test bis hin zur Inbetriebnahme. Im Unterschied zum Multiprojektmanagement wird die Einbindung der Applikationen, die Schnittstellen nutzen, bis zur Testphase auf eine reine Informationsverteilung reduziert. Die jeweiligen Verantwortlichen wissen um geplante und durchgeführte Veränderungen und können daraufhin ein erhöhtes Augenmerk auf die Datenlieferungen legen – nur in dem Fall, in dem aktiv eine Schnittstelle manipuliert wird, wird eine engere Beteiligung seitens des Projektmanagements gefordert. Die letzte Phase des Testbereichs beinhaltet einen Verbundtest mit dem Ziel, das Zusammenspiel aller abhängigen Applikationen im Kontext der IT-Architektur zu prüfen. Sie erkennen in der Abbildung, dass erst diese Phase auch die aktive Mitarbeit der Applikationen benötigt, die Schnittstellen nutzen.

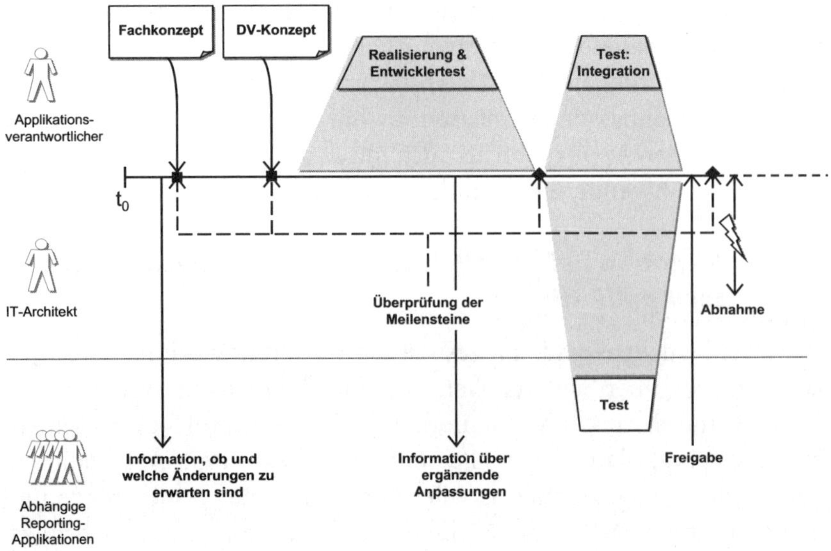

Abbildung 7.13 Informationskreislauf bei der Weiterentwicklung von Applikationen mit Datenlieferschnittstellen

7.3.4 Auswirkungen

Die Auswirkungen durch die Möglichkeit des Reportings in der IT-Architektur hängen naturgemäß sehr stark von der gewählten Realisierungsform und den schon vorhandenen Applikationen ab. Im einfachsten Fall kann es bedeuten, dass lediglich eine Schnittstelle der entsprechenden Applikation hinzugefügt wird und sonst keine weiteren Effekte entstehen. Wird jedoch eine Selektionsplattform als Lösungsszenario etabliert, wird man starke Eingriffe in jeder Dimension der IT-Architektur vornehmen müssen.

Daten

Hierbei handelt es sich um rein lesende Zugriffe auf die Daten. Das heißt, in dem einfachen Fall, dass wir eine Schnittstelle hinzufügen, sind keine Auswirkungen auf die Dimension der Daten zu erwarten. Dennoch kann es sinnvoll, wenn nicht sogar notwendig sein, dass auch Datenmanipulationen stattfinden.

Eine solche Situation wäre das Protokollieren von Datenlieferungen in Form von Logfiles. Nachvollziehbarkeit und Revisionssicherheit sind hierfür die entscheidenen Argumente. Auch fachliche Anforderungen können zu schreibenden Zugriffen auf die Datenbasis führen. Wenn beispielsweise der fachliche Anspruch an die Datenlieferung der ist, dass jeder Wert nur einmal geliefert wird, führt dies unweigerlich zur Notwendigkeit einer Zustandsspeicherung.

Wird die Komplexität der Reporting-Funktionalität ausgeweitet, etwa in dem Maße, wie im Abschnitt weiter oben beschrieben wurde, wird auch ein Eingriff in die Dimension der Daten unvermeidbar sein. Dieser Eingriff entspricht dann dem Umfang, der bei einer neuen Applikation oder aber bei einem neuen Release einer Applikation anfällt.

Applikationen

Egal welche Variante des Datenexports man auch nutzt, für die datenliefernde Applikation bedeutet es auf alle Fälle die Erweiterung um (eine) neue Schnittstelle(n). Für die IT-Architektur bedeutet das, dass eine Verbindung hinzukommt und dass dadurch die Abhängigkeiten zunehmen. Durch die Entscheidung, eine datenverantwortliche neue Applikation einzusetzen, erweitert sich die IT-Architektur naturgemäß um eine zusätzliche Applikation. In Abbildung 7.14 ist das neue Abhängigkeitsgefüge für beide Entscheidungsvarianten dargestellt: Erweiterung um eine Schnittstelle und Erweiterung um ein System wie beispielsweise einen Datenserver oder eine Selektionsplattform.

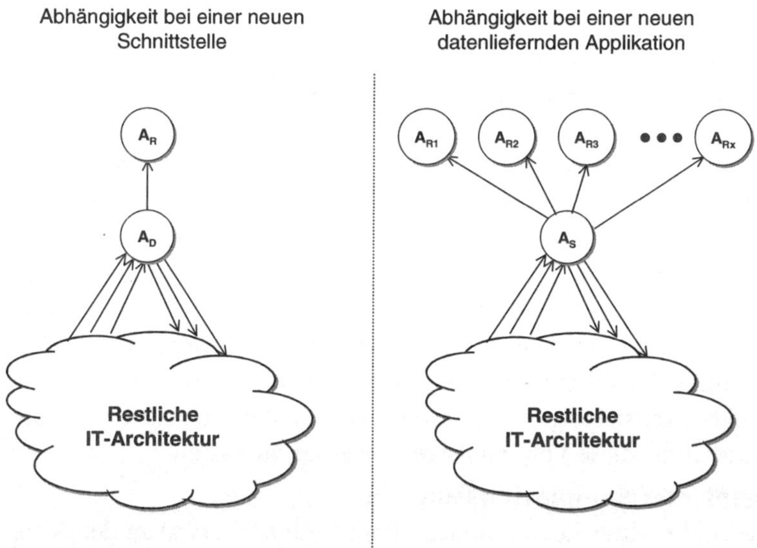

Abbildung 7.14 Neue Abhängigkeiten bei Reporting-Schnittstellen

Prozesse und Organisation

Inwieweit sich die Prozesslandschaft und daraus abgeleitet die Organisationsstruktur in Verbindung mit neuen Reporting-Schnittstellen verändert, ist allgemein nicht zu beurteilen. Datenlieferungen und Datenschnittstellen repräsentieren lediglich Mittel, bestehende Datenbestände für Auswertungen, Analysen und Optimierungen zu nutzen. Die Auswirkungen reichen dabei von elementaren Ergänzungen (wie beispielsweise einer IT-technischen Unterstützung existierender Steuerungsaufgaben) bis hin zur Schaffung neuer Verantwortungsbereiche. Letzteres konnten wir in jüngster Zeit in den Unternehmen in Hinblick auf die Thematik Kundenbindung und Kundenrückgewinnung beobachten.

7.3.5 Risiken

Auch wenn die Eingriffe in die IT-Architektur des Unternehmens sehr überschaubar sind und kaum Konfliktpotenziale, wie sie typischerweise durch Verschiebungen von Machtverhältnissen oder Kompetenzbereichen entstehen, augenfällig sind, kann man dennoch einige potenzielle Problemsituationen erkennen, die wir an dieser Stelle kurz anreißen möchten.

- **Fehlende Akzeptanz für das Verfahren**
  Im Vergleich zum »kleinen Dienstweg«, der üblicherweise für Datenexporte genutzt wird, stellt diese Vorgehensweise einen eher bürokratischen, unflexiblen und langwierig anmutenden Prozess dar – und das ohne direkt ersichtlichen Vorteil für die Fachbereiche. Folglich ist die Gefahr latent vorhanden, dass das neue System boykottiert und das alte System schöngeredet wird. Akzeptanz wird man nur erzeugen können, wenn man den Fachbereichen einen Mehrwert bieten kann, der sofort sichtbar ist. Für den IT-Architekten heißt das, dass er durch fachliche Beratungsleistung (z.B. parametrisierte Schnittstellen für zukünftige Aufgaben oder qualitativ bessere Daten) oder technisch perfekte Realisierungen (z.B. direkte Schnittstelle anstatt eines Datenexports) für diese Vorgehensweise werben muss.
- **Ungeplanter Komplexitätszuwachs**
  Eine ähnliches Problempotenzial liegt in der zu erwartenden Komplexität. Wir hatten in den oberen Abschnitten kurz die verschiedenen Varianten der Lösungsmöglichkeiten erörtert. So reizvoll sich eine Selektionsplattform für die Techniker und Technologieanhänger auch darstellt – die Lösung für die Fachbereiche schiebt sich auf

der Zeitachse nach hinten. Ergänzend entstehen durch den (durch die Anwender prognostizierten) Grad an Kompliziertheit natürlich auch Berührungsängste. Es ist ungefähr so, würde man in ein Geschäft gehen, um einen Stadtplan zu kaufen, und als Resultat einen Kaufvertrag eines Mittelklassewagens mit Navigationssystem in der Hand hält.

Die Aussage der Anwender *»Eigentlich wollte ich nur eine kleine Textdatei mit ...«* sollte man ernst nehmen und immer im Hinterkopf behalten. Selbst wenn die Entscheidung für ein komplexeres Lösungsszenario fällt, ist es in unseren Augen zwingend erforderlich, Interimslösungen für die Übergangszeit anzufertigen und für den Zeitpunkt der Fertigstellung Migrations- und Einführungskonzepte zu erstellen.

- **Inhaltliche Verständnisprobleme**
  Eine falsche Vorstellung von der Semantik der zu liefernden Daten ist ein Problem, das schnell durch den unterschiedlichen Fokus, den der Datenlieferant und der Datenempfänger haben, entstehen kann. Während die liefernde Seite die Daten durch die operative Brille betrachtet, spricht die empfangende Seite über die gleichen Daten im Kontext der Konsolidierung oder Weiterverarbeitung – Verarbeitungsschritte, die für die Lieferanten in der Form unbekannt sind. Durch das in der Regel hohe Datenvolumen in Kombination mit getätigten Berechnungen und Aggregationen sind solche Fehler im täglichen Betrieb nur sehr schwer festzustellen, und ihre Ursache zu ermitteln ist oftmals fast unmöglich.

7.3.6 Varianten

Wir möchten in diesem Abschnitt stellvertretend für die verschiedensten Arten, eine Leseschnittstellenintegration durchzuführen, ein Praxisbeispiel erläutern, das interessante Aspekte über Lösungsansätze bezüglich der einzelnen Problematiken aufzeigt.

Integrationsplattform für Datenextraktion

Die zentrale Idee für dieses Unternehmen war die Einführung einer Integrationsplattform für Datenextraktionsschnittstellen. Genauer gesagt: Es wurde eine ergänzende Applikation entwickelt, deren einzige Daseinsberechtigung in dem Zusammenführen von Leseschnittstellen für Berichte, Datenabzüge etc. besteht. Natürlich entstand dieser Gedanke nicht einfach im luftleeren Raum, sondern war problemmotiviert.

Zum damaligen Zeitpunkt wurde der Prozess der Datenlieferung für die Reporting-Applikationen über einen Versand von Datenextraktionsdateien per E-Mail geregelt. Und wie es in solchen eher hemdsärmig geregelten Szenarien nuneinmal ist, entwickelten sich diese langsam, aber sicher zu unkoordinierten, nicht mehr steuerbaren und fehlerbehafteten Strukturen: Ähnliche Extraktionsdateien wurden an verschiedene Adressanten geliefert, Lieferqualität -und -umfang wurden nicht exakt definiert, durch nicht kommunizierte Stammdatenänderungen kam es zu falschen Interpretationen der Lieferungen, und zum Schluss wusste niemand mehr, wer wann welche Daten erhalten sollte.

Aus dieser Not heraus wurde eine zentrale Applikation konzeptioniert und entwickelt, die alle Dateilieferungen empfängt, diese konsolidiert und verifiziert und anschließend die Daten den berechtigten Anwendern über eine direkte Schnittstelle zur Verfügung stellt. Mittlerweile läuft diese Applikation seit über 20 Monaten und wurde stetig weiterentwickelt, angefangen bei der zusätzlichen Integration der direkten Schnittstellen, über Plausibilitätsmodule bis hin zur Bereitstellung eines komplexen Transformationsregelwerks. Abbildung 7.15 zeigt die einzelnen funktionalen Module des aktuellen Stands.

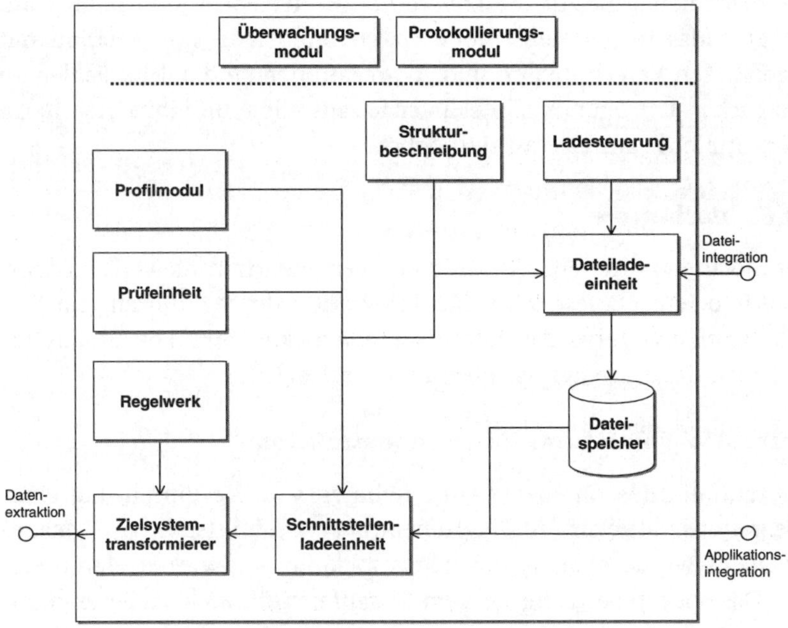

Abbildung 7.15 Integrationsplattform für Datenextraktionsschnittstellen

Da die Aufgabe dieser Applikation ein Integrationsdienst ist, lässt sich die Funktionsweise am verständlichsten über die von ihr offerierten Dienstleistungen beschreiben:

- Das Laden von Daten, die durch Textdateien bereitgestellt werden
- Das Liefern angeforderter Daten

Laden von Daten

Entscheidend für die Funktionsweise dieses Service sind zwei Module aus Abbildung 7.15:

- **Strukturbeschreibung**
  Diese Einheit beinhaltet die Meta- und Strukturinformationen der potenziell zu ladenden Textdateien. Über sie wird der Dateiladeeinheit übermittelt, welche Informationen in den zugehörigen Textdateien überhaupt vorhanden sind, wie diese ermittelt werden können und anschließend behandelt werden müssen.
- **Ladesteuerung**
  Der operative Prozess des Ladens wird über dieses Modul verwaltet. Es werden die Bereitstellungsparameter wie beispielsweise Zeitpunkt, Ort, Mengenvolumen, Dateinamen etc. verwaltet und auf dieser Basis automatisch die notwendigen Ladeläufe angestoßen und gesteuert.

Die eigentliche Ablaufsteuerung des Ladens ist in dem Modul »Dateiladeeinheit« zusammengefasst. Es übernimmt die regelmäßige Überprüfung, dass zu den konfigurierten Zeitpunkten der jeweilige Ladeprozess initiiert wird, und steuert diesen dann. Zusätzlich integriert ist eine Fehlerbehandlung, die für Überwachungsaufgaben und Fehlersituationen verantwortlich ist. Die Darstellung des groben Ablaufplans finden Sie in dem Flussdiagramm in Abbildung 7.16.

Sobald eine Textdatei geladen wurde, stehen die in ihr enthaltenen Daten in der internen Datenbank den Anwendern zur Verfügung. Die Vorzüge, die sich allein aus dieser Phase ergeben, sind vielfältig. Als Erstes sind sicherlich die technischen Verbesserungen wie beispielsweise der stabilere, performantere und qualitativ höherwertige Zugriff auf die Daten zu nennen, der diese IT-Lösung attraktiv macht. Ergänzend dazu stellt sich dieser interne Datenpool völlig konträr zu der ursprünglichen Datenquelle, einer Textdatei, dar. Wurden früher in jeder lesend zugreifenden Applikation mühsam Importroutinen und Verwaltungsmodule entwickelt, um die Daten in der jeweiligen Applikation bearbeiten zu können, besteht über diesen Datenpool eine simple Lösung, um benötigte Daten beliebig oft einlesen, einfach mit anderen Informationen verknüpfen und in der gewünschten Form auswerten zu können – und das ohne komplizierte Logik in den zugreifenden Applikationen.

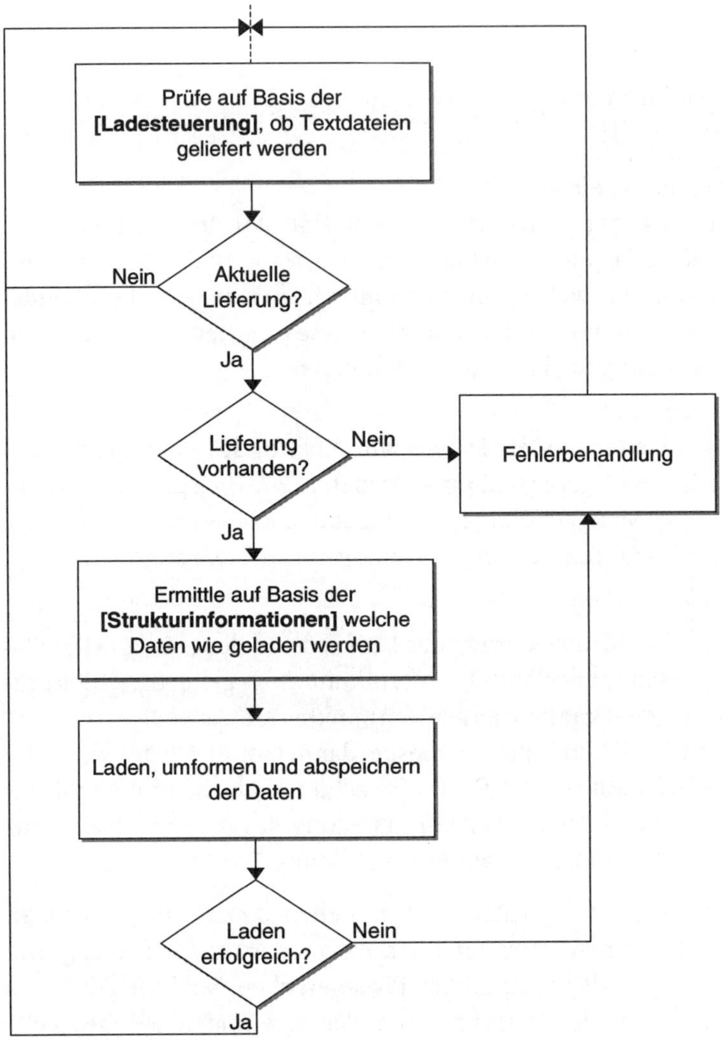

Abbildung 7.16 Laden von Textdateien

Das Liefern von Daten

Der zweite Prozess, die Lieferung angeforderter Daten, ist ein wenig komplexer. Das beruht hauptsächlich auf den den integrativen Anforderungen, die an diesen Part gestellt werden. Um nun die Arbeitsweise verständlich zu beschreiben, werden wir auch an dieser Stelle die Abwicklung des Prozesses, initiiert durch den Wunsch nach einer Datenlieferung, schildern. Bevor wir jedoch in die Flussdiagramm-Darstellung einsteigen, müssen Sie noch die restlichen Module der schematischen Darstellung aus Abbildung 7.15 kennen.

- **Profilmodul**
  Diese Einheit beschreibt, welcher Anwender zu welchem Zeitpunkt auf welche Daten zugreifen darf. Die Steuerung erfolgt durch Profile, die für jeden legalen Anwender den Rahmen der Nutzung deklarieren.
- **Prüfeinheit**
  Zur Verbesserung der Datenqualität wird zusätzlich eine Prüfeinheit für die eingelesenen Daten eingesetzt. So können unter anderem Überprüfungen der Wertebereiche, Plausibilitätsprüfungen und Vollständigkeitstests durchgeführt werden.
- **Regelwerk**
  Das Regelwerk kann man sich als eine Einheit vorstellen, die für jede Art der Nutzung die individuelle Schnittstelle beschreibt. Das heißt, für alle verfügbaren Quelldaten kann individuell die entsprechende Lieferung konfiguriert werden. Um diese Transformation mit ein wenig mehr Komfort auszustatten, sind auch eine Reihe einfacher Umrechnungsfunktionen hinterlegt. In Abbildung 7.17 ist exemplarisch der Datenfluss bei der Datenextraktion, -transformation und -bereitstellung gezeigt.
- **Schnittstellenladeeinheit**
  Dieses Modul ist für den Zugriff auf die Quellapplikationen verantwortlich. Die Beschreibung der zu verwendenden Schnittstellen kann an dieser Stelle konfiguriert werden.
- **Zielsystemtransformierer**
  Der Zielsystemtransformierer ist das Gegenstück zur Schnittstellenladeeinheit. Die bereits geladenen Daten werden in dieser Einheit unter Zuhilfenahme des Regelwerks zielapplikationsindividuell aufbereitet und geliefert.

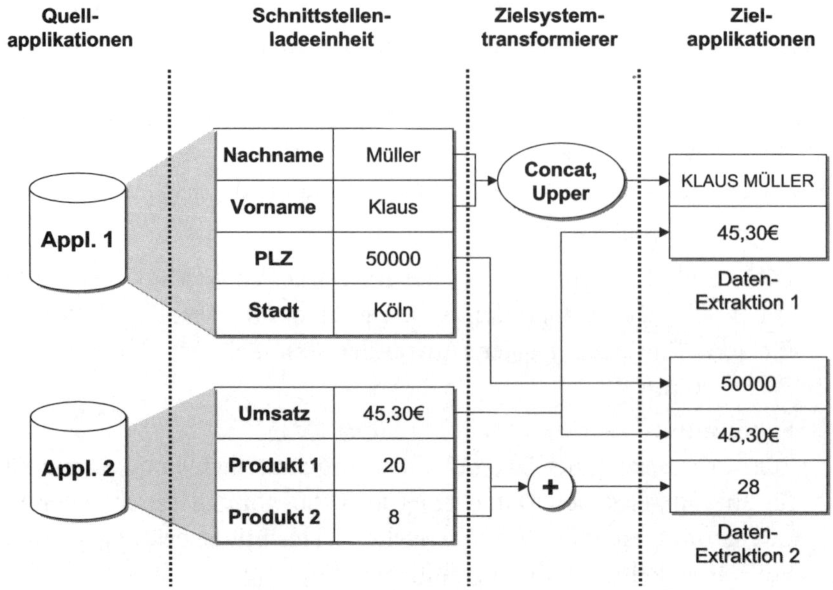

Abbildung 7.17 Datenfluss bei Datenextraktionen

Mit Hilfe dieser einzelnen Module lässt sich der Datenextraktionsprozess ganz einfach beschreiben. Nachdem über das Profil des Anforderers die Rechte ermittelt worden sind und die Anforderung damit abgeglichen worden ist, beginnt die Datenextraktion von den Quellapplikationen. Die extrahierten Daten durchlaufen die Prüfeinheit, wo ihre strukturelle und fachliche Korrektheit getestet wird, um anschließend über ein Regelwerk gemäß der Erwartung der Zielapplikation aufgearbeitet zu werden. Abbildung 7.18 fasst diesen Prozess in Form eines Flussdiagramms zusammen.

Nutzen einer zusätzlichen Applikation

Egal, wie interessant diese Lösung auch ist, muss natürlich die Frage nach dem wirtschaftlichen Nutzen beantwortet werden. Neue Applikationen kosten in erster Linie Arbeit und Geld und dürfen damit nicht ausschließlich selbstzweckorientiert sein. Rufen wir uns noch einmal die ursprüngliche Intention dieses Abschnitts in Erinnerung: Das Problem der Leseschnittstellen war die ungenügende Berücksichtigung und Wertschätzung bei Änderungen an den datenliefernden Applikationen. Vielfach fehlt die Instanz, die die Interessen derartiger Schnittstellennutzer vertritt.

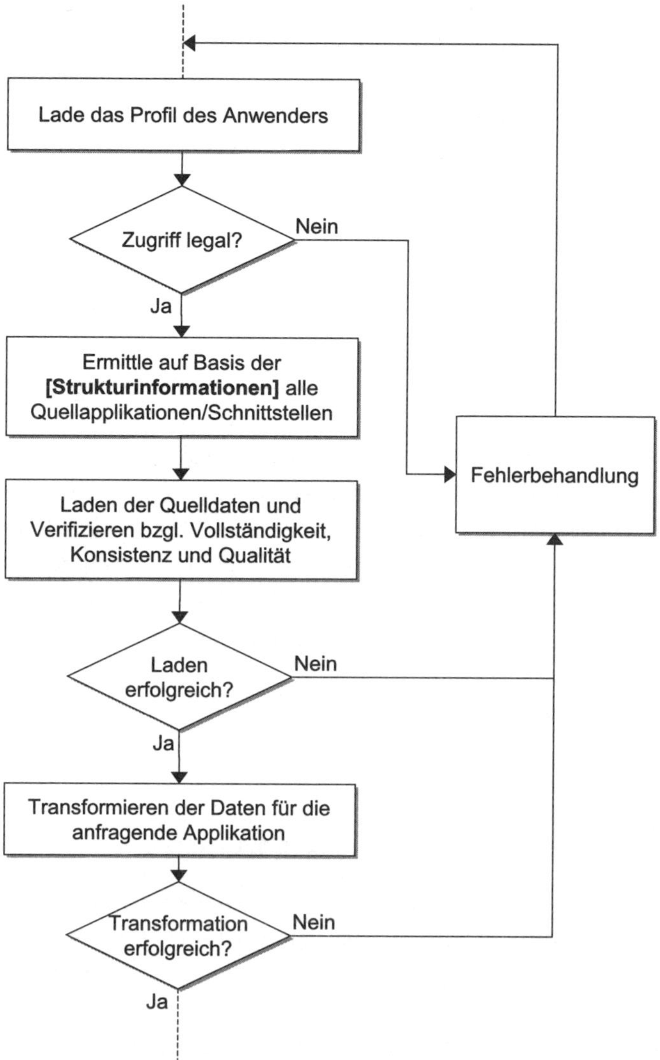

Abbildung 7.18 Ablauf der Datenextraktion

Um nun eine Lösung unseres Problems zu erzeugen, benötigen wir »nur« einen Verantwortlichen, der sich aller Lese-Schnittstellen annimmt. Andererseits würde die reine Besetzung dieser Rolle vermutlich noch keine Abhilfe schaffen, denn regelmäßig Schnittstellen auf ihre Funktionstüchtigkeit hin zu überprüfen, wird zu einer stupiden Tätigkeit, die niemanden wirklich motiviert, diese hundertprozentig exakt auszuführen. Was fehlt, ist ein klar abgegrenzter und nach außen hin eindeutig kommunizierter Verantwortungsbereich, der alle relevanten Lese-Schnittstellen einbezieht. Und genau in diese Kerbe schlägt unsere Integrationsplattform zur Datenextraktion. Auf der einen Seite erfordert sie einen Verantwortlichen, der die Funktionstüchtigkeit auch über Release-Wechsel von Partnersystemen hinweg gewährleistet, auf der anderen Seite subsummiert sie alle relevanten Lese-Schnittstellen. Was wir eigentlich erzeugt haben, ist nämlich eine Verantwortungsposition für alle diese Schnittstellen unter der Flagge einer neu eingeführten Applikation.

Übrigens: Dieses Szenario ist weit mehr als ein Kunstgriff. Bilateral abgestimmte Reporting-Schnittstellen kranken immer an der Problematik »dem einen fehlt das Bewusstsein für korrekte Lieferung, dem anderen die Möglichkeit zur Überprüfung der Korrektheit«. Dieser Zustand lässt sich sicherlich durch optimierte Arbeitsprozesse verbessern, doch die Reduktion auf ein vernachlässigbares Volumen oder gar das Abschaffen wird vermutlich nicht funktionieren. Was also benötigt wird, ist ein System, das zentral Koordinierungs- und Steuerungsaufgaben übernimmt – und genau das ist die Rolle, die über die Applikation »Datenextraktions-Integrationsplattform« angeboten wird.

7.4 Integration

7.4.1 Einleitung

Integration ist kein Luxus, sondern überlebenswichtig

Überwindung von Systemgrenzen

Wir haben in den vergangenen Kapiteln immer wieder darauf hingewiesen, dass die IT-Architektur die Prozesse eines Unternehmens abbilden und bestmöglich unterstützen soll. Schaut man sich die Prozesslandschaft eines Unternehmens an, wird man feststellen, dass fast keiner der Prozesse, insbesondere keiner der wertschöpfenden Prozesse, vor Applikationsgrenzen halt macht. Zur Abarbeitung eines Geschäftsprozesses sind in der Regel mehrere Anwendungsprogramme nötig. Jedes dieser Anwendungsprogramme bringt dabei sein eigenes Datenmodell, seine eigene Geschäftsprozesslogik in Form verschiedener Programmfunktionen und seine eigene Benutzerschnittstelle mit. Wenn also verschiedene Applikationen dazu nötig sind, einen Prozess durchgängig abzubilden, so stellt sich die Frage, wie mit den Prozessübergängen an den Systemgrenzen umgegangen wird. So müssen beispielsweise die Daten, die einen bestimmten Prozess betreffen, an der Systemgrenze physisch von der einen Anwendung zur der nachfolgenden transportiert werden. Bevor die Daten jedoch von der nachfolgenden Applikation verstanden werden können, müssen sie gegebenenfalls transformiert werden. Darüber hinaus stellt sich die Frage, ob die Personen, die mit den verschiedenen Applikationen arbeiten, bei jedem Prozessschritt, der eine Systemgrenze überschreitet, mit einer anderen Benutzeroberfläche arbeiten müssen.

Integration ist oftmals nicht das, was sie zu sein scheint.

Aus diesen Anforderungen kann sich eine Reihe von integrativen Problemen ergeben, die es zu lösen gilt. So werden beispielsweise durch die applikationseigenen Datenmodelle Daten redundant vorgehalten, die synchronisiert werden müssen, um Inkonsistenzen zu vermeiden. Ein anderes Beispiel ist die mehrfache Abbildung derselben Geschäftsprozesslogik in unterschiedlichen Applikationen. Insbesondere mit dem Beginn des Internet-Hypes war diese Problematik häufig anzutreffen. Die Unternehmen legten beispielsweise die Initiierung verschiedener Geschäftsprozesse über das Internet in die Hand des Kunden. Die Lösungen mussten schnell und mit einem perfekten Außenauftritt realisiert werden. Eine saubere Anbindung an die Backoffice-Systeme, die für die Weiterverarbeitung der angestoßenen Geschäftsprozesse verantwortlich waren, fand nur selten statt. Getreu dem Motto »außen hui, innen pfui« wurden die von den Kunden eingegebenen Daten entweder im Backoffice ausgedruckt und manuell in andere Systeme übertragen, oder es wurden Interimslösungen geschaffen, die die Portaleingaben direkt verarbeiten konnten und im Wesentlichen dieselben prozessrelevanten Funktionen abbildeten wie die Backoffice-Systeme. Je nachdem, ob ein Kunde beispielsweise eine Ware über das Internetportal oder über das Callcenter bestellte, kamen unterschiedliche Softwarebausteine zum Einsatz, die aber dasselbe tun sollten. Als Folge mussten bei Änderungen eines Geschäftsprozesses unterschiedliche Applikationen synchron geändert werden.

Allheilmittel?

Allein diese wenigen Beispiele zeigen, wie wichtig Integrationsszenarien innerhalb der IT-Architektur für ein Unternehmen sind. Die Qualität der Geschäftsprozesse und die Effizienz, mit der diese Prozesse bearbeitet werden, hängen maßgeblich davon ab. Doch durch die vielen Möglichkeiten der Integration können auch hier beliebig viele Fehler gemacht werden. Einige Integrationsansätze erzeugen unter Umständen mehr Probleme als suboptimale halb manuelle Lösungen. Wir wollen uns daher zunächst zwei Szenarien mit extremer Ausprägung anschauen, die heute in sämtlichen Marketingbroschüren der verschiedenen Hersteller von Integrationslösungen zu finden sind.

n*(n-1)/2

Viele Integrationsarchitekturen in den Unternehmen basieren auch heute noch auf »Point-to-point«-Verbindungen. Hier werden also proprietäre Schnittstellen zwischen zwei Anwendungen geschaffen, die die Kommunikation auf technischer und gegebenenfalls auch fachlicher Ebene abbilden. Kurzfristig betrachtet, sind diese Implementierungen schnelle und billige Lösungen, die bei wachsender Anzahl von Applikationen einen geradezu explosionsartigen Anstieg von neuen Schnittstellenimplementierungen nach sich ziehen, wie Abbildung 7.19 zeigt.

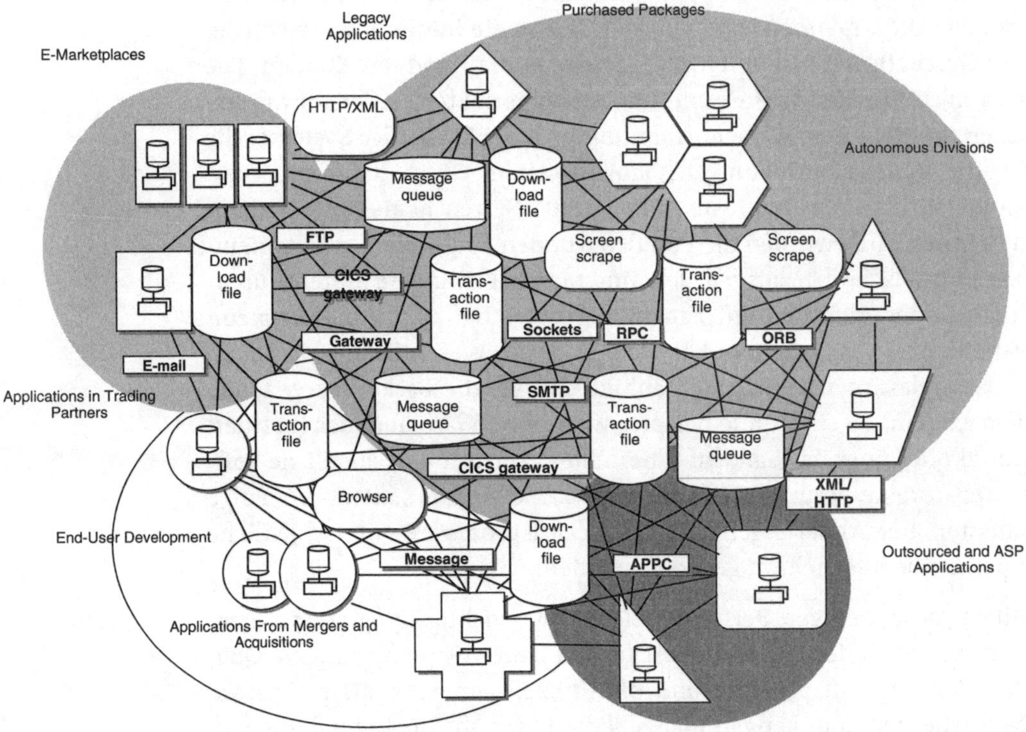

Abbildung 7.19 Interface-Spaghetti[4]

Die EAI-Verkaufsstory Die wahrscheinlich meistbenutze Verkaufsstory für Integrationslösungen bzw. Enterprise Application Integration-(EAI-)Produkte basiert genau auf dieser Argumentation. Die Anzahl der Verbindungen zwischen den einzelnen Applikationen beläuft sich auf n*(n-1)/2 und die

4 Vgl. [GARTNER02]

Anzahl der proprietären Codekomponenten der einzelnen Schnittstellen sogar auf n*(n-1), da ja für jedes System eine eigene spezifische Schnittstellenkomponente erstellt werden muss. Bei den zu integrierenden Anwendungssystemen handelt es sich dabei längst nicht nur um die eigenen internen Applikationen, sondern um eine Integration, die auch vor Unternehmensgrenzen nicht halt macht. Insgesamt existiert ein Integrationsbedarf für die folgenden Arten von Applikationen:

- Standardapplikationen der internen IT-Architektur
- Eigenentwicklungen oder Legacy-Systeme der internen IT-Architektur
- Applikationen, die durch Outsourcing extern betrieben werden
- Applikationen von verbundenen Unternehmen (z.B. Konzerntöchtern)
- Applikationen, die durch Unternehmenszusammenschlüsse Teil der Prozesskette geworden sind
- Applikationen von Lieferanten
- Applikationen von Händlern
- Applikationen von Kunden

Als Lösungsszenario wird in diesem Zusammenhang häufig eine zentrale unternehmensweite oder sogar unternehmensübergreifende Integrationsplattform angeboten, die das Schnittstellenchaos ein für alle Mal beseitigen soll. Der zweite Teil der Verkaufsstory zeigt also meist ein aufgeräumtes und sauberes Bild wie in Abbildung 7.20 , bei dem Standardkonnektoren für viele der anzubindenden Systeme direkt bereitgestellt werden können.

Allen Hochglanzbroschüren zum Trotz haben heute wohl die meisten Unternehmen gemerkt, dass der Zustand in Abbildung 7.20 leider nur mit einigem Aufwand zu erreichen ist. Auch wenn einer der Hauptgründe für EAI eine mittel- bis langfristige Kostenreduktion ist, ist das hochintegrierte virtuelle Unternehmen in der Initialinvestition kaum bezahlbar. Beispielsweise hat eines der Unternehmen, für das wir tätig sind, vor zwei Jahren ein Projekt ins Leben gerufen, das eine unternehmensweite Integration auf Basis eines EAI-Werkzeugs bis zum Jahr 2007 vorsieht. Abgesehen von der Projektlaufzeit von sechs Jahren in einem sich ständig verändernden Umfeld, dürften die Kosten, die in diesem Zeitraum anfallen, enorm sein. Von kurzfristigem ROI ist in diesem Zusammenhang wohl kaum die Rede.

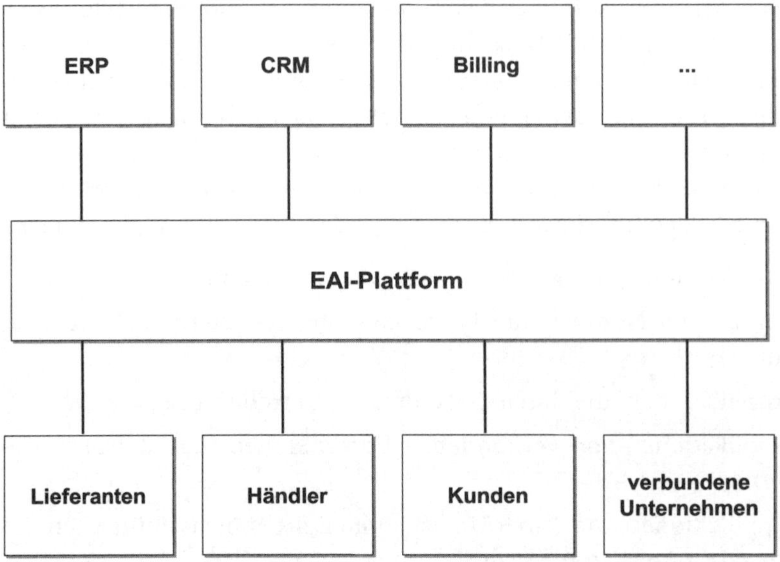

Abbildung 7.20 Das hochintegrierte virtuelle Unternehmen

Alternativen

Die Unternehmen, die sich ein solches Projekt nicht leisten können, sondern auf kleinere und dafür schnellere Erfolge angewiesen sind, weniger Investitionsrisiken eingehen und dennoch eine sinnvolle Integrationsstrategie umsetzen wollen, müssen einen alternativen Lösungsansatz wählen. In diesem Zusammenhang stellt sich dann eher die Frage nach der richtigen Architekturstrategie, in die integrative Aspekte ohnehin einfließen müssen. Bei einer solchen Strategie steht insbesondere das Vorgehensmodell im Vordergrund, mit dem eine Integration schrittweise durchgeführt werden kann, und weniger das Werkzeug.

Nicht jede Applikation muss mit jeder anderen kommunizieren.

Übrigens sollen EAI-Produkte hier nicht prinzipiell negativ bewertet oder der Gedanke der unternehmensweiten Integration als utopisch dargestellt werden. Jedoch sollte man sich die Realität vor Augen führen. So kann zum Beispiel das Argument der explosionsartig wachsenden Schnittstellenanzahl nur bedingt gelten, da wohl nicht jede Applikation mit jeder anderen Applikation interagieren muss.

Wenden wir uns also nun einem typischen Szenario zu, wie wir es in ähnlicher Form bereits mehrfach in verschiedenen Unternehmen kennen gelernt haben. Dabei behalten wir immer die zwei Kernaussagen der letzten Abschnitte im Hinterkopf:

- Eine unternehmensweite Integration passiert normalerweise nicht in einem einzigen Projekt, das ewig läuft und unbezahlbar ist.
- Eine unternehmensweite Integration bedeutet nicht, dass jede Applikation mit jeder anderen Applikation kommunizieren können muss.

Bevor wir in das typische Szenario einsteigen, stellen wir kurz die verschiedenen Arten der Integration und die damit verbundenen Ansätze für Integrationsarchitekturen vor.

7.4.2 Typisches Szenario

Arten der Integration

In der Literatur und auch in der Praxis werden heute die Arten oder auch der Grad der Integration in vier Teile gegliedert.[5] Der Grad der Integration sagt dabei aus, wie »intelligent« eine Integration bezogen auf die zu integrierenden Geschäftsprozesse ist, also ob sie die Semantik dessen kennt, was sie abzubilden hat oder nicht.

7

- **Middleware-Integration**

  Integration auf Technikebene

  Die Middleware-Integration, auch als »Integration auf Kommunikationsebene« bezeichnet, stellt die rein technische Verbindung verschiedener Systeme dar. Sie repräsentiert die Ebene, auf der nach bestimmten Protokollvereinbarungen Daten übertragen werden. Darüber hinaus werden durch die Middleware normalerweise Funktionen zur Verfügung gestellt, die Hochverfügbarkeit, Skalierbarkeit, Load-Balancing oder auch Protokollierungsmechanismen der Systemschnittstellen sicherstellen sollen. Die Integrationskomponente auf Middelware-Ebene hat keinerlei Kenntnis über die Semantik der Schnittstelle. Sie sorgt, wie in Abbildung 7.21 dargestellt, lediglich auf technischer Ebene für die korrekte Übertragung der Informationen.

5 Oftmals wird in diesem Kontext zusätzlich zu den vier von uns dargestellten Arten der Integration auch die Portal- oder Frontendintegration aufgeführt. Hierbei wird in der Regel ein einzelnes Frontend für die Benutzung verschiedener IT-Systeme eingesetzt, so dass dem Anwender der Eindruck vermittelt wird, er würde mit einem einzigen System arbeiten. Dabei können die Backendsysteme im Hintergrund natürlich nach wie vor eine schlechte Integrationsarchitektur aufweisen. Da wir in diesem Abschnitt die Integration im Kontext der IT-Architektur betrachten wollen, ist uns insbesondere die Kommunikation der Applikationen untereinander in Bezug auf die automatisierten Prozesse wichtig. Aus diesem Grund messen wir der Frontendintegration hier keine weitere Bedeutung bei.

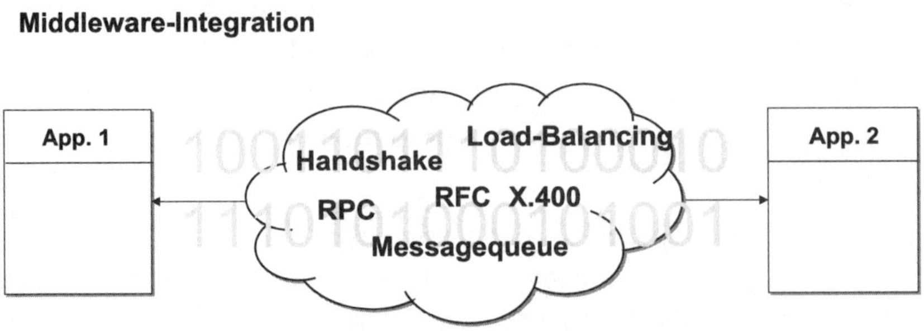

Abbildung 7.21 Middleware-Integration ohne Kenntnis der Integrationssematik

▶ **Datenintegration**

Integration auf Attributebene

Die Datenintegration bildet die unterste Ebene der semantischen Integration zweier Systeme. Prinzipiell können zwei Applikationen sich damit auf Attributebene verständigen. Bei der Datenintegration kommt es darauf an, dass die Ausprägung eines zu übertragenden Attributs von der sendenden Applikation in eine Nachricht verpackt und von der empfangenden Applikation aufgenommen und interpretiert werden kann. Dabei werden durch die Integrationslogik die nötigen Datentransformationen vorgenommen. Wie in Abbildung 7.22 dargestellt, könnte beispielsweise eine Postleitzahl in einem System als ein numerischer Datentyp und in einem anderen System als ein zeichenorientierter Datentyp gemeinsam in einem Feld mit dem Wohnort abgelegt sein. Die hierbei notwendige Konvertierung wird bei der Datenintegration durchgeführt.

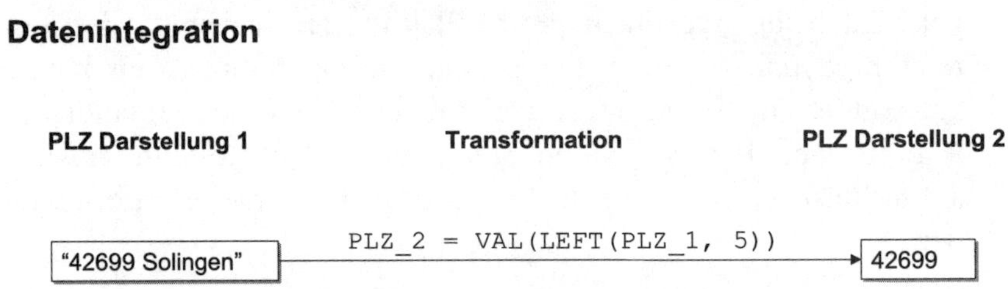

Abbildung 7.22 Konvertierung auf Attributebene bei der Datenintegration

▶ **Integration auf Geschäftsobjektebene**

Integration auf Geschäftsobjektebene

Aufbauend auf der Datenintegration kann die Integration auf Geschäftsobjektebene stattfinden. Hierbei tauschen zwei Applikationen ganze Geschäftsobjekte mit verschiedenen Attributen und Attributformaten aus. So wird beispielsweise das Geschäftsobjekt »Kunde« in unterschiedlichen Applikationen unterschiedlich abgebildet sein. Um zwischen der Repräsentation eines Kunden in verschiedenen Systemen ein Mapping zu realisieren, werden ein generisches Kundenobjekt sowie geeignete Transformationsregeln definiert. Es werden einerseits Regeln bereitgestellt, die die Transformation der applikationsspezifischen Repräsentation zur generischen Repräsentation vornehmen können. Andererseits werden Regeln bereitgestellt, die umgekehrt die generische Repräsentation eines Geschäftsobjekts in die verschiedenen applikationsspezifischen Repräsentationen transformieren können. Abbildung 7.23 verdeutlicht diesen Sachverhalt.

Integration auf Geschäftsobjektebene

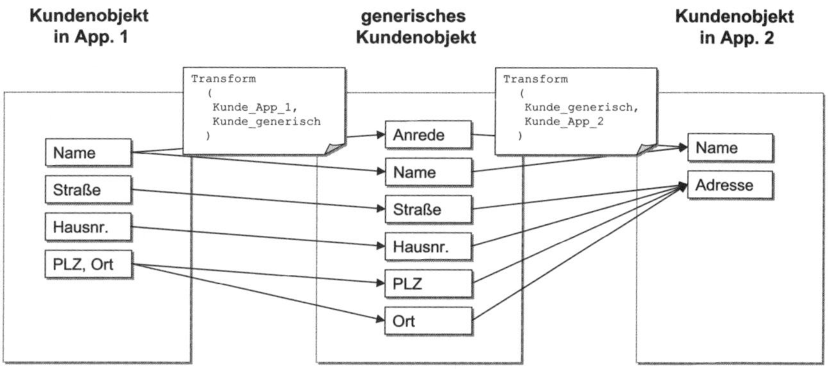

Abbildung 7.23 Transformation zwischen applikationsspezifischen Geschäftsobjekten über generische Geschäftsobjekte

▶ Prozessintegration

Integration auf Geschäftsprozessebene

Der höchste Grad der semantischen Integration ist die Integration auf Prozessebene. Das bedeutet, dass die zu verbindenden Applikationen nicht nur gegenseitig Geschäftsobjekte austauschen und interpretieren können, sondern auch den Kontext verstehen, in dem dieser Austausch stattfindet. Damit muss die Integrationskomponente Kenntnis über Geschäftsregeln und die Historie des Austauschs von Geschäftsobjekten zwischen den einzelnen Applikationen haben. Beispielsweise könnte die Freischaltung eines Kunden für einen neuen Online-Dienst nur dann erwünscht sein, wenn er einen bestimmten Bonitätsindex erreicht. Diese Regel und die zusätzlich zu ermittelnde Information des Bonitätsindex müssen der integrierenden Komponente bekannt sein, um entscheiden zu können, ob ein Kunde diesen Dienst bekommt oder nicht. Durch die

Integration auf Prozessebene wird also die Steuerung und Automatisierung des Datenflusses von Geschäftsobjekten entlang eines Geschäftsprozesses ermöglicht, wie Abbildung 7.24 demonstriert.

Prozessintegration

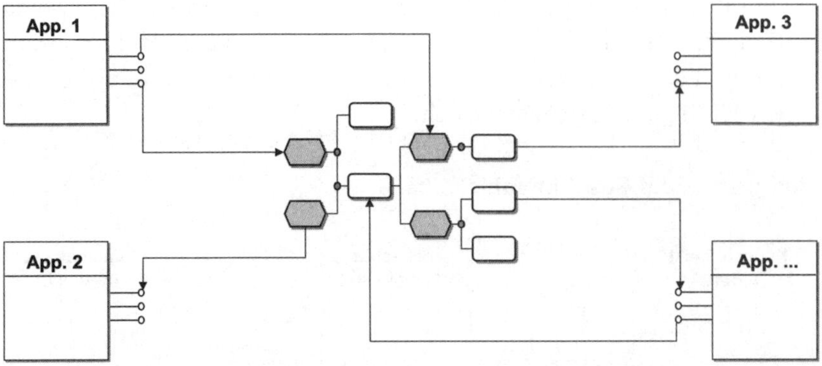

Abbildung 7.24 Prozessintegration als höchster Grad der Integration

Grundsätzlich bauen diese vier Arten der Integration in der hier vorgestellten Reihenfolge aufeinander auf. Heute zielen die meisten EAI-Produkte auf den höchsten Integrationsgrad ab. Zusätzlich zu der internen Prozessintegration rückt dabei immer mehr auch die Integration von Prozessen in den Vordergrund, die über die Unternehmensgrenzen hinaus reichen.

Ohne Architektur gibt es keine Integration.

Wir haben damit grundlegend dargestellt, mit welcher Qualität zwei Applikationen miteinander integriert werden können. Natürlich werden normalerweise nicht zur zwei Systeme integriert, sondern es geht hierbei meist um eine Vielzahl von Systemen, die Daten miteinander austauschen und die an denselben Geschäftsprozessen beteiligt sind. Um die Funktionalitäten der verschiedenen Ebenen abzubilden, werden normalerweise eigene Softwarekomponenten eingesetzt, die als Integrationsplattform bezeichnet werden. Hierbei kann es sich um ein EAI-Produkt oder auch um eine selbst entwickelte Lösung handeln. Egal welche Integrationsplattform eingesetzt wird, so setzt diese immer eine bestimmte Integrationsarchitektur voraus, also die Art und Weise, wie die einzelnen zu integrierenden Applikationen mit der Integrationsplattform verbunden werden. Typischerweise kann man hier zwei verschiedene Architekturmuster erkennen, die wir im Folgenden kurz erläutern wollen.

Typische Integrationsarchitekturen

- **Hub-and-Spoke**
  Die erste Integrationsarchitektur ist die so genannte *Hub-and-Spoke-Architektur.* Dieser am häufigsten verwendete Architekturansatz basiert normalerweise auf einem zentralen Integrationsserver, an den sämtliche Applikationen gleichberechtigt angeschlossen werden. Beispielsweise verfügen die meisten EAI-Produkte über Konnektoren, die zur Anbindung der unterschiedlichsten Standardanwendungen dienen. Zur Anbindung von Legacy-Systemen werden in der Regel Toolkits mitgeliefert, die die Entwicklung eigener Konnektoren erlauben. Der gesamte Datenaustausch zwischen den Applikationen wird über den zentralen Message-Broker des Integrationsservers abgewickelt. Zudem sind sämtliche Geschäftsregeln, die für eine Prozessintegration relevant sind, auf dem Integrationsserver abgebildet.

  Minimale Schnittstellenanzahl

  Die Vorteile dieses Ansatzes bestehen in der minimalen Anzahl von Schnittstellenimplementierungen, da jedes System maximal eine Schnittstelle zum Integrationsserver besitzen muss. Darüber hinaus müssen die Geschäftsprozesse, die sich über eine Applikationsgrenze hinweg bewegen, nur an einer Stelle zentral gepflegt werden. Allerdings setzt man sich durch diesen zentralistischen Ansatz einerseits der Gefahr von Performance-Engpässen aus und sorgt andererseits auch für einen Single-Point-of-Failure, der eine gesamte IT-Architektur zum Erliegen bringen kann.[6] Dennoch bietet dieser Ansatz insbesondere bei komplexen Prozessen, an denen viele Anwendungen beteiligt sind und die einer hohen Dynamik unterliegen, einen großen Nutzen. In Abbildung 7.25 ist die Hub-and-Spoke-Architektur dargestellt. Der Name ist auf die Verteilung der einzelnen Systeme um einen gemeinsamen Kern zurückzuführen, ähnlich wie die Speichen (Spoke) eines Rades um die Radnabe (Hub) verteilt sind.

6 Auch wenn die EAI-Produkthersteller mit Cluster- und Hochverfügbarkeitsmechanismen argumentieren, so kommt es in der Praxis dennoch immer wieder einmal zu Totalausfällen der zentralen Integrationskomponente. Spezifische Gründe sind hier zunächst uninteressant. Tatsache ist, dass solche Ausfälle vorkommen und entsprechend behandelt werden müssen.

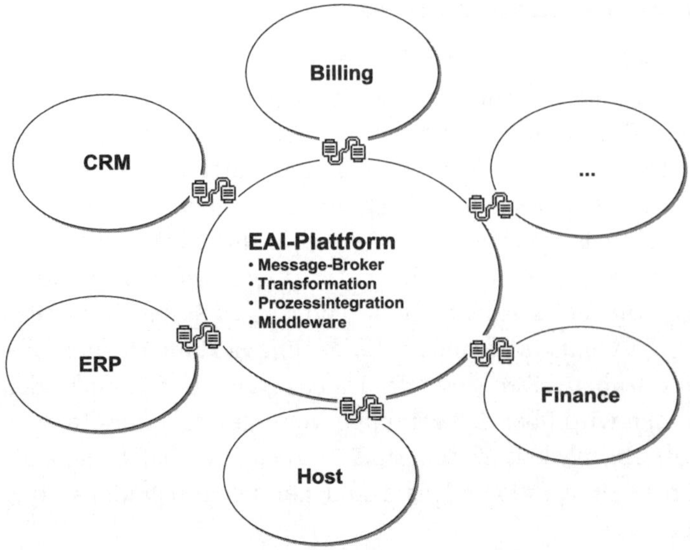

Abbildung 7.25 Hub-and-Spoke-Architektur

- **Verteilte Integrationsarchitektur**

Gute Verfügbarkeit und Performance

Bei der verteilten Integrationsarchitektur wird jede der zu integrierenden Applikationen mit geeigneten offenen Schnittstellen versehen, die sich um die Transformation und die benötigten Middleware-Mechanismen kümmern. Im Gegensatz zu Point-to-point-Schnittstellen wird hier allerdings auf ein einheitliches Interface-Design geachtet. Darüber hinaus wird die Prozesslogik, die die jeweilige Applikation betrifft, auch direkt bei der Schnittstellenimplementierung der Applikation hinterlegt. Die einzelnen Applikationen werden an einen so genannten Integrationsbus angeschlossen, über den sie Nachrichten versenden, die von der jeweiligen Zielapplikation aufgefangen und verarbeitet werden können. Normalerweise werden die korrekte Verteilung und das Queueing der Nachrichten auch bei diesem Ansatz durch einen Message-Broker übernommen, der gleichgeordnet zu den anderen Applikationen an den Integrationsbus angeschlossen wurde. Allerdings werden hier normalerweise nicht die gesamten fachlichen Dateninhalte über den Message-Broker verteilt, sondern lediglich die Informationen darüber, dass eine Applikation mit einer anderen Applikation zu einem bestimmten Zweck in Verbindung treten möchte.

Hieraus ergibt sich zwar der Vorteil, dass sowohl Performance- als auch Verfügbarkeitsengpässe weitestgehend ausgeschlossen werden, jedoch müssen Transformations- und Geschäftsregeln gegebenenfalls redundant implementiert und gepflegt werden. Das bedeutet, dass die verteilte Integrationsarchitektur primär zur Anbindung von Systemen eingesetzt wird, die zwar große Datenmengen performant austauschen müssen, jedoch weniger durch komplexe Geschäftslogik miteinander verbunden sind, da sonst der Implementierungsaufwand für die Schnittstellenlogik der einzelnen Applikationen zu hoch wird. Typische Anwendungsfälle hierfür sind Applikationen, die Data Warehouses oder Datenbanken mit Informationen versorgen oder umgekehrt regelmäßig Informationen aus zahlreichen Datenquellen beziehen müssen. Die verteilte Integrationsarchitektur ist in Abbildung 7.26 dargestellt.

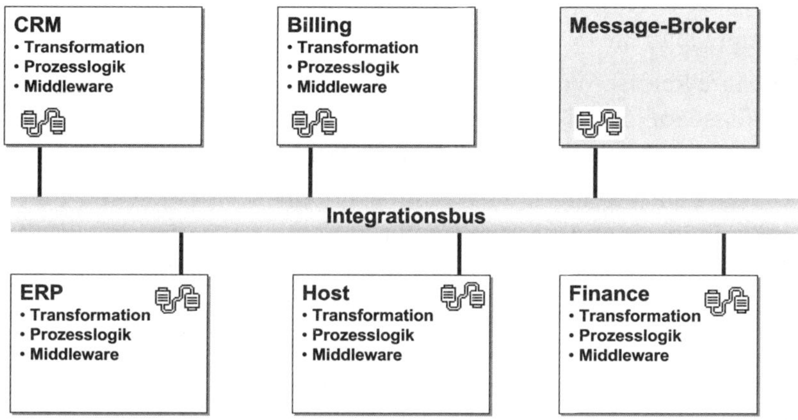

Abbildung 7.26 Verteilte Integrationsarchitektur

Nachdem wir nun die technischen Grundlagen für die Beschreibung des Beispielszenarios geschaffen haben, wollen wir uns zunächst Gedanken darüber machen, was wir mit einer unternehmensweiten Integration eigentlich erreichen wollen, denn schließlich treiben wir eine Integration ja nicht zum Selbstzweck voran.

Was will man mit Integration erreichen?

Kostengünstig, qualitativ hochwertig und schnell

Die folgenden Ziele sind für ein Integrationsprojekt typisch und sollten in keiner langfristig angelegten Architekturstrategie fehlen:

- Die Qualität der Geschäftsprozesse soll erhöht werden. Diese drückt sich im Wesentlichen durch die Reduktion von Bearbeitungsfehlern und die Verkürzung von Durchlaufzeiten aus.

- Die Qualität der Daten soll erhöht werden. Eine IT-Architektur wird immer über inhaltlich gleiche Daten in unterschiedlichen Applikationen verfügen. Um Inkonsistenzen zu vermeiden und die generelle Zuverlässigkeit der Aussagen des Datenbestandes zu verbessern, die sind die Datenquellen miteinander abzugleichen und synchron zu halten.
- Die Kosten für die Wartung bestehender Applikationen sollen reduziert werden, denn ein Großteil der Wartungskosten einer Applikation entfällt darauf, die Schnittstellen zu anderen Systemen aufrechtzuerhalten.
- Die Integrationskosten für zukünftig zu integrierende Applikationen sollen deutlich gesenkt werden, denn jede neue Applikation muss irgendwie in die bestehende IT-Architektur eingebunden werden.
- Größere Release-Wechsel bestehender Applikationen sollen weniger Einfluss auf die IT-Architektur nehmen, außerdem soll der Austausch einzelner Applikationen vereinfacht werden.
- Die in den jeweiligen Anwendungssystemen vorhandenen Daten sollen einfach und performant für andere Applikationen bereitgestellt werden können. Hierin besteht der erste Ansatz zu einem geregelten unternehmensübergreifenden Austausch von Informationen.
- Die von den einzelnen Anwendungssystemen bereitgestellten Funktionen sollen möglichst leicht nach außen publizierbar sein. So wird sichergestellt, dass die Funktionen mehrfach in verschiedenen Prozessen wiederverwendet werden können. Außerdem wird damit eine Basis für die Integration verteilter Unternehmensorganisationen geschaffen.
- Die Anbindung der unternehmensinternen IT-Architektur an die Architekturen externer Partnerunternehmen wie etwa Kunden oder Lieferanten sollte einfach möglich sein. Dabei sollen dennoch Aspekte wie Systemsicherheit, Datenschutz und Performance in höchstem Maße Berücksichtigung finden.
- Die Liste lässt sich unter Berücksichtigung unternehmensspezifischer Erfordernisse noch beliebig erweitern oder in einzelnen Punkten konkretisieren. Beispielsweise kann man sich vorstellen, dass ein Unternehmen, das konsequent auf Internettechnologien setzt, zusätzlich technologische Ziele in die Integrationsstrategie aufnimmt.

- Zur Realisierung der hier vorgestellten Ziele gibt es die verschiedensten technischen Ansätze, die normalerweise auf der Grundlage der oben vorgestellten Integrationsarchitekturen aufbauen.

Beispielszenario

Ein Beispiel aus dem richtigen Leben

Unser Beispielszenario basiert auf einem Projekt, das wir im Jahre 2001 für einen größeren mittelständischen Telko durchgeführt haben. Das Unternehmen hatte in den Jahren davor seine Produktpalette erheblich erweitert. Während es zu Beginn der Geschäftstätigkeit nur Dienste zur Festnetztelefonie anbot, kamen schnell Internet-Access-Dienste, Webhosting und Angebote für kostenpflichtigen Content hinzu. Das Unternehmen war sehr erfolgreich und hatte enorme Kundenzuwächse zu verzeichnen. Allerdings hatte es mit steigender Kundenanzahl und steigendem Produkt- und Tarifangebot auch mit erheblich komplexeren Prozessen und einer sehr heterogenen IT-Architektur zu kämpfen. Die wesentlichen Systeme der IT-Architektur setzten sich aus vier Billingsystemen für die Abrechnung unterschiedlicher Dienste, drei Kundendatenbanken, einem ERP-System, einem Data Warehouse und zwei Systemen für das technische Auftragsmanagement (eines für Telefonie- und eines für Internetdienste) zusammen. Die Systeme waren teilweise über Point-to-point-Schnittstellen und teilweise überhaupt nicht integriert.

- Diese Architektur hatte zahlreiche negative Konsequenzen:
- Kunden, die unterschiedliche Produkte des Unternehmens bezogen, bekam bis zu vier Rechnungen.
- Wenn ein Kunde beispielsweise umzog und seine Adressänderung für den Festnetzanschluss mitteilte, wurden seine Daten in der Kundendatenbank für Internetkunden nicht automatisch aktualisiert. Eine Adressänderung hatte manuell zu erfolgen.
- Manche Kunden konnten über einen langen Zeitraum Leistungen umsonst beziehen. Im technischen Auftragsmanagement wurde ein Dienst freigegeben, jedoch war die Schnittstelle zum Billing unter bestimmten Umständen fehlerhaft, so dass das Billingsystem gar nichts von den abzurechnenden Leistungen für bestimmte Kunden wusste.
- Bestimmte Geschäftsregeln schlossen sich aus oder sorgten für ein inkonsistentes Auftreten dem Kunden gegenüber. Beispielsweise konnten die Kunden für Internetdienste ein paar Euro sparen, wenn sie als Zahlungsart das Lastschriftverfahren gewählt hatten. Gleich-

zeitig konnten sie als Zahlungsart für einen Telefoniedienst nach wie vor den Kauf auf Rechnung beibehalten. Die Konfiguration des ERP-Systems, das für die Forderungsbearbeitung zuständig war, wurde immer mit genau der Zahlungsart versorgt, die zuletzt in einem der Kundenmanagementsysteme eingestellt worden war. Manchmal wurde also versucht, auch Rechnungsbeträge aus Telefoniediensten per Lastschrift einzuziehen, manchmal wurde der Nachlass für das Lastschriftverfahren gewährt, obwohl das ERP-System noch immer über die Zahlungsart »Rechnung« abrechnete.

- Das Data Warehouse wurde ausschließlich für die Auswertung telefoniebezogener Informationen genutzt. Das Marketing hatte keine Möglichkeit, beispielsweise Internet-Access-Daten und Telefoniedaten miteinander in Verbindung zu bringen oder das generelle Verhalten der Dienstenutzung der Kunden zu analysieren.

Vielfältige Probleme

Diese wenigen Punkte waren nur die Highlights, es gab noch zahlreiche andere Mängel, auf die wir an dieser Stelle nicht näher eingehen. Wichtig ist nur, dass das Unternehmen erkannte, dass es so nicht weitergehen konnte, und dass eine saubere Integration der IT-Architektur überfällig war. Im Folgenden stellen wir etwas vereinfacht das Modell vor, nach dem seinerzeit für die Integration vorgegangen wurde. Der Ausgangspunkt unserer Arbeiten war die in Abbildung 7.27 dargestellte Architektur.

Um die Darstellung nicht noch komplexer zu machen, als sie ohnehin schon ist, haben wir jeweils nur eine Schnittstelle bzw. die primär verwendete Übertragungsart zwischen zwei Systemen dargestellt. Beispielsweise gab es in dem Szenario zwischen dem CRM-System für die Telefoniekunden und dem Billingsystem für die Telefonie insgesamt drei Schnittstellen, von denen zwei als Online- und eine als File-Schnittstelle realisiert war.

7.4.3 Vorgehen

Im vorliegenden Abschnitt beschreiben wir, wie ein sauberes und erfolgversprechendes Vorgehen zur Realisierung einer unternehmensweiten Integrationsplattform aussehen kann. Wir beschränken uns dabei nicht nur auf das damalige Vorgehen aus unserem Beispielszenario, sondern lassen auch viele Erfahrungen aus anderen Projekten im Sinne der »lessons learned« einfließen. Außerdem stehen bei dem hier vorgeschlagenen Vorgehensmodell nicht die generelle Verfahrensweise im Sinne der IT-Projektabwicklung im Vordergrund, sondern nur die

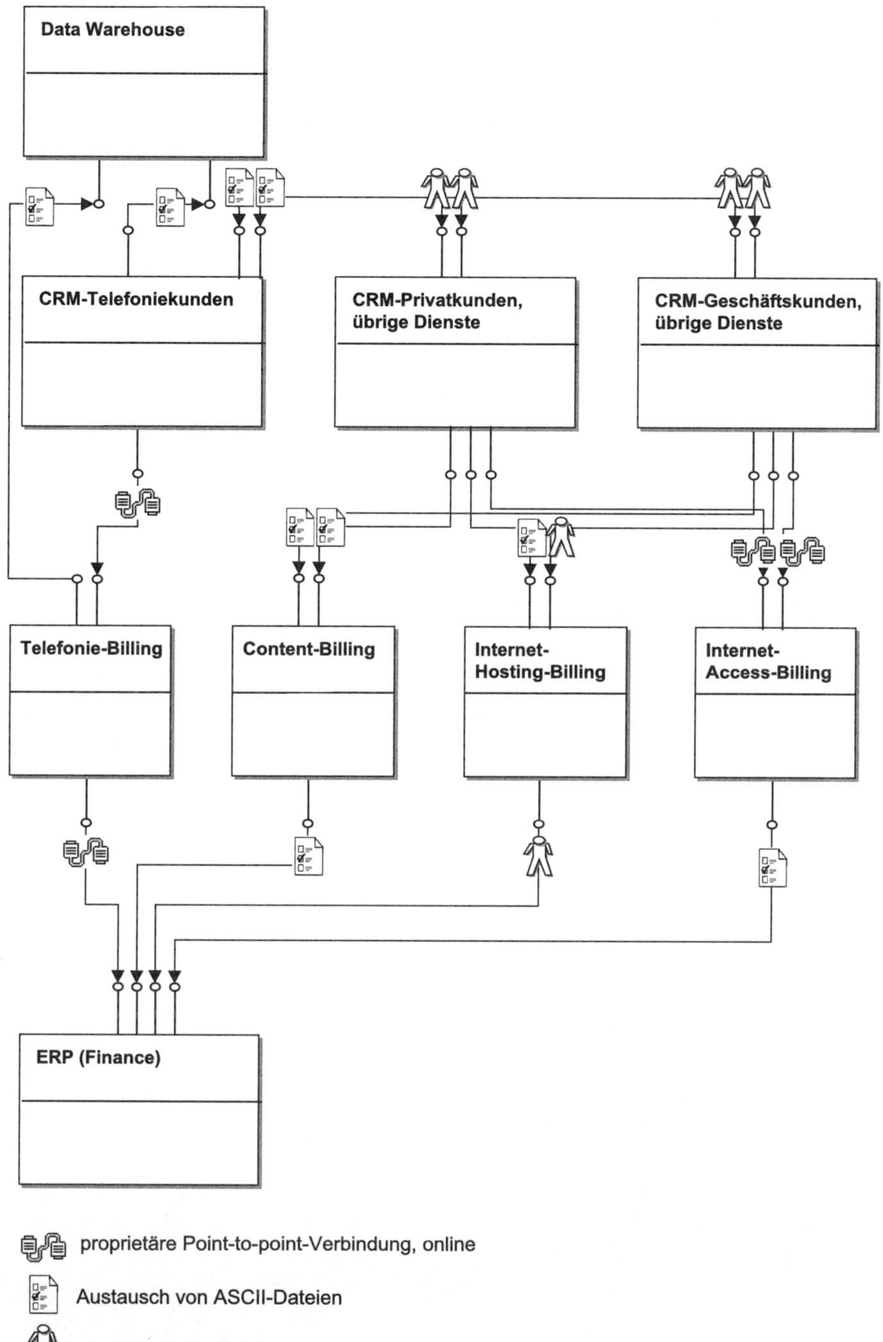

Abbildung 7.27 Ausgangsarchitektur des Beispielszenarios

Facetten des Projekts, die tatsächlich für die Integration der Systeme relevant sind. Das Vorgehensmodell sieht, wie in Abbildung 7.28[7] dargestellt, insgesamt sechs Phasen vor.

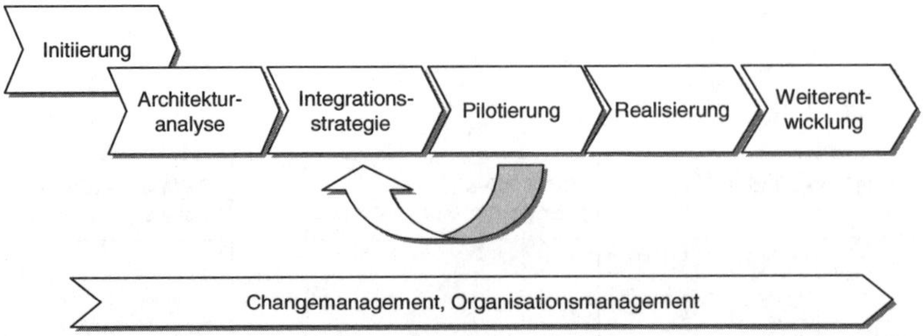

Abbildung 7.28 Phasen der unternehmensweiten Integration

Initiierung

Hohe Kosten und Prozessänderungen

Wenn es sich bei den Integrationsprojekten um größere Vorhaben handelt, wenn also viele Systeme beteiligt sind und mit unternehmensweitem Fokus vorgegangen wird, werden diese Projekte normalerweise durch die Unternehmensleitung initiiert und getragen. Typische Auslöser für ein Integrationsprojekt sind entweder stetig angestiegene Wartungskosten für bestimmte Systeme bzw. deren Schnittstellen oder aber die grundlegende Änderung von Geschäftsprozessen, die eine Anpassung vieler Systeme und Schnittstellen ohnehin notwendig macht.

Genau genommen handelt es sich bei unternehmensweiten Integrationsprojekten nicht um Projekte im klassischen Sinne. Durch die enormen Auswirkungen auf die gesamte IT-Architektur und den erheblichen Bedarf an finanziellen Mitteln kann man ein solches Vorhaben eher als Ausprägung einer Architekturstrategie betrachten, die durch bestimmte Maßnahmen in Form von mehreren aufeinander folgenden Projekten umgesetzt wird.

7 Wir weichen an dieser Stelle von der in Abschnitt Rezeptbuch für typische Problemstellungen vorgestellten Darstellungsweise ab, da Details zu diesem Zeitpunkt noch nicht wichtig sind und zunächst nur Verwirrung stiften. Stattdessen haben wir jeder einzelnen Phase eine ausführliche Beschreibung gewidmet.

Bei der Initiierungsphase gibt es einige Punkte, die auf den gesamten Verlauf des Integrationsvorhabens erheblichen Einfluss haben werden:

- **Klare Zieldefinition festlegen**
  Es muss deutlich gemacht werden, was eigentlich erreicht werden soll. Wir haben im vorangegangenen Abschnitt einige wichtige Ziele der unternehmensweiten Integration dargestellt. Es ist tatsächlich in der Vergangenheit vorgekommen, dass EAI-Projekte angestoßen wurden, weil EAI, Integration oder ähnliche Begriffe gerade en vogue waren. Sätze wie »EAI als eCommerce-Enabler« und andere Schrecklichkeiten sind noch heute oft in den einschlägigen Marketingbroschüren zu lesen. Es ist deshalb wichtig, die Ziele klar festzulegen, zu priorisieren, die Zielerreichung zu quantifizieren und damit messbar zu gestalten. Ziele wie »eCommerce enablen« sind dabei nicht zulässig!
- **Realistische Wirtschaftlichkeitsbetrachtung vornehmen**
  Die Anfangsinvestition, die Folgeinvestitionen und die Projektlaufzeit, während der die Kosten der bestehenden IT-Architektur durch Parallelentwicklung sogar noch steigen können, sind im Rahmen eines Business Case zu planen. Hierzu gehört auch die Betrachtung der Betriebskosten der später genutzten Integrationsplattform. Insbesondere dieser Punkt ist nicht zu unterschätzen. So wird die Initialinvestition häufig noch aus einem zentralen Budgettopf finanziert, weil hier zunächst das Management als Auftraggeber für das Integrationsprojekt auftritt. Später jedoch können (müssen) viele Abteilungen von der Integration profitieren, wobei allerdings niemand gern dazu bereit ist, auch die finanzielle Verantwortung für diese Infrastruktur und deren Pflege zu übernehmen. Hier kann nur ein Verrechnungsmodell für Integrationsleistungen weiterhelfen, nach dem die Kosten für die Integration aufgeteilt werden.

  Wer zahlt die Zeche?

  Wie auch immer die ganzheitliche Kostenbetrachtung einer EAI-Lösung aussieht, man muss sich darüber im Klaren sein, dass es sich hierbei um eine mittel- bis langfristige Investition handelt. Ein »Quick-Win« aus finanzieller Sicht ist hier nur selten erreichbar. Abbildung 7.29 zeigt den typischen Kosten-Nutzen-Verlauf einer IT-Architektur, jeweils mit und ohne eine Integrationsplattform.

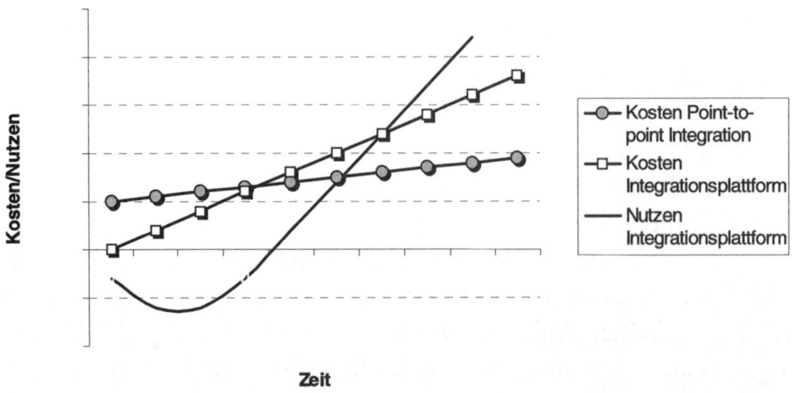

Abbildung 7.29 Kosten- und Nutzen-Verhältnisse einer Integrationsplattform im Bezug auf die Zeit

Iterative Vorgehen

- **Beherrschbarkeit und Managebarkeit des Projekts sicherstellen**
Ein Vorhaben dieser Größenordnung mutiert leicht zu einem nicht mehr beherrschbaren Boliden. Hier ist ein iteratives Vorgehen dringend angeraten. Das bedeutet, dass zwar eine übergreifende Analyse und Strategiedefinition stattfinden muss, dass jedoch die Anbindung bestimmter Systeme bzw. die Ablösung bestimmter Schnittstellen nur in kleinen Schritten vorangetrieben werden sollte. Der Projektorganisation und insbesondere der Rolle des IT-Architekten (wenn es denn einen gibt) kommt hierbei eine besondere Bedeutung zu.
- **Changemanagement und Organisationsmanagement**
Obwohl diese Punkte in fast jedem größeren Projekt wichtig sind, möchten wir sie an dieser Stelle noch einmal besonders hervorheben. Wie bereits erwähnt, wird ein umfangreiches Integrationsprojekt häufig durch eine tief greifende Prozessänderung angestoßen. Im Zuge dessen werden gegebenenfalls Applikationen abgelöst und Verantwortlichkeiten in der Applikationslandschaft verschoben. Eine hundertprozentige Transparenz und eine offene und proaktive Kommunikationspolitik sind Schlüsselfaktoren für den Erfolg eines jeden Integrationsprojekts. In dem oben vorgestellten Beispielprojekt gab es ein »Project-Infomation-Web«, kurz PIW genannt, das immer umfangreiche Informationen über den aktuellen Stand des Projekts enthielt.

Architekturanalyse

Bei der Definition der Ziele wurde festgelegt, was man mit der unternehmensweiten Integration eigentlich erreichen will. Um ein detailliertes Vorgehen festzulegen, muss jedoch zunächst ermittelt werden, wo man sich aus Sicht der Integration befindet. Hierbei gilt es aufzudecken, welche Prozesse, Applikationen, Daten und Schnittstellen wie bei dem Integrationsvorhaben zu bewerten sind. Prinzipiell werden diese Elemente sowohl aus der technischen als auch aus der betriebswirtschaftlichen Perspektive betrachtet.

- **Analyse aus technischer Perspektive**
  Diese Betrachtung gilt schwerpunktmäßig den Applikationen, Daten und Schnittstellen. Bei der Analyse werden qualitative und quantitative Aspekte ermittelt. Hierzu gehören die Ausfallsicherheit, die Mengengerüste der zu verarbeitenden Daten und die Verarbeitungsgeschwindigkeit. Darüber hinaus werden hier bereits die einzelnen Datenmodelle der Systeme bis auf Attributebene hinunter betrachtet. Dadurch werden frühzeitig potenzielle Probleme bei der Datentransformation entdeckt. Außerdem können im Zuge dieser Analyse auch Aussagen über die Datenqualität und den unter Umständen nötigen Handlungsbedarf gemacht werden. Logischerweise rücken die Elemente, die die meisten Probleme bereiten, später in der Maßnahmenliste ganz nach oben.
- **Analyse aus betriebswirtschaftlicher Perspektive**
  Hierbei wird häufig nur die Kostenseite der einzelnen Elemente betrachtet. Doch meistens sind Fragen zu Kosten nur bei einem bereits umfassend implementierten IT-Controlling zu beantworten. So ist es beispielsweise oft nicht möglich, den finanziellen Aufwand einer Periode für ein einzelne Schnittstelle zu ermitteln. Doch selbst, wenn dies problemlos möglich wäre, würde diese Information noch nicht ausreichen. Eine Aussage zu Kosten macht erst dann Sinn, wenn gleichermaßen eine Aussage über den Nutzen gemacht werden kann. Aus diesem Grund wird bei der betriebswirtschaftlichen Analyse der bestehenden Architektur eine Priorität auf die betroffenen Geschäftsprozesse gelegt, deren Kosten und Wertbeitrag erheblich leichter zu ermitteln sind.

  Kosten versus Nutzen

Priorisierung

Das Analyseergebnis enthält zwei Kernaussagen. Einerseits gibt es Aufschluss über die technische und inhaltliche Situation der IT-Landschaft, woraus sich später Lösungsstrategien und Aussagen zur technischen Machbarkeit ableiten lassen. Andererseits muss sich eine klare Priorisierung bzw. eine detaillierte Vorgehensweise zur Anbindung der einzelnen Systeme aus den Analyseergebnissen erzeugen lassen. Mit diesen Erkenntnissen wird sozusagen der Grundstein für die Definition einer Integrationsstrategie gelegt.

Beispielprozess »Kunde erfassen«

Wir wollen nun zu unserem Eingangsbeispiel zurückkommen und die damaligen Analyseergebnisse in einer stark komprimierten Zusammenfassung vorstellen. Hierbei beschränken wir uns auf den Prozess »Kunde erfassen« und die damit verbundenen Applikationen und Schnittstellen.

Der Prozess wird für die einzelnen Produktgruppen bzw. Kundengruppen in den CRM-Systemen angestoßen, und der Adressdatenabgleich zwischen den CRM-Systemen wird manuell vorgenommen. Um für den späteren Abrechnungsprozess die abzurechnenden Leistungen und Konditionen bekannt zu machen, werden jeweils entsprechende Schnittstellen zwischen den CRM-Systemen und den einzelnen Billingsystemen verwendet. Darüber hinaus ist jedes der Billingsysteme mit dem ERP-System verbunden, um die Forderungen gegenüber den Kunden buchhalterisch zu erfassen, wie Sie Abbildung 7.27 entnehmen können.

Bewertung der Analyseergebnisse

In Abbildung 7.30 ist exemplarisch das Analyseergebnis des Prozesses »Kunde erfassen« dargestellt. Die Aussagen über einen Prozess beziehen sich jeweils auf die betreffenden Produkt- und Kundengruppen und sind nach dem Schulnotensystem von »1« (sehr gut) bis »6« (ungenügend) für die Kategorien »Akzeptanz«, »Qualität« und »Durchlaufzeit« bewertet. Darüber hinaus wurde für jede Kategorie eine Gewichtung festgelegt.

Dieses Bewertungsschema, das sich um beliebige Bewertungskategorien erweitern lässt, wird für jeden einzelnen Prozess angewendet. Nimmt man zusätzlich zu den quantitativen Aussagen der durchschnittlichen Bewertung eines Prozesses noch qualitative Aussagen und Nebenbedingungen hinzu, lässt sich sehr präzise herausfinden, welche Prozesse akzeptabel sind und gegebenenfalls als Referenz dienen können und welche Prozesse unbedingt angepasst werden müssen. Es ist unbedingt notwendig, jede einzelne Bewertung und Gewichtung mit einer geeigneten Begründung zu untermauern. Beispielsweise ist die Gewichtung der Geschäftskunden in unserem Beispiel durchgängig höher eingestuft als die der Privatkunden, weil die derzeitige Unternehmensstrategie sich schwerpunktmäßig auf das B2B-Geschäft (Business to Business) ausrichtet. Aus diesem Grund sollten bei den

Ergebnissen »Kunde erfassen, Content, Geschäftskunden« und »Kunde erfassen, Internet-Hosting, Geschäftskunden« die Alarmglocken läuten.

Prozess	Produktgruppe	Kundengruppe	Akzeptanz der Sachbearbeiter	Gewichtung	Qualität (Fehlerquote)	Gewichtung	Durchlaufzeit	Gewichtung	Prüfsumme der Gewichtung	Durchschnittliche Bewertung
Kunde erfassen	Telefonie	Privatkunden	2	20%	2	50%	1	30%	100%	**1,70**
Kunde erfassen	Telefonie	Geschäftskunden	2	20%	2	70%	2	10%	100%	**2,00**
Kunde erfassen	Content	Privatkunden	4	20%	3	50%	4	30%	100%	**3,50**
Kunde erfassen	Content	Geschäftskunden	3	20%	3	50%	4	30%	100%	**3,30**
Kunde erfassen	Internet-Hosting	Privatkunden	5	20%	3	50%	3	30%	100%	**3,40**
Kunde erfassen	Internet-Hosting	Geschäftskunden	3	20%	4	70%	5	10%	100%	**3,90**
Kunde erfassen	Internet-Access	Privatkunden	3	20%	3	50%	2	30%	100%	**2,70**
Kunde erfassen	Internet-Access	Geschäftskunden	3	20%	2	60%	2	20%	100%	**2,20**

Abbildung 7.30 Analyseergebnis des Prozesses »Kunden erfassen«

Prozesse stehen im Vordergrund.

Angelehnt an die Analyse der Prozesse, werden auch die entsprechenden Schnittstellen und Applikationen bewertet. Auch hier werden verschiedene Bewertungskategorien festgelegt und mit einer geeigneten Gewichtung versehen. Absolut erstrangig ist jedoch immer die Bewertung der Prozesse, da sie der eigentliche Grund sind, warum überhaupt Applikationen eingesetzt und durch Schnittstellen verbunden werden.

Definition der Integrationsstrategie

Man wird keinesfalls in einer »Big-Bang-Solution« sämtliche Schnittstellen gleichzeitig ablösen und eine Integrationsplattform als Zentrum der gesamten IT-Architektur etablieren. Einerseits wäre eine solche Lösung kaum bezahlbar, andererseits wäre ein Vorhaben dieser Größenordnung bei weitem zu komplex, um es planmäßig umzusetzen. Aus diesem Grund ist es erforderlich, eine Integrationsstrategie festzulegen, die eine Überführung der alten Integrationsarchitektur in eine neue beherrschbar macht.

Integration heißt nicht nur »Schnittstellen schaffen«.

Die Analyseergebnisse spielen hierbei eine wichtige Rolle, da sie aufzeigen, bei welchen Prozessen und Schnittstellen der größte Handlungsbedarf besteht. Sind die kritischen Punkte hier identifiziert und priorisiert, kann eine Zielarchitektur unter der Perspektive der Integration definiert werden. Das ist deshalb nötig, weil ein Integrationsvorhaben nicht zwangsläufig nur die Ablösung von Point-to-point-Verbindungen für eine Integrationsplattform beinhaltet, sondern weil die Zahl der Schnittstellen auch durchaus dadurch reduziert werden kann, dass einzelne Systeme abgelöst werden bzw. ineinander aufgehen.

Genau dies ist auch in unserem Beispielszenario passiert. Nach einer Betrachtung von Kosten und Nutzen wurde schnell klar, dass die Kostentreiber in der Pflege und Weiterentwicklung der verschiedenen CRM- und Billingsysteme lagen. Die Kosten der Schnittstellen spielten hierbei weitestgehend eine untergeordnete Rolle. Es wurde daher eine mehrstufige Strategie entwickelt, mit der die in Abbildung 7.31 dargestellte Zielarchitektur für die Integration erreicht werden sollte:

- Zusammenführung der CRM-Systeme
- Einführung einer Integrationsplattform
- Verbindung des »neuen« CRM-Systems mit den unterschiedlichen Billing-Systemen
- Anbindung des ERP-Systems an die Integrationsplattform
- Sukzessives Ablösen der einzelnen Billingsysteme und Integration aller weiteren betroffenen Systeme durch die Integrationsplattform

Integrationsinseln

Bei der Definition der Strategie wurde außerdem berücksichtigt, dass bereits eine Integrationsplattform im Unternehmen existierte. Alle technischen Systeme, die für die physische Bereitstellung von Diensten im Wirknetz zuständig waren, wurden bereits zuvor über eine selbst entwickelte Integrationsplattform miteinander verbunden. Im Zuge des Integrationsprojekts, das ja eine unternehmensweite Integration anstrebte, wurde lange darüber diskutiert, ob die selbst entwickelte Integrationsplattform entweder abgelöst oder gar als neue Plattform zur Integration der restlichen Systeme verwendet werden sollte. Letztendlich wurde keiner der beiden Vorschläge umgesetzt. Wegen der fehlenden Standardkonnektoren und der zu sehr auf die Belange der technischen Systeme ausgerichteten Funktionalität setzte sich die Eigenlösung nicht als zentrale Plattform durch. Allerdings waren die Technikbereiche mit der Lösung sehr zufrieden. Außerdem bestand zwischen den Techniksystemen und den betriebswirtschaftlichen Sytemen keine besonderes hohe Kohäsion, was die gemeinsame Beteiligung an wesentlichen Prozessen betraf.[8] Aus diesem Grund machte es keinen Sinn, die Eigenlösung abzulösen und alle OSS (Operational Support Systems) über die neue Integrationsplattform miteinander zu verbinden.

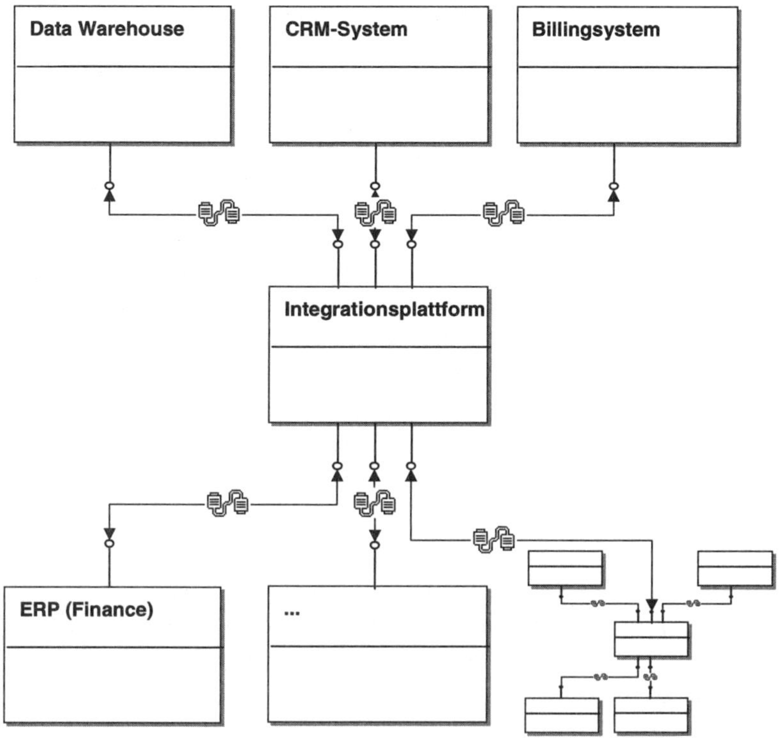

Abbildung 7.31 Zielarchitektur des Beispielszenarios

Das Unternehmen entschied sich also für zwei unabhängige Integrationsplattformen, die miteinander verbunden werden sollten und somit implizit eine Integration aller Systeme abbildeten. Die Verwendung solcher Integrationsinseln ist nicht unüblich. Oftmals werden Systeme, die eine hohe inhaltliche Zusammengehörigkeit aufweisen, über jeweils eigene Plattformen miteinander integriert. Hierdurch werden die in Abschnitt 7.4.2 aufgeführten Nachteile der Hub-and-Spoke-Architekturen bezüglich Performance und Ausfallsicherheit der Gesamtarchitektur nachhaltig entschärft.

8 Bei den technischen Systemen wird oft auch von den OSS (Operational Support Systems), bei den betriebswirtschaftlichen Systemen von den BSS (Business Support Systems) gesprochen.

Proof of Concept, Pilotierung

Nehmen Sie die Produkthersteller für den »Proof of Concept« in die Pflicht.

Bei der Integration vieler Systeme über eine einheitliche Plattform sind bei der Konzeption und Realisierung immer wieder dieselben Schritte zu durchlaufen. Schnittstellen müssen analysiert und konzeptioniert werden, Konnektoren müssen erstellt oder angepasst werden, und die Performance und Stabilität der Integrationsplattform müssen sichergestellt werden. Aus diesem Grund empfiehlt sich eine Pilotierungsphase, ein »Proof of Concept«. Durch das Feedback aus dieser Phase können gegebenenfalls Anpassungen an der Integrationsstrategie vorgenommen werden und Erfahrungen für die Anbindung weiterer Systeme genutzt werden.

In unserem Fallbeispiel wurde ein »Proof of Concept« im Rahmen der Produktauswahl durchgeführt.[9] Hierdurch sollte einerseits eine realistische Bewertung der Eignung und Leistungsfähigkeit bestimmter Produkte vorgenommen werden, und andererseits sollten die Aussagen der Hersteller bezüglich der Realisierungszeit der Konnektoren verifiziert werden. Obwohl ein bestimmtes Produkt in der Vorauswahl am besten abschnitt, konnte es insbesondere bei der Realisierung der Konnektoren nicht überzeugen. Die Fähigkeiten des Standard-CORBA-Konnektors (Common Object Request Broker Architecture), der für die Anbindung des Billingsystems nötig war, lösten sich in Wohlgefallen auf. Offenbar war diese »Standardkomponente« vorher noch niemals bei einem Kunden im Einsatz. Eine Neuentwicklung schien auch nicht ohne weiteres möglich zu sein, so dass die Wahl schließlich auf eine andere Integrationsplattform fiel.

Realisierung

Die Testphase stellt eine echte Herausforderung dar.

Unter der Realisierung verstehen wir in diesem Zusammenhang die Konzeption und Koordination einzelner Systemanbindungen, die tatsächliche Durchführung der Anbindung, den Test und die Inbetriebnahme. Insbesondere der Test stellt in Integrationsprojekten häufig eine enorme Herausforderung dar. Zum einen kann er erst zu einem relativ späten Zeitpunkt im Projekt erfolgen, da für eine durchgängige

9 Bei dem Projekt- und Lizenzvolumen solcher Integrationsvorhaben sollte jeder EAI-Anbieter in der Lage sein, eine Testinstallation und eine Anbindung kostenlos zu Demonstrationszwecken vorzunehmen. Tut er das nicht, ist der Kunde für ihn ohnehin nicht interessant, und es empfiehlt sich eher ein anderes Produkt. Schließlich handelt es sich hierbei um eine neuralgische Komponente der IT-Architektur, bei deren Realisierung man nur mit einem verlässlichen Partner zusammenarbeiten sollte.

Abbildung eines Prozesses alle prozessunterstützenden Teilsysteme benötigt werden. Zum anderen ist auch die Bereitstellung von Entwicklungs- und Testumgebungen ein erhebliches Problem, da prinzipiell die gesamte IT-Architektur mehrfach redundant vorhanden sein muss. Gerade ein Belastungstest lässt sich nur auf mit der Produktion vergleichbaren Hardwareplattformen durchführen. Dass diese nicht doppelt und dreifach in einem Unternehmen vorhanden sind, dürfte klar sein. Das Konfigurationsmanagement hat bei Integrationsprojekten also Schwerstarbeit zu leisten.

Wir wollen in diesem Abschnitt allerdings unser Hauptaugenmerk auf die Koordination der einzelnen Schritte der zuvor vorgestellten mehrstufigen Integrationsstrategie für das Beispielszenario legen.

- **Zusammenführung der CRM-Systeme (Phase 1a)**
  Es wurde entschieden, nur noch ein einziges CRM-System für die Kundenmanagementprozesse und den »Order-Entry« zu benutzen. Als führendes System wurde das CRM-System für die Telefoniekunden festgelegt. Insbesondere die hohe Akzeptanz bei den Anwendern und die hohe Qualität der dort abgebildeten Prozesse waren hierfür ausschlaggebend. Im Rahmen des Migrationskonzepts, für das ohnehin bereits die Definition von generischen Geschäftsobjekten nötig war, wurde hier konzeptuell für die Integrationsplattform bereits wertvolle Vorarbeit geleistet. So wurden zum Beispiel ein generisches Kunden- und ein generisches Vertragsobjekt definiert, die für alle drei CRM-Systeme, für alle vier Billingsysteme sowie für das ERP-System verwendet werden konnten.
- **Einführung einer Integrationsplattform (Phase 1b)**
  Nahezu parallel mit der Zusammenführung der CRM-Systeme wurde die Einführung der Integrationsplattform vorgenommen. Der Schwerpunkt bei dieser Phase lag auf den Aspekten, die die technische Infrastruktur betrafen. Die Hardwareplanung, das Aufsetzen der benötigten Umgebungen und die Überführung der im Pilotprojekt realisierten Konnektorkomponenten zu einer inhaltlich vollständigen Version waren dabei die wesentlichen Punkte. Außerdem wurden auf technischer Ebene alle Konnektoren konzipiert und entwickelt, die für die Anbindung des »neuen« CRM-Systems und der Billingsysteme benötigt wurden.

- **Verbindung des »neuen« CRM-Systems mit den unterschiedlichen Billing-Systemen (Phase 1c)**
  Hier wurden die benötigten Teilprozesse, die das neue CRM-System und die Billingsysteme betrafen, auf dem Integrationsserver abgebildet. Die vorher definierten Migrationsroutinen für die Überführung der einzelnen CRM-Systeme in das neue CRM-System wurden angestoßen, und nach erfolgter Migration wurden die alten CRM-Systeme für den Produktivbetrieb »abgeschaltet«. Für einen gewissen Zeitraum wurde ein Parallelbetrieb auf den Testumgebungen für die CRM- und Billingsysteme durchgeführt, die nun nicht mehr benutzt wurden bzw. durch andere Schnittstellen miteinander verbunden waren. In diesem Zeitraum herrschte für sämtliche Systeme, die an irgendeinem Punkt in der Prozesskette saßen, ein Entwicklungsstopp.
- **Anbindung des ERP-Systems an die Integrationsplattform (Phase 2)**
  Nach einem größtenteils erfolgreichen Parallelbetrieb konnte nun das ERP-System an die Integrationsplattform angebunden werden, ohne die bestehenden Point-to-point-Verbindungen zu den Billingsystemen zu gefährden. Im Zuge der Anbindung wurden direkt neue Möglichkeiten dieser Integration ausgenutzt. Beispielsweise wurde im CRM-System die Möglichkeit geschaffen, den Mahnstatus und die offenen Posten eines Kunden anzuzeigen. In beiden Fällen handelt es sich um Informationen, die online aus dem ERP-System über die Integrationsplattform bezogen wurden.
- **Sukzessives Ablösen der einzelnen Billingsysteme und Integration aller weiteren betroffenen Systeme mittels der Integrationsplattform (Phase 3)**
  In der letzten Phase konnten in einzelnen Teilprojekten die verschiedenen Billingsysteme abgelöst werden. Darüber hinaus wurde das Data Warehouse angebunden und eine Brücke zu der Integrationsplattform der OSS geschlagen. All dies passierte in einem kontinuierlichen Prozess, der keine großen Projektrisiken mehr beinhaltete und in dem Schritt für Schritt kleine beherrschbare Teilprojekte abgewickelt wurden. Fairerweise muss man sagen, dass hier zum ersten Mal Performance-Probleme, insbesondere bei der Data Warehouse-Anbindung, auftauchten. Glücklicherweise konnte hier durch die Skalierung der Hardware eine nennenswerte Verbesserung erreicht werden, die noch heute hinreichend viele Reserven für die Anbindung weiterer Systeme bietet.

Die gesamte Entwicklung der Integrationsarchitektur, bezogen auf die einzelnen Phasen, ist in Abbildung 7.32 dargestellt. Wir haben dabei auf die detaillierte Ausarbeitung der einzelnen Schnittstellenarten und Datenflussrichtungen verzichtet, um die gesamte Evolution der Architektur in einer einzelnen Abbildung darstellen zu können.

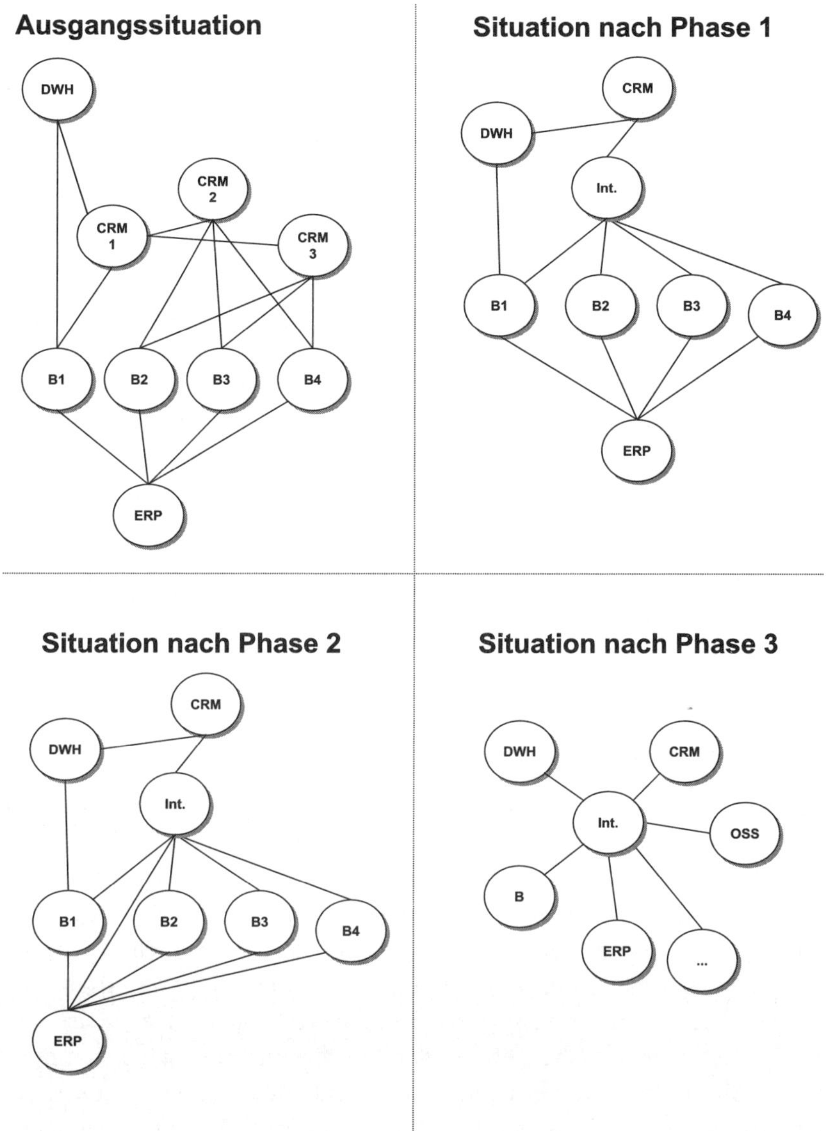

Abbildung 7.32 Die Realisierungsphasen des Beispielszenarios

Kontinuierliche Weiterentwicklung und Pflege

Die Integrationsplattform ist kein Dogma.

Mit dem Abschluss eines Integrationsprojekts ist die Arbeit an der kontinuierlichen Verbesserung jedoch bei weitem nicht beendet. Es muss klar sein, dass die IT-Architektur eines Unternehmens mit einer zentralen Integrationsplattform über einen anderen Charakter verfügt. Das Anforderungsmanagement muss neue Anforderungen gegebenenfalls anderes bewerten als zuvor, die IT-Architekten agieren unter einem anderen Fokus, wenn es um Architekturentscheidungen geht, und das Management will um jeden Preis die Budgetentscheidung, die einst für eine Integrationsplattform getroffen wurde, als fundiert und richtig erscheinen lassen. Aus diesem Grund wird nach der Einführung einer einheitlichen Integrationsplattform häufig festgelegt, dass alle Schnittstellen bzw. Integrationsbestrebungen nur über diese Plattform abzuwickeln sind. Das dies aus finanziellen und auch architektonischen Gesichtspunkten nicht immer richtig sein kann, liegt auf der Hand. Für Systeme, die relativ isoliert zu betrachten sind und nur eine rudimentäre Anbindung benötigen oder die kaum einen prozessrelevanten Funktionsanteil besitzen, lohnt sich die Anbindung an die Integrationsplattform kaum. Hier ist eine Architektur manchmal besser mit der guten alten Point-to-point-Schnittstelle oder mit der »biologischen Schnittstelle« Mensch besser bedient. Letztlich muss derjenige, der die Entscheidung für eine unternehmensweite Integrationsplattform trifft, auch in der Lage sein, sensibel mit deren weiterer Verwendung umzugehen, und darf nicht dem Motto »zentrale Integration um jeden Preis« verfallen.

7.4.4 Auswirkungen

Im vorliegenden Abschnitt beschreiben wir die Auswirkungen einer unternehmensweiten Integration auf die Komponenten des Unternehmensökosystems IT-Architektur. Ein solches Integrationsvorhaben hat normalerweise weit reichende Konsequenzen für die Komponenten einer IT-Architektur. Wenn man diese Konsequenzen nicht vorhersehen kann, ist insbesondere bei komplexen Integrationsszenarien eine zielgerichtete Verbesserung der IT-Architektur nicht erreichbar oder zumindest nicht messbar. Einige der Auswirkungen werden sich positiv im Sinne der zuvor gesetzten Ziele darstellen. Andere Auswirkungen, die negativ behaftet sind, sollten zuvor erkannt und durch geeignete Gegenmaßnahmen entschärft werden.

Daten

Die Auswirkungen auf die Unternehmensdaten können bei einer Integration erheblich sein, da schlussendlich ja Daten zwischen den zu integrierenden Systemen übertragen werden müssen und daher auch sowohl technisch als auch inhaltlich von den betreffenden Systemen verstanden werden müssen. Folgende Auswirkungen auf die Daten sind bei Integrationsvorhaben zu erwarten bzw. gefordert:

- **Näherung an ein einheitliches, unternehmensweites Datenmodell**

  Unternehmensweites Datenmodell auf logischer Ebene

  Wenn man bedenkt, dass gleiche Geschäftsobjekte in verschiedenen Systemen jeweils eine eigene Repräsentation haben, liegt die Folgerung nahe, dass im Rahmen eines Integrationsprojekts vielleicht zum ersten Mal die Anforderung besteht, dass die Datenmodelle der verschiedenen Applikationen abgeglichen und transformierbar gestaltet werden. Doch dies geschieht im Rahmen der Transformationsregeln nur auf logischer Ebene. Da in der Regel jede Applikation ein eigenes Datenmodell mitbringt und daran normalerweise nicht beliebige Änderungen vorgenommen werden können, wird ein unternehmensweites Datenmodell auf physischer Ebene nur mit einem unverhältnismäßigen Aufwand zu realisieren sein.

  Verschlankung des Datenmodells durch Ablösen von Applikationen

  Meistens wird daher der Standpunkt vertreten, dass genau dieses unternehmensweite Datenmodell durch die Integration unwichtig geworden sei, da die Transformationsmechanismen der Integrationsplattformen die Nachteile des uneinheitlichen Datenmodells kompensierten. Es wird also in den wenigsten Fällen im Rahmen eines Integrationsprojekts zu erheblichen Änderungen an den Datenmodellen kommen, da der finanzielle und zeitliche Aufwand schon groß genug ist und kein direkter Handlungsbedarf besteht. Lediglich durch die Ablösung einer oder mehrerer Applikationen, wie es auch in unserem Beispiel der Fall war, wird das Gesamtdatenmodell des Unternehmens gegebenenfalls verschlankt.

- **Eindeutigkeit von Geschäftsobjekten**

  Primärschlüssel

  Es kommt sehr häufig vor, dass die Ausprägungen der einzelnen Datenobjekte, also zum Beispiel ein Kunden- oder Vertragsdatensatz, mehrfach mit im Wesentlichen gleichen Informationen in verschiedenen Datenbanken gespeichert sind. Leider kommt es ebenso häufig vor, dass diese Datensätze durch unterschiedliche Schlüssel identifiziert werden. So war beispielsweise in den meisten Systemen unseres oben vorgestellten Integrationsszenarios die Kundennummer der Primärschlüssel zur Identifikation eines bestimmten Kunden. Bedauerlicherweise hatte jedoch ein bestimmter Kunde mehrere Kundennummern. Je nachdem auf welches System zugegriffen wurde, war er unter einer anderen Nummer abgelegt.

Um eine wirkungsvolle und qualitativ hochwertige Integration zu realisieren, ist es jedoch unabdingbar, dass die Integrationsplattform ermitteln kann, welche Objektausprägung eines einzelnen Systems mit welchen Ausprägungen eines anderen Systems korrespondiert. Wird also beispielsweise im CRM-System die Adresse eines Kunden geändert, muss diese Adresse natürlich im Billing- und ERP-System ebenfalls angepasst werden. Allerdings muss die Integrationsplattform dazu die entsprechenden Kunden auch finden können.

Mapping und Migration

Prinzipiell gibt es zu diesem Problem zwei Lösungsansätze, die in Abbildung 7.33 dargestellt sind. Entweder entscheidet sich das Unternehmen zu dem Schritt, unternehmensweit einheitliche Kundennummern zu vergeben, oder es baut eine zentrale Umsetzungstabelle auf, die bei jeder Datenänderung zur Identifikation der zu synchronisierenden Datenobjekte hinzugezogen wird. Natürlich ist die erste Lösung zu präferieren, da insbesondere Objekte wie Kunden, Lieferanten oder Verträge in der Außenkommunikation verwendet werden. Trotz allem kann die Lösung, eine Mappingtabelle zu verwenden, nie ganz ausgeschlossen werden, da beispielsweise für bestimmte unternehmensweit gültige Stammdaten oftmals keine eigenen Schlüssel vergeben werden können.

Egal welche der beiden Varianten gewählt wird – ein aufwändiger Migrationslauf, der anhand verschiedener Kriterien die unternehmensweite Zuordnung semantisch identischer Datenobjekte vornimmt, ist erforderlich.

- **Steigerung der Datenqualität**

Steigerung der Datenqualität bei der Migration

Man kann bereits den letzten Punkt als eine Steigerung der Datenqualität ansehen. Des Weiteren wird die Datenqualität durch den Einsatz einer Integrationsplattform erhöht, weil für die Synchronisation der Daten keine manuellen Eingriffe mehr vorgenommen werden müssen. Außerdem müssen alle integrierten Applikationen daraufhin überprüft und gegebenenfalls angepasst werden, dass die dort eingegebenen Daten auch durch die Transformationsregeln bearbeitet werden können. Versucht eine Transformationsregel beispielsweise, eine Postleitzahl aus dem dafür vorgesehenen Feld der Quellapplikation zu interpretieren, wird sie damit nur Erfolg haben, wenn in dieses Feld keine Buchstaben eingegeben wurden. Derartige Probleme werden normalerweise im Laufe des Produktivbetriebs durch die neue Integrationsplattform identifiziert und können dann ausgeräumt werden. Eine kontinuierliche Verbesserung der Datenqualität ist die Folge. Werden im Rahmen der Integration auch Applikationen abgelöst und wird hier eine Datenmigration benötigt, so trägt auch diese implizit zur Qualitätssteigerung bei, da auch hier Konvertierungen der Daten des Quellsystems in das Zielsystem nötig sind.

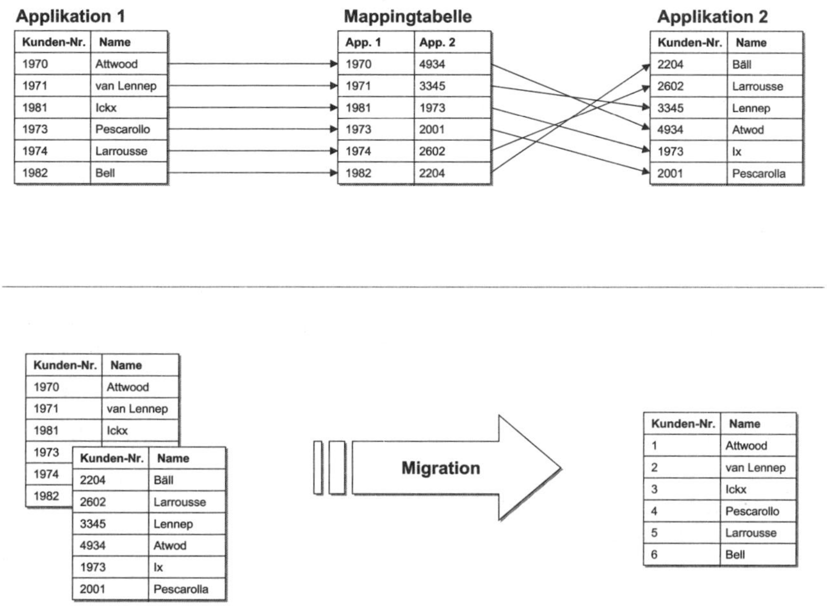

Abbildung 7.33 Gleiche Datenobjekte mit unterschiedlichen Primärschlüsseln

Applikationen

Wir haben bereits in den vorangegangenen Abschnitten gesehen, dass ein Integrationsvorhaben erhebliche Auswirkungen auf die anzubindenden Applikationen haben kann.

- **Ablösen von Applikationen**
  Wir haben es bereits an unserem Beispielszenario deutlich gemacht: Ein Integrationsvorhaben kann bestimmte Applikationen überflüssig machen und in anderen Applikationen aufgehen lassen. Einerseits kann dies dadurch begründet sein, dass aus finanzieller oder technischer Sicht eine Integration bestimmter Applikationen nicht sinnvoll ist. Andererseits kann es sein, dass gewisse Hemmschwellen zur Ablösung bestimmter Applikationen überwunden werden können. Das Unternehmen unseres Beispielszenarios hatte eigentlich

Die Ablösung einer Applikation kann durch ein Integrations-projekt einfacher werden.

schon länger geplant, das CRM-System »Geschäftskunden, übrige Dienste« im System für die Telefoniekunden aufgehen zu lassen. Jedoch war man in der Vergangenheit immer wieder von der Komplexität und Menge der Tarif- und Vertragskonditionen abgeschreckt worden, die von den Key-Accountern für bestimmte Geschäftskunden im System abgebildet worden waren. Man hielt eine Migration für zu schwierig und aufwändig, so dass man immer wieder von der Idee Abstand nahm.

Mit der Entscheidung für die Integrationsplattform kam man jedoch nicht mehr umhin, sich dem Problem zu stellen, denn selbst eine Anbindung des Geschäftskundensystems an die Integrationsplattform hätte erhebliche Migrationsaufwände und die Implementierung komplizierter Geschäftsregeln bedeutet.

- **Ändern oder Erweitern von Applikationen**

Offene Systeme vermindern den Änderungsbedarf.

Wir haben bereits mehrfach davon gesprochen, dass einige Applikationen im Rahmen einer unternehmensweiten Integration bestimmte Änderungen oder Erweiterungen erfahren müssen. Wenn eine Applikation abgelöst wird, so wird man nur selten darauf verzichten können, bestimmte Funktionalitäten, die die abgelöste Applikation beherrschte, in eine andere Applikation aufzunehmen. Auch die bereits angesprochene Forderung nach einer gleichbleibend hohen Datenqualität bewirkt häufig einen Änderungsaufwand für Validierungsroutinen und Plausibilitätsprüfungen.

Zuletzt ist noch die Öffnung einzelner Applikationen für die Konnektoren der Integrationsplattform zu nennen. Prinzipiell müssen die Konnektoren in der Lage sein, bestimmte Ereignisse, wie zum Beispiel Datenänderungen, in einer Applikation zu erkennen. Außerdem müssen gegebenenfalls bestimmte Funktionalitäten oder Prozesse, die eine Applikation bearbeiten soll, von außen angestoßen werden können. Hier ist der Änderungsaufwand natürlich stark von der einzelnen Applikation abhängig. Während viele Hersteller von Standardsoftware ihre Produkte bereits auf die Integration in andere Systeme vorbereitet haben, dürften Eigenentwicklungen und die Anbindung von Legacy-Systemen einen erhöhten Änderungsaufwand bedeuten.

- **Steigerung der Bedeutung von Applikationen**
  Durch die Einführung einer unternehmensweiten Integrationsplattform sollen sowohl die negativen Effekte der Prozess- als auch der Datenredundanzen kompensiert werden. Dies geschieht in der Regel dadurch, dass führende Systeme definiert werden, die als Master für Änderungen an den Daten und für die Durchführung von Prozessen verantwortlich sind. Steht eines dieser Systeme nicht zur Verfügung, obwohl es in einen kritischen Geschäftsprozess eingebunden ist, können hier erhebliche Störungen des gesamten Prozesses die Folge sein. Es kann durchaus sein, dass eine Applikation, die bisher als weniger kritisch angesehen wurde, im Kontext der Integration plötzlich erheblich an Bedeutung gewinnt. Hier sind Ausfallzeiten gegebenenfalls neu zu überdenken, SLAs (Service Level Agreements) neu zu treffen und die Datensicherungsmechanismen auf Zuverlässigkeit zu prüfen.

  Größere Bedeutung heißt auch größere Verantwortung.

Prozesse

Die qualitativ hochwertige und performante Abbildung der Prozesse steht im Mittelpunkt eines jeden Integrationsvorhabens. Aus diesem Grund sollte die Integration auch einen wesentlichen (positiven) Einfluss auf die bestehenden Prozesse ausüben.

- **Erhöhte Transparenz der Prozesse**
  In einem unternehmensweiten Integrationsszenario sind die Prozesse häufig an einer zentralen Stelle, der Integrationsplattform, abgebildet. Dort können sie gepflegt und auch überwacht werden. Hieraus ergibt sich, dass Durchlaufzeiten, Ausführungshäufigkeiten und Fehlerfälle genau protokolliert werden können. Aus den so gewonnenen Informationen können Erkenntnisse für Verbesserungen an den Prozessen gewonnen werden.

  Die Prozesse kennen lernen

- **Erhöhte Transaktionssicherheit der Prozesse**
  Eine der größten Schwachstellen von Integrationsarchitekturen, die auf Point-to-point-Schnittstellen beruhen, ist die fehlende Transaktionssicherheit. Ein einmal angestoßener Prozess, der über mehrere Applikationen hinweg ausgeführt wird, findet ein jähes Ende, wenn eine der Applikationen plötzlich ausfällt. Meistens können dann die im Prozess vorgenommenen Änderungen an Daten nicht mehr rückgängig gemacht werden, der Prozess kann aber auch nicht sauber bis zum Ende ausgeführt werden. Als Folge befindet sich das Gesamtsystem in einem unsynchronisierten Zustand. Auch das Wiederauf-

  Ganz oder gar nicht

setzen des Prozesses, wenn das ausgefallene System wieder zur Verfügung steht, ist häufig nicht mehr möglich.

Queueing und Buffering

Eine der zentralen Aufgaben einer Integrationsplattform besteht darin, die oben genannten Mängel zu beseitigen. Prozesse werden von der Plattform mit einer logischen Transaktionsklammer versehen und sorgen dafür, dass ein Prozess entweder vollständig oder überhaupt nicht ausgeführt wird. Oftmals werden bei Prozessunterbrechungen, etwa beim Ausfall eines Systems, die Daten zwischengespeichert, so dass mit dem Prozess nahtlos fortgefahren werden kann, wenn das zuvor ausgefallene System wieder zur Verfügung steht. Hierdurch wird die Zahl fehlerhaft durchgeführter oder unkontrolliert abgebrochener Prozesse drastisch verringert.

- **Integration schafft neue Möglichkeiten für bessere Prozesse**
  Mit einer zentralen Stelle zur Verwaltung und sogar zur Modellierung von Prozessen werden neue Optimierungspotenziale erschlossen, weil kleine Änderungen in einem Prozess nicht mehr in vielen verschiedenen Applikationen vorgenommen werden müssen. Außerdem kann auf durch den Markt bedingte Änderungen von Prozessen wesentlich schneller und flexibler reagiert werden.

Nur Integration der Makroprozesse

Allerdings darf man nicht vergessen, dass diese Prozessänderungen in der Regel nur auf einer wenig detaillierten Ebene durchgeführt werden können. Denn die eigentlichen Teilprozesse und einzelnen Funktionen werden immer noch innerhalb der Applikationen ausgeführt. Die eigentliche Flexibilität der Modellierung von Prozessen beschränkt sich also auf die Reihenfolge, in der die unterschiedlichen Applikationen bei der Bearbeitung eines Prozesses zum Einsatz kommen. Generell kann man sagen, dass eine externe Modellierung der Prozesse umso flexibler ist, je detaillierter die einzelnen Funktionen und Teilprozesse einer Applikation von außen kontrollierbar sind.

Organisation

Bei einem Vorhaben, das umfangreiche Änderungen an der gesamten IT-Architektur erfordert, sind auch erhebliche Änderungen an der Organisation nötig bzw. zu erwarten.

- **Neuregelung der Verantwortlichkeiten für Applikationen**
  Durch die Ablösung von Applikationen bzw. die Steigerung oder Senkung der Bedeutung einzelner Applikationen verschieben sich gleichzeitig auch die Machtverhältnisse zwischen den Applikationsverantwortlichen. Hier gelten alle Szenarien, die wir bereits in Abschnitt 4.2.3 angesprochen haben.

  Guerilla-Krieg

  Darüber hinaus werden die Personen, die ihre Applikation in der Vergangenheit dadurch aufwerten konnten, dass sie beliebige Schnittstellen implementierten und weitestgehend unkontrolliert Daten an jede anfordernde Stelle lieferten, hiermit nicht bei Einführung einer Integrationsplattform zwangsläufig aufhören. Wir haben bereits mehrfach erlebt, dass eine zentrale Integrationsplattform durch Guerilla-Methoden umgangen worden ist, nur um die Kontrolle über Schnittstellen, Systemein- und -ausgänge zu behalten.
- **Verantwortlichkeiten für die Unternehmensintegration**
  Mit einer neuen Plattform und einem unternehmensweiten Verständnis für die Integration wird auch eine neue Verantwortlichkeit für dieses Thema definiert werden müssen. Die Regeln und Richtlinien, die den Handlungsspielraum für zulässige Integrationsszenarien abstecken, müssen von der zuständigen Stelle, zum Beispiel dem Architekturmanagement-Team, angepasst werden. Darüber hinaus muss eine Person gefunden werden, die die Applikationsverantwortung für die eigentliche Integrationsplattform übernimmt. Dadurch, dass andere Applikationen von der zuverlässigen Funktionsweise der einzelnen Konnektoren zu anderen Applikationen abhängen, gehören auch die Konnektoren in den Verantwortungsbereich des Applikationsverantwortlichen für die Integrationsplattform.

  Architekturorganisation

- **Transparenz über die Änderung von Prozessen**
  Die Änderungen an Prozessen, neuen Verantwortlichkeiten und Regelwerken machen nur dann Sinn, wenn sie jeder betroffenen Anspruchsgruppe[10] im Unternehmen transparent sind. Zudem muss durch die vielen, unter Umständen einschneidenden Maßnahmen, die vorgenommen werden, größtes Augenmerk auf die Akzeptanz der Änderungen gelegt werden. Das Changemanagement und zu gewissen Teilen auch das Organisationsmanagement bekleiden bei Integrationsprojekten eine Schlüsselrolle, die leider in der Praxis häufig unterschätzt wird.

10 Bei einer unternehmensweiten Integration ist fast jeder betroffen.

Fazit

Obwohl die in diesem Abschnitt angesprochenen Auswirkungen eines Integrationsvorhabens sicherlich noch beliebig um zusätzliche Punkte erweitert werden können, ist klar geworden, dass es sich hierbei um eine Architekturänderung handelt, die in einer ähnlichen Größenordnung wohl in kaum einem anderen Projektkontext als dem der Integration vorkommen wird. Die Unternehmen planen diese Vorhaben mit unglaublich großen Finanz- und Zeitbudgets und nehmen weit reichende Auswirkungen auf sämtliche Komponenten des Unternehmensökosystems IT-Architektur in Kauf.

Integration als Chance zur Architektur(r)evulotion

Hierbei handelt es sich um die idealen Rahmenbedingungen, um die unternehmensweite IT-Architektur auf die Zukunft auszurichten. Viele der in diesem Buch angesprochenen Maßnahmen verlangen weit reichende Eingriffe sowohl technischer als auch organisatorischer Natur. Beispielsweise ist der ideale Zeitpunkt, eine Architekturorganisation zu etablieren, der, bei dem die Projektorganisation für ein Integrationsprojekt definiert wird. Diese temporäre Organisation kann später in einen festen Bestandteil der Unternehmensorganisation überführt werden, denn alle wichtigen Aspekte der IT-Architektur werden durch sie berührt.

7.4.5 Risiken

Bei allen Chancen, die eine unternehmensweite Integration bietet, darf man dennoch die Risiken nicht vergessen. Denn es handelt sich hierbei um Projekte von großer Komplexität und langer Laufzeit. Insbesondere der letzte Punkt birgt einige Risiken, weil sich die Rahmenbedingung, unter denen das Projekt durchgeführt wird, zu häufig ändern können. Im vorliegenden Abschnitt haben wir die größten Risiken bei der Einführung einer unternehmensweiten Integrationsplattform aufgeführt.

Größere Komplexität, als ursprünglich angenommen

Analyse ist alles.

In vielen Fällen wird die Analysephase zu kurz angesetzt oder nicht mit der nötigen Sorgfalt und Vehemenz verfolgt. Das Ergebnis sind Überraschungen im späteren Projektverlauf. Systeme lassen sich nicht so anbinden wie geplant, Schnittstellen stellen sich komplexer dar, als zunächst angenommen, und Migrationsszenarios lassen sich nicht wie geplant umsetzen. Verzögerungen und Budgetüberschreitungen sind damit vorprogrammiert. Die einzige Maßnahme, die hiervor wirkungsvoll schützt, ist eine hinreichend detaillierte Analyse, für die die zuständige Projektleitung und auch der Auftraggeber (in der Regel das Management) des Projekts sensibilisiert werden muss.

Ohne eine ausreichende Analysephase können Sie ein Integrationsprojekt vergessen.

Fehlendes Interesse des Managements

Chefsache

Ein Projekt mit derart umfangreichen Auswirkungen wird nur mit umfangreicher Unterstützung durch das Management zum Erfolg gebracht werden können. Zu viele unpopuläre Entscheidungen müssen getroffen werden und zu viele Dinge im Unternehmen müssen bewegt und verändert werden, als dass sich das Management hier von der Verantwortung frei machen könnte. Es ist nicht damit getan, das Budget bereitzustellen. Aktive Arbeit in den Lenkungsausschüssen und fortwährende Kenntnis über den Zustand des Projekts verhindern, dass sich Manager von der Entscheidung und Durchführung distanzieren.

Die unternehmensweite Integration ist Chefsache.

Fehlende Implementierung von »Keep-Alive«-Mechanismen

Es reicht nicht aus, ein EAI-Projekt durchzuführen, wenn man später nicht dafür sorgt, dass die einmal halbwegs aufgeräumte IT-Architektur diesen Zustand auch beibehält. Ohne eine Architekturorganisation, die die ursprünglich umgesetzten Maßnahmen am Leben hält und gezielt an der Umsetzung der Architekturstrategie arbeitet, gewinnen die alten Nachteile bei gleichzeitig höheren Kosten schnell wieder die Überhand.

Ohne eine Organisation, die konsequent an der Umsetzung der Architekturstrategie arbeitet, wird ein Integrationsprojekt ad absurdum geführt.

Schlechte Verfügbarkeit der Systeme

Single-Point-of-Failure

Wir haben bereits in Abschnitt 7.4.2 angesprochen, dass die Verlagerung eines erheblichen Teiles der Prozesslogik und der Schnittstellenfunktionalität auf eine zentrale Plattform einen »Single-Point-of-Failure« erzeugt. Hier kann über redundante Hardware zumindest auf der Ebene der Infrastruktur ein gewisses Maß an Sicherheit erreicht werden. Schwieriger gestaltet sich dieses Problem, wenn man die Abhängigkeit der einzelnen Applikationen voneinander und von den zentral implementierten Prozessen und Transformationsregeln betrachtet. Teilweise lässt sich dieses Problem durch das Queueing und die Transaktionsmechanismen der Integrationsplattform beseitigen. Dennoch wird immer ein Restrisiko bleiben, das nicht mit vertretbarem finanziellen Aufwand vollständig ausgeräumt werden kann.

Eine hundertprozentige Verfügbarkeit wird man wahrscheinlich nie erreichen.

Performance-Engpässe bei hoher Systemlast

Gute Architektur und ehrlicher Test gegen schlechte Performance

Im gleichen Atemzug mit der Verfügbarkeit können auch die potenziellen Performance-Probleme einer zentralen Plattform genannt werden. Hier bietet sich einerseits wieder eine entsprechende Hardwareausstattung an oder aber die Verlagerung der Last auf mehrere Integrationsplattformen, die jeweils nur für Systeme zuständig sind, die ohnehin über eine hohe Kohäsion verfügen. Nicht zuletzt kann auch ein realistischer Belastungstest des Verbundsystems Aufschluss darüber geben, ob und wo noch Handlungsbedarf ist. Meistens fallen jedoch die Testphasen zu knapp gewordenen Terminplänen zum Opfer. In diesem Fall sollte man vielleicht eine Ausnahme machen und den Test gewissenhaft durchführen, denn wenn die Kernprozesse des Unternehmens im Produktivbetrieb still stehen, ist es zu spät.

Eine gut gewählte Integrationsarchitektur und ein ehrlich durchgeführter Test können das Problem lösen.

Sicherheit der IT-Architektur

»Only the paranoid survive« (Andrew S. Grove)

Wir haben in Abschnitt 7.4.1 darauf hingewiesen, dass Integrationsplattformen nicht nur für die Anbindung interner Systeme verwendet werden, sondern immer häufiger auch für die Integration von Lieferanten-, Kunden- und Partnersystemen zum Einsatz kommen. Wenn man die Systeme über die Gebäudemauern des Unternehmens hinweg öffnet, muss man allerdings ein erhöhtes Bewusstsein für die Systemsicherheit entwickeln. Schließlich sind die internen Systeme in irgendeiner Form mit externen Systemen verbunden. Firewall-Konzepte, Security-Software und permanente Eindringlingsüberwachung sollen nicht nur Modeworte sein, sondern konsequent umgesetzt und ständig verbessert werden.

Machen wir uns nichts vor: Wenn ein Sicherheitsloch aufgrund eines Pufferüberlaufs in einem millionenfach verbreiteten Internetbrowser erst nach vielen Monaten der Benutzung bekannt wird, wie viele Sicherheitslöcher sind dann in dem gerade einmal hundert- oder tausendfach (wenn's hochkommt) verkauften Integrationsprodukt zu vermuten?

> Nehmen Sie die Sicherheit der Integrationsarchitektur ernst. Tun Sie, was Sie können und noch weit mehr.

7.5 Datenmanagement

Das Ziel dieses Abschnitts ist eine Repositionierung des Stellenwerts der Dimension *Daten* im Unternehmen. Es handelt sich hierbei streng genommen nicht um ein klar umrissenes Problem, für das es ein Lösungsszenario zu entwickeln gilt. Wir möchten Sie vielmehr motivieren, die Dimension *Daten* des Unternehmensökosystems IT-Architektur als eigenständige Einheit zu betrachten und zu behandeln.

7.5.1 Typisches Szenario

Dass es sich bei diesem Vorhaben nicht um einen akademischen Ansatz handelt, lässt sich an verschiedensten Beispielen aus der Praxis belegen. In jeder dieser Situationen ist der Hauptgrund für Probleme in einer »Nichtachtung« der Dimension *Daten* zu finden. Die folgende Liste an Beispielen beschreibt typische Szenarien, die wir schon mehrfach in Unternehmen vorgefunden haben:

- **Mehrere Applikationen sind für semantisch gleiche Entitäten verantwortlich**
  Beispiele für diese Situationen findet man sowohl bei Geschäftsprozessen als auch in produktbasierenden Applikationsfamilien. Wir gehen auf beide Formen ein, da diese Fälle unterschiedlich behandelt werden müssen.

  Abbildung 7.34 zeigt die Situation gleichartiger Entitäten entlang eines Geschäftsprozesses. Dieser Fall tritt insbesondere dann ein, wenn Standard-Software zum Einsatz kommt oder wenn man sich im Vorfeld der Applikationsentwicklung keine Gedanken über ein gemeinsames Datenmodell gemacht hat. In diversen Telkos wurde beispielsweise die Entität *Kunde* sowohl im Auftragsmanagement (z.B. für das Verschicken der Auftragsbestätigung), in der Betreuungsapplikation als auch im Billingsystem (Rechnungsversand) abgebildet. Diese Lösung ist an sich nicht zu kritisieren, wenn auch die Integrationszenarien sauber gelöst wurden – nur leider haben wir allzu oft feststellen müssen, dass das Management dieser redundanten Datenhaltung nur ungenügend funktionierte.

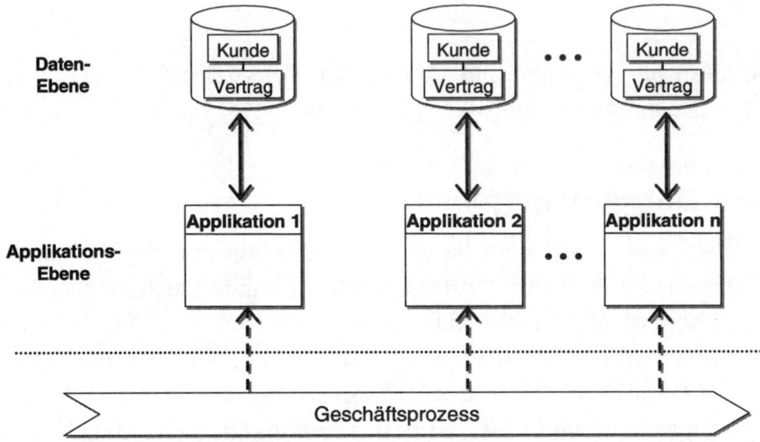

Abbildung 7.34 Gleichartige Entitäten in verschiedenen Applikationen entlang eines Geschäftsprozesses

Dieses Szenario kann auch dann auftreten, wenn verwaltende Applikationen produkt- oder geschäftsfeldbezogen entwickelt wurden. Der Zusammenschluss von Unternehmen ist sicherlich das plastischste Beispiel für diesen Fall. Aber auch bei Erweiterungen des Leistungsportfolios von Unternehmen läuft man häufig Gefahr, durch neue Applikationen diese Situation heraufzubeschwören. Ein Telko, mit dem wir schon mehrere Jahre zusammenarbeiten, ist genau in diese Falle geraten: Die Geschäftsführung entschied sich eines Tages, neben Festnetzanschlüssen auch Kabelfernsehen anzubieten. Da hierfür aber völlig andere Daten verwaltet werden mussten und die Art der Abrechnung eine völlig andere war, wurde eine neue Applikation zur Kundenbetreuung entwickelt. Das Ergebnis war, dass Kunden, die sowohl einen Festnetzanschluss als auch einen Kabelfernsehanschluss besaßen, in zwei verschiedenen Applikationen gespeichert wurden. Abbildung 7.35 stellt diese Situation dar.

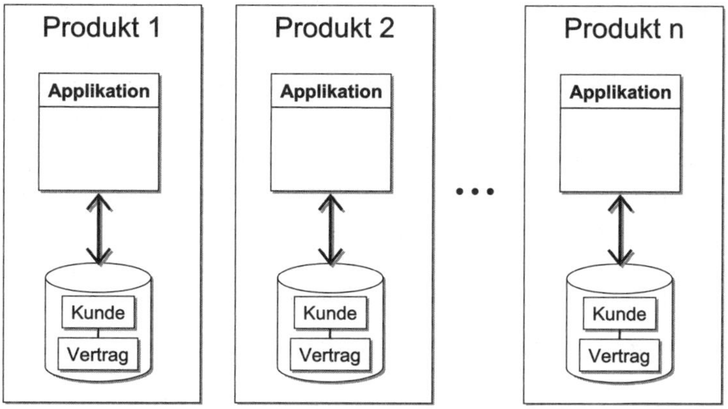

Abbildung 7.35 Gleichartige Entitäten in verschiedenen, produktbezogenen Applikationen

- **Gleiche Begriffe für Entitäten werden je nach Kontext unterschiedlich genutzt**
  Auf den ersten Blick klingt das lediglich wie ein Kommunikationsproblem, aber wenn man diese Situation näher betrachtet, erkennt man die Auswirkungen. Durch die unterschiedliche Benennung gleicher Entitäten bzw. gleiche Bezeichnungen für verschiedene Sachverhalte werden implizit auch die Schnittstellenmodellierung und die Datennutzung beeinflusst.

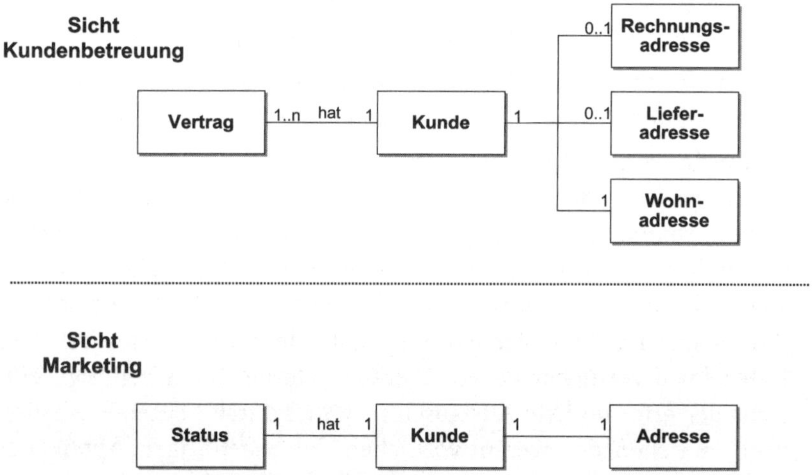

Abbildung 7.36 Unterschiedliches Verständnis von Entitäten

Die in Abbildung 7.36 dargestellten Ausschnitte eines Datenmodells zeigen das unterschiedliche Verständnis vom Kunden, das in einer

Marketingabteilung für Kampagnenmanagement bzw. in einer kundenbetreuenden Organisationseinheit herrscht. Während die erstgenannte Gruppe jeden ihrer Zielgruppe als Kunden anspricht und nur bezüglich des Status (beispielsweise Interessent, Bestandskunde, ehemaliger Kunde) unterscheidet, spricht man bei der Kundenbetreuung von Personen mit einem aktiven Vertragsverhältnis. Ganz deutlich wird es bei der Adresse: Die Unterscheidung verschiedener Anschriften ist für Kampagnen irrelevant. Hier zählt nur eine gültige Anschrift, die für Kampagnen genutzt werden kann.

- **Die Verantwortlichkeiten für Geschäftsentitäten sind nicht klar definiert**
  Wir haben im Unternehmensökosystem IT-Architektur die verschiedenen Dimensionen und deren Zusammenhänge diskutiert. Die Kopplung von Prozessen, Applikationen und Organisationseinheiten findet man auch schon heute mehr oder weniger ausgeprägt in den einzelnen Unternehmen. Was allerdings fehlt, ist eine ausgeprägte, unabhängige Betrachtungsweise von Daten. Viel zu häufig werden Daten noch als implizite Ableitung von Applikationen betrachtet. Damit fehlt allerdings eine Zuordnung von Geschäftsentitäten, d.h. von Entitäten, die unternehmensweit definiert sind, und von Verantwortlichkeiten. Für Fragen wie
  - Wo findet man bestimmte Daten?
  - Welche Qualität und Aktualität haben die Daten?
  - Welche Applikation darf auf welche (Fremd-)Daten zugreifen?

  fehlen Verfahren bzw. standardisierte Prozesse, um im Sinne des Unternehmens gültige Antworten zu erhalten.
- **Redundanzen und Inkonsistenzen**
  Durch die fehlende Abgrenzung bei den Begrifflichkeiten, durch die nicht vorhandene Trennung zwischen logischen Entitäten und ihren physischen Repräsentationen sowie durch die kaum gelebte Verantwortung für Daten entwickelt sich häufig ein applikationslokaler Datenhaushalt. Jede Anwendung soll alle für sie erforderlichen Daten lokal verfügbar haben. Werden externe Daten benötigt, entsteht der erforderliche Austausch maximal durch bilaterale Absprachen zwischen den Verantwortlichen der zugehörigen Applikationen. Redundanzen und daraus resultierende Inkonsistenzen sind nahezu unvermeidbar.

Die Liste der Schwierigkeiten, die letztlich in einem nicht oder ungenügend vorhandenen Datenmanagement begründet sind, lässt sich beliebig fortsetzen. Nicht zuletzt ist es der Stellenwert der Daten, der zu diesen problematischen Situationen führt – denn nur allzu selten werden Daten als eigenständige, unabhängige Dimension im Unternehmen wahrgenommen.

Ziel: Daten als eigenständige Dimension verstehen

Wir möchten daher in diesem Abschnitt eine Vorgehensweise erarbeiten, die die Dimension *Daten* in ein etwas deutlicheres Licht rückt. Es handelt sich hierbei nicht um einen einmaligen Vorgang, d.h. um ein Projekt als zeitlich und inhaltlich klar umrissenes Vorhaben, das durchzuführen ist, sondern um die Konsequenzen bzw. operativen Ableitungen eines Umdenkprozesses. Das Verständnis für die Repositionierung der Daten ist eine unerlässliche Voraussetzung für den Erfolg dieses Vorhabens.

Doch was sind die konkreten Ziele, die es zu erreichen gilt? Wir nehmen die oben geschilderten Szenarien zum Anlass, um eine Wunschliste für die Betrachtung von Daten zu formulieren:

- **Kenntnis des Datenbestands**
  Alle Entitäten, die applikationsübergreifende Bedeutung haben, müssen bekannt sein. Dabei genügt es nicht, die Namen irgendwo in einer Inventarliste zu führen. Vielmehr müssen die Detaillierung auf Attributebene sowie die Beziehungen zu anderen Entitäten dokumentiert sein. Einen Schritt weiter gedacht, hat diese Forderung natürlich auch Auswirkungen auf das tägliche Geschäft. Überall da, wo Inhalte und Beziehungen dokumentiert werden, muss auch ein Prozess existieren, der beschreibt, wie bei Änderungen zu verfahren ist. Die erste Anlaufstation in der Organisationsstruktur wird hierbei der IT-Architekt darstellen.

  Essenziell für einen zielgerichteten Umgang mit den Daten des Unternehmens ist natürlich die Kenntnis der Eigenschaften, insbesondere der physischen Repräsentationen. Sowohl die Forderung (Soll-Zustand) als auch der Ist-Zustand der Punkte

  - Datenqualität
  - Redundanzinformationen
  - Aktualität (wann werden Änderungen veröffentlicht?)
  - Zugreifbarkeit

7

- Sicherheit
- Performance/Skalierbarkeit
- muss beschrieben sein.

- **Bewusstsein für die Bedeutung der durch Applikationen verwalteten Daten**
  In den meisten Unternehmen werden Daten heute nur in Verbindung mit den nutzenden Applikationen betrachtet. Auch wenn die Trennung zwischen logischen und physischen Entitäten in diesem Kontext nicht berücksichtigt wird, stellt sich diese Sichtweise für eine Strukturierung als durchaus geschickt dar. Die Einordnung der einzelnen Daten in das Unternehmensdatenmodell muss getrennt betrachtet werden. Die verschiedenen Kategorien der durch eine Applikation verwalteten Daten sind in Abbildung 7.37 dargestellt.

  Lokale Daten bezeichnen dabei die Daten, die nur im Fokus der Applikation liegen. Ein typisches Beispiel dafür sind Steuerungsinformationen, die für den Ablauf der Applikation erforderlich sind. Auch wenn diese Art der Daten im Moment nicht weiter betrachtet wird, können sie durchaus mittelfristig unternehmensweit relevant werden. Man denke in diesem Zusammenhang nur an Profildaten (Rechte, Rollen etc.) von Applikationsnutzern, die zukünftig durch entsprechende Applikationen wie LDAP-Server global verwaltet werden könnten. Die zweite Kategorie ist die Gruppe der globalen Daten. Gemeint sind die Daten, die unternehmensweite Bedeutung haben, d.h., eine physische Repräsentation einer oder mehrerer Geschäftsentitäten darstellen. Für die betrachtete Applikation muss unterschieden werden, ob diese Applikation die Verantwortung für die Entität dieses Teils der physischen Repräsentation innehat oder nicht. Ist die Applikation nicht für die Entität verantwortlich, können drei verschiedene Situationen vorhanden sein:

  - Daten werden referenziert, d.h., die Daten sind zwar sichtbar, werden aber physisch durch eine andere Applikation verwaltet.
  - Daten werden ad hoc abgefragt, d.h., wenn Daten von der verantworteten Applikation benötigt werden, werden diese durch eine Abfrage immer wieder erneut ermittelt. Dabei kann es durchaus sein, dass eine lokale Speicherung erfolgt.
  - Daten werden redundant gespeichert. In diesem Fall existiert ein Duplikat des entsprechenden Datensatzes. Der Abgleich bei Änderungen muss separat geregelt werden.

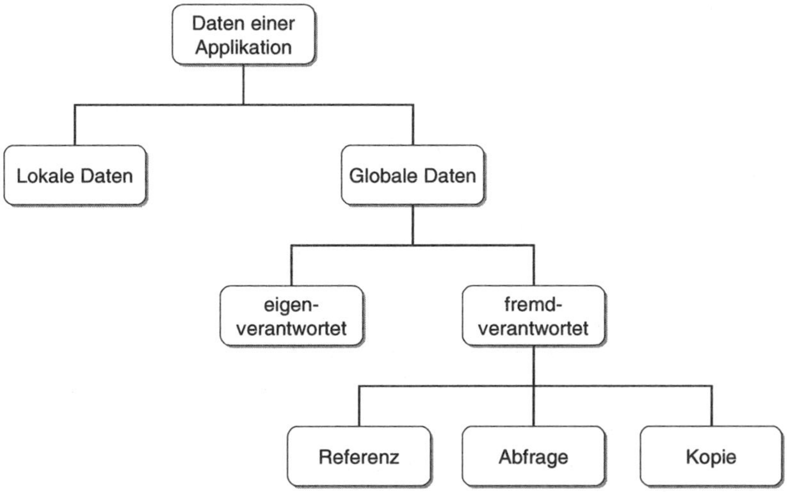

Abbildung 7.37 Strukturierung der Applikationsdaten, bezogen auf das Unternehmensökosystem IT-Architektur

- **Integration in das Unternehmensökosystem IT-Architektur**
  Viele der offenen Fragen ranken sich um die restlichen Dimensionen des Unternehmensökosystems IT-Architektur. Dies beginnt mit der Klärung der Verantwortlichkeiten, d.h., mit der Beantwortung der Frage, welche Applikation und welcher Teil der Organisationsstruktur für welche Entität verantwortlich ist, über die Festlegung der Beziehungen und Abhängigkeiten (beispielsweise Zugriffsrechte etc.) und endet bei der Abgrenzung logischer und physischer Sichten. Der letzte Punkt behandelt Fragestellungen, wie beispielsweise eine Applikation an bestimmte Informationen kommen kann, wo redundante Datenablagen existieren, welche Prozesse mit welchen Datenquellen arbeiten etc. Die Zielvorstellung der Integration der einzelnen Entitäten ist in Abbildung 7.38 dargestellt. Das Sechseck im Zentrum repräsentiert dabei eine einzige Entität, die eine Vielzahl von Abhängigkeiten (vgl. die grau schraffierten Flächen in der Abbildung) zu den Elementen der anderen Dimensionen aufweist. Man erkennt, welche komplexen Abhängigkeiten sich durch die Betrachtung der Daten als selbständige Dimension ergeben.
- **Definition notwendiger Arbeitsprozesse**
  Wenn das Ziel darin besteht, dass Teile des Datenbestands unternehmensweit organisiert und gesteuert werden, müssen auch die erforderlichen Arbeitsabläufe beschrieben werden, wie das Unternehmen in Zukunft mit Problemen rund um die Dimension *Daten*

umzugehen hat. Auf der einen Seite betrifft dies Fragestellungen, die sich mit Änderungen und Anpassungen des Datenmodells beschäftigen. Hier muss ein Weg definiert werden, über den geregelt wird, wer Änderungen vornehmen darf, wie der entsprechende Arbeitsablauf ist und in welcher Form die Informationsverteilung erfolgt. Auf der anderen Seite muss auch der lesende Zugriff geordnet werden, d.h., es müssen Antworten auf Fragen wie beispielsweise

- Was muss ein Mitarbeiter machen, wenn er bestimmte Daten benötigt? oder
- Wie erfolgt die Entscheidung über die Lieferung der Daten bzw. die Anbindung an entsprechende Datenquellen?

gefunden werden.

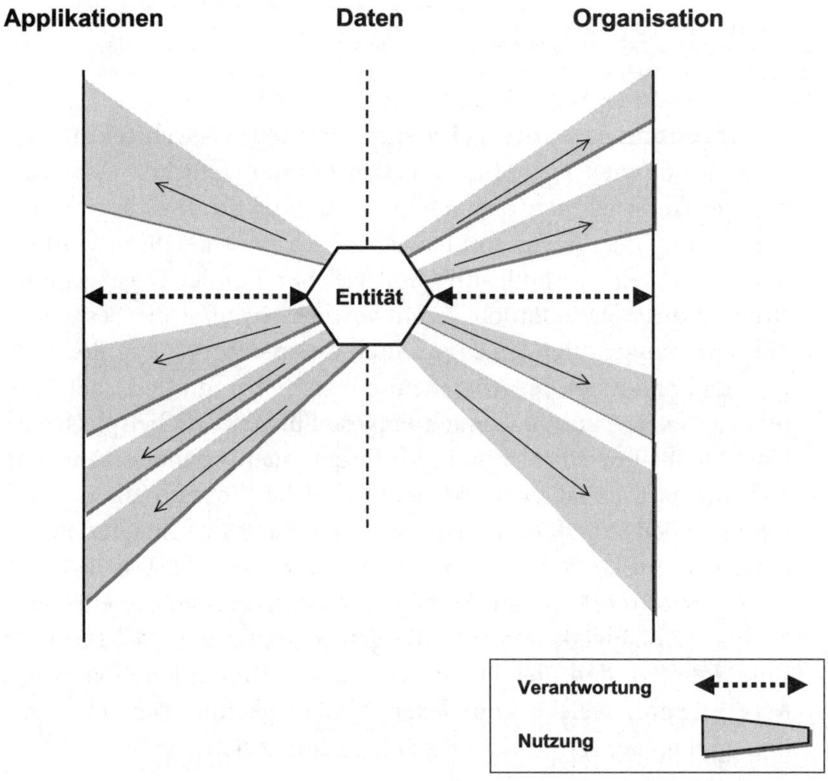

Abbildung 7.38 Daten als integrativer Bestandteil des Unternehmensökosystems IT-Architektur

Insbesondere das Ziel der Integration in das Unternehmensökosystem IT-Architektur suggeriert, dass das Etablieren eines Datenmanagements nicht ohne Berücksichtigung der Umwelt durchgeführt werden kann. Wir hatten bereits in Kapitel 6 ausführlich über das permanente Projekt »Migration in Richtung Soll-Architektur« geschrieben. Da die Dimension der Daten eine Komponente der IT-Architektur und damit auch der Soll-Architektur repräsentiert, kann sich die Repositionierung nur in dieses Migrationsprojekt einreihen. Wir gehen an dieser Stelle deswegen explizit auf diese Thematik ein, weil unserer Erfahrung nach der Stellenwert der Daten in den meisten Unternehmen noch relativ niedrig ist. Damit besteht für diese Dimension ein Nachholbedarf zur Erreichung einer »homogenen« Ist-Architektur. Die im nächsten Abschnitt beschriebene Vorgehensweise für ein Datenmanagement ist so konzipiert, dass sie sich ohne Probleme in das Projekt »Migration in Richtung Soll-Architektur« integrieren lässt.

7.5.2 Vorgehen bei der Einführung eines Datenmanagements

Die Vorgehensweise zur Etablierung eines Datenmanagements, d.h. das Umgehen mit Daten als eigenständige Dimension, lässt sich in drei Phasen untergliedern:

1. Aufnahme der Ist-Situation
2. Definition der Soll-Situation
3. Entwicklung eines Migrationsplans

Die anschließende Umsetzung des Migrationsplans lässt sich nicht als in sich abgeschlossene Phase beschreiben. Vergleichen kann man dieses in etwa mit der Entwicklung der Ist-Architektur in Richtung Soll-Architektur. Auch dabei handelt es sich um einen fortwährenden Prozess, weil sich zum einen die Soll-Architektur permanent weiterentwickelt und zum anderen der Ist-Zustand Einflüssen ausgesetzt ist, die im Voraus weder zu erkennen noch zu planen sind.

Abbildung 7.39 fasst die Vorgehensweise nochmals als Übersicht zusammen. In den folgenden Abschnitten gehen wir auf die genannten Phasen im Einzelnen ein.

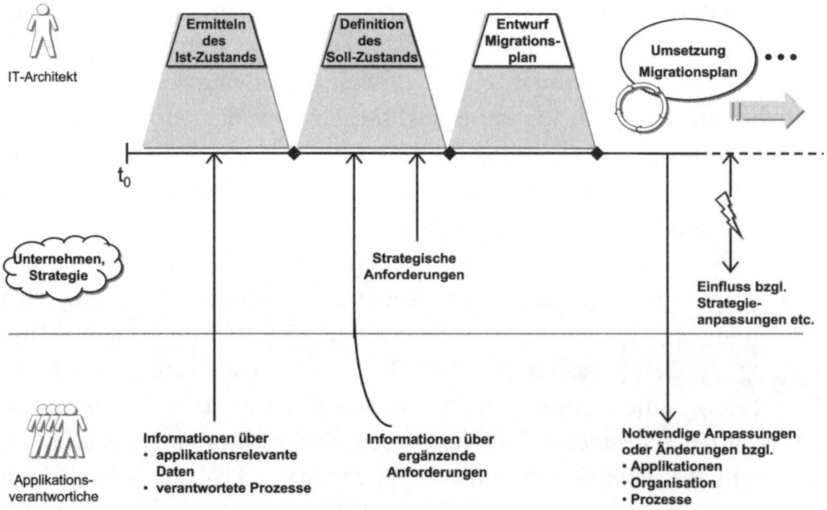

Abbildung 7.39 Prozess zur Einführung eines Datenmanagements

Aufnahme der Ist-Situation

Das Beschreiben der Ist-Situation ist der erste Schritt, um einen Überblick über die Modellierung der Daten im Unternehmen zu erhalten. Dabei steht die Bestandsaufnahme und Strukturierung aller im Unternehmen existierenden Entitäten im Vordergrund. In Abschnitt 2.4.2 finden Sie eine Variante der Dokumentation auf Datenebene.

Sind alle für das Unternehmen relevanten Entitäten erfasst und in Relation zueinander gesetzt worden, werden die Entitäten in den Kontext des Unternehmensökosystems IT-Architektur gesetzt. Das heißt, es erfolgt die Zuordnung zu den anderen Dimensionen *Prozesse*, *Applikationen* und *Organisation* sowie die Einbettung in die strategische Entwicklung. Dabei ist insbesondere die Frage der Nutzung zu beantworten: Wer erzeugt, liest, schreibt bzw. löscht Daten der entsprechenden Entität?

In diesem Zusammenhang werden dann auch relevante Eigenschaften wie

- Abhängigkeiten
- Redundanzen
- Qualität
- Aktualität
- Nutzbarkeit

ermittelt.

Definition der Soll-Situation

Auf der Basis der Bestandsaufnahme kann im nächsten Schritt dann die Soll-Datenstruktur definiert werden. Dies ist natürlich nur im Kontext der Soll-Architektur sinnvoll. Dafür gibt es zwei Gründe: Als essenzieller Bestandteil der IT-Architektur ist einerseits die Einbettbarkeit der Daten in die Soll-Architektur selbstverständlich unerlässlich. Andererseits impliziert eine Soll-Architektur für die Dimension *Daten* in der Regel einige »Beistellungen« der restlichen Dimensionen. Wird beispielsweise versucht die Problematik redundanter Datensätze über eine Integrationsplattform zu lösen, erfordert dieses unmittelbare Konsequenzen auf der Applikationsseite.

Die Diskussion über den Soll-Zustand, d.h. das Verständnis des Unternehmens von seinem Datenmodell, sollte immer vor dem Hintergrund der Unternehmensvision und der darauf basierenden Unternehmensstrategie geführt werden. In Kapitel 1 wurde diese Forderung bereits im Zusammenhang mit der IT-Architektur selbst begründet. Gerade für die Dimension der Daten kann man dieses sehr plakativ an einem Beispiel erörtern. Vor einigen Jahren noch bestand die Produktpalette von Internet-Providern nur aus verschiedenen Varianten des Internetzugangs. Ein Datenmodell für die Abrechnung beispielsweise kannte zwei Preiskomponenten:

- Grundgebühr, d.h. ein in der Regel monatlich zu entrichtender Betrag, der die Bereitstellung des Internetzugangs finanzierte.
- Nutzungsgebühr, d.h. ein Betrag, über den der Grad der Nutzung (über Zugangszeit, transferiertes Volumen etc.) durch den Kunden abgerechnet wurde.

Während die Grundgebühr typischerweise im Voraus in Rechnung gestellt wurde, erfolgte die Abrechnung der Nutzungsgebühr nachträglich. Mittlerweile hat sich der Fokus des Internets in Richtung Markplatz gewandelt und hat damit massive Auswirkungen auf die Ausrichtung einiger Internet-Provider. Verkaufte man früher ausschließlich reinen Zugang, findet man heute eine weit reichende Angebotspalette von bestimmten Inhalten (z.B. Video on Demand etc.), Abonnements, Diensten und Services etc. Das ursprünglich geplante Datenmodell zur Abrechnung ist in dieser Einfachheit sicherlich nicht mehr tragfähig. Auch wenn dieses Beispiel die Tätigkeit eines Internet-Providers sehr stark simplifiziert, zeigt es dennoch deutlich, wie wichtig das Einbeziehen der geplanten Unternehmensentwicklung in die Planung und Konzeption der Dimension der Daten ist.

Entwicklung eines Migrationsplans

Der nun folgende Schritt beschäftigt sich mit dem Migrationskonzept. Abbildung 7.40 beschreibt die einzelnen Phasen des Vorgehens bei der Erstellung. Die größte Schwierigkeit besteht vermutlich in der Einbettung in das tägliche Geschäft, das durch operativ motivierte Projekte (neue Applikationen, Release-Wechsel etc.) mitunter Auswirkungen auf die Dimension *Daten* des IT-Architektur-Ökosystems hat.

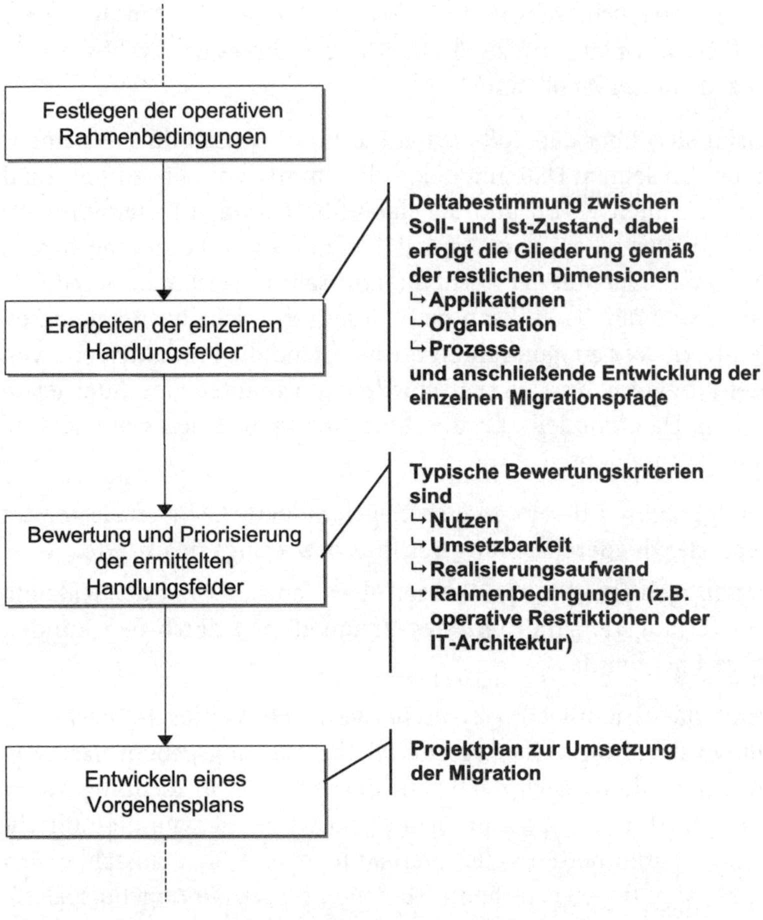

Abbildung 7.40 Erstellung eines Migrationsplans für die Daten

Neben der Ermittlung und Planung der eigentlichen Migrationspfade, die zur Erreichung des geplanten Unternehmensdatenmodells erforderlich sind, muss der IT-Architekt zwei weitere Prozesse mit dem operativen Tagesgeschäft und dem Dauerprojekt »Migration zur Soll-Architektur« in Einklang bringen.

Zum einen ist ein Änderungsprozess bei dem Umgang mit Daten notwendig. Der Begriff *unternehmensrelevante Entität* bzw. *Geschäftsentität* muss geprägt werden, und der operative Umgang damit muss beschrieben und in die Praxis umgesetzt werden. Es beginnt damit, die Sensibilität gegenüber den Daten als eigenständige Dimension massiv zu erhöhen, und endet mit der Umsetzung von geänderten Arbeitsabläufen wie beispielsweise mit dem Genehmigungs- bzw. Benachrichtigungsprozess bei neuen Datenmodellen. Genauso ist der Vorgang des lesenden Datenzugriffs betroffen. Musste man sich früher bei benötigten Leseschnittstellen noch quer durch das Unternehmen telefonieren, um eine adäquate Applikation für die Lieferung zu finden, wird man zukünftig einen Prozess etablieren müssen, über den je nach Bedarf und Dringlichkeit die passende Datenquelle eruiert wird.

Abhängigkeiten zu den übrigen Dimensionen

Auf der anderen Seite müssen auch die unumgänglichen Erweiterungen bzw. Änderungen der restlichen Dimensionen des Unternehmensökosystems IT-Architektur geplant werden. Die folgende Liste zeigt exemplarisch einzelne Veränderungen auf:

- Für die einzelnen Entitäten müssen Verantwortliche definiert und Zugriffe geregelt werden.
- Notwendige Schnittstellen an Applikationen sowie neue Applikationen wie beispielsweise eine Integrationsplattform müssen definiert werden, und die Umsetzung muss eingeplant werden.
- Redundant[11] abgelegte Datensätze müssen so behandelt werden, dass die Zugriffe geregelt sind, wodurch die Synchronisation funktioniert.

Ist der Migrationsplan für die Daten entwickelt und die Konsistenz mit der allgemeinen Entwicklung in Richtung der Soll-Architektur abgestimmt worden, kann er freigegeben und mit der Umsetzung begonnen werden.

Innere und äußere Einflüsse

Man wird bei der Umsetzung jedoch immer wieder feststellen, dass die einst abgestimmte Vorgehensweise immer wieder durch äußere und innere Einflüsse gestört wird. Gerade Justierungen der Unternehmensstrategie schlagen unmittelbar auf die Soll-Architektur und damit auch auf den Soll-Zustand bei den Daten durch. Man wird daher damit leben

11 Vielfach findet man in der Literatur die Aussage, dass redundante Datensätze vermieden werden müssen – ein in der Theorie sicherlich richtiger Ansatz, der in der Praxis allerdings nur äußerst selten durchzuhalten ist. Von daher sollte man die redundante Datenhaltung, sofern sie nicht vermeidbar ist, akzeptieren und entsprechend aufmerksam mit diesem Zustand umgehen.

müssen, einem sich stetig ändernden Ziel nachzulaufen. Eine Empfehlung, die wir aus der Erfahrung in der Praxis geben können, lautet, dass der Entwicklungspfad für die Daten möglichst schnell in den allgemeinen Migrationsplan in Richtung der Soll-Architektur integriert werden sollte. Es wird auf Grund des aktuellen Stellenwerts der Daten nicht von Beginn an funktionieren, doch spätestens bei der Definition der Soll-Situation ist in der Regel eine Eingliederung möglich.

Redundante Datenhaltung: Problem oder Herausforderung?

Eine Problemstellung, auf die wir nochmals separat eingehen möchten, ist der Fall der redundanten Datenhaltung[12]. Ein typisches Beispiel hierfür sind Kundeninformationen, die häufig von mehreren Applikationen wie beispielsweise dem ERP-System, der CRM-Applikation, dem Kampagnenmanagement-Tool etc. verwaltet werden.

Redundanz bei Daten ist nicht grundsätzlich ein Hinweis auf eine schlechte Datenqualität bzw. -modellierung. Sie wird nur dann zum Problem, wenn durch die Speicherung eines Wertes in unterschiedlichen Datensätzen bzw. Datenquellen die Konsistenz der Daten nicht mehr sichergestellt ist.

Redundanzen sind nicht vermeidbar.

In der Praxis werden Sie sogar feststellen, dass Redundanzen in der Datenhaltung einer IT-Architektur nahezu unvermeidbar sind. Viele Standardprodukte liefern ein eigenes Datenmodell mit, das in der Regel zwar erweiterbar, aber in den seltensten Fällen ersetzbar ist. Zusätzlich werden redundante Datenfelder gerne dazu verwendet, um Performance-Optimierungen durchzuführen bzw. Systementlastungen zu erreichen. Damit stellt sich also neben der zentralen Aufgabe, Redundanzen so weit es möglich ist zu vermeiden, die Forderung nach einer Möglichkeit, um die redundante Datenspeicherung zu administrieren und auf diese Weise die Gefahr von Inkonsistenzen zu vermeiden.

Die technische Zielsetzung lässt sich sehr einfach formulieren: Überall da, wo operativ mit Daten gearbeitet wird, d.h., wo Geschäftsvorfälle bestimmte Daten benötigen, ist ein zeitnaher Datenabgleich essenziell. Wenn Daten nicht 100%ig aktuell sein müssen (beispielsweise beim Kampagnenmanagement), ist ein kleiner Zeitversatz bei dem Abgleich vertretbar.

12 Der Begriff »redundante Datenhaltung« bezeichnet das (bewusste) mehrfache Speichern gleichartiger Daten.

Einen ganz anderen Rahmen steckt das Unternehmensökosystem IT-Architektur. Für jede unternehmensweit relevante Entität wird in der Organisationsstruktur ein Verantwortlicher benötigt. Dabei sprechen wir nicht von einer physischen Repräsentation (z. B. einer Tabelle einer relationalen Datenbank), sondern von der logischen Formulierung einer Entität – die sich natürlich in einer oder mehreren Datenbanken wiederfindet. Die Aufgabe dieser Rolle ist es, die der IT-Architektur zugesicherten Eigenschaften wie Inhalt, Datenqualität, Aktualität, Performance etc. sicherzustellen. Damit existiert neben der Abhängigkeit *Applikation – Daten* eine weitere Beziehung *Organisation – Daten*. Im Unterschied zur Applikation spricht die Organisation allerdings erst einmal nur die Geschäftsentitäten an, und bei diesen die logische Definition.[13] Abbildung 7.41 zeigt für die Dimensionen Applikation, Organisation und Daten die entsprechenden Beziehungen. Der Übersichtlichkeit halber haben wir auf die Darstellung der vierten Dimension *Prozesse* verzichtet.

Komplexität des Unternehmensökosystems IT-Architektur

Für die Manipulation von unternehmensweit relevanten Daten ergibt sich daraus allerdings die Schlussfolgerung, dass diese nur im Auftrag des Verantwortlichen durchgeführt wird. In der Regel ist damit schlussendlich eine ausgezeichnete Applikation verknüpft, die (als einzige Instanz) Schreibberechtigungen besitzt. Abbildung 7.42 zeigt einen exemplarischen Änderungsprozess, der nicht durch die verantwortende Applikation initiiert wurde.

Umgang mit Änderungen bei redundanten Daten

Der Schritt 1 beginnt in diesem Beispiel mit der Datenänderung durch einen Anwender, wobei die angesprochene Applikation nicht die Verantwortung besitzt. Diese Anfrage wird sofort (siehe Schritt 2) an die verantwortliche Applikation weitergereicht, die die Änderung in der bzw. den führenden Datenbanken (vergleiche Schritt 3) umsetzt. War dieser Schritt erfolgreich, werden alle Applikationen, die in ihren Datenbanken redundante Datenelemente verwalten, wie durch Schritt 4 angedeutet, informiert. Dadurch wird jede betroffene Applikation in die Lage versetzt, ihre lokalen Datenkopien entsprechend anzupassen (siehe Schritt 5).

13 Diese strikte Trennung zwischen logischen Entitäten und physischen Repräsentationen verschwimmt in der Praxis aus Gründen der Handhabbarkeit – ein ähnliches Phänomen sieht man auch bei Applikationen und Prozessen bzw. Applikationen und Organisationsstruktur.

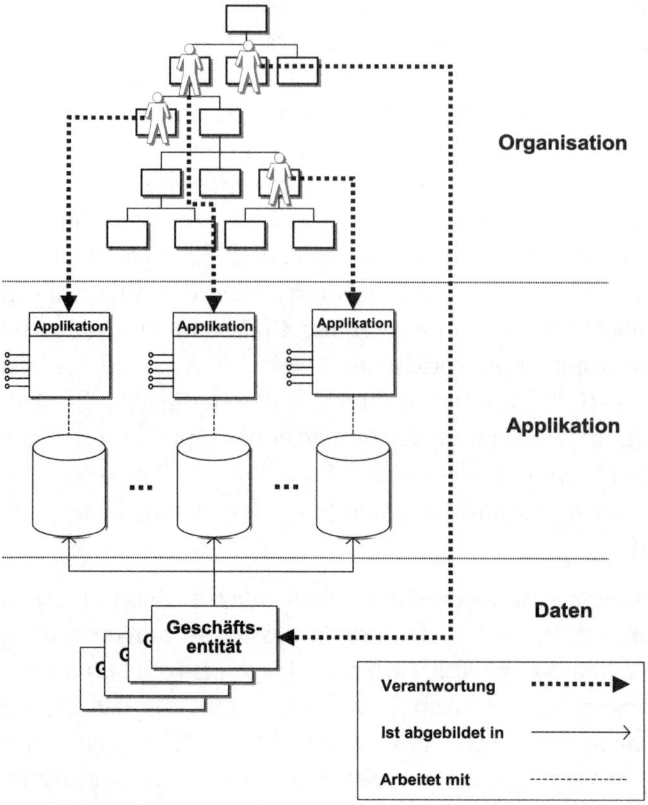

Abbildung 7.41 Beziehungsgeflecht der Dimensionen des Unternehmensökosystems IT-Architektur

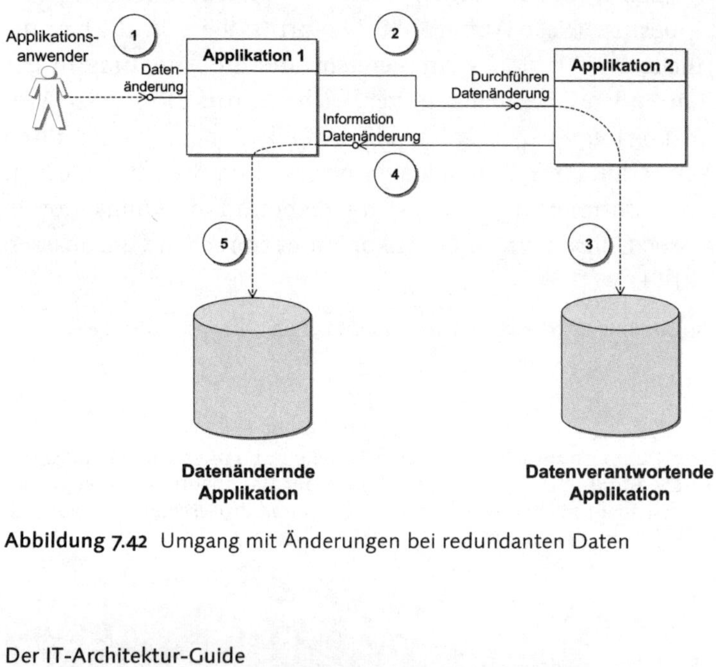

Abbildung 7.42 Umgang mit Änderungen bei redundanten Daten

Diese skizzierte Vorgehensweise impliziert drei Forderungen, die umgesetzt werden müssen:

- Die für die Daten verantwortliche Applikation muss eine Schnittstelle bereitstellen, über die erforderliche Änderungen kommuniziert werden können.
- Jede Applikation mit redundanten Daten muss entsprechende Schnittstellen anbieten, über die ein erforderlicher Datenabgleich durchgeführt werden kann.
- Die für die Daten verantwortliche Applikation muss jede Applikation mit redundanten Daten kennen, damit sie im Falle der Änderung diese alle informieren kann.

Insbesondere der letzte Punkt ist ein wenig unglücklich, da es bei neuen Applikationen, die redundante Daten verwalten, immer wieder zu Eingriffen in die für die Daten verantwortliche Applikation kommt. An dieser Stelle soll uns dieses Manko nicht stören, da wir lediglich die Verantwortlichkeiten und davon abhängigen Kommunikationswege aufzeigen wollten. Eine wesentlich elegantere Lösung für diese Situation stellen wir in Abschnitt 7.4 durch die Einführung einer Integrationsplattform vor.

7.5.3 Auswirkungen

Daten

Phase	Auswirkungen
Vor der Migration	./.
Während der Migration	Je nach Zustand können die Auswirkungen enorm sein: Logische und physische Entitäten werden neu geordnet, und unter Umständen erfolgt eine (Neu-) Definition der Zusicherungen einzelner logischer Entitäten.
Nach der Migration	Logische Entitäten und physische Repräsentationen sind klar definiert. Weiterhin ist ein Arbeitsprozess für den Umgang mit Daten festgelegt worden.

Tabelle 7.5 Auswirkungen des Datenmanagements auf die Dimension der Daten

Applikationen

Phase	Auswirkungen
Vor der Migration	./.
Während der Migration	Einzelne Applikationen müssen unter Umständen angepasst werden, da physische Repräsentationen anders abgebildet werden. Je nach Erfordernis kann eine Integrationsplattform notwendig sein.
Nach der Migration	./.

Tabelle 7.6 Auswirkungen des Datenmanagements auf die Dimension der Applikationen

Prozesse

Die eigentlichen Geschäftsprozesse sind von diesem Vorgang nicht berührt.

Organisation

Phase	Auswirkungen
Vor der Migration	./.
Während der Migration	Je nach Zustand werden Verantwortliche für Entitäten definiert und ggf. bestehende Verantwortungsbereiche neu geordnet, damit die Bereiche Prozessverantwortung, Applikationsverantwortung und Datenzuständigkeit harmonisiert werden. Zusätzlich erfordert der neue Umgang mit Daten einige neu zu definierende Arbeitsabläufe, die sich naturgemäß auch auf die Organisation auswirken.
Nach der Migration	./.

Tabelle 7.7 Auswirkungen des Datenmanagements auf die Dimension der Organisation

7.5.4 Risiken

Das Einführen eines Datenmanagements – sollte es im Unternehmen noch nicht oder in nur ungenügender Form existieren – bedeutet einen massiven Eingriff in die IT-Architektur und erfordert daher einen erheblichen Änderungsprozess. Schon allein die Auswirkungen auf die Dimensionen *Applikation*, *Organisation* und *Daten* stellen einen nicht unkritischen Eingriff dar. Außerdem müssen die Vorgehensweisen und Arbeitsabläufe festgelegt werden, wie mit Änderungen im Datenumfeld umzugehen ist. All das wird man nicht durch Anordnungen, sondern nur durch ein behutsames Changemanagement im Unternehmen durchsetzen können. Erfolg wird man nur haben, wenn das Bewusstsein für die Notwendigkeit dieses Schrittes bis in die Unternehmensführung hinauf vorhanden ist und die Umsetzung aktiv unterstützt wird. Weiterhin muss die Migration eng gesteuert und jedes Erreichen von Meilensteinen sorgfältig überprüft werden.

Ein weiterer kritischer Punkt betrifft die Dokumentation. Mit ihrer Qualität und Aktualität steht und fällt ein erfolgreiches Datenmanagement. Von daher ist insbesondere bei den zukünftigen Änderungen der IT-Architektur ein gezieltes Augenmerk auf die zeitnahe Weitergabe und Dokumentation von durchgeführten Anpassungen zu legen.

7.6 Mergers & Acquisitions – Herausforderung für eine Vielzahl neuer Lösungsmuster

7.6.1 Typische Situation

Gerade die Zeit des Neuen Marktes war von Unternehmensübernahmen, -aufkäufen und -zusammenschlüssen geprägt. Die Motivation für diese Schritte ist dabei durchaus unterschiedlich. Strategische Expansion, Portfolio-Erweiterung, Synergienutzung und Kosteneffizienz sind dabei nur einige der Begriffe, die im Kontext von Mergers & Acquisitions (Unternehmenszusammenschlüssen) genannt werden.

Hat man sich dann vertraglich auf einen wie auch immer gearteten Unternehmenszusammenschluss geeinigt, beginnen die eigentlichen Probleme der Fusion. Die evaluierten Synergien müssen erschlossen, Einsparungspotenziale müssen ausgeschöpft und Arbeitsprozesse effizienter und kostengünstiger gestaltet werden. Eine der größten Herausforderungen, die in dieser Lage entsteht, ist die Zusammenführung der IT-Architekturen der betroffenen Unternehmen. Zum einen bildet die IT-Architektur die Infrastruktur für eine Prozessunterstützung – und mit einer Neuorientierung des resultierenden Unternehmens besteht an dieser Stelle massiver Handlungsbedarf. Andererseits birgt die Summe der beiden IT-Architekturen eine Vielzahl von Kostenfallen wie doppelt abgebildete Komponenten und Dienstleistungen. Durch eine Neuausrichtung können hierbei Einspareffekte und Optimierungen erreicht werden, allerdings besteht die Gefahr einer unstrukturierten und damit nicht wartbaren Gesamtarchitektur.

Lassen Sie uns diese Aussage an einem Beispiel erläutern, das wir in verschiedensten Phasen begleiten durften. Ein Telko mit Schwerpunkt Festnetztelefonie erweiterte vor einigen Jahren durch einen Unternehmenszukauf sein Produktportfolio um den Sektor Mobilfunk. Dieser Schritt war strategisch erst einmal einleuchtend, da sich auf der einen Seite die Produktpaletten ideal ergänzten und andererseits Applikationen, Daten etc. den Anschein einer hohen Wiederverwendbarkeit machten. Die eigentlichen Probleme entstanden bei der operativen Zusammenlegung beider Geschäftsfelder. So musste die Abwicklung der Geschäftsprozesse so angepasst werden, dass beispielsweise eine einheitliche Antragsverarbeitung, Kundenbetreuung sowie ein einheitliches Kampagnenmanagement und Rechnungsstellung möglich war. Zusätzlich war eine Anpassung der Applikationen dahingehend erforderlich, dass auch gemischte Produktkombinationen verarbeitet werden konnten. Das Ganze fand zudem vor dem Hintergrund einer aus den Fugen geratenen Organisationsstruktur statt. Denn im Prinzip war jeder der wichtigen Posten doppelt besetzt, und trotzdem konnte man auf keinen der beiden Posten wegen des vorhandenen Fachwissens der jeweiligen Mitarbeiter verzichten.

Damit ist die eigentlich komplexe Aufgabenstellung die Migration der Prozesse, Applikationen, Daten und Organisation, d.h. der IT-Architekturen der »alten« Unternehmen. Sucht man nach einer Lösung zu diesem Problem, wird man relativ schnell feststellen, dass ein allgemein gültiger Ansatz, der so konkret formuliert ist, dass er im Sinne einer Anleitung nutzbar ist, nicht existieren wird. Dazu sind die Situationen viel zu unterschiedlich, Machtverhältnisse bei Fusionen nicht deterministisch verteilt, die Zielrichtung der Fusion sehr variantenreich etc.

Wir haben vielmehr feststellen müssen, dass es sich nicht um ein komplexes Problem handelt, das ein Lösungsszenario benötigt, sondern um eine Quelle für eine Vielzahl von Problemen, die es zu lösen gilt. Damit stellt sich im Prinzip eine völlig andere Anforderung:

1. Es muss ein allgemein gültiges Vorgehen definiert werden, auf dessen Basis ein konkretes Vorgehensmodell entworfen und abgestimmt werden kann.
2. Es wird ein unternehmensgültiger Projektplan entworfen, der regelt, wie, wann und in welchem Umgang die Fusion durchgeführt werden soll.

Gerade der zweite Teil wird nicht allgemein gültig zu formulieren zu sein. Aus diesem Grund haben wird uns bewusst dafür entschieden, ausschließlich die erste Phase zu dokumentieren. Die zweite Phase lässt eine Menge Raum für weiterführende Diskussionen und Erfahrungsaustausch, zu denen wir Sie in diesem Kontext nochmals ausdrücklich auffordern möchten, wie Sie am Ende dieses Abschnitts sehen werden.

7.6.2 Vorgehensweise

Wir haben in diesem Buch IT-Architekturen über den Begriff des Unternehmensökosystems eingeführt und strukturiert. Jede IT-Architektur eines Unternehmens erlaubt die Darstellung in dieser Form, ggf. mit einer nicht optimalen Ausprägung einzelner Dimensionen. Für die Fusion von IT-Architekturen bietet diese Modellierung einen riesigen Vorteil. Letztlich besteht die »einzige« Aufgabe darin, zwei Unternehmensökosysteme IT-Architektur zu einem Unternehmensökosystem verschmelzen zu lassen. Abbildung 7.43 stellt diesen Vorgang schematisch dar.

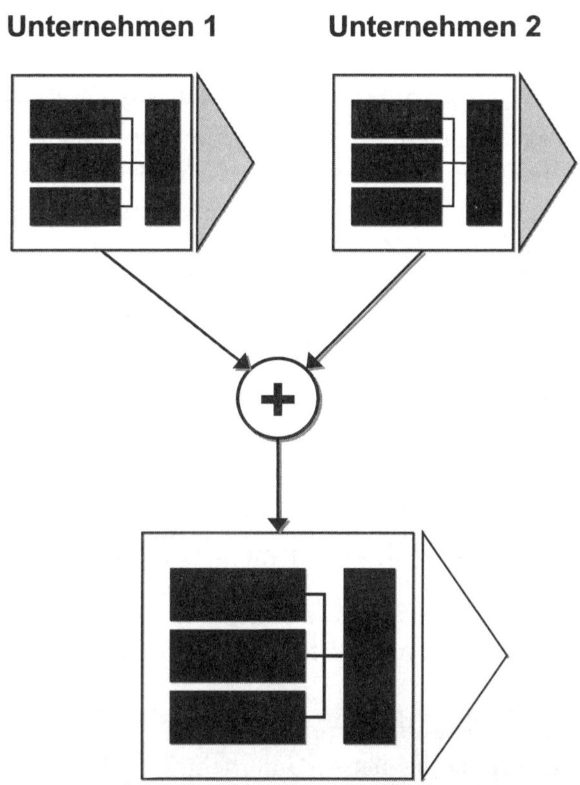

Abbildung 7.43 Verschmelzung von zwei Unternehmensökosystemen

Federführend bei einer Verschmelzung von Unternehmensökosystemen ist die jeweilige Unternehmensstrategie. Daher ist es absolut notwendig, in einem ersten Schritt aus der Idee der Fusion eine neue Unternehmensstrategie abzuleiten. Diese wiederum ist Grundlage für die IT-Strategie. Erst wenn dieser Schritt abgeschlossen ist, kann die Migration der restlichen Dimensionen erfolgen. Dabei ist der Tatsache Rechnung zu tragen, dass unter Umständen bestimmte Dimensionen in den einzelnen Unternehmen nur sehr schwach ausgeprägt sind. Ergänzend kommt dazu, dass die spezielle Vorgehensweise durchaus von der spezifischen Unternehmenssituation und der Fusionsidee abhängt. Die folgende Liste beschreibt einige Situationen und mögliche Lösungsansätze exemplarisch.

- **Portfolio-Erweiterung**
  Häufig werden Unternehmenszusammenschlüsse durchgeführt, um dem Markt ein erweitertes Spektrum an Produkten bieten zu können. So findet man beispielsweise einige Telkos, die ihr Produktportfolio durch den Zukauf von Internet-Providern um entsprechende Zugangsprodukte ergänzen.

  Es bietet sich an, die Migration der Unternehmensökosysteme über die Prozesse zu steuern. Da sich das Produktangebot gegenüber den ursprünglichen Angeboten erweitert hat, müssen natürlich auch alle damit zusammenhängenden Geschäftsprozesse angepasst werden. Davon abgeleitet, kann dann die Migration der Dimension Applikationen, Daten und Organisation durchgeführt werden.

  So erfordert die gemeinsame Betrachtung der Kunden letztendlich auch eine Migration der Kundendaten und das Etablieren einer einheitlichen CRM-Applikation. Ist die Forderung eine einheitliche Rechnung für die Kunden – unabhängig davon, welche Produkte bzw. Produktkombinationen sie besitzen –, müssen die Applikationen beginnend beim Rechnungsdruck bis zur Erzeugung der eigentlichen Rechnungsdatensätze (der so genannten Call Detail Records – CDRs) in eine neue Applikation migriert werden. Ob dann auf eine bestehende Anwendung aufgesetzt werden kann oder ob eine neue Applikation entwickelt werden muss, ist im Einzelfall zu entscheiden.

- **Ähnliches oder gleiches Produktportfolio**
  In diesem Fall ist das Kapital des neuen Unternehmens die Daten- und Produktbasis. Für gewöhnlich werden die etablierten Prozesse beider Unternehmen ähnlich sein, so dass typischerweise die Prozesse des aktuell dominierenden Unternehmens übernommen werden. Bei Applikationen bietet sich ein Best-of-Breed-Ansatz an. Kri-

tisch wird die Migration auf der Ebene der Organisation. Der in der Regel ähnliche Aufbau und Ablauf legt die Vermutung nahe, dass in diesem Bereich eine Menge Rationalisierungspotenzial vorhanden ist.

- **Internationale oder nationale Expansion**
  Diese Situation ähnelt der eines gleichen Produktportfolios. Man findet häufig einen ähnlichen Produktkatalog vor, die einzelnen Firmen sind aber geografisch unterschiedlich angesiedelt. Damit besteht wenig direkter Wettbewerb, jeder Teil hat nach wie vor sein eigenen Vertriebsbereich.

  Synergieeffekte könnten durch die gemeinsame Nutzung von Applikationen und bestimmten Organisationsstrukturen entstehen. Damit müssen in einem ersten Schritt die Dimensionen der Unternehmensökosysteme IT-Architektur bezüglich globaler und lokaler Elemente unterteilt werden. Sind die global nutzbaren Applikationen bzw. Teile von ihnen identifiziert, muss ein technisches Konzept zur gemeinsamen Nutzzung entworfen werden.

Schon dieser Ausschnitt an Variationen zeigt, dass ein einheitliches Vorgehensmodell auf konkreter Ebene nur schwer zu formulieren ist. Ein grober Rahmen kann beispielsweise duch folgende Maßnahmen abgesteckt werden:

- Analyse der Situation und Beschreiben der groben Vorgehensweise anhand des Unternehmensökosystems
- Definition einzelner Projekte, um ein gemeinsames Unternehmensökosystem IT-Architektur zu bilden.
- Priorisierung und Durchführung der im vorhergehenden Schritt definierten Projekte

Dennoch sind selbst auf dieser groben Vorgehensebene noch viele Varianten denkbar. Unzählige Branchen, Unternehmensgrößen und Motivationen machen den Variantenreichtum eines Mergers&Acquisition-Szenarios schier unendlich groß. Es handelt sich hierbei sicherlich um eines der interessantesten Szenarien und eine der größten Herausforderungen für das IT-Architektur-Engineering, nicht zuletzt weil die ganzheitliche Betrachtungsweise des Unternehmensökosystems IT-Architektur die für einen Unternehmenszusammenschluss ebenfalls nötige umfassende Perspektive ideal unterstützt.

Jedoch ist es für ein einzelnes Unternehmen (oder zwei Autoren) unmöglich, auf den Erfahrungsschatz von vielen verschiedenen Szenarien zu Unternehmenszusammenschlüssen zurückzugreifen.

Genau an dieser Stelle möchsten wir Sie ins Spiel bringen! Nicht nur für das Thema »Mergers & Acquisitions«, sondern für alle Herausforderungen für die IT-Architektur, vor denen Unternehmen heute stehen.

7.7 Helfen Sie uns bei der Jagd nach neuen Architekturmustern

Wir haben in diesem Kapitel eine Reihe von verschiedenen typischen Lösungsszenarien für Architekturprobleme vorgestellt, und Sie werden sich leicht vorstellen können, dass die Liste möglicher Szenarien beliebig erweitert werden kann.

Sicherlich haben Sie in Ihrem eigenen Umfeld bereits vor zahlreichen Architekturproblemen gestanden. Wir sind an Ihren Lösungen und Erfahrungen sehr interessiert und würden gern andere Leser davon profitieren lassen. Ähnlich wie die Unternehmen und Entscheider, die uns bei den vielen Fragen und Gesprächen Rede und Antwort gestanden haben und deren Erfahrungen in das vorliegende Buch eingeflossen sind, möchten wir auch Ihre Erfahrungen einer breiten Leserschaft zur Verfügung stellen.

Wir bieten Ihnen deshalb die Möglichkeit, die kommenden Auflagen dieses Buches und die Internetseite

www.it-architecture.org

aktiv mitzugestalten. Wenn Sie ein neues Architekturszenario oder eine Variante der hier vorgestellten Szenarien Ihren »Leidensgenossen« zugänglich machen wollen, dann treten Sie einfach mit uns unter der E-Mail-Adresse

feedback@it-architecture.org

in Kontakt.

Schicken Sie uns Varianten der hier vorgestellten Architekturprobleme, komplett neue Szenarien und Ihre Lösungsvorschläge, Dos, Don'ts und Lessons Learned. Helfen Sie uns dabei, das Verständnis für das Unternehmensökosystem IT-Architektur in den Unternehmen zu schärfen und die Entscheider für das Thema zu sensibilisieren.

Bei der Strukturierung Ihrer Einsendungen können Sie sich weitestgehend an der in Abschnitt 7.1 vorgestellten Gliederung orientieren.

Wir freuen uns auf Ihren Input und bedanken uns recht herzlich für Ihre Mitarbeit.

Sascha Krüger und Jörg Seelmann-Eggebert

Solingen und Alfter, im Juli 2003

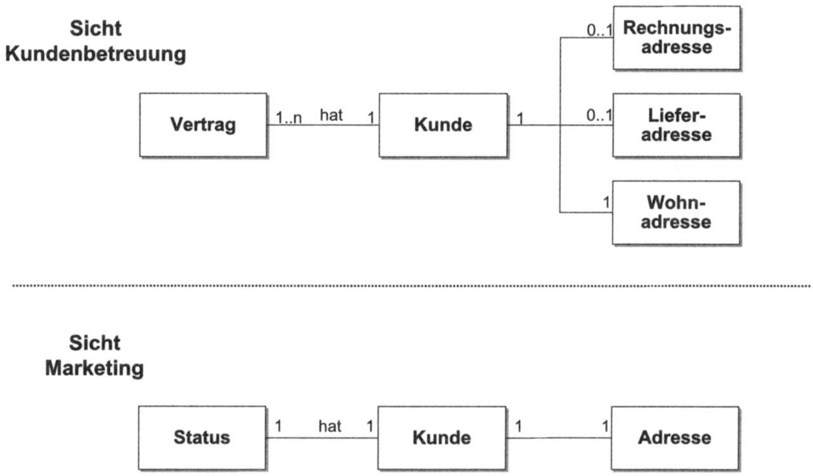

A Anhang A

A.1 Recherche- und Interviewergebnisse

Ursprünglich haben wir die Idee zu diesem Buch mit dem Vorhaben einer Umfrage bei IT-Verantwortlichen zur Thematik IT-Architektur verknüpft. Relativ schnell mussten wir dabei allerdings erkennen, dass der geplante Fragebogen genau das Gegenteil unserer Absicht bewirken würde. Jeder Frage würde man die Absicht unterstellen, nur Missstände aufdecken zu wollen, und welcher Verantwortliche bestätigt freiwillig, dass er um die vielen Problempunkte weiß, diese aber dennoch nicht beheben kann. Erschwerend kommt dazu, dass unserer Meinung nach die IT-Architektur in einem völlig anderen Rahmen gesehen werden muss, als es heute in den meisten Unternehmen der Fall ist. Damit wären viele Fragen vor diesem Hintergrund unsinnig oder zumindest nur schwer und mit vielen erklärenden Einschränkungen beantwortbar. Also haben wir unser ursprüngliches Vorhaben durch eine Vielzahl von Gesprächen mit Entscheidern, Projektleitern, IT-Verantwortlichen und Verantwortlichen aus den Fachbereichen ersetzt, ohne jedoch die Absicht einer statistischen Erhebung zu verfolgen. Es gab lediglich eine grobe (interne) Gliederung und das Ziel, einige Kerngedanken des Buchs zu verifizieren bzw. zu falsifizieren. Trotz dieses geänderten Vorhabens gab es einige Erkenntnisse, die wir Ihnen nicht vorenthalten möchten.

A.1.1 Zielrichtung der Gespräche

Die folgende Liste gibt die einzelnen Themengebiete der Gespräche und die Liste der Fragen wieder, auf deren Beantwortung wir (implizit oder explizit) hingearbeitet haben.

- **Verständnis von IT-Architektur, Architekturstrategie vs. Unternehmensstrategie**
  Der Schwerpunkt dieses Gesprächsabschnitts war die Bedeutung und Tragweite der IT-Architektur in den Unternehmen. Diskutiert haben wir neben der Positionierung der IT-Architektur auch deren Bindung an die Unternehmensstrategie. Exemplarische Fragen sind:
  - Wird die IT-Architektur als solche und unter diesem Begriff verstanden und wahrgenommen?
  - Können Sie heute definieren, wo Ihre IT-Architektur in drei Jahren stehen soll?

- Nennen Sie drei Begriffe, die Sie mit IT-Architektur verbinden.
- Welche Aufgaben würden Sie angehen, wenn es eine Auszeit von drei Monaten geben würde?
- Wie weit geht der Planungshorizont in der IT-Architektur?
- Wie viel Augenmerk wird bei der täglichen Arbeit auf Unternehmensstrategie, Applikationen, Organisation, Prozesse und Daten gelegt?
- Wird ein Steuerungselement für die Strategieumsetzung eingesetzt?
- Wie ist die Unternehmensstrategie mit der IT-Architektur verbunden?
- Woraus leitet sich die Architekturstrategie ab?
- Wer ist für die Strategieumsetzung verantwortlich?

IT-Architektur und Prozesse

Prozesse werden in Verbindung mit der Unternehmensausrichtung, möglichen Geschäftsvorfällen und Applikationen als wichtigstes Instrument genannt. Anhand der folgenden Fragen haben wir die Bedeutung der Prozesse für die IT-Architektur besprochen.

- Bietet die IT-Architektur eine gute Unterstützung für Geschäftsprozesse?
- Wie flexibel reagiert die IT-Architektur auf Änderungen im Bereich der Prozesse?
- Wie sind die bestehenden Geschäftsprozesse in die IT-Architektur eingebettet?
- Was ist das Handicap bei neuen Innovationen?

Rolle der Daten in der IT-Architektur

Am Rande der Gespräche haben wir auch den Wert der Daten für die IT-Architektur untersucht. Auch wenn die nachfolgende Liste von Diskussionspunkten eher kurz ist, zeigt das Ergebnis der meisten Gespräche recht deutlich den geringen Stellenwert, der den Daten als losgelöste Dimension in der IT-Architektur beigemessen wird.

- Welche unternehmensrelevanten Entitäten existieren in Ihrem Unternehmen?
- Wie wird mit Veränderungen im Datenbereich umgegangen?
- Wer ist für welche Entitäten verantwortlich?
- Auf welcher Ebene erfolgt die Datenmodellierung?

- Wer regelt den Datenzugriff?
- Wie häufig ist ein Kundendatensatz in Systemen der IT-Architektur gespeichert?

- **IT-Architektur, Architektur-Experten und Organisation**
  Der Einfluss der Organisation auf die IT-Architektur sowie spezielle Rollen für Bereiche der IT-Architektur waren das Thema dieses Gesprächsabschnitts. Bezüglich des operativen Umgangs mit Änderungsprozessen in der Applikationslandschaft haben wir eine Vielzahl von Organisationsformen vorgefunden. Dass im Architekturverständnis der Unternehmen die Organisation als Veränderliche nur äußerst selten vorhanden war, zeigte sich sehr deutlich bei den Antworten auf die folgenden Fragen:
  - Gibt es in Ihrem Unternehmen eine oder mehrere Personen, die speziell für die IT-Architektur verantwortlich sind?
  - Welche organisatorischen Maßnahmen wurden ergriffen, um die IT-Architektur zu unterstützen?
  - Wie wird mit Veränderungen umgegangen, die Einflüsse auf die Organisation haben?
  - Welche Rolle spielt die Organisation in der IT-Architektur?

- **Handwerkszeug der IT-Architektur**
  Ein wesentlicher Teil sind die Werkzeuge der Architekturverantwortlichen. Von daher behandelte auch ein beträchtlicher Teil der Gespräche diesen Themenkomplex. Insbesondere haben wir die Punkte Dokumentation und Messmethoden sehr intensiv diskutiert.
  - In welchem Rahmen existieren Dokumentationen?
  - Wie werden die Qualität, Aktualität, Vollständigkeit etc. von Dokumentationen sichergestellt?
  - Wie ist das Verhältnis zwischen Lesern und Schreibern von Dokumenten? Wer nutzt überhaupt erstellte Dokumentationen?
  - Wie bewerten Sie Ihre IT-Architektur bzw. welche Aspekte Ihrer IT-Architektur werden durch Metriken beurteilt?
  - Wer stellt fest, dass eine Applikation erneuert werden muss? Was sind die Kriterien?
  - Nehmen Sie regelmäßig »Messungen« an der IT-Architektur vor?
  - Wie definieren Sie das Preis-Leistungs-Verhältnis einer Applikation?
  - Zu welchem Zweck verwenden Sie die Messergebnisse?

- Können Sie uns Zahlen zur Anzahl Ihrer Applikationen, zur Anzahl der Funktionspunkte Ihrer Kundenbetreuungsapplikation und zu den Kosten eines Funktionspunkts nennen?
- Welches ist die teuerste Applikation in der aktuellen Release-Planung?

A.1.2 Auswertung der Gespräche

Viele der Gesprächsergebnisse sind in den Inhalt dieses Buches eingeflossen. Dennoch gibt es einige statistisch darstellbare Erkenntnisse, die wir Ihnen an dieser Stelle vorstellen möchten. Da es nicht unser Ziel war, eine repräsentative Umfrage durchzuführen und daher beispielsweise die Fragestellungen nicht immer exakt dieselben waren, sind die Ergebnisse ausschließlich als Indikator für den derzeitigen Entwicklungsstand der IT-Architekturen zu werten.

Zentrale Begriffe in der IT-Architektur

Die in Abbildung A.1 dargestellte Auswertung beschäftigt sich mit der Frage nach typischen Begriffen im Zusammenhang mit IT-Architekturen. Betrachtet man das Ergebnis, kann man eine starke Techniklastigkeit feststellen. Der einzige Begriff, der nicht in das Umfeld der Technik und Technologien einzuordnen ist, sind die Prozesse. Die sonstigen Dimensionen des Unternehmensökosystems IT-Architektur (Organisation, Daten) sowie die Kopplung zur Unternehmensstrategie wurden überhaupt nicht erwähnt.

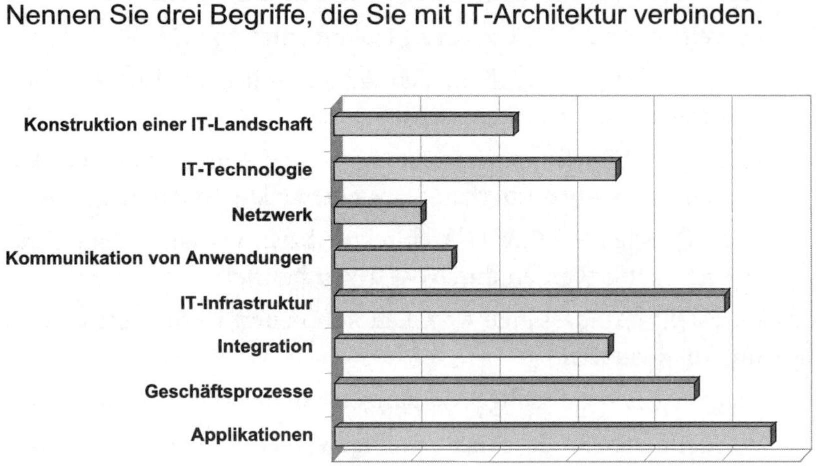

Abbildung A.1 Begriffe der IT-Architektur

Flexibilität der IT-Architektur

Interessant waren die Antworten auf die Frage nach der Flexibilität der IT-Architektur im Zusammenhang mit notwendigen Änderungen. Wir wollten damit ermitteln, wie schnell neue Ideen, Anforderungen oder auch Richtungswechsel in der Unternehmensstrategie in der IT-Architektur umgesetzt werden können. Wir haben die Ergebnisse in zwei Grafiken (Abbildung A.2 und Abbildung A.3) aufbereitet, einmal als Zusammenfassung der Antworten der IT-Leiter und einmal als Zusammenfassung der Antworten der Verantwortlichen der Fachbereiche. Auffällig sind die konträren Einschätzungen. Näheres Nachfragen ergab, dass insbesondere Anforderungen der Fachbereiche an Applikationen, die die tägliche Arbeit besser unterstützen sollen, sehr stiefmütterlich behandelt werden und daher den Eindruck der Trägheit des IT-Bereiches hinterlassen. Erschwerend entsteht vielerorts die Wahrnehmung, dass Probleme nicht gelöst werden, sondern in technischen Grundsatzdiskussionen auf Applikationsebene enden.

An dieser Stelle fällt die Reduktion der IT-Architektur auf Applikationen und Schnittstellen auf. Nahezu jeder der Gesprächspartner, sowohl der IT-Experte als auch der Vertreter des Fachbereichs ging davon aus, dass neue Anforderungen in Anwendungen umgesetzt werden sollten.

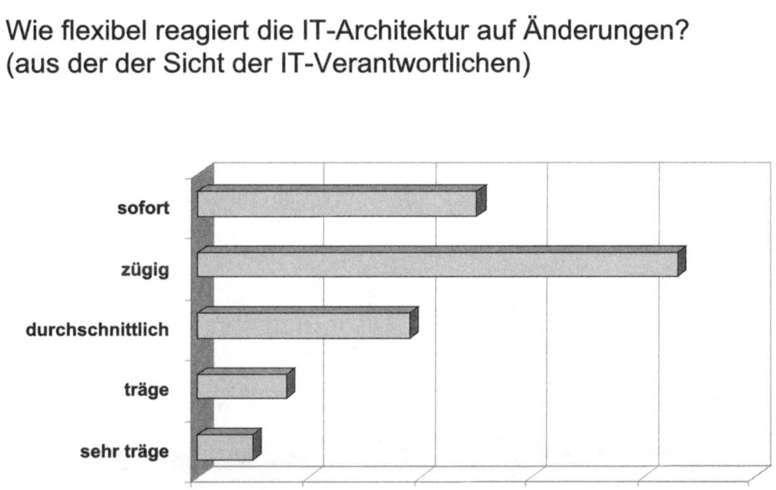

Abbildung A.2 Flexibilität der IT-Architektur aus Sicht der IT-Verantwortlichen

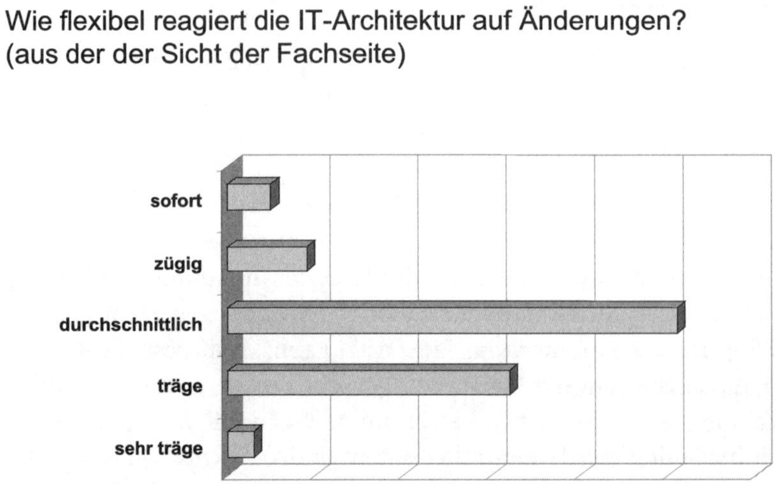

Abbildung A.3 Flexibilität der IT-Architektur aus Sicht der Fachbereiche

Dokumentationen der IT-Architektur

Bemerkenswert waren die Einstellungen und Meinungen zum Thema Dokumentation. Die initiale Frage zielte auf existierende Dokumentationen im Umfeld der IT-Architekturen ab. In Abbildung A.4 sehen Sie das Ergebnis dieser Fragestellung.

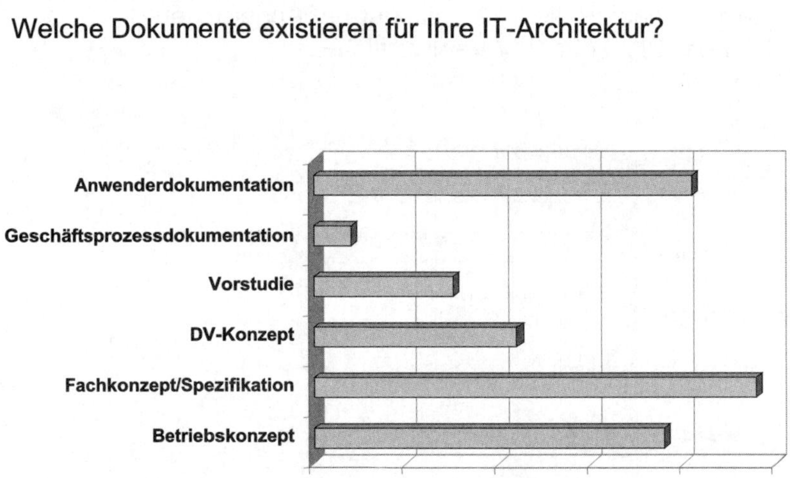

Abbildung A.4 Existierende Dokumente der IT-Architektur

Auch wenn wir die Grundgesamtheit (bewusst) nicht dargestellt haben, kann man dennoch gut erkennen, dass durchaus eine Vielzahl von Dokumenten erstellt wird. Allerdings – und das ist sicherlich eines der

Probleme – ranken sich die meisten der Dokumente um Applikationen. Darauf angesprochen, meinte einer unserer Gesprächspartner sehr bezeichnend: »Die Abnahme für Applikationen erteile ich immer erst dann, wenn ich alle erdenklichen Dokumente überreicht bekommen habe.« Vermutlich ist einer der Gründe für nicht existierende übergreifende Dokumentationen das Nicht-Vorhandensein entsprechender Organisationsstrukturen.

Viel bezeichnender war die anschließende Diskussion über den Sinn von einmal erstellten Dokumenten. Auf unsere Frage, ob man der Meinung sei, dass die Dokumente später auch einmal gelesen würden, antworteten die meisten mit Nein.

Der Arbeitstag von IT-Verantwortlichen

Abbildung A.5 zeigt die Zusammenfassung der täglichen Arbeiten von IT-Verantwortlichen. Sie können vor dem Hintergrund dieses Buches selbst eine Bewertung der derzeitigen Tätigkeitsfelder und ihrer Verteilung vornehmen. Dass die IT-Verantwortlichen mit ihrem Arbeitstag durchaus ausgelastet sind, zeigen die häufigsten Antworten auf die Frage, welche Tätigkeiten sie bei einer Auszeit von drei Monaten vordringlich angehen würden:

1. Liegen gebliebene Aufgaben erledigen
2. Zustandsdokumentation der IT-Architektur
3. Definition von Richtlinien, Regeln, Standards und Arbeitsprozessen

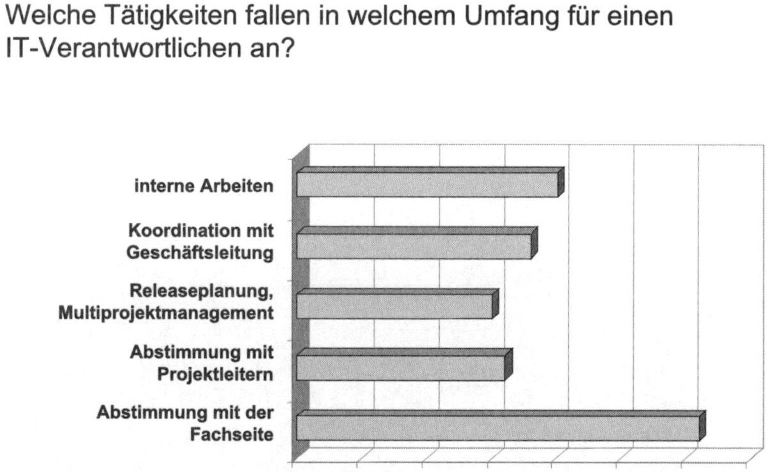

Abbildung A.5 Umfang der Tätigkeiten eines IT-Verantwortlichen

Für eine strategische Entwicklung der IT-Architektur bei den jetzigen Strukturen und Organisationen sehen die IT-Verantwortlichen selbst bei einer dreimonatigen Entlastung keinerlei Luft. Um diesen Zustand zu ändern, sind also grundsätzliche Reformen und Kompetenzverteilungen erforderlich.

B Anhang B

B.1 Vorlagen für den Software-Entwicklungsprozess

Eine wesentliche Forderung für die IT-Architektur ist eine ausreichende Dokumentation der einzelnen Bestandteile sowie deren Zusammenspiel und Abhängigkeitsgefüge. Damit entwickelt sich die Dokumentation der Applikationsentwicklung zur zentralen Nahtstelle zwischen Software-Architektur und IT-Architektur. Daher stellen wir in diesem Abschnitt einige Vorlagen für eine applikationsrelevante Dokumentationsgliederung vor. Allerdings wollen wir nicht detailliert auf die verschiedenen Vorgehensmodelle des Software-Entwicklungsprozesses sowie auf deren einzelne Phasen eingehen, denn dieses Vorhaben würde sowohl thematisch als auch mengenmäßig den Rahmen dieses Buches sprengen. Vielmehr orientieren wir uns bei der Beschreibung an den Entwicklungsphasen

- Vorstudie
- Fachkonzeption
- DV-Konzeption
- Betrieb

und beschreiben den Rahmen einzelner Dokumente. Die Gliederung ist relativ grob gehalten und kann dadurch einfach an die individuellen Gegebenheiten in den Unternehmen angepasst werden. Sie finden mögliche Inhalte in Aufzählungsform unterhalb der Gliederungspunkte.

B.1.1 Vorstudie

Die Phase der Vorstudie wird initiiert durch identifizierte Problembereiche, Aktivitäten des Unternehmens, die unzureichend durch IT-technische Unterstützung abgedeckt sind, strategische Planungen etc. Ob und wie durch IT-Projekte Lösungsszenarien entwickelt werden können, wird durch Voruntersuchungen wie beispielsweise eine Vorstudie geklärt.

Grobe Gliederung und Inhalte einer Vorstudie

1. Allgemeine Beschreibung zur Vorstudie
   - Motivation, Ziel und Zweck der Vorstudie
   - Ist-Situation
   - Schwachstellenanalyse (Auflistung, Priorisierung, Gewichtung)
   - Optimierungsbedarf
2. Soll-Zustand (basierend auf dem Ist-Zustand)
   - Fachliche Anforderungen
   - Technische Anforderungen
   - Qualitative Anforderungen
   - Betriebliche Anforderungen
   - Wirtschaftliche Anforderungen

   Die einzelnen Anforderungen werden, bezogen auf die verschiedenen Kategorien, priorisiert und klassifiziert (z. B. durch eine Muss-Kann-Unterscheidung).
3. Handlungsalternativen
   - Lösungsbeschreibung(en)
   - Machbarkeitsanalyse(n)
   - Kosten-Nutzen-Betrachtung (ROI, Einsparpozential etc.)
   - Risikoanalyse
4. Handlungsempfehlung
   - Vergleich der Handlungsalternativen
   - Handlungsempfehlung
   - Betrachtung der Wirtschaftlichkeit, des Risikos etc.

B.1.2 Fachkonzeption

Ist die Voruntersuchung abgeschlossen und die Entscheidung getroffen worden, beginnt die Planungsphase. In dieser werden neben organisatorischen Punkten wie Aufwands- und Terminschätzung auch die fachlichen Anforderungen konkretisiert. Das fachliche Ergebnisdokument ist ein Fachkonzept[1].

1 In der Literatur finden Sie auch die Begriffe »Lastenheft« (Planungsdokumentation) und »Pflichtenheft« (Anforderungsdokumentation). Das Dokument des Fachkonzepts ist eine Mischform dieser beiden Dokumente.

Grobe Gliederung und Inhalte eines Fachkonzepts

1. Allgemeine Beschreibung zur Applikation
   - Ziel und Zweck der Applikation
   - Integration in die IT-Architektur
2. Unterstützte Geschäftsprozesse
   - Beschreibung der Geschäftsprozesse, die durch diese Applikation unterstützt werden
3. Funktionssicht (auf Anwenderebene)
   - Funktionale Gliederung der Applikation
   - Funktionsabläufe (Prozesse)
   - Beschreibung der einzelnen Funktionen
4. Datensicht
   - Logisches Datenbankmodell (intern)
   - Externe Datenbankmodelle
5. Datenfluss
   - Beschreibung des Datenflusses
   - Beziehung Funktion – Datenbankentität
6. Schnittstellen
   - Anwenderschnittstellen
   - Systemschnittstellen
7. Infrastruktur/sonstige Anforderungen
   - Sicherheit (Berechtigungen etc.)
   - Qualitative Anforderungen (Zuverlässigkeit, Performance, Echtzeitanforderungen, Effizienz etc.)
   - Fehlerbehandlung
8. Organisation
   - Einbindung in die Aufbau- und Ablauforganisation

B.1.3 DV-Konzeption

Die Umsetzung der IT-technischen Lösung beginnt mit einer Entwurfsphase. Nach den gegebenen Anforderungen des Fachkonzepts wird die Software-Architektur entworfen, d.h. die Struktur der Applikation durch die einzelnen Komponenten[2] und ihre Beziehung untereinander

2 Eine Komponente ist in diesem Kontext ein abgrenzbarer Bestandteil der Applikation wie beispielsweise eine Funktion, eine Entität, eine Klasse, ein Dialog etc.

festgelegt. Die Beschreibung der Applikation auf dieser Abstraktionsebene findet sich in dem Dokument DV-Konzept wieder.

Grobe Gliederung und Inhalte eines DV-Konzepts

1. Allgemeine Beschreibung zur Applikation
   - Ziel und Zweck der Applikation
   - Zusammenfassung der unterstützten Geschäftsprozesse und verwalteten unternehmensrelevanten Daten
2. Software-Architektur
   - Einbettung in die IT-Architektur
   - Softwarekomponenten
   - Dynamisches Ablaufmodell
3. Prozesse
   - Prozessabbildung
   - Prozessentwurf
   - Einzelbeschreibung der Prozesse
4. Daten
   - Datensicht
   - Datenverwaltung und -zugriffe (Dateisystem, externe Datenquellen etc.)
   - Datenmodellierung (physisches Datenmodell)
   - Bestandteile, Infrastruktur (Hardware, Betriebssystem etc.)
5. Module
   - Modulgliederung
   - Modulbeschreibung
   - Extern nutzbare Module
   - Extern genutzte Module
   - Modulschnittstellen
6. Schnittstellen
   - Benutzerschnittstellen, Dialoge
   - Intern relevante Schnittstellen
   - Extern nutzbare Schnittstellen
   - Extern genutzte Schnittstellen
7. Infrastruktur/sonstige Anforderungen
   - Konfiguration
   - Betriebsrelevante Informationen

- Genutzte Ressourcen (Hardware, Software, Netzwerk etc.)
- Sicherheit (Berechtigung etc.)
- Qualitative Anforderungen (Zuverlässigkeit, Performance, Effizienz etc.)
- Fehlerbehandlung, Fehlermeldungen
- Verwendete Standards, Richtlinien etc.

B.1.4 Schnittstellen

Schnittstellen und Verbindungen zwischen Applikationen bzw. zwischen Mensch und Applikation steigern die Komplexität von IT-Architekturen wesentlich. Schon in Abschnitten der vorderen Kapitel haben wir daher stets darauf hingewiesen, dass für ein applikationsübergreifendes Verständnis der IT-Architektur eine Dokumentation von Verbindungen bzw. Schnittstellen als deren Endpunkte unerlässlich ist.

Der folgende Abschnitt beschreibt knapp mögliche Gliederungspunkte bei einer Dokumentation von Schnittstellen. Auch wenn der Fokus sicherlich auf Applikationsschnittstellen, d.h. auf der Verbindung zweier oder mehrerer Applikationen, liegt, können viele der Punkte auch auf Benutzerschnittstellen wie beispielsweise Dialoge übertragen werden.

Grobe Gliederung und Inhalte einer Schnittstellen-Dokumentation

1. Allgemeine Beschreibung der schnittstellenliefernden Applikation
   - Ziel und Zweck der Applikation
   - Positionierung in der IT-Architektur
   - Aufgabe bei der Unterstützung der Geschäftsprozesse
2. Funktionen
   - Funktionen, die durch andere Applikationen bzw. Anwender genutzt werden können
   - Bereitgestellte Dienstleistungen
   - Fremdgenutzte Funktionen
3. Daten
   - Nach außen bereitgestellte Daten
   - Extern verwendete Datenquellen

4. Applikationen
   - Abhängigkeiten zu anderen Applikationen
   - Abhängige Applikationen (d.h. Nutzer von eigenen Schnittstellen bzw. Daten)
5. Schnittstellenbeschreibung
   - Überblick und Gliederung
   - Detailbeschreibung offerierter Schnittstellen

Die detaillierte Beschreibung der einzelnen Schnittstellen ist ein komplexer Sachverhalt, da eine Vielzahl von Eigenschaften erfasst und dokumentiert werden muss. Die bestehende Vielfalt und Varianten, man denke nur an Dialoge, Softwareschnittstellen, Dateiimport/-export etc., erschweren eine einheitliche Dokumentation zusätzlich. Die nachfolgende Liste liefert einen groben Überblick über zu beschreibende Eigenschaften:

- Fachliche Inhalte der Schnittstelle (Funktion, Parameter, Ergebnis, Lese-/Schreib-/Reporting-Schnittstelle, Transaktionsverhalten, Art der Schnittstelle etc.)
- Technische Inhalte der Schnittstelle (Technologie, Signatur, Nutzung, Protokoll etc.)
- Fachliche Qualität (Aktualität, Konsistenz, Integrität etc.)
- Technische Qualität (online/offline, Geschwindigkeit, Zeit- und Lastverhalten, Ausfallsicherheit, Systemsicherheit etc.)
- Liefer- und Nutzungsinformationen (Mengengerüste, Durchsatz, Skalierbarkeit, Recovery, Verfügbarkeit etc.)

B.1.5 Betrieb einer Applikation

Nach einer erfolgreichen Test- und Abnahmephase erfolgt bei Applikationen in der Regel der Übergang in die Produktion. Um einen reibungslosen und möglichst störungsfreien Betrieb zu gewährleisten, ist eine weitere Dokumentation – die Beschreibung eines Betriebskonzepts – erforderlich. Natürlich gelingt es kaum, eine allgemein gültige, für alle Situationen anwendbare Gliederung eines solchen Dokuments zu entwerfen, dafür sind sowohl die Applikationen als auch die Organisationsformen und etablierten Prozesse viel zu unterschiedlich. In der nachfolgend aufgeführten strukturierten Liste finden Sie aber nahezu alle wichtigen Bereiche, die betrieblich interessant sind. Neben deskriptiven Teilen zu Beginn findet man im letzten Teil ausschließlich folgende Aktivitäten:

- Verbessernde Tätigkeiten
- Anpassende Tätigkeiten
- Korrigierende Tätigkeiten

Grobe Gliederung und Inhalte einer Betriebsdokumentation

1. Allgemeine Beschreibung der zu betreibenden Applikation
    - Kurzbeschreibung der Applikation
    - Einsatz
    - Rahmenbedingungen (Durchsatz, Nutzung, Anzahl der Anwender etc.)
2. Betriebliche Anforderungen
    - Infrastruktur (Netzwerk, Betriebssystem, Datenbank etc.)
    - Stabilität
    - Ausfallsicherheit
    - Ressourcenbedarf (Anzahl Prozessoren, Speicher, Datenbank, etc.)
    - Datensicherung
    - Reaktionszeiten
    - Protokolle
3. Applikationsbestandteile (aus betrieblicher Sicht)
    - Systemkomponenten
    - Integration in die IT-Architektur
    - Dokumentationen (Fachkonzept, DV-Konzept, Anwendung, Schulung etc.)
4. Inbetriebnahme
    - Installation
    - Integration
    - Anpassungen
    - Auswirkungen auf die Infrastruktur (z.B. erzeugte Dateien, produziertes Datenvolumen in der Datenbank etc.)
    - Fehler bzw. Problemsituationen bei der Inbetriebnahme

5. Wartung, Pflege
    - Überwachungsmöglichkeiten (Protokolle, Logfiles etc.)
    - Konfigurationen
    - Änderungen der Umgebung bzw. Infrastruktur
    - Optimierungen, Leistungsverbesserungen
    - Frühindikatoren für Probleme
    - Skalierungsmöglichkeiten
    - Stabilisierende Maßnahmen
6. Problembehebung
    - Gliederung der Problembereiche
    - Korrekturmöglichkeiten
    - Beschreibung potenzieller Fehler- bzw. Problemsituationen und der Umgang damit
7. Organisation
    - Ansprechpartner
    - Verantwortlichkeiten

C Anhang C

C.1 Literaturverzeichnis

[KIESER92] Kieser, A. / Kubicek, H., Organisation, 3. Auflage, de Gruyter, 1992

[SPRENG00] Sprenger, R. K., Aufstand des Individuums, campus, 2000

[MCCO97] McCoog, P., Mostly Reuse: Another Code Sharing Option, IEEE Symposium on Software Reuse, 1997

[RECH92] Rechtin, E., The Art of Systems Architecting, IEEE Spectrum, 1992

[RECH00] Rechtin, E. / Maier, M., The Art of Systems Architecting, CRC-Press, 2000

[TICHY95] Tichy, W. F., Software-Konfigurationsmanagement: Wie, wann, was, warum?, Softwaretechnik 1995

[ULRICH91], Ulrich, H. / Probst, G., Anleitung zum ganzheitlichen Denken und Handeln, Ein Brevier für Führungskräfte, Haupt, 1991.

[SPAHNI98], Spahni, D., Verfahren zur Bestimmung geeigneter Teilsysteme und deren Sequenzierung, digital publications, 1998

[MULLER01], Muller, G., The System Architect; Meddler or Hero?, DoVo lecture series, 2001

[AMMON96], Ammons, D.: Municipal Benchmarks: Assessing Local Performance and Establishing Community Standards, Sage, 1996

[IEEE1471–00], IEEE Std. 1471–2000, IEEE Recommended Practice for Architectural Description of Software-Intensive Systems, the Institute of Electrical and Electronics Engineers, Inc., 2000

[BALZERT96] Helmut Balzert, Lehrbuch der Software-Technik, Band 1&2, Spektrum Akademischer Verlag, 1996

Index

Galileo Computing

Galileo Computing
281 S., 2002, geb., 39,90 Euro
ISBN 3-89842-271-2

Manfred Rätzmann

Software-Testing

Tests, Verfahren, Werkzeuge

Dieses Buch wird Ihren Blick auf Testmethoden und Vorgehensweisen verändern. Es vermittelt nicht nur die zum Testen von Software notwendigen Kenntnisse und Praktiken, sondern setzt diese in Bezug zur täglichen Realität von Budgetknappheit und Termindruck. Dabei wird verstärkt auf die spezifischen Bedingungen von kleinen, agilen Projektgruppen eingegangen.

Aus dem Inhalt:
- Neue Antworten zum Qualitätsbegriff
- Risikoanalyse und Bewertung
- Risiko-orientiertes Testen
- Exploratives Testen
- Test and Tune
- Testen durch Benutzen
- Testpatterns
- Werkzeuge für Entwickler und Tester
- Agiles Testmanagement

u.v.m.

>>> www.galileocomputing.de

Aktuelle Computing-Bücher im Überblick

C/C++ & Softwareentwicklung

Ulrich Kaiser
Spieleprogrammierung in C++

U. Kaiser, Ch. Kecher
C/C++

Ulla Kirch-Prinz, Peter Prinz
C++

Manfred Rätzmann
Software-Testing

Georg Erwin Thaller
Softwareentwicklung im Team

Krüger, Seelmann-Eggebert
IT-Architektur-Engineering

Alf Borrmann u.a.
Rational Rose und UML

P. Grässle, H. u. P. Baumann
UML projektorientiert

Internet & Scripting

Martin Kästner
Perl fürs Web

Kai Laborenz
CSS-Praxis

Marcus Throll
MySQL 4

Mark Lubkowitz
Webseiten programmieren und gestalten

Thomas Theis
Einstieg in Python

Christian Wenz
JavaScript

H. Dittrich, J. Mellenthin
PHP 4-Workshop

Axel Schemberg
PC-Netzwerke

Java

Christian Ullenboom
Java ist auch eine Insel

Bernhard Steppan
Einstieg in Java

.NET

Stefan Fellner
VB.NET und Datenbanken

Andreas Kühnel
Visual C#

Matthias Lohrer
Einstieg in ASP.NET

Bernhard Volz
Einstieg in C#

René Martin
Einstieg in VB.NET

Andreas Kühnel
VB.NET

Hans Willi Kremer
SELECT * FROM SQL Server 2000

UNIX, XML

Matthias Warkus
GNOME 2.0

Arnold Willemer
Wie werde ich ein UNIX-Guru?

Ernst Maracke
VoiceXML 2.0

Helmut Vonhoegen
Einstieg in XML

Galileo Computing

www.galileocomputing.de

Galileo Computing

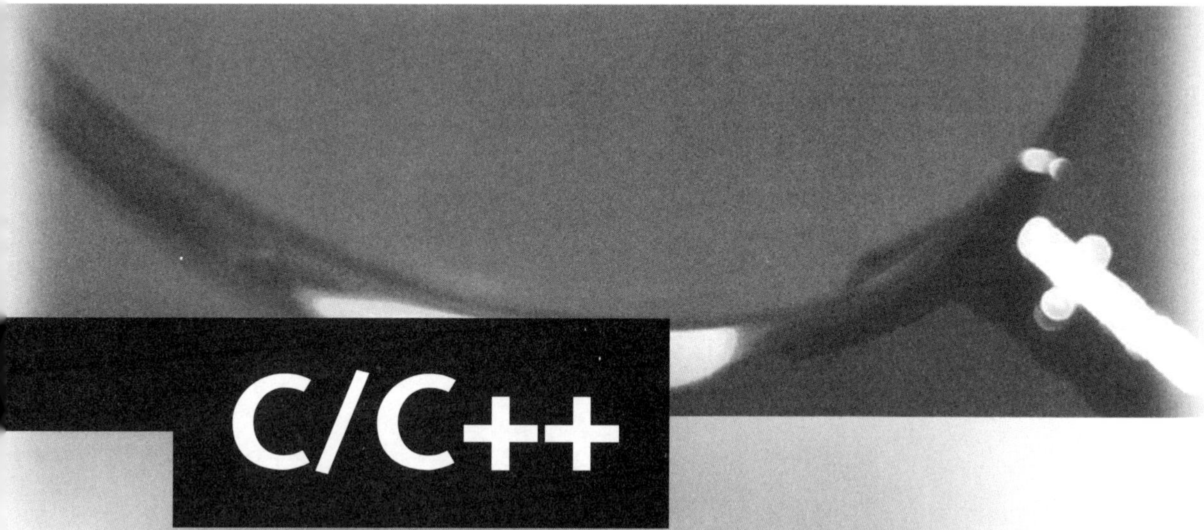

Ulrich Kaiser/Christoph Kecher

C/C++

Von den Grundlagen zur professionellen Programmierung

Dies ist die erweiterte und vollständig durchgesehene Neuauflage unseres C/C++-Standardwerkes.
Der erste Teil des Buches führt Sie anfängergerecht in die Grundlagen von C ein. Von da aus geht es weiter zur objektorientierten Programmierung mit C++. Das Buch ist konzipiert als umfas-sender Begleiter: Es dient als Lehr- und Arbeitsbuch, ist Nachschlagewerk in der Praxis und gibt fertige, sofort ein-setzbare Lösungen an die Hand.
Die beiliegende CD-ROM enthält ein C/C++-Praktikum zum sofortigem Ein-stieg am Computer. Nach der Lektüre sind Sie Profi: fähig, anspruchsvolle Anwendungen zu planen, zu entwerfen und mit hoher Qualität zu entwickeln.

Galileo Computing
1368 S., 2002, geb., 44,90 Euro
ISBN 3-89842-273-9

>>> www.galileocomputing.de

Galileo Computing

Java ist auch eine Insel

Galileo Computing
1342 S., 2003, geb., 49,90 Euro
ISBN 3-89842-365-4

Christian Ullenboom

Java ist auch eine Insel

Programmieren für die Java 2-Plattform in der Version 1.4

Sind Sie reif für die Insel? Dies ist die 3. Auflage des Java-Standardwerkes: vollständig durchgesehen und überarbeitet. Besonders Einsteiger mit Programmierkenntnissen, aber auch fortgeschrittene Java-Programmierer profitieren von diesem umfassenden Werk. Die Einführung in die Sprache Java ist kompakt und anschaulich. Schnell geht es weiter mit fortgeschrittenen Themen wie Threads, Swing, Netzwerkprogrammierung, Java Beans, RMI, XML und Java, Servlets und Java Server Pages, JDBC und vielem mehr. Natürlich können Sie dieses Buch als Nachschlagewerk nutzen; unterstützt werden Sie zusätzlich durch die intelligente HTML-Fassung auf der Buch-CD und im Internet.

>>> www.galileocomputing.de

Galileo Computing

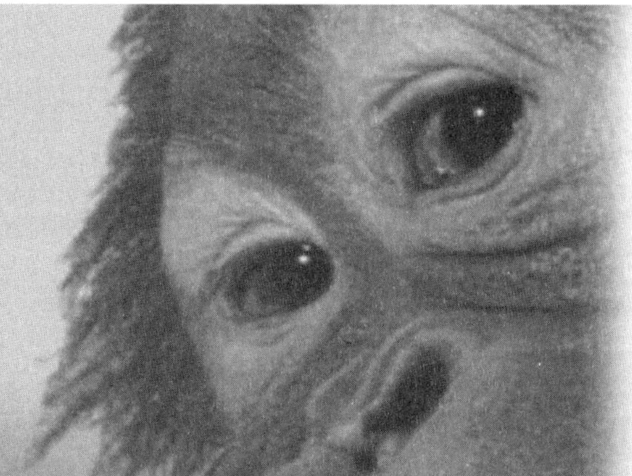

Wie werde ich UNIX-Guru?

Arnold Willemer

Wie werde ich UNIX-Guru?

Einführung in UNIX, Linux und Co

Egal, ob Sie UNIX-Einsteiger sind
und eine solide und praxisorientierte
Einführung in UNIX-Linux-Systeme
wünschen, oder als professioneller
Anwender Ihre Kenntnisse vertiefen
wollen; hier finden Sie konzises Grund--
lagenwissen: Anwendung und Adminis--
tration des Systems, Netzwerkadmi-
nistration, X-Window-System bis hin
zu CDE, KDE und GNOME. Fortge--
schrittene Anwender und Systemad--
ministratoren erhalten fundamentales
Wissen in der Shell- und UNIX-
Programmierung.
Die dargestellten Inhalte basieren auf
der Erfahrung mit verschiedensten
UNIX-Systemen und gelten daher auch
für Linux.

Galileo Computing
672 S., 2002, geb., 34,90 Euro
ISBN 3-89842-240-2

>>> www.galileocomputing.de

Galileo Computing

Kompendium der Informationstechnik

Galileo Computing
ca. 1200 S., 2003, geb., ca. 39,90 Euro
ISBN 3-89842-355-7

Sascha Kersken

Kompendium der Informationstechnik

Das Buch vermittelt die Grundlagen der Informationstechnik: Aufbau der Computerhardware, Betriebssysteme, Netzwerktechnik, -protokolle und -anwendungen sowie Grundlagen der Programmierung.

Sie finden alle Aspekte aus dem Fachbereich Digitale Medien wie Bild- und Videobearbeitung oder DTP. Es bietet aber nicht nur Prüfungswissen zum Auswendiglernen, sondern darüber hinaus auch praxisrelevante Tipps und viele Ein- und Ausblicke in die aktuelle IT-Welt.

Damit ist das Handbuch nicht nur Ausbildungs- und Studienbegleiter für alle IT-Fachrichtungen, sondern auch unentbehrliches Nachschlagewerk für jeden EDV-Interessierten.

>>> www.galileocomputing.de

Galileo Computing

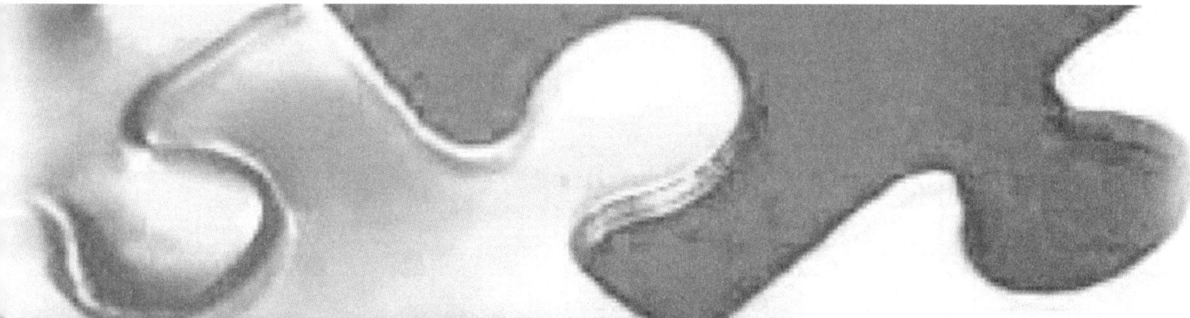

Integrationshandbuch Microsoft-Netzwerk

Ulrich Schlüter

Integrationshandbuch Microsoft-Netzwerk

Dies ist ein Integrationshandbuch im besten Sinne: Das Wissen um das Zusammenspiel von Microsoft Windows Server 2000/2003, Active Directory, Windows XP Professional, Office XP/2003 oder Exchange Server ist sehr komplex. Administratoren, die nach einer Gesamtlösung suchen, stellen fest, dass es immens viele Informationen, Fehlerbeschreibungen, Service Packs, Patches und Hotfixes zu den Einzelprodukten gibt, aber keinen Lösungsansatz, der dieses Wissen bündelt und in Beziehung setzt. Anders dieses Buch: Schritt für Schritt wird ein Gesamtsystem implementiert, das nicht nur über einen kurzen Zeitraum läuft, sondern wartbar bleibt und später auf neue Versionen upgedated werden kann.

Galileo Computing
936 S., 2003, geb., 69,90 Euro
ISBN 3-89842-402-2

>>> www.galileocomputing.de

Galileo Computing

Windows Server 2003 Active Directory Services

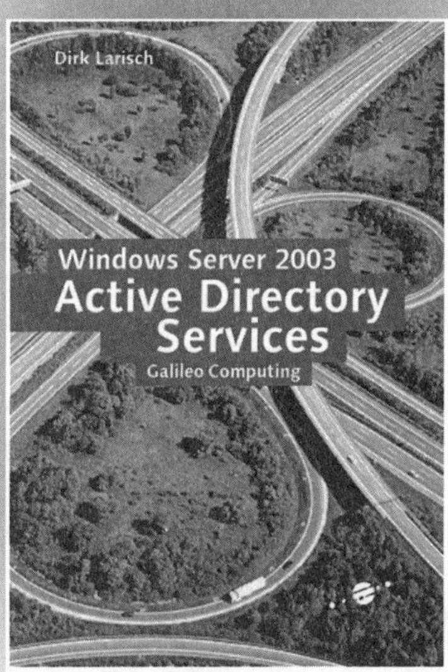

Dieter Larisch

Windows Server 2003
Active Directory Services

Grundlagen, Konzeption, Verwaltung

Active Directory Services ist der Name des von Microsoft mit Windows 2000 eingeführten Verzeichnisdienstes. Verzeichnisdienste dienen der zentralen Organisation von Netzwerkressourcen, zur Verwaltung von Benutzern, Computern, Anwendungen und der Einhaltung von Sicherheitsrichtlinien. Angefangen von der Darstellung der grundlegenden Funktionen von ADS, der Planung und der Implementierung einer ADS-Umgebung sowie der Migration von den Vorgängerversionen unter 2000 bietet dieses Werk einen umfas-senden Überblick über die Active-Directory-Technologie bis hin zur Verwaltung durch Skripts.

Galileo Computing
ca. 720 S., 2003, geb., ca. 44,90 Euro
ISBN 3-89842-348-4

>>> www.galileocomputing.de

Galileo Computing

SELECT * FROM SQL Server 2000

Hans Willi Kremer

SELECT * FROM SQL Server 2000

Machen Sie sich auf gut lesbare Weise durch verschiedene Zugangsmöglichkeiten mit Programmierung und Administration des SQL Servers vertraut. Ein Quickstart-Teil führt in die Grundlagen ein. Danach werden alle wesentlichen Aspekte der serverseitigen Programmierung mit T-SQL vertieft, insbesondere Neuheiten wie benutzerdefinierte Funktionen, indizierte und partitionierte Views, deklarative Lösch- und Aktualisierungsweitergabe und Instead-Of-Trigger. Im administrativen Teil stehen Schnittstellen zu Windows 2000 Server, Sicherheit, Zugriffsrechte, Datenspeicherung, Backup und Replikation im Vordergrund. Der letzte Buchteil ist dem Thema SQL Server, Web und XML gewidmet. Das Buch umfasst damit den kompletten Umfang der SQL Server 2000-Zertifzierungsprüfungen

Galileo Computing
944 S., 2001, geb., 49,90 Euro
ISBN 3-89842-141-4

>>> www.galileocomputing.de

Galileo Computing

Marcus Throll

MySQL 4

Dieser praktische Leitfaden zeigt Ihnen den produktiven Einsatz von MySQL. Er vermittelt Ihnen das notwendige Basiswissen und bietet eine kompakte Einführung in SQL. Im Mittelpunkt steht die Programmierung und Administration von MySQL. Hier zeichnet sich das Buch durch seine Themen--vielfalt und Verständlichkeit aus. Die Neuauflage enthält weitere Beispiele, insbesondere zu den Neuerungen der Version 4 wie InnoDB, SubSelects, GIS-Daten sowie die Entwicklung einer dynamischen Website mit PHP und MySQL in 12 Schritten.

Galileo Computing
696 S., 2003, geb., 34,90 Euro
ISBN 3-89842-383-2

>>> www.galileocomputing.de

Hat Ihnen dieses Buch gefallen?
Hat das Buch einen hohen Nutzwert?

Wir informieren Sie gern über alle Neuerscheinungen von Galileo Computing. Abonnieren Sie doch einfach unseren monatlichen Newsletter:

www.galileocomputing.de

Galileo Computing

Professionelle Bücher. Auch für Einsteiger.